国家出版基金项目
NATIONAL PUBLICATION FOUNDATION

雷达技术丛书

雷达天线技术

金林　于大群　张祖稷　束咸荣　编著

电子工业出版社·
Publishing House of Electronics Industry
北京·BEIJING

内 容 简 介

天线作为空间能量转换器和空域信号处理器，是雷达必不可少的最重要分系统之一。本书着重介绍了雷达天线系统的作用、特点、功能和性能指标，以及常用类型雷达天线的基本原理、设计和应用，如各种相控阵辐射单元、阵列天线、波导缝隙天线和反射面天线等，特别是针对有源相控阵天线，还给出了天线阵列低 RCS 设计、雷达天线测试技术和雷达天线罩的有关内容。

本书不同于一般的天线设计图书，在介绍专业的雷达天线设计技术时，更加强调清晰的基础概念以及明确的设计目的，并结合实例给出了设计经验和体会，体现先进性和工程实用性。

本书可供从事雷达研制领域的科技人员和雷达专业的高校师生阅读和参考，也可供从事雷达装备使用和维修的部队官兵学习参考。

图书在版编目（CIP）数据

雷达天线技术 / 金林等编著. -- 北京：电子工业
出版社，2024.12. --（雷达技术丛书）. -- ISBN 978
-7-121-49684-4

Ⅰ. TN957.2

中国国家版本馆 CIP 数据核字第 20256W3V79 号

责任编辑：张正梅　　文字编辑：底　波
印　　刷：河北迅捷佳彩印刷有限公司
装　　订：河北迅捷佳彩印刷有限公司
出版发行：电子工业出版社
　　　　　北京市海淀区万寿路 173 信箱　邮编 100036
开　　本：720×1 000　1/16　印张：33.75　字数：680 千字
版　　次：2024 年 12 月第 1 版
印　　次：2024 年 12 月第 1 次印刷
定　　价：210.00 元

凡所购买电子工业出版社图书有缺损问题，请向购买书店调换。若书店售缺，请与本社发行部联系，联系及邮购电话：（010）88254888，88258888。

质量投诉请发邮件至 zlts@phei.com.cn，盗版侵权举报请发邮件至 dbqq@phei.com.cn。

本书咨询联系方式：（010）88254754。

"雷达技术丛书"编辑委员会

总　序

雷达在第二次世界大战中得到迅速发展，为适应战争需要，交战各方研制出从米波到微波的各种雷达装备。战后美国麻省理工学院辐射实验室集合各方面的专家，总结第二次世界大战期间的经验，于 1950 年前后出版了雷达丛书共 28 本，大幅度推动了雷达技术的发展。我刚参加工作时，就从这套书中得益不少。随着雷达技术的进步，28 本书的内容已趋陈旧。20 世纪后期，美国 Skolnik 编写了《雷达手册》，其版本和内容不断更新，在雷达界有着较大的影响力，但它仍不及麻省理工学院辐射实验室众多专家撰写的 28 本书的内容详尽。

我国的雷达事业，经过几代人 70 余年的努力，从无到有，从小到大，从弱到强，许多领域的技术已经进入国际先进行列。总结和回顾这些成果，为我国今后雷达事业的发展做点贡献是我长期以来的一个心愿。在电子工业出版社的鼓励下，我和张光义院士倡导并担任主编，在中国电子科技集团有限公司的领导下，组织编写了这套"雷达技术丛书"（以下简称"丛书"）。它是我国雷达领域专家、学者长期从事雷达科研的经验总结和实践创新成果的展现，反映了我国雷达事业发展的进步，特别是近 20 年雷达工程和实践创新的成果，以及业界经实践检验过的新技术内容和取得的最新成就，具有较好的系统性、新颖性和实用性。

"丛书"的作者大多来自科研一线，是我国雷达领域的著名专家或学术带头人，"丛书"总结和记录了他们几十年来的工程实践，挖掘、传承了雷达领域专家们的宝贵经验，并融进新技术内容。

"丛书"内容共分 3 个部分：第一部分主要介绍雷达基本原理、目标特性和环境，第二部分介绍雷达各组成部分的原理和设计技术，第三部分按重要功能和用途对典型雷达系统做深入浅出的介绍。"丛书"编委会负责对各册的结构和总体内容进行审定，使各册内容之间既具有较好的衔接性，又保持各册内容的独立性和完整性。"丛书"各册作者不同，写作风格各异，但其内容的科学性和完整性是不容置疑的，读者可按需要选择其中的一册或数册阅读。希望此次出版的"丛书"能对从事雷达研究、设计和制造的工程技术人员，雷达部队的干部、战士以及高校电子工程专业及相关专业的师生有所帮助。

"丛书"是从事雷达技术领域各项工作专家们集体智慧的结晶，是他们长期工

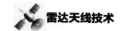

作成果的总结与展示，专家们既要完成繁重的科研任务，又要在百忙中抽出时间保质保量地完成书稿，工作十分辛苦，在此，我代表"丛书"编委会向各分册作者和审稿专家表示深深的敬意！

　　本次"丛书"的出版意义重大，它是我国雷达界知识传承的系统工程，得到了业界各位专家和领导的大力支持，得到参与作者的鼎力相助，得到中国电子科技集团有限公司和有关单位、中国航天科工集团有限公司和有关单位、西安电子科技大学、哈尔滨工业大学等各参与单位领导的大力支持，得到电子工业出版社领导和参与编辑们的积极推动，借此机会，一并表示衷心的感谢！

中国工程院院士

2012 年度国家最高科学技术奖获得者　王小谟

2022 年 11 月 1 日

前　言

　　得益于器件、材料、工艺等众多基础理论和工程技术的创新突破，雷达天线的应用领域、安装平台不断扩展，从无源到有源、从模拟到数字、从自适应到智能化，技术研究范畴正日趋扩大，并已经成为衡量雷达系统信息化水平的重要标志之一。

　　雷达天线技术尤其是有源相控阵天线、数字阵列天线等新技术高速发展，其技术形态和特征内涵都发生了翻天覆地变化，天线技术受到国内外各方面的高度关注，国内从事雷达天线技术研究、生产、教学与使用的部门及有关科研人员对深入了解雷达天线及其技术的兴趣和需求持续提高，这就是促使本书编写的原因。

　　本书第 1 章主要介绍雷达天线发展、天线在雷达中的作用以及天线基本理论等内容。第 2 章主要介绍半波振子、波导口天线、微带贴片天线、渐变槽线天线等常见的相控阵天线辐射单元。第 3 章主要阐述阵列天线的基本概念、分析理论和设计方法，归纳直线阵、平面阵、非平面阵和稀疏阵的各种常用的口径分布、方向图函数和特征参数，给出阵列综合和方向图赋形的常用方法。第 4 章在阐述相控阵天线基本原理的基础上，重点介绍数字阵列天线、有源相控阵天线等内容，以及工程设计中必须考虑的辐射单元选择、扫描空域计算、扫描阻抗匹配、校准等若干问题。第 5 章介绍阵列天线低 RCS 设计，对阵列天线散射理论、散射设计以及技术发展趋势进行了较为全面的介绍。第 6 章介绍波导缝隙阵列天线的基本形式和分析方法，然后着重介绍多种应用广泛的缝隙阵列天线的工程设计。第 7 章介绍反射面天线原理、基本分析方法，以及工程中常见的反射面天线的特点与设计方法。第 8 章介绍远场、近场、紧缩场等多种天线测试技术，并给出一些天线测试实例。第 9 章介绍天线罩的基本性能、工作原理、结构类型，在天线罩发展趋势中重点阐述了超材料电磁隐身天线罩、耐高功率天线罩、吸透一体天线罩等技术。第 10 章介绍雷达天线技术的发展趋势，包括机会阵雷达天线、毫米波雷达天线、微波光子阵列天线等最新的前沿技术。

　　该书由作者团队共同完成，其中，第 1 章由金林、何丙发完成；第 2 章由金林、于大群、吴建军、闫开、吕玥珑完成；第 3 章由金林、于大群、郭胜杰完成；第 4 章由于大群、杨磊、张航宇完成；第 5 章由王立超、于大群完成；第 6 章由郭先松、金林完成；第 7 章由朱瑞平完成；第 8 章由金林、梁志伟、潘宇虎完成；第 9 章由唐守柱、于大群完成；第 10 章由于大群、张金平、李斌、杨磊等人完成。沈志雄、周刚强、李晨枫、王阳、邓大松、冯晓磊等为本书的审校和出版提供了帮助，特此感谢。

八五一一所李明研究员审阅了本书初稿，提出了许多宝贵意见，出版社高级策划编辑刘宪兰多次悉心指导本书编写，对于所有帮助本书写作和出版的同志，作者致以诚挚的敬意。

在本书写作过程中，得到了中国电科十四所的领导、科技委以及天线微波部领导、同事的指导和帮助，在此一并表示衷心的感谢。

作者

2024.10

目 录

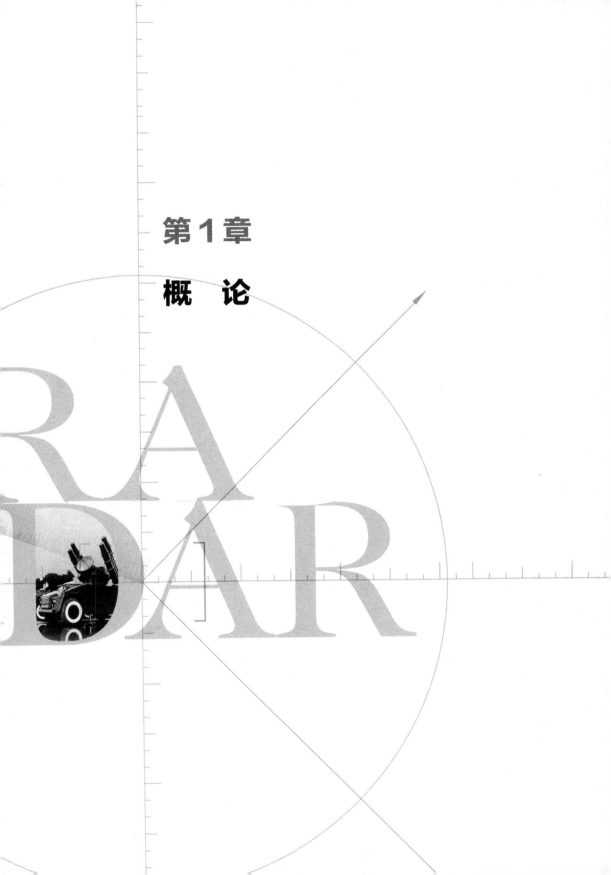

第 1 章

概　论

本章首先回顾雷达天线的历史和发展，特别是波导裂缝天线和相控阵天线的情况。然后介绍天线在雷达中的作用和雷达天线的特点，以及雷达系统对天线性能的基本要求。为了简化本书后面各章的描述和推导，本章还着重介绍了天线有关的基本概念和理论。例如，矢量位和波动方程；偶极子的辐射；任意电流分布的辐射；近场区、远场区和远场条件。接下来，介绍了表征天线基本性能的一些参数，如辐射方向图、方向性系数、增益、输入阻抗、驻波和损耗。最后，介绍了与天线设计密切相关的一些定理，如对偶定理、镜像原理、等效源定理和互易定理。

1.1 雷达天线及其发展

天线是雷达不可或缺的重要组成部分，天线的出现比雷达要早约半个世纪。最早的真正意义上的天线是在 1887 年到 1891 年期间，德国物理学家 Hertz 用来证明 Maxwell 有关电磁波理论推断实验中的设备之一。Maxwell 总结了 Gauss、Ampere、Faraday 等人的理论和实验研究成果，奠定了现代电磁理论的基础，即 Maxwell 方程。仅由数学推导，Maxwell 推断电磁波能够在空间以光速传播，并且光也是一种电磁波。Maxwell 的理论研究结果于 1873 年发表，但是当时并不为科学界所接受。然而，杰出的物理学家和实验学家 Hertz 坚信 Maxwell 的理论，并且致力于采用实验来证明之。

Hertz 首先采用的天线是作为发射的加载半波振子和作为接收用的矩形环天线，工作频率为 50MHz。微波功率采用高压线圈在发射天线入口间隙上放电产生。后来，Hertz 还采用了抛物柱面天线。他用这些设备进行了大量实验，证明了电磁波能够在空间传播，并且证明了反射、绕射和极化现象的存在。Hertz 的实验证明了 Maxwell 关于电磁波的理论推断，消除了当时科学界对 Maxwell 的怀疑。但是，Hertz 的设备仅仅停留在实验室的研究上，而没有向应用的方向发展。

1894 年，Marconi 受 Hertz 实验设备的启发，萌发了利用电磁波实现远距离传输信息的想法。Marconi 进行了一系列无线电通信的实验，获得了极大的成功。他在验证了 Hertz 的实验设备后，通过加大发射机的功率和天线的规模逐渐增加作用距离。1901 年，Marconi 实现了从英格兰 Cornwall 的 Poldhu 到加拿大 St.John's 的跨大西洋通信。Marconi 采用了一部由 50 根金属线组成的巨大扇形天线作为发射天线，天线由两座 60m 高的木塔支撑。在接收端，采用一个风筝拉起一根 200m 长的电线，挂起一排与地面相连的金属线阵列作为接收天线。

当时的微波功率源只有在几十千赫兹的频率上才能产生足够的功率，波长在

1000m 以上。Marconi 所采用的线天线阵虽然很庞大，但与工作波长相比仍然是电小尺寸的，因而效率很低。由于天线架高与波长相比很小，因此只能采用垂直极化。如果采用水平极化，地面产生的反向镜像电流会导致天线辐射很小。到 20 世纪 20 年代，由于大功率真空管的出现，产生了 1MHz 以上频率的连续波信号，波长不太大，效率高的谐振天线（如半波振子）才有了实际意义。1926 年，八木秀次和宇田新太郎最先提出了具有更高增益和方向性的八木-宇田天线。同期还出现了菱形天线、鱼骨形天线等线形天线。在这段时间里，天线的理论研究工作也得到了发展。1879 年，H.C.Pocock 建立了线天线的积分方程，后来 E.Hallen 利用函数源来激励天线，得到了积分方程的解。A.A.Piestalcores 提出了计算天线阻抗的感应电动势法和二重性原理。S.A.Schelk-unoff 采用分离变量法求解了天线的边值问题。

Hertz 早在 1888 年就设计了一部抛物柱面天线，但是直到 20 世纪 30 年代，随着高频源的出现，面口径天线才得到了发展。1936 年，出现了能够产生 1GHz 以上信号的微波磁控管和速调管，这推动了空心金属波导技术的发展，导致了类比于声学方法的喇叭天线出现；利用金属波导和介质波导，研制出了波导裂缝天线和介质棒天线及其组成的阵列。同时，类比于光学方法的抛物反射面和透镜天线也得到了发展。在面天线的理论研究方面，提出了几何光学法、物理光学法和口径场理论。同时，为了获得高增益和窄波束，阵列技术得到很多应用，出现了阵列综合方法。在第二次世界大战期间，战事对雷达的迫切需要，促进了微波天线技术的迅速发展。在这个时期，由于理论研究不能满足需求，实验研究成为天线研制的主要手段。更高频率源的出现，使得在合适的天线口径尺寸上可以得到更高的增益，获得更远的作用距离；另外，天线具有更窄的波束宽度，可以提高雷达的搜索、引导和跟踪精度；并且天线可以做得足够小，使得雷达可以安装在军舰甚至战机上。

20 世纪 50 年代，反射面天线技术得到进一步发展，出现了很多大型抛物面天线，如美国研制成功的第一部靶场精密跟踪雷达等。这一时期，各种单脉冲天线相继出现，蛇形波导馈电的频率扫描天线付诸应用；同时，宽频带天线的研究有所突破，产生了非频变天线理论，出现了等角螺旋天线、对数周期天线和脊喇叭天线等宽频带天线。阵列天线技术也得到了相应的发展，特别是波导裂缝阵列天线。

20 世纪 50 年代以后，计算机技术、半导体技术、精密加工技术的进步，为雷达天线技术的发展提供了有利条件，出现了卡塞格伦天线、格里高利双反射面天线、正副反射面天线、偏馈天线，并且研究出了波纹喇叭等高效馈源，反射面天线的性能得到了提高，特别是相控阵天线、波导裂缝阵列天线、微带贴片天线等重要天线形式得到迅速发展和应用。矩量法（MoM）、时域有限差分法（FDTD），以及基于光学方法的几何绕射理论等理论分析和数值计算方法被广泛应用于天线的研究和设计当中，天线设计和研究逐步从一种经验性很强的试验工作转化成理论分析研究占主导地位的一门系统性很强的工程学科。

相参脉冲多普勒雷达技术的发展和应用，要求天线具有高增益、低副瓣电平等性能。由于馈源的遮挡，普通抛物面天线的副瓣电平一般难以做到-20dB以下；偏馈抛物面天线能够得到相当低的副瓣电平，但口径利用率相对较低，不利于实现单脉冲功能。在这样的情况下，机载雷达中的抛物面天线普遍被波导裂缝阵列天线取代。计算机技术、精密测量和精密加工技术的发展提供了有力的研究手段和生产工艺条件，加上脉冲多普勒雷达技术的发展带来的需求刺激，在从20世纪60年代到80年代的20多年里，波导裂缝天线理论研究和工程设计技术得到了蓬勃发展，矩量法和有限元法等电磁场数值算法被用来分析计算裂缝的特性和参数。

波导裂缝阵列天线分为行波阵和驻波阵两种形式。

（1）行波阵波导裂缝天线的主瓣偏离天线口径面的法线，且随频率的变化扫描。典型的例子是美国E-3A预警机上的AWACS雷达采用的超低副瓣天线，其最大副瓣电平小于-40dB，平均副瓣电平优于-50dB。美国的空中搜索警戒雷达TPS-77和舰载雷达SPS-48也采用了行波阵波导裂缝天线。我国在20世纪90年代初也研制出了副瓣电平优于-40dB的行波阵波导裂缝天线。

（2）驻波阵波导裂缝天线又称平板裂缝天线，可实现单脉冲功能。采用先进设计方法，可分析辐射单元间互耦等各种因素的影响并实现口径场的精确控制，获得高口径利用效率，特别是在所有交叉平面上实现低副瓣、超低平均副瓣和远区副瓣电平递减的性能。平板裂缝阵列天线还具有损耗小、极化纯度高、重量轻、功率容量大、结构强度好等特点，因而得到了广泛应用，如战斗机上的火控多普勒雷达、导弹的导引头天线等。

然而，这一时期天线领域最引人瞩目的发展是相控阵天线。相控阵天线的概念早在20世纪30年代就已经提出，在第二次世界大战初期，美国海军研制成功了第一部相控阵天线FH MUSA，采用的是机械控制的移相器，工作在S波段。但当时移相器的控制速度很慢，与机械旋转波束扫描的天线相比没有优势。20世纪50年代后期，对弹道导弹等高速进攻性武器的防御和空间各种军事卫星的探测、监视和跟踪，要求雷达天线具有高增益、多通道、多目标搜索与跟踪的能力，并且能够提供足够高的数据率。然而机械扫描的大口径、高增益天线转动困难，很难满足要求，因此相控阵天线得到重视。这一时期计算机技术、铁氧体技术及半导体微波电子技术发展迅速，也为相控阵天线的应用提供了必要的器件和技术条件。相控阵雷达具有强大的功能、灵活的工作方式，计算机控制的无惯性波束扫描和动态波束赋形能力，可充分利用发射机的功率和时间资源，使系统的性能大大提高。这些特点使得相控阵天线在防空多功能雷达中也得到重要应用。

相控阵天线分为无源相控阵和有源相控阵两种。

（1）无源相控阵天线采用集中式发射机，每个天线单元接入一个移相器，由计算机控制移相器产生适当的相移，控制波束扫描。无源相控阵大多采用铁氧体移相器，也可采用二极管移相器。这里"无源"的含义是指天线系统不对辐射功率和接收信号产生放大的作用。典型例子有著名的"爱国者"导弹防御系统中的相控阵雷达和"宙斯盾"舰载相控阵雷达。俄罗斯在 20 世纪 90 年代也研制成功了 X 波段无源相控阵机载火控雷达，该雷达安装在米格-31 战斗机上，有多目标攻击能力，已大量装备部队。

（2）有源相控阵天线采用分布式发射机，每个天线单元接入一个 T/R 组件。T/R 组件中包含一个发射通道和一个接收通道，以及共用的移相器等器件。20 世纪 60 年代，美国研制的 AN/FPS-85 有源相控阵雷达及 70 年代研制的子阵级有源相控阵雷达 AN/FPS-108 采用的是真空功率放大管。随着晶体放大管技术的发展，此后的有源相控阵天线普遍采用固态功率放大器。70 年代末，美国成功研制了第一部固态有源相控阵雷达 AN/FPS-115，用于空间目标探测和弹道导弹警戒。80 年代，美国成功研制了 X 波段的机载多功能有源相控阵雷达样机 AN/APG-77，其 T/R 组件由高效砷化镓器件和单片微波集成电路（MMIC）组成，该雷达安装在 F-22 战斗机上。这种 X 波段的高效 T/R 组件同时被用来构建另一个庞大的系统：战区高空区域防御系统（THAAD）固态有源相控阵，每部相控阵天线有 25344 个 T/R 组件。

随着数字收发技术的快速发展，除了发射机的功率放大器和接收机的低噪声放大器等前端外，有源相控阵天线的发射和接收都实现了数字化，并且采用数字波束形成技术，完整的数字接收机、频率源、波形产生器集成到有源相控阵天线阵面中，构成全新形态的数字阵列天线。由于数字阵列天线波束扫描所需的移相是在数字域实现，相比移相在射频域实现的有源相控阵天线，数字阵列天线在低副瓣电平、大动态范围、波束形成等多个方面性能均有了大幅提升。作为雷达天线技术发展方向之一，目前国内外已有多型雷达装备采用数字阵列天线技术，例如美国 E-2D 预警机装备的 AN/APY-9 雷达、美国海军的 AMDR-S 雷达。

得益于材料、工艺、器件等众多基础理论和工程技术的创新突破，相控阵天线的应用领域、安装平台不断扩展，从无源到有源、从模拟到数字、从自适应到智能化，技术研究范畴正日趋扩大，相控阵天线已经成为衡量雷达系统信息化水平的重要标志之一。当前相控阵天线正在朝着宽频化、数字化、高集成方向发展，毫米波技术、微波光子技术，以及新材料与新工艺都将推动相控阵天线进入一个全新的发展阶段。

1.2　天线在雷达中的作用

在雷达中，天线的作用是将发射机产生的导波场转换成空间辐射场，并接收目标反射的空间回波，将回波能量转换成导波场，由传输线馈送给雷达接收机。天线的前一个作用称为发射，后一个作用称为接收。有的雷达采用两部天线，分别用进行发射和接收，但绝大多数雷达都采用一部收、发共用天线。雷达一般还要求天线实现以下主要功能。

（1）发射时，要求天线像探照灯一样，将辐射能量集中照射目标方向。

（2）接收时，收集指定方向返回的目标微弱回波，在天线的接收端产生可检测的电压信号，同时抑制其他方向来的杂波或干扰。

（3）测量目标的距离和回波的方向。和一般电子设备天线（通信、广播、导航、对抗）相比，由于要满足高功率和高分辨力两个要求，往往增加了雷达天线设备的复杂性、难度和造价。

天线将辐射能量集中照射在某个方向的能力用增益来表示。增益与天线的口径面积成正比，与工作波长的平方成反比。在工作波长一定的情况下，天线的口径尺寸越大，天线的增益越高；同样，在口径尺寸一定时，工作波长越大增益越小。一般而言，雷达都希望增益高一点。从雷达方程可以看出，在其他条件不变的情况下，天线增益越高就意味着更远的作用距离。

在接收时，天线收集目标回波的能力用天线的有效口径面积表示。天线的有效口径面积与增益是相关的，大的有效口径面积意味着高的天线增益。在很多情况下，天线的接收能力也用增益表示。

在这里，有必要先介绍一下收发天线的互易定理：如果一部天线不包含非互易器件，那么发射或接收具有相同的性能，即在分析天线的技术特性时，可以为了方便研究问题，将天线按发射处理，也可按接收处理，因此，同一部天线发射增益和接收增益相等。

一般来说，任何天线都具有方向性，即天线向不同方向辐射的功率密度或场强不同。天线辐射能量在自由空间的分布关系用方向图或方向图函数表示。理论推导的辐射分布一般用方向图函数表示，实际测量或计算的辐射分布通常用坐标曲线图的方式即方向图来表示。方向图是在以天线辐射中心为球心，半径足够大的球面上，绘制的辐射场的功率密度或场强随 θ、ϕ 变化的图形。

在接收时，天线也有方向性，即对不同方向 (θ,ϕ) 入射的电磁波的响应不同。在天线输出端产生的信号强度与入射电磁波方向 (θ,ϕ) 的关系称为天线的接收方向图。根据天线的互易定理，天线的接收方向图和发射方向图是相同的。天线方向图由一些花瓣似的包络组成，其中峰值最大的瓣称为主瓣，其余较小的瓣称为副瓣或旁瓣。

天线方向图根据主瓣形状分为全向波束、针状波束或笔形波束、扇形波束和赋形波束四类。

全向波束天线一般用于广播电视的发射天线，以实现一站发射，多用户接收。后三种形式的天线在不同用处的雷达中都有应用。目标指示雷达一般采用针状波束天线，空中情报雷达常采用扇形波束天线。

进行空中搜索的两坐标情报雷达，只需要提供目标的距离和方位角，因此一般采用方位面窄、俯仰面宽的扇形波束，以便天线在一次旋转过程中覆盖所有需要监视的空域，而三坐标雷达还需要测量目标的高度。早期的三坐标雷达多采用配高制雷达增加一个方位面宽、俯仰面窄的天线进行俯仰方向的扫描；目前一般采用方位面窄波束、俯仰面堆积多波束的天线进行比幅测高。为了获得高的目标指向角测量精度，希望天线波束窄一些。窄波束也意味着雷达可以分辨两个靠得很近的目标。

雷达通过设置检测电平或检测门限的方法来屏蔽副瓣方向的信号，而只接收主瓣方向的回波。通过雷达波束的扫描，可以决定目标的方向。可以采用机械方法转动天线实现波束扫描，也可以采用数控方法实现波束的扫描，后者如相控阵天线或频率扫描天线。

在天线扫描过程中，副瓣可能会照射到一些回波很强的物体，从而在天线的输出端产生超过检测门限的信号电平，干扰雷达的正常工作，使雷达误以为在副瓣方向上有目标存在。因此希望天线的副瓣电平尽可能低，以便抑制这些干扰。低的副瓣电平还可以提高雷达抑制来自副瓣方向积极干扰的能力。对于机载脉冲多普勒雷达，低的副瓣电平对于抑制地杂波是必需的。

在理论上，可以将副瓣电平压低到任意值，但实现起来则受到理论研究、工

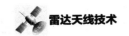

程设计和制造公差等因素的限制。最著名的低副瓣天线是美国 E-3A 预警机采用的波导裂缝天线,其副瓣电平低于−50dB。从天线的理论分析可以知道,降低天线的副瓣电平必然导致主瓣展宽,降低天线的口径利用率。所以在实际应用中,并不会一味地追求过低的副瓣电平。但是,能够实现更低的副瓣电平,很大程度上反映了天线技术的发展状况。

假定以天线中心为球心,天线的辐射方向为球的径向,辐射电场矢量和磁场矢量都垂直于辐射方向。当球的半径很大时,在球面的局部区域内,天线的辐射场可以被看成平面波。在与辐射方向垂直的平面内,即辐射电场和磁场所在的平面内,用电场矢量随时间变化划过的轨迹定义辐射波的极化。最一般的情况是椭圆极化,典型的情况是线极化。圆极化是椭圆极化的理想情况。天线的辐射场可能有各种极化方式,但都可分解成两个正交方向的线极化的线性组合。天线两个正交线极化分量有各自的方向图。

天线的性能随频率的变化而变化。带宽的含义是天线性能指标能够满足要求的频率范围。

天线的各项性能指标之间有一定的关系,往往改变某项性能会影响其他指标。天线的工程设计就是在满足总体要求的情况下对各项指标进行适当的折中。

1.3 天线的基本理论

1.3.1 矢量位和波动方程

前面已经提到,天线作为发射时所具有的性能与作为接收时的性能相同,这就是天线的互易定理。在天线的分析中,往往从发射的角度来考虑较为方便,也更容易理解,所得到的结论对接收同样适用。

从天线输入端馈入的高频电磁波能在天线表面激励起高频交变电流,分布在天线表面上的这些交变电流产生向外传播的辐射场。已知电流分布,可以直接积分求解辐射电磁场,但这个积分非常复杂。在天线的分析当中,一般都引入矢量位 A 来简化数学运算。根据 Maxwell 方程得到矢量波动方程

$$\nabla^2 A + \omega^2 \mu\varepsilon A = -\mu J \tag{1.1}$$

式中,ω 为角频率;μ 为磁导率;ε 为介电常数;J 为电流强度。

根据矢量波动方程可以求解矢量位 A。在求得矢量位后,辐射场的电场强度 E 和磁场强度 H 分别为

$$E = -\mathrm{j}\omega A - \mathrm{j}\frac{\nabla(\nabla \cdot A)}{\omega\mu\varepsilon} \tag{1.2}$$

$$H = \frac{1}{\mu} \nabla \times A \qquad (1.3)$$

在直角坐标系中，矢量波动方程可以分解成三个直角分量的标量方程

$$\begin{cases} \nabla^2 A_x + \omega^2 \mu \varepsilon A_x = -\mu J_x \\ \nabla^2 A_y + \omega^2 \mu \varepsilon A_y = -\mu J_y \\ \nabla^2 A_z + \omega^2 \mu \varepsilon A_z = -\mu J_z \end{cases} \qquad (1.4)$$

这三个标量方程具有相同的形式，因此只要求解其中的一个，其余两个方程可用同样的方法求解。先来看点电流源这种数学上最为简单的情况。假设点电流源的尺寸无穷小，指向为 $\hat{z}$，幅度为 $1/\mu$ 个电流单位。令 $\beta^2 = \omega^2 \mu \varepsilon$，则 $\beta = 2\pi/\lambda$ 为自由空间传播常数，λ 为工作波长，有

$$\nabla^2 \psi + \beta^2 \psi = -\delta(x, y, z) \qquad (1.5)$$

式中，$\delta(x, y, z)$ 为单位脉冲函数，表示位于坐标原点的点源。在分析中，我们假定天线位于各向同性、线性、无耗的无限大自由空间，ε 和 μ 可以分别用 ε_0 和 μ_0 替代，在坐标原点以外有

$$\nabla^2 \psi + \beta^2 \psi = 0 \qquad (1.6)$$

该方程称为标量波动方程，又称亥姆霍兹方程。该方程的两个可能解为 $e^{j\beta r}/r$ 和 $e^{-j\beta r}/r$，分别代表沿径向向坐标原点传播的波和从原点沿径向向外传播的波。对应我们所求解的位于坐标原点的点源的场，从原点向外传播的波才有物理意义，解为

$$\psi = \frac{e^{-j\beta r}}{4\pi r} \qquad (1.7)$$

理想点电流源的指向为 $\hat{z}$，则 $\psi = A_z$。对于在区域 V 内任意的 $\hat{z}$ 向电流分布 $J_z(x, y, z)$，可以分解成很多小电流元。假定我们讨论的天线所在空间媒质是线性的，标量波动方程为线性方程，根据叠加原理，有

$$A_z(p) = \iiint_V \mu J_z(x, y, z) \frac{e^{-j\beta R}}{4\pi R} dv \qquad (1.8)$$

式中，R 为电流元到场点的距离。

对于区域 V 内的 $\hat{x}$ 分量和 $\hat{y}$ 分量的电流源，矢量位的另外两个分量 A_x 和 A_y 有同样形式的积分表达式，因此

$$A(p) = \iiint_V \mu J(x, y, z) \frac{e^{-j\beta R}}{4\pi R} dv \qquad (1.9)$$

场点 p 与分布电流源的坐标关系如图 1.1 所示。

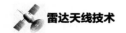

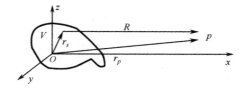

图 1.1　场点 p 与分布电流源的坐标关系

已知矢量位 $\boldsymbol{A}$，根据式（1.2）、式（1.3）可以求得电场强度和磁场强度，剩下的问题是要求解给定电流分布 $\boldsymbol{J}(x,y,z)$ 的矢量位 $\boldsymbol{A}$，即求解式（1.9）的积分。

1.3.2　理想电偶极子

理想电偶极子是指长度 $l \ll \lambda$，其电流分布等幅同相的线电流源，又称基本电振子。理想电偶极子实际上是不存在的，因为导线开路端的电流必定为零，所以不可能实现导线上等幅同相的电流分布。但是一个任意幅度、相位分布的线电流天线可以分解成许多个小单元，在每个单元上的电流分布可以近似为等幅同相分布，整个线天线的辐射等于所有等幅同相分布电流单元的叠加。对于一个具有任意面电流分布的天线，可以分解成许多细电流条，在细电流条的宽度方向上电流分布可以近似均匀，这些细电流条再分解成理想电偶极子。根据叠加原理，空间任意的电流分布，都可以由理想电偶极子的辐射场积分得到。理想电偶极子是最简单的辐射问题，但从这个最简单的问题入手，我们可以理解天线辐射的一些重要基本概念。理想电偶极子场点和源点的几何关系如图 1.2 所示。

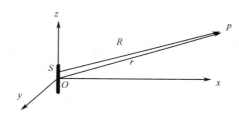

图 1.2　理想电偶极子场点和源点的几何关系

现在来看一个中心位于坐标原点的理想电偶极子，其长度为 Δz，电流的幅度为常数 I，电流的指向为 $\hat{z}$。根据式（1.9），有

$$A(p) = \hat{z}\mu I \int_{-\Delta z/2}^{\Delta z/2} \frac{\mathrm{e}^{-\mathrm{j}\beta R}}{4\pi R}\mathrm{d}z' \qquad (1.10)$$

$S(0,0,z')$ 为理想电偶极子上的点，称为源点；$p(x,y,z)$ 为观测点，称为场点。r 远大于 Δz 的观测点（$r \gg \Delta z$），因为偶极子的尺寸 $\Delta z \ll \lambda$，偶极子上每一点

$S(0,0,z')$ 到 $p(x,y,z)$ 点的距离 R 远大于 $\Delta z/2$，所以 $|R-r| \ll \lambda$，且 $|R-r| \ll r$，可以将偶极子上每一点到 $p(x,y,z)$ 点的距离都近似地看作相等

$$R = \sqrt{x^2 + y^2 + (z-z')^2} \approx \sqrt{x^2 + y^2 + z^2} = r$$

有

$$A(p) = \mu I \Delta z \frac{e^{-j\beta r}}{4\pi r} \hat{z} \tag{1.11}$$

根据式（1.2）、式（1.3），理想电偶极子产生的场为

$$E(p) = j\omega\mu I \Delta z \left[1 + \frac{1}{j\beta r} - \frac{1}{(\beta r)^2} \right] \frac{e^{-j\beta r}}{4\pi r} \sin\theta \hat{\theta} +$$

$$2\omega\mu I \Delta z \left[\frac{1}{\beta r} - j \frac{1}{(\beta r)^2} \right] \frac{e^{-j\beta r}}{4\pi r} \cos\theta \hat{r} \tag{1.12}$$

$$H(p) = j\beta I \Delta z \left[1 + \frac{1}{j\beta r} \right] \frac{e^{-j\beta r}}{4\pi r} \sin\theta \hat{\phi} \tag{1.13}$$

天线周围的空间一般分成三个区域，在这三个区域中，天线产生的场具有不同的特性。第一个区域是距离天线较远的区域，在这个区域，天线产生的场主要表现为辐射场，这个区域称为远场区，又称 Fraunhofer 区。在远场区以内称为近场区。近场区又分成两个区域，分别是感应近场区和辐射近场区。感应近场区是距离天线很近的区域，在这个区域，天线产生的场具有静态感应场的特性，因此这个区域的场称为感应近场。在感应近场区和远场区之间的区域称为辐射近场区，这个区域是感应场向辐射场过渡的区域，又称 Fresnel 区。

1. 远场或辐射场

现在来考察远场。如果 $r \gg \lambda$，则 $\beta r \gg 1$，作为近似结果，式（1.12）、式（1.13）括号里所有 βr 的倒数项都可忽略，理想电偶极子的场近似为

$$E(p) = j\omega\mu I \Delta z \frac{e^{-j\beta r}}{4\pi r} \sin\theta \hat{\theta} \tag{1.14}$$

$$H(p) = j\beta I \Delta z \frac{e^{-j\beta r}}{4\pi r} \sin\theta \hat{\phi} \tag{1.15}$$

根据 p 点的场值，可以求出该点的功率流密度——坡印廷矢量为

$$S(p) = \frac{1}{2} E(p) \times H(p)^*$$

$$= \frac{1}{2} \left(\frac{I\Delta z}{4\pi} \right)^2 \omega\beta\mu \frac{\sin^2\theta}{r^2} \hat{r} \tag{1.16}$$

可见，其坡印廷矢量的幅度为实数，指向为径向，表示从源点沿径向向外流

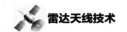

出的功率。实际上，根据式（1.12）和式（1.13）直接求出完整的坡印廷矢量，再取实部，得到的结果与式（1.16）完全相同。

在空间某一点处，电场和磁场的强度与 r 成反比，在这一点处代表向外辐射功率密度的坡印廷矢量与 r^2 成反比。在以 r 为半径的球面上 p 点处，向外辐射的功率微分为

$$\mathrm{d}\boldsymbol{S} = \boldsymbol{S}(p) \cdot r^2 \hat{\boldsymbol{r}} \sin\theta \mathrm{d}\theta \mathrm{d}\phi = \frac{1}{2}\left(\frac{I\Delta z}{4\pi}\right)^2 \omega\beta\mu\sin^3\theta \mathrm{d}\theta \mathrm{d}\phi \qquad (1.17)$$

在该方向立体角单元 $\mathrm{d}\Omega = \sin\theta \mathrm{d}\theta \mathrm{d}\phi$ 内的功率流为

$$\mathrm{d}\boldsymbol{S} = \boldsymbol{S}(p) \cdot r^2 \hat{\boldsymbol{r}} \mathrm{d}\Omega = \frac{1}{2}\left(\frac{I\Delta z}{4\pi}\right)^2 \omega\beta\mu\sin^2\theta \mathrm{d}\Omega \qquad (1.18)$$

单位立体角内的功率流密度为

$$R_s(\theta,\phi) = \frac{\mathrm{d}\boldsymbol{S}}{\mathrm{d}\Omega} = \frac{1}{2}\left(\frac{I\Delta z}{4\pi}\right)^2 \omega\beta\mu\sin^2\theta \qquad (1.19)$$

这是一个仅与角度有关，而与距离 r 无关的量，称为辐射强度，是指在某个方向上单位立体角内辐射的功率密度。辐射强度与角度的关系就是天线辐射的方向性。理想电偶极子的辐射强度与角度的关系是 $\sin^2\theta$，与 ϕ 无关。

通过 $\boldsymbol{S}(p)$ 在包围该理想电偶极子的闭合曲面上积分可以得到流出的总功率，选择以偶极子源点为中心的球面可以简化推导

$$P = \iint \boldsymbol{S}(p) \cdot \mathrm{d}\boldsymbol{S} = \frac{\omega\beta\mu}{12\pi}(I\Delta z)^2 \qquad (1.20)$$

式（1.20）的积分值与球面的半径 r 无关，即任何流出包围该电偶极子球面的功率是恒定的，表现出向外辐射功率的特性，因此式（1.14）和式（1.15）称为辐射场。

上述结果是忽略了 $1/(\beta r)$ 的高次项而得到的。严格地说，辐射强度仅与方向角有关，而与距离 r 无关的结论只有在无限远处才正确。在有限远处，辐射强度是与 r 有关的。但是只要距离足够远，就可以近似地认为辐射强度与 r 无关。要到多远处才可以将辐射强度看成仅与角度有关而与距离 r 无关的量，与天线的尺寸有关，还与具体应用场合对精度的要求有关。

辐射电场和磁场都与传播方向 $\hat{\boldsymbol{r}}$ 垂直，并且相互正交，表明辐射场为横电磁波，辐射电场与磁场的幅度与球面半径 r 成反比，相位沿径向按 $\mathrm{e}^{-\mathrm{j}\beta r}$ 的关系延迟。这些特征表明，理想电偶极子的辐射场是球面波。辐射电场与磁场幅度的比值为

$$\frac{E_\theta}{H_\phi} = \frac{\omega\mu}{\beta} = \sqrt{\frac{\mu}{\varepsilon}} = \eta_s \qquad (1.21)$$

η_s 称为媒质的特征阻抗，在自由空间，$\eta_s \approx 377\Omega$，等于自由空间平面波的

特征阻抗。当球的半径很大时，在球面上某一点的局部区域，辐射场呈现平面波的特征。

2. 感应近场

当场点 p 到理想电偶极子中心的距离 r 与理想电偶极子的长度 Δz 相当的时候，式（1.14）~式（1.16）无效。在这样的区域，式（1.12）、式（1.13）中 $1/(\beta r)$ 的高次项是主要项，其他项可以忽略，且 $\mathrm{e}^{-\mathrm{j}\beta r} \approx 1$。考虑到理想电偶极子两端因电流不连续会积累电荷 q，由连续性方程，有 $q = I/\mathrm{j}\omega$，因此，p 点的场为

$$H(p) = \frac{\beta I \Delta z}{4\pi r^2} \sin\theta \hat{\boldsymbol{\phi}} \tag{1.22}$$

$$E(p) = \frac{q\Delta z}{4\pi\varepsilon r^3}\sin\theta\hat{\boldsymbol{\theta}} + \frac{q\Delta z}{2\pi\varepsilon r^3}\cos\theta\hat{\boldsymbol{r}} \tag{1.23}$$

注意到式（1.22）的磁场与恒电流元在周围产生的感应磁场相同，而式（1.23）的电场与相距 Δz 的两个 $\pm q$ 静电偶极子所产生的静电场相同。总之，这个区域的电场和磁场主要表现为静态场的特性，因此又称准静态场或感应场。我们注意到感应场的电场和磁场有 90° 相差，其坡印廷矢量为虚数，说明这个场不具有向外辐射的功率流，而仅仅是随时间变化，相互交换的电场储能和磁场储能。需要指出的是，在这个区域，辐射场仍然存在，只是比感应场小。事实上，辐射功率流由电偶极子上的源产生，通过所有的区域向外辐射，一直到远场区。通过对辐射功率和储能功率的计算可以发现，在半径为 $2\pi/\lambda$ 的球面上，辐射功率与储能功率相等。在这个球面内，储能功率大于辐射功率，在这个球面外，辐射功率大于储能功率。这个球面称为辐射球，球面以内的区域称为感应近场区。

3. 辐射近场

在感应近场区和远场区之间的区域称为辐射近场区。在这个区域，随着 r 的增加，储能迅速衰减，辐射功率密度按角度的分布随着辐射源的距离变化而变化。

在后面各章的具体天线设计或分析中，除特别说明外，我们主要关注天线远场区的特性。

1.3.3 直线电流源辐射场

假定该直线电流源位于 z 轴，长度为 l，中心与原点重合，其矢量位与理想电偶极子的积分表达式（1.10）相似，即

$$A(p) = \hat{z}\mu \int_{-l/2}^{l/2} I(z') \frac{\mathrm{e}^{-\mathrm{j}\beta R}}{4\pi R} \mathrm{d}z' \tag{1.24}$$

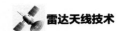

如果观察点 $p(x,y,z)$ 到电流源上任何一点的距离远大于电流源的长度，即 $r \gg l$，式（1.24）中被积函数分母中的 R 可用 r 替代。但由于电流源的长度与波长可比拟，那么在整个积分范围 $(-l/2, l/2)$ 里，R 与 r 的差别与波长 λ 可比拟，被积函数的指数项 $e^{-j\beta R}$ 不能用一个常量代替，即 $e^{-j\beta R}$ 中的 R 不能直接用 r 替换。从物理意义上来说，观察点的场是由线电流源每一点贡献之和构成的，由于线电流源上不同点到观察点的距离差可与波长比拟，所以由此造成各点对场的贡献的相位差不可忽略。这时有

$$R = \sqrt{r^2 + z'^2 - 2rz'\cos\theta} \tag{1.25}$$

将式（1.25）按泰勒级数展开，得到

$$R = r - \cos\theta z' + \frac{\sin^2\theta}{2r}z'^2 + \frac{\sin^2\theta\cos\theta}{2r^2}z'^3 + \cdots \tag{1.26}$$

由于 r 远大于辐射源的长度 l，即远大于辐射源上任意一点的 z' 值，所以对式（1.24）指数项中的 R，可仅取级数的前两项，有

$$R = r - \cos\theta z' \tag{1.27}$$

代入式（1.24）得到

$$A(p) = \hat{z}\mu \int_{-l/2}^{l/2} I(z') \frac{e^{-j\beta(r-z'\cos\theta)}}{4\pi R} \mathrm{d}z' \tag{1.28}$$

$$A_z = \mu I l \frac{e^{-j\beta r}}{4\pi r} f(\theta) \tag{1.29}$$

其中

$$f(\theta) = \frac{1}{Il} \int_{-l/2}^{l/2} I(z') e^{j\beta z'\cos\theta} \mathrm{d}z'$$

$f(\theta)$ 是仅与观察点的方向角有关的函数，如果已知线源上的电流分布 $I(z')$，即可积分求得。得到了观察点的矢量位函数后，即可根据式（1.2）和式（1.3）计算远区的辐射电场和磁场

$$E = -j\omega A - j\frac{\nabla(\nabla \cdot A)}{\omega\mu\varepsilon} = j\omega\sin\theta A_z \hat{\theta} \tag{1.30}$$

$$H = \frac{1}{\mu}\nabla \times A = \frac{j\beta}{\mu}\sin\theta A_z \hat{\phi} \tag{1.31}$$

注意到式（1.30）最后的结果为 $-j\omega A$ 与 $\hat{r}$ 垂直的横向分量，这个结果对任意分布的 $\hat{z}$ 向电流辐射源都是正确的，并不仅限于线源。

下面来看一个特例，假定上面讨论的直线辐射源的电流分布是均匀的，我们来求解远区辐射场。由式（1.29）有

$$f(\theta) = \frac{1}{l}\int_{-l/2}^{l/2} e^{j\beta z'\cos\theta}\mathrm{d}z' = \frac{\sin[\beta(l/2)\cos\theta]}{\beta(l/2)\cos\theta} \tag{1.32}$$

由式（1.30）得到电场

$$E_\theta = j\omega\mu Il \frac{e^{-j\beta r}}{4\pi r} f(\theta)\sin\theta \qquad (1.33)$$

根据远区辐射电场和磁场分量的关系，可简单地得到磁场

$$H_\phi = E_\theta / \eta \qquad (1.34)$$

辐射电场表达式（1.33）中的 $e^{-j\beta r}/(4\pi r)$ 表示辐射场的球面波特性，这一部分与理想电偶极子相同；$f(\theta)\sin\theta$ 部分只与方向角有关，表示辐射场的方向性。由于该直线电流辐射源位于 z 轴，是一个旋转对称结构，即围绕着电流辐射源，在任何 ϕ 角观察，源完全相同，所以辐射场也具有旋转对称性，与 ϕ 无关。

1.3.4 任意电流分布的辐射场

上述分析方法可以推广应用到任意电流分布的辐射源，但电流源长度必须是有限的。前面已经讨论过，任意电流分布可以分解成三个直角坐标分量，将矢量波动方程式（1.1）分解成三个直角坐标分量的标量波动方程式（1.4）。现在我们只要讨论 $\hat{z}$ 方向电流分量的场，其他方向电流分量的场的分析方法与 $\hat{z}$ 方向相同。通过坐标旋转变换，可以将其他方向的电流分量变换成 $\hat{z}$ 方向的电流分量，求解后将电场和磁场再变换回原来的方向。

$\hat{z}$ 方向电流分量的矢量位由式（1.8）的积分给出，问题是被积函数中指数部分的 R 如何处理。回顾 1.3.3 节对 z 轴上的线电流分布分析，源点到场点的距离 R 与坐标原点到场点的距离 r 的关系由式（1.26）表示。当场点距离辐射源很远时，即 r 远大于辐射源的长度 l 时，式（1.26）可用式（1.27）近似。

仔细观察式（1.27）可以发现，当场点 p 在无限远时，p 点与辐射源上任意一点的连线和 p 点与坐标原点的连线平行，如图 1.3（a）所示。这时用式（1.27）代替式（1.26）没有误差。因此，上一节对有限长直线电流分布在远区的矢量位的推导在无限远处才是严格的。那么，在对任意电流分布进行分析时，我们同样假定场点在无限远处，这时电流源上任意一点到场点的连线与坐标原点到场点的连线平行。如图 1.3（b）所示，r_s 为源点位置矢量，$\hat{r}$ 为场点方向的单位矢量，这两个矢量的夹角为 α，有

$$R = r - r_s \cdot \hat{r} = r - r_s\cos\alpha \qquad (1.35)$$

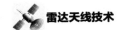
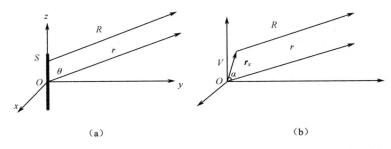

（a）   （b）

图 1.3   线电流分布和任意有限尺寸电流分布

式（1.8）指数项中的 R 用式（1.35）替换，而分母中的 R 直接用 r 替换，得到

$$A_z(p) = \mu \frac{\mathrm{e}^{-\mathrm{j}\beta r}}{4\pi r} \iiint\limits_{V} J_z(x,y,z)\mathrm{e}^{\mathrm{j}\beta r_s \cos\alpha}\mathrm{d}v \qquad (1.36)$$

式中积分仅与方向角有关，为

$$f(\theta,\phi) = \frac{1}{K} \iiint\limits_{V} J_z(x,y,z)\mathrm{e}^{\mathrm{j}\beta r_s \cos\alpha}\mathrm{d}v \qquad (1.37)$$

式中，常数 K 的选取使得 $f(\theta,\phi)$ 的最大值为 1，有

$$A_z(p) = \mu K \frac{\mathrm{e}^{-\mathrm{j}\beta r}}{4\pi r} f(\theta,\phi) \qquad (1.38)$$

远区辐射电场为

$$\boldsymbol{E} = \mathrm{j}\omega\mu K \frac{\mathrm{e}^{-\mathrm{j}\beta r}}{4\pi r} f(\theta,\phi)\sin\theta\hat{\boldsymbol{\theta}} \qquad (1.39)$$

磁场可简单地由电场、磁场和波阻抗的关系式（1.34）得到。通过比较，可以看出任意电流分布的远区电场式（1.39）和直线电流远区电场式（1.33）有相同的形式。远区场的坡印廷矢量为

$$\boldsymbol{S}(p) = \frac{1}{2}\omega\mu\beta\left(\frac{1}{4\pi r}\right)^2 K^2 f^2(\theta,\phi)\sin^2\theta\hat{\boldsymbol{r}} \qquad (1.40)$$

单位立体角内的辐射功率，即辐射强度为

$$R_s(\theta,\phi) = \frac{1}{2}\left(\frac{1}{4\pi}\right)^2 \omega\mu\beta K^2 f^2(\theta,\phi)\sin^2\theta \qquad (1.41)$$

1.3.5   远场条件

在对电流分布辐射源的远区场推导中，我们做了三个近似处理。第一是在远区场的推导中忽略 $1/(\beta r)$ 的高次项，能够这样做的条件是 $\beta r \gg 1$，即 $r \gg \lambda$；第二是在求解矢量位的积分中，被积函数分母中的 R 用 r 替代；第三是假定观察点在无限远处，这样辐射源上的每一点到观察点的连线相互平行，计算天线方向性的

积分式（1.37）才是正确的。然而，由式（1.39）和式（1.40）可以看出，在无限远处辐射电场强度或功率密度趋近于零。在实际应用中，工作点不可能在无限远处，我们关心的远场区点都是有限距离的，而在有限距离的区域，上述对远区辐射场的推导得到的是近似结果。

从前面的分析可以看出，观察点的场是辐射源上每一点贡献的相量叠加。由于辐射源上的每一点到观察点的路程不同，因此引入了相位差，并且对不同方向的观察点，有不同相位差关系，这个相位差造成了作为相量叠加效果的天线辐射场的方向性。

辐射源上每一点到无限远处观察点的路程差与到有限距离观察点的路程差是不同的。那么，在多远的距离以外，上述结果的误差对方向性的影响是可以接受的？误差又是多少？工程上的考虑是观察点应距离天线足够远，使得当天线辐射源上任意一点到观察点的距离按照平行线方法处理时，误差不超过 $\lambda/16$，辐射源上每一点贡献的相对相位误差就不大于 $\pi/8$。在这个距离 R_f 以外的区域定义为远场区，R_f 称为远场距离。

仍考虑位于 z 轴上的线电流天线这种较简单的情况。天线的长度为 l，坐标原点位于线天线的几何中心。根据上述准则，式（1.26）和式（1.27）的差应小于 $\lambda/16$，并且忽略高阶项，有

$$\frac{z'^2 \sin^2\theta}{2r} \leqslant \frac{\lambda}{16} \tag{1.42}$$

显然，在天线的两端点上，即 $z' = l/2$，并且当 $\theta = 90°$ 时误差最大，所以

$$\frac{(l/2)^2}{2R_f} = \frac{\lambda}{16} \tag{1.43}$$

得到远场距离

$$R_f = 2\frac{l^2}{\lambda} \tag{1.44}$$

对于任意形状的辐射源，假设天线辐射源的最大尺寸为 L，式（1.44）仍然适用，远场距离为 $R_f = 2L^2/\lambda$。将上面三个条件归纳起来，构成了天线的远场条件

$$\begin{cases} R_f = 2L^2/\lambda \\ R_f \gg \lambda \\ R_f \gg L \end{cases} \tag{1.45}$$

需要说明的是，上述远场条件是在误差小于 $\lambda/16$ 的条件下得到的。如果在某些特殊场合希望有更高的精度，例如，在处理超低副瓣天线时，会要求误差小于 $\lambda/32$，这时的远场距离应为 $R_f = 4L^2/\lambda$。

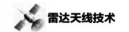

1.3.6 辐射方向图

天线的辐射场具有方向性，即在不同的方向辐射场的强度不同。不同的天线方向性不同，这是天线最重要的特征。天线的方向性可以用函数表示，也可以用一个角度变量的坐标曲线或两个角度变量的曲面来描述。用曲线表示的天线方向性称为方向图，用函数表示的天线方向性称为方向图函数，有时通称为方向图。方向图又分为功率方向图和场强方向图，分别用来描述天线辐射功率的空间分布和辐射场强的空间分布关系。有时还会用相位方向图来描述辐射场相位的空间分布。

辐射强度是指在某个方向单位立体角内的辐射功率流密度，是一个与距离无关，而仅与方向角有关的量，辐射强度就可以看作天线的功率方向图。辐射强度可表示为一个常数与一个仅与方向角 (θ,ϕ) 有关的函数的积

$$R_s(\theta,\phi) = Af^2(\theta,\phi)\sin^2\theta \tag{1.46}$$

在一般情况下，只关心不同方向辐射强度的相对关系，功率方向图函数常用归一化形式表示，即

$$P(\theta,\phi) = \frac{R_s(\theta,\phi)}{\max[R_s(\theta,\phi)]} = f^2(\theta,\phi)\sin^2\theta \tag{1.47}$$

已知天线口径和电流分布，可以通过积分式（1.40）计算天线的方向图。对于理想电偶极子，功率方向图函数为

$$P(\theta,\phi) = \sin^2\theta \tag{1.48}$$

长度为 l，位于 z 轴的均匀线电流辐射源的功率方向图函数为

$$P(\theta,\phi) = \left\{\frac{\sin\left[\beta(l/2)\cos\theta\right]}{\beta(l/2)\cos\theta}\right\}^2 \sin^2\theta \tag{1.49}$$

当 $l = \lambda/2$ 时，方向图函数为

$$P(\theta,\phi) = \left\{\frac{\sin\left[(\pi/2)\cos\theta\right]}{(\pi/2)\cos\theta}\right\}^2 \sin^2\theta \tag{1.50}$$

上述两个例子的辐射源关于 z 轴具有旋转对称性，因此辐射方向图与 ϕ 无关，即在 ϕ 方向无方向性，或者称为在 ϕ 方向具有全向性。为方便起见，方向图通常用 dB 来表示，对于功率方向图，有

$$P(\theta,\phi)_{\mathrm{dB}} = 10\lg P(\theta,\phi) \tag{1.51}$$

在有些场合，也用辐射电场或磁场强度与方向角的关系来描述天线方向性，称为场强方向图。假定辐射电场仅有 θ 方向的分量，则归一化场强方向图为

$$F(\theta,\phi) = \frac{E_\theta(\theta,\phi)}{\max\left[E_\theta(\theta,\phi)\right]} \tag{1.52}$$

因辐射电场和磁场的关系为 $H_\phi = E_\theta/\eta$，则辐射功率为 $E_\theta H_\phi^* = |E_\theta|^2/2\eta$，所以功率方向图和场强方向图有如下关系

$$P(\theta,\phi) = |F(\theta,\phi)|^2 \tag{1.53}$$

用 dB 表示的场强方向图为

$$|F(\theta,\phi)|_{dB} = 20\lg|F(\theta,\phi)| \tag{1.54}$$

由式（1.51）和式（1.54）可以看出，采用 dB 表示法时，场强方向图与功率方向图完全相同，即

$$P(\theta,\phi)_{dB} = |F(\theta,\phi)|_{dB} \tag{1.55}$$

典型的雷达天线两维角度变量的曲面方向图又称为立体方向图。从立体方向图中可以直观地了解天线在整个空域的辐射分布情况，但不易定量地标注副瓣电平值和位置，而用包含主瓣最大值切面上的一维方向图可以很方便地表示这些信息。某个切面上的方向图称为平面方向图。

在雷达应用中，通常特别关心两个主平面的方向图，即电场所在切面和磁场所在切面的方向图。电场所在切面的方向图称为 E 面方向图，磁场所在切面的方向图称为 H 面方向图。经常用的水平面方向图和垂直面方向图，分别指包含最大辐射方向与地平面平行切面和与地平面垂直切面内的方向图。对于水平极化天线，水平面方向图即为 E 面方向图，垂直面方向图即为 H 面方向图；对于垂直极化的天线，水平面方向图即为 H 面方向图，垂直面方向图即为 E 面方向图。在有些应用场合，如机载脉冲多普勒雷达，可能会特别关心其他切面的方向图，这些非主平面上的方向图称为交叉平面方向图。

天线的方向图通常由一些称为波瓣的包络组成，包含最大辐射方向的波瓣为主瓣，其他电平较小的瓣为副瓣。有两个因子体现辐射强度随方向角变化，一个是由天线口径上电流分布的积分式（1.37）得到的 $f^2(\theta,\phi)$，另一个是场的横向投影产生的 $\sin^2\theta$。由式（1.37）可以看出，$f^2(\theta,\phi)$ 是由于天线口径上电流源的每一点到辐射场点的距离不同，因而相位滞后不同，在场点相干形成的。$\sin^2\theta$ 为理想偶极子的方向图，考虑到任意电流分布辐射源可以看成是无数个理想偶极子按电流分布加权排列而成的，最后的方向图可看成是理想偶极子的方向图 $\sin^2\theta$ 与口径电流分布的相干结果 $f^2(\theta,\phi)$ 的乘积，类似于阵列方向图等于单元因子与阵因子的乘积。

方向图主瓣两侧两个零点之间的角度范围称为主瓣区，或主瓣零点宽度；在

这两个零点以外的区域称为副瓣区。天线主瓣宽度通常用半功率点波束宽度表示，或称为 3dB 波束宽度，指主瓣上功率为最大值一半的两点之间的夹角，记为 θ_{3dB}，常简称为波束宽度。理想电偶极子的波束宽度为 90°。

对于口径尺寸大于 λ 的天线，某个切面方向图的半功率点波束宽度与工作波长成正比，与天线在这个切面上的口径尺寸成反比，即

$$\theta_{3dB} = k\frac{\lambda}{L} \tag{1.56}$$

式中，系数 k 与口径上的电流分布有关。

副瓣的高低用副瓣电平来描述。副瓣电平指副瓣峰值与主瓣峰值的比值，通常用 dB 表示。所有副瓣中，最高副瓣的电平称为最大副瓣电平。最靠近主瓣的副瓣称为第一副瓣，通常第一副瓣的电平值最大。为满足某种需要进行的特殊设计也可能使得最大副瓣出现在其他位置。设计中的不完善或制造公差都可能造成最大副瓣位置移动。

天线的方向图性能完全由天线的口径形状和口径上的电流分布决定。由式（1.37）可知，天线的方向图为天线口径电流分布的傅里叶变换。电流均匀分布的线口径天线的最大副瓣电平为 -13.3dB，半功率点波束宽度的关系式（1.56）中的系数 $k = 0.88 \, \text{rad}$。在实际雷达工程应用中，经常需要有更低的副瓣电平。因此，天线口径上的电流分布要按边缘递减的方式加权，这时天线的主瓣宽度会展宽，即式（1.56）中的系数 k 将增加。副瓣电平越低，口径边缘的电流分布值也越低，半功率点波束宽度越宽。

描述天线副瓣状况的另一个参数是平均副瓣电平，指在副瓣区域某个指定的角度范围内的平均辐射电平，即

$$\overline{\text{SL}} = \frac{1}{(\theta_2 - \theta_1)} \int_{\theta_1}^{\theta_2} P(\theta) \sin\theta \, d\theta \tag{1.57}$$

接收方向图的含义是天线对从空间不同方向入射的平面波的响应。根据互易原理，天线的接收方向图与辐射方向图是相同的。天线在某个方向的辐射最强，那么天线对从这个方向入射的平面波也有最大的响应；天线在哪个方向的辐射最弱，对这个方向入射的平面波的响应也最弱。

1.3.7　方向性系数与增益

天线的方向性系数定义为在总辐射功率相同情况下，天线最大辐射方向的辐射强度与理想的无方向性天线辐射强度的比值。由式（1.46）可知，天线的总辐射功率为

$$P_r = \iint R_s(\theta, \phi) \mathrm{d}\Omega \tag{1.58}$$

无方向性天线的辐射功率在整个 4π 立体角内均匀分布，总辐射功率为 P_r 的无方向性天线的辐射强度为 $P_r/4\pi$，因此方向性系数为

$$D = \frac{\max\left[AP(\theta, \phi)\right]}{P_r/4\pi} = \frac{4\pi \max\left[P(\theta, \phi)\right]}{\iint P(\theta, \phi)\mathrm{d}\Omega} \tag{1.59}$$

由上式可以看出，方向性系数是仅与方向图有关的无量纲系数。理想偶极子的方向性系数为

$$D = \frac{4\pi \max\left[\sin^2(\theta)\right]}{\iint \sin^2(\theta)\mathrm{d}\Omega} = \frac{4\pi}{2\pi\int_0^{\pi} \sin^3(\theta)\mathrm{d}\theta} = 1.5 \tag{1.60}$$

采用 dB 表示，即

$$D_{\mathrm{dB}} = 1.76\,\mathrm{dB}$$

雷达天线大都采用大口径高方向性天线，假设天线的工作波长为 λ，口径面积为 A，天线口径上的电流为均匀分布，则方向性系数为

$$D = \frac{4\pi A}{\lambda^2} \tag{1.61}$$

前面提到，为了降低天线的副瓣电平，电流分布从口径的中间到边缘必须按递减的方式加权。这时天线的方向性系数为

$$D = \frac{4\pi A}{\lambda^2}\eta_1 \tag{1.62}$$

式中，η_1 为口径利用效率，$0 < \eta_1 \leqslant 1$。

通过口径分布加权的方式可以得到低的副瓣电平，这时虽然副瓣辐射的能量减少，主瓣辐射的能量增加，但天线的方向性系数反而下降了。这是因为集中到主瓣中的能量并没有使最大辐射方向的辐射密度增加，而是使得主瓣宽度有较大增加的缘故。

根据互易原理，天线用于接收时具有和发射时相同的方向性，即式（1.62）仍然正确。这时将天线的口径面积与口径利用系数的积 $A_e = A\eta_1$ 定义为天线的有效口径面积具有更明确的物理意义，即：一个从接收天线的最大响应方向入射的均匀平面波照射到天线口径上，接收天线截获的能量正比于天线的有效口径面积。

为了获得足够的探测距离，雷达经常采用方向性系数非常大的天线。在雷达工程中，方向性系数 D 一般采用 dB 表示

$$D_{\mathrm{dB}} = 10\lg D \tag{1.63}$$

用来描述天线集中辐射能力的另一个指标是增益 G。由于馈电系统的失配及天线的欧姆损耗等非理想因素的存在，天线输入端的功率不可能完全辐射到空间。

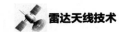

馈线传输到天线端口的能量一部分反射回馈电系统，另一部分转化成热量，剩下的部分才能辐射到空间。天线的失配损失和欧姆损失可以用天线的效率 η_2 表示。增益 G 等于方向性系数乘以天线的效率，即

$$G = \eta_2 D \tag{1.64}$$

采用 dB 表示时，有

$$G_{\mathrm{dB}} = D_{\mathrm{dB}} + \eta_{2\mathrm{dB}} \tag{1.65}$$

这种表示方法在概念上非常直观，因此经常采用。无论是采用线性表示法，还是采用 dB 表示，增益和方向性系数通常都忽略下标，直接用 G、D 表示。

1.3.8 输入阻抗、驻波及损耗

发射机一般要通过一段传输线（又称馈线）与天线的输入端（又称终端）相连。天线要高效地将发射机产生的功率向空间辐射，首先有天线的输入端阻抗与传输线阻抗匹配的问题，其次是天线本身的损耗。与集总参数电路匹配不同的是，在雷达工作的频段，作为负载的天线不是直接与功率源匹配，而是与给天线馈电的传输线匹配。实际上，天线的设计都是基于传输线的，即根据各种传输线的结构特点设计匹配良好的天线形式。发射时考虑将传输线传输的功率尽可能多地辐射到空间中去，接收时将天线接收的信号能量尽可能多地转换到传输线上。只要在所考虑的传输线和天线中没有采用非线性元件，根据互易定理，天线在发射状态和接收状态的匹配关系是相同的。

在雷达系统中，经常采用的传输线形式有平衡双线、同轴线、各种带状线、波导等。对于平衡双线、同轴线和带状线，传输线的特征阻抗为实数，即电抗分量为零，而仅有电阻分量 R_t。天线与传输线的匹配即天线的阻抗 Z_a 与传输线的阻抗 R_t 相等，不相等则为失配。天线输入端的失配将对馈入天线的能量产生反射，在传输线上形成驻波。天线阻抗失配造成传输线输出端口电压反射的大小用反射系数 Γ_a 表示，对应的电压驻波比为 ρ_a，它们之间的关系为

$$\Gamma_a = \frac{Z_a - R_t}{Z_a + R_t} \tag{1.66}$$

$$\rho_a = \frac{1 + |\Gamma_a|}{1 - |\Gamma_a|} \tag{1.67}$$

理想的匹配情况是 $Z_a = R_t$，这时，$\Gamma_a = 0$，$\rho_a = 1$。理想匹配要求天线的电抗部分为零，即天线要谐振，同时电阻与传输线的特征阻抗（仅有电阻分量）相等。在实际情况中，失配不可能完全消失，只能要求天线输入端口的阻抗要尽可能与传输线的一致，即反射越小越好。一方面，可以使得天线真正得到的功率最

大；另一方面，发射时，天线反射的功率经过环行器加在接收机的输入端，减小天线的反射，可以减小对接收机限幅器的压力。

对于波导传输线，阻抗的概念比较复杂，甚至可以说其特征阻抗的概念是不明确的。对基于波导传输线的天线，如波导口辐射器、喇叭等天线一般不用阻抗的概念，而是直接用驻波和反射系数的概念。

进入天线的功率 P_{in} 等于传输线输出的功率 P_t 减去反射的功率 P_{ref}，有

$$P_{in} = P_t - P_{ref} = P_t \left(1 - |\Gamma_a|^2\right) = \eta_2 P_t \qquad (1.68)$$

能量进入天线后到辐射出去要经过天线内部的传输、分配，这些部分或多或少会产生一些损耗，这些损耗的能量一般都转化成热量。天线的失配造成的反射及内部的损耗都损失掉一部分发射机产生的宝贵能量，降低雷达的作用距离，损耗是天线设计中要努力控制的。设天线的欧姆损耗效率为 η_3，则天线辐射到空间的功率 P_r 为

$$P_r = P_{in} - P_\Omega = \eta_3 P_{in} \qquad (1.69)$$

天线内部损耗的能量越小，天线的效率越高。在无损耗的理想情况下，天线效率 $\eta_3 = 1$。综上所述，天线辐射到空间的功率与传输线在天线输入端口的输出功率的关系为

$$P_r = \eta_2 \eta_3 P_t = \eta P_t \qquad (1.70)$$

式中，η 为天线的总效率。天线损耗为对效率 η 的倒数取对数

$$\eta_{dB} = -10 \lg \eta \qquad (1.71)$$

1.3.9　极化

天线极化是描述天线系统的电磁波矢量空间指向的参数。在单一频率上，电磁波表示为时间函数的场矢量端点轨迹的取向和形状。在天线理论和实践中，电磁波为平面波或部分平面波，电场和磁场有恒定的关系，因此，描述电磁波的极化时，通常将电场矢量的空间指向作为天线的极化。

波可以描述为线极化波、圆极化波或椭圆极化波。电场矢量在空间的取向固定不变时，称为线极化波。对于更为复杂的天线辐射的电磁场，其电场将存在两个正交分量。若这些分量的相位不同，则在空间某给定点上的合成电场矢量的方向将以角速度 ω 旋转，总电场矢量的端点轨迹为椭圆形，此时的场称为椭圆极化。当电磁分量具有相同的幅度时，椭圆退变为圆，此时的场称为圆极化波。

在某些场合下，天线接收的波可能是任意的或部分极化波，如来自天体射电源的电磁信号。

椭圆极化波可以视为两个同频线极化的合成，或两个同频反向圆极化波的合成。椭圆极化特性由三个参数表示：轴比（长轴与短轴之比，用 AR 表示）、倾角（参考方向与椭圆长轴之间的夹角，当沿传播方向观察时，倾角为顺时针方向的角度）及旋向。

天线可能会在非预定的极化方向上辐射（或接收）不需要的极化分量，这种不需要的辐射（或接收）极化波称为交叉极化。对于线极化，交叉极化与预定的极化方向垂直；对于圆极化波，其交叉极化与预定的极化旋向相反；对于椭圆极化，交叉极化与预定极化的轴比相同、长轴正交、旋向相反。因此，交叉极化又称为正交极化。

当天线接收的极化与入射平面波一致（或匹配）时，天线获得最大值信号；当接收的极化与入射波的极化不匹配时，由于失配，产生极化损耗。该损失由极化效率来确定。通常，极化效率 ρ 定义为：天线实际接收的功率 P 与极化匹配良好时天线在此方向上应接收的功率 P_m 之比。

对于椭圆极化波，极化效率为

$$\rho=\frac{P}{P_m}=\frac{1}{2}\pm\frac{2\mathrm{AR}_R\mathrm{AR}_T}{\left(\mathrm{AR}_R{}^2+1\right)\left(\mathrm{AR}_T{}^2+1\right)}+\frac{\left(\mathrm{AR}_R{}^2-1\right)\left(\mathrm{AR}_T{}^2-1\right)}{2\left(\mathrm{AR}_R{}^2+1\right)\left(\mathrm{AR}_T{}^2+1\right)}\cos 2\alpha$$

式中，AR_R 和 AR_T 分别表示收发天线的轴比；α 为收发天线极化椭圆长轴之间的夹角。当收发极化波的旋向相同时，式中取"+"；当收发极化波的旋向相反时，式中取"−"。当收发为线极化波时，如果极化同向，$\rho=1$；如果极化垂直，$\rho=0$。当收发为圆极化波时，如果极化旋向相同，$\rho=1$；如果极化旋向相反，$\rho=0$。当发射为线极化，接收为圆极化时（或当发射为圆极化，接收为线极化时），$\rho=1/2$。

在复杂电磁环境下，需要充分挖掘和利用蕴含在电磁波和雷达天线中的极化信息，拓展和完善雷达天线与雷达目标的极化理论，最大限度地利用雷达系统所获得的电磁信息，提高雷达系统的探测能力、感知能力及生存和对抗能力。

1.3.10 天线 RCS

当电磁波在空间中传播，遇到散射体（或目标）后，能量发生衰减且传播方向改变的现象称为电磁散射现象。散射体（或目标）在电磁波的照射下产生感应电流，感应电流的再辐射形成散射体（或目标）的散射场。用雷达散射截面（RCS）来定量表征散射体（或目标）对入射电磁波散射能力的强弱。散射体（或目标）RCS 的大小与它的几何结构、尺寸，以及入射电磁波的频率、极化密切相关。天线作为一种特殊的散射体（或目标），既为散射体又为辐射器。当电磁波照射到天线上时，天线表面产生感应电流，通过感应电流的辐射将电磁能量重新分配到自由空间；另外，一部分入射电磁能量被天线接收，由于天线与接收机负载的不完全匹配而产生反射，经天线重新辐射到自由空间，这是天线特有的散射特性。

天线的 RCS 基本定义是在无限远处，观测方向的散射功率与入射功率密度之比，量纲为 m²，用 σ 表示

$$\sigma = 4\pi \lim_{R \to \infty} R^2 \frac{|E_S|^2}{|E_i|^2} = 4\pi \lim_{R \to \infty} R^2 \frac{|H_S|^2}{|H_i|^2}$$

式中，R 为距观测者的距离；E_i 和 H_i 分别为矢量入射电场和磁场的强度；E_S 和 H_S 分别为矢量散射场电场和磁场的强度。

因此，天线的 RCS 实际由几部分组成，其中的主要部分是天线结构散射、天线模式散射和 RCS 栅瓣（也称 Bragg 瓣）。

天线结构散射（有时称为结构项）由电磁波照射在天线表面所形成的感应电流的辐射而产生，与天线负载无关，散射特性类似于普通目标；天线模式散射（有时称为天线模式项）是考虑在天线负载失配的情况下，部分电磁能量被反射，通过天线的再次辐射回到空间中而形成的散射场。因此，在天线与馈电网络匹配良好的前提下，天线模式项散射比结构项散射小很多。

极化对天线 RCS 的影响也非常大。例如：偶极子类天线，对散射方向与偶极子轴垂直的极化提供极少的后向散射；喇叭形、缝隙阵列等孔径天线完全反射入射的交叉极化，除非做一些预先准备为正交照射提供阻抗匹配。后向散射还受天线几何形状和制造材料类型的影响。天线通常嵌入在某个物体或外壳（如结构仓、天线罩）内，这时组合 RCS 最为重要。安装不当的天线即使吸收能力非常完美，仍可能比不上与周围环境适配的天线。

综上所述，分析、预估、控制和减缩天线 RCS 应主要考虑如下因素。

天线结构 RCS：

- 天线的形状、方向、边缘；
- 与载体的接口；
- 结构腔体和内表面；
- 天线表面的吸波材料或结构。

天线模式 RCS，即来自天线内部的反射：

- 辐射单元或元件；
- 内部主要反射器件的隔离；
- 内部次要反射器件的减少和取消；
- 阵列的均匀性。

栅瓣，即超过射频频段的峰值：

- 较高的工作频段；
- 滤波面（天线罩或天线内）。

降低天线 RCS 可实现天线（和装载平台）隐身的目的。目前，主要有以下天线 RCS 减缩技术：修形技术、加载吸波材料技术和对消技术（包括无源对消和有源对消）。

修形技术是通过改变天线（和装载平台）的外形结构来实现 RCS 的减缩；加载吸波材料技术是通过吸收或大幅减弱入射电磁波的能量来降低 RCS；无源对消和有源对消技术是采用相关措施使散射波相互抵消，从而降低回波散射。此外，还可用各种新材料（如电磁超材料）和新技术（如表面电磁学）来进一步降低天线 RCS。

由于天线既为散射体又为辐射器，在减缩其 RCS 时，还需考虑天线收发电磁波的功能，这就要求在天线设计中合理平衡天线辐射性能与低散射性能之间的矛盾。

1.4 天线常用定理和原理

1.4.1 互易定理

如果当天线用作发射时，其性能是已知的，那么当此天线用于接收时，其性能就可以根据互易定理推出。首先我们推导电磁场中互易定理的一般形式。

假定体积 τ_1 内电流源 J_1 辐射的电磁场为 E_1 和 H_1，体积 τ_2 内电流源 J_2 辐射的电磁场为 E_2 和 H_2，两电流源振荡在同一频率上，且在 τ_1 和 τ_2 之外的空间 τ_3 是线性的，则根据矢量公式

$$\nabla \cdot (A \times B) = B \cdot (\nabla \times A) - A \cdot (\nabla \times B) \tag{1.72}$$

有

$$\nabla \cdot (E_1 \times H_2) = H_2 \cdot (\nabla \times E_1) - E_1 \cdot (\nabla \times H_2) \tag{1.73}$$

由麦克斯韦方程可知，对于正弦变化的场量，有

$$\nabla \times E = -\mathrm{j}\varpi\mu H , \nabla \times H = J + \mathrm{j}\varpi\varepsilon E \tag{1.74}$$

所以式（1.74）可写为

$$\nabla \cdot (E_1 \times H_2) = -\mathrm{j}\omega(\mu H_1 \cdot H_2 + \varepsilon E_1 \cdot E_2) - E_1 \cdot J_2 \tag{1.75}$$

将下标 1、2 对调，可写为

$$\nabla \cdot (E_2 \times H_1) = -\mathrm{j}\omega(\mu H_2 \cdot H_1 + \varepsilon E_2 \cdot E_1) - E_2 \cdot J_1 \tag{1.76}$$

式（1.75）减去式（1.76），得

$$\nabla \cdot (E_1 \times H_2 - E_2 \times H_1) = E_2 \cdot J_1 - E_1 \cdot J_2 \tag{1.77}$$

将式（1.77）两边在体积 τ 上积分，并且根据散度定理把左边的体积分改为面积分，可得

$$\int_{S_\tau}(E_1 \times H_2 - E_2 \times H_1) \cdot \hat{n} \mathrm{d}S = \int_\tau (E_2 \cdot J_1 - E_1 \cdot J_2)\mathrm{d}\tau \qquad （1.78）$$

此处 S_τ 为包含 τ 的封闭面。

当所取的体积扩大到无穷远时，式（1.78）左边的面积分为零，得

$$\int_{\tau_\infty}(E_2 \cdot J_1)\mathrm{d}\tau = \int_{\tau_\infty}(E_1 \cdot J_2)\mathrm{d}\tau \qquad （1.79）$$

式中，τ_∞ 表示积分在整个空间进行。

式（1.79）称为卡森形式的互易定理，它描述了一个源与另一个场之间的关系。

当体积分在除 τ_1 和 τ_2 之外的空间 τ_3 上进行时，由于空间内无源，积分为零，此时式（1.79）左边的面积分应在 S_{τ_1}、S_{τ_2} 和 S_{τ_∞} 上进行，但在无穷远处 S_{τ_∞} 上的积分为零，因此有

$$\int_{S_{\tau_1}+S_{\tau_2}}(E_1 \times H_2 - E_2 \times H_1) \cdot \hat{n} \mathrm{d}S = 0 \qquad （1.80）$$

这就是洛伦兹形式的互易定理，如果 S_{τ_1}、S_{τ_2} 为导电面，如天线表面，则因切向场为零，有

$$\int_{S_{\tau1}+S_{\tau2}}(E_2 \times H_1) \cdot \hat{n} \mathrm{d}S = \int_{S_{\tau1}+S_{\tau2}}(E_1 \times H_2) \cdot \hat{n} \mathrm{d}S = 0 \qquad （1.81）$$

由上述互易定理，可得到接收天线的方向图和发射天线的方向图等效的结论。对于图 1.4 所示的两个天线，如果在天线 1 输入端加电压源 U_1，当天线 2 输入端短路时，产生 E_1、H_1、J_1。

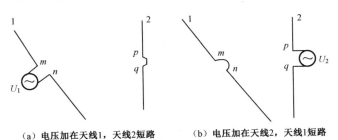

　（a）电压加在天线1，天线2短路　　　　（b）电压加在天线2，天线1短路

图 1.4　互易定理说明

现在将激励源与短路对换，在天线 2 输入端加电压源 U_2，当天线 1 输入端短路时，产生 E_2、H_2、J_2，按照式（1.79），τ_∞ 中无电流，有

$$\int_{\tau_1+\tau_2}(E_2 \cdot J_1)\mathrm{d}\tau = \int_{\tau_1+\tau_2}(E_1 \times J_2)\mathrm{d}\tau = 0 \qquad （1.82）$$

当天线为细导线时，$J\mathrm{d}\tau = I\mathrm{d}l$，式（1.82）变为

$$\int_{l_1+l_2}I_1 E_2 \mathrm{d}l = \int_{l_1+l_2}I_2 E_1 \mathrm{d}l \qquad （1.83）$$

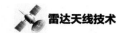

其中，$\boldsymbol{E}_1 \mathrm{d}l$ 在 l_2 上为零，在 l_1 上除输入端 mn 处为 $\int_n^m \boldsymbol{E}_1 \mathrm{d}l = U_1$ 以外也为零。在 mn 处，由天线 2 上的电压 U_2 产生的短路电流 $I_{21} = I_{12}$，这里用双下标表示，第一个下标表示电流的所在点，第二个下标表示产生这一电流的激励源所在点。因此式（1.83）左边等于 $I_{12}U_1$。同样，右边应等于 $I_{21}U_2$，即

$$I_{12}U_1 = I_{21}U_2$$

或者

$$\frac{I_{12}}{U_2} = \frac{I_{21}}{U_1} \tag{1.84}$$

I_{12}/U_2 表示天线 2 上的单位电压在天线 1 上产生的电流，称为天线 1 对天线 2 的互导纳 Y_{12}；I_{21}/U_1 表示天线 1 上的单位电压在天线 2 上产生的电流，称为天线 2 对天线 1 的互导纳 Y_{21}，由式（1.84），得

$$Y_{12} = Y_{21} \tag{1.85}$$

利用式（1.85）可以证明，天线用作发射和接收时具有相同的方向图。如果在天线 1（发射）加上电压 U_1，在天线 2（接收）测得短路电流为 I_{21}，则当天线 2 在以天线 1 为中心的球面上移动时，I_{21} 的大小应正比于天线 1 的发射方向图因子 $f(\theta,\phi)$，即

$$\frac{I_{21}}{U_1} = Y_{21} = Kf(\theta,\phi)$$

现在将天线 2（发射）加上电压 U_2，在天线 1（接收）测得短路电流为 I_{12}，则当天线 1 在以天线 2 为中心的球面上移动时，天线 1 上的电流 I_{12} 的变化正比于天线 1 的接收方向图因子 $f(\theta,\phi)$。但是 I_{12} 的大小正比于 Y_{12}，所以

$$\frac{I_{12}}{U_2} = Y_{12} = Y_{21} = Kf(\theta,\phi)$$

这就证明了天线 1 用作接收和发射时的方向图因子是相同的。此外，还可证明同一天线用作发射和接收时，它的阻抗和增益也都分别相同。

1.4.2　对偶原理

假设只有电流密度 $\boldsymbol{J}$ 和电荷 ρ，没有磁流密度 $\boldsymbol{J}_m$ 和磁荷 ρ_m，麦克斯韦方程的积分形式和微分形式为

$$\begin{cases} \oint_C \boldsymbol{H}\mathrm{d}l = \iint_S (\boldsymbol{J} + \varepsilon \dfrac{\partial \boldsymbol{E}}{\partial t})\mathrm{d}S \\[2mm] \oint_C \boldsymbol{E}\mathrm{d}l = -\iint_S \mu \dfrac{\partial \boldsymbol{H}}{\partial t}\mathrm{d}S \\[2mm] \oiint_S \boldsymbol{H}\mathrm{d}S = 0 \\[2mm] \oiint_S \boldsymbol{E}\mathrm{d}S = \iiint_V \dfrac{\rho}{\varepsilon}\mathrm{d}v \end{cases} \tag{1.86a}$$

$$\begin{cases} \nabla \times \boldsymbol{E} = -\mathrm{j}\varpi\mu\boldsymbol{H} \\[1mm] \nabla \times \boldsymbol{H} = \boldsymbol{J} + \mathrm{j}\varpi\varepsilon\boldsymbol{E} \\[1mm] \nabla \cdot \boldsymbol{E} = \dfrac{\rho}{\varepsilon} \\[1mm] \nabla \cdot \boldsymbol{H} = 0 \end{cases} \tag{1.86b}$$

假设只有磁流密度 $\boldsymbol{J}_m$ 和磁荷 ρ_m，没有电流密度 $\boldsymbol{J}$ 和电荷 ρ，麦克斯韦方程的积分形式和微分形式为

$$\begin{cases} \oint_C \boldsymbol{H}\mathrm{d}l = \iint_S \varepsilon \dfrac{\partial \boldsymbol{E}}{\partial t}\mathrm{d}S \\[2mm] \oint_C \boldsymbol{E}\mathrm{d}l = -\iint_S (\boldsymbol{J}_m + \mu \dfrac{\partial \boldsymbol{H}}{\partial t})\mathrm{d}S \\[2mm] \oiint_S \boldsymbol{E}\mathrm{d}S = 0 \\[2mm] \oiint_S \boldsymbol{H}\mathrm{d}S = \iiint_V \dfrac{\rho_m}{\mu}\mathrm{d}v \end{cases} \tag{1.87a}$$

$$\begin{cases} \nabla \times \boldsymbol{E} = -\boldsymbol{J}_m - \mathrm{j}\varpi\mu\boldsymbol{H} \\[1mm] \nabla \times \boldsymbol{H} = \mathrm{j}\varpi\varepsilon\boldsymbol{E} \\[1mm] \nabla \cdot \boldsymbol{H} = \dfrac{\rho_m}{\mu} \\[1mm] \nabla \cdot \boldsymbol{E} = 0 \end{cases} \tag{1.87b}$$

观察上述两种麦克斯韦方程的形式，我们可以发现式（1.86）和式（1.87）具有相同的数学形式，那么它们的解也有相同的形式，这就是二重性或对偶性。同样形式的方程叫作二重性方程，占有相同地位的量称为二重量，对应关系如下

$$\begin{cases} \boldsymbol{E} \overset{+}{\underset{-}{\rightleftarrows}} \boldsymbol{H} \\[2mm] \boldsymbol{J} \overset{+}{\underset{-}{\rightleftarrows}} \boldsymbol{J}_m \\[2mm] \rho \overset{+}{\underset{-}{\rightleftarrows}} \rho_m \\[2mm] \varepsilon \overset{+}{\underset{+}{\rightleftarrows}} \mu \end{cases} \tag{1.88}$$

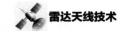

其中左边为电场对应的量，右边为磁场对应的量。

从式（1.88）可以看到，电场对应到磁场时变换关系为正，而磁场对应到电场时变换关系为负。这样利用二重性关系，可以由一类问题的解直接得到另一类问题的解，使得数学方面的工作减轻一半。虽然实际中并没有真正的磁流和磁荷，但通常利用 $E \times \hat{n}$ 表示磁流。

作为数学上的一种对应关系，二重性原理在电磁理论中得到了很多应用。当应用上述对应关系时，相应的边界条件也要作相应的互换，如原来的理想导电面即电场切向分量为零的面（电壁），要换成磁场切向分量为零的面（磁壁）。如果界面上只有电壁和磁壁，而且互相对应，在有些问题中就可以找到电壁和磁壁的对应关系。

例如，振子天线和裂缝天线，振子天线由金属长条构成，它上面为电壁，从磁力图可以看出，在振子所在平面的其余部分，磁场切向分量一定为零，因而是磁壁。同样，在裂缝上磁场切向分量为零，是磁壁，而裂缝所在平面的其余部分为电壁。因而可以利用振子天线的电磁场解，通过二重性原理直接找出裂缝天线的电磁场。

无限大理想金属板上的裂缝天线的方向图和相同面积、形状的金属板（裂缝的互补天线）在无限大空间的方向图相同，差别在于电场和磁场互换，以及裂缝在金属板两面的场量不连续。它们大小相等，方向相反。如果想求裂缝天线在某处产生的电场，可以由它的互补天线求出该点的磁场，然后乘以所在媒质的本征阻抗 η。同样，如果想求裂缝天线在某处产生的磁场，可以由它的互补天线求出该点的电场，然后除以所在媒质的本征阻抗 η。

1946 年，H. G. Booker 将光学中的 Babinet 原理推广到电磁学上，用以证明裂缝天线可以利用其互补天线求解。如果一个屏面是理想导电面（$\sigma = \infty$），其互补结构就是理想导磁面（$\mu = \infty$）。图 1.5（a）左边为一电源，屏面上有一槽口 S_a，它后面的场量用 E_e 和 H_e 表示；图 1.5（b）则是采用互补屏的情况，槽口用磁屏面，其余部分空缺，产生的场量用 E_m 和 H_m 表示；图 1.5（c）是没有屏面的情况产生的场量，用 E_i 和 H_i 表示。

由此，电磁学上的 Babinet 原理为

$$E_e + E_m = E_i \tag{1.89}$$

$$H_e + H_m = H_i \tag{1.90}$$

现在利用电与磁的二重性原理将图 1.5（b）的磁屏换为图 1.5（d）的电屏，同时将电源也换为相应的对偶电源。由此产生的电场 E_d 和磁场 H_d 在数值上应等

于 $\boldsymbol{H}_m$ 和 $-\boldsymbol{E}_m$，于是式（1.89）和式（1.90）变为

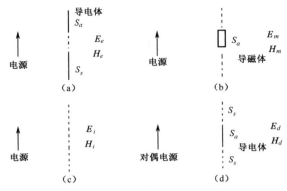

图 1.5 电磁学上的 Babinet 原理

$$\boldsymbol{E}_e - \boldsymbol{H}_d = \boldsymbol{E}_i \tag{1.91}$$

$$\boldsymbol{H}_e + \boldsymbol{E}_d = \boldsymbol{H}_i \tag{1.92}$$

如果将 $\boldsymbol{E}_d$ 和 $\boldsymbol{H}_d$ 看作入射场 $\boldsymbol{E}_{id}$ 和 $\boldsymbol{H}_{id}$ 和电屏散射场 $\boldsymbol{E}_{sd}$ 和 $\boldsymbol{H}_{sd}$ 叠加的结果，即

$$\boldsymbol{E}_e = \boldsymbol{E}_{id} + \boldsymbol{E}_{sd}, \boldsymbol{H}_d = \boldsymbol{H}_{id} + \boldsymbol{H}_{sd}$$

此处 $\boldsymbol{E}_{id}$ 和 $\boldsymbol{H}_{id}$ 是对偶源的入射电场和入射磁场，按互换规则可知，它与图 1.5（c）电源的入射电场和入射磁场的关系在数值上应为 $\boldsymbol{E}_{id} = \boldsymbol{H}_i$，$\boldsymbol{H}_{id} = -\boldsymbol{E}_i$，则式（1.91）可变为

$$\boldsymbol{E}_e - \boldsymbol{H}_d = \boldsymbol{E}_e - (-\boldsymbol{E}_i + \boldsymbol{H}_{sd}) = \boldsymbol{E}_i \tag{1.93}$$

由此

$$\boldsymbol{E}_e = \boldsymbol{H}_{sd} \tag{1.94}$$

同样可得

$$\boldsymbol{H}_e = -\boldsymbol{E}_{sd} \tag{1.95}$$

式（1.94）和式（1.95）表明，图 1.5（a）的裂缝天线辐射场可以由图 1.5（d）所示的互补天线辐射场来求解。

1.4.3 镜像原理

利用镜像原理的目的是在电磁问题分析中去掉相应的边界条件，转而利用相应的镜像源来获得所需要的场。在没有边界的情况下，镜像源和原有的源共同作用产生的场，与实际情况下产生的场是相同的。在静电学中，正电荷对无限大理想导体平面的镜像是一个对称位置的负电荷，正、负电荷的共同作用可以满足理想导体面的边界条件。根据唯一定理可知，在计算电荷所在区域内的场时，导体的影响可以为镜像电荷所代替，从而简化了边值问题的求解。

在交变电磁场，镜像原理同样十分有用，它也可以看作等效原理的一种，其

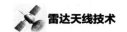

基本依据同样是唯一性定理。镜像原理不仅仅可以用于理想导体边界，经过推广后可以应用在任意的、有耗材料的介质边界上。此处集中讨论电流和磁流对于理想导电面（电壁）和理想导磁面（磁壁）的镜像。

如图 1.6（a）所示，在 $z=0$ 的面上有一理想电壁，在 $z>0$ 的区域内有电流密度 $\boldsymbol{J}$ 和磁流密度 $\boldsymbol{J}_m$，在该区域内它们所产生的电磁场为 $\boldsymbol{E}$、$\boldsymbol{H}$。如果将电壁去掉，并且在 $z=0$ 平面的对称点上放置如图 1.6（b）所示的镜像电流密度 $\boldsymbol{J}'$ 和磁流密度 $\boldsymbol{J}'_m$，那么在 $z>0$ 的区域内产生的场与图 1.6（a）所示条件下的场相同。此时

$$\begin{cases} \boldsymbol{J}'_t(x,y,z) = -\boldsymbol{J}_t(x,y,z) \\ \boldsymbol{J}'_z(x,y,z) = \boldsymbol{J}_z(x,y,z) \\ \boldsymbol{J}'_{mt}(x,y,z) = \boldsymbol{J}_{mt}(x,y,z) \\ \boldsymbol{J}'_{mz}(x,y,z) = -\boldsymbol{J}_{mz}(x,y,z) \end{cases} \tag{1.96}$$

式中，下标 t 表示切向；下标 m 表示"磁"；上标带 $'$ 的量表示镜像。

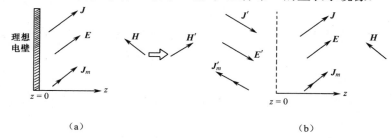

（a）   （b）

图 1.6　理想电壁

由理想导体表面的边界条件可知，$\boldsymbol{E}$ 的切向量和 $\boldsymbol{H}$ 的法向量均为零，为了使源和其镜像产生的场满足边界条件，$\boldsymbol{E}_t$ 和 $\boldsymbol{E}'_t$ 及 $\boldsymbol{H}_z$ 和 $\boldsymbol{H}'_z$ 互相异号。$\boldsymbol{E}$ 的法向量和 $\boldsymbol{H}$ 的切向量不为零，$\boldsymbol{E}_z$ 和 $\boldsymbol{E}'_z$ 及 $\boldsymbol{H}_t$ 和 $\boldsymbol{H}'_t$ 互相同号，可得

$$\begin{cases} \boldsymbol{E}'_t(x,y,-z) = -\boldsymbol{E}_t(x,y,z) \\ \boldsymbol{E}'_z(x,y,-z) = \boldsymbol{E}_z(x,y,z) \\ \boldsymbol{H}'_t(x,y,-z) = \boldsymbol{H}_t(x,y,z) \\ \boldsymbol{H}'_z(x,y,-z) = -\boldsymbol{H}_z(x,y,z) \end{cases} \tag{1.97}$$

对于理想磁壁的情况，可以按照上述过程推导理想磁壁，如图 1.7 所示。

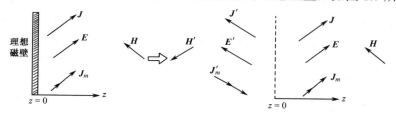

图 1.7　理想磁壁

利用二重性原理直接可得

$$\begin{cases} \boldsymbol{E}'_t(x,y,-z) = \boldsymbol{E}_t(x,y,z) \\ \boldsymbol{E}'_z(x,y,-z) = -\boldsymbol{E}_z(x,y,z) \\ \boldsymbol{H}'_t(x,y,-z) = -\boldsymbol{H}_t(x,y,z) \\ \boldsymbol{H}'_z(x,y,-z) = \boldsymbol{H}_z(x,y,z) \\ \boldsymbol{J}'_t(x,y,-z) = \boldsymbol{J}_t(x,y,z) \\ \boldsymbol{J}'_z(x,y,-z) = -\boldsymbol{J}_z(x,y,z) \\ \boldsymbol{J}'_{mt}(x,y,-z) = -\boldsymbol{J}_{mt}(x,y,z) \\ \boldsymbol{J}'_{mz}(x,y,-z) = \boldsymbol{J}_{mz}(x,y,z) \end{cases} \tag{1.98}$$

在天线的讨论中，一般都假定该天线是孤立的，即在自由空间中仅有该天线存在，而不考虑环境的影响。在实际使用中，要考虑天线的安装环境，使得环境的不利影响尽可能小。只要适当考虑，大部分环境对天线的影响是可以忽略不计的，然而在一些情况下，必须考虑环境对天线的影响。例如：当天线架设在很大的金属平板上，或者陆基雷达的天线距离大地很近的时候，环境的影响是不容忽视的。这时就需要利用镜像原理来考虑天线的性能，利用所在环境下的镜像源来取代环境的影响，从而简化对天线的分析。

1.4.4　等效源定理

在某一空间区域内，能够产生同样场的两种源，我们称它们在该区域内是等效的。在很多场合，用等效源代替实际源，会给问题的解决带来很大方便。等效原理的依据是唯一性定理，对于一个确切的问题，唯一性定理保证问题有且只有一个解。

等效原理的应用过程，就是找出一个合理的新源，而不再考虑原来的源和场区，从而简化问题的分析。新源的确定需要根据原来源产生的场，只要新源在所感兴趣的场区产生的场与原来源产生的场相同，就不必要求新源与原来源具有相同性质，也不必关心新源在无关的场区所产生的场。这样，对于特定的问题，等效源的选择就有多种方法。

如果源在体积 V 内，当求取 V 外某一点的场时，可以做这样的等效处理：假设 V 内场为零，此时在包围 V 的封闭面 S 上出现了不连接，为了满足边界条件，可假定 S 上有切向场 $\hat{\boldsymbol{n}} \times \boldsymbol{H}$ 和 $\boldsymbol{E} \times \hat{\boldsymbol{n}}$，$\hat{\boldsymbol{n}}$ 为 S 的单位法矢，$\boldsymbol{E}$ 和 $\boldsymbol{H}$ 为 S 面上的场，这样，V 内一次源产生的场就为边界面上二次源 $\hat{\boldsymbol{n}} \times \boldsymbol{H}$ 和 $\boldsymbol{E} \times \hat{\boldsymbol{n}}$ 所代替。由唯一性定理可知，二次源与真实源在 V 外产生相同的场。二次源是一种等效源，其中 $\hat{\boldsymbol{n}} \times \boldsymbol{H}$ 相当于电流密度矢量，$\boldsymbol{E} \times \hat{\boldsymbol{n}}$ 相当于磁流密度矢量，虽然磁流密度矢量及磁荷并不

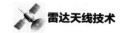

真正存在，但为了数学上的对偶，定义磁流密度矢量 $J_m = E \times \hat{n}$。

如果源在体积 V 外，要求取 V 内某一点的场，也可做同样处理。

在天线分析中，通常选择包围天线的一个封闭面 S，利用 S 上二次源的分布来获得 S 外空间任意一点的场。对于反射面天线，可以假定反射面背面的场为零，不计边缘影响，则问题转变为用开口平面上的场来计算外场，即我们常用的口径场方法。

参考文献

[1]   Balanis C A. Modern Antenna Handbook[M]. New York: John Wiley & Sons, Inc., 2008.

[2]   Balanis C A. Advanced Engineering Electromagnetics[M]. 2th ed. New York: John Wiley & Sons, Inc., 2012.

[3]   Balanis C A. Antenna Theory: Analysis and Design[M]. 4th ed. New York: John Wiley & Sons,Inc., 2018.

[4]   Ldwig A C, et al. The Handbook of Antenna Design[M]. London: Peter Pereginus, 1982.

[5]   Ldwig A C, et al. 天线设计手册[M]. 李亚军，等译. 北京：解放军出版社，1988.

[6]   ZhiNing Chen, et al. Handbook of Antenna Technologies[M]. Berlin: Springer, 2016.

[7]   Johnson R C. Antenn Engineering Handbook[M]. New York: McGraw-Hill Book Company, 1984.

[8]   Stuzman W L, Thiele G A. Antenna Theory and Design[M]. New York: John Wiley &Sons. Inc., 1998.

[9]   Skonik M I. Handbook of Radar[M]. 3th ed. New York:McGraw-Hill Book Company, 2008.

[10] Skonik M I. 雷达手册[M]. 3 版. 南京电子技术研究所，译. 北京：国防工业出版社，2010.

[11] Skonik M I. Introduction to Radar Sytem[M]. 3th ed. New York: McGraw-Hill Book Company, 2001.

[12] Skonik M I. 雷达系统导论[M]. 3 版. 左群声，等译. 北京：国防工业出版社，2014.

[13]　Lynch D. Introduction to RF Stealth[M]. 2th ed. London: SciTech Publishing Inc., 2021.

[14]　Lynch D. 射频隐身导论[M]. 沈玉芳，等译. 西安：西北工业大学出版社，2009.

[15]　毕德显. 电磁场理论[M]. 北京：国防工业出版社，1985.

[16]　任朗. 天线理论基础[M]. 北京：人民邮电出版社，1980.

[17]　林昌禄，等. 天线工程手册[M]. 北京：电子工业出版社，2002.

[18]　聂在平，等. 天线工程手册[M]. 北京：电子工业出版社，2014.

[19]　Mott H. Polarization in Antenna and Radar[M]. New York: John Wiley & Sons, Inc., 1986.

[20]　Mott H. 天线和雷达中的极化[M]. 林昌禄，译. 成都：电子科技大学出版社，1989.

[21]　戴幻尧，等. 雷达天线的空域极化特性及其应用[M]. 北京：国防工业出版社，2015.

[22]　龚书喜，刘英. 天线雷达截面预估与缩减[M]. 西安：西安电子科技大学出版社，2010.

第 2 章

辐射单元

阵列天线是由几百乃至上万个辐射单元排列组合而成的，阵列中的辐射单元由于受到周围辐射单元的影响，辐射性能与处于自由空间中孤立的辐射单元类似但又有所区别。

阵列天线是雷达天线的主要形式，但阵列天线，包括相控阵天线是由多个辐射单元组成的，因此在很大程度上其性能取决于辐射单元。

本章首先讨论几种基本的，也是常用的辐射单元：半波振子天线、波导口天线、微带贴片天线、渐变槽线天线、紧耦合天线，介绍其工作原理、电磁特性、结构和馈电设计，以及常见的形式等。由于现代雷达对拓展带宽的迫切需求，渐变槽线天线和紧耦合天线单元得到了广泛关注。

随着技术的发展，出现了很多具备高效率、高极化纯度、宽频带和宽扫描范围等优点的辐射单元。对辐射单元的分析设计也从最初的理论分析、数值估算演变成现如今利用时频域三维电磁仿真软件来建模仿真分析。

2.1 半波振子天线

2.1.1 原理分析

振子天线是最为常见的线天线，而半波振子天线又是振子类辐射单元的最基本形式（见图 2.1）。

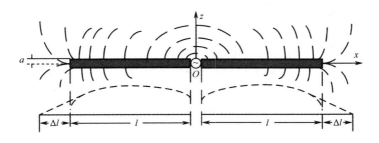

图 2.1 对称振子结构及电流分布示意

设振子半径 a 远小于其半长度 l，即 $a \ll l$，且由无限小间隙的幅度为 V_0 的脉冲源 δ 平衡馈电，即不考虑振子末端效应。由传输线理论可知，振子臂上的电流分布为正弦分布，有

$$I(x) = \begin{cases} I_0 \sin k(l-x), & x \geqslant 0 \\ I_0 \sin k(l+x), & x < 0 \end{cases} \tag{2.1}$$

式中，I_0 为电流波腹幅度；λ 为波长；$k = 2\pi/\lambda$。

半波振子天线总长度约为半个波长，单个振子臂的长度 l 为 1/4 个波长，可得电流分布为

$$I(x) = \begin{cases} I_0 \sin\left(\dfrac{\pi}{2} - kx\right), & x \geqslant 0 \\[2mm] I_0 \sin\left(\dfrac{\pi}{2} + kx\right), & x < 0 \end{cases} \qquad (2.2)$$

由此可见，半波振子电流在馈电点 $x = 0$ 处最强，与正弦分布最接近。

前面假设振子半径 a 远小于其半长度 l，通常难以达到远小于条件应考虑末端效应，此时电流分布如图 2.1 所示。末端的容性阻抗将影响谐振长度，考虑末端效应后的半波振子天线的总长度 $2l$ 略小于半个波长。表 2.1 列举了不同的振子长度半径比下对应的振子长度，从表中可以看出，振子半径 a 相比于其半长度 l 越大，边缘效应越明显，振子实际长度越小。

表 2.1　半波振子的谐振长度

振子长度半径比 l/a	5000	2500	500	350	50	10	5
振子长度 $2l$	0.49λ	0.489λ	0.48λ	0.477λ	0.475λ	0.455λ	0.44λ
波长缩短系数 n_1	1.020	1.022	1.042	1.048	1.053	1.099	1.136

2.1.2　天线性能

1. 辐射方向图

对振子天线上的电流分布进行积分求和，计算出振子天线在远场区的电场为

$$E_\theta = \mathrm{j}\frac{60 I_0}{r} \frac{\cos(kl\cos\theta) - \cos kl}{\sin\theta} \mathrm{e}^{-jkr} \qquad (2.3)$$

取其中与方向有关的因子，即为振子天线的方向图函数

$$f(\theta, \phi) = \frac{\cos(kl\cos\theta) - \cos kl}{\sin\theta} \qquad (2.4)$$

半波振子天线（$2l = \lambda/2$）的方向图函数为

$$f(\theta, \phi) = \frac{\cos\left(\dfrac{\pi}{2}\cos\theta\right)}{\sin\theta} \qquad (2.5)$$

如图 2.2 所示，沿 z 轴排列的半波振子天线的 E 面方向图为"∞"形，E 面方向图的半功率波束宽度为 78°。H 面方向图为圆形全向辐射。

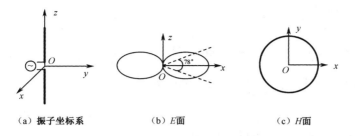

（a）振子坐标系　　　　（b）E面　　　　（c）H面

图 2.2　半波振子天线的 E 面和 H 面方向图

2. 辐射电阻

辐射电阻指天线的辐射功率相较于激励电流计算出的等效电阻，辐射功率用辐射电阻可以表示为

$$P_r = \frac{1}{2} I_0^2 R_r$$

对半波振子天线的远场区电场分布进行积分求和后计算出辐射功率，进而可以计算出半波振子天线的辐射电阻为

$$R_r = 60 \int_0^\pi \frac{\cos^2\left(\frac{\pi}{2}\cos\theta\right)}{\sin\theta}\,\mathrm{d}\theta = 73.13\Omega \tag{2.6}$$

3. 输入阻抗

计算对称振子输入阻抗的方法包括感应电动势法、传输线法、矩量法等。对细的且 $l \leqslant \lambda / 2$ 的振子，各种算法结果没有明显差别。任意长度细振子的输入阻抗为

$$Z_{\mathrm{in}} = R(kl) - \mathrm{j}\left\{120\left[\ln\left(\frac{l}{a}\right) - 1\right]\cot(kl) - X(kl)\right\} \tag{2.7}$$

式中，

$$R(kl) = 30\left\{2\left[0.57721 + \ln(2kl) - \mathrm{Ci}(2kl)\right] + \sin 2kl\left[\mathrm{Si}(4kl) - 2\mathrm{Si}(2kl)\right] + \right.$$
$$\left. \cos 2kl\left[0.57721 + \ln(kl) + \mathrm{Ci}(4kl) - 2\mathrm{Ci}(2kl)\right]\right\}$$

$$X(kl) = 30\left\{2\mathrm{Si}(2kl) + \sin(2kl)\left[0.57721 + \ln(kl) + \mathrm{Ci}(4kl) - 2\mathrm{Ci}(2kl) - 2\ln\left(\frac{l}{a}\right)\right] + \right.$$
$$\left. \cos 2kl\left[-\mathrm{Si}(4kl) + 2\mathrm{Si}(2kl)\right]\right\}$$

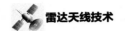

且 $\mathrm{Ci}(x) = \int_x^\infty \dfrac{\cos x}{x}\mathrm{d}x$ ， $\mathrm{Si}(x) = \int_0^x \dfrac{\sin x}{x}\mathrm{d}x$ 。

当 $1.3 \leqslant k \leqslant 1.7$ 及 $0.0016 \leqslant a/\lambda \leqslant 0.0095$ 时，

$$Z_{\mathrm{in}} = \left[122.65 - 204.1(kl) + 110(kl)^2\right] - \mathrm{j}\left\{120\left[\ln\left(\frac{2l}{a}\right) - 1\right]\cot(kl) - 162.5 + 104kl - 40(kl)^2\right\}$$

（2.8）

半波振子的输入阻抗可以简化为

$$Z_{\mathrm{in}} = \frac{R_r}{\sin^2 n_1\frac{\pi}{4}} - \mathrm{j}120\left(\ln\frac{2l}{a} - 1\right)\cot n_1\frac{\pi}{4}$$

（2.9）

式中， R_r 为辐射电阻； n_1 为表 2.1 中振子天线的波长缩短系数。

由此计算得出，长度半径比 l/a 为 20 的半波振子的输入阻抗为

$$Z_{\mathrm{in}} = 74 + \mathrm{j}35.7\,(\Omega)$$

4. 增益

方向性系数可以根据辐射电阻计算得出：

$$D = \frac{120 f_M^2}{R_r}$$

（2.10）

半波振子天线的方向图函数最大值 $f_M = 1$ ，辐射电阻 R_r 为 73.1Ω，因此半波振子天线的方向性系数为

$$D = \frac{120 \times 1^2}{73.1} = 1.64$$

（2.11）

假设振子天线的效率为 1，则半波振子天线的增益为 1.64，以 dB 为单位的增益表示为

$$G(\mathrm{dB}) = 10\lg 1.64 = 2.15\mathrm{dB}$$

（2.12）

5. 极化

天线的极化是指天线辐射电磁波的极化。振子臂上的电流方向沿着振子臂，因此振子辐射电磁波的极化方向与振子臂平行，如图 2.2 所示，垂直放置的半波振子天线的极化为垂直极化。将两个振子正交放置，可以形成极化相互正交的双极化天线；进一步对正交放置的振子天线进行等幅 90° 相差馈电，可以形成圆极化辐射。

2.1.3 天线结构及馈电设计

当振子天线采用双线传输线进行馈电时，振子两臂上将形成对称分布的电流，

但在工程实践中，大部分信号能量通过
同轴线传输。当采用同轴线直接对振子
天线进行馈电时，振子两臂上的电流分
布是不对称的。如图 2.3 所示，同轴线
内导体上的电流与外导体内壁上的电
流等幅反相。但由于同轴线外导体内壁
上的电流 I_1 一部分流向了振子臂 I_2，另

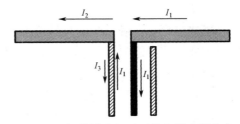

图 2.3　同轴线馈电振子天线上的电流分布

一部分流向了内导体外壁 I_3，导致振子两臂上的电流不相等，即出现了不平衡的
现象。同轴线外壁电流的辐射使振子的方向图产生变化，使波瓣不对称且最大方
向偏离振子的侧射方向，同时输入阻抗亦将改变。

为达到平衡馈电，必须在同轴线与天线间增加不平衡-平衡变换器，即平衡器
（也称巴仑）。平衡器种类很多，应根据需要选取。某些平衡器亦具有阻抗变换功
能。常见的平衡器有如下几种形式。

1. 扼流套

在同轴线外增加一段 $\lambda/4$ 长的金属圆筒，其下端与同轴线外导体相连，这样金
属圆筒和同轴线外导体形成一段 $\lambda/4$ 长的短路线，如图 2.4 所示，从而等效至开口
处的输入阻抗为无穷大，抑制了同轴线外导体上的电流外溢，保证了振子天线的
平衡馈电。

2. U 形环

U 形环是在振子馈电前端加入一段长度为 $\lambda/2$ 的移相线，180° 的相位差使得
振子的两臂等幅反相激励，结构对称，从而形成平衡馈电，如图 2.5 所示。同时
$\lambda/2$ 的移相线也起到阻抗变换的作用，假设振子天线的输入阻抗为 Z_a，经过 U 形
环后的输入阻抗为

$$Z_{\text{in}} = \frac{Z_a}{4} \tag{2.13}$$

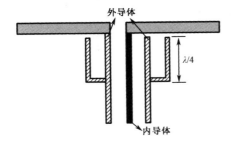

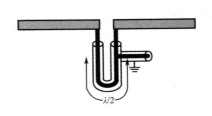

图 2.4　扼流套结构示意　　　　　图 2.5　U 形环结构示意

3. 短路巴仑

短路巴仑是在同轴线的外导体附加一段λ/4长的短路线，振子的一个臂直接与同轴线外导体相连，另一个臂在与同轴线内导体相连的同时，通过λ/4长的短路线与同轴线外导体相连，如图 2.6 所示。这样振子的两臂相对同轴线的外导体完全对称，从而实现平衡馈电。

在如图 2.7 所示的定向辐射振子天线中，采用短路柱提升振子天线性能。振子天线置于距离金属地λ/4高度处，振子的左臂直接与同轴线外导体相连，同轴线内导体穿过振子的左臂与右臂相连。直径与同轴线外导体相同的金属短路柱将振子右臂与金属地短路，这样的馈电方式能实现较宽的平衡带宽。尤其是在双极化振子天线中，这种平衡馈电方式能有效提高极化纯度和两个极化端口间的隔离度。

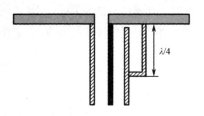

图 2.6　短路巴仑结构示意

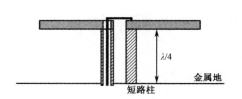

图 2.7　采用短路柱的振子天线

4. 缝隙/板线巴仑

如图 2.8 所示的缝隙巴仑是在同轴线的外导体上对称开两条λ/4长的窄缝，这样振子左臂与同轴线左半外导体相连，同轴线内导体、同轴线右半外导体和振子右臂相连，振子的两臂对同轴线外导体完全对称且与频率无关，从而实现了极宽频带的平衡馈电。但缝隙巴仑的功率容量不高，为了增加功率容量，需要增大缝隙巴仑的缝隙宽度，这样就得到板线巴仑，如图 2.9 所示。缝隙/板线巴仑和 U 形环的阻抗变换作用类似，均将振子的输入阻抗 Z_a 变换成 $Z_a/4$。

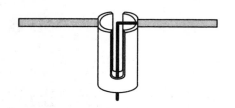

图 2.8　缝隙巴仑结构示意

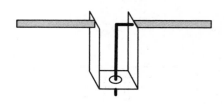

图 2.9　板线巴仑结构示意

5. 渐变式巴仑

如图 2.10 所示的同轴线渐变巴仑是将同轴线的外导体切开，同轴线渐变地过渡到双线，从而实现平衡馈电。通过合理控制外导体渐变的长度和变化系数，可以实现极宽的平衡带宽和阻抗带宽。

如图 2.11 所示的振子天线采用微带线-双线渐变巴仑进行馈电，微带线的地板宽度按指数渐变，不平衡馈电的微带线结构逐渐过渡到平衡馈电的平行双线结构。

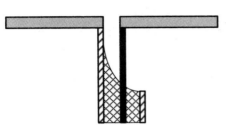
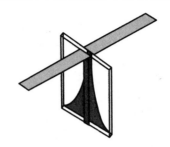

图 2.10　同轴线渐变巴仑结构示意　　　　图 2.11　微带线-双线渐变巴仑示意

6. Marchand 巴仑

Marchand 巴仑是一种阻抗可以自由调节的宽带平衡器，由两段 $\lambda/4$ 长的传输线组成。Marchand 巴仑的等效电路如图 2.12 所示，左侧 $\lambda/4$ 长的传输线激励端口 1，右侧 $\lambda/4$ 长的传输线开路，两段传输线中间对端口 2 和端口 3 平衡馈电。

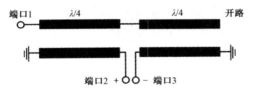

图 2.12　Marchand 巴仑的等效电路

在如图 2.13 所示的同轴线 Marchand 巴仑中，同轴线的内导体穿过振子的一个臂后伸入振子的另一个臂，伸入右侧振子臂的长度约为 $\lambda/4$，内导体末端开路，整体呈现为"Γ"形。这样的馈电方式不仅起到平衡馈电的作用，振子天线与巴仑的"双调谐"组合方式也能产生宽带阻抗匹配。类似的还有如图 2.14 所示的微带线 Marchand 巴仑，也可以起到宽带平衡和阻抗匹配的作用。

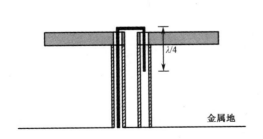
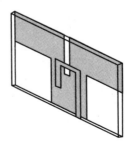

图 2.13　同轴线 Marchand 巴仑结构示意　　　图 2.14　微带线 Marchand 巴仑示意

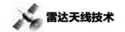

表 2.2 所示为振子天线不同馈电平衡器比较，其中渐变式巴仑和 Marchand 巴仑具有灵活的阻抗匹配带宽并且易于振子天线集成，被广泛应用于相控阵辐射单元的馈电结构设计中。

表 2.2　振子天线不同馈电平衡器比较

巴仑形式	平衡带宽	阻抗带宽	阻抗变换比	功率容量	应用举例
扼流套	20%	无关	1：1	高	厘米波半波振子
U 形环	30%	30%	4：1	高	米波折合振子
短路巴仑	极宽	4：1	1：1	高	半波/全波振子
缝隙/板线巴仑	极宽	10%/2：1	4：1	中/高	厘米波半波振子
渐变式巴仑	极宽	极宽	可调	中	宽带天线
Marchand 巴仑	极宽	较宽	可调	中	宽带天线

2.1.4　常见半波振子天线形式

1. 伞形半波振子天线

伞形半波振子天线是两臂夹角θ小于 180°的振子（见图 2.15）。伞形振子臂上的电流分布类似于直线形振子。相较于直线形振子天线，伞形振子具有更宽的波束宽度，适用于做圆极化辐射元和相控阵天线的阵元。带状线印制板形式的伞形振子天线如图 2.16 所示。

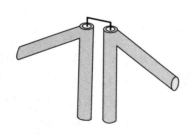

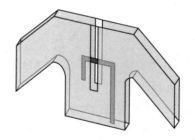

图 2.15　同轴线伞形半波振子天线　　　图 2.16　带状线印制板伞形半波振子天线

2. 领结形半波振子天线

金属结构形式的振子天线可以进一步演变成基于印制板形式的平面式领结形振子天线。领结形振子天线具有剖面薄、重量轻、易与载体共形、可用印制电路技术大批量生产、造价低等特点，在高频段相控阵天线中被广泛采用。常见的领结形半波振子天线有垂直式领结形（见图 2.17）、平躺式领结形（见图 2.18）等，垂直式领结形振子天线加工集成简单，平躺式领结形振子天线具有更小的天线剖面高度。

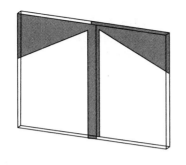 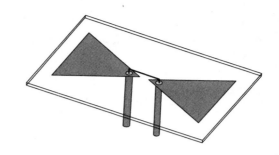

图 2.17　垂直式领结形振子天线　　　　　图 2.18　平躺式领结形振子天线

3. 单极子振子天线

　　如图 2.19 所示，将振子天线的一个臂垂直放置于无限大的理想导体平面（地面）上，就形成一个单极子振子天线。由镜像原理可知，长度为 l 的单极子天线与其镜像构成了一个全长为 $2l$ 的对称振子，单极子振子天线及其等效镜像如图 2.19 所示。单极子天线的镜像臂电流方向与实际振子臂上的电流方向相同，并且在上半空间的辐射场与完整振子天线的场相同，在下半空间的场为零。此外，长度为 $\lambda/4$ 的单极子天线的方向系数为 5.15dB（完整半波振子天线的 2 倍），辐射电阻为 36.6Ω（完整半波振子天线的一半）。

　　单极子振子天线通常被用于短波和超短波的军用便携式电台中，并且移动电话的内置天线、无线通信设备中的蓝牙天线大部分也是采用印制板形式的单极子振子天线。印制板形式的多频段单极子振子天线如图 2.20 所示。

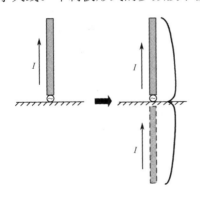 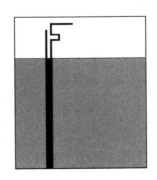

图 2.19　单极子振子天线及其等效镜像　　图 2.20　印制板形式的多频段单极子振子天线

4. 八木–宇田天线

　　八木–宇田天线是一种高增益天线，由一个激励有源振子和平行的若干无源振子组成，如图 2.21 所示。无源振子中有一个起反射作用，还有多个起引向作用。适当调节各振子的长度和振子间的距离，可以改变无源振子上感应电流的幅度和相位,从而获得较好的端射方向图和较高的增益。八木-宇田天线广泛应用于米波、分米波段的通信、雷达和电视接收等系统中。

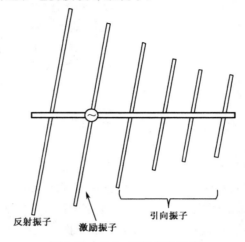

图 2.21　八木-宇田天线示意

5. 双极化/圆极化振子天线

在合成孔径雷达（SAR）系统中,多极化信息能够提供更丰富的成像信息。将两对振子天线正交排列,即可组成双极化天线。双极化振子天线需要重点关注端口间的极化隔离度及辐射方向图的交叉极化水平。在如图 2.22 所示的双极化环形振子天线中,金属环之间的耦合增加了天线的带宽,对称的天线结构使得天线具有较好的极化纯度。对双极化振子天线的两个端口进行等幅 90° 相位差馈电,即可形成圆极化辐射。此外,对单个振子天线的振子臂进行一些变形也能形成圆极化辐射,如图 2.23 所示,将振子天线的两臂沿相反的方向弯折即可辐射圆极化波。

图 2.22　双极化环形振子天线

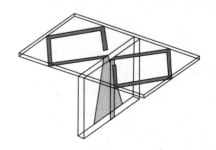

图 2.23　单馈点圆极化振子天线

2.2　波导口天线

工作于微波频率（尤其是 X、C 及其以上频段）的阵列天线常采用开口波导或波导裂缝作为辐射单元，即采用工作于主模的终端开口矩形波导、圆波导及矩形波导裂缝作为阵元。尽管波导口天线一般为金属结构，重量较重，但其损耗较低、功率容量较大，且由于未加载介质的波导口阻抗与自由空间波阻抗接近，波导口天线单元的匹配（尤其是法向）较为容易。

矩形波导的主模是 TE_{10}（或 H_{10}）模，其主要优点是：①极化纯度高（即同一截面上只存在一种极化）；②极化面稳定。

与其相反，圆波导存在两个主要问题：①极化不纯；②极化面不稳定，当截面稍有变化，极化面就有可能绕传播轴旋转。

作为波导口的延伸，喇叭天线也常用于特定的相控阵作为天线单元使用。

2.2.1　原理分析

波导口天线本身是传输线与辐射器的结合体，其传输功能与相应的波导一致，而其辐射性能取决于口面场分布。

在求解开口波导辐射特性时，必须知道口面处的场分布。在忽略口面处的高次模与绕射情况下，可认为波导口面处的场分布为无限长波导工作模的场分布。

矩形波导 TE_{10} 模的场分布为

$$\begin{cases} E_y = jk\dfrac{\pi}{a}e^{-j\beta_{10}z}\cos\dfrac{\pi}{a}x \\[2mm] H_y = -j\beta_{10}\dfrac{\pi}{a}e^{-j\beta_{10}z}\cos\dfrac{\pi}{a} \\[2mm] H_z = -\left(\dfrac{\pi}{a}\right)^2 e^{-j\beta_{10}z}\sin\dfrac{\pi}{a}x \\[2mm] H_x = E_x = E_z = 0 \end{cases} \tag{2.14}$$

式中，$\dfrac{\lambda}{2} < a < \lambda$，$\beta_{10} = k\sqrt{1-\left(\dfrac{\lambda}{2a}\right)^2} = \dfrac{2\pi}{\lambda_g}$ 为 TE_{10} 波的传播常数，

$$\lambda_g = \dfrac{\lambda}{\sqrt{1-\left(\dfrac{\lambda}{2a}\right)^2}}$$

式中，a 为波导宽边尺寸。

在柱面坐标系 (ρ, ϕ, z) 中，圆波导 TE_{11} 模的场分布由下列公式给出

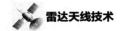

$$
\begin{cases}
E_\rho = -\mathrm{j}k\dfrac{1}{\rho}\mathrm{e}^{-\mathrm{j}\beta z}\sin\phi\, J_1\!\left(\dfrac{1.841\rho}{a}\right) \\[2mm]
E_\phi = -\mathrm{j}k\dfrac{1.841}{a}\mathrm{e}^{-\mathrm{j}\beta z}\cos\phi\, J_1'\!\left(\dfrac{1.841\rho}{a}\right) \\[2mm]
H_\rho = \mathrm{j}\beta\dfrac{1.841}{a}\mathrm{e}^{-\mathrm{j}\beta z}\cos\phi\, J_1'\!\left(\dfrac{1.841}{a}\rho\right) \\[2mm]
H_\phi = -\mathrm{j}\beta\dfrac{1}{\rho}\mathrm{e}^{-\mathrm{j}\beta z}\sin\phi\, J_1\!\left(\dfrac{1.841}{a}\rho\right) \\[2mm]
H_z = \left(\dfrac{1.841}{a}\right)^2\mathrm{e}^{-\mathrm{j}\beta z}\cos\phi\, J_1\!\left(\dfrac{1.841}{a}\rho\right) \\[2mm]
E_z = 0
\end{cases}
\tag{2.15}
$$

式中，$2.62<\dfrac{\lambda}{a}<3.42$；$\lambda_g=\dfrac{\lambda}{\sqrt{1-\left(\dfrac{\lambda}{3.42a}\right)^2}}$；$J_1(x)$ 为参数是 x 的一阶贝塞尔函数；

$J_1'(x)$ 为 $J_1(x)$ 的导数；a 为圆波导的半径。

求得口面场后，即可推导天线的辐射场。对于开口波导天线单元，工作时，波导开口处将产生反射，反射系数的严格计算很复杂，通常可用实验方法测定。反射系数 $\varGamma$ 可近似表示为

$$
|\varGamma| = \frac{1-\dfrac{\lambda}{\lambda_g}}{1+\dfrac{\lambda}{\lambda_g}}
\tag{2.16}
$$

在考虑反射系数 $\varGamma$ 后，矩形波导开口处的场分布为

$$
\begin{cases}
E_{ys} = (1+\varGamma)E_y \\
H_{xs} = (1-\varGamma)H_x \\
H_{zs} = (1-\varGamma)H_z
\end{cases}
\tag{2.17}
$$

根据等效源定理，场分布可由电流元 $\boldsymbol{J}_s$ 和磁流元 $\boldsymbol{J}_m$（即惠更斯元）表示，即

$$
\begin{cases}
\boldsymbol{J}_s = \left[\hat{\boldsymbol{n}}\times\boldsymbol{H}\right] \\
\boldsymbol{J}_m = -\left[\hat{\boldsymbol{n}}\times\boldsymbol{H}\right]
\end{cases}
\tag{2.18}
$$

式中，$\hat{\boldsymbol{n}}$ 为包围源的封闭面上的单位法矢。

图 2.24 所示为波导口面处等效电流与磁流及其辐射坐标系。

矩形波导口面处的惠更斯元在 yz 面（E 面）的场 ΔE_θ 为

$$
\Delta E_\theta = -\mathrm{j}\frac{\Delta l_1 \Delta l_2}{2r\lambda}E_0\left(1+\frac{\lambda}{\lambda_g}\cos\theta\right)\mathrm{e}^{-\mathrm{j}kr}
\tag{2.19}
$$

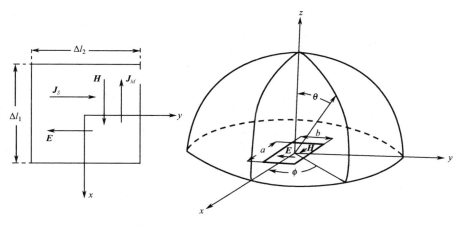

（a）波导口面处等效电流与磁流　　　　　　　　　（b）辐射场坐标系

图 2.24　波导口面处等效电流与磁流及其辐射坐标系

xz 面（H 面）场 ΔE_ϕ 为

$$\Delta E_\phi = -\mathrm{j}\frac{\Delta l_1 \Delta l_2}{2r\lambda}E_0\left(\cos\theta + \frac{\lambda}{\lambda_g}\right)\mathrm{e}^{-\mathrm{j}kr} \tag{2.20}$$

由场的迭加原理，可得到口径尺寸为 $a\times b$ 的矩形波导口（H_{10}）的辐射场为

$$\begin{cases} E_\theta(\theta,\phi) = \sin\phi\left(1+\frac{\lambda}{\lambda_g}\cos\theta\right)\dfrac{\cos\left(\frac{1}{2}au\right)}{1-\left(\frac{1}{\pi}au\right)^2}\cdot\dfrac{\sin\left(\frac{1}{2}bv\right)}{\frac{1}{2}bv} \\[4mm] E_\phi(\theta,\phi) = \cos\phi\left(\frac{\lambda}{\lambda_g}+\cos\theta\right)\dfrac{\cos\left(\frac{1}{2}au\right)}{1-\left(\frac{1}{\pi}au\right)^2}\cdot\dfrac{\sin\left(\frac{1}{2}bv\right)}{\frac{1}{2}bv} \end{cases} \tag{2.21}$$

当计入口面处反射系数 Γ 的影响后，有

$$\begin{cases} E_\theta(\theta,\phi) = \sin\phi\left(1+\frac{1-\Gamma}{1+\Gamma}\cdot\frac{\lambda}{\lambda_g}\cos\theta\right)\dfrac{\cos\left(\frac{1}{2}au\right)}{1-\left(\frac{1}{\pi}au\right)^2}\cdot\dfrac{\sin\left(\frac{1}{2}bv\right)}{\frac{1}{2}bv} \\[4mm] E_\phi(\theta,\phi) = \cos\phi\left(\cos\theta+\frac{1-\Gamma}{1+\Gamma}\cdot\frac{\lambda}{\lambda_g}\right)\dfrac{\cos\left(\frac{1}{2}au\right)}{1-\left(\frac{1}{\pi}au\right)^2}\cdot\dfrac{\sin\left(\frac{1}{2}bv\right)}{\frac{1}{2}bv} \end{cases} \tag{2.22}$$

E 面波瓣（$\phi=\frac{\pi}{2}$）和 H 面波瓣（$\phi=0$）为

$$\begin{cases} E_E(\theta) = E_\theta\left(\theta, \dfrac{\pi}{2}\right) = \left(1 + \dfrac{1-\Gamma}{1+\Gamma} \cdot \dfrac{\lambda}{\lambda_g}\cos\theta\right) \dfrac{\sin\left(\dfrac{1}{2}kb\sin\theta\right)}{\dfrac{1}{2}kb\sin\theta} \\[4mm] E_H(\theta) = E_\phi(\theta,0) = \left(\cos\theta + \dfrac{1-\Gamma}{1+\Gamma} \cdot \dfrac{\lambda}{\lambda_g}\right)\dfrac{\cos\left(\dfrac{1}{2}ka\sin\theta\right)}{1 - \left(\dfrac{1}{\pi}ka\sin\theta\right)^2} \end{cases} \tag{2.23}$$

同样，口径直径为 2 的圆波导口（H_{11} 模）的辐射场为

$$\begin{cases} E_\theta(\theta,\phi) = \left(1 + \dfrac{1-\Gamma}{1+\Gamma} \cdot \dfrac{\lambda}{\lambda_g}\cos\theta\right)\sin\phi\, \dfrac{J_1(ka\sin\theta)}{ka\sin\theta} \\[4mm] E_\phi(\theta,\phi) = \left(\cos\theta + \dfrac{1-\Gamma}{1+\Gamma} \cdot \dfrac{\lambda}{\lambda_g}\right)\cos\phi\, \dfrac{J_1'(ka\sin\theta)}{1 - \left(\dfrac{ka}{1.841}\sin\theta\right)^2} \end{cases} \tag{2.24}$$

主平面即 E 面（$\phi = \pi/2$）、H 面（$\phi = 0$）波瓣为

$$\begin{cases} E_E(\theta) = E_\theta\left(\theta, \dfrac{\pi}{2}\right) = \left(1 + \dfrac{1-\Gamma}{1+\Gamma} \cdot \dfrac{\lambda}{\lambda_g}\cos\theta\right)\dfrac{J_1(ka\sin\theta)}{ka\sin\theta} \\[4mm] E_H(\theta) = E_\phi(\theta,0) = \left(\cos\theta + \dfrac{1-\Gamma}{1+\Gamma} \cdot \dfrac{\lambda}{\lambda}\right)\dfrac{J_1'(ka\sin\theta)}{1 - \left(\dfrac{ka}{1.841}\sin\theta\right)^2} \end{cases} \tag{2.25}$$

图 2.25 为矩形波导口的主平面波瓣。

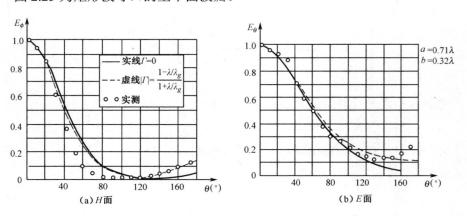

图 2.25　矩形波导口主平面波瓣

图 2.26 为圆波导口在不同乘数下的计算波瓣。

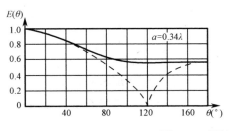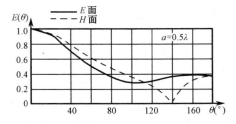

图 2.26　圆波导口计算波瓣

　　上述分析均未计入口面处高次模的影响。但当矩形波导作为阵列天线，尤其是相控阵天线的阵元时，高次模的影响将是严重的，它使阵元的阵中波瓣出现盲点，图 2.27 为矩形波导在三角栅格排布下的示意图，如图 2.28 所示为理论计算的三角形栅格阵列矩形波导口辐射元的阵中波瓣。从图中可知，当不计入高次模影响时，阵中波瓣不出现盲点；当计入高次模后，阵中将出现盲点，因而在将矩形波导作为相控阵天线阵元时，必须关注对盲点的消除。

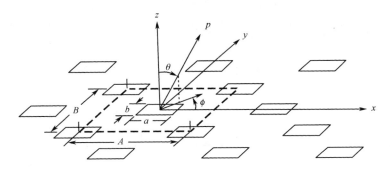

图 2.27　矩形波导在三角栅格排布下的示意图

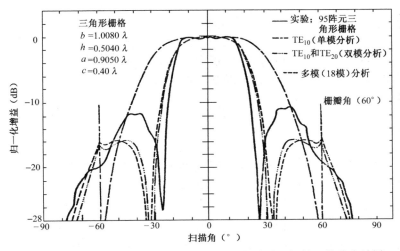

图 2.28　矩形波导三角形栅格阵列矩形波导口辐射元的阵中波瓣

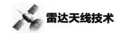

2.2.2 天线性能

1. 扫描范围

当波导口天线单元合成法向辐射波束时，由于阻抗匹配容易，因此辐射性能较好。然而波导口天线单元与自由空间的阻抗匹配会随着目标合成波束偏离法向的角度增大而恶化，因此采用波导口作为天线单元的相控阵波束扫描范围相对较小。对于矩形波导口，出于对截止波长的考虑，天线单元的横向尺寸对于高频段而言相对较大，无栅瓣的单波束扫描范围也较难提升。波导口天线单元的扫描特性可以通过外加宽角阻抗匹配层的方式改善。

2. 工作带宽

开口波导天线单元的工作带宽取决于两个因素：一是馈电结构的带宽，二是开口波导本身单模传输的带宽。对于截面为矩形的开口波导，受限于单模传输带宽，其可用带宽一般小于 50%；对于可用带宽为 50%以上的应用场景，宜采用脊波导形式的开口波导。常见的脊波导如图 2.29 所示，其中单脊波导与双脊波导用于实现宽带的单线极化辐射，四脊波导可实现双线极化与圆极化辐射。

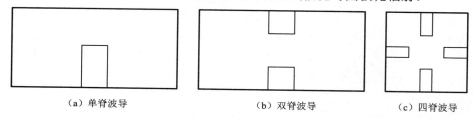

（a）单脊波导　　　　　　　（b）双脊波导　　　　　　　（c）四脊波导

图 2.29　常见的脊波导

3. 极化

开口波导的极化与波导截面紧密相关，一般长方形截面的开口波导只具备单线极化的辐射能力，而正方形、圆形截面等开口波导可以实现双线极化、圆极化乃至双圆极化的辐射。

4. 口径效率

开口波导的口面场分布至少在一个主截面上呈现中间强两边弱的准余弦分布。在大单元间距（例如大于一个工作波长）条件下，由开口波导延伸出的喇叭天线单元的口面场分布的准余弦分布尤为明显。因此开口波导或喇叭天线单元的口径效率与均匀分布的口径相比差距较大。对于大单元间距的喇叭天线，可采取口面加金属十字栅格的方式（见图 2.30），提高口面场分布的均匀性，从而改善口径效率，提升增益。

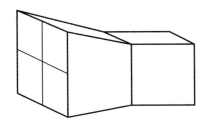

图 2.30 喇叭天线口面加金属十字栅格

2.2.3 天线结构及馈电设计

波导口天线单元的馈电结构通常有两种：一是波导结构通过法兰连接的方式与波导口相连，二是采用波导同轴变换实现波导口天线的激励。

图 2.31 给出了两种常见的波导馈电结构。图 2.31（a）所示为一种常见的圆极化激励结构，该结构左端为两个紧贴的矩形波导，两个矩形波导共用一个宽边。在该馈电结构中，共用的宽边以阶梯形逐渐缩小，左端两个波导内的场在向右传输的过程中逐渐合成为圆极化波。图 2.31（b）所示为常见的波导正交模激励器，右侧的两个端口分别为水平极化和垂直极化波的馈入端，左侧一般为正方形或圆形截面的波导口天线单元，该正交模可以实现波导口天线单元的双线极化激励。

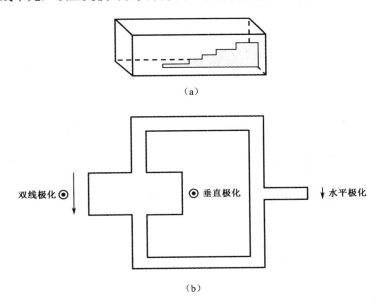

（a）

（b）

图 2.31 两种波导型馈电结构

图 2.32 给出了两种常见的波导同轴变换，分别为侧馈型与底馈型。该种结构由两个主要部分构成，一是伸入波导腔的同轴探针结构，二是阶梯型阻抗变换。

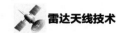
二者共同实现同轴线 50Ω 阻抗与波导腔波阻抗的转换。同时，探针的尺寸、阶梯变换的外形决定了阻抗变换的效果与带宽。

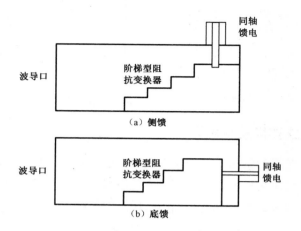

图 2.32　波导同轴变换

2.2.4　常见波导口天线形式

　　常见的波导口天线单元有矩形波导、圆波导、方波导、脊波导等。为了扩展带宽，以上开口波导均可加脊。在应对大单元间距条件下的单元选取时，波导口也常常延伸为喇叭天线。在宽带化的应用场景下，喇叭天线单元内部也可以加脊，但脊一般在喇叭口面逐渐消失，如图 2.33 所示。

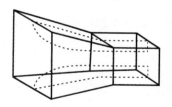

图 2.33　加脊喇叭天线单元

2.3　微带贴片天线

　　1953 年，Deschamps 就提出了微带天线的概念，直到 20 世纪 70 年代，微带天线取得了突破性进展，新形式和高性能微带天线不断涌现。由于空间技术发展与对低剖面天线的需求，微带天线获得了进一步应用，并且成为天线领域的一个重要分支。可以说，微带天线的发展是现代微波集成电路技术的理论和实践在天线领域的重要应用。

　　微带贴片天线主要特点是：①体积小，重量轻，剖面低且能共形；②易得到多种极化，可双频或多频工作，最大辐射方向可调整；③能与有源器件集成，增加可靠性及降低造价；④工作频带窄；⑤损耗大，效率低；⑥功率容量小；⑦介质基片的性能对天线性能影响大；⑧极化纯度低，交叉极化高。

微带贴片天线的前三项特点使得其在星载、机载雷达应用中获得了重视，特别是在毫米波段。

最简单和典型的微带天线结构是在导电地板上由介质基片支撑的金属贴片。介质基片的选择是设计微带天线的第一步，它将影响天线尺寸、工作带宽、效率、功率容量和加工工艺。

微带贴片天线的物理概念简单明确，其分析方法主要有以下三种：①传输线法；②空腔模法；③全波法。传输线法与空腔模法可得到天线的电性能与参数间的简单数学关系，但精度较低。而以麦克斯韦方程时域解为基础的全波法具有以下特点：①精确：能对阻抗特性和辐射特性提供精确的结果；②完整：包括介质损耗、导体损耗、表面波辐射、空间波辐射及外部互耦；③可分析任意形状单层和多层微带天线元和阵列及各种馈电方法；④计算量大。

最常用的全波分析法有：①谱域法；②混合位电场积分方程法；③时域有限差分法。

2.3.1　原理分析

如图 2.34 所示，矩形微带贴片的尺寸为 $l \times w$，基片的厚度 h（h 远小于波长）。贴片可以看作宽度为 w，长度为 l 的一段微带传输线。一般取 $l = \lambda_m/2$，λ_m 是微带线上的波长。沿着长度 l 方向贴片两端开路，对应电压波腹点，即电场最强的地方。微带贴片天线电场分布如图 2.35 所示，从图中可以看出，贴片两侧的电场较强。因此，贴片天线的主要辐射就是由贴片与地板之间沿宽度 w 方向的缝隙形成的。该两边称为贴片天线的辐射边，在传输线模型中等效为 $G_s + \mathrm{j}B_s$，如图 2.36 所示。

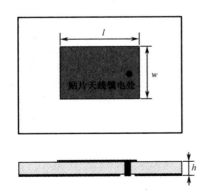

图 2.34　矩形微带贴片天线结构示意

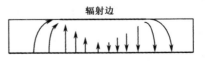

图 2.35　微带贴片天线电场分布示意

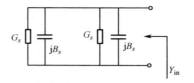

图 2.36　矩形贴片天线传输线模型

由等效原理可知，窄缝上的电场辐射可以等效为面磁流的辐射，如图 2.37 所示，两条沿着宽度 w 边的磁流方向相同。等效磁流相对于地板的镜像磁流为正镜像，因此贴片天线在上半空间辐射加强，下半空间辐射理论上为零。贴片上的电流沿着长度 l 方向分布，如图 2.38 所示。

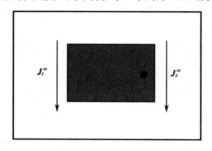

图 2.37　微带贴片天线等效磁流示意

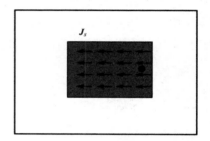

图 2.38　矩形贴片电流分布示意

2.3.2　天线性能

1. 方向图

微带贴片的场分布（主模 TM_{01}）为

$$
\begin{cases}
E_x = E_y = 0 \\[4pt]
E_z = E_0 \sin \dfrac{\pi x}{l} \\[6pt]
H_y = \mathrm{j} E_0 \dfrac{\pi}{\omega \mu} \cos \dfrac{\pi x}{l}
\end{cases}
\tag{2.26}
$$

可由磁流源二元阵求得矩形贴片主模的方向图函数，即

$$
\begin{cases}
E_\theta = -\mathrm{j} \dfrac{E_0 hkw}{\pi} \cdot \dfrac{\sin\left(\dfrac{w}{2}v\right)}{\dfrac{w}{2}v} \cos\left(\dfrac{l}{2}u\right) \cos\phi \left[\dfrac{\varepsilon_r - \sin^2\theta}{\varepsilon_r - \left(\dfrac{u}{k}\right)^2} \right] \\[18pt]
E_\phi = \mathrm{j} \dfrac{E_0 hkw}{\pi} \cdot \dfrac{\sin\left(\dfrac{w}{2}v\right)}{\dfrac{w}{2}v} \cos\theta \sin\phi \cos\left(\dfrac{l}{2}u\right) \left[\dfrac{\varepsilon_r}{\varepsilon_r - \left(\dfrac{u}{k}\right)^2} \right]
\end{cases}
\tag{2.27}
$$

归一化的 E 面波瓣为

$$\begin{cases} E_{\theta(\phi=0)} = \cos\left(\dfrac{kl}{2}\sin\theta\right) \\ E_{\phi} = 0 \end{cases} \quad\quad (2.28)$$

归一化的 H 面波瓣为

$$\begin{cases} E_{\phi(\phi=90)} = \dfrac{\sin\left(\dfrac{kw}{2}\sin\theta\right)}{\dfrac{kw}{2}\sin\theta}\cos\theta \\ E_{\theta(\phi=90)} = 0 \end{cases} \quad\quad (2.29)$$

3dB 宽度分别为

$$\begin{cases} 2\theta_{0.5}^{H} \cong 2\arccos(2+kw)^{-\frac{1}{2}} \\ 2\theta_{0.5}^{E} \cong 2\arcsin\left(\dfrac{7.03}{3k^2l^2 + k^2h^2}\right) \end{cases} \quad\quad (2.30)$$

2. 谐振长度

在贴片天线模型中，等效相对介电常数 ε_e 有如下经验公式

$$\varepsilon_e = \frac{\varepsilon_r + 1}{2} + \frac{\varepsilon_r - 1}{2}\left(1 + \frac{10h}{w}\right)^{-\frac{1}{2}} \quad\quad (2.31)$$

在贴片天线两端等效的开路缝隙，除了等效导纳，还有边缘效应引起的电容分量。电容分量对应的等效贴片延伸长度 Δl 为

$$\Delta l = 0.412h\left(\frac{\varepsilon_e + 0.3}{\varepsilon_e - 0.258}\right)\left(\frac{\dfrac{w}{h} + 0.264}{\dfrac{w}{h} + 0.8}\right) \quad\quad (2.32)$$

因此，矩形贴片天线的谐振长度 l 略小于微带线波长的一半，谐振长度 l 为

$$l = \frac{\lambda}{2\sqrt{\varepsilon_e}} - 2\Delta l \qu\quad\quad (2.33)$$

将波长转换为频率，可知长度为 l 的矩形贴片天线对应的谐振频率为

$$f_r = \frac{c}{2(b + 2\Delta l)\sqrt{\varepsilon_e}} \qu\quad\quad (2.34)$$

式中，c 为光速。

3. 输入阻抗

由贴片天线传输线模型得出的贴片天线输入阻抗为

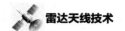

$$Y_{\mathrm{in}} = G_s + Y_c \frac{G_s + \mathrm{j}Y_c \tan \beta(b + 2\Delta l)}{Y_c + \mathrm{j}G_s \tan \beta(b + 2\Delta l)} \tag{2.35}$$

当贴片天线谐振时，输入阻抗的虚部为零，而输入阻抗的实部与馈电点的位置有关。以探针馈电的贴片为例，到距离辐射边距离为 x_0 的馈电点的输入电阻经验公式为

$$R_{\mathrm{in}} = R_a \cos^2 \left(\frac{\pi x_0}{l} \right) \tag{2.36}$$

式中，R_a 一般为 $100\Omega \sim 300\Omega$。

从式（2.36）中可以看出，贴片天线的谐振电阻在边缘处最大。馈电点离边缘越远，谐振电阻越小。通常可以通过移动馈电点的位置来实现贴片天线的阻抗匹配。

4. 品质因数

品质因数 Q 定义为天线谐振时存储的能量 W_T 与耗损功率之比，即

$$Q = \frac{\omega_0 W_T}{\text{有关功率损耗}} = \frac{\omega_0 W_T}{P_c + P_d + P_r + P_{\mathrm{SW}}} \tag{2.37}$$

式中，P_d 为基片介质耗损；P_c 为贴片金属有限导电率 σ 损耗；P_r 为空间波辐射功率；P_{SW} 为表面波功率；ω_0 为谐振时的角频率。有

$$P_c = R_s \iint |H_s|^2 \, \mathrm{d}s \cong \frac{\omega_0 W_T}{h\sqrt{\pi f_0 \mu_0 \sigma}} \quad (R_s \text{ 为金属表面电阻率}) \tag{2.38}$$

$$P_d = \omega_0 W_T \tan \delta \tag{2.39}$$

$$P_r = \frac{1}{2 \times 120\pi} \int_0^{\pi/2} \int_0^{2\pi} \left(|E_\theta|^2 + |E_\phi|^2 \right) R^2 \sin\theta \, \mathrm{d}\theta \mathrm{d}\phi \tag{2.40}$$

$$P_{\mathrm{SW}} = -\frac{1}{2} R_e \int_0^\infty \int_0^{2\pi} E_z H_\phi^* \rho \, \mathrm{d}\phi \mathrm{d}z \tag{2.41}$$

式中，E_z、H_ϕ 为表面波主模的场。

有文献给出 P_{SW} 更简易的计算公式

$$\begin{cases} P_{\mathrm{SW}} = \dfrac{3.4 H_e}{1 - 3.4 H_e} P_r = \dfrac{3.4 h\sqrt{\varepsilon_r - 1}}{\lambda - 3.4 h\sqrt{\varepsilon_r - 1}} P_r \\ H_e = \sqrt{\varepsilon_r - 1}\, \dfrac{h}{\lambda} \end{cases} \tag{2.42}$$

可得

$$\frac{1}{Q} = \frac{1}{Q_c} + \frac{1}{Q_d} + \frac{1}{Q_r} + \frac{1}{Q_{\mathrm{SW}}} \tag{2.43}$$

式（2.43）右边每一项 Q 代表有关的品质因素，即 $Q = \dfrac{\omega_0 W_T}{\text{有关功率损失}}$，可得

$$
\begin{cases}
Q_c = h\sqrt{\pi f \mu_0 \delta} = \dfrac{h}{\Delta} \quad (\Delta = \text{导体的趋肤深度}) \\[2mm]
Q_d = \dfrac{1}{\tan \delta} \\[2mm]
Q_r = \dfrac{\omega_0 W_T}{P_r} \\[2mm]
Q_{SW} = \dfrac{\omega_0 W_T}{P_{SW}}
\end{cases}
\tag{2.44}
$$

5. 带宽

天线阻抗带宽 BW 由电压驻波比 S 不大于某值来确定。贴片天线阻抗带宽 BW_S 通常可由等值线路推导，即

$$
BW_S = \frac{S-1}{Q\sqrt{S}} \times 100\%
\tag{2.45}
$$

若取 $S \leqslant 2$，则有

$$
BW_S = \frac{1}{\sqrt{2}Q} \times 100\%
\tag{2.46}
$$

在微带天线适用频率范围内，近似有 $Q \propto \varepsilon_r / h$ 故 $BW_S \propto h/\varepsilon_r$。可见贴片天线的带宽与介电常数 ε_r 和基片厚度 h 有关。显然 ε_r 大则带宽小，h 大则带宽大。

6. 效率

天线辐射效率 η 定义为

$$
\eta = \frac{P_r}{P} = \frac{P_r}{P_c + P_d + P_r + P_{SW}} = \frac{Q}{Q_r}
\tag{2.47}
$$

贴片天线的效率与介质板的损耗、金属片的损耗，以及表面波损耗等因素有关，因此通常采用低损耗的介质板乃至空气层来提高贴片天线的辐射效率。

7. 极化

在理想情况下，工作于主模 TM_{01} 的贴片天线在主平面上并无交叉极化。在实际应用中，交叉极化分量主要是其他模式的贡献。此外，交叉极化还与馈电方式有关。

2.3.3 天线结构及馈电设计

微带贴片天线初期主要采用同轴线、微带线、渐进微带线及共面波导等进行馈电，这些馈电方式易与其他系统集成，但阻抗带宽窄。后续发展出的缝隙耦合馈电和 L 形探针馈电大大提高了贴片的阻抗带宽。微带贴片不同馈电结构示意如图 2.39 所示。

图 2.39（e）中的缝隙耦合馈电是在贴片天线的地板上刻蚀一条缝隙，在缝隙下方的馈电线通过缝隙将能量耦合至上方的贴片。因为耦合缝隙额外引入了一个谐振频率，从而增大了天线带宽。但这种馈电方式后向辐射大，需要将天线安装在额外的金属反射底板上。

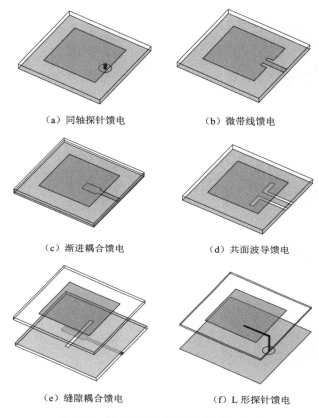

（a）同轴探针馈电　　　　　　　（b）微带线馈电

（c）渐进耦合馈电　　　　　　　（d）共面波导馈电

（e）缝隙耦合馈电　　　　　　　（f）L 形探针馈电

图 2.39　微带贴片不同馈电结构示意图

图 2.39（f）中的 L 形探针是在同轴探针馈电的基础上弯折同轴探针，探针与贴片之间的电容分量抵消了探针本身的电感分量，形成的谐振点展宽了频带。但探针上的电流会增加天线的交叉极化。

表 2.3 对比了这几种微带贴片天线馈电方式的性能和加工难度。

表 2.3　微带贴片天线馈电方式的比较

馈电方式	同轴探针	微带线	渐进耦合	共面波导	缝隙耦合	L 形探针
带宽	1%～7%	1%～7%	13%	3%	26%	28%
极化纯度	差	差	差	好	较好	很差
加工	需打孔焊接	容易	需对准	需对准	需对准	复杂

2.3.4 常见微带贴片天线形式

1. 不规则贴片天线

除了常见的矩形贴片天线，圆形、三角形贴片天线也具有和矩形贴片天线类似的性能。如图 2.40 所示的贴片天线，通过在贴片上刻蚀 U 形缝隙，可以增加天线的带宽。

2. 双极化贴片天线

贴片天线很容易实现双极化，如图 2.41 所示，在贴片天线的底板上刻蚀两个正交的 H 形缝隙，两个独立的耦合线便能激励出贴片天线的两个极化。

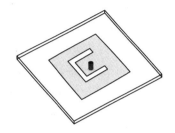
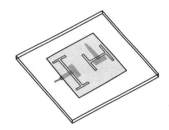

图 2.40　U 形缝隙贴片天线　　　　　图 2.41　双极化贴片天线

3. 圆极化贴片天线

贴片天线很容易实现圆极化辐射，主要包括单馈点+微扰、双馈点+相差网络和依次旋转阵列等技术。单馈点+微扰技术是在贴片上引入微扰，形成两个正交且相位差为 90° 的谐振模式，常见的微扰有切角、加载枝节、开槽等。单馈点的圆极化贴片天线（见图 2.42）结构简单，但能实现的圆极化带宽较窄。双馈点+相差网络技术（见图 2.43）需要额外的馈电网络提供等幅、相位差为 90° 的馈电，能实现较宽的圆极化带宽。依次旋转阵列技术一般由四个依次旋转的单元组成（见图 2.44），每个单元的馈电相位依次滞后，也能实现较宽的圆极化带宽。

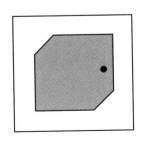
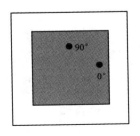

图 2.42　单馈点切角圆极化贴片天线　　　图 2.43　双馈点圆极化贴片天线

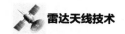

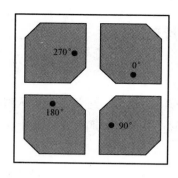

图 2.44　依次旋转馈电四单元圆极化贴片阵列

2.4　渐变槽线天线

渐变槽线天线（Tapered Slot Antenna，TSA）最早是由 Lewis、Fassett 及 Hunt 在 1974 年提出的。该种天线作为一种宽带天线阵列能实现超过 5:1 的工作带宽，其法向增益基本随频率增加而增大。1979 年，Gibson 在一篇文章中提出了一种独立的端射指数渐变天线，他称其为 Vivaldi 天线。在 20 世纪 80 年代，更多的团队针对 TSA 天线阵列进行了研究。该天线的谐振问题及阻抗匹配问题慢慢被发掘出来，通常通过调整天线设计及单元间距进行解决。从 90 年代开始，仿真计算能力已经足够对 TSA 天线进行相应设计，1999 年，TSA 天线阵列可在多个倍频程内实现 45° 空域扫描的良好匹配。2001 年，Schuneman 等人研究出一种十倍频带宽的天线。在过去这些年的研究中，已有多种超过十倍频的 TSA 天线被研究出来。

印制板形式的 TSA 天线具有重量轻、结构简单、易于与射频电路相集成等优点。该天线具有极宽的阻抗带宽，可以达到十倍频以上，频带内增益稳定，并具有宽角扫描特性，E 面及 H 面方向图对称性好，因此广泛应用于测试天线及相控阵雷达天线阵列中。

根据渐变槽线的形式，TSA 天线可分为指数型（exponential）、抛物线型（parabolic）、直线型（linear）、阶梯型（step-constant）和三角型（tangential）等。

另外，TSA 天线的馈电结构设计也对其超宽带性能有很大影响。由于大部分 TSA 天线都由槽线馈电，因此 TSA 天线的馈电设计主要在其他传输线（微带线、带状线）与槽线的转换上。馈电转换结构首先要实现超宽带的阻抗匹配，另外要能在较小的尺寸上实现低传输损耗。

2.4.1　原理分析

渐变槽线天线是一种行波天线，常见的渐变槽线天线主要包括如图 2.45 所示的三部分，即渐变部分、传输线巴仑结构、匹配空腔。通过这三部分的共同作用实现槽线单元的超宽带匹配特性。

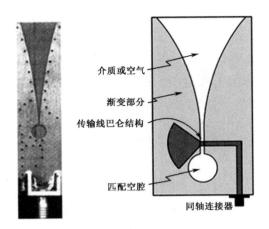

图 2.45　渐变槽线天线构成示意

1. 渐变部分

该部分主要起到实现馈电传输线与自由空间中波阻抗的良好匹配，是实现渐变槽线天线超宽带辐射的基础。图 2.46 给出了一些常见的渐变结构，其中图 2.46（c）为 Vivaldi 渐变结构。这部分结构通常采用两种方法实现，一种是通过全金属结构实现，另一种是采用在印制板单面或双面覆铜实现。另外在设计中需要注意，在带状线槽线结构中会激发平板波导模式，从而不利于天线在 H 面的扫描，针对这种情况可采用沿槽线结构边缘打金属化孔的方法进行抑制。

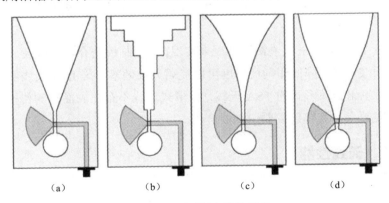

(a)　　　　　(b)　　　　　(c)　　　　　(d)

图 2.46　不同渐变结构示意

2. 传输线巴仑结构

渐变槽线天线的巴仑结构起到了天线与馈电射频部分从不平衡到平衡的转换

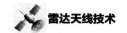

作用。馈电端口 50Ω到渐变部分的变换不仅影响天线的宽带匹配特性，而且传输线的损耗大小对于天线的效率也有很大的影响。TSA 天线最常见的巴仑结构是扇形阻抗匹配结构，通过调节扇形结构的半径和张开角度来实现阻抗匹配。

3. 匹配空腔

该结构位于渐变部分的底部，主要影响天线带内的低频段匹配。常见的匹配空腔结构如图 2.47 所示，通过改变匹配空腔的尺寸可以有效调节天线的匹配特性。

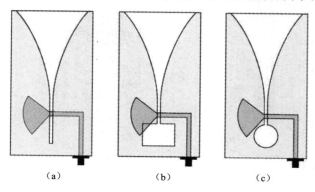

（a）　　　　　　　（b）　　　　　　　（c）

图 2.47　常见的匹配空腔示意

TSA 天线工作的最低频率及最高频率主要取决于两个关键尺寸，即天线的剖面高度及单元间距。通常剖面高度约等于低频对应波长的四分之一，而单元间距由工作的高频及扫描角度决定。要使 TSA 天线工作在行波模式，天线的长度 l 在 $2\lambda_0 \sim 12\lambda_0$ 范围内，宽度 W 大于或等于 $\lambda_0 / 2$。在自由空间中，波长大于天线长度 l 的波辐射工作在谐振模式下，处于谐振模式工作中的天线波束宽度会变宽，从而增益会有一定下降。

大部分 TSA 天线采用覆铜印制板来实现，而印制板随介电常数及厚度增加容易产生表面波，因此降低印制板厚度可以提高天线效率。在 TSA 天线的研究进展中，逐渐衍生出金属形式的 TSA 天线，该形式天线不存在表面波的传播，从而可以提高天线效率，其辐射主要由漏波产生。

2.4.2　天线性能

1. 扫描范围

TSA 天线在 E 面及 H 面扫描都可实现良好匹配。相关文献中的设计结果如图 2.48 所示，在合理选择单元间距且不出现栅瓣的情况下，该形式天线在 E 面、H 面扫描 60°都可实现宽带驻波 2.5 以下的良好匹配。

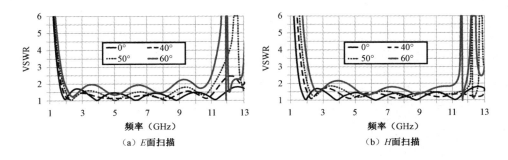

（a）E面扫描　　　　　　　　　　　（b）H面扫描

图 2.48　两维扫描驻波曲线

2. 工作带宽

TSA 天线作为一种行波天线，具有超宽带特性，通过优化设计渐变部分、传输线巴仑结构、匹配空腔这三部分可实现带内良好匹配。图 2.49 给出了随天线剖面高度 D 变化的驻波曲线，从图中可以看出 TSA 天线的低频特性取决于其剖面高度，通常 D 取低频处波长的 1/4。通过增加剖面高度可实现十倍频以上的阻抗带宽。

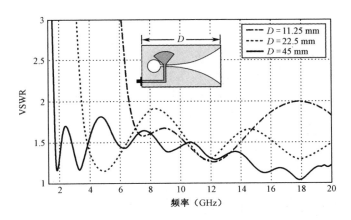

图 2.49　随剖面高度变化的驻波曲线

3. 极化

工作带宽越宽的 TSA 天线剖面高度越高，此时天线表面纵向电流路径较长，会引起交叉极化抬高，尤其表现在天线的斜对角切面上，如图 2.50 所示。

交叉极化过高对于天线在相控阵系统中的应用会产生不利因素，有文献给出了一种抑制交叉极化的方法，如图 2.51 所示，通过将渐变槽线部分切割开改变电流路径，从而有效降低天线 D 面的交叉极化。

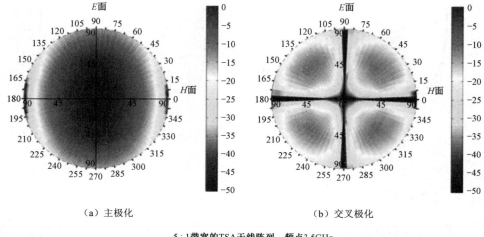

（a）主极化 （b）交叉极化

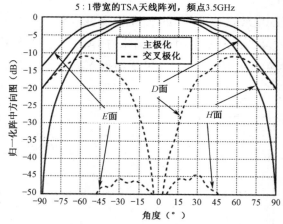

（c）E 面、H 面、D 面的主极化和交叉极化

图 2.50 常规 TSA 天线空域内交叉极化

2.4.3 天线结构及馈电设计

1. 天线结构

　　TSA 天线最常见的结构是基于印制板形式，可以采用双层微带线形式，也可以采用三层带状线形式。如图 2.52（a）所示是带状线形式 TSA 天线的示意图，从图中可以看出，渐变线部分采用覆铜刻蚀在印制板正反两面。采用带状线进行馈电可以避免馈电时能量泄漏，具有较好的电磁屏蔽效果。该形式天线馈电传输线可将渐变线任意输入阻抗变换成 50Ω 与渐变线部分共同工作，从而实现与自由空间波阻抗的良好匹配。匹配空腔采用圆形结构，可实现天线的超宽带良好匹配。图 2.52（b）给出了单极化 TSA 天线阵列示意，沿着天线 E 面相邻单元的槽线金

属面相连形成一个电连续的金属面，因此沿着 E 面的一整条天线阵列可以一体化加工。

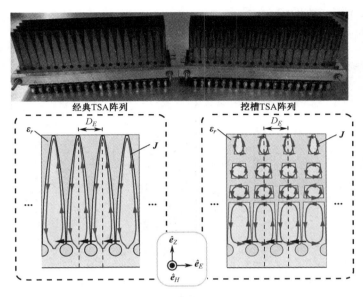

图 2.51　经典 TSA 天线阵列和挖槽 TSA 天线阵列

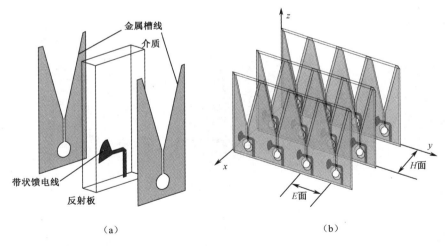

（a）　　　　　　　　　　　　　　　　（b）

图 2.52　印制板形式 TSA 天线和阵列示意

2. 馈电设计

对于 TSA 天线来说，馈电结构对于宽带性能有很大影响。大部分 TSA 天线都存在渐变线与传输线的转换问题，该转换结构需要实现超宽带的良好匹配及具有较低的插入损耗，同时还应有较小的尺寸，从而便于组成天线阵列。馈电结构在原理上可分为开路结构和短路结构，如图 2.53 所示。在工程应用上，对于全金属 TSA 天线通常使用短路馈电结构，对于印制板 TSA 天线一般使用开路馈电结构。具体的转换结构可分为同轴线（类同轴）馈电、微带线（带状线）馈电和 CPW（共面波导）馈电，如图 2.54 所示。

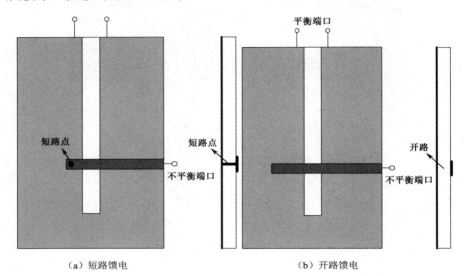

（a）短路馈电　　　　　　　　　　　　　　　　（b）开路馈电

图 2.53　不同原理的馈电结构

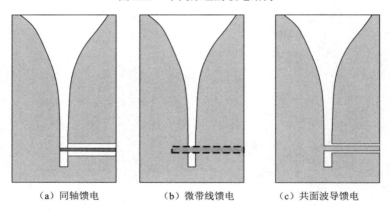

（a）同轴馈电　　　　（b）微带线馈电　　　　（c）共面波导馈电

图 2.54　不同形式的馈电结构

在微带线（带状线）形式的 TSA 天线中，开路馈电结构应用较多，通常微带传输线超过槽线的开路部分长度为微带线导波波长的四分之一，槽线的短路部分长度为槽线导波波长的四分之一。微带线可进一步延伸为扇形结构，槽线可进一步延伸为矩形或圆形结构。对于圆形结构，其直径为四分之一导波波长即可满足设计。TSA 天线的插入损耗受槽线及微带线末端阻抗影响，当槽线末端特性阻抗增加，微带线末端特性阻抗减小时，微带线到槽线的转换结构带宽会增加。因此增加微带线部分线宽及槽线延伸段的宽度可以有效拓展 TSA 天线的带宽。

2.4.4　常见渐变槽线天线形式

1. 双极化渐变槽线天线

在单极化 TSA 天线的基础上，国内外进行了一系列的双极化 TSA 天线研究。为了满足宽带性能，TSA 天线阵列必须满足相邻天线单元之间的接地连续，这就给双极化 TSA 天线阵列的设计、加工及安装带来了诸多困难。在如图 2.55 所示的双极化 TSA 天线阵列中，将金属匹配柱安装在双极化天线单元之间，这些金属匹配柱使得相邻单元的金属臂相互接触，从而解决了接地连续的问题，并且金属匹配柱对双极化天线单元还起到了定位的作用，让整个阵面整齐美观。

图 2.55　采用金属匹配柱实现电连续的双极化 TSA 天线阵列

在工程实现上，一般的双极化 TSA 单元互相垂直排布，此时两个极化的相位中心不重合，在天线阵列法线方向可实现圆极化，但随着扫描角度偏离法向后，圆极化将难以保证。为克服该问题，需要双极化正交排布具有等相位中心。图 2.56 所示是一种高隔离度双极化 TSA 天线，该天线采用全金属结构，传输线采用类同轴结构进行短路馈电，阶梯开槽采用多级切比雪夫渐变线进行拟合。通过对馈电巴仑进行改进设计，解决了两个正交极化开槽天线交叉排布时相位中心不一致的难题。

2. 超宽带渐变槽线天线

渐变槽线天线本身具有相当宽的阻抗匹配带宽，但受限于馈电结构的带宽，因此超宽带巴仑的设计一直是超宽带 TSA 天线的设计难点与技术瓶颈之一。为了解决传统 TSA 天线的馈电难题，有学者提出了对跖渐变槽线天线（Antipodal Tapered Slot Antenna，ATSA）及平衡对跖渐变槽线天线（Balanced Antipodal Tapered Slot Antenna，BATSA），如图 2.57 所示。

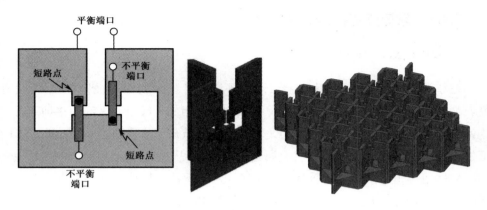

图 2.56　高隔离度双极化 TSA 天线

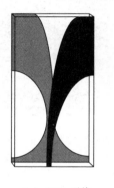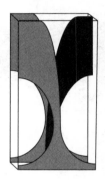

（a）ATSA 天线　　　　　　　　　（b）BATSA 天线

图 2.57　ATSA 天线和 BATSA 天线结构示意

　　ATSA 天线的辐射臂位于介质基板的两侧，通过微带平行带状线巴仑馈电。BATSA 天线有三条辐射臂，可直接由带状线馈电。ATSA 天线和 BATSA 天线具有相当宽的阻抗带宽，高频截止频率基本不受限制，影响 ATSA 天线和 BATSA 天线带宽的主要因素是天线自身尺寸限制的低频截止频率。值得注意的是，ATSA 天线的辐射臂之间的法向位移使得天线具有较高的交叉极化，并且随频率升高而愈加明显。同时，由于馈电结构与天线臂的不对称，天线方向图最大辐射方向会略微偏离天线轴线。而 BATSA 天线虽然在一定程度上解决了交叉极化高的问题，但是方向图最大辐射方向偏离的问题尚未得到解决。

3. 低剖面渐变槽线天线

　　TSA 天线最大的一个限制条件就是剖面高度，通常其剖面高度至少为最低工作频率所对应波长的 1/4，典型的 3:1 带宽的 TSA 天线高度通常大于最高工作频率对应波长的两倍。为降低天线的剖面高度，有文献提出了一种"兔耳"形天线

（Bunny Ear Antenna，BEA）。BEA 天线可将剖面高度降至最低工作频率对应波长的 1/8，同时实现频比为 5:1 的工作带宽。有关文献中的"兔耳"形天线的单元结构示意和双极化阵列如图 2.58 所示。与传统 TSA 天线中相邻单元是电连续不同，相邻"兔耳"形天线之间有容性间隙，一方面可以抑制低频分量，另一方面更利于双极化阵列的排布。传统的 TSA 天线具有较长的渐变槽线，天线表面的纵向电流路径较长导致交叉极化高。而低剖面的"兔耳"形天线并不容易激励高阶次模，具有更低的交叉极化，交叉极化的抑制在 D 面尤其明显。

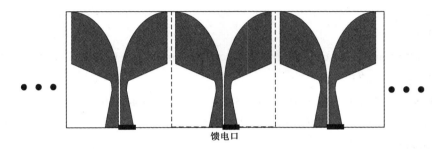

（a）单元结构示意

（b）双极化天线阵列

图 2.58 "兔耳"形天线

参考文献

[1] Mailloux R J. Phased Array Antenna Handbook[M]. 2th ed. London: Artech House, 2005.

[2] Hannan P W. The element-gain paradox for a phased-array antenna[J]. IEEE Transactions on Antennas and Propagation, 1964, 12(4): 423-433.

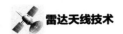
[3]   Chen Z N. Handbook of Antenna Technology[M]. Berlin: Springer, 2016.

[4]   Tai C T. Dipoles and Monopoles[M]. New York: McGraw-Hill, 1984.

[5]   Oltaman G. The Compensated Balun[J]. IEEE Transactions on Microwave Theory and Technology. 1966, 14(3): 112-119.

[6]   Magill E G, Wheeler H A. Wide-angle impedance matching of a planar array antenna by a dielectric sheet[J]. IEEE Transactions on Antennas and Propagation, 1966, 14(1): 49-53.

[7]   Marchand N. Transmission line conversion transformers[J]. Electronics, 1944, 17(12): 142-145.

[8]   Wilkinson W C. A class of printed circuit antennas[J]. IEEE AP-S Int. Symp. Dig., 1974: 270-273.

[9]   Eldek A A, Atef, Elsherbeni Z, et al. Wideband microstrip-fed printed bowtie antenna for phased array system[J]. Microwave and Optical Technology Letters, 2004, 43(2), 123-126.

[10]   Zhang L N, Zhong S S, Liang X L, et al. Compact meander monopole antenna for tri-band WLAN application[J]. Microwave and Optical Technology Letters, 2007, 49(4), 986-988.

[11]   Uda S, Mushiake Y. Yagi-Uda Antenna[M]. Tokyo: Maruzen Co., 1954.

[12]   Bao Z D, Nie Z P, Zong X Z. A novel broadband dual-polarization antenna utilizing strong mutual coupling[J]. IEEE Transactions on Antennas and Propagation, 2014, 62(1), 450-454.

[13]   Deschamps G A. Microstrip Microwave Antenna[M]. 3th ed. USAF: Symposion Antennas,1953.

[14]   Pozar D M. Radiation and scattering from a microstrip patch on a uniaxial substrate[J]. IEEE Transactions on Antennas and Propagation, 1987, 35(6): 613-621.

[15]   Deshparide M D, Bailey M C. Input impedance of Microstrip Antennas[J]. IEEE Transactions on Antennas and Propagation, 1982: 30(4): 645-650.

[16]   Janmes J R, Hall P S. Handbook of Microstrip Antennas[M]. London: Peter Peregrinus, 1989.

[17]   Mo Sig J R, Gardiol F E. A dynamic radiation model for microstrip structures[J]. Advances in Electronics and Electron physics, 1982, 59: 139-234.

[18]   Dulost G, Zerguerras A. Transmission mode analysis of aribitrary shape symmetrical

patch antenna coupled with dicrector[J]. Electron Letters, 1990, 26(9): 952-954.

[19]　Luk K M, Guo X, Lee K F, et al. L-probe proximity fed U-slot patch antenna[J]. Electronics Letters, 1998, 34(19): 1806-1807.

[20]　Lau K L, Luk K M, Lee K F. Wideband U-slot microstrip patch antenna array[J]. IEEE Proceedings Microwaves, Antennas and Propagation, 2001, 148(1): 41-44.

[21]　Barba M. A high-isolation, wideband and dual-linear polarization patch antenna[J]. IEEE Transactions on Antennas and Propagation, 2008, 56(5): 1472-1476.

[22]　Huang J. A technique for an array to generate circular polarization with linearly polarized elements[J]. IEEE Transactions on Antennas and Propagation, 1986, 34(9): 1113-1124.

[23]　Larsen N V, Breinbjerg O. A spherical wave expansion model of sequentially rotated phased arrays with arbitrary elements[J]. Microwave and Optical Technology Letters, 2007, 49(12): 3148-3154.

[24]　Lewis L R, Fassett M, Hunt J. A broadband stripline array element[J]. IEEE Transactions on Antennas and Propagation, 1974: 335-337.

[25]　Povinelli M J, Johnson J A. Design and performance of wideband dual polarized striplinenotch arrays[J]. IEEE Transactions on Antennas and Propagation, 1988: 200-203.

[26]　Simon P S, McInturff K, Jobsky R W, et al. Full-wave analysis of an infinite, planararray of linearly polarized, stripline-fed, tapered notch elements[J]. IEEE Transactions on Antennas and Propagation, 1991: 334-337.

[27]　Schaubert D H, Aas J A, Buris NE. Moment method analysis of infinite stripline-fed tapered slot antenna arrays with a ground plane[J]. IEEE Transactions on Antennas and Propagation, 1994, 42(8): 1161-1166.

[28]　McGrath D T, Pyati V P. Phased array antenna analysis with the hybrid finite elementmethod[J]. IEEE Transactions on Antennas and Propagation, 1994, 42(12): 1625-1630.

[29]　Lucas E W, Fontana T P. A 3-D hybrid finite element/boundary element method for theunified radiation and scattering analysis of general infinite periodic arrays[J]. IEEE Transactions on Antennas and Propagation, 1995, 43(2): 145-153.

[30]　Schuneman N, Irion J, Hodges R. Decade bandwidth tapered notch antenna array element[C]. Proceedings of the 2001 Antenna Applications Symposium (Allerton Park, Monticello, IL), 2001: 280-294.

[31] Gross F B. Frontiers in Antennas: Next generation design & engineering[M]. New York: McGraw-Hill Company, 2014.

[32] 于大群，吴鸿超，何丙发，等. 一种宽带宽角双极化相控阵天线单元研究[J]. 现代雷达，2011，33（11）：59-62.

[33] 于大群，孙磊，吴鸿超. 一种高隔离低交叉极化等相位中心双极化开槽天线设计[J]. 微波学报，2020，36（3）：26-30.

[34] Langley J, Hall P S, Newham P. Novel ultrawide-bandwidth Vivaldi antenna with low crosspolarisation[J]. Electronics Letters, 1993, 29(23): 2004-2005.

[35] Lee J J, Livingston S. Wide band bunny-ear radiating element[C]. IEEE Antennas and Propagation Society International Symposium, 1993, 3: 1604-1607.

[36] Lee J J, Livingston S, Koenig R. A low-profile wide-band (5:1) dual-pol array[J]. IEEE Antennas Wireless Propagation Letters, 2003, 2: 46-49.

第 3 章

阵列天线

　　本章主要阐述阵列天线的基本概念、分析理论和设计方法，归纳直线阵、平面阵、非平面阵和稀疏阵的各种常用口径分布、方向图函数和特征参数，并且给出阵列综合和方向图赋形的常用方法。

　　妥善处理单元之间的互耦效应是设计和研制阵列天线的技术关键。为此，本章推导了任意位置单元间互阻抗的计算公式，列出了用阻抗矩阵或散射矩阵描述互耦效应的表达式，并且介绍了工程上常用的阵列天线单元互耦补偿、匹配的若干方法，特别是阵列天线设计中至今仍普遍采用又非常关键的小阵列实验的目的、方法和步骤。

　　阵列天线是一类由许多天线单元的规则或随机排列并通过适当激励获得预定辐射特性的特殊天线。组成阵列的单元可以是载流线元，也可以是口径面元；可以是仅几毫米甚至更小的微带贴片，也可以是孔径达数十米的单双反射面天线。阵列单元的数量可以是几个甚至几十万个。人们能够通过选择和优化阵列单元的结构形态、排列方式和馈电相，得到单个天线难以提供的优异辐射特性，阵列天线的这种设计灵活性是它得以广泛应用和迅速发展的本质条件。

　　在阵列天线的基本分析和综合中，首先假设阵列单元上的电流或场与所施加的激励成比例，阵列扫描时单元的激励不变，即先不考虑单元在阵列中的互耦效应，然后再专门研究阵列天线互耦影响的计算及其弱化和补偿方法。

　　本章介绍阵列之中辐射单元与孤立辐射单元之间的差异，分析阵中辐射单元性能的特殊性，包括有源反射系数、有源单元方向图和互耦等。最后介绍相控阵辐射单元的仿真设计方法，为辐射单元的快速分析提供指导。

3.1　基本理论

　　阵列天线基本原理在许多论著中均有详细描述。为了便于描述相控阵天线的扫描特性，图 3.1 定义了一种广义阵列结构，图中仅显示一小部分阵列。每一辐射单元辐射一个矢量方向图，在该单元附近，它取决于离开单元的角度与径向距离。但是对于离单元非常远的距离，其辐射具有球面波特性。阵中第 i 个单元的辐射场可以写成

$$E_i(R,\theta,\phi) = f_i(\theta,\phi)\frac{\exp(-\mathrm{j}kR_i)}{R_i} \tag{3.1}$$

式中，(R,θ,ϕ) 为观察点的球坐标；$k = 2\pi/\lambda$ 为自由空间波数；λ 为波长；$f_i(\theta,\phi)$ 为单元矢量方向图，并依赖于所用单元种类。

　　第 i 个单元至观察点 P 的距离为

$$R_i = \sqrt{\left(x - x_i\right)^2 + \left(y - y_i\right)^2 + \left(z - z_i\right)^2} \tag{3.2}$$

式中，(x_i, y_i, z_i) 为第 i 个单元的直角坐标；(x, y, z) 为观察点 P 的直角坐标。

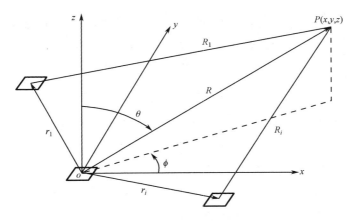

图 3.1　广义阵列结构

如果在距阵列非常远处测量天线方向图，R_i 可以用坐标系原点到观察点 $P(x, y, z)$ 的距离 R 来近似，在相位因子中有

$$R_i \approx R - r_i \cdot \hat{r} \tag{3.3}$$

$$\frac{\exp(-jkR_i)}{R_i} \approx \frac{\exp(-jkR)}{R} \exp(+jkr_i \cdot \hat{r}) \tag{3.4}$$

式中，r_i 是第 i 个单元相对于坐标系原点的位置向量；$\hat{r}$ 为沿观察方向上的单位向量，可以表示为

$$r_i = x_i\hat{x} + y_i\hat{y} + z_i\hat{z} \tag{3.5}$$

$$r = u\hat{x} + v\hat{y} + \cos\theta\hat{z} \tag{3.6}$$

式中，$u = \sin\theta\cos\phi$；$v = \sin\theta\sin\phi$；$\cos\theta$ 为方向余弦（下同）。

基于叠加原理，任意阵列的辐射远场可以描述如下

$$E(r) = \frac{\exp(-jkR)}{R} \sum_i c_i f_i(\theta, \phi) \exp(jkr_i \cdot \hat{r}) \tag{3.7}$$

在一般情况下，远场距离 R 满足条件

$$R = 2L^2 / \lambda \tag{3.8}$$

式中，L 为阵列最大尺寸。但对于低副瓣或具有深零点的远场方向图，必须用 $10L^2 / \lambda$ 或更大的距离。

远场表达式（3.7）具有普遍意义，因为阵中的单元矢量方向图以未知函数来表达，系数 c_i 是对入射信号的单元复加权（电压或电流）系数。假定阵中所有单元的方向图都相同，并且以相同的姿态排列（极化方向一致），则阵列远场方向图

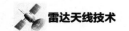

函数可由代数和求得

$$E(\theta,\phi) = f(\theta,\phi)\frac{\exp(-jkR)}{R}\sum_i c_i \exp(jkr_i \cdot \hat{r}) \qquad (3.9)$$

在通常情况下，远场方向图是在一个常数半径的球面上描述或测量，因此习惯上要去掉因子 $\exp(-jkR)/R$ ，该因子是一个归一化常数。可认为远场方向图是一个标量单元方向图 $f(\theta,\phi)$ 和一个标量阵因子 $F(\theta,\phi)$ 的乘积，其中

$$F(\theta,\phi) = \sum_i c_i \exp(jkr_i \cdot \hat{r}) \qquad (3.10)$$

对于特定频率，以下列形式的复数加权可以实现阵列扫描

$$c_i = a_i \exp(-jkr_i \cdot \hat{r}_0) \qquad (3.11)$$

式中， a_i 为加权幅度，而

$$\hat{r}_0 = u_0\hat{x} + v_0\hat{y} + \cos\theta_0\hat{z} \qquad (3.12)$$

$$u_0 = \sin\theta_0 \cos\phi_0 \qquad (3.13)$$

$$v_0 = \sin\theta_0 \sin\phi_0 \qquad (3.14)$$

u_0 和 v_0 在本章以后的叙述中均为式（3.13）和式（3.14）中的含义。此时，阵列波束指向角位置 (θ_0,ϕ_0) 。在该指向角位置上，式（3.11）中的指数项与式（3.9）或式（3.10）中的指数项互相抵消，阵因子是加权幅度 a_i 之和。对图3.1所定义的广义阵列结构，需要补偿阵列各单元的路程差，使所有单元的信号同相应到达所要求的观察方向。

在阵列天线的应用中，一维阵列、二维平面阵列、非平面阵列是常见阵列形式，下面将分别做详细介绍。

3.2 一维阵列

阵列单元在一条已知曲线上设置，并且辐射特性以一个广义坐标描述的阵列称为一维阵列。因此，在圆环上或等距圆柱螺旋线上设置单元的天线也可视为一维阵列。显然，直线阵是最简单的一维阵列。

图3.2是直线阵示意。设由 N 个单元组成的直线阵位于 Ox 轴上，离坐标原点 O 为 $d_n(d_0=0)$ 的第 n 号单元馈电点的激励电流为 $I_n\exp(j\phi_n)$ ，单元的方向图函数为 $f_n(\theta)$ ，则该直线阵的方向图函数 $E(\theta)$ 为

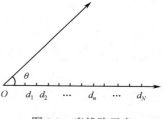

图3.2 直线阵示意

$$E(\theta) = \sum_{n=1}^{N} I_n f_n(\theta)\exp[j(kd_n\cos\theta + \phi_n)] \qquad (3.15)$$

在阵列天线中，通常单元为相似元，如不考虑单元各自的环境差异，即

$$f_n(\theta) = T(\theta)，\quad n=1,2,\cdots,N$$

则式（3.15）可表示为

$$E(\theta) = T(\theta) \cdot f_a(\theta) \tag{3.16}$$

式中，$T(\theta)$ 为单元因子；$f_a(\theta)$ 为阵因子，$f_a(\theta)$ 的表达式为

$$f_a(\theta) = \sum_{n=1}^{N} I_n \exp[j(kd_n \cos\theta + \phi_n)]$$

3.2.1　阵因子

式（3.16）中的 $f_a(\theta)$ 称为阵因子。当 N 足够大时，阵列天线的主瓣宽度和副瓣电平等辐射特性主要取决于阵因子。

直线阵的单元位置可以均匀分布，也可以任意分布。前者称为均匀线阵，若相邻两个单元间距恒定为 d，单元激励电流的相位 $\phi_n = -knd\cos\theta_0$，阵列波束最大值指向与 Ox 轴夹角为 θ_0，则阵因子 $f_a(\theta)$ 为

$$f_a(\theta) = \sum_{n=1}^{N} I_n \exp(jnu) \tag{3.17}$$

式中，$u = kd(\cos\theta - \cos\theta_0)$。

这就是相控阵天线单元配相和波束扫描的原理。当 $\theta_0 = 0$ 且阵列波束最大值取 Ox 轴方向时，称为端射阵，工程上广泛采用的引向天线就是端射阵的典型应用。当 $\theta_0 = \pi/2$ 且阵列波束最大值取阵列法线方向时，称为边射阵，这样的阵列天线是本节将要讨论的主要对象。

如果阵列单元受到等幅激励，即 $I_n = 1$（$n=1,2,\cdots,N$），则 $f_a(\theta)$ 为

$$|f_a(\theta)| = \left| \frac{\sin(\frac{1}{2}Nu)}{\sin(\frac{1}{2}u)} \right| \tag{3.18}$$

由各向同性单元组成的均匀边射阵，因 $T(\theta) = 1$ 和 $\theta_0 = \pi/2$，则阵列的方向图函数 $E(\theta)$ 为

$$|E(\theta)| = \left| \frac{\sin(\frac{1}{2}Nkd\cos\theta)}{\sin(\frac{1}{2}kd\cos\theta)} \right| \tag{3.19}$$

由上式可得

（1）方向图最大值 $E_{\max}(\theta_m)$ 为

$$E_{\max}(90°) = N$$

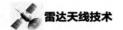

（2）方向图零点位置 θ_{0m}。

在式（3.19）中，令 $E(\theta)=0$，即

$$\frac{1}{2}Nkd\cos\theta_{0m} = m\pi$$

可得

$$\theta_{0m} = \pm\arccos\left(\frac{m\lambda}{Nd}\right) \quad (m=1,2,\cdots,M) \tag{3.20}$$

式中，$M = \left[\dfrac{Nd}{\lambda}\right]$，[]代表取整，即方向图有位于 $\pm\theta_{0m}$ 的 $2M$ 个零点。

（3）方向图第一零点宽度 BW_0。

θ_{01} 为方向图中第一零点的角度位置，由式（3.20）可得

$$\mathrm{BW}_0 = 2\theta_{01} = \pi - 2\arccos\left(\frac{\lambda}{Nd}\right) \tag{3.21}$$

（4）半功率波束宽度 BW_{3dB}。

记方向图半功率点位置为 $\theta_{0.5}$，由式（3.19），令

$$\left|\frac{E(\theta)}{E_{\max}(\theta)}\right|^2 = \frac{1}{2}$$

可得

$$\mathrm{BW}_{3dB} = 2\theta_{0.5} = \pi - 2\arccos\left(0.4429\frac{\lambda}{Nd}\right) \tag{3.22}$$

图 3.3 给出了各向同性单元均匀边射阵半功率波束宽度与单元间距 d/λ 的关系。

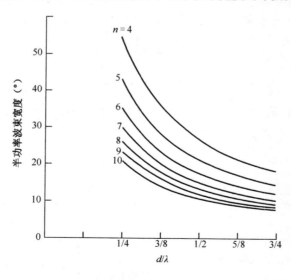

图 3.3　各向同性单元均匀边射阵半功率波束宽度与单元间距的关系

（5）副瓣位置 θ_{sm} 和副瓣电平 SL_m。

在式（3.19）中，令

$$\frac{1}{2}Nkd\cos\theta_{sm} = \frac{1}{2}(2m+1)\pi$$

可得第 m 个副瓣位置 θ_{sm}，即

$$\theta_{sm} = \pm\arccos\left[\frac{(2m+1)\lambda}{2Nd}\right], \quad m=1,2,\cdots,M$$

式中，$M = \left[\dfrac{2Nd-\lambda}{2\lambda}\right]$。

第 m 个副瓣电平 SL_m 为

$$SL_m = 20\lg\left[\frac{2}{(2m+1)\pi}\right]$$

上述分析表明，副瓣位置 θ_{sm} 与 N 有关，N 越大，θ_{sm} 越靠近阵列法向；而副瓣电平与 N 无关。各向同性单元组成的均匀直线阵，第一副瓣电平约为-13.46dB。

3.2.2 单元因子

式（3.16）中的 $T(\theta)$ 称为单元因子。它是单元上的电流分布和取向在远区产生的方向图，反映辐射场的极化特性。单元的选择在不同的应用场合有所区别，例如在有限相扫天线中，单元应具有高的方向性；而在宽角扫描相控阵中，单元应具有较宽的主瓣宽度。

需要特别指出的是，得到式（3.16）是基于忽略阵列单元之间耦合的假设，在实际应用中，由于耦合的存在，阵中不同位置单元的方向图有较大的差别（见图 3.4），尤其是耦合环境存在较大差异的阵列边缘单元。

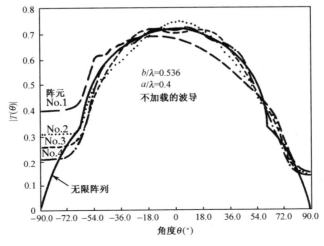

图 3.4　15 元线阵的阵中单元方向图

为了降低阵列边缘单元与阵中单元的差异，尤其是针对紧耦合宽带天线阵列，可以在阵列每一侧增加两个"哑元"，这一方法很容易实现，其目的就是为边缘单元构建一个"阵中环境"，如图3.5所示。

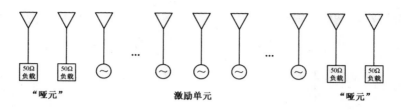

图3.5　增加"哑元"的阵列天线

3.2.3　单元间距

单元间距 d 是影响阵列辐射特性的重要参数。通常端射阵的单元间距 $d < \lambda/2$，边射阵的单元间距 $d < \lambda$。当单元间距 d 过小时，单元之间的耦合强，辐射能量有相当部分储存在阵面附近的感应场区；当单元间距过大时，在相扫天线的可见空间内会出现电平较高的有害栅瓣。栅瓣导致阵列增益降低，阵面与馈电网络失配，严重时甚至产生盲向。

在直线相控阵天线中，波束扫描不出现栅瓣的理论最大单元间距 d_m 为

$$d_m \leqslant \frac{\lambda}{1+|\sin\theta_m|} \tag{3.23}$$

式中，λ 为工作频段内的最短波长；θ_m 为相对于侧射指向的最大扫描角。

3.2.4　口径分布

电磁场理论表明，在天线口径前的半无限空间内，包括 Fraunhfer 远区和 Fresnel 近区内任一点的场均可由口径分布表示。在数学上两者满足一定的积分变换关系，在直角坐标系中，两者是 Fourier 变换对；在圆柱坐标系中，两者满足 Fourier-Hankel 变换。

由前面的分析得到，等幅同相均匀直线阵的副瓣电平高达-13.46dB，这于雷达的生存不利，目前许多战术雷达由于抗干扰的需要，都有副瓣电平低于-30dB 乃至更低的要求。除此以外，在雷达搜索时，为了提高发现概率，需要天线具有余割平方扇形的功率方向图；当雷达转入跟踪时，为了不致丢失目标，又要求天线产生笔形窄波束。上述不同赋形方向图的要求都关系着阵列天线口径的幅相分布。一维线阵的口径分布是对连续线源分布的离散取样。理论证明，当取样符合 Nyquist 定理时，两者有令人满意的吻合结果。

1. Hamming 分布

Hamming 分布是一种低副瓣分布，若长为 L 的天线口径-电流分布为 $f(x)$

$$f(x) = 0.54 + 0.46\cos\left(\frac{2\pi x}{L}\right), \quad -\frac{L}{2} \leqslant x \leqslant \frac{L}{2} \tag{3.24}$$

则天线的方向图函数 $F(u)$ 为

$$F(u) = \text{sinc}(u) + 0.426[\text{sinc}(u+\pi) + \text{sinc}(u-\pi)] \tag{3.25}$$

式中，$\text{sinc}(x) = \dfrac{\sin x}{x}$；$u = \dfrac{\pi L}{\lambda}\sin\theta$。

Hamming 分布具有如表 3.1 所示的较好辐射特性，因而常为人们选用。

表 3.1　Hamming 分布辐射特性

口径边缘电平（dB）	−21.94
半功率波束宽度（°）	$74.26\dfrac{\lambda}{L}$
最大副瓣电平（dB）	−42.8
口径效率	0.73

2. 常数项加余弦平方分布

若长为 L 的天线口径电流分布为 $f(x)$

$$f(x) = k_1 + (1-k_1)\cos^2\left(\frac{\pi x}{L}\right) \tag{3.26}$$

则相应的方向图函数 $F(u)$ 为

$$F(u) = \frac{1 - \left(\dfrac{2k_1}{1+k_1}\right)\cdot\left(\dfrac{u}{\pi}\right)^2}{1 - \left(\dfrac{u}{\pi}\right)^2}\cdot\text{sinc}(u) \tag{3.27}$$

上述分布有一个可选参数 k_1，因此辐射方向图的设计具有一定的灵活性。表 3.2 显示了这种分布的部分辐射特性。

表 3.2　常数项加余弦平方分布辐射特性

k_1	$2\theta_{0.5}(°)\dfrac{\lambda}{L}$	SL_1（dB）	SL_2（dB）	口径效率 η
0.6	55.58	−18.6	−21.0	0.97
0.4	59.59	−25.0	−24.0	0.92
0.3162	60.73	−30.3	−26.0	0.88
0.2	67.04	−47.0	−31.5	0.82
0.1	73.34	−50.0	−46.0	0.75

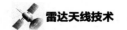

3. 单参数分布

若长为 L 的天线口径上电流分布为 $g(x)$

$$g(x) = I_0 \left[\pi B \sqrt{1 - \left(\frac{2x}{L}\right)^2} \right], \quad -\frac{L}{2} \leqslant x \leqslant \frac{L}{2} \tag{3.28}$$

式中，I_0 为修正 Bessel 函数

$$I_0(x) = \begin{cases} J_0(\mathrm{j}x), & -\pi < \arg x < \dfrac{\pi}{2} \\[2mm] J_0(-\mathrm{j}x), & \dfrac{\pi}{2} < \arg x < \pi \end{cases}$$

则方向图函数 $F(u)$ 为

$$F(u) = \mathrm{sinc}\left(\pi\sqrt{u^2 - B^2}\right) \tag{3.29}$$

式中，B 为副瓣控制参数。

若主瓣与最高副瓣（主副瓣）电平比为 ξ，则 ξ 满足

$$\xi = 4.603\frac{\sinh(\pi B)}{\pi B}$$

半功率波束宽度 $\mathrm{BW_{3dB}} = 2\theta_{0.5}$ 是下列超越方程的解

$$\sinh(\pi B) = \sqrt{2}\pi B\,\mathrm{sinc}\left(\pi\sqrt{\theta_{0.5}^2 - B^2}\right)$$

表 3.3 给出了单参数分布的一些辐射特性。

表 3.3　单参数分布辐射特性

ξ（dB）	B	$\mathrm{BW_{3dB}}$（rad）$\dfrac{\lambda}{L}$	边缘照射（-dB）	口径效率 η
13.26	0	0.885	0	1.000
15	0.3558	0.923	2.5	0.993
20	0.7386	1.024	9.2	0.933
25	1.0229	1.116	15.3	0.863
30	1.2762	1.200	21.1	0.801
35	1.5136	1.278	26.8	0.751
40	1.7415	1.351	32.4	0.709

4. Chebyshev 分布

理论上已证明，如果一维同相线阵口径上的电流按 Chebyshev 分布，则对于给定的天线口径尺寸和副瓣电平，方向图有最小的主瓣宽度；对于给定的口径尺寸和主瓣宽度，方向图有最低的副瓣电平。

（1）方向图。

① 若单元总数 $M=2N$，电流分布为

$$I_n = \sum_{m=n}^{N} (-1)^{N-m} \alpha_0^{2m-1} \frac{(2N-1)(m+N-2)!}{(m-n)!(m+n-1)!(N-m)!} \tag{3.30}$$

则辐射方向图 $E_{2N}(u)$ 为

$$E_{2N}(u) = \sum_{n=1}^{N} I_n \cos[(2n-1)u] \tag{3.31}$$

② 若单元总数 $M=2N+1$，电流分布为

$$I_n = \sum_{m=n}^{N} (-1)^{N-m} \alpha_0^{2m} \frac{2N(m+N-1)!}{(m-n)!(m+n)!(N-m)!} \tag{3.32}$$

则辐射方向图 $E_{2N+1}(u)$ 为

$$E_{2N+1}(u) = \sum_{n=0}^{N} I_n \cos(2nu) \tag{3.33}$$

上面诸式中 $u = \frac{\pi d}{\lambda}\sin\theta$，$\alpha_0$ 可分为两种情况讨论：

a. 给定主副瓣电平比 ξ 和单元间距 d，则

$$\alpha_0 = \cosh\left(\frac{1}{M-1}\operatorname{arccosh}\xi\right) \tag{3.34}$$

b. 给定主瓣零功率波束宽度 $2\theta_{01}$ 和单元间距 d，则

$$\alpha_0 = \frac{\cos\left[\dfrac{\pi}{2(M-1)}\right]}{\cos\left(\dfrac{\pi d}{\lambda}\sin\theta_{01}\right)} \tag{3.35}$$

（2）波束宽度。

① 零功率波束宽度 BW_0 为

$$\mathrm{BW}_0 = 2\theta_{01} = 2\arcsin\left\{\frac{\lambda}{\pi d}\arccos\left[\frac{1}{\alpha_0}\cos\frac{\pi}{2(M-1)}\right]\right\} \tag{3.36}$$

② 半功率波束宽度 $\mathrm{BW}_{3\mathrm{dB}}$ 为

$$\mathrm{BW}_{3\mathrm{dB}} = 2\theta_{0.5} = 2\arcsin\left\{\frac{\lambda}{\pi d}\arccos\left[\frac{1}{\alpha_0}\cosh\left(\frac{1}{M-1}\operatorname{arccosh}\left(\frac{\xi}{\sqrt{2}}\right)\right)\right]\right\} \tag{3.37}$$

③ Dranel 给出了计算 $2\theta_{0.5}$ 的另一个公式，即

$$2\theta_{0.5} = 0.18\frac{\lambda}{Md}(20\lg\xi + 4.52)^{\frac{1}{2}} \tag{3.38}$$

（3）口径效率 η。

① 当单元总数 $M=2N$ 时，η 为

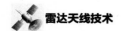

$$\eta = \frac{\left(\sum\limits_{n=1}^{N} I_n\right)^2}{N \sum\limits_{n=1}^{N} I_n^2} \qquad (3.39)$$

② 当单元总数 $M=2N+1$ 时，η 为

$$\eta = \frac{\left(I_0 + 2\sum\limits_{n=1}^{N} I_n\right)^2}{(2N+1)\left(I_0^2 + 2\sum\limits_{n=1}^{N} I_n^2\right)} \qquad (3.40)$$

③ Elliott 给出的 η 为

$$\eta = \frac{2\xi^2}{1 + (\xi^2 - 1)\dfrac{\lambda}{Md}\sigma} \qquad (3.41)$$

式中，波束展宽因子 σ 为

$$\sigma = 1 + 2.544\left[\frac{1}{\eta}\cosh\sqrt{(\operatorname{arccosh}\xi)^2 - \pi^2}\right]^2$$

④ Stogenl 给出的 η 为

$$\eta_{2N} = \frac{M}{1 + \dfrac{2}{\xi^2}\sum\limits_{n=1}^{N-1}\left\{T_{M-1}\left[\alpha_0\cos\left(\dfrac{n\pi}{M}\right)\right]\right\}^2}, \qquad M = 2N$$

$$\eta_{2N+1} = \frac{M}{1 + \dfrac{2}{\xi^2}\sum\limits_{n=1}^{N}\left\{T_{M-1}\left[\alpha_0\cos\left(\dfrac{n\pi}{M}\right)\right]\right\}^2}, \qquad M = 2N+1 \qquad (3.42)$$

⑤ Dranel 给出的 η 为

$$\eta = \frac{2\xi^2}{1 + \dfrac{\lambda}{Md}\xi^2\left[\dfrac{1}{\pi}\ln(2\xi)\right]^{\frac{1}{2}}} \qquad (3.43)$$

5. 双参数分布

单参数分布对辐射方向图的副瓣电平进行了控制，若还需对副瓣电平衰减速率进行约束，可选用双参数分布。长为 L 的天线口径电流分布为 $g(x)$，即

$$g(x) = \left[1 - \left(\frac{2x}{L}\right)^2\right]^{\frac{1}{2}\left(v - \frac{1}{2}\right)} J_{v+\frac{1}{2}}\left[jc_1\pi\sqrt{1 - \left(\frac{2x}{L}\right)^2}\right], \qquad -\frac{L}{2} \leqslant x \leqslant \frac{L}{2} \quad (3.44)$$

式中，$J_v(x)$ 为第一类 v 阶 Bessel 函数，则辐射方向图函数 $F(u)$ 为

$$F(u) = \frac{J_v\left(\pi\sqrt{u^2 - c_1^2}\right)}{\left(\pi\sqrt{u^2 - c_1^2}\right)^v} \tag{3.45}$$

式中，$u = \dfrac{\pi L}{\lambda}\sin\theta$；$c_1$ 为副瓣电平控制参数；v 为副瓣电平衰减速率控制参数。

6．Taylor 分布

一维线阵口径的 Taylor 分布是对 Chebyshev 分布的里程碑性质的改进。该分布有两个显著的优点：①在满足半功率波束宽度的条件下，所确定的天线尺寸较小，因而阵列具有较高的口径效率；②等电平副瓣的个数和副瓣衰减的速率等参数含在设计因素中。因此 Taylor 分布在工程上易于实现，也得到了广泛的应用。

（1）方向图。

若长为 L 的天线口径上的电流分布函数为 $g(x)$，即

$$g(x) = 1 + 2\sum_{m=1}^{\bar{n}-1} f_m \cos\left(\frac{2m\pi x}{L}\right), \quad -\frac{L}{2} \leqslant x \leqslant \frac{L}{2} \tag{3.46}$$

式中，$\bar{n}$ 为等电平副瓣个数；

$$f_m = \frac{[(\bar{n}-1)!]^2}{(\bar{n}-1+m)!(\bar{n}-1-m)!}\prod_{n=1}^{\bar{n}-1}\left[1-\left(\frac{m}{z_n}\right)^2\right]$$

$$z_n = \begin{cases} \pm\sigma\left[A^2 + \left(n-\dfrac{1}{2}\right)^2\right]^{\frac{1}{2}}, & 1 \leqslant n < \bar{n} \\ \pm n, & \bar{n} \leqslant n \end{cases}$$

$$\sigma = \frac{\bar{n}}{\left[A^2 + \left(\bar{n}-\dfrac{1}{2}\right)^2\right]^{\frac{1}{2}}}$$

$$A = \frac{1}{\pi}\operatorname{arccosh}\xi$$

式中，ξ 为主副瓣电平比。

则辐射方向图 $F\left(\dfrac{u}{\pi}\right)$ 为

$$F\left(\frac{u}{\pi}\right) = \operatorname{sinc}(u)\prod_{n=1}^{\bar{n}-1}\frac{1-\left(\dfrac{u}{\pi z_n}\right)^2}{1-\left(\dfrac{u}{n\pi}\right)^2} \tag{3.47}$$

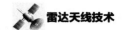

（2）波束宽度。

Taylor 方向图的半功率波束宽度 $\mathrm{BW}_{3\mathrm{dB}}$ 为

$$\mathrm{BW}_{3\mathrm{dB}} = \frac{\sigma\lambda}{L}\beta_0$$

式中，$\beta_0 = \dfrac{2}{\pi}\left[\left(\mathrm{arccosh}\,\xi\right)^2 - \left(\mathrm{arccosh}\,\dfrac{\xi}{\sqrt{2}}\right)^2\right]^{\frac{1}{2}}$。

（3）口径效率 η。

$$\eta = \frac{1}{1 + 2\displaystyle\sum_{n=1}^{\bar{n}-1} |f_n|^2}$$

（4）设计提示。

在应用 Taylor 分布设计阵列天线时，应注意以下两点：

①如果选择过低的副瓣电平，即过大的 ξ，将使阵列口径效率 η 降低；

②$\bar{n}$ 的选择应满足下式并使口径两端单元的幅度分布尽可能平坦。

$$\frac{4\bar{n}^2 + 2\bar{n} - 1}{4(2\bar{n} + 1)} > A^2$$

一般情况下，当 $\xi = 20\mathrm{dB} \sim 30\mathrm{dB}$ 时，取 $\bar{n} = 4 \sim 6$；当 $\xi = 30\mathrm{dB} \sim 40\mathrm{dB}$ 时，取 $\bar{n} = 7 \sim 11$。

7. Elliott 分布

Elliott 对 Taylor 线源分布进行了改进和发展，给出了能综合主瓣两侧具有不等电平副瓣方向图的通用方法。该方法对有这一需求的场合有重要的现实意义，例如，机载预警雷达和火控雷达为了抑制地杂波和海杂波的干扰，需要降低水平辐射方向图主瓣下侧的副瓣，而对主瓣上侧的副瓣可以放宽要求，这样的方向图可以用 Elliott 分布得到。

设非对称副瓣方向图为 $F\left(\dfrac{u}{\pi}\right)$，若长为 L 的口径电流分布为 $g(x)$，有

$$g(x) = \sum_{m=-(\bar{n}_L-1)}^{\bar{n}_R-1} F(m)\exp\left(-\mathrm{j}2m\pi\frac{x}{L}\right), \qquad -\frac{L}{2} \leqslant x \leqslant \frac{L}{2} \tag{3.48}$$

式中，$F(m)$ 为对 $F\left(\dfrac{u}{\pi}\right)$ 的取样值；$\bar{n}_L$ 和 $\bar{n}_R$ 分别为主瓣左侧和右侧的等电平副瓣个数，则非对称副瓣方向图 $F_1\left(\dfrac{u}{\pi}\right)$ 为

$$F_1\left(\frac{u}{\pi}\right) = f\left(\frac{u}{\pi}\right) \prod_{\substack{n=-(\bar{n}_L-1)\\(n\neq0)}}^{\bar{n}_R-1} \left(1 - \frac{u}{\pi z_n}\right) \tag{3.49}$$

式中，

$$z = \frac{L}{\lambda}\sin\theta$$

$$f\left(\frac{u}{\pi}\right) = \frac{\mathrm{sinc}(u)}{\displaystyle\prod_{\substack{n=-(\bar{n}_L-1)\\(n\neq0)}}^{\bar{n}_R-1}\left(1-\frac{u}{n\pi}\right)}$$

$$z_n = \begin{cases} -\bar{n}_L \dfrac{\left[A_L^2+\left(n+\dfrac{1}{2}\right)^2\right]^{\frac{1}{2}}}{\left[A_L^2+\left(\bar{n}_L-\dfrac{1}{2}\right)^2\right]^{\frac{1}{2}}}, & n = -(\bar{n}_L-1),\cdots,-2,-1 \\[6mm] \bar{n}_R \dfrac{\left[A_R^2+\left(n-\dfrac{1}{2}\right)^2\right]^{\frac{1}{2}}}{\left[A_R^2-\left(\bar{n}_R-\dfrac{1}{2}\right)^2\right]^{\frac{1}{2}}}, & n = 1,2,\cdots,(\bar{n}_R-1) \end{cases}$$

$$A_L = \frac{1}{\pi}\mathrm{arccosh}\,\xi_L$$

$$A_R = \frac{1}{\pi}\mathrm{arccosh}\,\xi_R$$

ξ_L 和 ξ_R 分别为方向图主瓣与左侧和右侧副瓣电平比。图 3.6 为用 Elliott 方法综合的不对称副瓣方向图。

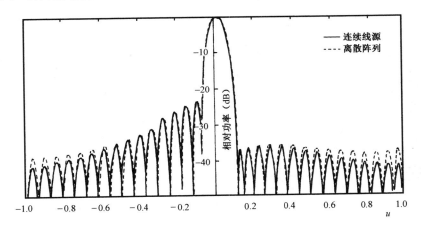

图 3.6　用 Elliott 方法综合的不对称副瓣方向图

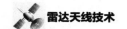

8. Bayliss 差分布

早期的雷达跟踪目标采用顺序波瓣检测和圆锥扫描的方法。采用差方向图跟踪目标的单脉冲法较之上述两种方法在角分辨率上有数量级的提高。Bayliss 分布是一种典型的差分布。若长为 L 的天线口径上电流分布为 $I(x)$，有

$$I(x) = \sum_{n=0}^{\bar{n}-1} B_m \sin\left[\left(n+\frac{1}{2}\right)\frac{2\pi}{L}x\right], \quad -\frac{L}{2} \leqslant x \leqslant \frac{L}{2} \quad (3.50)$$

式中，$\bar{n}$ 为主瓣附近等电平副瓣个数；

$$B_m = \begin{cases} (-1)^m \left(m+\dfrac{1}{2}\right)^2 \dfrac{\displaystyle\prod_{n=1}^{\bar{n}-1}\left[1-\left(\dfrac{m+\frac{1}{2}}{\sigma z_n}\right)^2\right]}{\displaystyle\prod_{\substack{n=0 \\ (n\neq m)}}^{\bar{n}-1}\left[1-\left(\dfrac{m+\frac{1}{2}}{n+\frac{1}{2}}\right)^2\right]}, & n=0,1,2,\cdots,(\bar{n}-1) \\[4em] 0, & n \geqslant \bar{n} \end{cases}$$

$$\sigma = \frac{\bar{n}+\dfrac{1}{2}}{(A^2+\bar{n}^2)^{\frac{1}{2}}}$$

$$z_m = \begin{cases} 0, & m=0 \\ \pm\Omega_m, & m=1,2,3,4 \\ \pm\sqrt{A^2+m^2}, & m=5,6,\cdots,(\bar{n}-1) \end{cases}$$

上式中的 Ω_m 和 A 由表 3.4 给出。

表 3.4 Ω_m 和 A 数据

ξ（dB）	15	20	25	30	35	40
A	1.0079	1.2247	1.4355	1.6413	1.8431	2.0415
Ω_1	1.5124	1.6962	1.8826	2.0708	2.2602	2.4504
Ω_2	2.2561	2.3698	2.4943	2.6275	2.7675	2.9123
Ω_3	3.1693	3.2473	3.3351	3.4314	3.5352	3.6452
Ω_4	4.1264	4.1854	4.2527	4.3276	4.4093	4.4973

则阵列的 Bayliss 差方向图函数 $F\left(\dfrac{u}{\pi}\right)$ 为

$$F\left(\frac{u}{\pi}\right) = u \cdot \cos(u) \frac{\prod_{m=1}^{\bar{n}-1}\left[1 - \left(\dfrac{u}{\pi\sigma z_m}\right)^2\right]}{\prod_{m=0}^{\bar{n}-1}\left[1 - \left(\dfrac{u}{(m+\dfrac{1}{2})\pi}\right)^2\right]} \tag{3.51}$$

3.2.5　方向性

为避免重复起见，关于一维阵列和二维阵列方向性的描述参见第 4 章 4.1.1 节。这里仅给出各向同性侧射线阵方向性（见图 3.7）、平行半波振子线阵方向性（见图 3.8）、共线半波振子线阵方向性（见图 3.9）等曲线和各向同性单元均匀侧射线阵方向性 D_s 列表（见表 3.5），供读者参考。

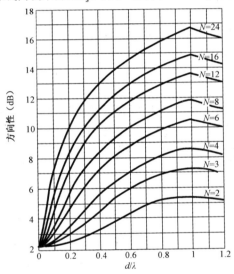

图 3.7　各向同性侧射线阵方向性　　　　图 3.8　平行半波振子线阵方向性

表 3.5　各向同性单元均匀侧射线阵方向性 D_s

N \ d/λ	1/8	1/4	3/8	1/2	5/8	3/4	7/8	1
4	1.28	2.16	3.11	4.00	4.84	5.58	5.29	4.00
5	1.45	2.70	3.83	5.00	6.12	6.97	7.68	5.00
6	1.67	3.17	4.63	6.00	7.30	8.54	9.52	6.00
7	1.93	3.64	5.34	7.00	8.61	10.10	11.22	7.00
8	2.20	4.16	6.10	8.00	9.84	11.55	12.82	8.00
9	2.48	4.68	6.86	9.00	11.07	12.99	14.42	9.00
10	2.74	5.17	7.59	10.00	12.41	14.43	16.10	10.00

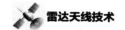
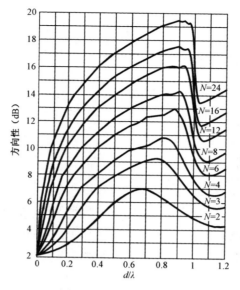

图 3.9　共线半波振子线阵方向性

3.3　二维阵列

阵列单元位置由两个坐标参数确定或由已知曲面上的单元组成阵列，通常称为二维阵列，因此，包括共形阵在内的一般曲面阵都属于二维阵列。雷达采用的阵列天线以平面阵为最多，因而讨论平面阵具有典型意义。单元在平面阵中的位置可以规则排列，也可以随机排列。矩形和三角形排列是单元规则排列的常用方式。

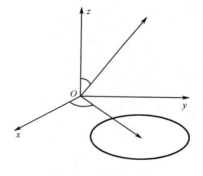

3.3.1　阵列分析

考察如图 3.10 所示的由位于 xy 平面上 MN 个单元组成的矩形栅格平面阵。假设第 mn 号单元的激励电流为 $I_{mn}\exp(\mathrm{j}\phi_{mn})$，具有

图 3.10　平面阵结构

方向图函数为 $f_{mn}(\theta,\phi)$，位置矢量为 $\boldsymbol{d}_{mn}=x_m\hat{\boldsymbol{i}}+y_n\hat{\boldsymbol{j}}$，则在观察方向有

$$\hat{\boldsymbol{p}}(\theta,\phi)=\sin\theta\cos\phi\hat{\boldsymbol{i}}+\sin\theta\sin\phi\hat{\boldsymbol{j}}+\cos\theta\hat{\boldsymbol{k}}$$

阵列的方向图函数 $E(\theta,\phi)$ 为

$$E(\theta,\phi)=\sum_{m=1}^{M}\sum_{n=1}^{N}I_{mn}f_{mn}(\theta,\phi)\exp\left\{\mathrm{j}k(x_m\cos\phi+y_n\sin\phi)\sin\theta+\mathrm{j}\phi_{mn}\right\}\qquad（3.52）$$

若考察的阵列口径为 S 所围的区域，可令

$$I_{mn} = \begin{cases} I_{mn}, & (x_m, y_m) \in S \\ 0, & (x_m, y_m) \overline{\in} S \end{cases}$$

则式（3.52）对任意口径形状的平面阵适用。

若不考虑阵列单元间的互耦，即设

$$f_{mn}(\theta, \phi) = T(\theta, \phi)， \quad m=1,2,\cdots,M, \ n=1,2,\cdots,N$$

则式（3.52）为

$$E(\theta, \phi) = T(\theta, \phi) f_a(\theta, \phi) \tag{3.53}$$

式中，$T(\theta, \phi)$ 为单元因子；$f_a(\theta, \phi)$ 为阵因子。

和一维线阵类似，要使阵列的波束最大值指向为 (θ_0, ϕ_0)，则各单元应置的相位 ϕ_{mn} 为

$$\phi_{mn} = -k(x_m \cos\phi_0 + y_n \sin\phi_0) \sin\theta_0$$

于是式（3.53）中的阵因子 $f_a(\theta, \phi)$ 为

$$f_a(\theta, \phi) = \sum_{m=1}^{M} \sum_{n=1}^{N} I_{mn} \exp[jk(x_m u + y_n v)] \tag{3.54}$$

式中，$u = \sin\theta\cos\phi - \sin\theta_0\cos\phi_0$；$v = \sin\theta\sin\phi - \sin\theta_0\sin\phi_0$。

若单元激励电流的幅度二维可分离，即 $I_{mn} = A_m \cdot B_n$，则式（3.54）的阵因子可写为

$$f_a(\theta, \phi) = f_x(\theta, \phi) \cdot f_y(\theta, \phi) \tag{3.55}$$

式中，$f_x(\theta, \phi) = \sum_{m=1}^{M} A_m \exp(jk x_m u)$；$f_y(\theta, \phi) = \sum_{n=1}^{N} B_n \exp(jk y_n v)$。

这时平面阵阵因子为两个直线阵阵因子的积，因此直线阵分析的结果都能被引用和推广到平面阵。

3.3.2 口径分布

如果二维面阵口径分布函数可以分解为两个正交一维线阵分布的积，则一维线阵的口径分布可以被借鉴。

1. Chebyshev 方阵

设 xy 平面上有间距 $d_x = d_y = d$ 的 M^2 个相似元组成的方形天线阵，如果阵列单元激励的幅度对称，相位线性递进，则波束最大值方向 (θ_0, ϕ_0) 的阵因子 $F(\theta, \phi)$ 为

（1）当 M 为偶数时，即 $M=2N$，有

$$F(\theta, \phi) = \sum_{m=1}^{N} \sum_{n=1}^{N} A_{mn} \cos\left[\frac{1}{2}(2m-1)kdu\right] \cos\left[\frac{1}{2}(2n-1)kdv\right] \tag{3.56}$$

式中，A_{mn} 是构成 Chebyshev 阵的单元所应有的电流幅度：

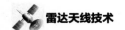

$$A_{mn} = \sum_{m=1}^{N} \sum_{n=1}^{N} T_{M-1}(\alpha_0 \cos p_1 \cos q_1) \cos[(2m-1)p_1] \cdot \cos[(2n-1)q_1]$$

式中，$p_1 = \left(p - \dfrac{1}{2}\right)\dfrac{\pi}{M}$；$q_1 = \left(q - \dfrac{1}{2}\right)\dfrac{\pi}{M}$；$\alpha_0 = \cosh\left(\dfrac{1}{M-1} \operatorname{arcosh} \xi\right)$，$\xi$ 为主副瓣电平比。

（2）当 M 为奇数时，即 $M=2N+1$，有

$$F(\theta, \phi) = \sum_{m=1}^{N+1} \sum_{n=1}^{N+1} \varepsilon_{mn} B_{mn} \cos[(m-1)kdu] \cdot \cos[(n-1)kdv] \tag{3.57}$$

式中，$B_{mn} = \displaystyle\sum_{p=1}^{N+1} \sum_{q=1}^{N+1} \varepsilon_{pq} T_{M-1}(\alpha_0 \cos p_2 \cos q_2) \cos[2(m-1)p_2] \cos[2(n-1)q_2]$；$\varepsilon_{mn}$ 为 Newman 常数，$\varepsilon_{mn} = \begin{cases} 1, & m = n = 1 \\ 2, & \text{其他} \end{cases}$；$p_2 = (p-1)\dfrac{\pi}{M}$；$q_2 = (q-1)\dfrac{\pi}{M}$。

2. 圆口径单参数分布

若半径为 a 的天线口径上电流分布为 $g(\rho)$

$$g(\rho) = I_0\left[\pi h \sqrt{1 - \left(\frac{\rho}{a}\right)^2}\right], \qquad 0 \leqslant \rho \leqslant a \tag{3.58}$$

式中，$I_0(x)$ 为零阶修正 Bessel 函数，见式（3.28）；h 为副瓣控制参数。则辐射方向图函数 $F(u)$ 为

$$F(u) = \frac{2J_1\left[\pi\sqrt{u^2 - h^2}\right]}{\pi\sqrt{u^2 - h^2}} \tag{3.59}$$

式中，$u = \dfrac{2a}{\lambda}\sin\theta$。

3. 圆口径常数项加抛物线分布

若半径为 a 的圆口径天线上电流分布为 $g(\rho)$

$$g(\rho) = k_1 + (1-k_1)\left[1 - \left(\frac{\rho}{a}\right)^2\right]^n, \quad 0 \leqslant \rho \leqslant a \tag{3.60}$$

则具有上述两个参数（k_1、n）分布的辐射方向图函数 $F(u)$ 为

$$F(u) = k_1 \Lambda_1(u) + \frac{1-k_1}{n+1}\Lambda_{n+1}(u) \tag{3.61}$$

式中，$\Lambda_n(x)$ 是 n 阶 Lambda 函数；$\Lambda_1(x) = \dfrac{2J_1(x)}{x}$；$\Lambda_n(x) = \Gamma(n+1)\left(\dfrac{2}{x}\right)^n J_n(x)$，$\Gamma(x)$ 为伽马函数。

具有该分布的口径效率 η 为

$$\eta = \frac{k_1^2(2n+1)[k_1(n+1)+(1-k_1)]^2}{(n+1)[k_1^2(2n+1)(n+1)+2k_1(1-k_1)(2n+1)+(1-k_1)^2(n+1)]} \qquad (3.62)$$

式（3.61）方向图的辐射特性如表 3.6～表 3.9 所示。

表 3.6　半功率波束宽度 $BW_{3dB}\dfrac{2a}{\lambda}$（rad）

k_1 \ n	1.0	1.5	2.0	2.5	3.0	4.0
0	1.268	1.373	1.470	1.562	1.649	1.810
0.2	1.172	1.207	1.228	1.240	1.245	1.244
0.3	1.140	1.162	1.172	1.176	1.176	1.170
0.4	1.114	1.127	1.132	1.133	1.131	1.125
0.6	1.076	1.080	1.081	1.080	1.078	1.074
0.8	1.048	1.049	1.049	1.048	1.047	1.046

表 3.7　最大副瓣电平（–dB）

k_1 \ n	1.0	1.5	2.0	2.5	3.0	4.0
0	24.5	27.7	30.4	33.1	35.9	40.7
0.2	23.5	26.9	31.7	33.9	34.3	32.3
0.3	22.4	24.8	27.5	30.5	29.0	29.9
0.4	21.5	23.1	24.5	25.8	26.9	25.6
0.6	19.8	20.5	20.9	21.3	21.5	21.5
0.8	18.5	18.7	18.9	19.0	19.0	19.0

表 3.8　口径效率 η（%）

k_1 \ n	1.0	1.5	2.0	2.5	3.0	4.0
0	75.00	64.0	55.55	48.98	43.75	36.00
0.2	87.10	82.44	79.29	77.14	75.68	74.01
0.3	91.19	88.41	86.72	85.71	85.14	84.75
0.4	94.23	92.67	91.84	91.43	91.27	91.35
0.6	97.96	97.57	97.42	97.40	97.44	97.60
0.8	99.60	99.54	99.53	99.54	99.56	99.60

表 3.9　增益波瓣宽度积（度 • 度）

k_1 \ n	1.0	1.5	2.0	2.5	3.0	4.0
0	39046	39066	38911	38719	38533	38211
0.2	38761	38944	38769	38418	37988	37079

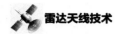
k_1 \ n	1.0	1.5	2.0	2.5	3.0	4.0
0.3	38392	38646	38586	38383	38118	37557
0.4	37906	38166	38158	38030	37851	37460
0.6	36723	36896	36893	36815	36707	36472
0.8	35443	35510	35495	35449	35391	35373

4. 圆口径 Taylor 分布

若半径为 a 的圆口径天线具有电流分布 $g(\rho)$

$$g(\rho) = \sum_{m=0}^{\bar{n}-1} \frac{F_m J_0\left(\mu_m \frac{\pi}{a} \rho\right)}{\left[J_0\left(\mu_m \pi\right)\right]^2}, \qquad 0 \leqslant \rho \leqslant a \tag{3.63}$$

式中，$\bar{n}$ 为等电平副瓣个数；$F_0 = 1\,(m=0)$。

$$F_m = -J_0\left(\mu_m \pi\right) \frac{\prod\limits_{n=1}^{\bar{n}-1}\left[1-\left(\frac{\mu_m}{z_n}\right)^2\right]}{\prod\limits_{\substack{n=1 \\ (n\neq m)}}^{\bar{n}-1}\left[1-\left(\frac{\mu_m}{\mu_n}\right)^2\right]}, \qquad 1 \leqslant m \leqslant \bar{n}-1$$

式中，μ_m 为 $J_1(\pi x)$ 的第 m 个根；$z_n = \pm\sigma\left[A^2\left(n-\frac{1}{2}\right)^2\right]^{\frac{1}{2}}$，$\sigma = \dfrac{\mu_{\bar{n}}}{\left[A^2+\left(\bar{n}-\frac{1}{2}\right)^2\right]^{\frac{1}{2}}}$，

$A = \dfrac{1}{\pi}\mathrm{arccosh}\,\xi$，$\xi$ 为主副瓣电平比。

则辐射方向图函数 $F(z)$ 为

$$F(z) = \frac{2J_1(\pi z)}{\pi z} \prod_{n=1}^{\bar{n}-1} \frac{\left(1-\dfrac{z^2}{z_n^2}\right)}{\left(1-\dfrac{z^2}{\mu_n^2}\right)} \tag{3.64}$$

式中，$z = \dfrac{2a}{\lambda}\sin\theta$。

Taylor 分布的口径效率 η 为

$$\eta = \frac{1}{1+\sum\limits_{n=1}^{\bar{n}-1} \dfrac{F_n^2}{J_0^2(\mu_n\pi)}} \tag{3.65}$$

表 3.10 给出了 $J_1(\pi x)$ 的零点位置 μ_m。

表 3.10 J_1（πx）的零点位置 μ_m

m	μ_m	m	μ_m
1	1.2196699	6	6.2439216
2	2.2331306	7	7.2447598
3	3.2383155	8	8.2453948
4	4.2410629	9	9.2458927
5	5.2427216	10	10.2462933

5. 圆口径窄波束方向图分布

若半径为 a 的圆口径天线上电流分布为

$$g(\rho) = \sum_{m=0}^{\bar{n}-1} \frac{F_m J_0\left(\mu_m \frac{\pi}{a}\rho\right)}{\left[J_0(\mu_m \pi)\right]^2}, \quad 0 \le \rho \le a \tag{3.66}$$

式中，$\quad F_m = \Lambda_2(\mu_m \pi) \dfrac{\prod\limits_{n=1}^{\bar{n}-1}\left[1-\left(\dfrac{\mu_m}{z_n}\right)^2\right]}{\prod\limits_{\substack{n=1\\(n\neq m)}}^{\bar{n}-1}\left[1-\left(\dfrac{\mu_m}{\mu_n}\right)^2\right]}$，$\quad \mu_n$ 为 $J_2(\pi x)$ 的第 n 个根，

$z_n = \pm\sigma\left[A^2 + \left(n+\dfrac{1}{2}\right)^2\right]^{\frac{1}{2}}$。其中 $\sigma = \dfrac{\mu_{\bar{n}}}{\left[A^2 + \left(\bar{n}-\dfrac{1}{2}\right)^2\right]^{\frac{1}{2}}}$，$\quad A = \dfrac{1}{\pi}\operatorname{arccosh}\xi$。

则辐射方向图函数 $F(z)$ 为

$$F(z) = \Lambda_2(\pi z) \frac{\prod\limits_{n=1}^{\bar{n}-1}\left[1-\left(\dfrac{z}{z_n}\right)^2\right]}{\prod\limits_{\substack{n=1\\n\neq m}}^{\bar{n}-1}\left[1-\left(\dfrac{z}{\mu_n^{(2)}}\right)^2\right]} \tag{3.67}$$

式中，$\quad z = \dfrac{2a}{\lambda}\sin\theta$；$\Lambda_2(\pi z) = \dfrac{J_2(\pi z)}{(\pi z)^2}$。

上述方向图函数除了（$\bar{n}-1$）对近主瓣的副瓣有相等的电平外，其余副瓣电平按 $z^{-5/2}$ 速率衰减，方向图的半功率波束宽度 $2\theta_{0.5}$ 为

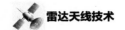

$$BW_{3dB} = \frac{2\sigma}{\pi}\left[\left(\operatorname{arccosh}\xi\right)^2 - \left(\operatorname{arccosh}\frac{\xi}{\sqrt{2}}\right)^2\right]^{\frac{1}{2}}$$

6. 圆口径 Bayliss 差分布

若半径为 a 的圆口径天线电流分布为 $g(\rho,\phi)$

$$g(\rho,\phi) = \cos\phi\sum_{m=0}^{\overline{n}-1} B_m J_1\left(\frac{\mu_m \pi}{a}\rho\right),\ 0 \leqslant \rho \leqslant a \tag{3.68}$$

式中，$B_m = \dfrac{\mu_m^2}{J_1(\mu_m\pi)}\dfrac{\displaystyle\prod_{n=1}^{\overline{n}-1}\left[1-\left(\dfrac{\mu_m}{\sigma z_n}\right)^2\right]}{\displaystyle\prod_{\substack{L=0\\(L\neq m)}}^{\overline{n}-1}\left[1-\left(\dfrac{\mu_m}{\mu_L}\right)^2\right]}$，$\mu_m$ 为一阶 Bessel 函数导数 $J_1'(\pi\mu_m)=0$ 的

根（见表 3.11），$\sigma = \dfrac{\mu_{\overline{n}}}{(A^2+\overline{n}^2)^{1/2}}$，$A = \dfrac{1}{\pi}\operatorname{arccosh}\xi$，$\xi$ 为主副瓣电平比，z_n 的表

达式见式（3.50）和表 3.4。

辐射方向图函数 $F(z,\phi)$ 为

$$F(z,\phi) = J_1'(\pi z)\cos\phi\frac{\displaystyle\prod_{n=1}^{\overline{n}-1}\left[1-\left(\frac{z}{\sigma z_n}\right)^2\right]}{\displaystyle\prod_{n=0}^{\overline{n}-1}\left[1-\left(\frac{z}{\mu_n}\right)^2\right]} \tag{3.69}$$

式中，$z = \dfrac{2a}{\lambda}\sin\theta$。

Bayliss 差分布是 A 和 $\overline{n}$ 的二参数分布，前者控制副瓣电平，后者描述副瓣衰减的速率，具有该分布的圆口径效率 η 为

$$\eta = \frac{8}{\pi^4}\left\{\sum_{m=0}^{\overline{n}-1} B_m^2 J_1(\mu_m\pi)\left[1-(\mu_m\pi)^{-2}\right]\right\}^{-1}$$

相对于均匀分布，上式的最大值 $\eta_{\max} = -2.47\text{dB}$。

表 3.11　一阶 Bessel 函数导数 $J_1'(\mu_m\pi)=0$ 的根

m	μ_m	m	μ_m
0	0.5860670	5	5.7345205
1	1.6970509	6	6.7368281
2	2.7171939	7	7.7385356
3	3.7261370	8	8.7398505
4	4.7312271	9	9.7408945

3.3.3　方向图综合

天线辐射特性和阻抗特性的分析和综合是天线基本理论的主要内容。阵列天线方向图综合就是在一定条件下寻求单元形式、单元排列、单元幅相和馈电方式的优化组合，使得辐射方向图最佳地逼近预期的方向图。阵列天线方向图的综合方式有许多，归纳起来主要解决三大类问题，即方向图特征参数、方向图形状控制、辐射能量空间的分布和控制。

下面将讨论工程上常用的一些基本综合方法。

1．方向图特征参数控制和优化

前面讨论过的天线口径 Chebyshev 分布和 Taylor 分布是对方向图主瓣宽度、副瓣电平和口径效率综合和优化的结果。

2．方向图形状控制

方向图形状控制的实质是函数逼近问题，即对于一个较复杂的目标函数，选用具有正交性的简单函数线性组合，以最小偏差准则或最小均方差准则进行逼近，满足预定的技术要求。

1）Fourier 综合法

该综合法应用了 Fourier 级数的正交和完备性质。设 M 个各向同性的天线单元以间距 d 均匀分布在 Ox 轴上，若第 m 号单元的电流为 I_m，则不计与方向无关的常数，直线阵的方向图函数 $E(\theta)$ 为

$$E(\theta) = \sum_{m=1}^{M} I_m \exp(\mathrm{j}kmdu)$$

式中，$u = \sin\theta$。

如果线阵有预定的目标函数 $F(u)$，则 Fourier 综合法给出了与 $F(u)$ 较为逼近的方向图 $F_1(u)$ 及阵列单元应赋予的激励电流 I_m

$$F_1(u) = \sum_{m=1}^{M} I_m \exp(\mathrm{j}kmdu) \tag{3.70}$$

$$I_m = \int_{-\frac{\lambda}{2d}}^{\frac{\lambda}{2d}} F(u)\exp(-\mathrm{j}kmdu)\mathrm{d}u \tag{3.71}$$

Fourier 综合法要求单元间距 $d \geqslant \lambda / 2$，通常用于波束宽度较宽的赋形波瓣综合。该方法得到的方向图形状 $F_1(u)$ 与 $F(u)$ 有最小的均方根差。因此，综合出的方向图较之其他一些方法有较低的副瓣。

2）Woodward 综合法

在军事对抗中，为防止敌方干扰信号影响我方雷达等电子设备正常工作，可以对雷达阵列天线进行幅相加权，使方向图在干扰方向产生宽而深的零功率点，从而可能使雷达接收机对干扰信号弱响应或不响应。

阵列天线方向图的形状控制和零功率点控制可以采用 Woodward 综合法。该方法是借助于 Lambda 函数 $\{\Lambda_{1/2}(u\pi - n\pi)\}$，即 $\left\{\dfrac{\sin(u\pi - n\pi)}{(u\pi - n\pi)}\right\}$ 的正交完备性来实现阵列天线方向图形状综合的。

设口径长为 L 的天线方向图函数为 $F(u)$，则 Woodward 综合法给出的口径分布 $g(x)$ 为

$$g(x) = \sum_{n=-N}^{N} F(n)\exp\left(-j\frac{2n\pi z}{L}\right), \quad -\frac{L}{2} \leqslant x \leqslant \frac{L}{2} \tag{3.72}$$

式中，$N = [\pi L / \lambda]$；$[x]$ 为对 x 取整；$F(n)$ 为对方向图 $F(u)$ 的采样。

由口径分布 $g(x)$ 所得的辐射方向图函数 $F_1(u)$ 为

$$F_1(u) = \sum_{n=-N}^{N} F(n)\Lambda_{1/2}(u\pi - n\pi) \tag{3.73}$$

式中，$u = \dfrac{\pi L}{\lambda}\sin\theta$。

和 Fourier 综合法相比，不能控制方向图中赋形区副瓣电平是 Woodward 综合法的一个不足，但它能用无耗正交波束网络实现方向图的综合，因而该方法常用于一般的赋形方向图综合。

3）圆对称 Ruze 综合法

Woodward 综合法适用于线口径或矩形口径，而 Ruze 综合法可用于圆口径。该方法借助于 Bessel 正交完备函数系 $\{J_0(u_m\rho)\}$ 来完成综合。设辐射方向图函数为 $F(u)$，则 Ruze 综合法给出的半径为 a 的圆口径天线对称分布 $g(\rho)$ 为

$$g(\rho) = \sum_{n=0}^{N} D_n J_0\left(\mu_n\frac{\pi}{a}\rho\right), \quad 0 \leqslant \rho \leqslant a \tag{3.74}$$

式中，μ_n 是 Bessel 函数 $J_0(\pi u) = 0$ 的第 n 个根，$n = 0, \cdots, N$，$N = [2\pi a / \lambda]$，N 由 $\mu_N \leqslant \dfrac{2\pi a}{\lambda}$ 确定；$D_n = \dfrac{2F(\mu_n)}{\pi^2[J_0(\mu_n\pi)]^2}$。

所对应的远区场辐射方向函数 $F_1(u)$ 为

$$F_1(u) = \sum_{n=0}^{N} D_n \frac{\pi u J_0(\mu_n\pi) J_1(\pi u)}{u^2 - \mu_n^2} \tag{3.75}$$

式中，$u = \dfrac{2\pi a}{\lambda}\sin\theta$。

4）非圆对称 Ruze 综合法

设辐射方向函数为 $F(u,\phi)$，若半径为 a 的圆口径天线非对称分布 $g(\rho,\phi')$ 为

$$g(\rho,\phi') = \sum_m \sum_n a_{mn} J_n\left(\mu_{mn}\frac{\rho}{a}\right)\exp \mathrm{j}n\phi' \tag{3.76}$$

式中，μ_{mn} 为第一类 n 阶 Bessel 函数的第 m 个根

$$a_{mn} = (-\mathrm{j})^n \frac{F_n(\mu_{mn})}{\pi a^2 [J_{n-1}(\mu_{mn})]^2}$$

$$F_n(\mu_{mn}) = \frac{1}{2\pi}\int_0^{2\pi} F(\mu_{mn,\phi})\exp(-\mathrm{j}n\phi)\mathrm{d}\phi$$

则辐射方向图函数 $F_1(u,\phi)$ 为

$$F_1(u,\phi) = \int_0^{2\pi}\int_0^a g(\rho,\phi')\exp[\mathrm{j}\frac{u\rho}{a}\cos(\phi-\phi')]p\mathrm{d}\rho\mathrm{d}\phi' \tag{3.77}$$

式中，$u = \dfrac{2\pi a}{\lambda}\sin\theta$。

3. 方向性优化

阵列天线的方向性系数 D 在数学上可表示为两个二次型矩阵之比。借助于 Hermitian 矩阵的正定性和矩阵特征方程，可以求得 D 的最优值。下面以线阵为例，说明使方向性系数达到最大的步骤。

设 N 元直线阵上位于 d_n 的 n 个各向同性单元的激励为 $I_n\exp \mathrm{j}\phi_n$，方向图函数为 $f(\theta,\phi)$，则直线阵的方向图函数 $F(\theta,\phi)$ 为

$$F(\theta,\phi) = f(\theta,\phi)\sum_{n=1}^N I_n \exp \mathrm{j}\phi_n \exp(\mathrm{j}nkd\cos\theta)$$

阵列的方向性系数 D 及其相应的激励[J]为

$$\begin{cases} D = [J]^+[C][J] \\ [J] = [C]^{-1}[e] \end{cases} \tag{3.78}$$

式中，[J]$^+$为[J]的共轭转置矩阵；[J]=$[I_1\exp \mathrm{j}\phi_1, I_2\exp \mathrm{j}\phi_2, \cdots, I_N\exp \mathrm{j}\phi_N]^\mathrm{T}$；[$C$]$^{-1}$ 为 [C]的逆矩阵；[C]为 $N\times N$ 阶方阵，其中的元素 C_{mn} 为

$$C_{mn} = \frac{1}{4\pi}\int_0^{2\pi}\int_0^\pi f^2(\theta,\phi)\exp[\mathrm{j}(d_m-d_n)k\cos\theta]\sin\theta\mathrm{d}\theta\mathrm{d}\phi$$

[e]为 $N\times 1$ 阶列矩阵，其中的元素 e_n 为

$$e_n = \exp(-\mathrm{j}d_n k\cos\theta)$$

上述方向性系数优化的方法原则上也可类似地用于单脉冲差方向图和圆环阵方向图的综合。

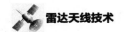

4．目标函数的构造

在天线设计中，正确地构造所求方向图的目标函数是成功综合的前提。理想地完成方向图综合首先要根据战技要求，用确切的数学语言描述所求的目标函数，以便综合出的方向图最佳地逼近战技要求。下面给出工程实例，说明目标函数的构造方法。

假设所求的天线垂直面能实现如图 3.11 所示的超余割平方形功率方向图 $f^2(\theta)$，并且满足如下要求。

（1）方向图打地电平为 $A_0(\text{dB})$，即

$$A_0 = 20\lg f(0)$$

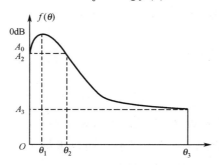

图 3.11　超余割平方形功率方向图目标函数

（2）波束最大值指向角为 θ_1，即

$$20\lg f(\theta_1) = 0\text{dB}$$

（3）波瓣从 θ_2 开始实现超余割平方形功率方向图。

（4）超余割平方形功率方向图持续到 θ_3，并且在 θ_3 处实现预定的电平 $A_3(\text{dB})$，即

$$A_3 = 20\lg f(\theta_3)$$

（5）在 $-\dfrac{\pi}{2} \leqslant \theta < 0$ 和 $\theta_3 < \theta \leqslant \dfrac{\pi}{2}$ 角域，$f(\theta) \equiv 0$。

以上超余割平方形功率方向图的通用要求，满足上述技术条件的目标函数 $f(\theta)$ 可以选为

$$f(\theta) = \begin{cases} \cos p_1(\theta - \theta_1), & 0 \leqslant \theta < \theta_2 \\[2mm] \left[B + (p_2 - B)\dfrac{\sin\theta - \sin\theta_2}{\sin\theta_3 - \sin\theta_2} \right] \cdot \dfrac{\sin\theta_2}{\sin\theta}, & \theta_2 \leqslant \theta \leqslant \theta_3 \\[2mm] 0, & -\dfrac{\pi}{2} \leqslant \theta < 0, \theta_3 < \theta \leqslant \dfrac{\pi}{2} \end{cases} \quad （3.79）$$

式中，$p_1 = \dfrac{A_0}{20 \lg \cos \theta_1}$；$B = \cos p_1(\theta_2 - \theta_1)$；$p_2 = \dfrac{\sin \theta_3}{\sin \theta_2} \cdot 10^{A_3/20}$。

上述控制参数 p_1 确保方向图的打地电平；$\cos p_1 \theta$ 确保方向图形状的假设在波束最大值附近的小范围内有相当高的精度，也可用其他函数如 Gauss 型指数函数表示；参数 B 确保了余弦形波瓣与余割平方波瓣的衔接。值得注意的是，雷达搜索时，余割平方形波瓣提供的近高空（θ_3）处的能量有时略显过低，超余割平方形波瓣就是为弥补这一不足而附加的技术要求。控制参数 p_2 确保了超余割平方形波瓣的实现和 θ_3 处的波瓣电平要求。显然，θ_3 处的电平 A_3 应大于普通余割平方形波瓣在该处的值，即

$$A_3 > 20 \lg \left[\cos p_2(\theta_2 - \theta_1) \frac{\sin \theta_2}{\sin \theta_3} \right] \quad \text{(dB)}$$

有文献介绍了对阵列天线垂直面波瓣做超余割平方综合后，再采取相位加权实现宽凹口的方法。

3.4　非平面阵列天线

天线阵的一类重要应用是要求阵列与飞机、导弹等移动平台的表面共形。有时为了增加单个阵列覆盖的角域，将阵列共形在一个固定形状的表面上，这取决于仰角覆盖的要求。例如，当需要提供 180° 方位覆盖时，天线阵可能要共形在一个柱面上，而对于整个半球的覆盖则需要一个球形表面阵列。

非平面表面上的阵列可按照图 3.12 所示进行分类。当阵列的孔径尺寸 l 与曲面的曲率半径 a 相比很小，如图 3.12（a）所示，则阵列可局部地按平面处理，即用平面阵的单元方向图按曲面的几何形状合成总的方向图。当阵列的孔径尺寸与曲面的曲率半径可比拟，如图 3.12（b）所示，并且与之共形时，如果照射是沿表面以某种方式开关馈电的，那么该阵列可扫描大得多的扇区。对于这类大阵列，其分析和综合远比准平面阵或常规平面阵复杂得多。

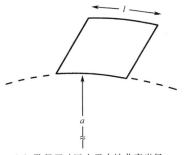 

（a）孔径尺寸远小于本地曲率半径　　　　（b）孔径尺寸与本地曲率半径可以比拟

图 3.12　共形阵示意

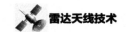

非平面阵的分析与综合在几个方面不同于平面阵。首先，方向图的综合是复杂的，因为单元的位置不在同一平面上，而且单元间距并不总是相等的。对这些阵列而言，阵列因子与单元方向图无法分离，而且阵列因子往往也不是一个简单的多项式。但是人们已研究出了各种方法来适当解决综合问题，从而可以得到不同程度的精度。

其次，为了用一个与曲率半径可比拟的阵列来产生低副瓣阵列方向图，必须沿辐射表面进行开关馈电，以便利用在所期望辐射方向上能够有效辐射的单元。同时，由相互之间不平行的表面上的单元产生的辐射极化一般来说是不一致的，这将引起严重的交叉极化。

最后，曲面上的各个单元的方向图可能各不相同，甚至是严重畸变的，这将导致副瓣很高和很差的扫描特性。

除了这些实际情况，还必须考虑一个基础性的分析难度。除了像圆柱面这些相对而言比较简单的非平面表面之外，一般来说，对非平面表面上或其上方的源不可能获得既收敛又精确的格林函数。另外，飞机、航天器和其他平台常常是有介质涂敷的。在这种情况下，通常对金属化表面使用均匀绕射理论（UTD）或其他渐近技术，对介质涂敷体则使用有限元法或时域有限差分法来获得近似的单元方向图。

3.4.1　一般非平面阵列分析方法

共形天线和阵列的分析方法有许多，这取决于天线或阵列尺寸与平台的曲率半径相比是否足够小，或者是平台本身与工作波长比的大小。安全使用数学方法（如矩量法、有限元法或有限差分法）不适用于较大的结构。之前的研究已证明，对较大的结构来说，混合法更为适用。此外，阵列分析还有一个困难，那就是在场和电流的求解中必须包含单元间的相互作用或互耦，这种分析在很大程度上取决于主体的尺寸和相对曲率。

历史上，人们发现对适用于共形阵方法是以积分方程解为基础的。这些解与结构有关，例如，存在完全格林函数的球体、圆锥体和无限圆柱体，这些结构可用矩量法（MOM）进行分析。分析介质基底上微带天线可以使用频谱法，并且由于目前的计算能力已大大增强，因此频谱法已变得切实可行。用矩量法分析共形结构时，只要使用其中一种形式的频谱格林函数并使其在谱域中或变换回空域后与边界条件相匹配即可。

现已发现，腔体法可用于共形微带天线的处理。Descardeci 和 Giarola 在研究理想导电圆锥体结构时，将腔体法与并矢格林函数相结合以获得圆锥体上微带贴片天线的阻抗和方向图，条件是假设曲率半径和圆锥顶的距离相对于波长来说较大。Jin 等人提出了一种不要求具有确切格林函数的几何体的相关技术，可以评估任意横截面柱体上的微带天线单元和阵列的辐射。在以上情况下，腔体问题用有限元技术求解，而外场则利用基于互易性的矩量法求解来获得。

Kildal 和其他人利用谱域矩量法技术开发出了供任意截面柱体使用的软件，此外，他们还开发了供球形结构采用的技术。

人们已经利用时域有限差分法和有限元法（FEM）对一般表面上的单元和阵列进行了分析。这两种方法都可以灵活地处理任意三维表面上的天线单元，包括介质体，但是到目前为止只限于几种波长较大的结构。

利用矩量法和准光学技术已经得到了电气上较大的导电体对天线的分析结果。早期的工作使用几何绕射理论（GTD）来简单地计算一般凸柱面和锥面上天线单元间的单项互耦，后来逐渐形成了使用 GTD 来计算矩量法的解的本地场方法。

有文献利用由 UTD 研究出来的新格林函数扩展了混合法的用途。Demirdag 和 Rojas 用这些格林函数来评估凸面上天线单元间的互耦。该方法通过局部高频上电磁波的传播，用圆柱体和球体的一般高频 UTD 解来获得任意形状凸面的解。Persson 和 Josefsson 的数据也是利用基于 UTD 技术来研究圆柱口径阵列和口径互耦的。该方法的精度表明与测量数据的相符性可达-80dB～-60dB。

3.4.2 圆和圆柱阵列

圆和圆柱阵列具有方位上对称的优点，这使得它们非常适用于 360° 覆盖，利用这一优点可研制广播天线和定向天线。Davies 在其论著的第一章中总结了圆形阵列的实际发展情况；Hansen 在其主编的 *Conformal Antenna Array Design Handbook*（《共形天线阵设计手册》）一书中也对圆和圆弧阵列及其他共形阵的几何形状提供了大量文献和实际方向图。

图 3.13（a）所示为一组围绕一个圆放置的单元。半径为 a 且带有 N 个单元的圆形（或圆环）阵列在 $\phi' = n\Delta\phi$ 位置上的方向图可由通常的阵列表达式表示，其各个单元的位置表达式为

$$r_n = R_0 - a\sin\theta\cos(\phi - n\Delta\phi) \tag{3.80}$$

合成的方向图是

$$F(\theta,\phi) = \sum_{n=0}^{N-1} I_n f_n(\theta,\phi) \exp[+jka\sin\theta\cos(\phi - n\Delta\phi)] \tag{3.81}$$

在这个表达式中，单元方向图是用标量表示的。其次，由于对称性，单元方

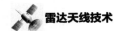

向图依赖于单元的位置，并具有下列形式

$$f_n(\theta,\phi) = f(\theta,\phi - n\Delta\phi) \tag{3.82}$$

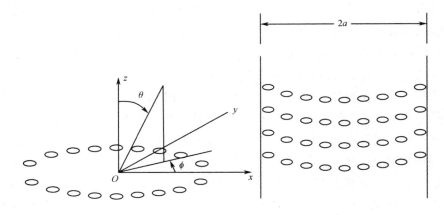

（a）圆形阵列 　　　　　　　　　　　　　　（b）圆柱阵列

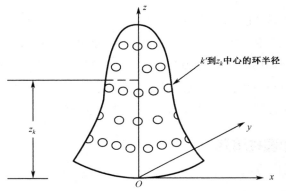

（c）与旋转体共体的一般阵列

图 3.13　圆形和圆柱阵列的几何结构

　　一般来说，单元方向图包括单元的相互作用和接地面曲率的影响。它们一般不是半球形的，同时往往不能准确地知道它们的相位中心位置，所以，在确定激励电流时必须考虑这些因素。

　　激励电流 I_n 包含阵列锥削和聚焦所需的辐度和相位。为了在角度 (θ,ϕ) 上产生同相聚焦波束，应选用

$$I_n f_n(\theta_0,\phi_0) = |I_n f_n(\theta_0,\phi_0)| \exp[-\mathrm{j}ka\sin(\theta_0)\cos(\phi_0 - n\Delta\phi)] \tag{3.83}$$

　　对于作为 ϕ 的函数值接近恒定的辐射，选取 I_n 为常数。注意，圆环阵列可以聚焦在仰角上，且该角度不一定在阵列平面 $(\theta = \pi/2)$ 内。

圆形阵列特别重要，因为它也是圆柱阵列图 3.13（b），甚至是锥形阵列和球形阵列，乃至如图 3.13（c）所示的一般旋转体阵列的基本单元。在图 3.13（c）所示的一般阵列中，可用阵列的局部半径 a_k 及阵列上第 k 个圆阵(x_{nk}, y_{nk}, z_k)中第 n 个单元的位置矢量 $\pmb{r}'$ 来写出第 k 个圆阵的远场方向图

$$\pmb{r}'_{nk} = \pmb{x}x_{nk} + \pmb{y}y_{nk} + \pmb{z}z_k$$

利用式中

$$x_{nk} = a_k \cos\phi_{nk}, \ y_{nk} = a_k \sin\phi_{nk} \tag{3.84}$$

和在空间角(θ, ϕ)上的位置矢量

$$\pmb{\rho} = \pmb{x}u + \pmb{y}v + \pmb{z}\cos\theta \tag{3.85}$$

可以得到

$$\begin{aligned}\pmb{r}' \cdot \pmb{\rho} &= a_k \cos\phi_{nk} \sin\theta\cos\phi + a_k \sin\phi_{nk} \sin\theta\sin\phi + z_k \cos\theta \\ &= a_k \sin\theta\cos(\phi - \phi_{nk}) + z_k \cos\theta\end{aligned} \tag{3.86}$$

于是，有 N_k 个以等间隔角 $\phi_{nk} = n\Delta\phi_k$ 分布的单元，其第 k 个环的总场方程为

$$F_k(\theta, \phi) = \sum_{n=0}^{N_k-1} I_{nk} f_{nk}(\theta, \phi) \exp\{ +\mathrm{j}k[a_k \sin\theta\cos(\phi - n\Delta\phi_k) + z_k \cos\theta] \} \tag{3.87}$$

除方向图在角 ϕ 上的位移外，任意第 k 个圆的单元方向图 f_{nk} 均假设是相同的。

1. 圆阵列的相位模激励

相位模的概念在解释圆形阵列和圆柱阵列的辐射时非常有用，在合成所需方向图时尤其有价值。在 Davies 的论著中有详尽的阐述，由于篇幅有限，本书对这个问题仅进行简单介绍。

多数圆形和圆柱体阵列由定向辐射单元组成，本节将介绍由全向辐射单元组成的圆形阵列的最基本形式。

对位于 $z=0$ 的单环阵列，假定单元方向图是全向性的，显然，式（3.87）的方向图在角度上是周期性的，于是可以展开成傅里叶级数

$$F(\phi) = \sum_{q=-\infty}^{\infty} A_q \exp(\mathrm{j}q\phi) \tag{3.88}$$

式中，

$$A_q = \frac{1}{2\pi} \int_{-\pi}^{\pi} F(\phi) \exp(-\mathrm{j}q\phi) \mathrm{d}\phi \tag{3.89}$$

在这种形式的傅里叶级数中，各项均称为辐射方向图的相位模。$F(\phi)$的第 q 个相位模是一个谐波分量，随着 ϕ 由 0 变化到 2π，其相位变化为 $2\pi q$。

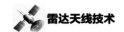

式（3.89）中的傅里叶系数 A_q 可用 n 个单元电流 I_n 之和来评估，但是这个和通常不能对所有的 I_n 都用闭合形式来表示。不过，可以根据阵列的对称性对电流组进行特殊选择，通过这些特殊的对称组来写出电流是很方便的，特殊电流组由阵列的相位模激励。为了不失一般性，电流 I_n 可以写成相位模电流 I_n^p 的有限和，即

$$I_n = \sum_{p=-P}^{P} I_n^p = \sum_{p=-P}^{P} C_p \exp(\mathrm{j}pn\Delta\phi) \qquad (3.90)$$

式中，$P = (N-1)/2$。

因此，相位模电流为

$$I_n^p = C_p \exp\left[\mathrm{j}p(n\Delta\phi)\right] \qquad (3.91)$$

这种级数展开不仅仅是一种数学技巧，因为相位模电流的相位周期范围正好是从 $N \times N$ 的巴特勒（Butler）矩阵中获得的周期。在有关文献中对巴特勒矩阵的这种应用情况做了阐述。

利用式（3.89）并把远场 A_q 的傅里叶系数写成各相位模电流贡献的级数，就可以获得各个相位模的远场方向图。接下来写出电流的第 p 个相位模的方向图，然后利用式（3.88）写出整个方向图。对于单元总数为 N 的阵列，第 p 个相位模为

$$F_p(\phi) = C_p N \begin{bmatrix} \mathrm{j}^p J_p(ka\sin\theta)\exp(\mathrm{j}p\phi) + \sum_{I=1}^{\infty} \mathrm{j}^{-(NI-p)} J_{-(NI-p)}(ka\sin\theta)\exp\left[\mathrm{j}(p-NI)\phi\right] + \\ \sum_{I=1}^{\infty} \mathrm{j}^{(p+NI)} J_{(p+NI)}(ka\sin\theta)\exp\left[\mathrm{j}(p+NI)\phi\right] \end{bmatrix}$$
$$(3.92)$$

式中，$J_p(x)$ 是 p 阶第一类贝塞尔函数。

式（3.92）体现了圆形阵列的许多特性。求和式的首项与相位模激励具有相同的角相关因子 $\exp(\mathrm{j}p\phi)$，其余项具有角相关因子 $\exp\left[\mathrm{j}(p \pm NI)\phi\right]$，因此，在单元数 N 较大时，其角度的变化与首项相比要么很慢，要么很快。贝塞尔函数 $J_p(ka)$ 的阶数对确定辐射信号幅度很关键。图 3.14 展示了几个贝塞尔函数 $J_p(ka)$ 的值，并且指出除非阵列半径 a 足够大，否则对应于大的 p 值（高阶相位模）的幅度是比较小的。阵列将不辐射高于 ka 的相位模，所以角度变化快的相位模对应于超方向性激励。因此，如果仅用一个相位模的话，将导致远场中的一项与该相位模具有相同的角度相关性，其他一组辐射模型可视为由远场方向图产生的畸变。

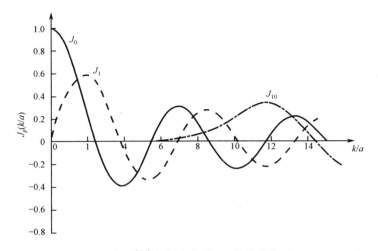

图 3.14 贝塞尔函数 $J_p(ka)$ 与径向参数 ka 的关系曲线（$p=1, 2, 10$）

（1）利用连续面电流相位模进行合成和扫描。

式（3.92）的第一项是连续面电流的方向图，其相位模电流为

$$I_n^p = C_p \exp(\mathrm{j}p\alpha)$$

其中，离散位置 $n\Delta\phi$ 由连续变量 α（对应于无穷小的电流元间隔）所替代。该项在方向图合成时经常被使用，因为通过它可以看出连续面电流的相位模辐射与相应的有限线阵远场方向图之间在数学上的相似性。

$N = 2Q+1$ 个各向同性单元的有限线阵方向图为

$$F_L(\phi) = \sum_{p=-Q}^{Q} B_p \exp\left[\mathrm{j}p(kd_x \sin\phi)\right] \tag{3.93}$$

将式（3.93）与式（3.92）包含的全部相位模的圆阵远场方向图进行比较，但只取式（3.92）的第一项，可得（对 $\theta = \pi/2$）

$$F(\phi) = N \sum_{p=-p}^{p} C_p \mathrm{j}^p J_p(ka) \exp(\mathrm{j}p\phi) \tag{3.94}$$

式（3.93）和式（3.94）的相似性是显而易见的，因此，通过用下面的系数 C_p 激励相位模，有

$$C_p = \frac{B_p}{\mathrm{j}^p J_p(ka)} \tag{3.95}$$

把圆阵的 ϕ 与线阵的 $kd_x \sin\phi$ 等同起来，可以为给定的圆柱阵选择一组相位模激励系数 C_p，以生成与线阵在 $\sin\phi$ 空间内的方向图近似相同的 ϕ 空间方向图。

注意，线阵是对阵列单元求和，而圆阵是对相位模求和。

任意平面上的合成并不能在其他 θ 角平面内生成相同的方向图，因为各个相

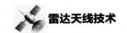

位模的仰角方向图是不同的，这是又一个不同于线阵方向图合成的地方。除了二阶互耦效应，线阵的单元电流都具有相同的单元仰角方向图。

这类合成的例子在有关文献中给出。对圆形面电流环的合成是精确的，但离散阵列的实际辐射方向图由于式（3.92）中存在的高阶项而出现畸变。

上述表达式还指出如何选择激励以使波束扫描到特定方向，因为使线阵扫描到某个角 ϕ_0 的激励系数可通过用上面的激励电流模乘以 $\exp(-\mathrm{j}p\phi_0)$ 而得到。

假设线阵以均匀单元馈电，即 $|B_p|=1$ 时，辐射方向图为

$$F(\phi) = \frac{\sin\left[(kNd_x/2)(\sin\phi - \sin\phi_0)\right]}{(kNd_x/2)\sin(\sin\phi - \sin\phi_0)} \tag{3.96}$$

而在圆阵中选择相等的电流模时，在 $\theta_0 = \pi/2$ 平面上的辐射方向图为

$$F(\phi) = \frac{\sin\left[N/2(\phi - \phi_0)\right]}{N\sin\left[(\phi - \phi_0)/2\right]} \tag{3.97}$$

选择由式（3.95）的模系数 C_p 实现的合成并不总是理想的，因为就大阵而言，对于给定的频率和圆半径，贝塞尔函数 $J_p(ka)$ 可能为零，那么对应于这些 ka 的相位模将不能被激励。

（2）阵列带宽。

贝塞尔函数的自变量还限制阵列的带宽和仰角方向图，Davies 给出的带宽准则是：贝塞尔函数的自变量 ka 变化不超过 $\pi/8$，以免系数的变化过量，由此引出带宽准则

$$\Delta f / f_0 = \lambda/8a \tag{3.98}$$

对于极窄的带宽，甚至对于不同规模的阵列也是如此，这就是为什么全向单元的圆阵不适合于多种应用的原因。这种严格的限制是由于圆阵中相反方向上单元间的相互抵消效应而引起的。

2. 方向图和仰角扫描

只要利用式（3.92）的第一项，就可得到任意仰角的第 p 个相位模的表达式

$$F(\theta,\phi) = N\sum_{p=-P}^{P} C_p \mathrm{j}^p J_p(ka\sin\theta)\exp(\mathrm{j}p\phi) \tag{3.99}$$

第 p 个相位模的仰角方向图是很窄的，其峰值在 $J_p(ka\sin\theta)$ 的最大点处。如前所述，自变量 $(ka\sin\theta)$ 限制方向图的带宽，但因为只有它是包含仰角 θ 的表达式，所以它包含了仰角方向图的形状。可以证明：它与线阵的仰角方向图相比极为狭窄。Davies 对贝塞尔函数自变量 $(ka\sin\theta)$ 再次使用 $\pm\pi/8$ 准则，推导出了相位

模垂直波束宽度的表达式

$$\theta_3 \approx \left(\lambda/2a\right)^{\frac{1}{2}} \tag{3.100}$$

这与长度等于直径的线性端射阵表达式相同。这种极窄的方向图也使得仰角方向图依赖于频率，不仅如此，还在不等于 $\pi/2$ 的仰角面上给方位面方向图的合成带来了明显的复杂性。

通过选择在 θ_0 和 ϕ_0 上相加的模

$$C_p = \frac{\exp\left(-\mathrm{j}p\phi_0\right)\left|B_p\right|}{\mathrm{j}^p J_p\left(ka\sin\theta_0\right)} \tag{3.101}$$

即可对方向图进行扫描。

3. 定向单元圆阵列和圆柱阵列

因为圆阵列和圆柱阵列的方向图特性不能用单元方向图和阵列因子的乘积形式表示，所以考虑定向单元的阵列方向图就特别重要。除了这个一般性陈述，单元的定向性之所以在这类共形阵中特别重要还有两个特殊的原因。首先，由于单元间的互耦使单元方向图变窄，所以一般情况下设计不出全向单元；尽管在平面阵列情况下也是如此，但在共形阵中这一点却重要得多，因为所有单元"指"向不同的方向。其次，前面讨论的圆阵极其有限的带宽和窄的仰角方向图是由于处在阵列相反的两端，间隔很大的全向单元的相互作用而引起的。如果构成阵列的单元主要是沿径向辐射的，或至少是朝前向扇区辐射的，那么圆形阵的特性将大不相同，而且带宽也会大有改善。

对于这种一般化的辐射单元方向图而言，如果把单元方向图写成傅里叶级数形式，那么把单元方向图包含在相位模表达式中就是一种相对来说比较简单的运算了。

Rahim 和 Davies 研究了一个特例，他们利用 $1+\cos\phi$ 形式的单元方向图提出一个 θ_0 和 ϕ_0 都等于零时的形式特别简单的相位模方向图，即

$$F^p\left(\phi\right) = C_p \mathrm{j}^p \exp\left(\mathrm{j}p\phi\right)\left[J_p\left(ka\right) - \mathrm{j}J_p'\left(ka\right)\right] \tag{3.102}$$

式中，$J_p'(x)$ 是 $J_p(x)$ 的导数。

Davies 对式（3.102）做了一种有用的解释，指出式 $J_p(ka) - \mathrm{j}J_p'(ka)$ 对 ka 的依赖性并不很强，所以定向单元阵列的带宽远宽于由全向单元构成的同样阵列的带宽。这种效应的突出示例如图 3.15 所示。

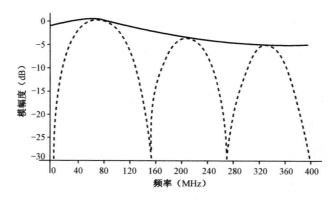

图 3.15　模 1 的稳定性与频率关系的理论曲线

注：实线是采用（$1+\cos\phi$）形式定向单元的情况，虚线是采用全向单元的情况，阵列半径为 2λ ，在 300MHz 频率下工作。

　　图 3.15 展示了以全向单元（虚线）和定向 $1+\cos\phi$ 单元作为频率函数的相位模 $p=1$ 的幅度与频率的关系。定向单元消除了在全向单元阵列宽带激励时出现的所有零点。同样，每个相位模的仰角波束宽度不再受到分散在阵列直径数量级上的单元之间互作用的限制，因此波束宽度明显加宽。这两种效应（增加的带宽与加宽的仰角方向图）表明这种阵列更像一个线源阵列。然而，类似全向单元阵，实际上很难合成全部阵列都激励时的低副瓣方向图，因为单元辐射在副瓣区有贡献。

3.4.3　球形和半球形阵列

　　球形阵列最常用的馈电方式是激励成组单元或子阵单元，位于球面或半球面上的单元的阵列辐射方向图由式（3.87）给出，并有

$$\begin{cases} \boldsymbol{r}_{nk} = x x_{nk} + y y_{nk} + z z_{nk} \\ x_{nk} = a\sin\theta_k\cos\phi_n = a u_{nk} \\ y_{nk} = a\sin\theta_k\sin\phi_n = a v_{nk} \end{cases} \quad (3.103)$$

因此

$$\begin{aligned} \boldsymbol{r}'_{nk} \cdot \boldsymbol{\rho} &= a\big[u u_{nk} + v v_{nk} + \cos\theta\cos\theta_k \big] \\ &= a\big[\sin\theta_k\sin\theta\cos(\phi-\phi_n) + \cos\theta\cos\theta_k \big] \end{aligned}$$

和

$$F(\theta,\phi) = \sum_n \sum_k I_{nk} f_{nk}(\theta,\phi)\exp\big(\mathrm{j}k\boldsymbol{r}'_{nk} \cdot \boldsymbol{\rho} \big) \quad (3.104)$$

　　球形阵列和半球形阵列与圆柱阵列具有相同的局限性，它们都必须通过转换馈电分布的方式对阵列表面上的各点进行馈电，以及可以通过开关矩阵来激励球

面上的有源扇区以完成馈电。最大的半球形阵列是用扫描进行馈电的透镜，这是一种有效的低成本射频功率转换方法。在这种称为 DOME 天线概念（见图 3.16）的方案中，该球是一个具有插入移相器的无源透镜，用来聚焦从阵列馈源接收到的分布信号。选择所需非线性相位累进可获得所需的扫描角，该扫描角是某个固定系数 $K(K > 1)$ 乘以馈源阵列的扫描角。DOME 方案的主要目的是提供经济的半球形覆盖，同时在对 DOME 几何结构中的固定相移进行适当修整后甚至能提供略低于地平线的覆盖。

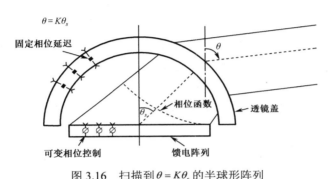

图 3.16 扫描到 $\theta = K\theta_s$ 的半球形阵列

3.4.4 圆锥阵列

另一类重要的共形阵几何形状是截顶圆锥阵列，这种形状是为了配合导弹和飞机头部的需要而设计的。如果锥角很小且阵列截锥处远离锥顶，那么截锥的几何形状接近于圆柱。与圆柱阵类似，截顶圆锥阵列通常是用开关矩阵来移动圆锥周围的馈电区域实施馈电的。

利用式（3.87）对组成圆锥阵的各个圆环阵方向图求和便得到了截顶圆锥阵的场方向图

$$F(\theta,\phi) = \sum F_k(\theta,\phi) \qquad (3.105)$$

半径为

$$a_k = a_0 - z_k \sin\delta \qquad (3.106)$$

式中，δ 是圆锥半顶角。聚焦辐射波束的电流相位是

$$I_{nk} f_{nk} = |I_{nk} f_{nk}| \exp\left[-jk\left(a_k \sin\theta\cos(\phi - n\Delta\phi_k) + z_k\cos\theta\right)\right] \qquad (3.107)$$

式中，f_{nk} 是单元方向图。

如有关文献所述，互耦合阵列单元方向图用渐近法、近似法或全波展开法来确定。

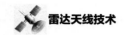

3.5 稀疏阵列

许多应用要求具有窄的扫描波束，但不要求具有相应的高天线增益。由于阵列的波束宽度和口径的最大尺寸相关，因此有可能在不明显改变阵列波束宽度的情况下去掉许多单元，即使阵列变稀。阵列增益与去掉的单元百分数近似地成正比下降，因此增益与受照射口径的面积有直接关系。这种方法使得以满阵成本的几分之一构造出一个低增益高方向性阵列成为可能。通过均匀照射激励阵列，可进一步降低成本，同时还节省了复杂的功率分配网络的成本。

按阵列的排列形式，稀疏阵可以分为规则排列阵和随机排列阵两类。本节只讨论规则排列阵的稀疏技术问题。密度加权法是稀疏技术的一种常用方法，它是在满阵的基础上，按照一定的算法和规则得到稀疏阵，稀疏阵中的单元可以是均匀激励（一阶量化）、两个台阶激励（二阶量化）和三个台阶激励（三阶量化）等。从统计角度上看，稀疏阵的阵因子方向图函数在形式上与满阵是相同的，通过对阵中单元按条件判断是否激励，概率逼近满阵方向图，得到的方向图副瓣电平一般比满阵的高，单元数相对较少的阵列尤其如此，但主波束和满阵的一致。由于单元是否被激励是以对应满阵的馈电幅度分布作为概率函数来判定的，故得到的稀疏阵又称为"密度加权阵"。

在理论分析时，稀疏阵中的无源（不激励）单元是不参与计算的，因此，在实际工程中，无源单元可以去掉或保留，一般情况下保留无源单元是一个很好的选择，因为在大型阵列设计中采用的小阵法，在分析小阵中心单元的阵中方向图时需要考虑互耦，以确定大阵相控扫描时是否出现盲点、增益损耗等波束扫描特性；而去掉无源单元，会导致互耦环境发生变化。

3.5.1 密度加权阵列特点

密度加权（稀疏）阵列以满阵为参考，与满阵比较时，可从增益、主瓣宽度、副瓣电平及规模等方面进行比较。

1. 增益

对于一个单元数为 $K=M\times N$，单元间距为 d_x 和 d_y 的平面阵，经过公式推导可以发现：均匀平面阵的增益等于单元天线的增益与单元总数的乘积。该结论只要求平面阵各单元激励是等幅的，而没有对平面中的布阵形式做特殊要求，所以也适用于所有单元为等幅激励的稀疏阵（一阶量化阵）。密度加权阵是在满阵的基础上，用一定的算法去掉某些单元而获得的，算法不会改变口径大小，但会减少单元数目，因此稀疏阵的增益比满阵的增益低。

2．主瓣宽度

阵列的主瓣宽度主要取决于阵列的口径尺寸，相同口径阵列的幅度分布对主瓣宽度只有较小的影响。例如，不同副瓣电平的泰勒线阵，不同 $\bar{n}$ 时的波瓣展宽因子是不同的。

密度加权阵列不会改变满阵的口径，因此和满阵相比，密度加权阵列的主瓣宽度基本不变。针对独立采样算法，可以证明：密度加权阵列的平均场强方向图是满阵方向图与一常数的积。这说明稀疏阵的主瓣宽度和满阵的主瓣宽度一致。

3．副瓣电平

通过合适的算法综合得到的密度加权稀疏阵基本不改变满阵的最大副瓣电平。但是，稀疏阵方向图的副瓣分布并不是像满阵方向图的副瓣那样呈现有规律的衰减趋势。这是因为稀疏阵的单元分布具有随机的非周期性，并且单元间距不再是固定的常数，因此稀疏阵中各单元在主瓣外相互抵消的副瓣区域不可能保持满阵的规律副瓣分布特性。事实上，为了使主瓣附近的副瓣电平不变高，密度加权阵就是以抬高远区副瓣电平和降低增益为代价换取主瓣附近的低电平的。

4．规模

密度加权阵的规模一般都很大，属于大型阵列。算法要求阵列规模大时才能得到满意的结果。例如，对于一个圆口径阵列，若阵列满足的副瓣电平为-30dB，以副瓣电平为不大于-25dB 为标准，采用最合适的算法得到稀疏阵的规模为不少于约 700 个单元。

综上所述，密度加权阵的主瓣宽度与满阵的一致；增益比满阵的低；合适的算法得到的稀疏阵的方向图最大副瓣电平与满阵的最大副瓣电平一致，但远副瓣电平比满阵高且参差不齐；不出现栅瓣的波束扫描范围与满阵的一致。

3.5.2　独立采样概率密度稀疏法

Skolink 等人提出了密度加权法，这种方法是大型相控阵稀疏技术研究中的一种快速、有效的方法。它根据满阵时某个单元激励幅度大小及概率算法决定该单元是否馈电而实现密度加权，以便用较少的单元实现较低副瓣电平的方向图。稀疏后的阵列中所有单元为均匀激励。

在稀疏阵设计时，首先应确定相应满阵的工作状态，包括其布阵形式和要求的辐射特性。布阵形式包括栅格形式、边界形式、单元数、单元间距等；辐射特性包括主瓣宽度、副瓣电平、增益等。在确定满阵的工作状态后，采用相应算法来确定阵列中哪些单元为有源单元，哪些为无源（不激励）单元。确定有源单元的方法分为概率法和非概率法等，而概率法主要包括相关采样和非相关采样。

根据满阵的阵因子，可以得到稀疏阵的阵因子

$$S(\theta,\phi)=\sum_{m=1}^{M}\sum_{n=1}^{N}F_{mn}\mathrm{e}^{\mathrm{j}kx_m(\sin\theta\cos\phi-\sin\theta_0\cos\phi_0)}\mathrm{e}^{\mathrm{j}ky_n(\sin\theta\sin\phi-\sin\theta_0\sin\phi_0)} \tag{3.108}$$

式中，F_{mn} 称为位置函数，其取值只有 0 和 1。当 $F_{mn}=0$ 时，处于坐标位置 (x_m,y_n) 的单元为无源单元；当 $F_{mn}=1$ 时，该位置的单元为有源单元。F_{mn} 的取值以满阵单元的归一化激励幅度 I_{mn} 作为概率分布函数，并且与一个随机数 R_{mn} 做比较来确定。R_{mn} 是在区间 $[0,1]$ 内均匀分布的随机数，因此，位置函数 F_{mn} 表示为

$$F_{mn}=\begin{cases}1, & R_{mn}\leqslant I_{mn}\\0, & R_{mn}>I_{mn}\end{cases} \tag{3.109}$$

由式（3.109）可以看出，位于 (x_m,y_n) 的单元是否被激励与满阵的口径分布在该单元的幅度值有关，并且与概率方法得出的随机数 R_{mn} 有关。随机数不同，得到的阵列结果不同。如果随机数 R_{mn} 小于或等于归一化的激励幅度 I_{mn}，则保留该单元，否则就舍去该单元。因此，如果 I_{mn} 值较大，则该单元被保留的概率也应该大些，这说明式（3.109）是合理的。式（3.108）和式（3.109）表明稀疏后的阵列是均匀激励，是用单元密度分布来模拟幅度分布的。

为了调节保留单元的多少，或者说改变稀疏率 [（满阵单元数-保留单元）/满阵单元数]，可以将式（3.109）修改为

$$F_{mn}=\begin{cases}1, & R_{mn}\leqslant k_c I_{mn}\\0, & R_{mn}>k_c I_{mn}\end{cases} \tag{3.110}$$

式中，$k_c>0$，k_c 用来控制稀疏率，称为稀疏系数。显然，如果 k_c 取得大，（如 $k_c>1$），则保留的单元数比式（3.109）保留的单元数多，反之则保留的少。

某单元的取舍是随机决定的，由此可得阵列单元平均数模 $\overline{K}$ 为

$$\begin{aligned}\overline{K}&=E\left[\sum_{m=1}^{M}\sum_{n=1}^{N}F_{mn}\right]=\sum_{m=1}^{M}\sum_{n=1}^{N}\left[0\times P(F_{mn}=0)+1\times P(F_{mn}=1)\right]\\&=k_c\sum_{m=1}^{M}\sum_{n=1}^{N}I_{mn}\end{aligned} \tag{3.111}$$

式中，$E[\ ]$ 表示求数学期望值；$P(F_{mn}=0)$ 表示 $F_{mn}=0$ 的概率；$P(F_{mn}=1)$ 表示 $F_{mn}=1$ 的概率。它们都取决于满阵的归一化幅度分布 I_{mn}。

同理可得稀疏阵平均场强方向图函数是一个常数乘以满阵方向图函数 $S_0(\theta,\phi)$，即

$$\begin{aligned}\overline{S(\theta,\phi)} &= E\left[\sum_{m=1}^{M}\sum_{n=1}^{N}F_{mn}\mathrm{e}^{\mathrm{j}kx_m(\sin\theta\cos\phi-\sin\theta_0\cos\phi_0)}\mathrm{e}^{\mathrm{j}ky_n(\sin\theta\sin\phi-\sin\theta_0\sin\phi_0)}\right]\\ &= E\left[\sum_{m=1}^{M}\sum_{n=1}^{N}F_{mn}\right]\mathrm{e}^{\mathrm{j}kx_m(\sin\theta\cos\phi-\sin\theta_0\cos\phi_0)}\mathrm{e}^{\mathrm{j}ky_n(\sin\theta\sin\phi-\sin\theta_0\sin\phi_0)}\qquad(3.112)\\ &= k_c S_0(\theta,\phi)\end{aligned}$$

由此可得稀疏阵的平均概率方向图为

$$\overline{|S(\theta,\phi)|^2} = k_c^2\left|S_0(\theta,\phi)\right|^2 + k_c\sum_{m=1}^{M}\sum_{n=1}^{N}I_{mn}(1-k_cI_{mn})\qquad(3.113)$$

由式（3.113）可以看出，平均辐射功率方向图为两项之和，第一项是满阵功率方向图；第二项是一个与角度无关的常数值，它取决于满阵的归一化幅度分布和稀疏系数。

由于满阵的功率方向图在远离主瓣方向的副瓣值都很小，这些小副瓣与式（3.113）的第二项常数比较可以忽略不计，因此，可以近似地认为平均功率方向图的副瓣值等于此常数，即平均副瓣 $\overline{\mathrm{SL}}$ 为

$$\overline{\mathrm{SL}} = k_c\sum_{m=1}^{M}\sum_{n=1}^{N}I_{mn}(1-k_cI_{mn})\qquad(3.114)$$

式中的第一项即平均数单元 $\overline{K}$。根据推导可得稀疏阵平均增益 $\overline{G}$ 与满阵的增益 G 之比为

$$\frac{\overline{G}}{G} = k_c\frac{\displaystyle\sum_{m=1}^{M}\sum_{n=1}^{N}I_{mn}^2}{\displaystyle\sum_{m=1}^{M}\sum_{n=1}^{N}I_{mn}}\qquad(3.115)$$

最后得

$$\overline{\mathrm{SL}} = \overline{K} - g\overline{K}^2/G = \overline{K}\left[1-\overline{K}/(K\eta_a)\right]\qquad(3.116)$$

式中，$G = gK\varepsilon_a$；η_a 为口径效率，其表示为

$$\eta_a = \frac{\left|\displaystyle\sum_{m=1}^{M}\sum_{n=1}^{N}I_{mn}\right|^2}{K\displaystyle\sum_{m=1}^{M}\sum_{n=1}^{N}I_{mn}^2}\qquad(3.117)$$

一般情况下，$\eta_a \approx 1$，因此当 $\overline{K} \ll K$ 时，即当平均单元数只占满阵单元总数较小部分时，平均副瓣由平均单元数决定，即

$$\overline{\mathrm{SL}} \approx \overline{K}\qquad(3.118)$$

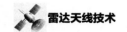

3.5.3 相关采样概率密度稀疏法

独立采样概率稀疏法决定有源单元的方法，是以满阵的振幅分布 I_{mn} 作为单元位置 F_{mn} 函数取值的概率分布函数来确定的，每个单元的取舍独立地被自己的激励幅度值 I_{mn} 和随机数 R_{mn} 决定，而与周围单元的激励幅度无关。事实上，满阵的口径分布是通过整体计算得到的，因此某单元的取舍除了考虑自身所对应的激励幅度值外，还应该考虑其周围单元的取舍概率情况。

其基本思想是：如果位于 (x_m, y_n) 的单元被舍去，即 $F_{mn}=0$ ，那么 (x_m, y_n) 周围的单元保留的概率应该比独立采样的概率大；反之，如果单元被保留，即 $F_{mn}=1$ ，则相邻位置上单元被保留的概率应该比独立采样的概率小。满阵中某个单元的取舍，不仅与该单元激励幅度所决定的概率分布函数 I_{mn} 有关，而且与周围单元激励幅度的概率分布函数有关，且概率分布函数以某种方式传递。这样就可以在一定程度上弥补独立采样概率稀疏法的不足，减小随机数的影响。改进的稀疏算法可得到更接近于满阵的方向图。

采样概率稀疏法传递形式和传递方向可以有多种。在进行阵列稀疏之前，需要对阵列单元进行排序，排序的方式可以有多种，既可沿 x 方向排序也可沿 y 方向排序，还可以从平面阵中间到周围环绕排序。不同的排序方式得到的稀疏阵结构和方向图结果不同。例如，沿 x 轴方向排序，则 yz 平面内方向图可以获得与满阵几乎相同的波瓣，而 xz 平面内方向图的副瓣电平较高；反之，沿 y 轴方向排序，结果相反。其位置函数 F_{mn} 的具体计算公式为

$$F_{mn} = \begin{cases} 1, & R_{mn} \leqslant S_{mn} \\ 0, & R_{mn} > S_{mn} \end{cases} \quad (3.119)$$

其中，密度分布函数 S_{mn} 为

$$\begin{cases} S_{mn} = \sum_{p=1}^{m-1}\sum_{q=1}^{n-1}\left(k_c I_{pq} - F_{pq}\right) + k_c I_{mn} \\ S_{11} = k_c I_{11} \end{cases} \quad (3.120)$$

这里考察从阵列中间到四周的环绕排序方法，其传递方式如图 3.17 所示。

将坐标原点设在满阵中心，假设满阵有 M 行 N 列。如果 M 为偶数，阵列的中心将增加一个虚拟行，使得变换后的阵列具有奇数行；同理，如果 N 为偶数，阵列的中心增加一个虚拟列，使得变换后的阵列具有奇数列。M 和 N 可以表示为 $2r+1$ 和 $2s+1$ 。记阵列中心于 (x_m, y_n) 的单元为 (m,n) 。排序的起点设在阵列中心，也就是坐标原点$(0,0)$，排序过程结束后，位于虚拟行列的单元不计入计算。起点位置决定后，其他单元位置也就相应地确定下来，如图 3.17 所示。

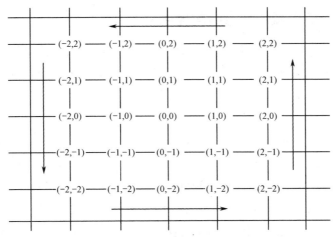

图 3.17　从阵列中间到四周的环绕传递方式示意

如果 $M = N$，则单元 $(0,0)$ 周围可视为一圈一圈的"圆环"，位于第 k 圈的单元以这样的顺序排序：$(k,-k),(k,-k+1),\cdots,(k,k),(k-1,k),\cdots,(-k,k)$，$(-k,k-1),\cdots,(-k,-k),(-k+1,-k),\cdots,(k-1,-k)$，如图 3.17 所示。以这种方式，阵列的单元从 $(0,0)$ 到 $(M-1,N-1)$ 排序，其中 $k = 1,\cdots,(M-1)/2$。

如果 $M \neq N$，则需要对阵列进行预处理，即让阵列变为"方阵"：以最大数目的行或列作为标准，把其他行或列的单元"补齐"，组成一个"满方阵"，然后再按上述方法排序，最后直接去掉补齐的单元。由此可以得到一个一维排列的数组。F_{mn} 的关联形式是 F_p：后一个位置上有单元的概率与前面所有位置上有源单元数目之和关联，即可得 F_p 为

$$F_p = \begin{cases} 1, & R_p \leqslant S_p \\ 0, & R_p > S_p \end{cases} \tag{3.121}$$

其中，单元密度分布函数 S_p 为

$$\begin{cases} S_p = \sum_{q=1}^{p-1}\left(k_c I_q - F_q\right) + k_c I_p \\ S_1 = k_c I_1 \end{cases} \tag{3.122}$$

由式（3.121）和式（3.122）可知，改进的概率稀疏算法在本质上是使随机量 F_p 与排列在它前面的若干个单元的随机量发生关系，因此，相关采样概率稀疏算法可以更好地获得一个与满阵接近的稀疏阵。

如果沿 x 轴或沿 y 轴方向排序，则采用式（3.122）计算是很简单的。比较式（3.120）和式（3.122），可以发现其稀疏方式是一样的，唯一不同的是单元相关性的传递方式不同。

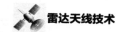

3.5.4 大型稀疏阵列方向图优化

阵列天线在空间的最大角度分辨率受阵列口径物理尺寸的制约，因此，大型阵列天线在要求远作用距离、高分辨率的应用领域具有难以取代的地位。大型稀疏阵列能发挥大辐射口径的优势并大幅降低馈电系统设计难度与工程造价，具有极大的实用价值。

大型稀疏阵列的综合方法主要可以分为三类。

第一类是确定性（Deterministic Algorithm）的稀疏化方法，通常是基于解析公式或给定模型得到确定的稀疏阵列分布。如基于差集（Different Sets，DS）和几乎差集（Almost Different Sets，ADS）的稀疏综合算法，以及参考口径幅度渐变确定分布密度的稀疏算法（DDT）等。这类确定性的稀疏化算法可以根据阵列要求快速得到稀疏阵列分布形式，但是，其得到的结果一般还有较大的可优化空间。

第二类是基于数值方法的快速综合方法，如矩阵束方法（Matrix Pencil Method，MPM）、迭代傅里叶方法（IFT）等。这类算法具有很高的计算效率，用于对规则阵列的快速综合。

第三类主要是基于智能优化算法的稀疏阵列综合，如广泛使用的遗传算法（GA）、粒子群算法（PSO）等全局收敛能力较强的优化算法。这类算法将阵列中每一个单元的激励当作一个独立变量进行优化，随机搜索的策略在阵列规模较小时具有较好的优化效果。但是，当阵列口径增大到一定规模后，解空间维数的剧增使得原来的优化策略难以在有限的时间内搜索到满意的解。因此，针对大型稀疏阵列的综合，高效的综合算法一直是值得研究的课题。

2007 年，W. Keither 提出的迭代傅里叶算法（IFT）在直线稀疏阵列综合中取得了良好的效果，后面又将其拓展至大型平面稀疏阵列的综合。IFT 算法利用周期阵列的阵因子与激励系数之间的傅里叶变换关系，采用循环迭代 FFT 的形式不断调整阵列方向图与激励系数。其中，采用 FFT 得到的是幅度不等的单元激励权值，根据阵列稀疏程度确定保留单元的数量，再对单元激励进行截断操作以实现阵列的稀疏化。由于 FFT 计算效率高，IFT 算法在处理大型稀疏阵列的综合问题时依然具有极高的运行效率及快速收敛的特性。下面将重点介绍 IFT 算法相关内容。

1. IFT 算法原理介绍

本节以综合一个低副瓣电平的稀疏直线阵列为例说明 IFT 算法的基本原理。考虑如图 3.18 所示的 M 单元的均匀直线阵列，单元间距为 d，给定阵列的填充率为 FF_c。将 FF_c 定义为阵列中激活的单元数与总单元数的比值。

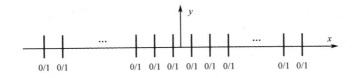

图 3.18 均匀直线阵列

$$\mathrm{FF}_c = \frac{M_0}{M} \tag{3.123}$$

式中，M_0 表示稀疏阵中被"激活"的单元个数。

该阵列的阵因子公式为

$$\mathrm{AF}(u) = \sum_{m=0}^{M-1} A_m \, \mathrm{e}^{jkmdu} \tag{3.124}$$

阵列激励 $\{A_m\}$ 与阵因子 $\mathrm{AF}(u)$ 之间满足傅里叶变换关系。给定目标方向图 $\mathrm{AF}(u)$，通过快速傅里叶变换（FFT）可以计算出阵列激励 $\{A_m\}$。同样地，利用傅里叶逆变换（IFFT）可以根据已知阵列激励快速计算出方向图。因此，很容易利用 FFT/IFFT 实现阵列方向图或阵列激励的迭代递推公式

$$\{A_m\}^{t+1} = H_c \left\{ \mathrm{FFT}\left(\mathrm{AF}(u)^t \right) \right\} = H_c \left\{ \mathrm{FFT}\left(H_F \left\{ \mathrm{IFFT}\left(\{A_m\}^t \right) \right\} \right) \right\} \tag{3.125}$$

式中，$\{A_m\}^t$ 表示第 t 次迭代时的阵列激励；H_F 为对当前方向图进行调整的后处理函数，H_F 以设置的最大副瓣电平 PSL 为标准，判断方向图副瓣区采样点是否达标，对未达标的采样点重新赋值，其他采样点保持不变，可得

$$H_F\left\{\mathrm{AF}(u)\right\} = \begin{cases} \mathrm{AF}(u), & \mathrm{AF}(u) < \mathrm{PSL}, u \in U_{SL} \\ \mathrm{PSL} - D, & \mathrm{AF}(u) > \mathrm{PSL}, u \in U_{SL} \end{cases} \tag{3.126}$$

式中，U_{SL} 表示副瓣区域，通常需要将副瓣区超过最大副瓣电平阈值的采样点调整到要求的值以下，因此，D 取为正的常数；H_c 是作用于阵列激励系数的约束函数，因为 $\mathrm{AF}(u)$ 直接经傅里叶变换得到的是所有单元的复激励权值，再经过截断操作方才转换为稀疏阵列激励。

IFT 通过将激励系数按幅度大小排序，选取幅度较大的 M_0 个激励，令其值为 1，表示该单元被选为工作单元；其余单元激励设为 0，则

$$H_c\left\{A_m\right\} = \begin{cases} 1, & |A_m| \geqslant |A_{M_0}| \\ 0, & |A_m| < |A_{M_0}| \end{cases} \tag{3.127}$$

式中，A_{M_0} 是对所有激励系数由大到小排序后的第 M_0 个激励；M_0 是阵列激活总单元数，见式（3.123）。

式（3.125）～式（3.127）给出了通过正反傅里叶变换综合稀疏阵列方向图的

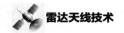

主要原理。由于 FFT 运算的高效性，该方法可以应用于大型稀疏阵列的综合问题。

2. IFT 算法综合直线稀疏阵列的步骤

IFT 算法综合直线稀疏阵列的流程如图 3.19 所示。其中要注意的是：

（1）对稀疏阵列的初始化分布采用随机挑选的形式，保证每一个单元激励以相等的概率取 0 或 1。

（2）FFT/IFFT 采样点数 K 视阵列规模而定，为保证足够的角度分辨率，一般取 $K=2^n$，且 $K \geqslant 4M$。

（3）对方向图副瓣区的调整参照式（3.125），对单元激励的约束参照式（3.126）。

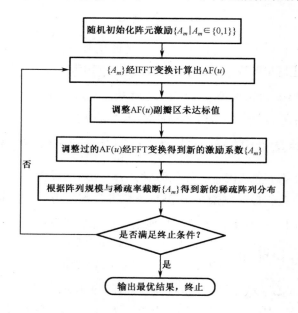

图 3.19　IFT 算法综合直线稀疏阵列的流程图

IFT 算法具有很快的收敛速度，若连续两次迭代得到的稀疏阵列分布结果相同，则算法终止，否则执行到最大迭代次数。

如图 3.20 所示是 IFT 算法综合一个 200 单元的稀疏直线阵列的最佳低副瓣方向图，其中单元间距为 0.5 倍波长，阵列填充率为 69.5%，方向图的最大副瓣电平阈值 PSL 设置为-26.2dB。如图 3.21 所示是独立运行该 IFT 算法 10000 次的结果统计图，从图中可以看出，IFT 综合该阵列所得的最大副瓣电平范围主要分布在-24dB 至-18dB 范围内，波动范围超过了 7dB。

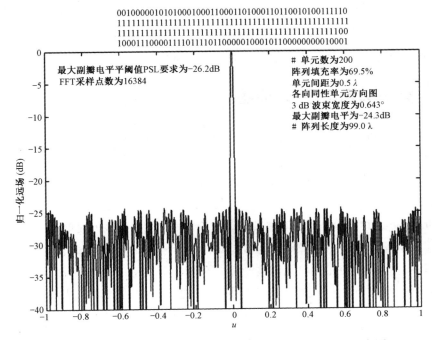

图 3.20 IFT 综合 200 单元的稀疏直线阵列的最佳低副瓣方向图

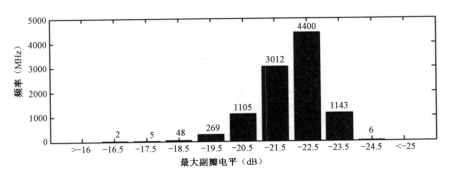

图 3.21 独立运行 10000 次 IFT 算法综合 200 单元稀疏阵列的副瓣结果分布

　　虽然 IFT 算法收敛速度快，但是容易陷入局部收敛，因此，一般在综合时将副瓣电平阈值 PSL 设置为期望值以下 2dB 左右以避免过早收敛。事实上，由于 IFT 算法的局部优化属性，其对初始值的依赖程度较高，随机初始化阵列分布的策略使得算法的收敛稳定性较差。有文献提出通过多次运行算法取最优值是提高综合可靠性的一种方法，但是从根本上提高算法的全局收敛能力与稳定性才是最好的解决办法。一些研究者利用全局优化算法如 GA（遗传算法）、PSO（粒子群优化算法）等为 IFT 粗选初始值，取得了更好的收敛效果，但是这一类型的混合

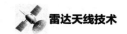
优化算法仍然只适合中小规模的阵列综合。近些年涌现的很多稀疏综合算法，大部分是通过全局搜索得到一个初始优化的结果，或者采用经典的分布模型，然后再采用收敛更快的局部优化算法。这里不再详细展开。

3.6   阵中单元有源阻抗匹配

若多个相同辐射单元组成阵列，当相邻两个单元相距比较远时，单元之间的能量耦合很小，于是一个单元对另一个单元的激励及波瓣影响均可忽略不计。当单元靠得很近时，相互之间耦合会增大，通常单元间的距离、单元波瓣及单元邻近处的结构都会影响耦合量的大小。阵列天线的耦合效应包括自由空间中辐射区耦合和内部传输区耦合两部分。本节着重讨论自由空间中阵列天线单元之间的耦合。

阵中单元方向图和有源单元阻抗是对于处于阵列环境中的单元而言的，即天线阵列中与此单元相邻的单元均被激励。在阵列中，每一个被激励单元都同所有的其他单元相耦合，图 3.22 给出了天线阵列（2N+1）个周围单元对中心单元的耦合情况。$C_{m,n}$ 表示第 n 号单元激励电压对第 m 号单元感应电压的互耦系数。耦合信号矢量相加，结果产生一个向 0 号单元辐射器信号源方向传播的波，好像在 0号单元辐射器产生了反射一样。

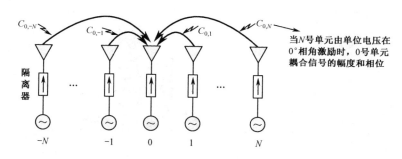

图 3.22   阵列天线中周围单元对中心单元的耦合信号

3.6.1   单元间互耦

在实际的天线阵列中，由于辐射单元间的相互作用，改变了单元在孤立状态时的电流强度分布及相位分布，这种相互作用称为互耦。两个单元之间互耦系数 $R_{r,t}$ 定义为一个单元发射功率 p_t 与另一个单元输入端匹配时测得的接收功率 p_r 之比，即一个（接收）单元与另一个（发射）单元间的互耦系数 $R_{r,t}$ 定义为消耗在接收天线匹配负载上的功率 p_r 与发射天线输入功率 p_t 之比，即

$$R_{r,t} = 10 \lg \frac{p_r}{p_t} \quad (\text{dB}) \tag{3.128}$$

根据自由空间视距传播的 Friis 传输公式有

$$\frac{p_r}{p_t} = (\frac{\lambda}{4\pi r})^2 p(1 - |\Gamma_r|^2)(1 - |\Gamma_t|^2) G_r(\theta, \phi) G_t(\theta, \phi) \tag{3.129}$$

不难发现，两个天线的互耦取决于工作波长 λ、相对距离 r、极化匹配程度 p、各自增益 G_r，以及 G_t 和与馈电网络的匹配情况 $|\Gamma_r|$、$|\Gamma_t|$ 等因素。

有时可以利用阵列天线中单元之间的互耦，但对它不甚了解并尚未采取抑制或补偿措施前，互耦将使阵列天线产生以下不良后果：

（1）阵列单元方向图畸变。互耦一般使方向图主瓣变窄，不利于相控阵天线的宽角扫描。

（2）阵列单元激励电流改变。互耦越强，幅相分布越偏离原定分布，从而使阵列方向图副瓣抬高、增益降低和波束指向发生偏差。

（3）阵列单元的辐射阻抗不同于单元在自由空间的辐射阻抗，它在波束扫描过程中变化，甚至可导致阵列与馈电网络严重失配。大的反射系数将使发射机的频率飘移，同时使阵列在某些扫描空域出现"盲点"，即单元不辐射也收不到能量。

（4）破坏阵列的极化特性。对互耦进行定量研究，寻求阵列中单元阻抗随扫描角变化的规律，选择恰当的匹配方法，在阵列天线的综合中计及互耦影响后实现单元预定激励分布，是高质量阵列天线设计的关键。

阵列单元互耦的分析是复杂的电动力学问题，工程上常采用有一定精度的近似法对互耦进行分析。互耦的近似分析主要分为逐元法和周期结构理论两类。逐元法从电路的角度求解阵列天线中各单元电流的 Kirchhoff 方程组，然后再计算阵列天线的辐射特性和阻抗特性。互耦效应的表述和求解可以借助于阻抗矩阵，也可以采用散射系数。逐元法适用于中小阶数的矩阵求解。当阵列单元数较多时，可以将大阵看作无限周期结构，此时采用模式场论并借助于 Floquet 定理进行分析和处理互耦较为方便。

3.6.2　有源阻抗

自阻抗是指孤立辐射单元端口处电压与电流的比值，是不包含互耦的阻抗。两个辐射单元的互阻抗定义为当一个辐射单元被单位电流激励时，在另一个单元终端所感应的开路电压，此时阵列其他辐射单元端口均为开路。由于阵列中辐射单元之间互耦的存在，每个辐射单元端口处的电压与电流将与其他单元相关，此时辐射单元的输入阻抗为有源阻抗。

将 N 元阵列看成一个 N 端口网络，则其电压和电流关系为

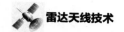

$$\begin{cases} V_1 = Z_{11}I_1 + Z_{12}I_2 + \cdots + Z_{1N}I_N \\ V_2 = Z_{21}I_1 + Z_{22}I_2 + \cdots + Z_{2N}I_N \\ \quad\quad\quad\quad \cdots \\ V_m = Z_{m1}I_1 + Z_{m2}I_2 + \cdots + Z_{mN}I_N \\ \quad\quad\quad\quad \cdots \\ V_N = Z_{N1}I_1 + Z_{N2}I_2 + \cdots + Z_{NN}I_N \end{cases} \quad\text{（3.130）}$$

式中，Z_{mm} 是其他单元开路时第 m 个单元的自阻抗；Z_{mn} 是第 m 个单元与第 n 个单元的互阻抗，指其他端口都开路时，第 m 个端口的开路电压除以第 n 个端口的电流，即

$$Z_{mn} = \frac{V_m}{I_n}\bigg|_{I_i = 0, i \neq n} \quad\text{（3.131）}$$

当所有单元同时激励，包含全部互耦的第 m 个单元输入阻抗为

$$Z_m = \frac{V_m}{I_m} = Z_{m1}\frac{I_1}{I_m} + Z_{m2}\frac{I_2}{I_m} + \cdots + Z_{mN}\frac{I_N}{I_m} \quad\text{（3.132）}$$

该阻抗为有源阻抗。当互耦不存在时，有源阻抗退化为孤立单元的自阻抗 Z_{mm}，但在实际的天线阵列中，各辐射单元均处于激励状态，互耦效应是实际存在且不可完全消除的。

天线阵列的有源阻抗是与单元形式、幅相分布、馈电网络和移相等因素有关的复杂参数。类似于低频电路，阵列辐射单元指定参考端口的电流和电压有如下简洁的关系

$$[V] = [Z][I] \quad\text{（3.133）}$$

式中，$[I]$、$[V]$ 分别为阵列辐射单元各单元端口的激励电流和感应开路电压列矩阵；$[Z]$ 为单元之间的阻抗系数方阵，其中对角线元素为自阻抗，其余为互阻抗。

1. 两个任意位置单元互阻抗

考察图 3.23 所示的两个异面直线短对称振子单元。位于 z 轴上的单元 Ⅰ 长为 $2d_1$，直径为 $2a_1$，馈电点位于坐标原点，单元上的电流分布为 $I_1(z) = I_{10}I_1(z)\mathbf{k}$；单元 Ⅱ 长为 $2d_2$，直径为 $2a_2$，馈电点位于 A，单元上电流分布为 $I_2(t) = I_{20}I_2(t)\mathbf{\tau}_2$，$\mathbf{\tau}_2$ 为单元 Ⅱ 轴线方向的单位矢量。

如图 3.23 所示，A 点的坐标 (x_a, y_a, z_a) 为

$$\begin{cases} x_a = r\sin\theta \cdot \cos\phi \\ y_a = r\sin\theta \cdot \sin\phi \\ z_a = r\cos\theta \end{cases}$$

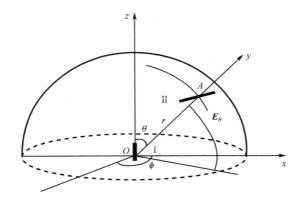

图 3.23 两个异面直线短对称振子单元

设 $\boldsymbol{\tau}_2 = l\hat{\boldsymbol{i}} + m\hat{\boldsymbol{j}} + n\hat{\boldsymbol{k}}$，$l^2 + m^2 + n^2 = 1$，则单元 II 参数方程为

$$\begin{cases} x_2(t) = x_a + lt \\ y_2(t) = y_a + mt \qquad (-d_2 \leqslant t \leqslant d_2) \\ z_2(t) = z_a + nt \end{cases}$$

根据定义，单元 I 和单元 II 之间的互阻 Z_{12} 为

$$Z_{12} = \int_{-d_2}^{d_2} I_2(t)\boldsymbol{\tau}_2 \cdot (\boldsymbol{E}_r + \boldsymbol{E}_\theta)\mathrm{d}t \qquad (3.134)$$

$$\boldsymbol{E}_r = 2c\int_{-d_1}^{d_1} I_1(z)\left[\left(\frac{1}{kr}\right)^2 - \mathrm{j}\left(\frac{1}{kr}\right)^3\right]\cos\theta\exp(-\mathrm{j}kr)\mathrm{d}z\hat{\boldsymbol{r}}$$

$$\boldsymbol{E}_\theta = c\int_{-d_1}^{d_1} I_1(z)\left[\mathrm{j}\left(\frac{1}{kr}\right) + \left(\frac{1}{kr}\right)^2 - \mathrm{j}\left(\frac{1}{kr}\right)^3\right]\sin\theta\exp(-\mathrm{j}kr)\mathrm{d}z\hat{\boldsymbol{\theta}}$$

$$c = \frac{k^3}{4\pi\omega\varepsilon}$$

$$\hat{\boldsymbol{r}} = \sin\theta\cos\phi\hat{\boldsymbol{i}} + \sin\theta\sin\phi\hat{\boldsymbol{j}} + \cos\theta\hat{\boldsymbol{k}}$$

$$\hat{\boldsymbol{\theta}} = \cos\theta\cos\phi\hat{\boldsymbol{i}} + \cos\theta\sin\phi\hat{\boldsymbol{j}} - \sin\theta\hat{\boldsymbol{k}}$$

$$r = [x_2^2 + y_2^2 + (z_2 - z)^2]^{\frac{1}{2}}$$

$$\theta = \arccos\left(\frac{z_2 - z}{r}\right)$$

$$\phi = \arctan\left(\frac{y_2}{x_2}\right)$$

式（3.134）对任意位置、任意电流方向的两个直线天线均适用，是计算两个空间异面直线短天线互阻抗的通用公式。

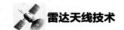

2. 不等长梯形排列两直线单元互阻抗

Hansen 给出了如图 3.24 所示的两个不等长线单元处于共面梯形排列时的互阻抗计算公式：

$$Z_{12} = -\mathrm{j}\frac{30}{S_1 S_2}\int_0^{d_1}[\psi_1 + \psi_3 + \psi_4 + \psi_6 - 2(\psi_2 + \psi_5)\cos kd_2]\sin k(d_1 - x)\mathrm{d}x \quad (3.135)$$

式中，$S_1 = \sin kd_1$，$S_2 = \sin kd_2$。

$$\psi_i = \frac{1}{r_i}\exp(-\mathrm{j}kr_i), \qquad i = 1, 2, \cdots, 6$$

$$r_1^2 = (x_0 + d_2 - x)^2 + y_0^2$$

$$r_2^2 = (x_0 - x)^2 + y_0^2$$

$$r_3^2 = (x_0 - d_2 - x)^2 + y_0^2$$

$$r_4^2 = (x_0 - d_2 + x)^2 + y_0^2$$

$$r_5^2 = (x_0 + x)^2 + y_0^2$$

$$r_6^2 = (x_0 + d_2 + x)^2 + y_0^2$$

当 $x_0 = 0$，$y_0 > 0$ 时，式（3.135）可以计算两不等长平行振子的互阻抗；当 $x_0 > (d_1 + d_2)$，$y_0 = 0$ 时，式（3.135）可以计算不等长共线振子互阻抗；显然，当 $d_1 = d_2$ 时，是两等长振子的情形。

图 3.25 和图 3.26 分别为平行半波振子和共线半波振子的互阻抗与间距的关系。图 3.27 和图 3.28 分别为两个半波微带贴片辐射器的隔离度和它们的 H 面与 E 面间距离 D 的关系。图 3.29 为辐射贴片与 H 面馈线之间的隔离度。表 3.9 为平行微带线的隔离度，它对阵列总输入阻抗计算有影响。

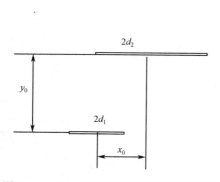

图 3.24　两个共面梯形排列成单元互阻抗

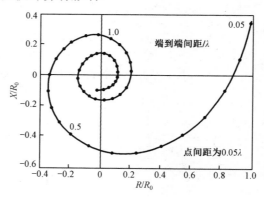

图 3.25　平行半波振子互阻抗

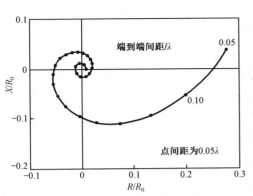

图 3.26 共线半波振子互阻抗

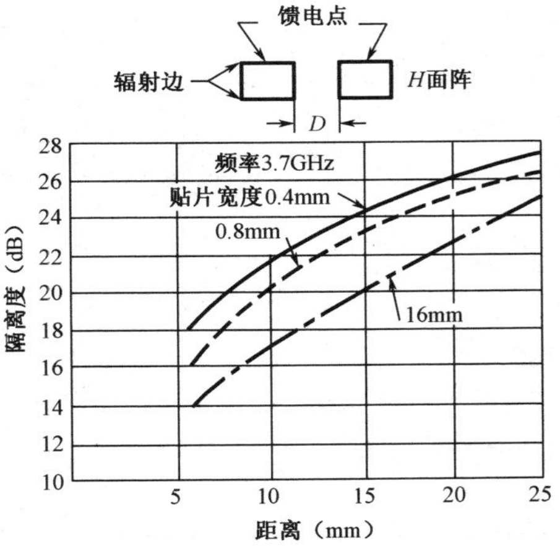

图 3.27 两个半波微带贴片辐射器的隔离度
与它们的 H 面间距离关系

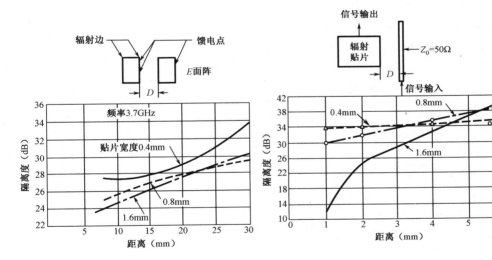

图 3.28 两个半波微带贴片辐射器的隔离度
和它们的 E 面间距离关系

图 3.29 辐射贴片和 H 面馈线之间的隔离度

表 3.12 平行微带传输线的隔离度

条带厚度	条带间距（厚度倍数）	各频率隔离度（dB）			
		2.0GHz	2.7GHz	3.4GHz	4.0GHz
1.6mm	1	8.0	12.5	8.0	3.0
	2	11.0	13.0	12.5	5.0
	3	17.5	18.0	17.5	10.0
	4	25.0	25.0	26.0	17.5

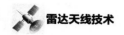

条带厚度	条带间距（厚度倍数）	各频率隔离度（dB）			
		2.0GHz	2.7GHz	3.4GHz	4.0GHz
0.8mm	1	10.0	12.0	10.0	2.5
	2	12.5	15.0	13.5	5.0
	3	17.5	17.5	15.0	9.5
	4	25.0	25.0	27.5	16.5
0.4mm	1	10.0	10.0	11.5	2.5
	2	10.0	12.5	12.0	5.0
	3	17.5	16.0	22.5	10.0
	4	25.0	24.0	22.5	17.5

3. 共面不平行直线振子互阻抗

设如图 3.30 所示两个共面但不平行斜振子的轴线夹角为 ψ（$\psi \neq 0, \pi$），则两个斜振子的互阻抗 Z_{12} 为

$$Z_{12} = -15 \sum_{m=1}^{3} \sum_{n=1}^{3} A_m B_n \sum_{p=-1}^{1} \sum_{q=-1}^{1} E[k(R_{mn} + pz_m + qr_n)] \exp[jk(pz_m + qr_n)] \quad (3.136)$$

式中，$E(x) = \mathrm{Ci}(|x|) - \mathrm{jSi}(x)$

$$A_1 = \frac{1}{\sin kc_1}$$

$$A_2 = -\frac{\sin k(c_1 + c_2)}{\sin kc_1 \sin kc_2}$$

$$A_3 = \frac{1}{\sin kc_2}$$

$$B_1 = \frac{1}{\sin kd_1}$$

$$B_2 = -\frac{\sin k(d_1 + d_2)}{\sin kd_1 \sin kd_2}$$

$$B_3 = \frac{1}{\sin kd_2}$$

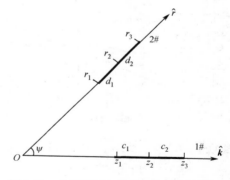

图 3.30 共面不平行直线振子的阻抗示意

$$R_{mn} = [z_m^{\,2} + r_n^2 - 2z_m \cdot r_n \cos\psi]^{\frac{1}{2}}$$

z_m 和 r_m 为以 0 为原点的坐标，z_2 和 r_2 为馈电点。

$$\mathrm{Ci}(x) = -\int_x^{\infty} \frac{\cos u}{u} \mathrm{d}u$$

$$\mathrm{Si}(x) = \int_0^x \frac{\sin u}{u} \mathrm{d}u$$

4. 线振子自阻抗

设直线振子臂长为 l，半径为 r，若振子上的电流接近正弦分布，则它的自辐射阻抗 Z_{11} 为

$$Z_{11} = R_{11} + jX_{11} \tag{3.137}$$

式中，

$$R_{11} = 30\left\{2\left[c + \ln(2kl) - \mathrm{Ci}(2kl)\right] + \sin(2kl)\left[\mathrm{Si}(4kl) - 2\mathrm{Si}(2kr)\right] + \right.$$
$$\left. \cos(2kl)\left[c + \ln(kl) + \mathrm{Ci}(4kl) - 2\mathrm{Ci}(2kl)\right]\right\}$$

$$X_{11} = 30\left\{2\mathrm{Si}(2kl) + \sin(2kl)\left[c + \ln(kl) + \mathrm{Ci}(4kl) - 2\mathrm{Ci}(2kl) - 2\ln\left(\frac{L}{r_0}\right)\right] + \right.$$
$$\left. \cos(2kl)\left[-\mathrm{Si}(4kl) + 2\mathrm{Si}(2kl)\right]\right\}$$

式中，c 为 Euler 常数，$c=0.5772157$。

根据电磁场线性叠加原理，由式（3.137）阻抗公式可以得到多振子系统的自阻抗和互阻抗。

5. 阵列辐射单元有源阻抗

（1）一维线阵天线。

M 元线阵第 m 号单元的输入阻抗 Z_m 由式（3.135）可表示为

$$Z_m = \frac{1}{I_m}\sum_{n=1}^{M} Z_{mn}I_n \tag{3.138}$$

式中，Z_{mm} 为其余单元开路时第 m 号单元的自阻抗；$Z_{mn}(m \neq n)$ 为其余单元开路时第 m 号和第 n 号单元之间的互阻抗；I_m 为第 m 号单元上的激励电流。

若上述线阵单元间距为 d，电流幅度相等，即 $I_n=1$，相位依赖于扫描角线性累进，即第 m 号单元的电流 I_m 为

$$I_m = \exp(-jkmd\sin\theta) \tag{3.139}$$

则由式（3.138）可得

$$Z_m = \sum_{m=1}^{M} Z_{mn}\exp[j(m-n)kd\sin\theta] \tag{3.140}$$

式（3.140）表明，相控阵天线的单元输入阻抗 $Z_m = Z_m(\theta)$ 随波束扫描角 θ 而变化。

（2）二维平面阵列天线。

设在 xy 平面上有由 $(2M+1)\times(2N+1)$ 个单元组成的矩形平面阵列天线，沿 x、y 轴的单元间距分别为 d_x、d_y。阵列辐射单元可以是导电接地面内的辐射口径，

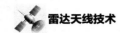

如波导或缝隙，也可以是导电接地面上某一高度的载流线源，如对称振子。类似于线阵，mn 号单元的输入阻抗 Z_{mn} 为

$$Z_{mn} = \frac{1}{I_{mn}} \sum_{p=1}^{M} \sum_{q=1}^{N} z_{mn,pq} I_{pq} \tag{3.141}$$

式中，Z_{mn} 为 mn 号单元的自阻抗；$Z_{mn,pq}(m \neq p$ 或/和 $n \neq q)$ 为 mn 号单元与 pq 号单元的互阻抗；I_{pq} 为 pq 号单元的激励电流。

设阵列等幅激励，即 $I_{mn}=1$，而沿 x 轴和 y 轴相邻单元有累进相位

$$I_{mn} = \exp[-jk(md_x\cos\phi + nd_y\sin\phi)\sin\theta]$$

则 mn 号单元的有源输入阻抗 Z_{mn}、导纳 Y_{mn} 和反射系数 Γ_{mn} 分别为

$$Z_{mn} = \sum_{p=-M}^{M} \sum_{q=-N}^{N} Z_{mn,pq} \exp\left\{jk[(m-p)d_x\cos\phi + (n-q)d_y\sin\phi]\sin\theta\right\} \tag{3.142}$$

$$Y_{mn} = \frac{1}{Z_{mn}}$$
$$= \sum_{p=-M}^{M} \sum_{q=-N}^{N} Y_{mn,pq} \exp\left\{+jk[(m-p)d_x\cos\phi + (n-q)d_y\sin\phi]\sin\theta\right\} \tag{3.143}$$

$$\Gamma_{mn} = \frac{1-Y_{mn}}{1+Y_{mn}}$$

阵列中心单元（$m=n=0$）的有源输入阻抗 Z_{00} 为

$$Z_{00} = \sum_{p=-M}^{M} \sum_{q=-N}^{N} z_{00,pq} \exp[-jk(pd_x\cos\phi + qd_y\sin\phi)\sin\theta] \tag{3.144}$$

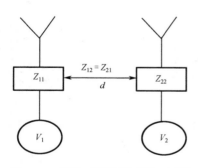

图 3.31　天线互阻抗测试原理框图

（3）互阻抗测定。

阵列辐射单元的互阻抗可以通过实验方法较为精确地测定，特别是对外形复杂、电流分布难以精确建模的单元。互阻抗测定是天线工程设计中的重要辅助手段。

天线互阻抗测试原理如图 3.31 所示，设两个相同的被测天线间距为 d，首先通过衰减器和移相器的调整，使两个天线严格等幅反相馈电，从而可得到天线 1 的输入阻抗 Z_1，即

$$Z_1 = Z_{11} - Z_{12}$$

式中，Z_{11} 为天线 1 的自阻抗；Z_{12} 为天线 1 和天线 2 的互阻抗。

将天线 2 移去，测得天线 1 的自阻抗 Z_{11}，则两个相距为 d 天线的互阻抗 Z_{12} 为

$$Z_{12} = Z_{11} - Z_1$$

阵列天线中单元的互阻抗 Z_{12} 与单元的形式、间距 d、相对极化取向和周围的电环境等因素有关。

3.6.3 有源反射系数与阵中单元波瓣

阵列中的辐射单元由于受到周围辐射单元的影响，辐射性能与处于自由空间中孤立的辐射单元类似但又有所区别，除了带宽、效率、极化等特性外，还需重点关注辐射单元的有源反射系数、阵中单元方向图等特性。

1．有源反射系数

阵列天线的散射系数 S 是以微波网络的观点描述单元入射波电压 a、反射波电压 b 关系的参量。与互阻抗情形类似，散射系数也与工作频率、单元形式、单元间距和极化取向等因素有关。在阵列天线中，散射系数有如下简洁关系

$$[b] = [S][a] \tag{3.145}$$

式中，$[a]$ 与 $[b]$ 分别为阵列各单元指定端口的入射波电压和反射波电压列矩阵；$[S]$ 为单元之间的散射系数方阵，其中对角线元素 S_{mm} 为 m 号单元的反射系数，$S_{mn}(m \neq n)$ 为 m 号与 n 号单元的传输系数。

对于 $(2M+1) \times (2N+1)$ 个单元组成的矩形阵列天线，式（3.145）为

$$b_{mn} = \sum_{p=-M}^{M} \sum_{q=-N}^{N} S_{mn,pq} a_{pq} \tag{3.146}$$

式中，a_{pq} 为 pq 号单元的入射波电压幅值；b_{mn} 为 mn 号单元的反射波电压幅值；$S_{mn,pq}$ 为用单位振幅激励 mn 号单元后，其余单元端接匹配负载时，pq 号单元的散射系数（或耦合系数）。

假设激励阵列各单元的入射波幅值相等且为 1，而相位按扫描角 (θ, ϕ) 线性累进，则 pq 号单元的入射波 a_{pq} 为

$$a_{pq} = \exp\left[-jk(pd_x \cos\phi + qd_y \sin\phi)\sin\theta\right]$$

式中，d_x、d_y 为单元在 x、y 方向的间距。

若在激励阵列中，对 pq 号单元馈以入射波电压，而其他单元均端接匹配负载，则由式（3.146）可测出 mn 号单元和 pq 号单元的散射系数

$$S_{mn,pq} = \frac{b_{mn}}{a_{pq}} \tag{3.147}$$

当 $pq = mn$ 时，$S_{mn,mm}$ 为 mn 号单元的反射系数。

根据定义，中心单元的有源反射系数 Γ 为

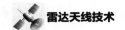
$$\Gamma = \frac{b_{00}}{a_{00}} = \sum_{p=-M}^{M} \sum_{q=-N}^{N} S_{00,pq} \exp\left[-jk(pd_x \cos\phi + qd_y \sin\phi)\sin\theta\right] \quad (3.148)$$

于是中心单元的输入阻抗 Z 为

$$Z = \frac{1+\Gamma}{1-\Gamma} \quad (3.149)$$

阻抗矩阵 Z 和散射矩阵 S 都是描述天线阵互耦性能的参数，它们之间可以相互表示

$$S = (Z-I)(Z+I)^{-1} \quad (3.150)$$

$$Z = (I-S)(I-S)^{-1} \quad (3.151)$$

式中，Z 为阻抗 Z 的归一化矩阵；I 为单位矩阵；$[A]^{-1}$ 为 $[A]$ 的逆阵。

2. 阵中单元方向图

阵中单元方向图指的是当辐射单元处于阵列环境时的辐射方向图。当阵中某个辐射单元被激励，其他所有单元接匹配负载时，由此产生的方向图就是该单元的阵中单元方向图，如图 3.32 所示。由于辐射单元间耦合的存在，位于阵列中单元的辐射场不仅包括该单元口径处的激励场，还包括口径处反射信号产生的场和口径外其他单元的感应场。

图 3.32 阵中单元方向图

阵中单元方向图是独立单元方向图和考虑其他所有耦合单元空间因子的乘积。有些耦合项会导致阵中单元方向图对角度的变化非常敏感，从而产生具有强烈频率响应的波纹状有畸变的方向图。在无限阵中，每个单元的阵中方向图都是相同的，单元间的耦合已包含在单元的方向图中，而在实际大型阵列中，位于中心位置的辐射阵中单元方向图通常是类似的，但是靠近边缘的单元方向图会发生畸变，通常都是不对称的。

阵中单元方向图可以反映出阵列扫描增益的变化、阵列的扫描盲点等许多阵列的辐射特性，因此对阵中单元方向图的研究具有很好的工程应用价值。

3.6.4　周期结构理论

利用周期结构理论分析金属波导模拟阵列环境的思想最早在有关文献中提出，S. Edelberge 在其文献中完善了周期结构理论，并且采用周期边界条件构成了周期波导分析缝隙天线阵列。

一个按规则周期性排列的无限大平面天线阵列，辐射单元结构相同。该周期结构的空间尺寸为阵列相邻单元之间的距离，阵列表面电流的幅度和相位也呈现出周期性。根据 Floquet 定理，除了一个相位差，辐射单元的任意一对相邻"分界面"上的场是没有区别的，每个周期排布的辐射单元的场分布只需要依次叠加一个相位，因此，对于大型均匀阵列天线的设计可以简化为对无限大阵列阵中单元的设计。这种周期结构设计方法不仅提高了设计准确性，还节省了计算时间和计算资源。

对无限大阵列辐射单元的仿真，需要在仿真软件中设置合适的边界条件，即将单元在阵列延伸方向设置为两对具有固定相位差的主从边界条件（Master and slave），其他方向设置为理想匹配层（PML）边界条件或 Floquet 端口，具体可参见第 3.6.6 节。

对于由波导口天线按矩形栅格排布构成的平面阵列，在波导口上方绘制一个"单元室"，其尺寸就是阵列单元间距，而"单元室"向上延伸到无穷远处，这样一个"单元室"就构造出一个无限长的矩形波导，如图 3.33 所示。

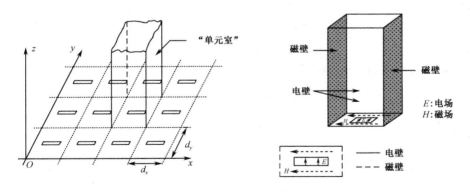

图 3.33　周期结构下的天线阵列

"单元室"中辐射单元的反射系数就是阵列中辐射单元的有源反射系数。因为在一个"单元室"内的场分布与整个阵列天线全部工作时的场分布是相同的，所以"单元室"中辐射单元的反射系数与在阵列环境中是相同的。通过改变相邻两对"分界面"的相位差可以模拟天线阵列的扫描过程，分析辐射单元的反射系数

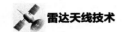

随扫描角度的变化情况。

类似于矩形波导，以周期边界围成的波导口天线可以传播若干模式的电磁波，其中基模对应于阵列天线的波束主瓣，而高次模对应于阵列天线的栅瓣。

按图 3.33 所示的坐标系，波导口天线阵列位于 xOy 平面，天线阵列在 x 和 y 方向上单元间距分别为 d_x、d_y。假设天线阵列激励电流为均匀分布，且天线主波束在 xOz 平面内扫描。当主波束偏离 z 轴的角度为 θ 时，沿 x 轴方向的两个相邻单元之间的相位差为

$$\varPhi_x = d_x \cdot \sin\theta \cdot 2\pi/\lambda = d_x \cdot k \cdot \sin\theta \tag{3.152}$$

式中，k 为传播常数。

沿 y 轴方向两个相邻单元的相位差为

$$\varPhi_y = 0 \tag{3.153}$$

所以，每个"单元室"的四个侧壁上的场之间的相位关系为

$$E\big|_{x=0} = E\big|_{x=d_x} \cdot \mathrm{e}^{-\varPhi_x} \tag{3.154}$$

$$E\big|_{y=0} = E\big|_{y=d_y} \cdot \mathrm{e}^{-\varPhi_y} \tag{3.155}$$

在"单元室"内横向传播常数 k_x、k_y 应该满足

$$k_x \cdot d_x = \varPhi_x = d_x \cdot k \cdot \sin\theta + 2m\pi, \qquad m = 0, \pm 1, \pm 2, \cdots \tag{3.156}$$

$$k_y \cdot d_y = \varPhi_y = 0 + 2n\pi, \qquad n = 0, \pm 1, \pm 2, \cdots \tag{3.157}$$

所以

$$k_x = k \cdot \sin\theta + 2m\pi/d_x \tag{3.158}$$

$$k_y = 2n\pi/d_y \tag{3.159}$$

沿 z 轴方向的传播常数为

$$k_z = \left(k^2 - k_x^{\,2} - k_y^{\,2}\right)^{\frac{1}{2}} \tag{3.160}$$

当 $m=0$，$n=0$ 时，代表基模的传播常数，此时有

$$k_z = \left(k^2 - k_x^{\,2} - k_y^{\,2}\right)^{\frac{1}{2}} = \left(k^2 - \left(k \cdot \sin\theta\right)^2\right)^{\frac{1}{2}} = k \cdot \cos\theta \tag{3.161}$$

由于 θ 在 0° 到 90° 之间取值，所以 $k \cdot \cos\theta$ 大于 0，基模是可以在"单元室"中传播的。

当 $m = -1$，$n = 0$ 时，第一个高次模的传播常数，为了保证高次模不在"单元室"中传播，必须使 k_z 纯虚数，这就需满足

$$|k_x| = |k \cdot \sin\theta - 2\pi/d_x| > k \tag{3.162}$$

即

$$d_x < \lambda / (1 + \sin \theta)$$ (3.163)

该条件又恰好是阵列天线扫描到偏离法线方向 θ 时不出现栅瓣的条件。

3.6.5　互耦补偿

上述分析表明，阵列天线尤其是相控阵天线的研制必须适当地处理互耦效应所带来的影响，因此，对阵列单元互耦特性定量的分析和精确的实验测试是高性能天线阵工程设计不可缺少的环节。

相控阵天线需要在设计的工作频段内和扫描空域中，满足瞬间无惯性地改变方向图形状和波束指向，有效实现搜索、精密跟踪及清晰地识别多种不同目标等技战术要求。为了使因互耦造成的阵列反射系数随频率和扫描角变化而引起的实际增益损失减至最小，使阵列单元预定的幅相加权准确实现，相控阵天线的阵面应有尽可能好的宽频带和宽扫描角的阻抗匹配，尽量弱化口径的多重反射对每个辐射单元后面放大器的有害影响。

然而作为能量转换器和空间滤波器的阵列天线，内部与馈电网络连接，阵面天线与自由空间相邻。由于馈电网络和自由空间场的阻抗特性不同，因此阵列天线宽带、宽角匹配应在前者的传输区和后者的辐射区同时考虑，即将辐射时的阵列天线与馈电网络视作一体化的系统，设计并考虑阵面与空间匹配，在考虑内外互耦后，正确建模、仿真，从而完成天线阵列设计。

1.　传输线区匹配

阵列天线与馈电网络的匹配可以采用在传输线区增加连接电路、设置介质板材、多模波导、电调谐匹配器和有耗匹配等方法，详细说明可参见 4.3.4 节。

2.　自由空间区匹配

阵列天线与自由空间匹配可采用减小单元间距，在单元间设置金属隔板（柱），增加高介电常数板，加载接地板和天线罩匹配等方法，详细说明可参见 4.3.4 节。

3.6.6　阵列辐射单元设计与实验

阵列天线（包括相控阵天线）辐射单元的设计通常有四种方法：波导模拟器法、无限阵计算法、栅瓣级数法和小阵列实验法。前三种方法对于具有进行模拟所必需的对称性或能够被精确仿真的无限阵单元是有效的。而规模为几十个乃至上百个单元的小阵列实验能够提供比上述诸方法更多的有用信息，因而直至目前仍为大型相控阵天线的设计师所普遍采用。

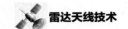

1. 阵列辐射单元设计与仿真

相控阵辐射单元的选型和设计优化是相控阵天线设计的关键环节，该过程涉及诸多辐射单元形式的选择和各种参数的选择及优化，因此，辐射单元的快速分析和优化就尤其重要。

随着计算电磁学的发展，针对电磁场问题的数值求解方法层出不穷，其中有三种方法发展最为成熟：时域有限差分法（Finite Difference Time Domain method，FDTD）、有限元法（Finite Element Method，FEM）和矩量法（Method of Moments，MoM）。在工程上，三种算法各自形成了电磁 CAE 领域成熟的商业软件，其中以 DASSAULT 公司的 CST（有限积分法）、ANSYS 公司的 HFSS（有限元法）及 Altair 公司的 FEKO（矩量法）应用最为广泛。这些商业电磁仿真软件经过多年的发展，早已不再局限于各自的核心算法，均发展成为"时域与频域兼顾，积分与微分并举"的综合软件。

这些电磁仿真软件被广泛应用在相控阵辐射单元的设计与仿真优化中。FDTD 算法比较适合于不含有较多精细结构的时域问题的计算，特别适合于宽带辐射单元的仿真求解。FEM 算法计算精度优于 FDTD 算法，适合小尺寸天线的辐射性能精确计算，但内存消耗大，计算速度慢。MoM 算法计算精度高，主要适合于含有精细结构的电小尺寸辐射单元散射问题的精确计算。

相控阵辐射单元的一般设计步骤如图 3.34 所示。通常在明确辐射单元的性能指标要求和对外接口后，开始选择辐射单元形式，而后确定单元的间距、排布方式及馈电方式等。辐射单元的仿真优化遵循从孤立单元到阵中单元，再到辐射单元实验阵列的优化顺序。在确定辐射单元的具体参数后，需要再结合结构设计、工艺实现性等方面进行多次迭代，确保辐射单元在满足电性能要求的同时，也满足结构性能指标，同时具有工艺上的可实现性。

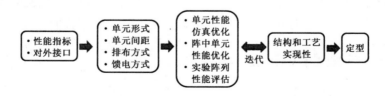

图 3.34　相控阵辐射单元的一般设计步骤

（1）辐射单元一般仿真步骤。

尽管有众多的辐射单元仿真设计软件，但它们的设计、仿真及优化程序大同小异，总结具体仿真步骤，如图 3.35 所示。

前处理	求解	扫参与优化	后处理
• 导入/建立模型	• 求解算法	• 参数扫描	• 端口参数提取
• 材料属性	• 本征模/特征模	• 多参数优化	• 场数据提取
• 边界条件与激励	• 网格剖分加速	• 参数敏感度分析	• 变激励重复计算
• 求解频率	• 收敛精度	• 外部联合优化	• 脚本后处理
• 手动网格剖分	• 特定仿真模块	• 数值实验	• 导出模型

图 3.35　辐射单元仿真步骤

① 前处理。

这个阶段主要是模型的建立或直接从外部导入模型，仿真软件中成熟的三维建模可视化界面为天线设计师提供了很大便利，尤其是建立一些精细的天线结构。随后是模型材料属性的设置，现如今的天线单元材料已经不再局限于以往的金属材质或单层介质板，已经是多种材质、多层结构的组合体，还出现了特殊材料，如频变材料、温变材料、各向异性材料等，这些都可以在仿真软件中进行设置。在完成模型材料设置后，需要设置天线的边界条件和激励方式。常见的边界条件有辐射边界、周期边界、理想匹配边界等，常见的激励方式有波端口、集总端口、Floquet 端口等。此外还需要求解模型仿真所需的频点或频段。最后，为了加快模型的仿真速度，还可以手动设置天线某些敏感区域的网格剖分参数。

② 求解。

这一阶段是仿真软件对建立好的模型进行求解计算，不同仿真软件采用了基于不同算法的求解器，求解器决定了天线模型的仿真精确程度和仿真效率。一些特殊的仿真模式，如本征模、特征模等可以进一步帮助天线设计师探究天线的工作原理。仿真软件主要通过多次网格加密剖分来逼近最真实的天线性能，网格剖分和收敛精度是求解的核心逻辑及结果准确的保证。有些软件还额外提供了一些特殊的求解模块，例如微放电仿真模块、时域仿真模块等。

③ 扫参及优化。

这部分主要包括参数扫描功能、多参数优化功能、参数敏感度分析功能，能够快速且直观地分析出影响特定性能结果的关键参数，从而满足天线参数的快速优化。此外，仿真软件还具有与第三方优化器（如 MATLAB）联合优化的能力，借助外部优化算法，可以快速求解天线参数的最优解。一些软件还具有数值实验（DOE）功能，可以实时分析天线参数对性能的影响。

④ 后处理。

这部分主要是对求解结果的提取，包括端口参数（S、Y、Z 参数）提取、近场/远场数据提取等。在相控阵天线中，通常需要多次配置辐射单元的幅度和相位信息来验证天线阵列的性能，而在仿真软件中通常只需要一次求解仿真，再通过改变

激励条件，就可以直接提取出对应激励的天线性能结果，从而省去大量重复计算。仿真软件还提供了脚本后处理功能，以进一步提高仿真分析的效率。当天线性能满足要求后，可以导出天线模型进行结构分析。

（2）周期边界单元仿真方法。

根据 3.6.3 节可知，对于大型均匀阵列天线的设计可以简化为对无限大阵列阵中单元的设计，这种基于周期边界条件的设计方法不仅提高了设计准确性，还节省了计算时间和计算资源。

在对天线阵列建模时，采取周期边界条件的设计方法只需要建立阵列中的一个重复单元，并且根据组阵形式设置相应的周期性边界条件。在仿真软件中，周期边界分为主边界（Master）和从边界（Slave），在主边界和从边界上设置固定的相位差即为阵列中相邻单元之间的相位差。常见辐射单元周期边界设置如图 3.36 所示。

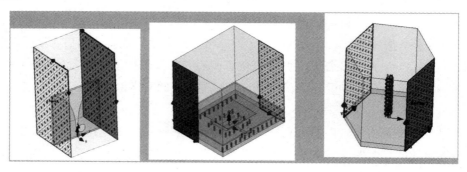

图 3.36　常见辐射单元周期边界的设置

通过该方法可以评估辐射单元在无限大阵列环境下的 S 参数和辐射方向图等性能参数，包括在不同扫描角度和不同频率下的有源 S 参数特性和方向图特性，预估天线阵列在大扫描角状态下的扫描盲区问题等。这种方法具有如下优点：

① 仅需对一个单元求解，消耗资源和时间少；

② 基于主从边界，评估天线单元特性时考虑单元间耦合；

③ 结合 Floquet 端口，快速预估阵列扫描特性。

但需要注意的是，周期边界单元法分析对阵列做了如下假设：

① 阵列无限大；

② 每个单元的方向图完全相同；

③ 阵列所有单元等幅激励，相位等差变化。

（3）全阵列建模精确仿真求解。

对一定规模的天线阵面完成全阵面性能的精确计算，对仿真方法和软件使用技巧都有一定的要求。全阵列仿真的思路主要有三种：

一是全模型计算仿真方法。这是最直接的一种方法，在基于有限的仿真硬件条件下，对建模好的整个天线阵面模型进行仿真求解难度大、时间长、成功率不高，往往对于几百个单元的阵面就已经非常困难。

二是无限大阵列仿真方法。该方法是早期在仿真软件不具备大阵面计算能力时的最佳选择，其原理是基于周期边界条件，模拟无限大阵列的辐射性能，阵列的性能是通过阵列天线理论推导出来的，精度和可靠性稍差。

三是有限大阵列仿真方法。近些年，一些仿真软件针对大型天线阵列提出了新的仿真方法，结合单元法模型和区域分解法来进行高效的大规模阵列天线的仿真。首先通过网格链接将单元法迭代收敛后的单元网格直接复用到有限大阵的所有单元，极大地缩短了大规模阵列网格剖分的时间；其次利用有限大阵单元网格复用的特性，将阵列的每个单元都当作一个子域，通过区域分解法并行计算，高效求解大规模阵列天线。这种方法与全阵建模求解同样精确，并且建模求解都更加快速。

2. 辐射单元的电磁仿真

（1）有源反射系数仿真。

辐射单元有源反射系数的仿真可以通过周期边界下辐射单元直接仿真计算和实验阵列仿真计算得出。在周期边界下，通过配置主从边界上的相位，计算出的反射系数即为该相位条件下的有源反射系数。仿真软件中的周期边界模型可以直接设置波束扫描角度，这样能快速计算出辐射单元在波束二维扫描不同角度下的有源反射系数。

由于周期边界辐射单元是基于无限大阵列的假设，因此还需要建立实验阵列来对辐射单元的反射系数进行进一步分析。实验阵列的规模根据辐射单元的扫描能力来确定，扫描角度越大，所需要建立的实验阵列规模越大。对实验阵列求解计算后，提取出中心单元的自反射系数和中心单元与其余所有单元的耦合系数，再根据式（3.148），即可计算出实验阵列中心单元的有源反射系数。

此外，实验阵列模型还可以用来分析辐射单元之间的耦合情况和边缘单元的辐射性能。

（2）传输效率仿真。

在辐射单元模型中建立 Floquet 端口的情况下，可对天线单元的辐射效率进行评估。仿真求解完成后对两个辐射主模（主瓣）对应的 S 参数进行求和，在仿真软件中设置传输效率的计算公式如下。

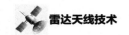

pow(mag(S(FloquetPort1:1,1:1)),2)+pow(mag(S(FloquetPort1:2,1:1)),2)

此外，如果将对应的仿真频率范围扩大，观察带外传输系数，这种方法还可以用来判断辐射单元的谐波抑制能力。

（3）阵中单元方向图仿真。

辐射单元的阵中方向图同样可以通过周期边界模型和实验阵列模型分别仿真计算出。在周期边界模型中，设置相应的扫描角度，在该角度下辐射单元的增益即为辐射阵中单元方向图对应角度下的增益。因此，通过提取周期边界单元每个扫描角度下的单元增益，即可合成阵中单元方向图。利用实验阵列来仿真计算阵中单元方向图则更为直观。在实验阵列求解完毕后，只激励中心单元，其余所有单元接匹配负载，此时实验阵列的方向图即为中心单元的阵中方向图。

阵中方向图可以用来判断辐射单元在波束扫描时是否存在盲点，通常在阵中方向图中出现畸变或奇点就是阵列扫描时出现盲点的角度。此外，阵中方向图的波束宽度和增益下降可以用来评价阵列的扫描能力和扫描增益的下降程度。

（4）场形分布仿真。

辐射单元的场形分布仿真主要用于辐射单元的工作机理分析、关键参数识别、耐功率评估等。仿真软件可以提供辐射单元中电场、磁场及电流的分布，辐射单元近场和远场电磁场的分布情况，同时还提供场形分布动态显示功能，可以更直观地理解辐射单元的工作原理及单元间的能量耦合情况。

随着电磁仿真计算技术的快速发展，以及计算机硬件水平的提升，市面上成熟的电磁仿真软件已经超越了天线电性能仿真这些基础功能。一些仿真软件已经具备快速阵列建模、大型阵列天线快速计算、相控阵快速扫描计算、相控阵辐射特性快速评估等能力。此外，跨领域、多学科的集成仿真方法也趋于成熟，例如天线/天线罩一体化仿真、机电热一体化仿真、电磁兼容仿真等。充分利用这些仿真软件，天线设计师可以快速准确地进行天线辐射单元的相关设计与分析。

3. 小阵列性能实验

阵列天线宽带、宽角阻抗匹配的小阵列实验是阵列及其阵中单元设计定型的重要环节。

对于大型天线阵列，位于阵中心附近单元的阻抗通常被认为是典型的阵列中每个单元阻抗。每个单元受到与其周围最邻近单元的影响最强，单元间耦合随着间距增大而迅速减小。为了合理表达辐射单元的阵中特性，7×7 或 9×9 规模阵列的中心单元可以作为大型阵列中的典型单元。如果希望更准确地预计辐射单元的阵中特性，就需要采用更大规模的阵列，比如紧耦合辐射单元阵列。

（1）实验目的。

小阵列实验主要用于获得阵中单元方向图、耦合系数和有源反射系数等信息。

阵中单元方向图是在小阵列的其他所有单元端接匹配负载的情况下，所测得的中心单元的方向图。它与单元自由空间方向图不同，根据该方向图与理想余弦方向图的差别可获得单元失配的粗略估计。

两个单元耦合系数的测试是在对其中一个单元注入信号后，测量另一个单元的相对接收信号，而所有其他单元端均接匹配负载。通过测量阵中单元反射系数和与其他单元的耦合系数，按照式（3.148）可计算得到阵中单元的有源反射系数，具体测试框图如图 3.37 所示。

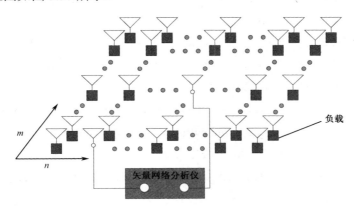

图 3.37　基于小阵列的辐射单元有源反射系数测试框图

（2）实验步骤。

通过小阵列实验定型阵列单元的基本步骤如下。

① 选择阵列单元栅格，进行单元初步选型设计；

② 在自由空间对单元进行近似匹配；

③ 建造适当规模（如 7×7 或 9×9）的小阵列，并且测试阵中单元的方向图，若功率方向图严重偏离余弦形，需对单元重新设计，直至偏差较小；

④ 在工作频带内测量阵中单元反射系数和与其他单元的耦合系数；

⑤ 计算阵中被测单元的有源反射系数；

⑥ 根据测试结果迭代优化阵中辐射单元设计。

参考文献

[1]　John L. Volakis. Antenna Engineering Handbook[M]. 4th ed. New York: McGraw-Hill Book Company, 2007.

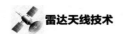
[2] Brookner E. Practical phased array antenna systems[M]. London: Artech House Boston, 1991.

[3] Mailloux R J. Phased array antenna handbook[M]. 2th ed. London: Artech House, 2005.

[4] Hansen R C. Phased array antennas[M]. New York: John Wiley and Sons, 2001.

[5] Hacker P S, Schrank H E. Range distance requirements for measuring low and unltralow sidelobe antenna patterns[J]. IEEE Transactions on Antennas and Propagation, 1982, 30(5): 956-965.

[6] Hansen R C. Measurement distance effects on low sidelobe patterns[J]. IEEE Transactions on Antennas and Propagation, 1984, 32(6): 591-594.

[7] Rugr A W, et al.天线设计手册[M]. 北京：解放军出版社，1988.

[8] 束咸荣，晏焕强，郭燕昌. 阵列天线赋形波瓣仅相位加权实现自适应零控[J]. 现代雷达，1998，20（2）：43-46.

[9] Borgiotti G V, Balzano Q. Analysis of element pattern design of periodic array of circular apertures on conducting cylinders[J]. IEEE Transactions on Antennas and Propagation, Vol. AP-20 No.2. 1972, 20(5): 547-555.

[10] Sureau J C, Hessel A. Realized gain function for a cylindrical array of open-ended waveguides[M]. London: Artech House, 1972.

[11] Balzano Q, Dowling T B. Mutual coupling analysis of arrays of aperture on cones[J]. IEEE Transactions on Antennas and Propagation, 1974, 22(1): 92-97.

[12] Habashy T M, Ali S M, Kong J A. Input impedance and radiation pattern of cylindrical-rectangular and wraparound microstrip antennas[J]. IEEE Transactions on Antennas and Propagation, 1990, 38(5): 722-731.

[13] Luk K, Lee K, Dahele J. Analysis of the cylindrical-rectangular patch antenna[J]. IEEE Transactions on Antennas and Propagation, 1989, 37(2): 143-147.

[14] Lo Y, Soloman D, Richards W. Theory and experiment on microstrip antennas[J]. IEEE Transactions on Antennas and Propagation, 1979, 27(2): 137-145.

[15] Descardeci J R, Giarola A J. Microstrip antenna on a conical surface[J]. IEEE Transactions Antennas and Propagation, 1992, 40(4): 460-468.

[16] Jin J M, et al. Calculation of radiation patterns of microstrip antennas on cylindrical bodies of arbitrary cross section[J]. IEEE Transactions on Antennas and Propagation, 1997, 45(1): 126-132.

[17] Jurgens T G, et al. Finite-difference time-domain modeling of curved surfaces(EM

scattering)[J]. IEEE Transactions on Antennas and Propagation, 1992, 40(4): 357-366.

[18] Kashiwa T, Onishi T, Fukai I. Analysis of microstrip antennas on a curved surface using the conformal grids FD-TD Method[J]. IEEE Transactions on Antennas and Propagation, 1994, 42(3): 423-432.

[19] Ozdemir T, Volakis J L. Triangular prisms for edge-based vector finite element analysis of conformal antennas[J]. IEEE Transactions on Antennas and Propagation, 1997, 45(5): 788-797.

[20] Golden K E, et al. Approximation techniques for the mutual admittance of slot antennas in metallic cones[J]. IEEE Transactions on Antennas and Propagation, 1974, 22(1): 44-48.

[21] Steyskal H. Analysis of circular waveguide arrays on cylinders[J]. IEEE Transactions on Antennas and Propagation, 1977, 25(5): 610-616.

[22] Davies D E N. Circular Arrays Ch. 12 in The Handbook of Antenna Design[M]. London: Peter Perigrinus, 1983.

[23] Hansen R C, et al. Conformal antenna array design handbook[M]. London: Air Systems Command, 1981.

[24] Sheleg B. A matrix-fed circular array for continuous scanning[J]. IEEE Transactions on Antennas and Propagation, 1968, 56(11): 2016-2027.

[25] Davies D E N. A transformation between the phasing techniques required for linear and circular aerial arrays[J]. Proceedings of the Institutim of Electrical Engineers, 1965, 112(11): 2041-2045.

[26] Rahim T, Davies D E N. Effect of directional elements on the directional response of circular arrays[J]. IEE proceedings Microwaves Optics & Antennas, 1982, 129(1): 18-22.

[27] Schrank H E. Basic theoretical aspects of spherical phased arrays[M]. London: Artech House, 1972.

[28] Schwartzman L, Stangel J. The Dome Antenna[J]. Microwave Journal, 1975, 18: 31-34.

[29] Steyskal H, Hessel A, Schmoys J. On the gain-versus-scan trade-offs and the phase gradient synthesis for a cylindrical dome antenna[J]. IEEE Transactions on Antennas and Propagation, 1979, 27(6): 825-831.

[30] Skolnik M, Sherman J, Ogg F. Statistically Designed Density-Tapered Arrays[M].

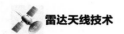
IEEE Transactions on Antennas and Propagation, 1964, 12(4): 408-417.

[31]   Oliveri G, Donelli M, Massa A. Linear array thinning exploiting almost difference sets[J]. IEEE Transactions on Antennas and Propagation, 2009, 57(12): 3800-3812.

[32]   Oliveri G, Manica L, Massa A. ADS-based guidelines for thinned planar arrays[J]. IEEE Transactions on Antennas and Propagation, 2010, 58(6): 1935-1948.

[33]   Bucci O M, D'Urso M, Isernia T, et al. Deterministic synthesis of uniform amplitude sparse arrays via new density taper techniques[J]. IEEE Transactions on Antennas and Propagation, 2010, 58(6): 1949-1958.

[34]   Liu Y H, Nie Z P, Liu Q H. Reducing the number of elements in a linear antenna array by the matrix pencil method[J]. IEEE Transactions on Antennas and Propagation, 2008, 56(9): 2955-2962.

[35]   Liu Y H, Liu Q H, Nie Z P. Reducing the number of elements in the synthesis of shaped-beam patterns by the forward-backward matrix pencil method[J]. IEEE Transactions on Antennas and Propagation, 2009, 58(2): 604-608.

[36]   Liu Y H, Liu Q H, Nie Z P. Reducing the number of elements in multiple-pattern linear arrays by the extended matrix pencil methods[J]. IEEE Transactions on Antennas and Propagation, 2013, 62(2): 652-660.

[37]   Keizer W P M N. Fast low-sidelobe synthesis for large planar array antennas utilizing successive fast Fourier transforms of the array factor[J]. IEEE Transactions on Antennas and Propagation, 2007, 55(3): 715-722.

[38]   Keizer W P M N. Low-sidelobe pattern synthesis using iterative frourier techniques coded in MATLAB[J]. IEEE Transactions on Antennas and Propagation, 2009, 51(2): 137-150.

[39]   Keizer W P M N. Linear array thinning using iterative FFT techniques[J]. IEEE Transactions on Antennas and Propagation, 2008, 56(8): 2757-2760.

[40]   Keizer W P M N. Large planar array thinning using iterative FFT techniques[J]. IEEE Transactions on Antennas and Propagation, 2009, 57(10): 3359-3362.

[41]   Keizer W P M N. Low sidelobe phased array pattern synthesis with compensation for errors due to quantized tapering[J]. IEEE Transactions on Antennas and Propagation, 2011, 59(12): 4520-4524.

[42]   Keizer W P M N. Synthesis of thinned planar circular and square arrays using density tapering[J]. IEEE Transactions on Antennas and Propagation, 2014, 62(4): 1555-1563.

[43]　Haupt R L. Thinned arrays using genetic algorithms[J]. IEEE Transactions on Antennas and Propagation, 1994, 42(7): 993-999.

[44]　Deligkaris K V, Zaharis Z D, Kampitaki D G, et al. Thinned planar array design using boolean PSO with velocity mutation[J]. IEEE Transactions on Magnetics, 2009, 45(3): 1490-1493.

[45]　Wang W B, Feng Q, Liu D. Synthesis of thinned linear and planar antenna arrays using binary PSO algorithm [J]. Progress in Electromagnetics Research, 2012, 127(1): 25-45.

[46]　谷立. 大型稀疏阵列天线综合与共孔径阵列天线设计研究[D]. 成都：电子科技大学，2019.

[47]　Stuzman W L, Thiele G A. 天线理论与设计[M]. 朱守正，安同一，译. 2 版. 北京：人民邮电出版社，2006.

[48]　Richmond J H, et al. Mutual impedance between coplanat-skow dipoles[J]. IEEE Transactions on Antennas and Propagation, 1970, 18(3): 414-416.

[49]　Hannan P W. The element-gain paradox for a phased-array antenna[J]. IEEE Transactions on Antennas and Propagation, 1964, 12(4): 423-433.

[50]　Pozar D M. The active element pattern[J]. IEEE Transactions on Antennas and Propagation, 1994, 42(8): 1176-1178.

[51]　Pozar D M. A relation between the active input impedance and the active element pattern of a phased array[J]. IEEE Transactions on Antennas and Propagation, 2003, 51(9): 2486-2489.

[52]　Wheeler H A. The radiation resistance of an antenna in an infinite array or waveguide[J]. Proceedings of the IEEE, 1948, 36(4): 478-487.

[53]　Edelberge S, Oliner A A. Mutual coupling effects in large antenna arrays- part 1— slot arrays[J]. IEEE Transactions on Antennas and Propagation, 1960, 8(3): 286-297.

[54]　金明涛. CST 天线仿真与工程设计[M]. 北京：电子工业出版社，2014.

[55]　谢拥军，刘莹，李磊，等. HFSS 原理与工程应用[M]. 北京：科学出版社，2009.

[56]　刘源，焦金龙，王晨，等.FEKO 仿真原理与工程应用[M]. 北京：机械工业出版社，2017.

第 4 章

相控阵天线

本章首先描述相控阵天线基本原理、主要特性、分类和发展趋势，然后着重描述相控阵天线的几大关键技术：解决由相位量化效应带来的天线性能下降的方法，采用虚位技术减少天线波束跃度，反相位加权实现波束自适应零点控制技术，以及仅由相位控制实现主瓣展宽或主瓣方向图赋形技术。接下来着重介绍相控阵天线系统工程设计中必须考虑的若干问题，如单元选择、扫描空域和最佳阵面选择、扫描阻抗匹配、阵列布置误差、瞬时带宽和校准等。最后结合当前国内外相控阵天线发展最新趋势，重点介绍有源相控阵天线和数字阵列天线的技术特点和主要子系统设计。

4.1 基本原理

相控阵天线由许多固定的辐射单元组成，通过对这些单元进行相干馈电，并且通过调整每个单元上的相位或延时实现合成波束扫描到指定角度空域。波束可以通过射频网络合成，也可以在数字域合成。典型的相控阵天线利用数字控制移相器改变天线孔径上的相位分布来实现空间扫描波束，即电子扫描，简称电扫。相控阵雷达因其天线为相控阵形式而得名。

相位控制可采用移相法、延时法、频率法和电子馈电开关法等。在一维直线上排列若干辐射单元即为线阵，在两维平面上排列若干辐射单元称为平面阵。辐射单元也可以排列在曲线或曲面上，这种天线称为共形阵天线。共形阵天线可以扩展线阵和平面阵扫描范围，能以一部天线实现更大空域的电扫。

4.1.1 原理及特点

1. 阵列天线扫描

根据第 3 章式（3.10）单元方向图与阵因子乘积可知，对于特定频率，以下列形式的复数加权可以实现阵列扫描

$$c_i = a_i \exp(-jkr_i \cdot \hat{r}_0) \qquad (4.1)$$

式中，a_i 为加权幅度；

$$\hat{r}_0 = u_0 \hat{x} + v_0 \hat{y} + \cos\theta_0 \hat{z} \qquad (4.2)$$

$$u_0 = \sin\theta_0 \cos\phi_0 \qquad (4.3)$$

$$v_0 = \sin\theta_0 \sin\phi_0 \qquad (4.4)$$

u_0 和 v_0 在本章以后的叙述中均有相同含义。此时，阵列波束指向角位置(θ_0, ϕ_0)。在该指向角位置上，式（4.1）中的指数项与式（3.9）或式（3.10）中的指数项互相抵消，阵因子是加权幅度 a_i 之和。对图 3.1 所定义的广义阵列结构，需要补偿阵列各辐射单元的路程差，使所有单元的信号同相位到达所要求的观察方向。

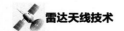

在相控阵天线的应用中，一维线阵和二维平面阵是较为常见的形式，下面分别做简单介绍。

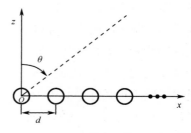

图 4.1　线阵几何结构

1）一维线阵相扫（$\phi = 0$）

考察一个具有 N 个单元的均匀线阵，设 N 个单元如图 4.1 所示沿 x 轴排列成一条直线，单元间距为 d。以第一个单元为参考，第 n 个单元的位置 $x_n = (n-1)d$。

在假设所有单元方向图都相同的情况下，阵列远场方向图由式（3.9）简化为

$$E(\theta,\phi) = f(\theta,\phi)\sum_n c_n \exp(jkx_n u) \tag{4.5}$$

式中，c_n 为复加权系数，$u = \sin\theta$。当扫描$(\theta_0, 0)$时，选择复加权系数为

$$c_n = a_n \exp(-jkx_n u_0) \tag{4.6}$$

式中，a_n 为第 n 个单元的加权幅度，$u_0 = \sin\theta_0$。因而阵因子为

$$F(\theta) = \sum_n a_n \exp\left[jkx_n(u-u_0)\right] \tag{4.7}$$

式（4.7）表明阵因子是 $u - u_0$ 的函数，当阵列扫描到任何角度时，u 空间的方向图仅平移，基本形状不变。所以，许多参考书经常用变量 u 和 v（通常称为正弦空间或方向余弦空间）来绘制广义阵列方向图。

对于均匀照射的线阵，其第一副瓣电平约为-13dB。为了得到低副瓣，可以采用多种幅度加权的方法，如 Taylor、Chebyshev、Hamming 加权等。对于相同规模的线阵，随着副瓣电平的降低，波束宽度会逐渐增加。

2）二维平面阵相扫

图 4.2 描述了常见的二维矩形栅格平面阵列几何结构，设阵列单元沿 x 轴方向的单元间距为 d_x，沿 y 轴方向的单元间距为 d_y，则第(m,n)单元的位置矢量为

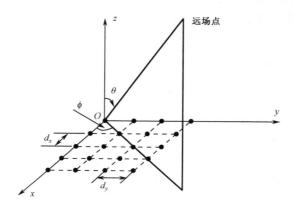

图 4.2　矩形栅格平面阵列几何结构

$$\boldsymbol{r}_{mn} = (m-1)d_x\hat{\boldsymbol{x}} + (n-1)d_y\hat{\boldsymbol{y}} = x_m\boldsymbol{x} + y_n\hat{\boldsymbol{y}} \tag{4.8}$$

当波束扫描到(θ_0,ϕ_0)时，在假设所有单元方向图都相同的情况下，其阵因子为

$$F(\theta,\phi) = \sum_{m,n} a_{mn}\exp\{jk[x_m(u-u_0)+y_n(v-v_0)]\} \tag{4.9}$$

对于矩形平面阵列，为方便馈电，常采用可分离的幅度分布，即

$$a_{mn} = \alpha_m\beta_n \tag{4.10}$$

因此，阵因子可以改写成两个独立因子的乘积，即

$$F(\theta,\phi) = \left\{\sum_m \alpha_m\exp[jkx_m(u-u_0)]\right\}\left\{\sum_n \beta_n\exp[jky_n(v-v_0)]\right\} \tag{4.11}$$

三角形栅格也是常见的一种平面阵列结构形式，在不出现栅瓣的情况下，可允许更大的单元间距。它可以看成是矩形平面阵列结构的一种特殊形式，其阵因子也可以借助式（4.9）来分析，但必须对幅度分布进行补零处理。对矩形栅格或三角形栅格平面阵列结构进行圆或椭圆切割可形成圆或椭圆口径平面阵。

2. 波束宽度

1）一维线阵波束宽度

首先考察具有 N 个单元的均匀线阵，各单元方向图相同，式（4.7）变成

$$F(\theta) = \sum_n \exp[jkx_n(u-u_0)] \tag{4.12}$$

可得

$$F(\theta) = \exp[j(N-1)kd(u-u_0)/2]\frac{\sin\left[\dfrac{Nkd(u-u_0)}{2}\right]}{\sin\left[\dfrac{kd(u-u_0)}{2}\right]} \tag{4.13}$$

在工程上常提出半功率点波束宽度（3dB 波束宽度）的要求，如果不考虑单元的作用，则可根据阵因子确定 3dB 波束宽度，即

$$2\theta_{3dB} = \arcsin\left(\sin\theta_0 + 0.443\frac{\lambda}{L}\right) - \arcsin\left(\sin\theta_0 - 0.443\frac{\lambda}{L}\right) \tag{4.14}$$

式中，阵列有效长度 $L = Nd$。

当 $L \gg \lambda$ 时，式（4.14）简化为

$$2\theta_{3dB} \approx \frac{0.886\lambda}{L\cos\theta_0}(\text{rad}) = \frac{50.753\lambda}{L\cos\theta_0}(°) \tag{4.15}$$

当波束扫描接近端射方向，即 3dB 点位于 90° 时，扫描角度为

$$\theta_0 = \arcsin\left(1 - 0.443\frac{\lambda}{L}\right) \tag{4.16}$$

因此，当 $L \gg \lambda$ 时，扫描接近端射方向时的 3dB 波束宽度为

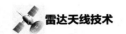

$$2\theta_{3\text{dB}} \approx 2\sqrt{0.886\frac{\lambda}{L}} \tag{4.17}$$

当 $L \geqslant 5\lambda$ 时，式（4.15）的计算误差小于 0.2%；式（4.17）的计算误差小于 1%。为了降低副瓣电平，经常采用幅度锥削分布。在副瓣电平降低的同时，与等幅激励相比，其波束宽度也有所展宽。因此，必须对式（4.15）增加波束展宽系数 B_b，得

$$2\theta_{3\text{dB}} \approx \frac{0.886\,B_b\lambda}{L\cos\theta_0}(\text{rad}) = \frac{50.753\,B_b\lambda}{L\cos\theta_0}(°) \tag{4.18}$$

对于均匀照射阵列，$B_b = 1$。

2）二维平面阵波束宽度

定义垂直于矩形平面阵阵面的两个正交平面为主平面，对于在主平面内扫描的矩形平面阵，其扫描平面内的波束宽度可按式（4.18）进行估计。对于不在主平面内扫描的波束，其波束宽度估计较为复杂，但可以求出扫描波束的 3dB 点轮廓线，一般情况下该轮廓线呈椭圆形。对于任意单元数（奇数或偶数）排列的矩形平面阵，下面将进行公式推导。

为方便推导，以平面阵中心为参考（坐标原点），将式（4.9）中的 x_m 和 y_n 改写为

$$x_m = m - \frac{M+1}{2} \tag{4.19}$$

$$y_n = n - \frac{N+1}{2} \tag{4.20}$$

式中，M 和 N 分别为阵列沿 x 轴和 y 轴方向排列的单元数。从式（4.20）中可以看出，x_m 和 y_n 分别相对于 m 和 n 呈反对称分布。主波束最大值为

$$F(\theta_0, \phi_0) = \sum_{m,n} a_{mn} \tag{4.21}$$

令最大值下降 3dB 的位置为 $(\theta_0 + \delta\theta,\ \phi_0 + \delta\phi)$，即

$$F(\theta_0 + \delta\theta, \phi_0 + \delta\phi) = 0.707\sum_{m,n} a_{mn} \tag{4.22}$$

对于较大的阵列，$\delta\theta$ 和 $\delta\phi$ 较小，因此近似可得

$$F(\theta_0 + \delta\theta, \phi_0 + \delta\phi) \approx \sum_{m,n} a_{mn}\exp[\text{j}(x_m\psi_x + y_n\psi_y)] \tag{4.23}$$

式中，

$$\psi_x = k(\delta\theta\cos\theta_0\cos\phi_0 - \delta\phi\sin\theta_0\sin\phi_0) \tag{4.24}$$

$$\psi_y = k(\delta\theta\cos\theta_0\sin\phi_0 + \delta\phi\sin\theta_0\cos\phi_0) \tag{4.25}$$

将式（4.23）中相位因子用幂级数展开，则该式变成

$$F(\theta_0 + \delta\theta, \phi_0 + \delta\phi) \approx \sum_{m,n} a_{mn}\left[1 + \text{j}(x_m\psi_x + y_n\psi_y) - \frac{\text{j}}{2}(x_m\psi_x + y_n\psi_y)^2 - \right.$$
$$\left. \frac{\text{j}}{3!}(x_m\psi_x + y_n\psi_y)^3 + \cdots\right] \tag{4.26}$$

假定幅度加权分布为轴对称分布，那么式（4.26）中含有 x_m 和 y_n 奇次幂的各项均为零。于是取其展开式的前三项代入式（4.22）可得

$$0.586\sum_{m,n} a_{mn} = \psi_x^2 \sum_{m,n} x_m^2 a_{mn} + \psi_y^2 \sum_{m,n} y_n^2 a_{mn} \tag{4.27}$$

为获取主波束 3dB 点轮廓线方程，下面将讨论在主平面（xz 平面或 yz 平面）内扫描的波束。假定波束在 xz 平面内扫描，即 $\phi_0 = 0$，其 3dB 波束宽度为 Θ_x，则式（4.27）简化为

$$0.586\sum_{m,n} a_{mn} = \left(\frac{1}{2}k\Theta_x \cos\theta_0\right)^2 \sum_{m,n} x_m^2 a_{mn} \tag{4.28}$$

对于 $\theta_0 = 0$ 的特殊情况，又有

$$\sum_{m,n} x_m^2 a_{mn} = 0.586\left(\frac{1}{2}k\Theta_{x0}\right)^{-2} \sum_{m,n} a_{mn} \tag{4.29}$$

式中，Θ_{x0} 为矩形平面阵侧射时 xz 主平面 3dB 波束宽度，可以借助式（4.18）进行估计或通过计算获得。

同样有类似的公式成立

$$\sum_{m,n} y_n^2 a_{mn} = 0.586\left(\frac{1}{2}k\Theta_{y0}\right)^{-2} \sum_{m,n} a_{mn} \tag{4.30}$$

式中，Θ_{y0} 为矩形平面阵侧射时 yz 主平面 3dB 波束宽度。

将式（4.29）和式（4.30）代入式（4.27）中，得到矩形平面阵主波束 3dB 点轮廓线方程

$$\frac{\psi_x^2}{\left(\frac{1}{2}k\Theta_{x0}\right)^2} + \frac{\psi_y^2}{\left(\frac{1}{2}k\Theta_{y0}\right)^2} = 1 \tag{4.31}$$

该方程为椭圆方程。实际上从上面的推导过程中可以看出，该方程适用于具有对称排列结构的任意平面阵天线，具有普遍适用性。

对任意的 ϕ_0，取 $\delta\phi = 0$，将式（4.24）和式（4.25）代入式（4.31）中，可得 $\phi = \phi_0$ 截面（子午面）3dB 波束宽度为

$$\Theta_l = \frac{\sec\theta_0}{\sqrt{\cos^2\frac{\phi_0}{\Theta_{x0}^2} + \sin^2\frac{\phi_0}{\Theta_{y0}^2}}} \tag{4.32}$$

取 $\delta\theta = 0$，可得垂直于子午面且通过波束轴线的剖面 3dB 波束宽度为

$$\Theta_w = \frac{1}{\sqrt{\sin^2\frac{\phi_0}{\Theta_{x0}^2} + \cos^2\frac{\phi_0}{\Theta_{y0}^2}}} \tag{4.33}$$

对于具有窄的主波束且副瓣电平可以忽略的天线，其波束立体角近似等于两

个互相垂直平面上 3dB 波束宽度之积

$$\Omega_A \approx \Theta_l \Theta_w = \frac{\Theta_{x0}\Theta_{y0}\sec\theta_0}{\sqrt{\sin^2\phi_0 + \dfrac{\Theta_{y0}^2}{\Theta_{x0}^2}\cos^2\phi_0} \cdot \sqrt{\sin^2\phi_0 + \dfrac{\Theta_{x0}^2}{\Theta_{y0}^2}\cos^2\phi_0}} \tag{4.34}$$

3. 方向性系数和增益

阵列远场方向图最大值方向上的方向性增益称为阵列的方向性系数，即

$$D = \frac{4\pi|E(\theta_0,\phi_0)|^2}{\int_0^{2\pi}\int_0^{\pi}|E(\theta,\phi)|^2\sin\theta\,\mathrm{d}\theta\,\mathrm{d}\phi} \tag{4.35}$$

如果令天线的总效率为 η ，则天线的增益可以表示为

$$G = \eta D \tag{4.36}$$

天线的总效率包括锥削效率、欧姆损失（分支馈电、传输线和辐射单元）、漏失（用于反射阵中）、遮挡损失（馈电系统口径及其支杆的遮挡，用于空馈阵列）、馈电喇叭的欧姆损失（用于反射阵中）、单元位置机械公差、幅相误差、极化损失、失配损失等，在各项效率（损失）的估算中，不能重复计算，也不能漏算。

1）线阵方向性系数

对于 N 个各向同性单元组成的均匀线阵，可推导出方向性系数的表达式为

$$D_i = \frac{N^2}{N + 2\sum\limits_{n=1}^{N-1}(N-n)\mathrm{sinc}(nkd)\cos(nkd\sin\theta_0)} \tag{4.37}$$

式中， $\mathrm{sinc}\,x = \sin x/x$ 。

对于 N 个平行偶极子均匀线阵，阵列方向性系数为

$$D_p = \frac{N^2}{W_p} \tag{4.38}$$

式中，

$$W_p = \frac{2N}{3} + 2\sum_{n=1}^{N-1}\frac{N-n}{nkd}\left\{\left[1 - \frac{1}{(nkd)^2}\right]\sin(nkd) + \frac{1}{nkd}\cos(nkd)\right\}\cos(nkd\sin\theta_0) \tag{4.39}$$

对于 N 个共轴偶极子均匀线阵，阵列方向性系数为

$$D_c = \frac{\left|\dfrac{\sin[Nkd(u-u_0)/2]}{\sin[kd(u-u_0)/2]}\cos\theta\right|^2_{\max}}{W_c} \tag{4.40}$$

式中，

$$W_c = \frac{2N}{3} + 4\sum_{n=1}^{N-1}\frac{N-n}{(nkd)^2}\left[\frac{\sin(nkd)}{nkd} - \cos(nkd)\right]\cos(nkd\sin\theta_0) \tag{4.41}$$

2）平面阵方向性系数

利用式（4.35）进行计算，可以获得平面阵方向性系数，而积分运算在一般情况下都不能简化，因此有时需要利用近似公式对平面阵的方向性系数进行评估。

当矩形平面阵列具有可分离特性时，如式（4.11）所示，线阵的结果可用于矩形平面阵列。对于由各向同性单元组成的可分离矩形平面阵列，方向性系数近似为

$$D \approx \pi D_x D_y \cos\theta_0 \approx \frac{4\pi(d_x d_y)}{\lambda^2} \eta_t MN \cos\theta_0 \tag{4.42}$$

式中，D_x 和 D_y 分别是沿 x 轴和 y 轴方向线阵的方向性系数；η_t 为口径锥削效率

$$\eta_t = \eta_x \eta_y = \frac{\left(\sum\limits_{m,n} a_{mn}\right)^2}{MN \sum\limits_{m,n} a_{mn}^2} \tag{4.43}$$

而 η_x 和 η_y 分别为沿 x 轴和 y 轴方向线阵的锥削效率，即

$$\eta_x = \frac{\left(\sum\limits_{m} \alpha_m\right)^2}{M \sum\limits_{m} \alpha_m^2}, \quad \eta_y = \frac{\left(\sum\limits_{n} \beta_n\right)^2}{N \sum\limits_{n} \beta_n^2} \tag{4.44}$$

式（4.45）是式（4.42）后半部分的更普遍形式，它不依赖于可分离性的存在，可用于（椭）圆口径及矩形口径。

$$D = \frac{4\pi A}{\lambda^2} \eta_t \cos\theta_0 \tag{4.45}$$

式中，A 为阵列有效口径。

用式（4.45）和式（4.42）的后半部分时都要求单元数很多，典型情况为大于 100。

对可分离特性不成立的矩形平面阵列及（椭）圆口径平面阵列，用天线侧射 3dB 波束宽度表示的方向性系数为

$$D \approx \frac{38400}{\Theta_{x0} \Theta_{y0}} \cos\theta_0 \tag{4.46}$$

式中，Θ_{x0} 和 Θ_{y0} 分别为侧射方向 xz 平面和 yz 平面内的 3dB 波束宽度，以度为单位。

式（4.46）适用条件为近区副瓣电平≤-25dB 和远区副瓣电平较低。如果副瓣电平较高，则方向性系数估算值也明显偏高。这里需注意的是，常数 38400 仅是一个近似平均值，用式（4.46）进行估算时存在计算误差（±0.2dB），因此，使用时需根据实际情况进行调整。

用算术平均值给出的近似公式为

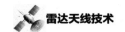

$$D \approx \frac{72815}{\Theta_{x0}^2 + \Theta_{y0}^2} \cos\theta_0 \qquad (4.47)$$

当波束宽度以弧度为单位时，公式中的常数因子 72815 变为 32ln2。

4. 栅瓣

如果阵列辐射单元信号出现同相相加的角度不止一个，则在非扫描角度上出现的同相相加所引起的瓣称为栅瓣。通常，希望只在一个角度上出现同相相加，否则，当天线用于发射时会有很多能量因进入不感兴趣的栅瓣角度方向而被白白地浪费掉；而当阵列工作在接收状态时，这些栅瓣会导致在角域中出现模糊现象，同时，对从非目标位置的栅瓣方向接收的信号也会造成干扰。

对于侧射线阵天线，众多的教科书或参考文献中都推导了没有栅瓣的条件为

$$\frac{d}{\lambda} < \frac{1}{1 + |\sin\theta_0|} \qquad (4.48)$$

严格地讲，式（4.48）仅表示栅瓣峰值不存在的条件，但栅瓣剩余部分可以存在。为使整个栅瓣都不存在，单元间距必须小于式（4.48）所计算的值。然而，从实际工程观点来看，阵列天线不是由各向同性单元组成的，因此式（4.48）显得限制过严。实际上单元方向图可使远区的栅瓣衰减 10dB～20dB，所以在一般情况下允许可见空间存在栅瓣的剩余部分。最理想的办法是将栅瓣附近的零点安排在 $\pm\pi/2$ 上，针对 Taylor 单参数分布可给出改进公式

$$\frac{d}{\lambda} < \frac{N - \sqrt{1 + B^2}}{N} \cdot \frac{1}{1 + |\sin\theta_0|} \qquad (4.49)$$

式中，B 为决定副瓣电平所选取的参量，则副瓣电平 SL 为

$$SL = 20\lg\frac{\sinh(\pi B)}{\pi B} + 13.2614 \quad (dB) \qquad (4.50)$$

对于矩形栅格平面阵列，主要考虑侧射情况，栅瓣出现的条件是

$$u - u_0 = p\frac{\lambda}{d_x} \qquad (4.51)$$

$$v - v_0 = q\frac{\lambda}{d_x} \qquad (4.52)$$

式中，p 和 q 为整数，两者均为零时对应于主瓣。可以看出，栅瓣在正弦空间呈矩形栅格排列。在实空间中，θ 为实数并满足 $\sin\theta \leqslant 1$ 的条件，因此正弦空间中实空间的定义为

$$u^2 + v^2 \leqslant 1 \qquad (4.53)$$

综上所述，为保证实空间不出现栅瓣，应满足不等式

$$\left(u_0 + p\frac{\lambda}{d_x}\right)^2 + \left(v_0 + q\frac{\lambda}{d_y}\right)^2 > 1 \qquad (4.54)$$

式中，p 和 q 不同时为零。实际上只要保证周围邻近 8 个栅瓣不在实空间出现即可，即 p 和 q 可能取 0 或 ±1。

在工程设计中，对于给定的扫描空域，必须保证扫描空域中的每个扫描角度都不出现栅瓣。只在主平面内扫描属于特例，可参照一维线阵扫描间距约束公式［式（4.48）～式（4.50）］。

有时，常采用等腰三角形栅格，特殊情况是等边三角形栅格，也可以看成六角形栅格。对于六角形栅格，最邻近的栅瓣位置在正弦空间形成一个正六角形，因此栅瓣点在一个圆周上。六角形栅格所需单元数仅为正方形栅格单元数的 0.866，即节省了约 13% 的单元。

5. 扫描状态下的有源阻抗与有源反射系数

由 3.6.3 节可知，当天线阵列所有辐射单元都被激励时，有源反射系数表示了每个辐射单元的匹配情况，在天线阵列的匹配设计中应该考虑有源反射系数，而不是单纯的每个端口的反射系数，更不是单个孤立辐射单元的端口反射系数。式（4.55）和式（4.56）分别给出了阵中编号为 00 辐射单元的有源输入阻抗、有源反射系数的计算公式。

$$Z_{00} = \sum_{p=-M}^{M} \sum_{q=-N}^{N} Z_{00,pq} \exp\left[-jk(pd_x \cos\phi + qd_y \sin\phi)\sin\theta\right] \qquad (4.55)$$

$$\Gamma = \frac{b_{00}}{a_{00}} = \sum_{p=-M}^{M} \sum_{q=-N}^{N} S_{00,pq} \exp\left[-jk(pd_x \cos\phi + qd_y \sin\phi)\sin\theta\right] \qquad (4.56)$$

由上述公式计算过程可以看出，对于波束电扫的相控阵天线系统，在波束扫描过程中，辐射单元的相位随着阵列波束指向的变化而变化，因此有源阻抗与有源反射系数不仅和单元间耦合强度有关，也与波束扫描角有关。所以在相控阵天线系统中，有源阻抗与有源反射系数也可以称为扫描阻抗与扫描反射系数。有源反射系数越大，由反射造成的功率损失也就越大，进而影响天线增益及副瓣，如何使辐射单元在阵列扫描空域内的任何一个角度均能实现良好的阻抗匹配，也是相控阵系统设计中的一个难题。

对微带贴片天线组成的无限大阵列进行仿真，图 4.3～图 4.5 分别给出方位面与俯仰面扫描阻抗的实部、虚部和有源反射系数。

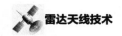雷达天线技术

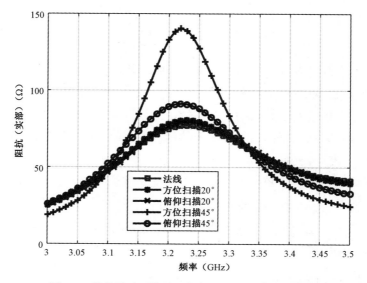

图 4.3　微带贴片天线阵列扫描阻抗的实部仿真曲线

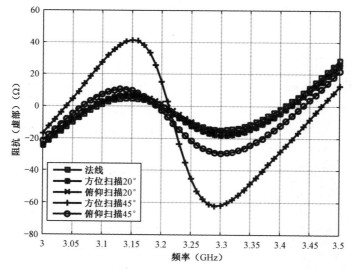

图 4.4　微带贴片天线阵列扫描阻抗的虚部仿真曲线

6．相控阵天线主要技术特点

相控阵天线的主要技术特点有：

1）天线波束的快速扫描能力

这一特点来自阵列天线及阵列中各天线单元通道之间的信号传输相位的快速变化能力。对采用移相器的相控阵天线，其快速扫描能力（以波束转换速度等指标来衡量）在硬件上取决于开关器件及其控制信号的计算、传输与转换时间。这是相控阵雷达应运而生并高速发展的基本原因。

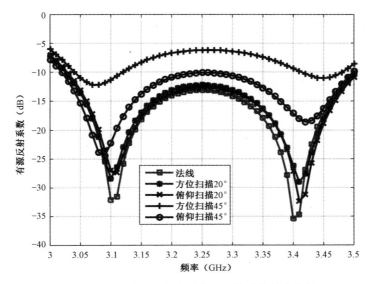

图 4.5 微带贴片天线阵列有源反射系数仿真曲线

2）天线波束形状的捷变能力

天线方向图函数是天线口径照射函数的 Fourier 变换，因此，在采用相控阵天线后，通过改变阵列各单元通道内的信号幅度与相位，即可改变天线方向图函数或天线波束形状。波束形状的变化指波束宽度、副瓣分布及其电平高低、波束零点位置、宽度等的改变，还包括波束形状的（不）对称性等。当采用射频（RF）功率分配或合成网络时，各单元通道信号幅度的变化较难实现，但可采用"仅相位"加权的方法实现波束形状的捷变。天线波束形状的捷变能力使相控阵天线能快速实现波束赋形，从而具有快速自适应空间滤波的能力。

3）空间功率合成能力

采用相控阵天线，可在每个单元通道或每个子天线阵上设置一个发射信号功率放大器，依靠移相器的相位变化，使发射天线波束定向发射，即发射信号聚焦于某一空间方向。这一特点为相控阵雷达的系统设计带来了极大的方便，也增加了雷达工作的灵活性。

4）天线与雷达平台共形能力

阵列天线将整个天线分为许多天线单元，并且将这些单元与雷达平台表面共形，用以减少或消除雷达天线对雷达平台空气动力学性能的影响，或者获得其他好处，这是相控阵天线的一个重要技术特征。其前提是要在阵列天线的各个单元通道中引入幅相调变设备（VAP）并适当增加天线波束控制系统的复杂性，而这对采用包含 T/R 组件的有源相控阵天线来说，是完全可以实现的。采用先进信号处理的有源共形相控阵天线在雷达和通信领域具有广阔的应用前景。

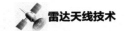

5）多波束形成能力

相控阵天线通过转换波控信号，可以很方便地在一个重复周期内形成指向不同的多个发射波束。有多种方法可以形成多个接收波束。如果采用 Butler 矩阵技术，则所形成的多个接收波束共享天线阵面而无损。如果要形成任意相互覆盖和不同形状的接收多波束，则可以在每个通道靠近天线单元处设置低噪声放大器（LNA），各通道内的接收信号经过放大后再分别输出多个波束形成网络，从而在其输出端获得各接收波束信号。由于信号预先经过了低噪声放大，只要其增益足够大（如 20dB～30dB），后面多波束网络的损耗对整个接收系统灵敏度的影响就可以忽略。相控阵天线的多波束形成能力并辅之以波束形状捷变，为相控阵雷达性能的提高带来不少新的潜力。

6）相控阵雷达的分散布置能力

将相控阵天线的概念加以引申，一部相控阵雷达由多部分散布置的子相控阵雷达构成，在各子相控阵雷达天线之间采用相应的时间、相位和幅度补偿，依靠先进信号处理方法，改善或获得一些新的雷达性能，如更优的抗毁与抗干扰能力、实孔径角分辨率等。这是今后相控阵雷达发展的一个重要方向。

7）大动态、灵活波束及孔径分配能力

数字阵列天线是对单元或子阵的接收信号进行模数转换（A/D）后再进行数字域的波束形成的相控阵天线。每个数字接收通道对应子阵或单元的增益远低于整个阵列天线，在大信号回波时，A/D 不容易饱和，因此数字阵列天线具有更大的动态范围。数字阵列天线波束形成的加权矢量是数字信号，更加精确并可以实现快速调整，容易做到多种波束及阵列孔径资源分配，具备多样性和灵活性，从而便于实现多功能。

4.1.2 天线类型

随着无线电技术的飞速发展和无线电设备应用场合的日益扩展，已出现了适用于不同用途、种类繁多的相控阵天线，在相控阵天线工程设计中选择哪种类型的相控阵天线取决于特定应用场合系统对电气和机械方面的要求。

对种类繁多的相控阵天线进行分类是件十分困难的事，目前尚未有一本权威的著作对相控阵天线进行详细的分类。下面从几个方面对相控阵天线进行分类，各种分类方法之间难免会出现交叉。

1．电扫描技术

首先，根据相控阵天线的电扫描技术进行分类。为了满足用户性能要求，电扫描技术或移相系统的选择是系统设计师应做出的主要设计决定因素之一。电扫描技术可分为相位扫描、频率扫描和电子馈电开关转换三类。

在相位扫描系统中，相控阵天线波束扫描是通过预先确定的方法利用移相器改变相控阵天线各单元的相位来实现的。实时扫描是相位扫描的一种特殊情况，利用时间延迟取得相位延迟在指定方向上形成波前，在具有宽（瞬时）信号带宽的电扫描雷达系统中有时需要采用这种方式，有些应用场合则采用相移器件和延时器件相组合的折中设计方案。

在频率扫描系统中，通过改变频率来控制单元间的相移差，因此每个频率对应一个唯一波束位置，这种方法完全是无源和可逆的。

在多波束天线中，也可采用电子馈电开关转换系统实施天线的电子扫描。例如，Butler 矩阵，Butler 矩阵又可以看作相位扫描的一种特殊情况，它由 3dB 电桥、固定移相器和不同长度的传输线互相连接而成。电子馈电开关转换系统也可采用最短线透镜，如 Luneberg 透镜，最短线透镜是一种固有的宽带器件。

这三种基本技术单独或组合使用，使相控阵天线系统的设计具有极大的灵活性。有时还可以和机械扫描方式混合使用，实现机/相扫。

2. 馈电方式

馈电方式主要包括强制馈电、空间馈电和数字馈电三种方式。

强制馈电网络系统采用波导、同轴线、板线、微带线等传输线实现功率合成网络（发射阵）或功率分配网络（接收阵），完成发射功率分配或接收信号的相加。功率合成/分配网络可以是等功率或不等功率合成/分配网络，功率合成/分配器可采用隔离式的，一个网络的功率分配路数视具体情况而定。在强制馈电网络系统设计中，影响传输线类型选择的主要因素有：传输线承受高功率的能力（峰值和平均）；馈线部件与整个馈线系统的损耗；各单元通道之间信号幅度、相位一致性；信号工作频率与系统带宽的保证；移相器（衰减器）等部件的控制方式；馈线部件的结构设计与工艺要求，便于批量生产的工艺技术；馈线部件的数量及馈线系统的成本；馈线系统的自动监测与保护等。随着光电子技术与光纤技术的发展，光纤已开始作为相控阵馈线中的传输线，但它只能在低功率电平上进行，因此，可以在相控阵接收天线或有源相控阵发射天线中采用光纤。

空间馈电亦称光学馈电，实际上是采用空间馈电（空馈）的功率合成/分配网络。采用空间馈电节省了许多工艺要求严格的微波高频器件，对于高频（如 S、C、X、Ku 和 Ka 波段），这种馈电方式比强制馈电方式的优点更为明显。空间馈电方式又可划分为透镜式空馈阵和反射式空馈阵。透镜式空馈阵包括辐射和收集两个阵面，辐射阵面称为外天线阵面，收集阵面称为内天线阵面。与透镜式空馈阵不同的是，反射式空馈阵的辐射与收集是同一阵面。

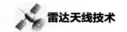

数字馈电又称为视频馈电，是近几年来出现的新型馈电方式，采用这种新型技术可构成全数字化相控阵天线。它的出现和数字与模拟集成电路技术的发展紧密相关，是继数字波束形成（DBF）技术后雷达数字化的又一个重要进展。数字化相控阵天线的核心部件是基于数字式直接频率综合器（DDS）的数字 T/R 组件，该系统中已没有复杂的功率合成/分配网络，可以减少由于调试馈线网络带来的许多麻烦。在经典的相控阵天线中，波束形成所需的幅度加权和移相是在射频阶段通过衰减器和移相器来实现的。从物理概念上讲，幅度加权和移相可以在信号产生至天线阵元之间整个传输通道的任意一级实现，而数字化相控阵天线系统收发波束的形成就是在数字部分完成的，因而具有显著的优点。

3．其他分类

相控阵天线还有无源、半有源和有源之分。常规相控阵的特征是雷达发射机和接收机与机载扫描雷达一样均为集中式，仅在阵列的每一个天线单元上接入一个移相器。由于该种相控阵天线的阵面一般由无源器件构成，因此又称无源相控阵。半有源相控阵的特征是，除每个阵列单元接有一个移相器外，将所有阵列单元分成若干组（行、列），每一组接有一个发射机末级和（或）接收机前端。因此，半有源相控阵有多部发射机和（或）多部接收机前端，但不是每个天线单元都有。有源相控阵通常是指每一阵列单元均接有一个发射机/接收机前端（即 T/R 组件），由于其天线阵面包含了大量的有源器件，所以被称为有源相控阵。

另外，从天线的外形结构上来看，相控阵天线有线阵、平面阵、圆环阵、圆柱阵、球形阵、共形阵等多种形式；按天线单元形式，相控阵天线可以划分为印刷振子阵、波导裂缝阵、开口波导阵、介质棒天线阵、微带贴片天线阵、对数周期天线阵、八木天线阵等；从雷达载体上来看，有星载、机载、地面、舰载相控阵天线等。

4.1.3　发展趋势

1．宽带数字化相控阵

宽带相控阵技术主要用于高分辨雷达。高分辨一维成像（距离维高分辨成像）、二维成像（SAR、ISAR）是解决多目标分辨、目标分类与识别、属性判别等难题的重要技术途径。此外，为了提高雷达的 ECCM 能力，抗电磁干扰能力实现低截获概率（LPI），提高相控阵雷达的宽带性能具有十分重要的意义。宽带/超宽带相控阵雷达还兼有 ESM、ECM、通信等功能，使雷达天线成为共享孔径天线系统。这就迫切要求发展宽带相控阵天线。所谓宽带有两个含义：一个是天线工作的相对带宽大，需要研制宽带辐射天线单元、宽带馈电系统等；另一个是具有大瞬时带宽信号工作能力，因此在宽角扫描下必须解决延时的波束控制问题。

模拟有源相控阵和窄带数字相控阵相关技术已非常成熟，在实际工程中得到了广泛的应用。宽带数字化相控阵既具有数字相控阵波束灵活、动态范围大等优势，也具有模拟宽带相控阵宽带宽、高分辨率的优势。国内外对宽带数字相控阵技术的相关研究也在逐渐深入展开，且取得了较大进展。在较低频段，已出现宽带数字相控阵雷达的原型样机，如美国的 SPY-6 等，已接近工程实用。但总体来看，受限于模数转换速率、海量数据传输和处理等制约因素，目前宽带数字相控阵瞬时带宽还较窄，约数百兆赫兹。随着技术的发展，特别是模数转换器件和信号处理技术的发展，未来数字相控阵带宽将得到大幅提升，实现一套雷达完成搜索、成像等多种任务。

2. 太赫兹相控阵

太赫兹（THz）波是指频率在 0.1THz～10 THz（即波长为 3mm～30μm）的电磁波，该波段处于微波和红外光之间的亚毫米波和远红外波段，属于前人研究较少的电磁波谱"空隙"区。太赫兹相控阵可以比微波频段具有更宽的工作带宽、更高的检测精度和分辨率。在太赫兹频段，军事目标的吸波涂层失去作用，因此太赫兹相控阵在反隐身方面也有极好的应用前景。太赫兹波长短、带宽宽，因此太赫兹相控阵雷达也可以用来对物体进行三维立体成像，将战场上灰尘或烟雾中的坦克、隐蔽的炸弹及地雷等显示出来，极大增强战场态势感知能力。随着微电子技术的发展，目前已研制出了大量太赫兹频段的有源器件，如功放、低噪放、混频器等，为太赫兹相控阵的研制奠定了基础。预计在不远的未来，太赫兹相控阵将进入实用阶段，在各个领域大放异彩。

3. 微波光子相控阵天线

早期的相控阵主要是窄带相控阵，但随着雷达应用范围的不断扩大和功能的扩展，要求的工作带宽和信号带宽逐年提高。用于探、干、侦、通的多功能一体化相控阵天线，其需求带宽已达到数十吉赫兹，而传统的模拟宽带及数字宽带目前都难以实现。得益于极高频的光载波，采用微波光子技术很容易实现百吉赫兹以上的带宽，可大大提高相控阵天线的带宽。

另外，当宽角扫描时，由于孔径效应、渡越时间的影响，使得信号的瞬时带宽受限，难以实现相控阵雷达的宽带宽角扫描。得益于光纤极小的传输损耗，可实现高性能的微波光子延时单元（True Time Delay，TTD）。采用光子延时单元取代窄带相控阵中的移相器，可以大大减小天线孔径效应、渡越时间的影响，提高

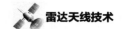

相控阵天线瞬时信号带宽。微波光子相控阵天线可实现超大孔径、超大带宽，是未来相控阵天线的发展方向之一。

4．其他方向

美国国防高级研究计划局（DARPA）的可重构孔径计划（RECAP）于 1999 年启动，其研究目的在于演示电子可重构天线概念的可行性，动态地自适应改变天线辐射方向图，实现大于倍频程的带宽覆盖。其中，Raytheon（雷声）公司的目标是开发和演示无栅瓣的十倍带宽可重构相控阵。这里值得一提的是，采用 MEMS（微机电系统）技术，给天线设计带来了很大的潜力，易于实现可重构天线、多频段天线、共形天线、小型灵活天线、大型低成本天线和宽带相控阵天线等。总之，除上述几种相控阵天线的发展趋势外，低/超低副瓣相控阵天线、共形相控阵天线和多波束相控阵天线等都是相控阵天线发展过程中永恒的主题。

4.2　波束扫描与赋形

4.2.1　相位量化效应

当采用数字式移相器来实现相控阵扫描所要求的阵内连续步进相位时，数字移相器提供的离散相移值与连续的相位分布之间存在相位误差，称之为相位量化误差。这种离散化造成阵面产生周期性三角形相位误差，由此导致相位量化瓣（又称为寄生瓣或栅瓣）、波束指向偏离和增益下降等，这就是相位量化效应。

对于 b 位数字移相器，其相位状态都是最小位 Δ 的倍数。

$$\Delta = \frac{2\pi}{2^b} \tag{4.57}$$

当相位量化时，最大相位误差为 $\psi_{\max} = \pm\delta = \pm\Delta/2$，相位误差的均方根值按均匀分布计算应为

$$\sigma_\psi = \delta/\sqrt{3} \tag{4.58}$$

通过假定阵列的电流分布是连续函数（而不是离散单元的集合）的方法，可计算出这种相位误差分布形成的第一个量化瓣峰值功率电平为

$$P_{gl} = \frac{1}{2^{2b}} \quad \text{或} \quad P_{gl} \approx -6.02b \ \ (\text{dB}) \tag{4.59}$$

对于具有子阵结构的阵列，Mailloux 给出量化瓣电平估计公式为

$$P_{gl} = \left[\frac{\pi}{2^b} \middle/ N_s \sin\left(\frac{p'\pi}{N_s} \right) \right]^2 \tag{4.60}$$

式中，N_s 为子阵单元数；$p' = p + 1/2^b$（p 为非零整数）。当 N_s 较大时，其结果

与式（4.59）几乎一致（$p=\pm 1$）；当 N_s 较小时，式（4.60）的估计结果偏低。

由于相位量化引入周期性相位误差，从而导致相位量化瓣的出现。尽管不能降低平均相位误差，但可采用随机方法打乱相位量化误差的周期性，从而达到降低或抑制量化瓣的目的，称之为"随机相位量化"，或简称为"随机馈相"。

Smith 和 Guo 研究了多种降低相位量化瓣峰值电平的方法，并比较下述五种馈相方法的性能参数：（a）四舍五入法；（b）预加相位法；（c）相位误差均值为零法；（d）二可能值法；（e）三可能值法。对于（b）～（e）四种随机馈相方法，假定相位误差相互独立，可推导出其方差 σ_ψ^2 如下：

$$\text{（b）} 1-\frac{\sin^2\delta}{\delta^2}, \quad \text{（c）} \frac{2}{3}\sin^2\delta, \quad \text{（d）} 1-\frac{\sin 2\delta}{2\delta}, \quad \text{（e）} \sin^2\delta \tag{4.61}$$

对于较小的 δ，δ_ψ^2 近似为

$$\text{（b）} \delta^2/3, \quad \text{（c）} 2\delta^2/3, \quad \text{（d）} 2\delta^2/3, \quad \text{（e）} \delta^2 \tag{4.62}$$

五种馈相方法的结果如表 4.1 所示，适用于大型阵列。

表 4.1　五种馈相方法的结果

类　型	平均指向偏差	最大量化瓣（dB）	相位误差方差	阵列附加硬件	控制方法
四舍五入法	不等于 0	$-6b$	$\delta^2/3$	—	四舍五入
预加相位法	0	不出现	$\delta^2/3$	在每个单元预加随机（已知）初相	初相存储、舍入
相位误差均值为零法	不等于 0	$-12b$	$2\delta^2/3$	—	产生随机数，按概率进位或舍尾
二可能值法	0	$-12b$	$2\delta^2/3$	—	产生随机数，按概率进位或舍尾
三可能值法	0	不出现	δ^2	—	产生随机数，按概率选三值之一

在 δ 较小时，平均增益损失可以近似描述为

$$\Delta G \approx \lg\left(1-\sigma_\psi^2\right) \quad \text{(dB)} \tag{4.63}$$

相位量化引起的波束指向误差推导过程较为复杂，但可以引用幅相误差对波束指向误差影响的分析结果。对于均匀照射线阵，在假定相位量化误差的概率密度函数为偶函数时，Carver 等人给出了指向误差的均方差

$$\sigma_\theta = \frac{2\sqrt{3}\sigma_\psi}{(kd\cos\theta_0)\sqrt{(N-1)^3}} \tag{4.64}$$

式中，N 为单元数；θ_0 为扫描角。

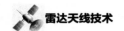

有文献还对矩形平面阵指向误差进行了分析，最近 Jiang 和 Guo 等人也比较了平面阵几种随机馈相方法所引起的指向误差。

4.2.2　虚位技术

首先描述波束跃度的概念。当采用 b 位数字式移相器时，移相器的最小相移值为 Δ［见式（4.57）］，线阵天线波束的最大值指向取决于阵内相邻单元之间的相位步进，它只能是 Δ 的整数倍，即 $\phi_q = q\Delta$。

对于天线阵可实现的第 q（整数）个波束指向 θ_q，满足关系式

$$kd \sin \theta_q = \phi_q \tag{4.65}$$

即

$$\theta_q = \arcsin\left(q \frac{\lambda}{d} \frac{1}{2^b} \right) \tag{4.66}$$

当阵内相邻单元之间的相位步进由 $(q-1)\Delta$ 变为 $q\Delta$ 时，波束指向由 θ_{q-1} 变为 θ_q，其角度增量简称为"波束跃度"。可求得波束跃度为

$$\delta\theta_q \approx \frac{1}{\cos\theta_{q-1}} \cdot \frac{\lambda}{2^b d} = \frac{1}{\cos\theta_{q-1}}\delta\theta_1 \tag{4.67}$$

式中，$\delta\theta_1$ 为天线波束由阵列法向往侧边扫一个波束的位置，即 q 由 0 变为 1 时的波束跃度。

以上分析说明，采用数字式移相器后，相控阵天线的波束指向是离散的，随着扫描角度的增大，相邻波束之间的角距（波束跃度）按比例增大。这与天线波束随扫描角增加而展宽是一致的。为实现小的波束跃度，虚位技术应运而生。

当计算 b 位移相器所需要的相移值时，按 $K=b+p$ 位进行运算，再舍去低 p 位，取高 b 位控制移相器，这就是虚位技术。它在节省数字式移相器位数的同时，保证相控阵天线所需要的小波束跃度。

采用虚位技术计算的最小相移值为

$$\Delta_K = \frac{2\pi}{2^K} \tag{4.68}$$

按照以上的讨论，第 q 个波束的指向 θ_q' 满足下列关系式

$$kd \sin \theta_q' = \phi_q' = q\Delta_K \tag{4.69}$$

即

$$\theta_q' = \arcsin\left(q \frac{\lambda}{d} \frac{1}{2^K} \right) \tag{4.70}$$

可求得波束跃度为

$$\delta\theta_q' \approx \frac{1}{\cos\theta_{q-1}'} \frac{\lambda}{2^K d} = \frac{1}{\cos\theta_{q-1}'}\delta\theta_1' \tag{4.71}$$

从式（4.71）中可以看出，波束跃度约可以减小至原有波束跃度的 2^p 分之一。但式（4.71）计算出的波束跃度有误差。对于第 $q=1$ 个波束，按 $K=b+p$ 位计算出的 N 元线阵的阵内相位矩阵应为

$$[n\phi'_1]_N = \Delta_K [0\ 1\ 2\ 3\ 4\ \cdots\ (N-1)] \tag{4.72}$$

舍去了移相器的低 p 位后，实际上能实现的阵内相位矩阵为

$$[n\phi'_1]'_N = \Delta [0\ 0\ \cdots\ 1\ 1\ \cdots\ 2\ 2\ \cdots\ ] \tag{4.73}$$

式（4.73）中 0 的个数为 2^p 个，1 的个数为 2^p 个，以此类推。于是，阵内误差相位矩阵为

$$[n\phi'_1]'_N - [n\phi'_1]_N = -\Delta_k [0\ 1\ \cdots\ 2^p-1\ 0\ 1\ \cdots\ 2^p-1\ \cdots\ ] \tag{4.74}$$

从式（4.74）中可以看出，采用虚位技术舍去移相器的最低 p 位以后，相当于将 2^p 个单元组成一个天线子阵，每个子阵内各单元相位相同，因此子阵波束并没有扫描，其波束指向仍然是线阵的法线方向。若将每个子阵看作一个新的天线单元，它们所形成的阵因子称为"综合因子方向图"，则综合因子方向图将扫描一个波束跃度（$\delta\theta'_1$），而子阵方向图保持不动。两个方向图相乘以后，波束指向（主瓣）将略有偏移，其影响一般不严重，但是综合因子方向图栅瓣所引起的副瓣电平将抬高，它又可以称为量化瓣。

当 $q=2,3,\cdots,2^p-1$ 时，波束指向的偏离和栅瓣引起的副瓣电平升高将没有第 1 个波束严重。以 $q=2$ 为例，相当于将 2^{p-1} 个单元组成一个天线子阵，子阵单元数目减半，子阵波束宽度也增大，综合因子方向图栅瓣之间的间隔也将拉开一倍。$q=m2^p$（m 为整数）对应于不虚位时的第 m 个波束；$q=m2^p+1$ 与 $q=1$ 的情况相同，存在同样的阵内误差相位分布；$q=m2^p+2$ 与 $q=2$ 的情况相同，存在同样的阵内误差相位分布；以此类推。

那么，为了降低波束跃度，能否任意增大运算位数 K 或虚位位数 p 呢？答案是否定的。因为当 K 逐渐增大时，阵中只剩下最后一个单元即第 N 个单元，必须获得可实现的最小相移值 Δ，而其余各单元的相移值都只能为零。因此，K 值受限于

$$(N-1)\Delta_K = (N-1)\frac{2\pi}{2^{b+p}} \geqslant \Delta \tag{4.75}$$

即

$$K \leqslant b + \lg(N-1)/\lg 2 \quad 或 \quad p \leqslant \lg(N-1)/\lg 2 \tag{4.76}$$

4.2.3　仅相位加权零控技术

当今世界电磁环境日益复杂，各种有源/无源干扰、反辐射导弹等对相控阵天线造成严重的威胁。在天线方向图上干扰波到达方向（副瓣区域）设置零点，即

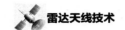

相控阵天线零控技术日益受到重视。对于相控阵天线来说，仅相位加权零控（PON）是一种很好的办法。它利用相控阵天线的固有设备——移相器，仅控制相控阵天线单元的相位，即可在固定角度位置设置零点，达到对付干扰或防止反辐射导弹攻击的目的。

有文献提出了类似的非线性规划 PON 方法。考察一个 N 元各向同性等距线阵，阵列方向图为

$$F_0(u) = \sum_n c_n \mathrm{e}^{\mathrm{j}kx_n u} \tag{4.77}$$

式中，c_n 为第 n 个单元的复激励系数；$x_n = [n - (N+1)/2]d$，d 为单元间距；$u = \sin\theta$。

为了设置 M 个零点 $u = u_m$（$m = 1, 2, \cdots, M$；$M \leqslant N-1$），采用仅相位加权扰动 ϕ_n，有

$$F(u_m) = \sum_n c_n \mathrm{e}^{\mathrm{j}\phi_n} \mathrm{e}^{\mathrm{j}kx_n u_m} = 0, \quad m = 1, 2, \cdots, M \tag{4.78}$$

$$\sum_n \left| c_n(\mathrm{e}^{\mathrm{j}\phi_n} - 1) \right|^2 = \min \tag{4.79}$$

假定式（4.77）的阵列方向图函数为实数，复激励系数共轭对称，即有下列等式成立

$$c_{N-n+1} = c_n^* \tag{4.80}$$

可以证明相位加权扰动具有下列奇对称性质

$$\phi_{N-n+1} = -\phi_n \tag{4.81}$$

式（4.79）可以简化为

$$\sum_n \left[|c_n| \sin\left(\frac{\phi_n}{2}\right) \right]^2 = \min \tag{4.82}$$

式（4.78）和式（4.79）或式（4.82）构成了非线性规划，在一般情况下，没有解析解，通常采用各种优化方法加以求解。

若假定加权相位很小，Guo 和 Li 在不考虑约束条件的情况下，分析了 PON 综合，并且将非线性方程组式（4.78）转化为线性方程组，利用 Gram-Schmidt 正交化方法进行实数求解。正如 Steyskal 和 Shore 所指出的，在假定加权相位很小的情况下，不能在方向图对称角度位置实现零控。

Castella 等人考察了在扫描方向增益最大化前提下的 PON 实数算法，并且给出了例证。上面所描述的方法可以归类为仅相位加权零控综合，另外还有一些方法属于自适应零控的范畴，Baird 从自适应波束形成的角度出发，描述了仅相位加权自适应零控（POAN）方法，并指出自适应相位可以在波束空间展开，从而可以简化。目前，遗传算法也已应用于 POAN，它优于随机搜索法或梯度型方法。Smith 通过最大化信号干扰噪声比，求得加权相位值。

4.2.4　**相位加权波束展宽技术**

发挥相控阵天线改变波束宽度的灵活性是提高雷达自适应能力的重要措施。例如，有的相控阵雷达为了解决在雷达搜索和跟踪两种不同状态时，数据率、观察空域和测量精度等方面的矛盾，要求搜索时波束变宽，跟踪时波束变窄。在对空搜索相控阵雷达中，为了减少地物杂波的影响，满足搜索空域和提高搜索速度，可以在低角用窄波束，而在高仰角把波束展宽。在星载 SAR 系统中，为了满足星载 SAR 成像幅宽的需要，要求天线的距离向波束展宽若干倍。此外，由于雷达对高仰角的作用距离要求较低，所以可利用波束展宽的办法，减少高仰角空域的波束数，节约雷达的帧工作时间。利用相位加权技术可以很方便地实现上述要求，即通过改变波控码来控制天线口径上的相位分布，从而实现天线波束形状的变化。

对于相控阵天线，可以通过改变波控码控制相控阵已有的设备——移相器，从而改变相控阵天线口径上的相位分布，实现天线波束宽度的变化，这就是所谓的仅相位加权波束展宽技术。它不增加硬件设备量，适用于有源或无源相控阵天线领域，具有很好的工程应用价值。

常规的仅相位加权波束展宽方法，利用了在天线口径上附加平方、立方相差展宽波束的基本原理。有关文献介绍的方法仅局限于 Taylor 幅度加权或均匀阵列。常规相位加权的副瓣较差，对于大的展宽倍数，常规方法难以实现。为了克服这些缺点，比较有效的是采用非线性优化方法，而这是一个复杂的数学问题，天线阵规模越大越复杂。同时，传统的各种最优化方法，往往容易陷入局部最优解，达不到理想的效果。

遗传算法（GA）是基于自然选择和基因遗传学原理的一种群体寻优的搜索算法，特别适用于处理传统搜索方法难以解决的复杂和非线性问题。基于二进制编码的遗传算法，采用仅相位加权的方法，对天线波束进行展宽，可将移相器量化效应考虑在内，选择适当的适应度函数，对主瓣展宽倍数、副瓣电平等加以约束。其计算分析结果可直接应用于工程，避免了常规方法实数值向二进制数转换所带来的量化误差。徐慧基于遗传算法，对相控阵天线仅相位加权波束展宽进行了研究，该方法适用于具有幅度分布加权的阵列。该方法不失一般性，研究了部分单元仅相位加权（PPO）波束展宽遗传算法优化原理，全阵仅相位加权（FPO）为其特例，同时给出了计算实例。

对于一个 32 元均匀线阵，单元间距为半波长。在理想情况（波束未展宽）下，半功率点波瓣宽度为 3.18°，最高副瓣电平为-13.24dB。在移相器位数为 5 位时，采用遗传算法，利用左右边缘各 12 个单元进行部分单元仅相位加权波束展宽，当波束展宽至 14°（约 4.4 倍）时，最大副瓣电平为-9.99dB，如图 4.6 所示；

当全阵仅相位加权波束展宽至约 4.4 倍时，最大副瓣电平为-10.01dB，如图 4.7 所示。

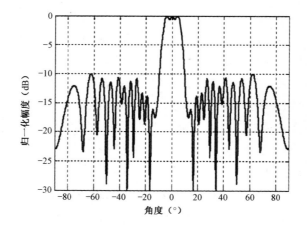

图 4.6　部分单元仅相位加权（PPO）波束展宽

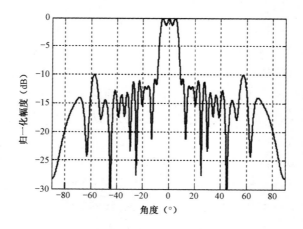

图 4.7　全阵仅相位加权（FPO）波束展宽

常规方法只能将波束展宽至 12° 左右，而且效果很差。表 4.2 给出了遗传算法与常规方法的计算结果比较，表中 η 为仅相位加权的效率，它与天线的方向性系数成正比。

表 4.2　波束展宽仿真计算结果比较

展宽技术类型	3dB 宽度（°）	最大副瓣电平（dB）	展宽倍数	η
展宽前	3.18	-13.24	—	1.000
常规方法量化前	12.01	-3.61	3.78	0.136
常规方法量化后	12.21	-3.44	3.78	0.139

展宽技术类型	3dB 宽度（°）	最大副瓣电平（dB）	展宽倍数	η
遗传算法 PPO	12.00	-9.98	3.77	0.223
遗传算法 FPO	12.01	-9.99	3.78	0.230
遗传算法 PPO	13.99	-9.99	4.40	0.207
遗传算法 FPO	14.00	-10.01	4.40	0.213

从以上讨论可以看出，波束展宽以牺牲天线增益为代价，波束展宽倍数越大，增益损失越多；FPO 和 PPO 波束展宽的效果相当，FPO 波束展宽后的天线效率略优，而 PPO 技术更具有灵活性。探讨互耦、幅相误差等因素对展宽波束的影响是具有工程应用价值的课题。另外，随着有源相控阵天线的广泛应用，应着重研究子阵级仅相位加权波束展宽问题。

4.2.5 相位加权方向图赋形技术

相控阵天线方向图赋形（POPS）方法可以分为三类：第一类是单元激励幅度和相位同时调整，即复数加权；第二类是只有单元激励幅度改变，即仅振幅加权；第三类是只有单元激励相位改变，即仅相位加权。对于相控阵天线来说，相位加权是举手之劳，在硬件上并不增加额外的资源开销。在以上这三类方法中，仅相位加权还有部分相位加权（PPOPS）和全阵相位加权（FPOPS）之分。

Frey 和 Elliott 从连续线源 Taylor 幅度分布出发，建立了一个单参数控制的相位分布函数，以实现不对称副瓣，有文献在此基础上进行了改进，该类方法适用于具有 Taylor 幅度分布或均匀分布的阵列。Chakraborty 等人利用驻定相位法综合具有特定形状的天线波瓣，其方法与连续口径密切相关。Deford 和 Gandhi 用相位加权降低等幅线阵和面阵的峰值副瓣电平，并且指出"相位加权阵列的峰值副瓣电平为阵元数的对数函数"，该方法更适用于大型阵列。Dufort 采用相位加权控制阵列天线的波瓣形状，但是将阵列各单元的振幅限定为常数，即仅讨论了等幅线阵和等幅平面阵。李建新等人研究了不等幅线阵和不等幅平面阵的仅相位加权波瓣赋形综合方法，并且将它们应用于固态有源相控阵天线的设计中；在此基础上，李建新进一步研究了 PPOPS 方法，给出理论分析和计算模拟结果。

对于任意复数加权等距线阵，设部分相位加权单元序号组成的集合为 A，其他不加权单元序号组成的集合为 B，则阵列加权系数可以描述为

$$z_n = c_n \mathrm{e}^{\mathrm{j}\phi_n} \tag{4.83}$$

式中，c_n 为复激励系数；ϕ_n 为加权相位，且当 $n \in B$ 时，$\phi_n = 0$。

当 B 为空集时，部分相位加权即转化为全阵相位加权。引入信噪比的定义

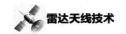

$$\text{SNR} = \frac{\sum_n \sum_m z_n^* z_m H_{n-m}^s}{\sum_n \sum_m z_n^* z_m H_{n-m}^r} \tag{4.84}$$

式中，H_n^s 和 H_n^r 分别定义为信号(s)和噪声(r)的功率谱进行 Fourier 展开后的系数。

引入噪声的目的是实现方向图赋形综合。噪声功率谱的选定遵循下列原则：噪声电平大的区域，其相应位置的副瓣电平就低，即副瓣电平与噪声电平成反比。噪声功率谱可以为连续函数或离散分段函数。在需要低副瓣（或设置凹口）的区域，增强噪声电平；在不需要低副瓣（或凹口）的区域（如主瓣区域内），则降低噪声电平或设置为零电平。在一般情况下，信号功率谱可以选择为脉冲响应函数，即 $H_n^s = 1$。

为达到方向图赋形的目的，可采用各种优化方法，如共轭梯度法、变尺度法、最速下降法和遗传算法等对 SNR 进行最大化处理。为简化优化过程，可以借助于微扰迭代方法。

首先对式（4.84）求偏导数可得

$$\frac{\partial(\text{SNR})}{\partial \phi_n} = \frac{2\,\text{Im}\left[z_n^* \cdot \sum_{m \neq n} z_m f(n,m,s,r)\right]}{r} \tag{4.85}$$

$$f(n,m,s,r) = H_{n-m}^s - \text{SNR} \cdot H_{n-m}^r \tag{4.86}$$

于是，SNR 获得最大值的必要条件为

$$\text{Im}\left[z_n^* \cdot \sum_{m \neq n} z_m f(n,m,s,r)\right] = 0, \quad n \in A \tag{4.87}$$

这是一个非线性方程组，无解析解，可应用下列微扰迭代过程进行求解

$$z_n^{(k)} = c_n \exp\left(j\phi_n^{(k)}\right), \quad n \in A \tag{4.88}$$

$$\text{SNR}^{(k)} = \frac{\sum_n \sum_m \left[z_n^{(k)}\right]^* z_m^{(k)} H_{n-m}^s}{\sum_n \sum_m \left[z_n^{(k)}\right]^* z_m^{(k)} H_{n-m}^r} \tag{4.89}$$

$$x_n^{(k)} = \left[z_n^{(k)}\right]^* \sum_{m \neq n} z_m^{(k)} \left[H_{n-m}^s - \text{SNR}^{(k)} H_{n-m}^r\right], \quad n \in A \tag{4.90}$$

$$\Delta\phi_n^{(k)} = \text{Im}\left\{x_n^{(k)}\right\} / \text{Re}\left\{x_n^{(k)}\right\}, \quad n \in A \tag{4.91}$$

$$\phi_n^{(k+1)} = \phi_n^{(k)} + \Delta\phi_n^{(k)}, \quad n \in A \tag{4.92}$$

式中，(k) 表示第 k 步迭代($k=0, 1, 2, \cdots$)；Re[*]和 Im[*]表示求实部和虚部。

适当选取相位初始值，并采用下列收敛准则，即可获得令人满意的赋形相位值。

$$\left|\frac{\mathrm{SNR}^{(k+1)} - \mathrm{SNR}^{(k)}}{\mathrm{SNR}^{(k)}}\right| < \varepsilon \qquad (4.93)$$

为了加快收敛速度，可采用变步长迭代方法。上面的推导过程也不难推广至二维阵列。通过选取适当的噪声功率谱，可以实现不对称副瓣，用于机载相控阵天线；在副瓣区域设置宽凹口，用于解决宽带或宽角干扰等。

4.2.6　方向图快速计算技术

1. 基于 FFT 的周期阵列方向图快速计算

自 1965 年 Cooley 和 Tukey 发表快速傅里叶变换（FFT）论文以来，FFT 在许多科技领域获得了广泛和成功的应用。随着科学技术的不断进步，相控阵天线已广泛应用于各种星载、机载、舰载和地面雷达，对于通道数较多的相控阵天线，用公式按级数求和计算阵列天线方向图的方法效率甚低，FFT 的引入将从根本上解决这一难题。

考察一个由 M 个各向同性单元组成的等距线阵，单元间距为 d，设 M 个单元按序号 $0,1,\cdots,M-1$ 编号并沿 x 轴排列成一条直线，其中第 0 号单元位于坐标原点。

等距线阵远场方向图函数可描述为

$$F(u) = \sum_{k=0}^{M-1} a(k)\mathrm{e}^{jku} \qquad (4.94)$$

$$u = \frac{2\pi}{\lambda} d \sin(\theta) \qquad (4.95)$$

式中，$a(k)$ 为第 k 个单元激励电流复值；θ 为偏离阵列法线方向的角度。

当 $M=1$ 时，即阵列仅 1 个单元，其方向图函数为常数，无须进行任何处理，因此这里仅讨论 $M>1$ 的情况。通常为保证用 FFT 计算天线方向图的正确性，FFT 点数 $N \geq M > 1$。当 $N > M$ 时，对 $a(k)$ 进行补零处理，即令 $a(k)=0$（$M \leq k \leq N-1$）；当 $N = M$ 时，$a(k)$ 不进行处理。从而方向图函数表达式（4.94）等价为

$$F(u) = \sum_{k=0}^{N-1} a(k)\mathrm{e}^{jku} \qquad (4.96)$$

为讨论方便，定义 x 轴负方向的偏离角为负，反之则为正，即左为负，右为正。可知，可见空间（或称实空间）内的偏离角 $\theta \in [-\pi/2, \pi/2]$，此时 $u \in [-2\pi d / \lambda, 2\pi d / \lambda]$。当 $d = \lambda / 2$ 时，可见空间对应于 $u \in [-\pi, \pi]$；当 $d > \lambda / 2$ 时，可见空间包含区间 $[-\pi, \pi]$；当 $d < \lambda / 2$ 时，可见空间落在区间 $[-\pi, \pi]$ 内部。

对 u 定义 $N+1$ 个取值点，即

$$u_n = \frac{2\pi}{N}\left(n - \frac{N}{2}\right), \qquad n = 0,1,\cdots,N \qquad (4.97)$$

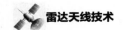

显然有 $-\pi \leqslant u_n \leqslant \pi$。对这些 $N+1$ 个取值点，有

$$F(n) = F(u_n) = \frac{1}{N} \sum_{k=0}^{N-1} a(k) \mathrm{e}^{jku_n} \tag{4.98}$$

在式（4.98）前面添加因子 $1/N$ 进行归一化处理。离散傅里叶逆变换（IDFT）为

$$x(n) = \frac{1}{N} \sum_{k=0}^{N-1} X(k) \mathrm{e}^{j\frac{2\pi}{N}nk} \tag{4.99}$$

从式（4.98）和式（4.99）中可以看出，两者形式一致。也就是说，对复序列 $a(k)$ 进行离散傅里叶逆变换，即可得到线阵方向图。在实际计算时，可在 $a(k)$ 中等间距插入虚拟单元，使得单元间距满足 $d \leqslant \lambda/2$，可见空间落在区间 $[-\pi, \pi]$ 内部。另外，一般情况下，采用基-2 类 FFT 算法，即 $N = 2^L$，其中 L 为正整数。

FFT 算法在等距线阵方向图中的计算过程，可推广至二维矩形栅格平面等距阵列天线。采用 FFT 算法计算阵列天线方向图，其运算速度与用公式直接计算相比可至少提高一个数量级，给工程设计带来很大的便利。

2. 基于 NUFFT 的非周期阵列方向图快速计算

周期排列的阵列天线可采用 FFT 算法来计算天线方向图，而对于非周期排列的阵列天线，其方向图的计算则不能直接采用 FFT 算法。若直接采用累加法计算，当天线规模较大时，会导致计算时间较长。另一种可行的方法是采用非标准快速傅里叶变换（NUFFT）来计算。该算法由 Dutt 等在 1993 年首次提出，目前已经在众多领域得到了广泛运用，如雷达信号处理、计算机断层成像、磁共振成像、超声成像等领域。NUFFT 有多种实现方法，常用的有 Q.Liu 和 N.Nguyen 提出的基于最小均方误差插值的算法。

该算法的思想是通过一个虚拟的周期阵列来拟合原阵列。对于实际阵列的单元，用处于它附近的虚拟阵元来近似其对辐射场的贡献。如图 4.8 所示，其中第 s 个真实单元的贡献用虚拟阵列中 $m-q$ 到 $m+q+1$ 行及 $n-q$ 到 $n+q+1$ 列的虚拟阵元来近似。

真实阵列天线方向图计算公式为

$$F(u,v) = \sum_{s=1}^{M} g_s(u,v) I_s \mathrm{e}^{jk(x_s u + y_s v)} \tag{4.100}$$

式中，$u = \sin(\theta)\cos(\psi)$；$v = \sin(\theta)\sin(\psi)$；$g_s(u,v)$ 为第 s 个真实单元的阵中单元方向图；I_s 为其激励系数；x_s、y_s 为该单元的坐标。

对于大间距阵列，单元间互耦较弱，若阵列采用相同的辐射单元，则各单元方向图差异较小。单元方向图可移到求和外，计算出阵因子后通过乘积定理求得阵列方向图。由式（4.100）可知第 s 个真实单元对辐射场的贡献为

$$f_s(u,v) = g_s(u,v) I_s \mathrm{e}^{\mathrm{j}k(x_s u + y_s v)} \qquad (4.101)$$

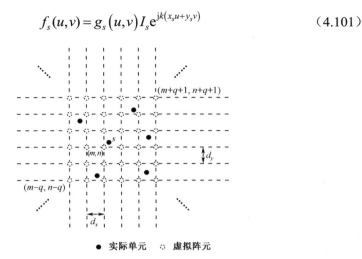

$$\begin{aligned} &\bullet \ \text{实际单元} \qquad \therefore \ \text{虚拟阵元} \end{aligned}$$

图 4.8　虚拟阵列系数拟合示意

其用虚拟阵列内附近的单元来近似，误差为

$$r(u,v) = f_s(u,v) - \sum_{a=m-q}^{m+q+1} \sum_{b=n-q}^{n+q+1} \alpha_{a,b}^s \mathrm{e}^{\mathrm{j}k(ad_x u + bd_y v)} \qquad (4.102)$$

式中，$\alpha_{a,b}^s$ 为 a 行 b 列虚拟阵元拟合第 s 个真实单元的拟合系数，全阵的拟合系数为各单元拟合系数的线性叠加

$$\alpha_{a,b} = \sum_{s=1}^{N} \alpha_{a,b}^s \qquad (4.103)$$

根据误差的绝对值在空域内的积分最小化条件求得虚拟阵元拟合激励系数即为最小均方根误差算法，还可以根据各空域拟合精度的需求对误差函数乘以权函数 $w(u,v)$ 控制各个空域的误差分布。

可对空域离散化采样，用数值方法来求解虚拟阵列激励系数。设 uv 空间内取样点数为 M，坐标为

$$u = [u_1 \cdots u_M], v = [v_1 \cdots v_M] \qquad (4.104)$$

对每个取样点令式（4.102）的误差为零，即可建立 M 个线性方程。为保证拟合系数的精度，一般要求方程的个数大于待求参数的个数，即 $M>4(q+1)^2$。若以离单元最近的虚拟阵元作为参考原点建立局部坐标系，则方程组可表示为矩阵形式

$$\boldsymbol{A} \cdot \boldsymbol{X} - \boldsymbol{B} = \boldsymbol{0} \qquad (4.105)$$

式中，$\boldsymbol{A}$、$\boldsymbol{B}$、$\boldsymbol{X}$ 分别为

$$\boldsymbol{A} = \mathrm{e}^{\mathrm{j}k} \begin{bmatrix} \mathrm{e}^{-qd_x u_1 - qd_y v_1} & \cdots & \mathrm{e}^{(q+1)d_x u_1 + (q+1)d_y v_1} \\ \vdots & & \vdots \\ \mathrm{e}^{-qd_x u_M - qd_y v_M} & \cdots & \mathrm{e}^{(q+1)d_x u_M + (q+1)d_y v_M} \end{bmatrix} \qquad (4.106)$$

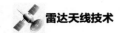
$$\boldsymbol{B} = \mathrm{e}^{\mathrm{j}k} I_s \begin{bmatrix} g_s(u_1, v_1) \mathrm{e}^{(x_s - md_x)u_1 + (y_s - nd_y)v_1} \\ \vdots \\ g_s(u_M, v_M) \mathrm{e}^{(x_s - md_x)u_M + (y_s - nd_y)v_M} \end{bmatrix} \tag{4.107}$$

$$\boldsymbol{X} = \begin{bmatrix} \alpha^s_{m-q, n-q} \\ \vdots \\ \alpha^s_{m+q+1, n+q+1} \end{bmatrix} \tag{4.108}$$

用最小二乘法求得拟合系数 $\boldsymbol{X}$ 为

$$\boldsymbol{X} = \left(\boldsymbol{A}^{\mathrm{H}} \boldsymbol{A}\right)^{-1} \left(\boldsymbol{A}^{\mathrm{H}} \boldsymbol{B}\right) \tag{4.109}$$

$\boldsymbol{A}^{\mathrm{H}}$ 表示矩阵 $\boldsymbol{A}$ 复共轭的转置。建立局部坐标系后矩阵 $\boldsymbol{A}$ 的值与变量 s 无关，式（4.109）中 $(\boldsymbol{A}^{\mathrm{H}}\boldsymbol{A})^{-1}$ 及 $\boldsymbol{A}^{\mathrm{H}}$ 在整个计算过程中只需计算一次，以减少计算量。对于每个单元，仅需计算向量 $\boldsymbol{B}$ 即可，求得所有单元的拟合系数后，通过式（4.103）计算全阵的拟合系数，然后通过 FFT 算法计算方向图。

影响 NUFFT 计算的方向图误差因素有：① 虚拟阵列网格大小，一般来说，网格越密计算精度越高，但虚拟阵元越多，影响用 FFT 计算方向图时的计算量；② 用于拟合单个单元的虚拟阵元数量 q，一般取值为 2～3，过大的 q 值对提高精度意义不大；③ uv 空间中的采样点数 M，M 越大精度越高，但向量 $\boldsymbol{B}$ 规模也越大，计算量与 M 线性相关。此外，计算过程中系数矩阵 $\boldsymbol{A}^{\mathrm{H}}\boldsymbol{A}$ 的条件数也会影响计算精度，过低的条件数会使得求解式（4.109）时计算误差过大。

相比于常规累加法，NUFFT 计算方向图方法的计算时间可降低两个数量级，且计算结果准确度高，用于大型非周期阵列时可大幅节省计算时间，提高计算效率。

4.2.7　多阶振幅量化

对阵列天线幅度口径分布进行台阶式振幅量化，称为多阶振幅量化。如果阵列各单元的激励电流幅度只有两种，即 0 或 1，则称之为"密度加权阵"或"稀疏阵"；如果幅度不止两种，而有多个值，则称之为"多阶振幅量化阵"或"多阶密度加权阵"。设除 0 以外的振幅量化值个数为 N，则可称为"N 阶振幅量化"或"N 阶密度加权阵"，一阶振幅量化和密度加权阵即为密度加权阵或稀疏阵。近年来，多阶振幅量化方法在固态有源相控阵天线设计中获得了广泛的应用。

稀疏阵的发展历史可以追溯到 20 世纪 60 年代，Unz、Allen、King、Lo、Ishmaru 和 Skolnik 等人都作出了贡献，可参看 20 世纪 60 年代至 70 年代的有关文献。因稀疏阵天线单元品种单一，便于生产、调试、监测和维护，所以直至今日仍然是许多专家研究的对象，并不断获得许多新的成果。

多阶振幅量化阵的研究，始于 20 世纪 80 年代。1980 年，Halford 和 Mcullagh 报道用三个值 1、0.5 和 0 去设计稀疏阵，可以认为这是关于二阶振幅量化阵的第一篇论文。他们做了一些运算，所得结果令人满意。这种阵确实比稀疏阵更能降低天线阵的副瓣电平，对于一个满阵为 2604 个单元的圆阵，稀疏阵设计的副瓣电平为 -23.5dB，而二阶振幅量化阵设计的副瓣电平为 -29.5dB。1983 年，Smith 和 Tan 对稀疏阵、相位加权阵和二阶振幅量化阵进行了比较。1989 年，郭燕昌和薛锋章发表了关于二阶和多阶振幅量化阵的研究成果，计算了圆阵二阶振幅量化阵的分布和波瓣，并且对一阶、二阶和三阶线阵的计算结果进行了比较。陈红和郭燕昌对线阵多阶振幅量化进行了研究，涉及的阶数直到九阶。Qin 和 Shao 对矩形阵列多阶振幅量化进行了研究，得到的口径分布逼近于可分离的口径分布，可分别控制两个主平面的副瓣电平，而其他平面的副瓣电平远低于主平面的副瓣电平。高铁和李建新将多阶振幅量化成功运用于固态有源相控阵天线设计，考虑了指数约束优化问题，并且研究了公差对有源阵的影响。苗荫和郭燕昌把适当随机法用于多阶振幅量化阵研究。李建新基于概率论原理和最佳一致逼近概念提出了多台阶稀疏技术，多阶振幅量化和统计密度锥削稀疏技术仅为其两种特殊形式。

考察二维平面阵结构，其阵因子可以描述为

$$F_0(\theta,\varphi) = \sum_n a_n e^{jk[x_n(u-u_0)+y_n(v-v_0)]} \tag{4.110}$$

式中，a_n 为归一化幅度分布。定义稀疏参数 p_s（$0 \leq p_s \leq 1$）和多个量化幅度 C_k（$k=0$, 1, $\cdots$, K），并满足下列关系式

$$C_0 \leq C_1 \leq \cdots \leq C_k \leq \cdots \leq C_K, \quad C_0 \equiv 0, \quad C_K \equiv 1 \tag{4.111}$$

此时，称之为 K 阶稀疏阵，阵列稀疏后的阵因子可以改写为

$$F(\theta,\phi) = \sum_n s_n q_n e^{jk[x_n(u-u_0)+y_n(v-v_0)]} \tag{4.112}$$

式中，s_n 为随机变量，且只能取 0 和 1，有

$$s_n = \begin{cases} 0, & \text{概率为} 1-p_s \\ 1, & \text{概率为} p_s \end{cases} \tag{4.113}$$

q_n 为随机变量，当 $a_n \in [C_{k-1}, C_k]$ 时，有

$$q_n = \begin{cases} C_{k-1}, & \text{概率为} 1-p_n \\ C_k, & \text{概率为} p_n \end{cases} \tag{4.114}$$

令式（4.114）的均值与 a_n 相等，可确定 p_n，即

$$p_n = (a_n - C_{k-1})/(C_k - C_{k-1}) \tag{4.115}$$

从而式（4.112）的均值为

$$\overline{F(\theta,\phi)} = p_s F_0(\theta,\phi) \tag{4.116}$$

式（4.116）表明，从统计平均意义上看，阵列多台阶稀疏后的阵因子与理想

阵因子一致，仅相差一常数。由定义可得阵因子的方差为

$$\sigma_F^2 = p_s \sum_n \sum_k \max\left[0, (C_k - a_n)(a_n - C_{k-1})\right] + p_s(1 - p_s)\sum_n a_n^2 \tag{4.117}$$

或改写为

$$\sigma_F^2 = p_s \sigma_K^2 + p_s(1 - p_s)\sum_n a_n^2 \tag{4.118}$$

式中，σ_K^2 为多阶振幅量化引起的方差。

当 $K=1$ 时，多台阶稀疏技术与统计密度锥削稀疏技术完全一致，$\sigma_F^2 = p_s \sum_n a_n - p_s^2 \sum_n a_n^2$；当 $p_s = 1$ 时，多台阶稀疏技术等同于多阶振幅量化技术，$\sigma_F^2 = \sigma_K^2$。因此，多台阶稀疏技术将统计密度锥削稀疏技术和多阶振幅量化技术有机地融合在一起。下面将讨论 p_s 和 C_k 的选取与确定。

由方差的定义可得功率方向图的均值为

$$\overline{P(\theta,\phi)} = p_s^2 P_0(\theta,\phi) + \sigma_F^2 \tag{4.119}$$

式中，$P_0(\theta,\phi)$ 为理想功率方向图。对上式归一化可得

$$\overline{\overline{P}} = \frac{p_s^2 \overline{\overline{P_0}} + \overline{\overline{\sigma_F^2}}}{p_s^2 + \overline{\overline{\sigma_F^2}}} \tag{4.120}$$

式中，$\overline{\overline{P_0}} = \dfrac{P_0(\theta,\phi)}{P_0(\theta_0,\phi_0)}$；$\overline{\overline{\sigma_F^2}} = \dfrac{\sigma_F^2}{P_0(\theta_0,\phi_0)}$。

$$P_0(\theta_0,\phi_0) = \left(\sum_n a_n\right)^2 \tag{4.121}$$

定义在实空间 Ω 上连续函数 $g(\theta,\phi)$ 所构成的线性空间为 $\mathscr{R}$，则在 $\mathscr{R}$ 内可定义无穷范数

$$\| g \|_\infty = \max_\Omega | g(\theta,\phi) | \tag{4.122}$$

由此可得

$$\left\| \overline{\overline{P}} - \overline{\overline{P_0}} \right\|_\infty = \frac{\overline{\overline{\sigma_F^2}}}{p_s^2 + \overline{\overline{\sigma_F^2}}} \tag{4.123}$$

可知 $\overline{\overline{P_0}}$ 的最佳一致逼近函数 $\overline{\overline{P^*}}$ 应满足下述条件

$$\left\| \overline{\overline{P^*}} - \overline{\overline{P_0}} \right\|_\infty = \inf_{P \in \mathscr{R}} \left\| \overline{\overline{P}} - \overline{\overline{P_0}} \right\|_\infty \tag{4.124}$$

由此可见，C_k 和 p_s 可通过优化 $\min\limits_{C_k, p_s}\left(\dfrac{\sigma_F^2}{p_s^2}\right)$ 求得。令 $g = \dfrac{\sigma_F^2}{p_s^2}$，则

$$\frac{\partial g}{\partial p_s} = -\frac{1}{p_s^2}\left(\sigma_K^2 + \sum_n a_n^2\right) < 0 \tag{4.125}$$

式（4.125）说明，函数 g 对变量 p_s 而言是单调递减函数，所以当 $p_s = 1$ 时，

g 取最小值，可得最佳逼近，称之为自然稀疏。一般情况下，与统计密度锥削稀疏技术相类似，p_s 的大小可用来控制阵列的稀疏程度，通常是人为给定的。p_s 与阵列的稀疏程度成反比，p_s 为 1 时稀疏程度最小，稀疏率最小；随着 p_s 的减小，阵列的稀疏程度加大，稀疏率也随之增大。

在 p_s 给定的情况下，可以通过优化 $\min\left(\sigma_F^2\right)$ 得到多阶振幅量化值，目前较为流行的做法是采用遗传算法。有文献给出了计算实例，随着台阶数 K 的增大，阵列多台阶稀疏所能达到的最佳副瓣电平越来越接近于理想情况下的副瓣电平，且稀疏率随之降低。该理论结果可推广至任意平面阵列形式。国外研究多阶振幅量化的文章不多见，参见有关文献。

4.2.8　非周期阵列栅瓣抑制技术

雷达的威力与天线增益和辐射功率直接相关，在现有工程水平单个通道输出功率受限的情况下，提高辐射功率就意味着需要增加有源通道数。现阶段有源相控阵雷达的成本主要取决于 T/R 组件的成本，因此，为了降低雷达系统的研制成本，就必须设计高增益的相控阵天线阵列。提高天线阵列增益的一种有效方法就是增大单元间距，但当单元间距大于一个波长时，阵列栅瓣的出现将不可避免。为了尽可能地降低栅瓣对雷达系统正常工作的影响，国内外均有关于大单元间距阵列天线栅瓣抑制的研究，所研究的形式主要有子阵旋转、子阵错位、子阵重叠等。

通常有两种途径抑制阵列方向图的栅瓣：一种为通过阵列的非周期排布降低阵因子的栅瓣；另一种为通过单元方向图的特性抑制阵列栅瓣。这里，我们重点分析第一种途径。

子阵平移是将阵面的每个子阵（象限）向外移动 1/4 个单元间距，如图 4.9 所示。平移后，子阵（象限）不再紧密排列，而是每个子阵间留有半个单元间距的间隔。子阵平移抑制栅瓣的原理如下：当子阵紧密排列时，在第一栅瓣的空域，每个子阵辐射的电磁波相位相同；当子阵间存在半个单元间距的间隔后，在原来出现第一栅瓣的空域，上下、左右子阵辐射的电磁波相位相反，从而引入一个零点将原来完整的栅瓣分裂成了两半。子阵平移方式对栅瓣的抑制能力约为 3dB。

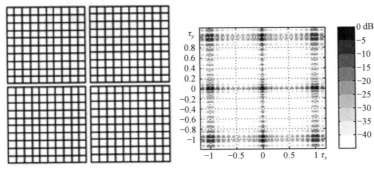

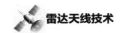

图 4.9　子阵平移示意

子阵（象限）错位是将 Ⅰ 象限阵面向左和向下分别移动 1/4 个单元间距，Ⅱ 象限阵面向左和向上分别移动 1/4 个单元间距，Ⅲ 象限阵面向右和向上分别移动 1/4 个单元间距，Ⅳ 象限阵面向右和向下分别移动 1/4 个单元间距，如图 4.10 所示。错位后，整个阵面的中心存在半个单元间距的方形空隙。子阵错位的栅瓣抑制原理与子阵平移类似，通过子阵错位在原栅瓣空域引入一个零点使得栅瓣发生分裂。子阵错位方式对栅瓣的抑制能力约为 3dB。

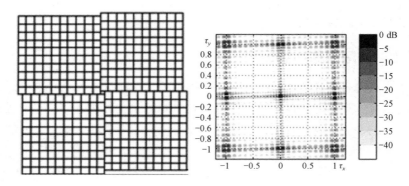

图 4.10　子阵错位示意

子阵旋转以美国 GBR-P 雷达天线为例，如图 4.11 所示，天线阵面分为 8 个超级子阵。每个超级子阵的单元数相当，外围的超级子阵各自旋转一定的角度。各超级子阵出现栅瓣的空域不再相同，栅瓣能量分散到不同的空域，从而有效地降低栅瓣电平。子阵旋转对栅瓣的抑制能力与划分的超级子阵数量相关，略小于 $20\lg N$，N 为子阵的数量。

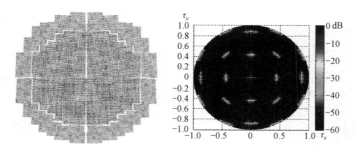

图 4.11　子阵旋转示意

将子阵平移和子阵错位结合起来可以更有效地抑制栅瓣。如图 4.12 所示，各个子阵作为一个整体在平面内随机平移，充分打乱阵列的周期性。子阵随机平移错位后，栅瓣由于无法同相叠加而出现分裂，同样达到了栅瓣抑制的效果。

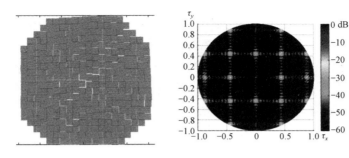

图 4.12　子阵随机平移示意

4.3　工程设计

本节从多个方面叙述当前相控阵天线工程设计中应该考虑的问题。

4.3.1　阵列体制选择

从工作体制上分类，相控阵天线大致可分为模拟有源相控阵天线、单元级数字有源相控阵天线，以及介于这两者之间的子阵级数字有源相控阵天线（或模拟数字混合有源相控阵）。

模拟有源相控阵天线组成如图 4.13 所示，采用模拟 T/R 组件和高频网络形成接收、发射波束。整个阵面的发射单元采用共同的激励源，阵面发射、接收波束均使用移相器和馈线网络形成。由于多波束灵活性差，同时形成多组独立指向的波束，因此必须使用多组移相功分网络；多波束的调整，则需要通过更换馈线网络来实现。

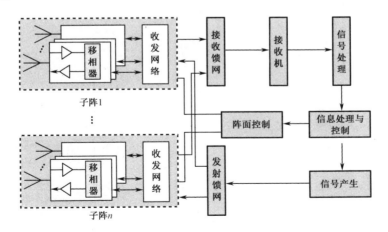

图 4.13　模拟有源相控阵天线组成

模拟有源相控阵天线的缺点为：① 波束由射频网络形成，多波束灵活性差；

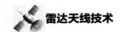

② 阵面不可重构；③ 接收信号动态范围小；④ 抗干扰自由度固定，需要抗干扰辅助通道；⑤ 网络固定、可扩展性差。优点为设备量少，成本低。

单元级数字有源相控阵天线组成如图 4.14 所示，采用单元级数字 T/R 组件和单元级接收数字波束形成（DBF）。每个天线单元的发射/接收通道均采用数字化处理，可同时形成多套独立指向的波束，系统无专门的（发射激励、接收和差）馈线功分网络，仅有本振、时钟、监测分配网络。

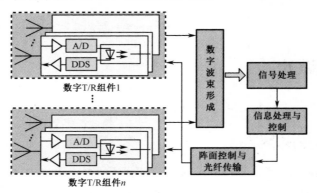

图 4.14　单元级数字有源相控阵天线组成

单元级数字有源相控阵天线的优点为：① 阵面可重构性强、扩展性好；② 信号动态范围大；③ 抗干扰自由度多（单元级）；④ 全数字形成，多波束灵活性最好，有效提高系统时间资源利用。缺点为数字化通道数目较多，天线阵面硬件成本高。

子阵级数字有源相控阵为模拟有源相控阵天线和单元级数字有源相控阵天线的中间形态，其组成如图 4.15 所示，采用模拟通道 T/R 组件（含移相器）、子阵级数字化通道和子阵级 DBF。同时形成多组独立指向的波束，必须使用多组移相网络（移相器和馈线网络）。

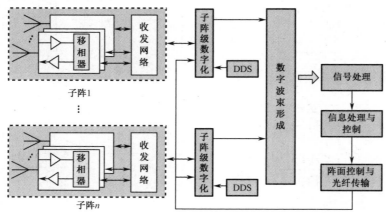

图 4.15　子阵级数字有源相控阵天线组成

子阵级数字有源相控阵天线的优点为：① 阵面重构可在子阵级实现，可扩展；② 子阵波束数字形成，在子阵波束级，多波束灵活性较好；③ 信号动态范围较大；④ 子阵波束内的抗干扰自由度较多；⑤ 数字接收机和 DBF 设备量有所减少；⑥ 天线阵面硬件成本适中。子阵级数字有源相控阵天线的缺点为：天线阵面内的设备较多，控制复杂，需要各自完成对模拟射频组件（衰减器、移相器）和数字通道的独立控制。

不同的工作体制，对应的相控阵雷达天线阵面设计有很大的不同，可根据雷达研制的实际情况，结合雷达的功能需求和经济成本，为相控阵天线阵面设计合理地选择一个最优的阵列体制。

4.3.2　辐射单元选择

辐射单元的设计分为电气设计与非电气设计两方面。电气设计包括有源阻抗匹配、栅瓣抑制、极化控制和功率容量等方面。有源阻抗匹配通常需考虑设计工作频段和扫描空域，单元阻抗匹配时辐射功率最大。栅瓣抑制意味着在实空间只有一个主波束，避免多向发射、接收模糊及能量浪费。极化控制用来增加雷达回波信号或通信线路的效率。功率容量也是至关重要的因素，在大功率情况下，要选择合适的单元材料与结构形式，另外还需要注意对于非常细的单元可能造成电弧放电。

非电气设计与电气设计具有同等重要性，其中环境和价格是主要影响要素。例如，一个能在多雨环境中工作的阵列，要在口径平面上配置能防雨的蒙布；在飞机上应用的阵列，则要求重量轻和体积小等。大型平面相控阵的价格几乎直接与组成阵列的单元数目有关，单元数目直接决定了移相器的个数，对于有源相控阵天线，它也决定了 T/R 组件的个数。作为天线设计师，主要设计目标是尽可能减少单元（移相器）个数，必要时采用稀疏阵。例如，在一个圆锥扫描空域内，满足栅瓣抑制条件的较佳选择是三角形栅格阵列。

常见的阵列有波导口径阵列和偶极子阵列，对这两种阵列的比较可以概括如下。对于偶极子单元，一般情况下适合频率低于 1GHz（与制造公差关系不大）的阵列；功率容量受到限制；对包含巴仑影响的分析困难；从带线和同轴线到偶极子的过渡容易设计。对于波导口径单元，一般用在频率高于 1GHz 的阵列中；从波导移相器自然过渡到波导辐射器；分析相当严密和精确；已在大型阵列上进行过实验验证。当然，以上的比较也不尽完善，仅供设计人员参考。在新型相控阵雷达天线方案出台前，往往必须对各种单元形式和布阵方法进行认真的研究和比较，包括必要的改进和创新，以达到新型雷达的需求。

在相控阵天线中也可采用行波辐射器，例如，用聚苯乙烯棒作为介质棒单元。

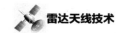

具有宽带（倍频程或更宽）特性的单元结构实例是螺旋和凹口单元阵列。微带贴片单元由于其低效率和表面波等因素，其应用受到限制，但可用于轻重量、低剖面和小体积的场合，近年来在星载相控阵天线中得到了广泛应用。

4.3.3 扫描空域分析

1. 半球覆盖

为了实现半球空域的扫描覆盖，通常需要三个以上的天线阵面，每个阵面向上倾斜一定的角度，图 4.16 给出了三个天线阵面安置结构示例。图中 θ_Z 为阵面法向与天顶的夹角，阵面倾角定义为 $\theta_T = 90° - \theta_Z$，$\theta_0$ 为从阵列法向算起的扫描角。

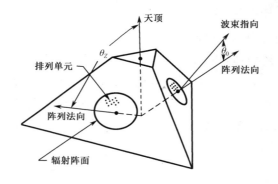

图 4.16 三个天线阵面安置结构

Knittel 分别考察了三、四、五和六个阵面实现半球覆盖的情况。假定阵列单元呈等边三角形排列，使用三个阵面对半球的覆盖空域进行划分，如图 4.17 中左边半球所示，每个阵面覆盖一个球面三角形扇区，即图中黑色粗线所包围的区域。选择阵面法向与天顶的夹角 θ_Z 为 63°，每个阵面的最大扫描角 θ_{max} 为 63°。四面阵类似于三面阵，是将半球覆盖区域分成四个三角形扇区，阵面法向与天顶的夹角为 55°，每个阵面的最大扫描角均为 55°。使用五个阵面对半球覆盖空域进行划分，如图 4.17 中的右边半球所示，其中一个阵面法向指向天顶，称之为天顶阵法向；其他四个阵面法向与天顶的夹角为 72°，称之为侧面阵，每个阵面的最大扫描角为 47°。六面阵的排列方式与五面阵类似，为一个天顶阵和五个侧面阵，侧面阵法向与天顶的夹角为 69°，最大扫描角为 41°。

表 4.3 对上述四种类型阵面排列的最大扫描角、单元间距等参数进行了比较。其中反射功率为在最大扫描角处扫描失配引起的反射，即 $R(\theta_{max}) = \left[\tan(\theta_{max}/2)\right]^4$；波束宽度比为侧射波束与最大扫描波束宽度之比，即 $\cos\theta_{max}$；增益比为侧射增益与最大扫描增益之比，计入反射损耗。

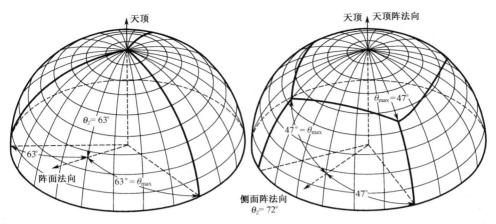

图 4.17　半球扫描覆盖

表 4.3　阵列四种排列性能比较表一

阵面个数	最大扫描角*	单元间距	反射功率	波束宽度比	增益比
三	63°	0.628λ	14%	0.45	4.1dB
四	55°	0.691λ	7%	0.57	2.8dB
五	47°	0.679λ	4%	0.68	1.9dB
六	41°	0.700λ	2%	0.76	1.3dB

* 最大扫描角为近似值。

假定三、四、五和六面阵在对应的最大扫描角处具有同等的性能，表 4.4 给出了在等增益和等波束宽度情况下的比较结果，参数以四面阵为基准列出。

表 4.4　阵列四种排列性能比较表二

阵面个数	等增益		等波束宽度		说明
	所需总单元数	辐射阵面直径	所需总单元数	辐射阵面直径	
三	1.22	1.16	1.45	1.26	
四	1.00	1.00	1.00	1.00	以四面阵为基准
五	1.05	0.90	0.92	0.84	
六	1.04	0.84	0.84	0.76	

2．最佳阵面几何结构

侧面阵最佳阵面倾角在均衡各阵面最大偏轴扫描角的基础上选择，Corey 指出，它仅在特殊情况下是最佳的，而且不能使单元数最少，而单元数直接决定相控阵天线的造价。

考察一个倾角为 θ_T 的阵面，如图 4.18 所示，图中 $x'y'z'$ 为阵面坐标系，xyz 为大地坐标系。在大地坐标系中，常采用方位角 A 和俯仰角 E 表示场点坐标，则大

地坐标系与阵面坐标系正弦空间的坐标变换关系为

$$u = \sin\theta\cos\phi = \cos E\sin A \tag{4.126}$$

$$v = \sin\theta\sin\phi = \sin E\cos\theta_T - \cos E\cos A\sin\theta_T \tag{4.127}$$

$$w = \cos\theta = \sin E\sin\theta_T + \cos E\cos A\cos\theta_T \tag{4.128}$$

对于三角形排列的天线阵面，当扫描角位于(θ_0,ϕ_0)时，栅瓣出现的条件是

$$\left(u_0 + p\frac{\lambda}{2d_x}\right)^2 + \left(v_0 + q\frac{\lambda}{2d_y}\right)^2 = 1, \quad p+q \text{ 为偶数} \tag{4.129}$$

式中，p 和 q 为整数；d_x 和 d_y 分别为沿 x' 轴和 y' 轴方向的单元间距；(u_0, v_0) 为正弦空间的扫描角。

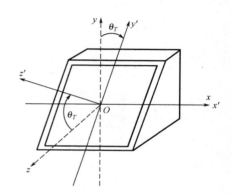

图 4.18　阵面倾斜坐标

针对方位角 $A=\pm60°$，俯仰角 $E\in0°\sim$ $90°$ 的三分之一半球空域（参见图 4.17 和图 4.19），下面以等边三角形排列为例讲述两种确定阵面倾角的方法。

1）最大偏轴扫描角相等

当 $A=\pm60°$ 且 $E=0°$ 和 $90°$ 的扫描点在正弦空间同时位于以正弦空间原点为圆心的圆上时，它们所对应的最大偏轴扫描角相等，即满足最大偏轴扫描角相等的条件。可推导出

$$\theta_T = \arcsin\frac{1}{\sqrt{5}} \approx 26.6° \tag{4.130}$$

偏轴最大扫描角为

$$\theta_{max} = \arcsin(\cos\theta_T) = \arcsin\frac{2}{\sqrt{5}} \approx 63.4° \tag{4.131}$$

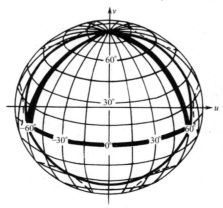

图 4.19　栅瓣边界（GLB）与通过最大偏轴扫描点的圆相切

图 4.19 所示为栅瓣边界（GLB）和所需扫描边界（RSB）的几何关系。图中方位角和俯仰角已按式（4.126）和式（4.127）进行了相应的变换；粗实线表示 RSB，它所包围的区域与三分之一半球空域相对应；细实线为最大偏轴扫描点所对应的圆；虚线为 GLB，它定义为以不扫描时栅瓣点为圆心的单位圆。

对于等边三角形阵列，若按 $d_x = \lambda/(1+\sin\theta_{max}) = 0.528\lambda$ 和 $d_y = d_x/\sqrt{3} = 0.305\lambda$ 选择单元间距，则单元所占面积为 $A_e = 2d_x d_y = 0.322\lambda^2$。

2）阵面单元数最少

从前面的讨论中可以看出，实际扫描空域过大。此时可以进一步优化阵面倾角和单元间距，最大化单元所占面积，并且使 GLB 直接与 RSB 相切。图 4.20 给出了设计示例，空域覆盖要求同上述内容，等边三角形排列。图中粗实线为 RSB，虚线为 GLB，两者直接相切，此时最佳倾角为 37.5°，$d_x = 0.535\lambda$，$d_y = 0.342\lambda$，单元所占面积 $A_e = 0.366\lambda^2$，从而比前面所述方案节省约 12% 的单元数。

最大扫描角 $\theta_{max} = 66.6°$，它对应于方位角 $A = \pm 60°$ 和俯仰角 $E = 0°$ 的偏轴两点，另一个偏轴扫描角位于图 4.20 三角形空域的顶点，为 62.5°。

图 4.20　单元数最少设计

其他类型的扫描空域覆盖也可进行类似的分析。对于矩形栅格阵列，除栅瓣出现条件不同外，最佳阵面几何结构可按以上述设计思路进行。

在上面的分析中，由于 GLB 表征栅瓣波束中心点的轨迹，栅瓣的一半有可能落在单位圆中，因此，在实际工程设计时，需要预置一定的裕量，这在正弦空间中是相当方便的。因为在正弦空间扫描时，波束宽度不发生变化，所以只要适当增加栅瓣圆的半径，即能满足设计要求。

4.3.4　宽带宽角天线阵列阻抗匹配

目前，相控阵天线已经在雷达、电子战、通信等军用和民用领域有了广泛的应用，正朝着共享孔径的一体化宽带阵列方向发展，多功能一体化相控阵天线概念如图 4.21 所示，而宽带宽角扫描天线阵列是其中的关键技术之一。宽带天线阵列是由若干辐射单元按照一定规律排布组成的，简单的如一维阵列、二维阵列，复杂的如共形阵，通过这些或简单或复杂的排布方式，天线阵列可以获得优异的特性，其中宽带宽角扫描性能是宽带天线阵列最为关注的性能。

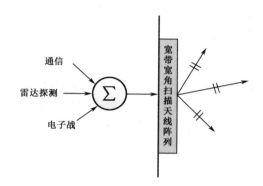

图 4.21　多功能一体化相控阵天线概念

1．宽带天线阵列设计

在阵列天线设计中，扩展阵列带宽的主要方法如下。

（1）采取小型化宽带辐射单元构成阵列。如果辐射单元本身就是小型化宽带天线，即辐射单元结构尺寸与低频点工作频率对应波长相比可以很小，通过这种辐射单元组阵可有效扩展阵列带宽。

（2）构造宽带天线阵列。由于我们关注的是阵列带宽，如果辐射单元在阵列中可以工作在比孤立单元时更低的频带上，也就是阵列中的辐射单元工作低频点可以向更低的频率上扩展，那么采取该方法也可以获得更宽的阵列带宽。例如，目前常见的强耦合超宽带宽角扫描天线阵列，详细介绍可参考本节第 4 部分。

天线的工作频率与天线的电尺寸相关，若天线的电尺寸有限，则天线的工作带宽必定是有限的。目前，拓宽相控阵天线辐射单元带宽的几种常见方法如下。

（1）采取渐变结构。为了尽量减少天线形状对频率的影响，可采用依赖于渐变结构形状的天线，如螺旋天线、双锥天线、渐变槽线天线等，典型宽带天线阵列如图 4.22 所示。其中渐变槽线天线通过线性或指数渐变的槽线进行辐射，相当于形成了不同宽度的喇叭口，较低频率由最宽的喇叭口尺寸决定，而较高的频率则由最窄喇叭口尺寸决定，因此渐变槽线天线的带宽与开槽的宽度及天线的高度有较大关系，详细介绍可参见第 2 章。

（a）渐变槽线天线　　　　　　　　　　（b）单锥天线

图 4.22　典型宽带天线阵列

（2）自补结构天线。简单的例子是条状的偶极子天线与同样形状的开槽天线构成磁电偶极子，双极化磁电偶极子单元如图 4.23 所示。采用此种结构，带宽可得到扩展，并且在带宽内可保持波瓣、增益的稳定。

（3）补偿与加载。两者的理论比较类似，都基于传输线理论来分析。当频率偏离谐振点时，天线系统的输入阻抗不再是纯电阻，所以必须对天线进行电抗补偿，以控制天线在所需频率范围内于零电抗附近波动。常用的加载方法包括阻性加载和电抗加载、集总参数加载和连续加载等。

（4）增加谐振结构。这类天线的主要特征是辐射只发生在天线中的有效区域，有效区域的长度大约是半波长，或者周长大约是一个波长。随着频率的增加，有效区域会慢慢移向尺寸较小的部分。例如，增加"寄生"贴片是当前微带贴片天线扩展阻抗带宽的常用方法，如图 4.24 所示。

 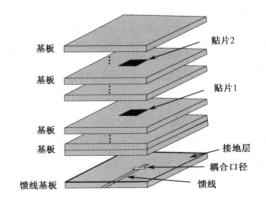

图 4.23　双极化磁电偶极子单元　　　　图 4.24　增加"寄生"贴片扩展微带贴片天线带宽

此外，在天线设计中，引入"粗""宽""厚"的结构也有利于提高天线的频带宽度。

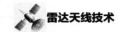

2．宽角扫描天线阵列设计

与单个宽带天线不同，宽带天线阵列由于其阵列的特征，带宽不再是唯一的要求，阵列扫描能力也是需要考虑的重要指标。由于辐射单元之间互耦的存在，当相控阵天线处于扫描状态时，往往会给阵列的有源驻波特性带来剧烈的影响，宽带天线阵列如何实现宽角扫描也是国内外学者研究的热点问题。

相控阵天线互耦主要包括两种形式，一种为位于自由空间中的天线阵列辐射单元间的直接耦合，另一种为位于传输线区的辐射单元馈电网络之间的耦合。阵列单元间耦合路径如图 4.25 所示。根据不同的耦合路径，可采取不同的匹配技术实现扫描角度扩展。

Knittel 概括了用于振子和波导阵列阻抗匹配的许多方法，把宽角阻抗匹配（WAIM）技术划分为改善宽角匹配的传输线区技术和自由空间区技术。

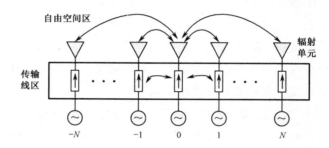

图 4.25　阵列单元间耦合路径

1）传输线区技术

常规的单模匹配在一个频率点和一个扫描角可产生阻抗匹配，但不能补偿阻抗随扫描的变化。传输线区技术通过采用无源电路在口径控制高次模，在各单元之间分别互联，或者通过使用有源调谐电路来改善阻抗匹配，从而实现不同程度的宽角匹配。下面给出由 Knittel 划分的传输线区技术。

（1）利用连接电路。

早期研究表明，在阵列单元间利用连接电路可显著改善扫描匹配。但该技术实现困难，对于实际上能否达到完全扫描匹配有许多争议。

（2）介质加载和多模波导。

利用传输线（传播或不传播的）高次模可改变波导阵列的宽角阻抗特性。Wu和 Galindo 与 Amitay 和 Galindo 研究了带有介质塞的单模传输线的波导，高次模被截止。但在 Tang 和 Wong 的著作中，允许传播高次模，对阵列单元宽角匹配起着重要的作用。

（3）电调谐匹配。

对阵列单元进行电调谐，可在全部扫描角上实现匹配。1970 年，Knittel 对此进行了评价，引入附加器件实现这种调谐，增加了成本，并且可能降低了可靠性。但随着 MMIC 技术的不断进步，采用单片技术实现调谐电路，可降低成本和改善可靠性，因此或许可在实际应用系统中找到其位置。

（4）有耗匹配。

Oliner 和 Malech 使用环流器和加载来改善发射阵的匹配。这个方法通常用于（单个单元）通信系统中的宽带匹配，特别是在发射机失配严重的情况下。这实际上不是阻抗匹配技术。

2）自由空间区技术

1970 年，Knittel 提出了五种自由空间技术，分别为减小单元间距、单元间增加隔板、周期性加载地板、加载介质薄板和覆盖层（天线罩）介质板等。

（1）减小单元间距。

首先必须指出，小单元间距与大单元间距相比，其阻抗随扫描角的变化显著减小。这有助于消除间距越小、互耦越强将增加单元阻抗变化的观点。Knittel 等人的研究结果很好地解释了阻抗减小的原因。Munk 等人也指出，使用很小的间距和数值优化，可导出随扫描阻抗变化很小的阵列。

（2）单元间增加隔板。

各种周期加载的研究已表明用该项技术可以改善阵列匹配。例如，安装平行于阵列 H 面的隔板使阵列 E 面扫描得到改善。Mailloux 发表了一些有关隔板的研究结果，指明某些尺寸会产生深的阵列单元波瓣零点，即扫描盲点。Dufort 则研究了复杂的波纹隔板装置。总之，这些方法能改善特殊阵列的扫描特性，并且允许扫描到较宽的角度。

（3）周期性加载地板。

Hessel 和 Knittle 介绍的周期性加载地板技术由交替使用的馈电波导和短路寄生波导组成，类似于微波"扼流"阻断地屏电流。该技术在 E 面改善宽角扫描，同时使 H 面扫描特性不变。

（4）加载介质薄板。

Magill 和 Wheeler 提出了一种很有用的匹配扫描波导阵列的方法，即在阵列口径前面用一层高介电常数的薄板，在阵列扫描时可消除一些电纳变化。

（5）覆盖层（天线罩）介质板。

对于波导、振子和微带贴片阵列，使用介质（各向异性材料）作为天线罩，这些介质在阻抗匹配方面有一定的作用。

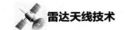

3. 宽带宽角阵列性能实验

阵列天线宽带宽角阻抗匹配的小阵列实验是阵列及其阵中单元设计定型的重要环节。为了合理模拟辐射单元的阵中特性，7×7 或 9×9 规模阵列的中心单元可以作为大阵中的典型单元，具体参见 3.6.5 节。按图 4.26 搭建阵中单元有源反射系数测试平台，通过对小阵列所有单元激励并控制波束扫描可测得单元的有源反射系数，这种方法需要小阵列有波控能力和匹配的馈电网络，但它能直接反映工作频带内和扫描空域中的失配情况，更有利于对辐射单元或阵列结构进行快速调整。

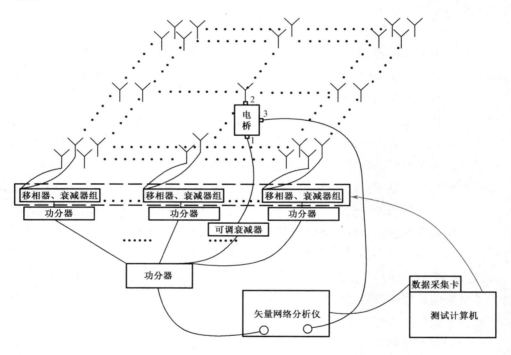

图 4.26 阵中单元有源反射系数测试平台

4. 紧耦合超宽带宽角扫描天线阵列

近年来，随着电子信息技术的迅速发展和通信容量的爆炸式增长，对相控阵天线的研究不再局限于波束扫描功能的开发，而更多地朝着超宽频覆盖的方向发展，以适应日益集成化的多功能电子系统的需求。不仅如此，为节约载体有限的空间和载荷并减小气动阻力和雷达散射截面，往往希望相控阵天线在实现超宽带性能的同时具有较低的剖面高度和较轻的重量。

面对上述需求，一种基于紧耦合效应的超宽带相控阵技术应运而生。通过紧密排布阵元来实现口径面上近乎稳恒的连续电流分布，阵元间的电容耦合可以抵消反射地板的等效电感，加载介质覆盖层来辅助辐射口径与自由空间之间的阻抗变换。通常，紧耦合天线阵可实现至少 4:1 的阻抗带宽和 ±45° 的波束扫描范围，其剖面高度约为 1/10 低频波长。与传统的渐变槽线天线阵相比，紧耦合天线阵在同时实现超宽带和低剖面性能方面有着天然的优势。

1）原理分析

除了像渐变槽线天线那样通过纵向延长单元尺寸来降低最低截止频率外，还可以考虑"延长"单元的横向尺寸。当然，由于栅瓣的限制，这种"延长"不是直观意义上的延长，而是借助相邻单元来增加单元的有效长度。这样一来，天线阵面上支持的电流长度和波长远大于单个单元的尺寸。

该设计思路源于 Wheeler 于 1965 年提出的连续电流片阵列（Continious Current Sheet Array）。Wheeler 用一张无限大的，上面分布着连续均匀电流的平面来作为紧密排列的单极化偶极子平面阵列的极限理想模型。在自由空间中，该电流面的表面阻抗是纯实数，并且与频率不相关。1970 年，Baum 首次使用单元间电连接的方法优化阵列的低频阻抗匹配性能。后来，Hansen 使用有限元法对连接阵上的电流分布进行仿真，发现当单元间距等于或小于 0.1λ 时，阵面上的电流几乎恒定，十分接近 Wheeler 的连续电流片理想模型，这验证了该设计思路的有效性。

然而，连续电流片阵列在实际应用中往往无法达到理想效果。当人们为了实现相控阵的定向辐射，将连接阵置于金属反射地板上方时，其带宽会受到明显制约。站在等效传输线的角度分析，从阵列口径面看向金属地板相当于一节短路传输线。当二者距离很近时，阵列便会产生"短路"的效应，其输入阻抗实部接近于零，虚部呈现感性，严重影响其低频表现。针对这一问题，俄亥俄州立大学的 Munk 教授给出了解决方案。Munk 和他的学生 Kornbau 在研究 Gangbuster 频率选择表面的时候发现，倾斜布置的偶极子阵列排列越紧密，带宽越宽。也就是说，相邻偶极子单元间强烈的电容耦合不仅没有使阵列带宽变窄，反而起到了积极的作用。于是，在 Wheeler 的连续电流片理想模型基础上，Munk 打破相邻偶极子单元间的电连接，而在它们的末端引入电容耦合。这种单元间的耦合电容恰好有助于抵消该地板在低频带来的电感效应。Munk 将这种改进的设计称为电流片阵列（Current Sheet Array，CSA）。后来，为了与单纯的连接阵进行区分，此类阵列更多地被称为紧耦合阵列（Tightly Coupled Array，TCA）。

2）天线性能

（1）自由空间中的连接阵与紧耦合阵。

首先，我们略去金属反射地板对阵列性能的影响，对连接阵和紧耦合阵在自由空间中的带宽表现进行研究。在仿真软件中建立连接阵和紧耦合阵的模型如

图 4.27 和图 4.28 所示，这两种阵列均由集总源馈电，并且设置主从边界条件来模拟无限大阵列环境。在连接阵中，相邻单元直接连接；在紧耦合阵中，相邻偶极子末端不相连但距离很近，相邻偶极子之间的缝隙形成较强的电容分量。

连接阵和紧耦合阵的阻抗仿真对比如图 4.29 所示。从图中可以看出，它们的阻抗实部在 30:1 的带宽内均十分稳定且接近，但阻抗虚部呈现出明显的不同。其中，连接阵的阻抗虚部在全频段内均接近于零；而紧耦合阵列的阻抗虚部在低频呈现容性，且随频率越小越加明显。

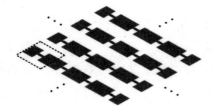

图 4.27 自由空间无限大连接阵

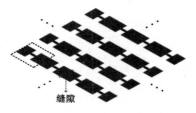

图 4.28 自由空间无限大紧耦合阵

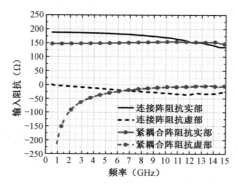

图 4.29 连接阵和紧耦合阵的阻抗仿真对比

连接阵和紧耦合阵的等效电路模型如图 4.30 和图 4.31 所示。其中，X_d 代表偶极子自身电抗，C_s 代表紧耦合阵中单元间耦合电容，Z_0 代表等效传输线的特性阻抗。对于正交维度上单元间距相等，正向辐射 TEM 波的天线阵列（阵列下方理想开路），其自由空间的理想特性阻抗等同于自由空间波阻抗。此处，Z_0 约为 377Ω。从输入端口看，连接阵和紧耦合阵的阻抗分别为 $Z=188\Omega+\mathrm{j}X_d$ 和 $Z=188\Omega+\mathrm{j}X_d+1/(\mathrm{j}\omega C_s)$。也就是说，它们阻抗实部均为 188Ω，虚部相差一个 $1/(\mathrm{j}\omega C_s)$ 分量，而这一容抗分量会随着频率减小而增大。这一结果与阻抗仿真结果相对应。不过，由于等效电路模型存在近似性，因而其结果和电磁仿真得到的结果虽相近，但并不完全相等。即便如此，等效电路分析方法仍不失为研究紧耦合阵列的重要有效手段。

（2）带金属反射地板的连接阵与紧耦合阵。

在实际应用中，往往需要在天线阵列下方放置金属反射地板以实现定向辐射。在原阵列保持不变的情况下，在它们下方 h 处均放置一块无限大金属反射地板（简称地板）。此时，连接阵与紧耦合阵的等效电路中一侧的自由空间被短路，如图 4.32 和图 4.33 所示。从阵列口径看向地板一侧的阻抗 $Z_+ = \mathrm{j}Z_0 \tan(2\pi h / \lambda)$，看向自由空间一侧的阻抗 Z_- 仍为 Z_0。它们的并联阻抗为

$$Z_+ \| Z_- = \frac{\tan^2(2\pi h / \lambda)}{1 + \tan^2(2\pi h / \lambda)} Z_0 + \mathrm{j} \frac{\tan(2\pi h / \lambda)}{1 + \tan^2(2\pi h / \lambda)} Z_0 \qquad （4.132）$$

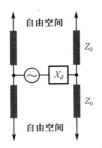

图 4.30　自由空间无限大连接阵等效
　　　　电路模型

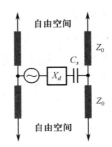

图 4.31　自由空间无限大紧耦合阵等效
　　　　电路模型

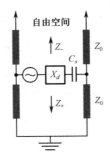

图 4.32　带金属反射地板的无限大连接阵等效　图 4.33　带金属反射地板的无限大紧耦合阵
　　　　电路模型　　　　　　　　　　　　　　　　　等效电路模型

从输入端口看，连接阵和紧耦合阵的阻抗分别为

$$Z = Z_+ \| Z_- + \mathrm{j}X_d \qquad （4.133）$$

$$Z = Z_+ \| Z_- + \mathrm{j}X_d + 1/(\mathrm{j}\omega C_s) \qquad （4.134）$$

阵列的阻抗实部仍由 $Z_+ \| Z_-$ 决定，只是在自由空间中，$Z_+ \| Z_- \approx 188\Omega$，与频率无关；加上地板后，随着频率变化，阵列的阻抗实部在 $0 \sim Z_0$ 之间变化。当 h 为半波长的整数倍时，$Z_+ = 0$，$Z_+ \| Z_- = 0$，阵列被短路。因此，阵列距地板的高度不能大于 $\lambda / 2$。

再看地板对阻抗虚部的影响，当 $h = \lambda/4$ 时，$Z_+ = \infty$，地板呈现开路状态，对阻抗虚部无贡献；当 $\lambda/4 < h < \lambda/2$ 时，地板提供容抗分量；当 $0 < h < \lambda/4$ 时，地板提供感抗分量。从自由空间中的阵列表现已知，紧耦合阵中的容抗随频率减小而增大，恰好可以抵消地板在低频带来的电感分量。

带地板的连接阵和紧耦合阵的阻抗仿真对比如图 4.34 所示。在观察频率范围内，h 的电长度为 $0.05\lambda \sim 0.45\lambda$，始终小于 $\lambda/2$，因而不会出现阻抗实部为零的现象，但仍可以观察到阻抗实部在频带两端接近于零的趋势。如等效电路分析所预测，连接阵的电抗分量在低频呈现感性，紧耦合阵中的这一分量被单元间耦合电容所抵消，下降至零附近。

从图 4.35 中可以更加直观地看到，由于低频的差别，紧耦合阵的阻抗曲线更加集中于匹配点附近。由此可见，虽然在自由空间中连接阵带宽更宽，但加上地板后，紧耦合阵的单元间耦合电容能够在低频有效抵消地板的电感分量，从而实现比连接阵更宽的带宽。

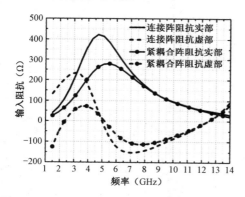

图 4.34　带地板的连接阵和紧耦合阵的阻抗仿真对比

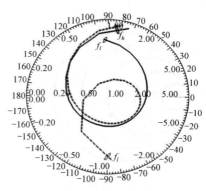

图 4.35　连接阵和紧耦合阵仿真阻抗的史密斯圆图

（3）带金属反射地板和介质层加载的紧耦合阵。

在紧耦合天线阵的设计中，常常会在阵列上方布置一层或两层均匀且各向同性的加载介质，以辅助实现超宽带性能和宽角扫描的阻抗匹配。带地板和介质层加载的紧耦合阵单元的仿真模型及其等效电路模型如图 4.36 所示，介质层的厚度为 h_1，相对介电常数为 ε_{r1}。

其等效传输线的特性阻抗为 $Z_1 = Z_0/\sqrt{\varepsilon_{r1}}$。从等效电路模型中可以看到，从该天线单元看向地板一侧的阻抗不变，仍为 $Z_+ = jZ_0 \tan(2\pi h/\lambda)$；而看向自由空间一侧的阻抗 Z_- 不再是 Z_0，经介质层阻抗变换后变成

$$Z_- = Z_1 \frac{Z_0 + jZ_1 \tan(2\pi h_1 / \lambda_1)}{Z_1 + jZ_0 \tan(2\pi h_1 / \lambda_1)}$$

$$= Z_0 \frac{Z_1^2 + Z_1^2 \tan^2(2\pi h_1 / \lambda_1)}{Z_1^2 + Z_0^2 \tan^2(2\pi h_1 / \lambda_1)} - j \frac{Z_1^2 (Z_0^2 - Z_1^2)}{Z_1^2 + Z_0^2 \tan^2(2\pi h_1 / \lambda_1)} \tan(2\pi h_1 / \lambda_1) \qquad (4.135)$$

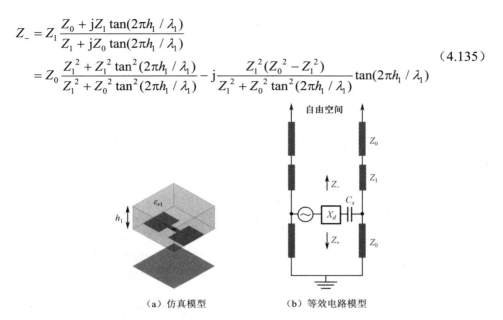

（a）仿真模型　　　（b）等效电路模型

图 4.36　带地板和介质层加载的紧耦合阵单元

其中，$\lambda_1 = \lambda / \sqrt{\varepsilon_{r1}}$，为介质层中 TEM 波的波长。由 $\varepsilon_{r1} > 1$ 知 $Z_1 < Z_0$，因而 Z_- 的实部小于 Z_0。特别地，当 $h_1 = \lambda_1 / 4$ 时，介质层相当于 $\lambda / 4$ 阻抗变换器，将自由空间特性阻抗 Z_0 变换为 Z_0 / ε_{r1}；当 $0 < h_1 < \lambda_1 / 4$ 时，Z_- 不再为纯实数，它的虚部呈容性；当 $\lambda_1 / 4 < h_1 < \lambda_1 / 2$ 时，Z_- 的虚部呈感性。当 h_1 继续增大时，会周期性地重复上述表现。对比上述内容中地板对阻抗虚部的影响，发现介质层的作用与其恰恰相反。因此，若令 $h_1 = h / \sqrt{\varepsilon_{r1}}$，则二者对阻抗虚部的贡献将同步抵消。由图 4.37 可知，加载介质层的紧耦合阵的驻波结果明显优于未加载的结果。

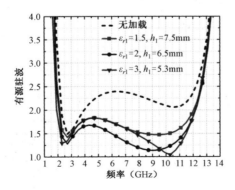

图 4.37　三组不同 (ε_{r1}, h_1) 取值和无加载情况的有源驻波比

3）天线结构及馈电设计

偶极子天线是紧耦合天线通常采用的基本天线形式。正如前面所介绍的，紧

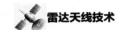

耦合天线最重要的设计要素是在单元之间引入耦合电容，具体结构实现方式有交指、交叠等，如图 4.38 所示。

对于紧耦合天线阵而言，除了天线本身外，承接同轴馈线和天线之间的馈电网络的设计也十分重要。一般需要满足三点要求：① 在超宽频带内完成由非平衡到平衡结构的变换，这是因为天线单元通常为平衡的偶极子形式；② 在超宽频带内完成由 50Ω（标准同轴馈线特性阻抗）到 100Ω～300Ω（天线口径输入阻抗）的阻抗变换；③ 不引起谐振。除以上电性能相关要求外，紧耦合天线阵的馈电网络还要尽量紧凑，以便能够适应其低剖面结构。

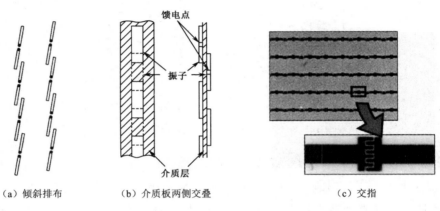

（a）倾斜排布 （b）介质板两侧交叠 （c）交指

图 4.38 紧耦合结构的实现方式

紧耦合天线常见的馈电形式有差分馈电、平行双线馈电、Marchand 巴仑馈电、渐变微带线馈电、微带线-共面渐变线馈电、共面波导-共面渐变线馈电等。其中，以平行双线和 Marchand 巴仑这两种馈电形式最为常见。

4）常见紧耦合天线形式

（1）双极化紧耦合偶极子天线。

如图 4.39 所示为 2GHz～18GHz 双极化紧耦合偶极子阵列，其中图 4.39（a）为紧耦合天线提出者 Munk 教授与 Harris 公司于 2003 年合作发布的 CSA 阵列样机。该阵列采用交指耦合结构和差分馈电形式，上方加载了两层介质板。这种差分馈电网络由外置巴仑、双同轴线和接地屏蔽装置组成。该外置巴仑可产生 100Ω 的差分输出信号，通过双同轴线馈给偶极子两臂。接地屏蔽装置的作用是避免共模谐振的发生。该阵列的设计相对带宽可达到 9:1，总剖面高度约为$\lambda/10$（不含地板下方馈电网络）。

（2）集成巴仑的紧耦合偶极子阵列。

2012 年，俄亥俄州立大学的 Volakis 团队提出了一种非平衡馈电的紧耦合天线阵。为了降低从同轴线到天线口径的阻抗匹配难度，该设计将阵列单元一分为二，使口径面辐射阻抗减半。与此同时，使用威尔金森功分器将同轴端 50Ω 输入阻抗变换为 100Ω，再由 Marchand 巴仑完成非平衡到平衡的变换。由于子单元间距较小，因而该阵列在工作频带内未发生共模谐振。在该阵列中，天线与馈电网络印刷于同一介质板上，因而称之为集成巴仑的紧耦合偶极子阵列（Tightly Coupled Dipole Array with Integrated Balun，TCDA-IB），如图 4.40 所示。通过将天线与巴仑作为级联网络共同调谐，TCDA-IB 在 7.35∶1（0.68 GHz～5 GHz）的带宽内（有源驻波＜2.65）可实现±45°的波束扫描。该阵列地板上方的剖面高度约为 $\lambda_l/10$。

（a）CSA 阵列样机

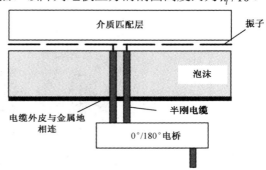

（b）单元剖视图

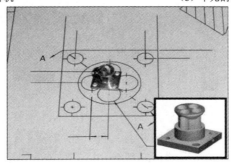

（c）接地屏蔽装置

图 4.39 2GHz～18GHz 双极化紧耦合偶极子阵列

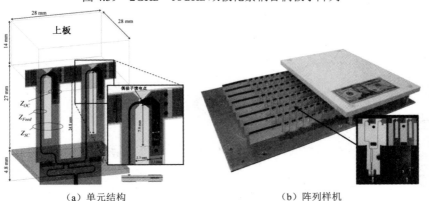

（a）单元结构　　　　　　　　　　　　（b）阵列样机

图 4.40 集成巴仑的紧耦合偶极子阵列

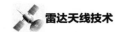
（3）紧耦合八角环阵列。

电子科技大学杨仕文教授团队于 2013 年提出一种双层八角环结构的紧耦合天线阵，如图 4.41 所示。在该阵列中，下层八角环为辐射单元，上层尺寸更小的八角环为匹配加载，中间由重量很轻、厚度约为 $\lambda_h/3$ 的泡沫材料填充支撑。为吸收边缘反射波，阵列的边缘加载一排接匹配负载的哑元。该阵列在 4.4:1（2.5 GHz～11GHz）的带宽内可实现±45°的波束扫描。

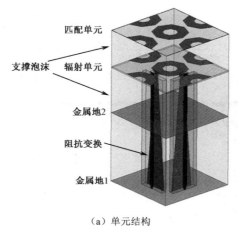

匹配单元

支撑泡沫　辐射单元

金属地2

阻抗变换

金属地1

（a）单元结构　　　　　　　　　（b）阵列样机

图 4.41　双层八角环结构的紧耦合天线阵

（4）加载电阻环和电阻片的紧耦合天线阵。

在紧耦合天线阵中，也有通过加载有耗材料来拓展带宽的案例。Volakis 团队自 2012 年陆续提出加载电阻环和电阻片的紧耦合天线阵，加载电阻片的紧耦合天线阵如图 4.42 所示。根据等效传输线理论，当阵列口径面与地板之间的距离为 $0, 0.5\lambda, \lambda, 1.5\lambda, \cdots$ 时，地板会对天线阵产生周期性短路效果。因此，紧耦合天线阵中二者距离通常不超过 $\lambda_h/2$。为打破这一制约，Volakis 团队将偶极子高度抬高，同时在偶极子与地板中间加载电阻片来消除短路效应。经仿真验证，该阵列可实现 13.3:1（0.29GHz～3.87GHz）的阻抗带宽（有源驻波<3.0），波束扫描范围为±45°。

4.3.5　天线阵列瞬时带宽

虽然相控阵天线单元能在很宽的频带内匹配，但由于移相器的影响，存在瞬时带宽限制。对于用相位而不是延时补偿的阵列，由于频率的变化，扫描波束会改变方向，这一现象又称为相控阵天线的"孔径效应"。信号频率由 f_0 变为 $f_0 + \Delta f$ 后所引起的天线波束指向偏移 $\Delta\theta_0$ 为

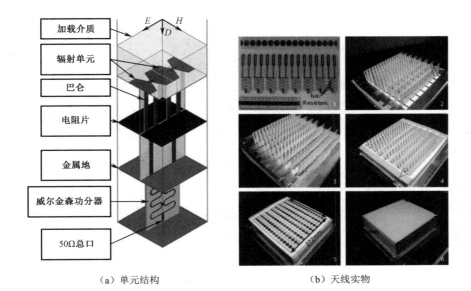

（a）单元结构　　　　　　　　　　　　（b）天线实物

图 4.42　加载电阻片的紧耦合天线阵

$$\Delta\theta_0 = -\frac{\Delta f}{f_0}\tan\theta_0 \tag{4.136}$$

式中，θ_0 为扫描角；$\Delta f/f_0$ 为相对带宽。

如果带宽用增益下降 3dB 来衡量，即波束指向偏移 1/2 波束宽度，则相对带宽为

$$\frac{\Delta f}{f_0} = \frac{0.886 B_b \lambda}{L\sin\theta_0} \tag{4.137}$$

式中，L 为阵列口径长度；B_b 是波束展宽因子。

对于波束扫描 1/4 波束宽度的情况，有大约 0.7dB 的增益损失。对于宽角扫描的情况，Frank 提出了一个合理的带宽准则：当允许 60° 扫描时，频率引起 1/4 波束宽度指向偏离，即增益损失 0.7dB。此时近似有

相对带宽（%）≈波束宽度（°） (4.138)

式中，波束宽度指的是法向波束宽度。

当系统需合成宽带差波束时，频率引起波束零点指向偏离，由于不同频率零点不重合，从而导致宽带波束的零点深度迅速抬升。此时，允许带宽低于 Frank 提出的 1/4 波束宽度偏离的准则。根据不同的零点深度要求，要求频率引起波束宽度指向偏离小于 1/10 甚至更小。

阵列带宽的另一种理解来自阵列"填充时间"（也称"孔径渡越时间"）的概念。一个非常短的脉冲到达阵列不同边缘的时间完全不同，如果没有延时装置，那么无法将每个单元的信号相加。脉冲宽度必须远大于填充的时间，也就是说，

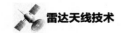

对一个从角度 θ_0 入射来的脉冲，应有

$$\tau > T = \frac{L\sin\theta_0}{c} \tag{4.139}$$

式中，c 为光速；τ 为脉冲宽度（持续期）；T 为天线填充时间。

无论何种脉冲，其带宽与脉冲宽度成反比，于是相对带宽为

$$\frac{\Delta f}{f_0} < \frac{K_P\lambda}{L\sin\theta_0} \tag{4.140}$$

式中，K_P 为比例常数，大约在 1 的数量级。

根据允许脉冲畸变的程度，计算更实际的带宽，必须进行更详细的谱域分析。Frank 给出了各种串馈和并馈情况下的连续波与脉冲波的带宽判据，并且指出脉冲信号的带宽，大约是用这个连续波情况准则所确定带宽的两倍。

在大多数情况下，阵列带宽约束是一种严重的限制，可以通过适当划分子阵及增加延时器来满足带宽要求，但对于多个倍频程天线只有用延时器代替移相器才能解决问题。

4.3.6　相控阵天线校准

根据实现的技术途径，相控阵天线校准可分为矩阵求逆法、互耦校准法、旋转矢量校准法、中场校准法、换相测量法等，下面分别介绍。

1．矩阵求逆法

矩阵求逆法是一种远场校准方法。该方法需要一个远距离测试场、辅助天线和转台系统，被测相控阵天线安装在一个精密定位的转台上，接收远场辐射信号，在 N 个预定的角位置，精确地测出天线总输出端口的幅度和相位，再通过矩阵求逆运算得到天线口径分布的幅度和相位。

2．互耦校准法

互耦（MCT）校准法需要各阵元通道可以自由控制收发状态，该方法主要用于有源相控阵，它不需要外加辅助源，利用阵列自身部件进行。互耦校准法的基本原理是：大型阵列的阵中相邻单元的互耦系数是相同的，通过对阵列中相邻单元进行收发测试，由测试数据计算出各有源通道的幅度和相位信息，从而实现阵面监测功能，再根据理想分布进行阵列校准。

假设第 m 个单元发射信号，其相邻单元 $m-1$（或 $m+1$）接收信号，阵面其他单元关闭（置为负载状态），测量并记录接收单元接收的幅度和相位，对所有单元重复这个过程。根据互耦系数的定义并利用测得的接收幅度、相位信息，就能计算出所有单元的发射、接收信号，即阵面的口径分布。

设一个具有 N 个单元的线阵，阵中相邻单元的互耦系数为 C，由互耦系数的定义可以得到，当第 m 个单元发射，第 $m-1$ 个单元接收时，有

$$R_{m-1}^m = T_m \cdot C \cdot U_{m-1} \tag{4.141}$$

式中，R_{m-1}^m 是单元 m 发射时在单元 $m-1$ 处接收的信号；T_m 是单元 m 的发射信号；U_{m-1} 是单元 $m-1$ 的接收链路的传递函数。

当第 m 个单元发射，第 $m+1$ 个单元接收时，有

$$R_{m+1}^m = T_m \cdot C \cdot U_{m+1} \tag{4.142}$$

式中，R_{m+1}^m 是单元 m 发射时在单元 $m+1$ 处接收的信号；U_{m+1} 是单元 $m+1$ 的接收链路的传递函数。

由式（4.141）和式（4.142），我们可推导出此阵列中所有单元的 U、T 关系，如当 N 为偶数时

$$U_m = \frac{R_m^{m+1}}{R_{m+2}^{m+1}} \cdot U_{m+2}, \quad m = 1, 2, \cdots, N-2 \tag{4.143}$$

$$T_m = \frac{R_{m+1}^m}{R_{m+1}^{m+2}} \cdot T_{m+2}, \quad m = 1, 2, \cdots, N-2 \tag{4.144}$$

由式（4.143）和式（4.144）可以看出，如果标定线性阵列的两个相邻单元，则可推算所有单元的收发相对幅相关系。如果将互耦校准法应用于线阵的校准过程推广至大型二维阵列，则当标定四个单元时，就可得出所有单元的收发分布情况。

3. 旋转矢量校准法

旋转矢量（REV）校准法是阵面全部通道均处于发射状态的一种校准方法。当各天线通道均处于发射状态时，探头所接收的信号为被测通道的发射信号、其他通道的发射信号和噪声信号。由于各种干扰信号形成矢量叠加，使探头所接收的数据无法准确反映待测通道的幅相信息，因此需采用旋转矢量校准法进行校准。

旋转矢量校准法是改变某一单元的相位，根据探头所接收的信号的变化与相位的关系求得该单元幅相信息的过程。此方法探头无须移动，操作简单，但操作时间较长。

设合成场矢量的初始状态分别表示为 E_0、ϕ_0，第 n 个通道的幅度和相位分别表示为 E_n、ϕ_n。当第 n 个单元的相位变化为 $\varDelta$ 时，合成场矢量为

$$E = (E_0 e^{j\phi_0} - E_n e^{j\phi_n}) + E_n e^{j(\phi_n + \varDelta)} \tag{4.145}$$

分别测试出相位变化 $\varDelta_1, \varDelta_2, \cdots, \varDelta_n$ 的合成场矢量，并且通过最小二乘法计算出第 n 个通道的幅度和相位。

采用旋转矢量校准法，当合成矢量远远大于单通道信号幅度时，通过改变通道相位引起的合成场矢量变化极小，难以准确检测，因此旋转矢量校准法无法校

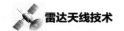

准大型天线阵面。此外，由于探头接收的信号为所有单元的信号，因此难以实时判别当前通道是否失效。

4．中场校准法

与互耦校准法相比，中场校准法可看作是一种与之对应的外场方法，它适用于各种均匀排列的平面相控阵天线，仅要求阵列中各单元方向图具有一致性，适用于无法进行近场校正的大型固态有源相控阵天线系统的外场校正与测试。

固态有源相控阵天线具有单路收/发功能，即当一个通道处于接收或发射状态时，其他通道处于关闭状态，且各通道之间相互隔离。该功能为中场校正技术提供了必要的手段。

中场校正法是将一个参考天线放在被测阵列前方一定距离处的几个特定位置上对阵列进行测试，然后通过数据相关处理获得校正参数。

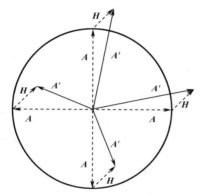

（图中 4 次换相分别为 0°、90°、180°、270°）

图 4.43　换相测量法的测试原理

5．换相测量法

在进行外监测测量时，由于待测天线（AUT）处于开放环境，受通道隔离度、单元互耦、周围环境和辅助天线位置等影响，直接测量结果难以保证较高的精度，采用换相测量法可以解决此问题。

换相测量法的测试原理如图 4.43 所示。假设待测天线阵面共有 N 个有源通道，当测试第 n 个通道时，该通道的真实值为矢量 A，若改变该通道的移相值，则 A 可在复平面上旋转形成一个圆，此时其他通道都在"负载"状态，所有其他通道的合成矢量是一个固定值 H，A 和 H 合成信号 A'，则各量间关系为

$$A' = A + H \tag{4.146}$$

$$A = a \cdot e^{j(\theta+\phi)} \tag{4.147}$$

$$H = h \cdot e^{j\phi} \tag{4.148}$$

式中，a 和 θ 为该通道的幅度和相位真实值；ϕ 为测试附加的相位，即"换相"值；h 和 ϕ 为其他通道合成矢量的幅度和相位值。

由此可见，式中有 4 个未知量，因此至少需要改变 4 次，如使 ϕ 分别等于 0°、90°、180°、270°，从而得到 4 个方程即可解出 a 和 θ。换相测量法也可以用相反的办法实施，即被测通道相位不变而改变其他通道的相位，结果也是一样的。

换相测量法的关键是每次"换相"所能达到的精度，也就是通道中移相器的移相精度。

4.3.7　误差与失效分析

1. 误差分析

天线工程师通常会想方设法排除所有的相关误差，使得遗留下来的误差都是由于受元件极限精度限制而产生的剩余的、非相关的幅相误差，这些剩下的误差常被当作随机误差来处理。许多文章研究了阵列的幅相随机误差对副瓣电平、波束指向、增益等参数的影响。早期的文章及其他研究工作见有关文献。

除随机幅相误差外，相关误差的影响对阵列设计也非常重要，因为它们会产生高电平的峰值副瓣。在 4.2.1 节中所述的由移相器引起的周期性相位误差就是相关误差的典型实例。相控阵天线出于成本考虑，常采用子阵形式。对于子阵间距相等、均匀照射但每个子阵具有不同幅度加权的相控阵，其栅瓣位于子阵方向图的零点。如果整个阵列均匀激励，则其波束宽度变窄，子阵方向图的零点彻底消除栅瓣。当为了降低阵列因子的副瓣电平而对子阵输入端激励幅度进行加权时，波束宽度变宽，并且在栅瓣角度上使波束分裂（类似单脉冲差波束），波束分裂是由子阵方向图的零点引起的。栅瓣的上限可用下式估计

$$P_{gl} < 20\lg \frac{B_b}{MN_s} \tag{4.149}$$

式中，M 为子阵个数；N_s 为子阵单元数；B_b 为波束展宽系数。

当存在幅相误差时，天线的增益损失可表示为

$$\frac{G}{G_0} \approx \left(1 - \sigma_\Phi{}^2\right) + \frac{\sigma_A{}^2 + \sigma_\Phi{}^2}{N\eta} \tag{4.150}$$

式中，η 表示锥削效率；σ_Φ、σ_A 分别表示相位、幅度误差的均方根差。

阵列通道的幅度误差和相位误差都会影响方向图的主瓣增益，而当阵列阵元数较大时，阵列天线主瓣增益的损耗主要取决于其相位误差。

均匀分布的阵列（相邻阵元的间距相等）指向误差的方差为

$$\sigma_u = \sigma_\Phi \sqrt{\frac{\sum_{k=0}^{M-1} k^2 a^2(k)}{\left[\sum_{k=0}^{M-1} ka(k)\right]^2}} \tag{4.151}$$

式中，$a(k)$ 为第 k 个单元的幅度权值。

当各阵元幅度加权相等时，M 元阵指向误差的方差为

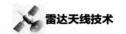

$$\sigma_u = \sigma_\Phi \sqrt{\frac{12}{M^3}} \qquad (4.152)$$

由式（4.152）可知，阵列天线的波束指向误差主要取决于相位误差，并且与阵元数成反比，当阵元数较大时，幅相误差对波束指向误差的影响较小。

副瓣电平为设计的副瓣电平加上由于幅相误差产生的随机量，这个随机量导致副瓣电平上升。在幅相误差影响下，平均副瓣电平为

$$\overline{\text{SLL}} \approx \frac{\text{SLL} + (\sigma_A{}^2 + \sigma_\Phi{}^2)/(N\eta)}{1 + (\sigma_A{}^2 + \sigma_\Phi{}^2)/(N\eta)} \qquad (4.153)$$

式中，SLL 为无幅相误差时的副瓣电平。通道幅度误差和相位误差都会影响副瓣电平。

2. 失效分析

T/R 组件的发展，使得固态有源相控阵天线技术得到广泛的重视。固态有源相控阵天线在少量单元（或 T/R 组件）失效的情况下，不会过多影响整机性能，因而与无源相控阵天线相比，具有更大的可靠性。那么，"少量"这个词意味着多少呢？在一定数量单元（或 T/R 组件）失效的情况下，整机的性能会下降到何种程度？所以，有必要对失效问题进行分析。另外，固态有源相控阵天线与其他形式的天线一样，也具有多种随机幅相误差、位置公差等问题，有关这方面的文章已有很多。

假定二维平面相控阵天线预先设计的第 n 个单元的幅度为 a_n，位置坐标为 $(x_n, y_n, 0)$，在理想（即无误差）情况下，球坐标系中归一化阵因子的一般公式为

$$F_0(\theta, \phi) = \frac{\sum_n a_n \exp\{jk[x_n(u - u_0) + y_n(v - v_0)]\}}{\sum_n a_n} \qquad (4.154)$$

假定第 n 个单元具有随机误差的激励电流振幅为 $a_n(1 + \delta_n)$，相位为 ϕ_n，位置误差为 $(x_n^\delta, y_n^\delta, z_n^\delta)$。失效可用表征单元（或组件）是否损坏的随机变量 r_n 来描述，假定 r_n 可取两个值：$r_n = 1$，表示完好；$r_n = 0$，表示失效，则有

$$r_n = \begin{cases} 0, & \text{概率为} p \\ 1, & \text{概率为} 1 - p \end{cases} \qquad (4.155)$$

式中，p 为失效概率。

在随机误差、位置公差和失效并存的情况下，阵元的幅相分布为

$$a_n' = r_n a_n (1 + \delta_n) \exp(j\psi_n) \qquad (4.156)$$

$$\psi_n = \phi_n + k\left(x_n^\delta \cos\phi + y_n^\delta \sin\phi\right)\sin\theta + kz_n^\delta \cos\theta \qquad (4.157)$$

此时，具有误差的归一化方向图可以表示为

$$F(\theta,\phi) = \frac{\sum_n a_n' \exp\left\{jk\left[x_n(u-v_0) + y_n(v-v_0)\right]\right\}}{\sum_n \overline{a_n'}} \qquad (4.158)$$

式中，上画线表示求均值。

假定对于每个 n 来说，δ_n 和 ϕ_n 之间相互独立，而且对于各个不同 n 的 δ_n 和 ϕ_n 彼此之间也独立，并且服从均值为 0，方差分别为 σ_δ^2 和 σ_ϕ^2 的正态分布；对位置公差也作出相互独立的假设，并且分别服从均值为 0，方差为 σ_x^2、σ_y^2 和 σ_z^2 的正态分布。可以推导出

$$\overline{a_n'} = (1-p)a_n \exp\left(-\frac{1}{2}\sigma_\psi^2\right) \qquad (4.159)$$

$$D(a_n') \approx (1-p)a_n^2\left[p + \sigma_\delta^2 + (1-p)\sigma_\psi^2\right] \qquad (4.160)$$

$$\sigma_\psi^2 = \sigma_\phi^2 + \left(\sigma_x k \sin\theta\cos\phi\right)^2 + \left(\sigma_y k \sin\theta\sin\phi\right)^2 + \left(\sigma_z k \cos\theta\right)^2 \qquad (4.161)$$

式中，$D(\cdot)$ 表示对括号内的值求方差。

若 x、y、z 三轴位置公差相同，则式（4.161）可以简化为

$$\sigma_\psi^2 = \sigma_\phi^2 + \sigma_\gamma^2 = \sigma_\phi^2 + \left(\frac{2\pi}{\lambda}\sigma_z\right)^2 \qquad (4.162)$$

因此，方向图函数 $F(\theta,\phi)$ 的均值与理想情况下的阵因子相等，而方差为

$$\sigma_F^2 \approx \left(p + \sigma_\delta^2 + \sigma_\psi^2\right)\frac{1}{(1-p)N\eta_t} \qquad (4.163)$$

同时，可以推导出方向性系数下降为

$$\frac{\overline{D}}{D_0} \approx \frac{1}{1 + N\eta_t\sigma_F^2} \qquad (4.164)$$

式中，N 为单元总数；η_t 为口径锥削效率；D_0 为理想情况下的方向性系数；$\overline{D}$ 为在随机误差、位置公差和失效情况下的方向性系数的均值。

4.4 有源相控阵天线

4.4.1 发展概况

在有源相控阵雷达（APAR）中，每个天线单元均接有一个 T/R 组件，实际上，一个 T/R 组件就是一个雷达的发射/接收前端。组件中的发射信号功率放大器和低噪声接收放大器均与天线辐射单元直接相连，这给相控阵雷达（PAR）带来了许多优点。世界上几乎所有先进的、新研制的雷达均采用了有源相控阵天线（APAA）。有源相控阵天线已成为相控阵天线发展中的主流。有文献对世界上的主要有源相控阵进行了概述。

AN/FPS-85 空间目标跟踪和预警相控阵是世界上最早的有源相控阵雷达，其收发天线分开，发射阵每个天线单元都有一部由四极管组成的发射机（高功率放大器），接收阵每个天线单元均有自己的低噪声放大器。AN/FPS-115 Pave Paws 相控阵预警雷达是第一部采用固态功率放大器的有源相控阵雷达，该雷达天线采用密度加权天线阵。在其基础上，美国原弹道导弹早期预警系统（BMEWS）中的雷达也改成了固态有源相控阵雷达。EL/M-2080 雷达是以色列为"箭式"（ARROW）反弹道导弹系统（TBM）研制的 L 波段固态有源相控阵雷达，该雷达充分利用了该国研制机载预警有源相控阵雷达的技术成果。GBR（地基雷达）是美国用于 TMD高层防御的固态有源相控阵雷达。美国海军 AN/SPY-2 远程多功能有源相控阵是AN/SPY-1 的第二代。美国 F-22 战斗机上的 X 波段有源相控阵雷达采用约 2000个 T/R 组件。AMSAR 是欧洲和美国联合生产的机载多功能固态有源相控阵，工作在 X 波段，具有宽频带、多极化等特点。瑞典爱立信研制的中型机载预警有源相控阵雷达"ERIEYE（埃里眼）"（PS-890）工作于 S 波段。

除上述有源相控阵雷达的例子外，德国、法国、俄罗斯、乌克兰等均研制了多种有源相控阵雷达。这足以说明有源相控阵雷达将随着微电子技术、半导体技术和先进工艺生产技术的发展导致生产成本的降低而进一步发展。有源相控阵雷达也已开始用于星载合成孔径雷达（SAR），可以预计，随着大批量生产成本的降低，有源相控阵技术将会逐渐应用于民用雷达、通信及其他电子系统。

当然，在设计新的相控阵雷达时，是否要采用有源相控阵天线，要从实际出发，既要看雷达应完成的任务，也要看实际条件，既考虑技术风险及对雷达研制周期、成本的影响，也要仔细分析，与采用无源相控阵天线的方案进行深入比较。

4.4.2　有源相控阵天线技术特点

"有源"的含义是辐射的功率在辐射组件内产生，相控阵天线孔径自身具有功率增益，同时实现发射与接收的一体化设计。有源相控阵列孔径的每一个单元皆由 T/R 组件构成，其馈电网络是为解决各天线单元接收的信号能按一定的幅度与相位要求进行加权。有源相控阵雷达实现自适应调整的技术基础主要是天线波束扫描的灵活性、信号波形的捷变性能和数字波束形成（DBF）技术。DBF 技术将接收天线的波束形成与信号处理结合在一起，从而可对时域和空域进行二维信号处理，使得有源相控阵雷达的自适应工作方式更为灵活。

（1）有源相控阵列将射频（RF）传输损耗减少了 5dB～8dB，因此能在同样的初级电源条件下获得更大的射频功率，有利于提高雷达的探测性能；而典型的大功率发射机馈线系统的损耗大约为 5dB，即有 2/3 的功率消耗在馈线的各环节上，只有 1/3 的功率辐射到空间。

（2）易获得大的平均功率，功率孔径积大，作用距离远。因为每个天线单元都有其独立的功率源，因此当天线单元数目很多时，能够获得很大的总平均功率。

（3）低功率电平的馈电系统一般采用价廉而精密的低功率数字移相器，组合馈电既轻又便宜。因为是低功率信号分配，在馈线的输入端功率和电压只有数十瓦和数十伏，而且可以采用光纤实现有源相控阵中的功率分配和组合。

（4）阵列部件（如 T/R 组件）大量采用单片微波集成电路（MMIC）器件，降低了微波元器件的耐功率需求，可以改善阵面结构设计，缩小雷达的体积，减轻雷达的重量，有利于提高雷达的可靠性。

（5）便于实现数字波束形成（DBF）及多个接收波束的自适应控制，有利于超高分辨技术及众多现代信号处理技术的实现，具有多种工作状态瞬时自动转换和自适应抗干扰的能力。

（6）可使用满足低截获概率（LPI）的准则，灵活易变的大占空比的发射波形，易于进行发射功率管理，增强电磁隐蔽性。

（7）便于实现共形相控阵天线所需的幅度、相位补偿，有利于实现"灵巧蒙皮"天线。

（8）可靠性高，因为大功率器件是雷达可靠性的薄弱环节，现在改为小功率的固态组件，故障率很低。在一般情况下，阵面 50%的单元失效时雷达仍能正常工作，10%的单元失效时系统性能只是略有下降，平均故障时间（MTBCF）≥10 万小时。

（9）有利于实现雷达的通用化、系列化、模块化，提高批量生产能力，从而缩短雷达的研制周期并降低生产成本。

4.4.3　主要子系统设计

1．T/R 组件

有源相控阵天线的核心是 T/R 组件。在目前使用的 T/R 组件中，高功率放大器（HPA）主要由功率半导体器件，如硅双极型功率晶体管及砷化镓功率晶体管实现。当发射输出功率较低时，主要用 MMIC 电路实现。对 T/R 组件的主要要求如下。

　1）高性能

除 T/R 组件的各种电气、结构指标外，还特别强调以下要求：各组件频带内幅度和相位的稳定性；组件间幅度和相位的一致性；T/R 组件的总效率；T/R 组件的可监测性和可调整性。

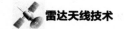

2）可靠性

通常，有源天线阵中的 T/R 组件数量很大（例如，为得到 1°×1° 的天线波束，大体上天线阵面要包含 10000 个 T/R 组件），采用故障弱化技术后，个别 T/R 组件的损坏（占比如 5%～10%）不影响整个雷达正常工作，但相控阵雷达对 T/R 组件的可靠性仍有很高的要求。在提高可靠性上，T/R 组件和整个有源天线阵面的热设计占有极重要的地位。

3）低成本

降低 T/R 组件成本是推广使用有源相控阵天线的关键，为此对各种不同用途和指标的 T/R 组件，提出了一些目标。例如，对 X 波段的 T/R 组件要求单价达到 400 美元至 1000 美元。降低 T/R 组件成本对降低整个相控阵雷达的造价意义巨大，因为，根据国外文献和资料分析，有源相控阵天线的成本占整个相控阵雷达成本的 70%～80%。

降低 T/R 组件成本的措施包括：提高组件中芯片及功能电路的成品率；提高集成度；提高组装密度；降低组装过程中的人工成本与生产成本。

2. 热设计及降低体积、重量的措施

有源相控阵天线热设计的重要性在于它与以下几个方面有关。

（1）降低阵面环境温度，确保降低 T/R 组件中各功能电路内的半导体芯片的工作结温，这是实现 T/R 组件高可靠性的前提。

（2）保持天线阵面环境温度的稳定性及阵面温度分布的大致均匀性。

（3）降低天线阵面工作温度，减少由其产生的红外辐射，使有源相控阵雷达天线与普通雷达天线一样，均为"冷"阵面，以便减少红外制导 ARM（反辐射导弹）及其他使用红外寻的器的空地导弹对雷达阵地的攻击命中率。

降低有源相控阵天线的体积、重量，必须采用分布式的 RF、电源、波控的阵面结构形式，以及先进的结构设计、新材料（如现在已开始在机载相控阵天线中使用的蜂窝夹层材料、碳纤维结构材料等）和新工艺技术。

此外，应尽量挖掘 T/R 组件及其分机的安装机架、机盒的设计潜力，并且采用高效率、高密度组装电源（HDP）进一步降低整个阵面的体积和重量。

3. 光电子技术

光纤与光电子技术（OET）在无源相控阵天线和有源相控阵天线中都有重要的应用前景，已成为当前的一个热门研究领域。目前，应用较多的方面主要包括：波束控制信号的传输与分配；发射阵中载频信号的传输分配与上变频本振信号的传输分配；接收阵中本振信号与中频信号（或变换为 I/Q 的视频信号）的传输；

高速信号互联；光纤实时延迟线与用光纤实现的数字式移相器，以及相控阵天线接收多波束形成。

4. 馈线系统的设计

馈线系统的设计有两个重要的发展前景：一个是光纤及光电子技术的应用，可参见有关文献关于光电子技术在相控阵雷达中的简要说明；另一个是馈线网络的标准化设计。可以设想，DDS 和 RF T/R 组件技术及光纤与光电子技术有可能最大限度地实现相控阵馈线系统的标准化设计，是降低相控阵天线成本的一个重要举措。

4.5　数字阵列天线

有源相控阵雷达之所以优于其他体制的雷达，在于其采用了众多的先进技术，使得天线阵列波束具有极大的灵活性。有源相控阵雷达采用近年来发展起来的数字波束形成（Digital Beam Forming，DBF）技术，其基本原理与相控阵天线类似，都是通过控制阵列天线每个阵元激励信号的幅度和相位等参数来产生方向可变的波束，并且将天线阵列波束形成与信号处理结合，可实现时域和空域两维信号处理，以及天线阵列波束自适应控制、调整。

4.5.1　应用与发展

经过近年来的技术发展，数字阵列天线技术已广泛应用于两坐标与三坐标情报侦察、防空反导、无源探测、气象等多种体制的雷达系统中，国内外的科研院所在数字收发组件、数字波束形成等方面均取得了大量的科研成果。

为了解决 E-2C 预警机雷达在陆地上及沿海密集群岛区域性能下降的问题，2003 年，诺斯罗普·格鲁曼公司签订了"先进鹰眼" E-2D 预警机雷达（见图 4.44）的开发和验证合同。E-2D 预警机雷达采用数字波束形成、数字化发射机、高功率固态 SiC 发射机及空时自适应处理技术，以提高预警机雷达在陆海交界背景下的探测性能及抗干扰等问题。

图 4.44　美国 E-2D 预警机雷达

　　美国海军舰载雷达系统为了执行沿海和公海任务，要求其能探测强杂波下的小目标，并且能对抗多个干扰源，为此其开展了全数字波束形成雷达的研究，目标是使雷达系统能改善时间-能量管理和信号杂波比，并且能降低雷达全寿命周期的费用。

　　AMDR-S 雷达是美国海军新型防空反导一体化 S 波段的数字阵列雷达，其系统组成如图 4.45 所示。其采用先进的数字阵列技术，天线系统核心部件是雷达集成模块（RMA），如图 4.46 所示，每一个 RMA 连接 144 个天线单元，包含 24 个 6 单元模拟 T/R 模块、1 个数字收发处理模块。每个数字收发处理模块由 2 块双通道数字板、1 个频率源、1 个辅助电源和控制模块组成，数字板和频率源模块分别如图 4.47 和图 4.48 所示。

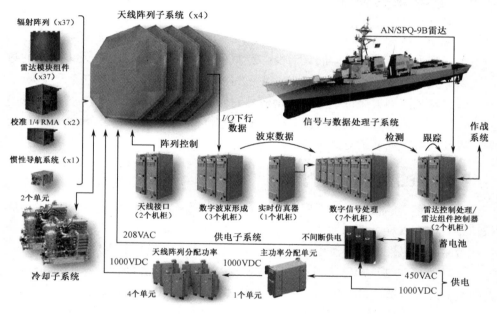

图 4.45　AMDR-S 雷达系统

图 4.46　AMDR-S 雷达集成模块（RMA）

图 4.47　AMDR-S 雷达的数字板

为了满足未来电磁频谱战系统跨域集成作战需求，具备通信侦察、通信干扰、雷达侦察、雷达干扰和有源探测等能力，数字阵列天线系统须具备灵活配置不同的信号动态、带宽和极化，灵活配置不同的空域、频域、时域能量覆盖，快速波束切换可重构等能力；融合微系统技术，将

图 4.48 AMDR-S 雷达的频率源模块

先进的微电子、微光子和微机械等器件高度集成，并且融合先进的体系架构和智能算法；对天线辐射阵列、数字采样均宽带化设计，设计可共享孔径的智能数字波束形成，具备可适应雷达、电子战、通信等多功能一体化处理的能力。所以，未来的数字阵列天线系统将呈现出微系统化、多功能、一体化、智能化等技术特征，同时天线阵列、数字收发组件与信号处理等软件、硬件相互融合。

4.5.2 工作原理

数字阵列天线与传统相控阵天线本质的区别是发射波束、接收波束形成的方式不同，图 4.49 所示为一种典型的全数字阵列天线系统工作原理。主天线阵面采用了单元级数字固态有源平面相控阵天线体制，即采用单元级数字发射/接收（数字 T/R 组件）有源通道。

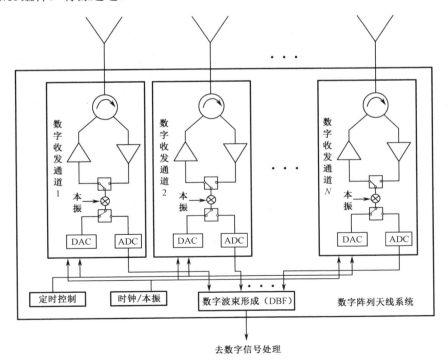

图 4.49 全数字阵列天线系统工作原理

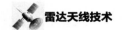

辐射单元的发射通道均采用 DAC 产生激励信号；辐射单元的接收通道采用 ADC 将接收信号进行数字化，采用 DBF 同时形成多套独立指向的数字波束。

在发射状态下，数字 T/R 组件接收通过光纤、本振、时钟网络传输的控制指令、本振信号和时钟信号。每个数字发射通道按控制信号的要求，通过 DAC 产生波形信号，与本振信号混频，产生射频激励信号，送到射频发射通道进行信号放大，然后经环形器输出至辐射单元向空间辐射。全阵面辐射的射频信号在空间合成，形成定向发射波束。

在接收状态下，由辐射单元接收的射频信号经环形器进入数字 T/R 组件的接收通道，再进入射频接收通道，经过放大、滤波和变频处理，转换为中频信号，数字采样后经光纤传输至 DBF 形成数字接收波束。

4.5.3 数字波束形成

以均匀线阵波束形成为例，接收的数字波束形成（DBF）原理如图 4.50 所示。设阵列单元数为 N，阵列单元之间距离为 d，所需信号的入射方位与阵列法线方向夹角为 θ_0，载波工作频率为 ω_0。以第 1 个阵列单元为参考点，设其接收的信号为

$$x_1(t) = e^{j\omega_0 t} \tag{4.165}$$

在忽略单元及通道的幅度和相位误差的情况下，第 i 个阵列单元的接收信号为

$$x_i(t) = e^{j[\omega_0 t - (i-1)\phi]} \tag{4.166}$$

式中，$\phi = 2\pi d \sin\theta_0 / \lambda$。

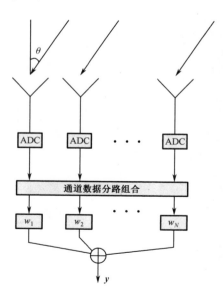

图 4.50 数字波束形成原理

阵列输入信号矢量可以表示为

$$X(t) = \mathrm{e}^{\mathrm{j}\omega_0 t}\left[1, \mathrm{e}^{-\mathrm{j}\phi}, \mathrm{e}^{-\mathrm{j}2\phi}, \cdots, \mathrm{e}^{-\mathrm{j}(N-1)\phi}\right]^{\mathrm{T}} = \mathrm{e}^{\mathrm{j}\omega_0 t} A \tag{4.167}$$

式中，$A = [1, \mathrm{e}^{-\mathrm{j}\phi}, \mathrm{e}^{-\mathrm{j}2\phi}, \cdots, \mathrm{e}^{-\mathrm{j}(N-1)\phi}]^{\mathrm{T}}$ 为方向矢量。

若每个阵列单元的输出乘上一个权值，则通过调整权值矢量可实现阵面波束指向的改变。其中权值矢量

$$w = [w_1, w_2, \cdots, w_N]^{\mathrm{T}} \tag{4.168}$$

当权矢量 w 相位相同时，阵列波束指向法线方向；当相位按照设定进行规律变化时，可实现阵列波束的扫描。使得波束指向 θ_0 的权值为

$$W_s = A(\theta_0) = [1, \mathrm{e}^{\mathrm{j}\phi_0}, \mathrm{e}^{\mathrm{j}2\phi_0}, \cdots, \mathrm{e}^{\mathrm{j}(N-1)\phi_0}]^{\mathrm{T}} \tag{4.169}$$

式中，$\phi_0 = \dfrac{2\pi d}{\lambda}\sin\theta_0$。

输出的信号幅度为

$$Y(\theta) = |y| = \left|W^{\mathrm{H}} A(\theta)\right| = \sum_{i=1}^{N} \mathrm{e}^{-\mathrm{j}(i-1)\phi}\mathrm{e}^{\mathrm{j}(i-1)\phi_0} = \mathrm{e}^{-\mathrm{j}\frac{N-1}{2}(\phi-\phi_0)}\frac{\sin\left[\dfrac{N}{2}(\phi-\phi_0)\right]}{\sin\left[\dfrac{1}{2}(\phi-\phi_0)\right]} \tag{4.170}$$

对输出信号取绝对值，由于实际线阵中的单元数目 N 较大，所以在天线波束指向最大值附近时，$\sin\left[\dfrac{1}{2}(\phi-\phi_0)\right]$ 可近似为 $\dfrac{1}{2}(\phi-\phi_0)$，可得

$$Y(\theta) = |y| = N\frac{\sin\left[\dfrac{N}{2}(\phi-\phi_0)\right]}{\dfrac{1}{2}(\phi-\phi_0)} \tag{4.171}$$

由式（4.171）可知，在 $\phi = \phi_0$，即 $\theta = \theta_0$ 处数字波束输出最大值，所以通过控制权值即可实现波束指向控制。

为了控制副瓣电平，可以采取不等幅度加权实现，即

$$W_s = A(\theta_0) = \left[A_1, A_2\mathrm{e}^{\mathrm{j}\phi_0}, A_3\mathrm{e}^{\mathrm{j}2\phi_0}, \cdots, A_N\mathrm{e}^{\mathrm{j}(N-1)\phi_0}\right]^{\mathrm{T}} \tag{4.172}$$

式中，A_i 为幅度加权值。

4.5.4　数字阵列天线信号处理

在数字阵列天线系统中，分别对每个阵列单元接收的信号进行采样并下变频为基带信号，再以 I/Q 数据流的形式输出。基带 I/Q 数据流包含了信号入射到各单元的幅度、相位信息，这些数字信号再被传送到由计算机、实时可编程门阵列（FPGA）、图像处理单元（GPU）等组成的信号处理单元，在信号处理单元中由软件控制完成相位转换、幅度加权、阵列波束形成等，不但可对欲接收的信号

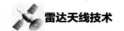

方向形成数字波束，同时还可以在干扰方向形成"零点"，提升雷达系统的抗干扰能力。到达方向（Direction Of Arrival，DOA）估计技术就是数字阵列天线的典型应用。

到达方向估计又称为谱估计、到达角（Angle Of Arrival，AOA）估计，可采用线性空间理论实现，它的数学基础是线性空间的子空间正交分解及矩阵论等基础理论。如图 4.51 所示，D 个信号从 D 个方向入射，它们被一个有 M 个权值的 M 个天线单元阵列接收，每个接收信号 $x_m(k)$ 都含有随机性、零均值的高斯噪声。若时间由第 k 个采样时刻表示，则天线阵列输出 y 可表示为

$$y(k) = w^\mathrm{T} x(k) \tag{4.173}$$

式中，

$$x(k) = \begin{bmatrix} a(\theta_1) & a(\theta_2) & \cdots & a(\theta_D) \end{bmatrix} \cdot \begin{bmatrix} s_1(k) \\ s_2(k) \\ \vdots \\ s_D(k) \end{bmatrix} + n(k) = A \cdot s(k) + n(k) \tag{4.174}$$

且 $w = [w_1, w_2, \cdots, w_M]^\mathrm{T}$ 表示天线阵列权值；$s(k)$ 表示时刻 k 入射的单一频率复信号向量；$n(k)$ 表示每个天线单元 m 的噪声向量，其均值为零，方差为 σ_n^2；$a(\theta_i)$ 表示在到达方向 θ_i 上，M 个天线单元阵列导向向量；$A = \begin{bmatrix} a(\theta_1) & a(\theta_2) & \cdots & a(\theta_D) \end{bmatrix}$ 表示导向向量 $a(\theta_i)$ 的 $M \times D$ 的矩阵。

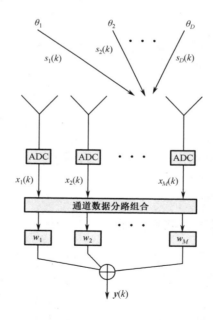

图 4.51　到达信号与 M 个单元阵列

因此，D 个复信号以到达角 θ_i 到达，并被 M 个天线单元接收。先假设所有到达信号是单一频率，并且到达信号数量 D 小于 M。显然，到达信号是时变的，即到达信号在移动，导向向量的矩阵也随时间变化，对应的到达角也变化。为了简化符号，将 $M\times M$ 的天线阵列相关矩阵 $\boldsymbol{R}_{xx}$ 定义为

$$\begin{aligned}\boldsymbol{R}_{xx} &= E[\boldsymbol{x}\cdot\boldsymbol{x}^{\mathrm{H}}] = E[(\boldsymbol{A}_s + \boldsymbol{n})(\boldsymbol{s}^{\mathrm{H}}\boldsymbol{A}^{\mathrm{H}} + \boldsymbol{n}^{\mathrm{H}})] \\ &= \boldsymbol{A}E[\boldsymbol{s}\cdot\boldsymbol{s}^{\mathrm{H}}]\boldsymbol{A}^{\mathrm{H}} + E[\boldsymbol{n}\cdot\boldsymbol{n}^{\mathrm{H}}] = \boldsymbol{A}\boldsymbol{R}_{ss}\boldsymbol{A}^{\mathrm{H}} + \boldsymbol{R}_{nn}\end{aligned} \tag{4.175}$$

式中，$\boldsymbol{R}_{ss}$ 表示 $D\times D$ 的到达信号相关矩阵；$\boldsymbol{R}_{nn} = \sigma_n^2 \cdot \boldsymbol{I}$ 表示 $M\times M$ 的噪声相关矩阵；$\boldsymbol{I}$ 表示 $N\times N$ 的单位矩阵。

通过求解各个绝对值平方的期望值，可求天线阵列相关矩阵 $\boldsymbol{R}_{xx}$ 和到达信号相关矩阵 $\boldsymbol{R}_{ss}$。当信号不相关时，显然 $\boldsymbol{R}_{ss}$ 必定是一个对角矩阵，因为非对角线上的元素都不相关；当信号部分相关时，$\boldsymbol{R}_{ss}$ 是非奇异矩阵；当信号相关时，因为各行是其他行的线性组合，所以 $\boldsymbol{R}_{ss}$ 是奇异矩阵。导向向量的矩阵 $\boldsymbol{A}$ 是 $M\times D$ 的矩阵，这里所有列都不相同，其结构是范德蒙式的，因此各列都是独立的。

在对天线阵列相关矩阵进行特征分析时，可以发现很多有用信息。已知含 D 个窄带信号源和不相关噪声的 M 个天线单元，首先，$\boldsymbol{R}_{xx}$ 是一个 $M\times M$ 的厄米特矩阵，厄米特矩阵与其共轭转置矩阵相等，即 $\boldsymbol{R}_{xx} = \boldsymbol{R}_{xx}^{\mathrm{H}}$。天线阵列相关矩阵有 M 个特征值 $(\lambda_1, \lambda_2, \cdots, \lambda_M)$，对应 M 个特征向量 $\boldsymbol{E} = [e_1, e_2, \cdots, e_M]$。如果将特征值从小到大排列，可将矩阵 $\boldsymbol{E}$ 分解为两个子空间，即 $\boldsymbol{E} = [\boldsymbol{E}_N \boldsymbol{E}_S]$。其中，第一个子空间 $\boldsymbol{E}_N$ 称为噪声子空间，由与噪声相关的 $M-D$ 个特征向量构成。对于不相关的噪声，特征值为 $\lambda_1 = \lambda_2 = \cdots = \lambda_{M-D} = \sigma_n^2$。第二个子空间 $\boldsymbol{E}_S$ 称为信号子空间，由与接收信号相关的 D 个特征向量构成。噪声子空间是 $M\times(M-D)$ 的矩阵，信号子空间是 $M\times D$ 的矩阵。到达角估计技术的目的就是定义一个函数，根据该函数最大值和角度的关系给出到达角的估计，该函数习惯上称为伪谱 $P(\theta)$，单位为瓦特。

有很多方法定义伪谱，如波束形成、天线阵列相关矩阵、特征分析、线性预测、最小方差、最大似然、最小范数等。设一个 16 单元线阵，单元间距为半个波长，有两个不同的到达角信号不相关、等幅度源 (s_1, s_2)，且 $\sigma_n^2 = 0.1$，入射角度分别为 $\pm 5°$，采用 Bartlett、Capon、最大熵、MUSIC 方法对伪谱进行仿真分析，结果如图 4.52 所示。

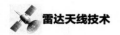
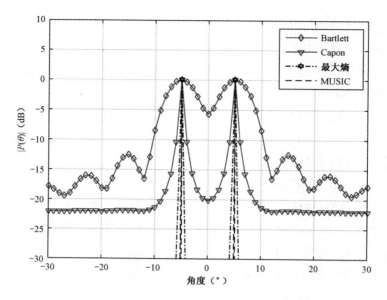

图 4.52　入射角为±5°时不同方法的伪谱仿真结果

参考文献

[1]　Hansen R C. Phased array antennas[M]. New York: John Wiley and Sons, 2001.

[2]　吕善伟. 天线阵综合[M]. 北京：北京航空学院出版社，1988.

[3]　Elliott R S. Beamwidth and directivity of large scanning arrays[J]. Microwave Journal, 1964, 1: 74-82.

[4]　Stegen R J. The gain-beamwidth product of an antenna[J]. IEEE Transactions on Antennas and Propagation, 1964, 12(4): 505-506.

[5]　Tai C T, Pereira C S. An approximate formula for calculating the directivity of an antenna[J]. IEEE Transactions on Antennas and Propagation, 1976, 24(2): 235-236.

[6]　Rudge A, et al. The handbook of antenna design[M]. London: Peter Peregrinus, 1983.

[7]　Brookner E. Practical phased array antenna systems[M]. London: Artech House Boston, 1991.

[8]　Sharp E D. A triangular arrangement of planar-array elements that reduces the number needed[J]. IEEE Transactions on Antennas and Propagation, 1961, 9(2): 126-129.

[9]　Lo Y T, Lee S W. Affine transformation and its application to antenna arrays[J]. IEEE Transactions on Antennas and Propagation, 1965, 13(6): 890-896.

[10]　张光义. 相控阵雷达原理[M]. 北京：国防工业出版社，2009.

[11]　张光义. 相控阵雷达系统[M]. 北京：国防工业出版社，1994.

[12]　鲁加国，吴曼青，靳学明，等. 基于 DDS 的有源相控阵天线[J]. 电子学报，2003，31（2）：199-202.

[13]　王德纯. 有源相控阵技术[J]. 相控阵雷达技术文集（第六集），1995：1-5.

[14]　邵春生. 相控阵雷达研究现状与发展趋势[J]. 现代雷达，2016，38（6）：1-4.

[15]　Mailloux R J. Array grating lobes due to periodic phase, amplitude and time delay quantization[J]. IEEE Transactions on Antennas and Propagation, 1984, 32(12): 1364-1368.

[16]　Smith M S, Guo Y C. A comparison of methods for randomizing phase quantization errors in phased array[J]. IEEE Transactions on Antennas and Propagation, 1983, 31(6): 821-828.

[17]　Mailloux R J. Phased array antenna handbook[M]. London: Artech House, 1994.

[18]　Aranov F A. New method of phasing for phased arrays using digital phase shifters[J]. Radio Engineer Electronic Physics, 1966, 11: 1035-1040.

[19]　郭燕昌，等. 相控阵和频率扫描天线原理[M]. 北京：国防工业出版社，1978.

[20]　Ayzin F L. Randomization of phase distribution in computational antennas[J]. Radio Engineer Electronic Physics, 1971, 16: 1489-1494.

[21]　Steinberg B D. Principles of aperture and array system design[M]. New York: Wiley, 1976.

[22]　高铁，李建新. 固态有源相控阵天线多阶振幅量化及副瓣特性的研究[J]. 电子学报，1994，22（3）：11-17.

[23]　Carver K, Cooper W, Stutzman W. Beam-pointing errors of planar-phased arrays[J]. IEEE Transactions on Antennas and Propagation, 1973, 21(2): 199-202.

[24]　Jiang W, Guo Y C, Liu T H, et al. Comparison of random phasing methods for reducing beam pointing errors in phased array[J]. IEEE Transactions on Antennas and Propagation, 2003, 51(4): 782-787.

[25]　Steyskal H. Simple method for pattern nulling by phase perturbation[J]. IEEE Transactions on Antennas and Propagation, 1983, 31(1): 163-166.

[26]　Shore R A. Nulling at symmetric pattern location with phase-only weight control[J]. IEEE Transactions on Antennas and Propagation, 1984, 32(5): 530-533.

[27] Castella F R, Kuttler J R. Optimised array antenna nulling with phase-only control[J]. IEE Proceedings. Part F. Radar and Signal Processing, 1991, 138(3): 241-246.

[28] Baird C A, Rassweiler G G. Adaptive sidelobe nulling using digitally controlled phase-shifters[J]. IEEE Transactions on Antennas and Propagation, 1976, 24(5): 638-649.

[29] Haupt R L. Phase-only adaptive nulling with a genetic algorithm[J]. IEEE Transactions on Antennas and Propagation, 1997, 45(6): 1009-1015.

[30] Monzingo R A, Miller T W. Introduction to adaptive antennas[M]. New York: Wiley, 1980.

[31] DeFord J F, Gandhi O P. Phase-only synthesis of minimum peak sidelobe patterns for linear and planar arrays[J]. IEEE Transactions on Antennas and Propagation, 1988, 36(2): 191-201.

[32] Smith S T. Optimum phase-only adaptive nulling[J]. IEEE Transactions on Signal Processing, 1999, 47(7): 1835-1843.

[33] 翟丽霞, 张理云. 一种平面相控阵天线波束展宽的优化方法[J]. 舰船科学技术, 1995 (3): 19-22.

[34] 王寒松, 李加术. 波束展宽的实现及其应用[J]. 八一科技, 2002 (1): 23-25.

[35] Trastoy A, Ares F, Moreno E. Phase-only control of antenna sum and shaped patterns through null perturbation[J]. IEEE Transactions on Antennas and Propagation, 2001, 43(6): 45-54.

[36] 徐慧. 基于遗传算法的相控阵天线波束赋形研究[D]. 南京: 南京电子技术研究所, 2004.

[37] Frey J R, Elliott R S. Phase-only changes in aperture excitation to achieve sum patterns with asymmetric side lobes[J]. Alta Frequenza, 1982, 51: 31-35.

[38] Trastoy A, Ares F. Phase-only synthesis of continuous linear aperture distribution patterns with asymmetric side lobes[J]. Electronics Letters, 1998, 34(20): 1916-1917.

[39] Chakraborty A, Das B N, Sanyal G S. Beam shaping using nonlinear phase distribution in a uniformly spaced array[J]. IEEE Transactions on Antennas and Propation, 1982, 30(5): 1031-1034.

[40] Dufort E C. Low sidelobe electronically scanned antenna using identical transmit/receive modules[J]. IEEE Transactions on Antennas and Propagation,

1988, 36(3): 349-356.

[41] 李建新，郭燕昌. 相控阵天线只用相位的波瓣赋形（英文）[J]. 现代雷达，
1993，15（6）：65-71.

[42] 李建新. 阵列部分单元相位加权波瓣综合[J]. 电波科学学报，2001，16（4）：
433-436.

[43] 李建新，徐慧，胡明春，等. 基于 FFT 的阵列方向图快速计算[J]. 微波学报，
2007，1：10-15.

[44] Liu Q H, Nguyen N. An accurate algorithm for nonuniform fast Fourier transform
(NUFFT's) [J]. IEEE Microwave and Guided Wave Lett, 1998, 8(1): 18-20.

[45] 杨磊，王侃. 基于 NUFFT 方法的二维非周期阵列天线方向图计算[J]. 现代
雷达，2019，10：82-85.

[46] Smith M S, Tan T G. Sidelobe reduction using radom methods for antenna
arrays[J]. Electronic Letters, 1983, 19: 931-933.

[47] 郭燕昌，薛锋章. 振幅量化密度加权天线阵的分析和计算[J]. 电子学报，
1989，17（1）：33-38.

[48] 陈红，郭燕昌. 多阶密度加权线阵副瓣特性的研究[J]. 武汉大学学报（电波
传播专刊），1991：167-171.

[49] 高铁，李建新. 多阶振幅量化加权二维固态有源相控阵天线的设计与分析
[J]. 中国空间科学技术，1993，3：34-42.

[50] 高铁. 机载固态有源阵指数约束二维可分离的多阶振幅量化[J]. 中国空间
科学技术，1994，2：5-10.

[51] 高铁，李建新. 固态有源相控阵天线多阶振幅量化及副瓣特性的研究[J]. 电
子学报，1994，22（3）：11-17.

[52] 苗荫，郭燕昌. 振幅多阶量化密度加权阵的改进[J]. 现代雷达，1994，16（4）：
61-66.

[53] 李建新. 阵列多台阶稀疏技术[J]. 电子学报，1999，27（3）：79-80，78.

[54] Collin R E, Zucker F J. Antenna Theory[M]. New York: McGraw-Hill Book
Company, 1969.

[55] 汪一心，朱恒，徐晓文，等. 基于遗传算法的相控阵天线口径激励的多阶振
幅量化[J]. 微波学报，1999，15（4）：391-395.

[56] Lee J J. Sidelobes control of solid-state array antennas[J]. IEEE Transactions on
Antennas and Propagation, 1988, 36(3): 339-344.

[57] Mailloux R J, Cohen E. Statistically thinned arrays with quantized element

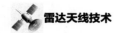

weights[J]. IEEE Transactions on Antennas and Propagation, 1991, 39(4): 436-447.

[58]   Goudos S K, Miaris G S, Sahalos J N. On the quantized excitation and the geometry synthesis of a linear array by the orthogonal method[J]. IEEE Transactions on Antennas and Propagation, 2001, 49(2): 298-303.

[59]   谢永鹏, 马静. 子阵旋转和子阵错位在非周期阵列应用中的对比分析[J]. 现代雷达, 2019, 9 (41): 9-12.

[60]   Knittel G H. Choosing the number of faces of a phased-array antenna for hemisphere scan coverage[J]. IEEE Transactions on Antennas and Propagation, 1965, 13(6): 878-882.

[61]   Corey L E. A graphical technique for determining optimal array antenna geometry[J]. IEEE Transactions on Antennas and Propagation, 1985, 33(7): 719-726.

[62]   邵江达. 平面相控阵天线最佳阵面倾角和最大单元间距的确定[J]. 现代雷达, 1997, 19 (1): 49-53.

[63]   Wu B Q, Luk K M. A broadband dual-polarized magneto-electric dipole antenna with simple feeds[J]. IEEE Antennas and Wireless Propagation Letters, 2009, 8: 60-63.

[64]   Targonski S D, Waterhouse R B, Pozar D M. Design of wide-band aperture-stacked patch microstrip antennas[J]. IEEE Transactions on Antennas and Propagation, 1998, 46(9): 1245-1251.

[65]   Knittel G H. Phased array antennas[M]. Dedham, MA: Artech House, 1972.

[66]   Hannon P W, Lerner D S, Knittel G H. Impedance matching a phased array antenna over wide scan angles by connecting circuits[J]. IEEE Transactions on Antennas and Propagation, 1965, 13(1): 28-34.

[67]   Amitay N. Improvement of plannar array match by compensation through contiguous element coupling[J]. IEEE Transactions on Antennas and Propagation, 1966, 14(5): 580-586.

[68]   Hannon P W. Proof that a phased array antenna can be impedance matched for all scan angles[J]. Radio Science, 1967, 2(3): 361-369.

[69]   Wu C P, Galindo V. Surface wave effects on dielectric sheathed phased arrays of rectangular waveguide[J]. Bell System Technology Journal, 1968, 47: 117-142.

[70]   Amitay N, Galindo V. On energy conservation and the method of moments in

scattering problems[J]. IEEE Transactions on Antennas and Propagation, 1969, 17: 722-729.

[71]　Tang R, Wong N W. Multimode phased array element for wide scan angle impedance matching[J]. Proceedigs of IEEE, 1968, 56(11): 1951-1959.

[72]　Hansen R C. Microwave scanning antennas[M]. New York: Academic Press, 1966.

[73]　Knittel G H, Hessel A, Oliner A A. Element pattern nulls in phased arrays and their relation to guide waves[J]. Proceedings of IEEE, 1968, 56(11): 1822-1836.

[74]　Munk B A, Kornbau T W, Fulton R D. Scan independent phased arrays[J]. Radio Science, 1979, 14(6): 978-990.

[75]　Mailloux R J. Surface waves and anomalous wave radiation nulls in phased arrays of TEM waveguides with fences[J]. IEEE Transactions on Antennas and Propagation, 1972, 20(1): 160-166.

[76]　Dufort D C. Design of corrugated plates for phased array matching[J]. IEEE Transactions on Antennas and Propagation, 1968, 16(1): 37-46.

[77]　Magill E G, Wheeler H A. Wide-angle impedance matching of a planar array antenna by a dielectric sheet[J]. IEEE Transactions on Antennas and Propagation, 1966, 14(1): 49-53.

[78]　Wheeler H A. Simple relations derived fom a phased-array antenna made of an infinite current sheet[J]. IEEE Transactions on Antennas and Propagation, 1965, 13(4): 506-514.

[79]　Baum C E. Ultra-wideband short-pulse electromagnetics[M]. New York: Plenum Press, 1997.

[80]　Mcgrath D T, Baum C E. Scanning and impedance properties of TEM horn arrays for transient radiation[J]. IEEE Transactions on Antennas and Propagation, 1999, 47(3): 469-473.

[81]　Hansen R C. Current induced on a wire: implications for connected arrays[J]. IEEE Antennas and Wireless Propagation Letters, 2003, 2: 288-289.

[82]　Hansen R C. Linear connected arrays[J]. IEEE Antennas and Wireless Propagation Letters, 2004, 3: 154-156.

[83]　Hansen R C. Dipole Arrays with Non-Foster Circuits[J]. IEEE International Symposium on Phased Array Systems and Technology, 2003: 40-44.

[84]　Hansen R C. Non-Foster and Connected Planar Arrays[J]. Radio Science, 2004,

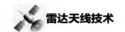

39(4): 1-14.

[85] Munk B A. Frequency selective surfaces: theory and design[M]. New Jersey: John Wiley & Sons, 2000.

[86] Munk B A. Finite antenna arrays and FSS[M]. New Jersey: John Wiley & Sons, 2003.

[87] Doane J P, Sertel K, Volakis J L. A wideband, wide scanning tightly coupled dipole array with integrated balun (TCDA-IB)[J]. IEEE Transactions on Antennas and Propagation, 2013, 61(9): 4538-4548.

[88] Wheeler H A. The radiation resistance of an antenna in an infinite array or waveguide[J]. Proceedings of the IEEE, 1948, 36(4): 478-487.

[89] Chen Y, Yang S, Nie Z. A novel wideband antenna array with tightly coupled octagonal ring element[J]. Progress in Electromagnetics Research, 2012, 124(8): 55-70.

[90] Moulder W F, Sertel K, Volakis J L. Superstrate-enhanced ultrawideband tightly coupled array with resistive FSS[J]. IEEE Transactions on Antennas and Propagation, 2012, 60(9): 4166-4172.

[91] Moulder W F, Sertel K, Volakis J L. Ultrawideband superstrate-enhanced substrate-loaded array with integrated feed[J]. IEEE Transactions on Antennas and Propagation, 2013, 61(11): 5802-5807.

[92] Papantonis D K, Volakis J L. Dual-polarized tightly coupled array with substrate loading[J]. IEEE Antennas and Wireless Propagation Letters, 2016, 15: 325-328.

[93] Knittel G H. Relation of radar range resolution and signal-to-noise ratio to phased-array bandwidth[J]. IEEE Transactions on Antennas and Propagation, 1974, 22(3): 418-426.

[94] 韦哲，黄世钊. 相控阵天线测量校准方法分析与比较[J]. 四川兵工学报，2014，1（35）：119-122.

[95] Elliott R E. Mechanical and electrical tolerances for two-dimensional scanning antenna arrays[J]. IEEE Transactions on Antennas and Propagation, 1958, 6: 114-120.

[96] Leichter M. Beam pointing errors of long line sources[J]. IEEE Transactions on Antennas and Propagation, 1960, 8(3): 268-275.

[97] 李建新，高铁. 固态有源相控阵天线中的单元失效与容差分析[J]. 现代雷达，1992，14（6）：36-44.

[98] 李建新，高铁. 低副瓣固态有源相控阵天线波瓣统计特性研究[J]. 电波科学

学报，1993，8（2）：64-69，77.

[99] Hsiao J K. Design of error tolerance of a phased array[J]. Electronic Letters, 1985, 21(19): 834-836.

[100] Kaplan P D. Predicting antenna sidelobe performance[J]. Microwave Journals, 1986: 201-206.

[101] 韩小娟，何兵哲，楼大年，等. 相控阵天线的通道误差对数字波束形成的影响[J]. 现代电子技术，2014，1（37）：5-7.

[102] 张光义. 相控阵雷达的技术特点及其关键技术[J]. 电子科技导报，1996，7：2-4+15.

[103] 张光义. 相控阵雷达中光电子技术的应用[J]. 相控阵雷达技术文集（第二集），1989：1-5.

[104] 王德纯. 宽带相控阵雷达[M]. 北京：国防工业出版社，2010.

[105] Frank Gross. 智能天线（Matlab 版）[M]. 何亚军，桂良启，李霞，译. 北京：电子工业出版社，2009.

[106] Bartlett M. An introduction to stochastic processes with special references to methods and applications[M]. New York: Cambridge University Press, 1961.

[107] Capon J. High-resolution frequency-wavenumber spectrum analysis[J]. Proceedings of the IEEE, 1969, 57(8): 1408-1418.

[108] Van T H. Optimum array processing: part IV of detection, estimation, and modulation theory[M]. New York: Wily Interscience, 2002.

[109] Schmidt R. Multiple emitter location and signal parameter estimation[J]. IEEE Transactions on Antennas and Propagation, 1986, 34(2): 276-280.

第 5 章

阵列天线低 RCS 设计

本章首先简要介绍天线隐身技术的发展历史；在 5.2 节中介绍阵列天线散射机理，给出雷达散射截面的概念，普通物体的散射源构成，以及阵列天线散射由结构项散射和模式项散射共同作用的特点分析；在 5.3 节中主要介绍阵列天线散射设计方法，给出结构项影响因素，模式项散射分析和计算方法，以及常用的天线 RCS 缩减方法；最后在 5.4 节介绍阵列天线隐身技术的未来发展趋势。

5.1　现代天线隐身技术发展

现代天线隐身技术的发展脉络伴随着隐身飞机的发展历程。对于隐身飞机的报道最早开始于 20 世纪 80 年代，但直到 1991 年的海湾战争，美军才首次将 F-117 隐身飞机投入作战。F-117 通过使用隐身外形及吸波材料等多种先进技术使其 RCS（雷达散射截面）比未隐身的飞机低 2～3 个数量级（-30dB～-20dB），使得其很难被雷达发现。它不需要电子干扰飞机支援，仅靠自身对于电磁波的"隐身"作用，就可以安全地完成作战任务。F-117 的卓越性能使各国开始认识到隐身装备的重要性。但在 F-117 研制时，由于当时技术水平的限制，未研究出具有隐身性能的雷达系统，因此 F-117 为了保证隐身特性并未装配雷达，这也严重制约了其作战性能。

传统雷达天线的雷达截面较大，足以破坏整机的隐身特性。美国是世界上较早开展雷达隐身技术研究的国家，在 20 世纪 80 年代后期，美国在 B-2 隐身轰炸机上装备了具有隐身波形和 5 级辐射功率控制的 APQ-181 相控阵雷达。相比较 F-117，F-22 隐身飞机直接应用了"宝石柱"（Pave Pillar）计划的研究成果，配装有 AN/APG-77 多功能有源相控阵火控雷达，可在复杂电磁环境作战并具有全天候隐身能力。在 AN/APG-77 设计时，由于考虑天线隐身的需求，舍弃了机械扫描天线，而改用相控阵天线。相控阵雷达天线以电扫描代替了机械扫描，去掉了对电磁波反射较大的天线座及传动装置，再加上天线阵的低副瓣性能，因而相控阵雷达具有低截获概率和隐身能力。相控阵雷达被装在 FSS（频率选择表面）雷达罩内，FSS 雷达罩在雷达工作频带内表现为透波，在带外像金属一样实现全反射，从而隐蔽了具有较大 RCS 值的雷达天线。试验表明，FSS 雷达罩可使飞机头部攻击锥范围内 RCS 下降 10dB～15dB。F-22 还采用了其他多项技术措施进行天线隐身设计：①采用宽带天线和频带划分；②采用内埋或共形设计，提高隐身性能并降低气动阻力；③采用 Vivaldi 等低散射天线形式降低天线 RCS，提高天线本身的隐身性能；④部分天线采用倾斜安装，避免在主要威胁方向产生较强的雷达波散射；⑤天线口径综合布局，减少天线数目以降低由天线产生的散射；⑥适当的拆分天线和合理的布局设计，实现共形和全空域覆盖。据洛克希德·马丁公司提

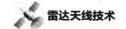
供的评估数据，在敌我双方迎面对飞状况下，隐身制造的 F-22 可提前数十秒至两三分钟发现对手，因而可有更充裕的时间抢占有利战术与控制位置，达到先敌发现、先敌开火、先敌击毁的效果。

在 20 世纪 90 年代，美国提出了功能更为完善、性能更为优良、综合程度更高的"宝石台"（Pave Pace）计划，F-35 战斗机大量应用了该计划的主要成果。相比于"宝石柱"计划，"宝石台"计划进一步改进系统结构，采用了共用天线、传感器综合、传感器管理与数据融合等新技术。F-35 的天线孔径数目进一步减少到了 20 个左右，为低 RCS 天线系统设计提供了良好的基础。F-22 与 F-35 战斗机及其相应雷达天线如图 5.1 所示。

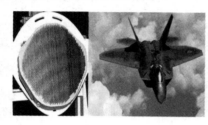

（a）AN/APG-77　　　　　　　　　　　（b）AN/APG-81

图 5.1　F-22 与 F-35 战斗机及其相应雷达天线

随着我国综合国力的提升，在隐身作战装备上的投入也逐渐增大，J-20、J-35 等隐身装备已成为威慑敌对势力、维护国家安全的中坚力量。

5.2　阵列天线散射理论

当今世界，军用航空已进入"隐身时代"，低可探测性成为未来军用飞机设计的一项重要指标。射频隐身的一项重要内容是天线的"隐身"，因为大量的实验研究结果表明，天线在某些视角范围内会产生很大的雷达散射截面。如何控制和缩减天线的散射，使飞机的雷达天线不至于影响整个飞机的低截获概率，对于飞机在现代战场环境下提高生存能力具有重要意义。

5.2.1　概述

雷达散射截面（Radar cross section，RCS，记为 σ）是雷达目标在给定方向上对入射雷达波散射功率的一种量度，可以理解为如果用该投影面积的金属球体替代同一位置的目标，雷达将接收到相同的信号。这一定义消除了雷达接收信号对于到目标距离的影响，反映了目标的散射特性，因而是应用广泛、非常重要的概念。RCS 的理论定义为

$$\sigma = 4\pi \lim_{R \to \infty} R^2 \frac{\left|\boldsymbol{E}_s\right|^2}{\left|\boldsymbol{E}_i\right|^2} = 4\pi \lim_{R \to \infty} R^2 \frac{\left|\boldsymbol{H}_s\right|^2}{\left|\boldsymbol{H}_i\right|^2} \tag{5.1}$$

式中，$\boldsymbol{E}_i$、$\boldsymbol{H}_i$ 是入射的电场和磁场；$\boldsymbol{E}_s$、$\boldsymbol{H}_s$ 是目标物体散射的电场和磁场；R 是目标到观测点的距离。

在实际应用中，R 并不需要无穷远，只需在目标的远场即可。由电磁理论可知，在远场区域 $\boldsymbol{E}_s$、$\boldsymbol{H}_s$ 的幅度与 R 成反比，式（5.1）中的 R 因子可以消除，σ 与 R 并不相关。

与各向同性的球体散射不同，一般目标的散射受相对于入射、散射方向的姿态角（或视角）的影响，受雷达天线极化方式的影响。通常 RCS 指的是单站 RCS，表示雷达发射天线与接收天线是同一幅天线（或收发天线虽然分离，但距离很近，相对于目标近似为同一方向），此时只考虑后向散射的情况。当考虑其他方向上的散射场时，称为双站散射，对应的 RCS 称为双站 RCS。单站散射和双站散射如图 5.2 所示。

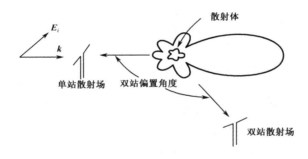

图 5.2　单站散射和双站散射

5.2.2　散射机理

RCS 度量的散射场是由入射波在散射体上感应的电流再辐射引起的。根据散射体的尺寸与波长的关系，散射分为三种类型：第一种为低频区或瑞利区，波长远大于散射体尺寸，此时，整个散射体参与散射过程，物体形状的细节并不重要，RCS 与体积的平方成正比，与频率的四次方成正比；第二种为谐振区，此时波长和散射体尺寸为同数量级，散射体的每一部分对其他部分都产生电气影响，散射场就是这些相互影响的总效果；第三种为光学区，此时波长远小于散射体尺寸，散射表现出明显的局域特点，这种情况对于通常的雷达应用最为常见，散射可以近似分解为各类局部散射过程的叠加。图 5.3 所示为一个普通物体的多种散射过程，下面近似按重要性递减的顺序列出：

① 凹形区域的散射，如腔体、二面角、三面角；

② 镜面散射；

③ 行波散射；

④ 边缘、顶点散射；

⑤ 爬行波散射（与③类似，但位于阴影区）；

⑥ 相互作用散射；

⑦ 表面不连续散射，如间隙、表面曲率变化等。

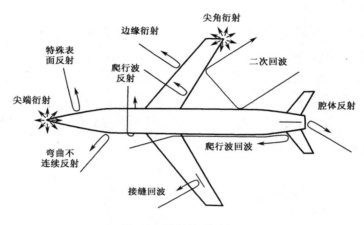

图 5.3　散射机理示意

　　隐身设计需要根据不同的散射机理采取相应的措施，确保强散射不会进入威胁较大的区域，基本的措施主要包括形状设计、吸波材料的使用等。例如，隐身目标应保证其形状在雷达的视角中不会出现腔体及正对雷达的平面。

5.2.3　阵列天线散射特点

　　天线的散射机理比普通散射体复杂。图 5.4 中展示了阵列天线散射的主要分量。一方面，天线的形状、材料如同普通结构体一样影响散射，在概念上被称为"结构项"；另一方面，天线是加载散射体，它能将空间的电磁波转换为内部馈线的导行波，亦可进行相反的转换，这样天线的负载状态会影响散射，这部分贡献被称为"模式项"。天线散射可由式（5.2）表示，即

$$E_s\left(Z_L\right)=E_s\left(Z_a^*\right)+\left[\frac{\mathrm{j}\eta}{4\lambda R_a}\boldsymbol{h}\left(\boldsymbol{h}\cdot\boldsymbol{E}_i\right)\frac{\mathrm{e}^{-jkr}}{r}\right]\varGamma_0 \tag{5.2}$$

式中，Z_L 是负载阻抗；$Z_a = R_a + \mathrm{j}X_a$ 是天线辐射阻抗，其实部包含了天线的辐射电阻和欧姆损耗；$\boldsymbol{h}$ 是天线等效高度矢量，方向与天线远场电场方向相同；$\varGamma_0$ 为反射系数，有

$$\Gamma_0 = \frac{Z_L - Z_a^*}{Z_L + Z_a^*} \qquad (5.3)$$

式（5.2）中第一项即为天线的结构项，它是天线负载与辐射阻抗共轭匹配时的天线散射场，在此状态下，Γ_0 为 0；式（5.2）第二项表示天线的模式项，与天线负载相关。天线等效高度矢量 **h** 与入射电场的夹角影响模式项的幅度，该项表达式说明，当天线极化与入射电场正交时，它不会吸收入射波，此时模式项为 0。

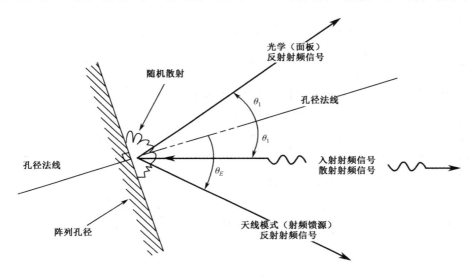

图 5.4　阵列天线散射的主要分量

将天线散射分为模式项和结构项主要是便于在概念上有区分，在实际应用中，这两项通常无法分离，并且无独立的意义。其中模式项的概念强调了天线特有的散射方式。

5.3　阵列天线散射设计

5.3.1　概述

有源相控阵雷达是目前空天武器装备的主流设备，相控阵雷达天线的 RCS 是制约平台隐身性能的重要因素。相控阵雷达首先要具备在复杂电磁环境下的强大探测能力，如高增益、宽频带、超低副瓣等，同时又要实现低 RCS 特性，这是有源相控阵雷达天线设计的关键技术难点。

阵列天线的散射可从概念上分为模式项与结构项。对于大规模阵列天线，其散射是一个复杂的多系统的散射集合。

对于包含许多散射体的复杂物体，假设复杂物体由 M 个简单的散射体组成，每个散射体的 RCS 分别为 σ_1，σ_2，$\cdots$，σ_M，则总 RCS 的一级近似公式为

$$\sigma = \left| \sum_{m=1}^{M} \sqrt{\sigma_m} \cdot \mathrm{e}^{\mathrm{j}\frac{4\pi r_m}{\lambda}} \right|^2 \tag{5.4}$$

式中，r_M 是单个散射体到场点的距离；λ 是波长。

对于相控阵雷达天线，总 RCS 可以分解为模式项 RCS 和结构项 RCS，得

$$\sigma_T = \left| \left(1-\Gamma_{ap}\right)\sqrt{\sigma_a} \cdot \mathrm{e}^{\mathrm{j}\frac{4\pi r_{am}}{\lambda}} + \Gamma_{ap}\sqrt{\sigma_s} \right|^2 \tag{5.5}$$

式中，σ_T 是总 RCS；Γ_{ap} 是口面反射系数；σ_a 是天线模式项 RCS；σ_s 是天线结构项 RCS；r_{am} 是模式项的等效反射点到口面的距离。

在带内同极化时，良好设计的阵面口面反射系数很小，式（5.5）反映了模式项对于结构项具有屏蔽作用；在交叉极化状态下，阵面无法吸收电磁波，天线结构项将起主要作用。

天线结构项取决于阵列具体的形状、材料、结构，近似分析时仅考虑安装阵列的面板（其他结构多处于被遮挡状态，影响次要）。对于光滑的电大尺寸物体，物理光学法计算简便，其在主瓣附近有很好的精度，可用于近似计算。假设面板为理想导体，结构项计算公式为

$$\sqrt{\sigma_s} = \frac{-\mathrm{j}k}{\sqrt{\pi}} \int_S \boldsymbol{n} \cdot \boldsymbol{e}_r \times \boldsymbol{h}_i \, \mathrm{e}^{\mathrm{j}kr\cdot(i-s)} \mathrm{d}A \tag{5.6}$$

式中，$\boldsymbol{n}$ 是表面法向；$\boldsymbol{e}_r$ 是接收极化单位矢量；$\boldsymbol{h}_i$ 是入射磁场单位矢量；$\boldsymbol{i}$ 是入射单位矢量；$\boldsymbol{s}$ 是散射单位矢量。

对于单站 RCS，$\boldsymbol{i}=-\boldsymbol{s}$，因此，$\boldsymbol{i}-\boldsymbol{s}=2\boldsymbol{i}$。在一级近似中，假设散射体对极化不敏感，并且考虑散射体为一般介质的情况，结构项计算公式可简化为

$$\sigma_s = \frac{4\pi\Gamma^2}{\lambda^2} \left| \int_S \mathrm{e}^{\mathrm{j}2kr\cdot i} \mathrm{d}A \right|^2 \tag{5.7}$$

式中，Γ 为表面反射系数。

在面板法线方向有

$$\sigma_s = \frac{4\pi A^2 \Gamma^2}{\lambda^2} \tag{5.8}$$

式中，A 为面板的面积。

由此式可知在 X 波段，$1\mathrm{m}^2$ 的面板在法向产生约 $10^4\mathrm{m}^2$ 的 RCS，与形状无关，这表明不能将平面朝向威胁空域。对于其他方向，图 5.5 所示为简单形状的面板在 uv 空间的 RCS 图形。通过考察简单形状的 RCS 图形，可以得出以下结论。

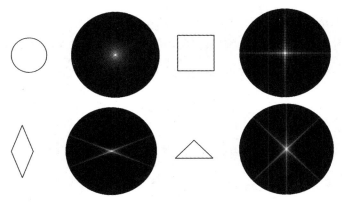

图 5.5 简单形状的 RCS 图形

首先，RCS 随入射波偏离法向角度增大而减小。圆形面板具有旋转对称性，在所有 ϕ 切面，RCS 近似按 $1/n^3$ 下降（n 是波瓣号）。矩形面板则是空间不均匀的，在与边垂直的主切面，RCS 按 $1/n^2$ 下降，而在其间的斜切面，RCS 按 $1/n^4$ 下降。事实上，矩形面板在空间的 RCS 图形是两主切面图形的乘积，称为可分离的。这种形状在隐身设计中非常有用，除了存在 RCS 下降迅速的空域，其另一优点是可将加工误差限制在发生的维度，而不会向另一维度传播。对于隐身天线这是显著的优点，因为加工误差最终限制了天线能实现的 RCS。

可以按另一种方式理解 RCS 图形：一般面板的 RCS 是空间不均匀的，如图 5.6 所示，RCS 会向与边垂直的方向"汇聚"，边越长汇聚作用越强。圆形没有汇聚作用，因其边缘任意方向不占优。平行四边形边缘有两个方向，相应 RCS 也集中在两个方向。如果平行四边形的朝向使威胁区域位于两个特征方向之间，则可

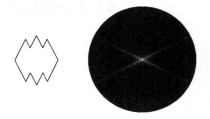

图 5.6 复杂形状的 RCS 图形

以得到良好的隐身性能。这一结论可用于指导形状设计，少量的特征方向是有利的，且特征方向应与整机的特征方向一致。图 5.6 示例了这一原理的应用。

5.3.2 阵列天线模式项

由天线散射公式（5.2），写出阵列单元的模式项表达式（记单元编号为 m，n）

$$\left(E_s\right)_{mn} = \left[\frac{\mathrm{j}\eta}{4\lambda R_r}\boldsymbol{h}\left(\boldsymbol{h}\cdot E_i\right)\frac{\mathrm{e}^{-\mathrm{j}kR}}{R}\right]\varGamma_{mn} \tag{5.9}$$

单元在阵列中具有有效面积 A_{em}，与等效高度的关系为

$$|\boldsymbol{h}| = 2\sqrt{\frac{A_{em}R_r}{\eta}} \tag{5.10}$$

注意 $\boldsymbol{h}$ 是矢量，与单元远场电场方向相同。

假设入射电场幅度为1，利用远场距离近似，可将式（5.9）简化为

$$\left(\boldsymbol{E}_s\right)_{mn} = \frac{j}{\lambda} A_{em} \cos(\gamma)\cos\left(\varDelta_p\right)\mathrm{e}^{j2\boldsymbol{k}\cdot\boldsymbol{r}'_{mn}}\left(\frac{\mathrm{e}^{-jkr}}{r}\right)\varGamma_{mn} \tag{5.11}$$

式中，$\boldsymbol{r}'_{mn}$ 是单元位置矢量；γ 是单元法向与来波方向之间的夹角；$\varDelta_p$ 是来波极化与单元极化的夹角。

由式（5.11）可得阵列的模式项公式

$$\sigma_a = \frac{4\pi A_{em}^2}{\lambda^2}\cdot\cos^2(\gamma)\cdot\cos^2\left(\varDelta_p\right)\left|\sum_{mn}\varGamma_{mn}\left(\theta,\phi\right)\mathrm{e}^{j2\boldsymbol{k}\cdot\boldsymbol{r}'_{mn}}\right|^2 \tag{5.12}$$

对于大的周期阵列，可视区未出现栅瓣时，单元有效面积 A_{em} 近似与阵列网格面积 A_e 相等。若假设所有单元具有相同的反射系数 $\varGamma_0$，式（5.12）可以简化为

$$\sigma_a = \frac{4\pi A_e^2 \varGamma_0\left(\theta,\phi\right)}{\lambda^2}\cdot\cos^2(\gamma)\cdot\cos^2\left(\varDelta_p\right)\left|\sum_{mn}\mathrm{e}^{j2\boldsymbol{k}\cdot\boldsymbol{r}'_{mn}}\right|^2 \tag{5.13}$$

由式（5.13）可知，当阵列法向上入射波同极化时，$\sigma_a = \dfrac{4\pi A^2 \varGamma_0^2}{\lambda^2}$，$A$ 为阵列的面积。这一结果类似 5.3.1 节结构项，通常数值很大，因此散射值较大不能出现在威胁区域。

5.3.3 阵列天线散射设计

阵面坐标系如图 5.7 所示，单元位于平面 $z=0$。单元坐标记为

$$\boldsymbol{r}'_{mn} = x'_{mn}\boldsymbol{x} + y'_{mn}\boldsymbol{y}$$

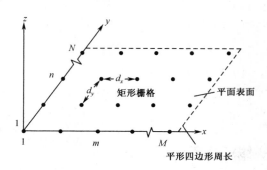

图 5.7 阵面坐标系

笛卡尔坐标系 xyz 对应的球坐标记为(r,θ,ϕ)，模式项中与阵列排布相关的因子是式（5.13）中的求和项，称为阵因子，在阵面坐标系下具有表达式

$$F = \sum_{mn}\exp(j2\boldsymbol{k}\cdot\boldsymbol{r}'_{mn}) = \sum_{mn}\exp\left[j2k\left(x'_{mn}\sin\theta\cos\phi + y'_{mn}\sin\theta\sin\phi\right)\right] \tag{5.14}$$

式中，$k = \dfrac{2\pi}{\lambda}$ 是波数（注意与通常阵列理论的区别，散射分析中阵因子的指数中多了因子 2）。

(θ, ϕ) 是散射的方向，定义为

$$\begin{cases} u = \sin\theta\cos\phi \\ v = \sin\theta\sin\phi \end{cases} \tag{5.15}$$

对于实际空间，显然有 $u^2 + v^2 \leqslant 1$，在 uv 空间中称为可视区。若阵列坐标以波长为单位（$\lambda=1$），在 uv 空间中，阵因子具有如下简单的形式

$$F = \sum_{mn} \exp\left[\mathrm{j}4\pi\left(x'_{mn}u + y'_{mn}v\right) \right] \tag{5.16}$$

如图 5.8 所示，对于矩形网格，$x'_{mn} = md_x\ (1 \leqslant m \leqslant M)$，$y'_{mn} = nd_y\ (1 \leqslant n \leqslant N)$，则

$$|F| = \left| \frac{\sin 2M\pi d_x u}{\sin 2\pi d_x u} \cdot \frac{\sin 2N\pi d_y v}{\sin 2\pi d_y v} \right| \tag{5.17}$$

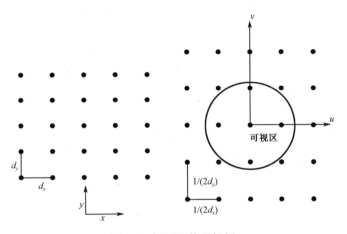

图 5.8 矩形网格及栅瓣

由式（5.17）可知，F 具有栅瓣结构。当 $(u,v) = (0,0)$ 时，F 的幅度具有最大值，这是可视区的主瓣，而当 $d_x u = 0, \pm\dfrac{1}{2}, \pm 1, \pm\dfrac{3}{2}, \cdots;\ d_y v = 0, \pm\dfrac{1}{2}, \pm 1, \pm\dfrac{3}{2}, \cdots$ 时，F 同样具有最大值。除主瓣外，这些波瓣称为栅瓣（或 Bragg 瓣）。

当 $d_x < 1/2$，$d_y < 1/2$ 时，所有的栅瓣都在可视区以外，即在实际空间中栅瓣并不出现；当此条件不满足时，实际空间将出现栅瓣，此时需要同时关注主瓣和栅瓣所在空域，因为它们的阵因子具有相同的幅度。

如图 5.9 所示，对于平面上的一般网格，记

$$\boldsymbol{r}'_{mn} = m\boldsymbol{d}_1 + n\boldsymbol{d}_2 \tag{5.18}$$

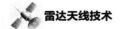
其中，d_1 和 d_2 不必要正交，设 $d_1 = d_{1x}x + d_{1y}y$，$d_2 = d_{2x}x + d_{2y}y$，可得

$$|F| = \left| \frac{\sin 2M\pi(d_{1x}u + d_{1y}v)}{\sin 2\pi(d_{1x}u + d_{1y}v)} \cdot \frac{\sin 2N\pi(d_{2x}u + d_{2y}v)}{\sin 2\pi(d_{2x}u + d_{2y}v)} \right| \qquad (5.19)$$

由式（5.19）可知，栅瓣出现在 $i\boldsymbol{b}_1 + j\boldsymbol{b}_2$ （$i = 0, \pm1, \pm2, \cdots$; $j = 0, \pm1, \pm2, \cdots$）处。其中，

$$\boldsymbol{b}_1 = \begin{bmatrix} \dfrac{d_{1y}}{2\Delta} \\ \dfrac{-d_{1x}}{2\Delta} \end{bmatrix}, \quad \boldsymbol{b}_2 = \begin{bmatrix} \dfrac{-d_{2y}}{2\Delta} \\ \dfrac{d_{2x}}{2\Delta} \end{bmatrix}, \quad \Delta = d_{1x}d_{2y} - d_{2x}d_{1y}$$

显然，$\boldsymbol{b}_1 \perp \boldsymbol{d}_1$，$\boldsymbol{b}_2 \perp \boldsymbol{d}_2$。

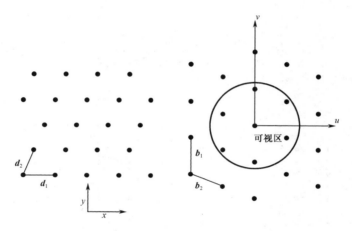

图 5.9　一般网格及栅瓣

阵列模式项比结构项更复杂，阵列外形及网格均对 RCS 波瓣有影响。下面给出两个矩形阵列的例子，如图 5.10 和图 5.11 所示，显示了从低频到高频模式项的变化。由图中可见，高频时栅瓣将起作用。

由此两个实例并结合如图 5.5 所示的图形，可以得到阵列散射设计的一个非常重要的准则——同形。显然，阵列形状应与阵列结构外形同形，否则将存在两类不同的 RCS 图形；阵元在阵列边缘处应对齐，否则会产生复杂的 RCS 图形。

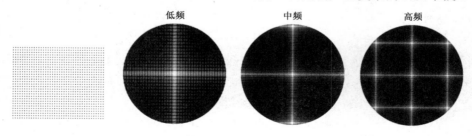

图 5.10　矩形阵列 1 模式项

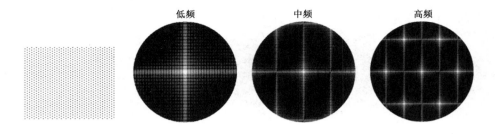

图 5.11　矩形阵列 2 模式项

在平台进行隐身设计时，通常需要使 RCS 仅有少量很大的峰值，并且出现在精心控制的方向上，可见对齐是一个普适的概念，同时阵列散射设计也需要尽可能利用已有的方向。因此，尽管阵列设计时最方便的坐标系是阵面坐标系，但是散射设计经常需要从平台坐标系视角进行分析。平台坐标系如图 5.12 所示。

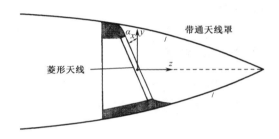

图 5.12　平台坐标系

阵面坐标系 xyz 通常选择的阵面位于 xy 平面，z 轴为阵面法向，对应的球坐标为 (r, θ, ρ)，由前文可知，空间中的方向以 uvw 来表示，即

$$\begin{cases} u = \sin\theta\cos\phi \\ v = \sin\theta\sin\phi \\ w = \cos\theta \end{cases} \quad （5.20）$$

用带撇的符号表示平台坐标系，平台坐标系依据平台方便选定。对于空间的一般坐标变换，可以按照某种次序完成三次相继转动来作出从一个给定笛卡尔坐标系到另一个的变换，转动的角度称为欧拉角。转动并不唯一，并且可以选择不同的转动次序。常用的次序是从坐标系 xyz 开始，首先将初始坐标系绕 z 轴旋转一个角度 a，然后绕新的 x 轴旋转一个角度 b，最后再绕新的 z 轴旋转一个角度 c，得到最终的坐标系 $x'y'z'$。两坐标系的转换可用如下矩阵表达

$$\begin{bmatrix} u' \\ v' \\ w' \end{bmatrix} = \boldsymbol{A} \begin{bmatrix} u \\ v \\ w \end{bmatrix} \quad （5.21）$$

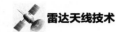

式中，A 矩阵为正交矩阵，$A^{-1} = A^{\mathrm{T}}$，

$$A = \begin{bmatrix} cc \cdot ca - cb \cdot sa \cdot sc & cc \cdot sa + cb \cdot ca \cdot sc & sc \cdot sb \\ -sc \cdot ca - cb \cdot sa \cdot cc & -sc \cdot sa + cb \cdot ca \cdot cc & cc \cdot sb \\ sb \cdot sa & -sb \cdot ca & cb \end{bmatrix} \tag{5.22}$$

$$ca = \cos a, sa = \sin a, cb = \cos b, sb = \sin b, cc = \cos c, sc = \sin c$$

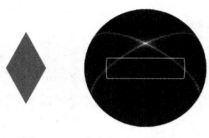

图 5.13　平台坐标系下的模式项

利用坐标变换，可以观察平台坐标系下阵列的 RCS 图形。下面以实例说明，假设平台坐标系如图 5.12 所示，阵面坐标系为平台坐标系绕 x' 轴旋转 $-25°$ 得到，作出一个菱形阵列在平台坐标系下的 RCS 图形如图 5.13 所示，图中白框显示了威胁区域的位置（方位 $\pm40°$，俯仰 $\pm10°$）。

5.3.4　阵列天线散射缩减技术

前文对相控阵天线阵列特性的散射特性、散射设计进行了分析，包括阵列布局、坐标系的建立、阵列天线特有的散射栅瓣等。除阵列特性外，相控阵天线的散射缩减技术还要归结到天线单元上，包括对散射起作用的天线单元和单元后端的部分馈电线路。

1. 匹配

天线模式项散射是天线相较于一般散射体特有的散射模式，天线散射缩减也正是因为模式项散射的存在而具有一定的特殊性。5.3.2 节已经给出了天线模式项散射的表达式，从式中可以看出，通过减小天线的反射系数，即改善天线的匹配特性可实现天线模式项散射缩减。为了进一步说明匹配对于天线散射缩减的重要性，图 5.14 给出了有无地板情况下的天线在平面波照射下的等效电路示意图。对于无地板情况，当天线终端共轭匹配时，反射系数可写为

$$\Gamma = \frac{R_A \| 2R_A - 2R_A}{R_A \| 2R_A + 2R_A} = -\frac{1}{2} \tag{5.23}$$

当终端短路时，$\Gamma = -1$，因此相比较于终端短路状态，在未加地板的情况下，天线终端共轭匹配时的 RCS 将降低 6dB。当在天线后方增加地板后，会对天线阻抗产生影响，其可以等效为特性阻抗为 $2R_A$ 的传输线与地板带来的电抗的并联再与 jX_A 的串联。当 Z_L 与终端得到的阻抗共轭匹配时，沿着左端传输线入射的信号将全部被吸收，即 $\Gamma^G = 0$。因此对于带有地板的天线而言，当天线终端共轭匹配时，

天线模式项散射将降到最低。表 5.1 给出的天线模式项 RCS 与馈源反射系数之间的关系，进一步表明了天线匹配对于 RCS 控制的重要性。

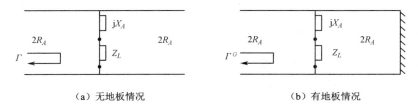

（a）无地板情况　　　　　　　　　　（b）有地板情况

图 5.14　有无地板情况下的天线等效电路

表 5.1　天线模式项 RCS 与馈源反射系数的关系

反射系数	0.1	0.2	0.3	0.4	0.5	0.6	0.7	0.8	0.9	1
$\dfrac{\sigma_\alpha(\Gamma)}{\sigma_\alpha(\Gamma=1)}$/dB	−20.2	−13.98	−10.46	−7.96	−6.02	−4.44	−3.10	−1.94	−0.92	0

2．对消技术

1）基于附加延时线的对消技术

通过天线散射理论分析可知，天线模式项散射与天线辐射机理相似，受天线波束指向和馈电结构的影响很大。阵列天线由于具有较高的增益，模式项散射在总的散射场中占有较大比重。天线模式项散射场的形成可理解为：①在平面波照射下，天线首先作为接收装置接收到部分入射能量；②一部分能量经负载、馈电网络的多次反射返回天线馈电端口；③天线再以发射装置的身份将反射的能量作为激励信号辐射到外部空间中。从以上描述可以看出天线模式项散射的本质是天线的二次辐射，而造成一二次辐射的能量均来自天线截获能量在系统内部不匹配处的反射。但散射能量传输路径（辐射终端→馈电网络不匹配处→辐射终端）与辐射路径（馈电网络→辐射终端）有本质的差异，即在天线辐射时，能量仅经过信号源到天线这条路径一次；而在天线模式项散射时，能量通过这条路径两次。

对于阵列天线，若各辐射单元到信号源的电长度相同，则阵列天线各单元的馈电同相。改变各单元到信号源路径的长度，则各单元的馈电会有一定的相位差，采用相位综合技术对相位差进行优化，可使天线得到低副瓣、波束扫描等优良的辐射特性。而对于天线模式项散射，在平面波照射下，各天线单元二次辐射所需的激励能量在失配处反射前后都经历了一次相位变化，最终形成的天线散射场与辐射场的变化趋势不同。因此可通过优化相位差使天线模式项散射峰值偏离天线最大辐射方向，实现一定空域内的 RCS 减缩。

图 5.15 给出了阵列天线在平面波照射下的示意图，在原天线单元（端口 a 处）与馈电网络（端口 b 处）之间接入一组长度不等的传输线作为相位延时线，设对应于单元 j 的传输线的电长度为 β_j。当天线辐射时，所有传输线移相相位为 $\boldsymbol{B}=[\beta_1,\beta_2,\beta_3,\cdots,\beta_j,\cdots,\beta_n]$；当天线在平面波照射时，入射能量两次经过延时线后作为天线模式项散射的相位改变为 $2\boldsymbol{B}$。通过优化变量 $\boldsymbol{B}$，便可得到满足辐射要求且具有天线模式项散射减缩的阵列。

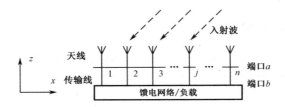

图 5.15　平面波照射阵列天线示意图

利用该方法仿真优化一个沿 x 方向排布的工作于 1GHz、y 极化且单元间距为 0.4λ 的 16 元对称振子阵列。以不加延时线的阵列作为原阵列，其最大辐射方向为 $\theta=0°$ 方向。当 ϕ 极化入射波垂直入射时，在阵列镜面方向将会形成散射峰值，这对天线隐身是不利的。以双站角 $\theta\in[-30°,30°]$ 为威胁角域来优化天线模式项散射，得到一组延时传输线的长度，代入天线阵列模型中得到如图 5.16 所示的两天线辐射方向图与模式项 RCS 的对比结果。从图中可以看出，对比辐射特性，两天线辐射特性基本相同，优化的天线最大副瓣电平也基本与原天线相同。对比天线模式项 RCS 曲线，可见原阵列最大 RCS 峰值出现在 $\theta=0°$ 方向，与天线最大辐射方向相同。当接入延时传输线后，威胁角域内天线模式项散射完全得到了抑制，$\theta=0°$ 方向的 RCS 最大峰值获得了约 17dB 的减缩，证明了该方法的有效性。

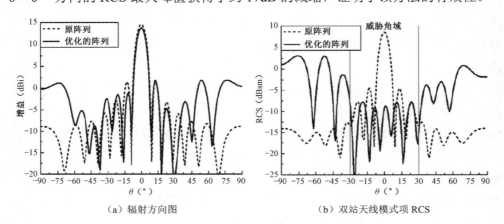

（a）辐射方向图　　　　　　　　（b）双站天线模式项 RCS

图 5.16　优化前后 16 元对称振子阵列的性能对比

2）基于编码天线单元的对消技术

简单分析间距为 d 的天线子阵 A 和 B，若两个天线子阵采用完全相同的单元形式，可得到天线阵列的辐射场和散射场表达式为

$$E_{\mathrm{rad}}(\theta,\phi) = E_e(\theta,\phi) f_a(\theta,\phi)\left(1+\mathrm{e}^{\mathrm{j}kd\sin(\theta)}\right) \tag{5.24}$$

$$E_{\mathrm{sca}}(\theta,\phi) = E_e^s(\theta,\phi) f_a^s(\theta,\phi)\left(1+\mathrm{e}^{2\mathrm{j}kd\sin(\theta)}\right) \tag{5.25}$$

但若天线子阵 A 和 B 分别采用两种不同的天线单元，且两种单元辐射特性相同，在电磁波垂直照射下的反射幅度相同，但反射相位相差 180°。此时对于天线阵列的辐射场而言，由于两个天线子阵采用的天线单元辐射特性相同，因此可以得到辐射场表达式与原天线阵列相同。

$$E_{\mathrm{rad}}(\theta,\phi) = E_e(\theta,\phi) f_a(\theta,\phi)\left(1+\mathrm{e}^{\mathrm{j}kd\sin(\theta)}\right) \tag{5.26}$$

对于散射场而言，由于两个天线子阵中的天线单元的反射幅度相同，而反射相位相差 180°，所以有

$$E_{eA}^s(\theta,\phi) = E_{eB}^s(\theta,\phi)\mathrm{e}^{\mathrm{j}\pi} \tag{5.27}$$

由于散射情况下阵列的单元间距未发生变化，因此散射阵因子保持不变，则阵列的总散射场可表示为

$$E_{\mathrm{sca}}(\theta,\phi) = E_e^s(\theta,\phi) f_a^s(\theta,\phi)\left(1+\mathrm{e}^{2\mathrm{j}kd\sin(\theta)+\mathrm{j}\pi}\right) \tag{5.28}$$

从式（5.28）中可以看出，对于垂直入射的电磁波，其单站方向 $E_{\mathrm{sca}}(0,\phi)=0$，此时天线阵列在未影响辐射特性的同时实现了单站 RCS 减缩。

为了验证方法的有效性，可通过在天线单元设计中引入可控器件实现对反射相位的单独调控。设计的天线单元结构如图 5.17 所示，天线单元基本结构为普通的微带天线，在地板上引入矩形槽线，然后在辐射贴片周围加载环形寄生结构，最后将二极管等器件加载于寄生结构上，利用二极管导通与断开时电特性的不同控制天线的反射相位。分别将二极管通断的天线状态称为天线状态"1"和"0"。

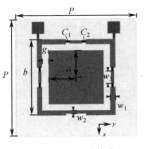 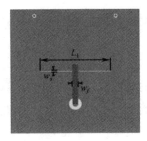 

（a）第一层介质　　　　　（b）第二层介质　　　（c）侧视图

图 5.17　天线单元结构

从仿真试验结果可以得出，当二极管切换不同状态时，天线的辐射特性几乎未受影响，状态"1"和状态"0"近乎保持着相同的辐射特性。但对于反射特性而言，状态"1"和状态"0"对于 x 极化和 y 极化的入射波表现出相同的反射系数幅度，但反射相位相差约 $180°$，进而将"编码"思想引入到天线状态控制中，实现对于双站散射方向图的调控。通过控制天线单元中二极管的通断，使天线阵列表现出不同的编码状态，从而实现对双站散射方向图的控制。图 5.18 给出了不同编码状态下的天线散射和辐射方向图，从图中可以看出，通过改变天线的工作状态，可在保持相同辐射方向图的同时实现对双站散射方向图的调控。

（a）编码状态 1　　　　　　　　　　　　（b）编码状态 2

图 5.18　不同编码状态下的天线散射和辐射方向图

5.4　阵列天线低散射技术的发展趋势

雷达天线低散射技术的发展是以全面满足载机平台的极低 RCS、强探测和适装性需求为牵引的，新一代载机平台具有"五超"能力，即超高声速、超常机动的超飞行能力；优于四代机的超隐身能力；超强的态势感知和数据融合能力；超高速打击、持续作战的超打击能力；无人机/无人机、无人机/有人机、体系联合、无缝协同的超协同能力。这些能力对天线提出了宽谱感知、宽谱隐身、全向感知、全向隐身、多功能一体化等高要求，特别是对隐身性能的要求，由传统隐身向自适应、智能化转变，面对各种探测手段，实现完全"消失"，隐身能力不断提高；隐身频段由窄带向多频段、全频段转变；隐身空域由窄域向全方位、全空域转变，隐身谱域囊括声波、电磁波、红外、射频；隐身措施由单一措施向综合隐身措施转变。

为满足未来战斗机的探测和隐身需求，雷达天线形态向着宽谱、分布式、共形、多功能方向发展，具有孔径轻薄化、蒙皮化、积木化、可承载、共形等特点，这对隐身设计技术提出了更高的挑战。传统的散射控制技术已经不能满足未来发展的需求，必须通过新理论、新技术的应用来满足未来战斗机的隐身需求。未来的雷达天线低散射技术主要实现途径包括以下几个方面。

1．超宽带阻抗匹配技术

首先要实现天线与自由空间的超宽带阻抗匹配，实现超宽带低驻波比特性，被广泛使用的 Vivaldi 天线单元具有良好的宽带特性，但是对于轻薄化、蒙皮化的需求，这种单元形式并不适应，需要探索更低剖面的单元形式，如平面化单元，文献中对平面化单元的论述很多，但其带宽仍需拓展。再者，辐射链路的宽带匹配技术是保证天线低散射的必要措施，涉及对宽带互联技术的需求，以及宽带射频器件，如移相器、环形器。

2．主动隐身技术

主动隐身技术的关键是主动对消技术，通过检测入射电磁波的入射方向、信号频率、极化特性、相位和幅度信息，实时计算生成对消场，与来波实现矢量对消，从而大幅降低天线散射能量。主动对消技术实现难度很大，目前还在理论研究阶段，距离工程应用还很遥远，其面临的主要困难是来波信号的检测和对消场的产生，虽然难度大，但这是最有潜力的发展方向。

主动隐身技术的另一个发展思路是由崔铁军院士团队提出的相位时域可调技术，通过检测入射波信号特征，采用可编码超材料表面实现反射电磁波的相位调制，扰乱敌方雷达信号累积过程，使探测失效，从而大幅降低敌方的探测概率，实现我方雷达的隐身。其存在的问题是可编码超材料与天线的集成，既要实现带内透波，又要实现全频段反射相位调制，该技术仍在实验室研究阶段。

3．共形隐身蒙皮技术

共形隐身蒙皮技术是为了满足未来战斗机对分布式雷达的需求而发展起来的，目前该技术得到了广大学者和高校的重视，处于原理样机研制阶段。该技术使得雷达天线可以与机身表面共形，并且可以将天线布置在机身的任何部位。与发展多年的智能蒙皮技术相似，该技术具有元器件高度集成、频选表面与天线一体化、可承载、多物理场兼容等特点。由于所处位置为机身随机，共形隐身蒙皮需实现广域辐射和广域散射的性能，其入射电磁波的入射角度可接近掠入射，因此，对 Bragg 栅瓣的控制是非常值得重视的。

4．时域隐身技术

由于天线系统需要接收和辐射电磁波，因此在保证天线系统正常辐射和接收工作信号的同时，实现对敌方雷达波的隐身是非常困难的。在时域上，不要求全程开机的雷达可以在关机状态设法隐藏起来，开机时再恢复探测和接收状态，针

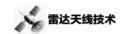

对这种情况，可采用开关控制的 FSS 表面进行全反射和透波状态的切换，通过采用加载变容二极管、MEMS（微机电系统）、PIN 二极管、光控开关等形式进行关断和打通的控制，目前该技术已经取得了一定进展。

5．吸透一体超材料天线罩技术

当前带外隐身完全依赖天线罩的隐身外形来实现，但当截止能力不够时，舱内会进入电磁波并形成多径散射，降低带外隐身性能。如果能够设计一种带内透波而带外吸波的超材料天线罩，这样不仅可利用外形隐身的好处，而且在外形隐身的基础上，由于天线罩本身具有吸波的性能，可大幅提升带外隐身性能。也可将吸透一体超材料设计为与天线阵列同形的结构置于阵列的表面，实现天线的带外隐身目的。因此吸透一体超材料天线罩是具有很大潜力的研究方向，目前文献上已经可以看到一些对吸透一体超材料的设计研究，但是距离宽带宽角透波及带外高吸收的使用要求还有很大差距，需开展持续研究工作。

参考文献

[1] 邱荣钦．雷达技术的发展[J]．电子科学技术评论，2005，3：1-6.

[2] 桑建华．飞行器隐身技术[M]．北京：航空工业出版社，2013.

[3] 陈加海，周建江．机载天线 RCS 减缩及其布局设计[J]．南京航空航天大学学报，2014，46（6）：845-850.

[4] 孙聪，张澎．先进战斗机对记载射频孔径系统隐身的需求及解决方案[J]．航空学报，2008，29（6）：1472-1481.

[5] 陈晶，吴微露．浅析美军为何弃"夜鹰"用"猛禽"[J]．舰船电子工程，2008，28（7）：35-37.

[6] 车海林，何嘉航．飞机雷达天线系统隐身技术研究[J]．飞机设计，2009，29（6）：35-39.

[8] Knott E F, Shaeffer J F, Tuley M T. Radar Cross Section[M]. 2th ed. London: Artech House, 1991.

[9] Skolnik M I. Radar Handbook[M]. New York: McGraw-Hill, 1990.

[10] David C. Jenn.Radar and laser cross section engineering[M]. New York: American Institute of Aeronautics and Astronautics,Inc., 2005.

[11] 李小秋，孙红兵，朱富国，等．一种大型阵列天线散射特性快速计算方法[J]．现代雷达，2018，40（5）：58-60.

[12] 孙红兵，李小秋，潘宇虎．相控阵天线外形优化缩减 RCS 研究[J]．现代雷

达，2018，40（10）：45-48.

[13] Munk B A. Finite Antenna Arrays and FSS[M]. New York: John Wiley & Sons, Inc, 2003.

[14] 龚书喜，刘英，张鹏飞，等. 天线雷达截面预估与减缩[M]. 西安：电子科技大学出版社，2010.

[15] Liu Y, Jia Y, Zhang W, et al. An integrated radiation and scattering performance design method of low-rcs patch antenna array with different antenna elements[J]. IEEE Transactions on Antennas and Propagation, 2019, 67(9): 6199-6204.

[16] Liu Y, Zhang W, Jia Y, et al. Low RCS antenna array with reconfigurable scattering patterns based on digital antenna units[J]. IEEE Transactions on Antennas and Propagation, 2021, 69(1): 572-577.

[17] Cui T J , Qi M Q , Wan X , et al. Coding metamaterials, digital metamaterials and programmable metamaterials[J]. Light Science and Applications, 2014, 3(10): 218.

第 6 章

波导缝隙阵列天线

波导缝隙阵列天线由于具有结构紧凑、重量轻、加工方便、成本低、增益高、容易实现超低副瓣要求等显著优点而获得广泛应用。

本章首先介绍缝隙阵列的基本形式和分析方法，然后着重介绍两种应用广泛的缝隙阵列的工程设计：一种是机载火控雷达中常用的平板缝隙阵列天线（驻波阵），另一种是许多雷达采用的宽带窄边开缝波导平面阵（行波阵）。本章不仅介绍特性参数和理论分析，还介绍参数的实验测定方法，特别是介绍设计步骤、误差分析和工程设计要点，给出超低副瓣阵列天线设计实例的测试结果。本章最后对频扫波导缝隙阵列、双极化波导缝隙阵列、SIW 缝隙阵列，以及波导缝隙阵列天线的电磁仿真计算等内容进行简要的介绍。

6.1　引言

波导缝隙阵列天线是以波导缝隙作为辐射单元的阵列天线，包括波导宽边偏置缝隙阵、波导宽边倾斜缝隙阵和波导窄边倾斜缝隙阵。根据波导内电磁波的传输状态，分为驻波阵和行波阵。驻波阵内的电磁波处于驻波状态，辐射缝隙位于驻波波峰上，工作带宽内的波束指向固定；行波阵内的电磁波处于行波状态，缝隙馈电相位和阵中位置相关，存在频率扫描现象。两种天线具有相似的等效电路模型，但设计方法差异较大。驻波阵通常采用 Elliott 的三个设计方程进行设计，需要进行缝隙互耦计算，设计过程相对烦琐；行波阵设计采用缝隙阵中的导纳（增量电导）求解缝参数，避免求解缝隙互耦，设计过程简单直观。本章在两种典型波导缝隙天线的基础上，介绍一些新型式的波导缝隙天线。最后，给出一个波导缝隙阵列天线的设计仿真案例。

6.2　缝隙阵列天线基本概念

在一根矩形波导管的宽边或窄边上开一系列等间距的缝隙可形成波导缝隙线阵天线，常用的波导缝隙线阵如图 6.1 所示。其中，A 是波导宽边偏置缝隙阵，B 是波导宽边倾斜缝隙阵，C 是波导窄边倾斜缝隙阵。这三种都是采用缝隙作为辐射单元、波导作为馈线的串馈阵列天线，具有结构简单、加权控制灵活等优点。对于偏置缝隙天线阵，通过调整缝隙的偏置量来控制缝隙的辐射信号强度，实现阵列幅度加权；对于倾斜缝隙天线阵，通过调整缝隙的倾斜量来控制缝隙的辐射信号强度，实现阵列幅度加权。

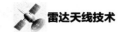
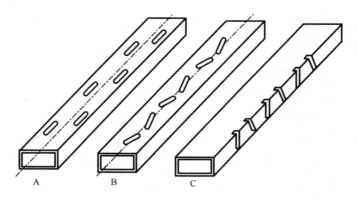

图 6.1　波导缝隙线阵示意

多条线阵并排构成二维波导缝隙阵，也称为面阵，如图 6.2 所示。二维波导缝隙阵需要一套馈电网络将输入信号分配到每条线阵，并且控制每条线阵的馈电幅度和相位，实现预期的方向图性能。馈电网络一般由波导功率分配器、波导耦合器和波导传输线构成，具体实现形式多种多样，后文中会给出典型缝隙阵列天线的馈电网络形式。

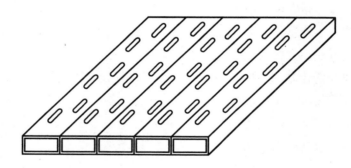

图 6.2　波导缝隙面阵示意

6.2.1　驻波阵列

驻波阵列是指同一根波导上的缝隙间距为 $\lambda_g/2$ 且波导腔内电场分布呈波状态的阵列。最简单的波导缝隙驻波阵列由一端馈电，另一端短路的波导线阵构成。工作时在波导内部形成纯驻波状态，缝隙位于驻波电压或电流的波峰处。对于并联缝隙，如波导宽边偏置缝隙，缝隙应位于电压波峰上，短路板距末端缝中心 $\lambda_g/4$，如图 6.3 所示。对于串联缝隙，如宽边倾斜缝隙，缝隙应位于驻波电流的波峰点，短路板距末端缝中心 $\lambda_g/2$，如图 6.4 所示。由于波导内每隔 $\lambda_g/2$ 波导壁表面电流的方向相反，相应的缝隙也需要相位校正处理，实现方式为相邻缝隙的偏置方向或倾斜方向颠倒，以产生同相辐射信号。

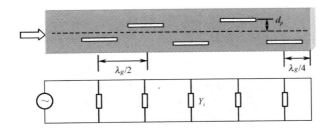

图 6.3 宽边纵向并联缝隙驻波阵列及等效电路

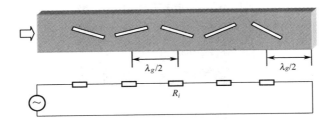

图 6.4 宽边倾斜串联缝隙驻波阵列及等效电路

当偏离中心频率后，驻波阵的缝隙会偏离驻波波峰，天线的方向图和驻波性能会恶化。可知驻波阵的工作带宽有限，是一种窄带天线。为了提高驻波阵的带宽性能，应减少驻波阵上的辐射缝隙数目，把长的驻波阵分为多个短驻波阵。在进行面阵设计时，根据带宽要求选择适当的辐射波导规模，把几根并排在一起的辐射波导组成一个子阵，在背面用一根开倾斜耦合缝的波导进行馈电，称为耦合波导，如图 6.5 所示。有文献对这个问题进行了分析。基本结论是一根波导缝隙阵列上的单元数越多，带宽越窄。有关文献的研究结果表明，对 7 个缝隙的驻波阵，增益下降 1dB 的带宽为 5%，驻波小于 2 的带宽为 6%。

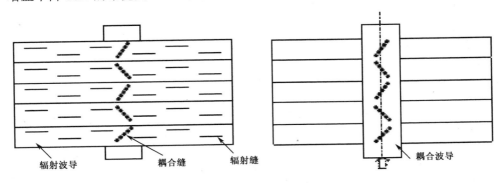

图 6.5 驻波阵列子阵

大型波导宽边缝隙阵由多个子阵构成，多个子阵形成一个整体平面天线，通常称为平板缝隙天线，也简称平板天线。这类天线在生产加工时采用高精度数控机床加工波导腔体和缝隙，整体焊接成型。天线的结构紧凑、重量轻、机械强度大，能满足严酷环境使用要求。图 6.6 给出了机载火控雷达中使用的平板天线的实物照片（天线阵面上寄生安装了敌我识别半波振子天线）。

图 6.6　平板天线的实物照片

6.2.2　行波阵列

行波阵列是指辐射波导的一端接激励信号，另一端接匹配负载的阵列。这种阵列缝隙单元间距 d_x 偏离 $\lambda_g/2$，避免辐射缝隙的反射波在激励端形成同相叠加产生大驻波。如图 6.7 所示，相邻缝隙位于波导中心线的两侧，能量从一端馈入，向前传输的同时，也对外进行辐射。

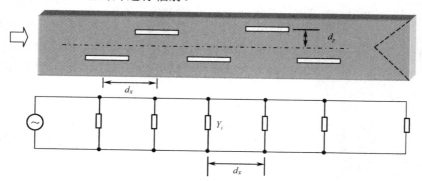

图 6.7　宽边纵向并联缝隙行波阵及等效电路

这种形式天线每根辐射波导上的辐射缝隙数目一般比较多，每个缝隙的辐射较小，缝隙对波导内的传输场相位影响小，波导内的传输场仍然接近行波相位传输规律，因此称为行波阵列。由于缝隙间距偏离了 $\lambda_g/2$，相邻缝隙辐射相位分布存在一个固定的相位差，使得天线方向图主瓣偏离天线的法线方向，并且随频率的改变而改变。波导窄边缝隙行波阵由于加工简单、组阵方便并易于实现低副瓣，因此应用最为广泛。图 6.8 给出一种波导窄边缝隙行波阵列天线的实物照片。

图 6.8　波导窄边缝隙行波阵列天线的实物照片

6.3　平板缝隙阵列天线设计

平板缝隙天线的研究始于 20 世纪 40 年代末期。由于仿真和测量手段的改进及雷达技术发展的激励，在 20 世纪 70 年代到 90 年代的 20 多年里，平板缝隙天线理论研究和工程设计技术得到了蓬勃发展。大量文献公开发表，特别是 Robert.S.Elliott 等人的卓越贡献，使得平板缝隙天线设计的理论水平大大提高。目前，无论是设计方法还是生产工艺，平板缝隙天线都处于相当成熟的阶段。我国从 20 世纪 70 年代开始开展平板缝隙天线研究，在理论分析计算、设计方法、实验研究、加工工艺等方面均开展了大量的卓有成效的工作，取得了很大进展，已经研制生产了多型平板缝隙天线。

平板缝隙天线的设计理论比较完备，公开发表的文献也很多，但针对具体天线的设计方面还有些问题需要解决，下面将详细介绍。

6.3.1　平板缝隙天线的结构

前面介绍了平板缝隙天线的子阵组成，一个大尺寸平板天线通常由多个子阵构成，并且通过波导网络进行馈电。图 6.9 为典型平板缝隙天线的构造示意图。从图中可以看出，该天线分为四个象限，每个象限有三个子阵，对应三个耦合波导，每个象限形成一个馈电口，图中并未给出象限间的馈电网络。每根耦合波导的中间有一个波导 H-T 接头，实现对耦合波导馈电，这个单 H-T 称为馈电装置。一个馈电装置、一根耦合波导和对应的几根辐射波导就构成了一个更完整的子阵。每个象限的三个子阵由一个波导 H-T 和一个波导 E-T 器件连接馈电，形成象限馈电输入口。四个象限的输入口与一个和差器相连形成和波束、方位差波束和俯仰差波束，图中未包含和差器。

平板缝隙天线的功率分配网络由功率分配单元和波导段组成，功率分配单元的形式多样，可以是分支波导、波导耦合电桥、单 T、折叠双 T、魔 T 等。和差器一般由魔 T 或折叠双 T 组成，也有用 3dB 耦合电桥组成的。

综上所述，平板缝隙天线一般由和差器、功率分配网络、波导缝隙辐射阵面三个部分组成。波导缝隙辐射阵面划分为若干个子阵，每个子阵又由辐射波导、耦合波导、馈电装置三个部分组成。

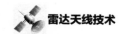
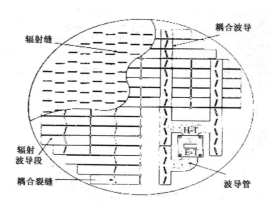

图 6.9　典型平板缝隙天线的构造示意

6.3.2　波导口径尺寸和缝隙间距的选择

平板缝隙天线采用耦合波导给辐射波导馈电，耦合波导同样工作在驻波状态，因此必须对波导口径尺寸及缝隙间距进行精心设计，以保证其工作在驻波状态。辐射波导耦合缝隙位于邻近的两个辐射缝隙中间。通过对倾斜缝隙的倾角和长度的控制，将能量按照设定的幅度、相位关系耦合到辐射波导，从而实现对辐射缝隙的正确激励，因此耦合缝隙的间距等于耦合波导的导内波长的二分之一（$\lambda_g^c/2$）。宽边倾斜缝隙为串联缝隙，因此耦合波导两端的短路板距边缘缝隙中心 $\lambda_g^c/2$。相邻耦合缝隙倾角偏向不同的方向，以补偿 $\lambda_g^c/2$ 传输线引入的 180° 相位差。由于耦合缝隙的中心要位于对应的辐射波导宽边中心线上，耦合缝隙的间距为辐射波导的宽边尺寸 a^r 加上波导的壁厚 t 即 $d_y=a^r+t$，所以

$$\lambda_g^c=2\left(a^r+t\right)$$

设自由空间的波长为λ，则耦合波导的宽边尺寸为

$$a^c=\frac{\lambda}{2\sqrt{1-\left(\lambda/\lambda_g^c\right)^2}}=\frac{\lambda}{2\sqrt{1-\dfrac{\lambda^2}{4\left(a^r+t\right)^2}}} \tag{6.1}$$

如果选择辐射波导和耦合波导的宽边尺寸相等，即 $a^c=a^r$，有 $\lambda_g^c=\lambda_g$，所以 $d_x=d_y$，这样就构成了正方形栅格阵列，可获得更优的方向图性能。

馈电装置波导、功分网络波导的口径尺寸一般选用波导半高标准，以此降低平板缝隙天线的厚度。

6.3.3　口径分布及子阵划分

机载火控雷达对平板缝隙天线的平均副瓣电平性能要求较高，表 6.1 列出了

一个 X 波段的平板缝隙天线副瓣电平的指标要求。从表中可以看出，除对主瓣附近的最大副瓣电平提出了要求外，还对所有角度范围内的副瓣电平都给出了严格的包络线要求，要实现该副瓣包络，不仅需要选择低副瓣加权分布，还需要合理划分天线子阵，控制天线加工精度。

表 6.1　X 波段的平板缝隙天线副瓣电平的指标要求

H 面		E 面	
角度（°）	副瓣电平（dB）	角度（°）	副瓣电平（dB）
0～10	<-25	0～10	<-25
10～40	<-44～-32 的直线	10～20	<-34～-25 的直线
40～65	<-44	20～30	<-40～-34 的直线
65～90	<-50～-44 的直线	30～60	<-44～-40 的直线
—	—	60～90	<-44

为了获得更低的远区副瓣电平，一般不选用泰勒、切比雪夫等经典口径照射函数，而选用平均副瓣更低的口径照射函数，例如高斯、倒置抛物线、Tokey 等分布。

在进行子阵划分时，首先根据带宽要求确定子阵规模，通常带宽越宽，子阵规模应越小。对于相对带宽为 3% 的天线，子阵辐射缝隙数目最好小于 40 个（注意不是辐射波导）；其次子阵形状尽量接近圆形或方形，保证不同方向上性能的均衡性；另外，子阵间功率分配应接近倍率关系，以便于使用等功率分配元件馈电，获得更宽的带宽性能。如图 6.10 所示是一个平板缝隙阵列的子阵划分实例，四象限对称分布，每个象限有五个子阵，它们的功率分配比（dB）为-3:-6:-9:-12:-12。这种设计的好处很明显，两个-12dB 的子阵通过一个等功率分配的功分器合成后，输出-9dB 信号；然后和-9dB 的子阵合成，得到-6dB 的输出；依次类推，最后输出 0dB。

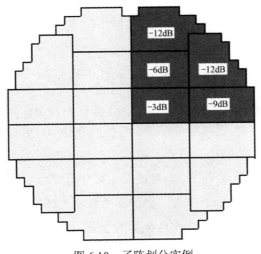

图 6.10　子阵划分实例

6.3.4　缝隙特性参数

早期通过实验获取缝隙特性参数。由于设计需要不同偏置、不同缝长状态下的等效导纳，导致实验件品种多，实验过程需要极大的细心和耐心，工作极为繁重，耗费相当大。同时对实验仪表的要求，对实验件的加工要求很高，需要精确测量才能获得准确的缝隙电性能参数。目前，现代电磁仿真软件 HFSS、CST、EMPIRE 等已经能够满足孤立缝隙导纳仿真要求，因此建议采用电磁仿真计算获取缝隙特性参数。

对波导上单个缝隙的辐射特性的研究，早在 20 世纪 40 年代中期就开始了。Watson 首先开展了对波导缝隙的研究和设计波导缝隙天线的尝试工作。同一时期，Stevenson 在 Watson 工作的基础上对辐射缝隙进行了理论分析，他首先做出了如下假设：

（1）波导是空气填充的，波导壁为理想导体；

（2）缝隙是谐振的，而且谐振长度正好是 $\lambda_0/2$，λ_0 为自由空间的波长；

（3）缝隙为矩形窄缝，缝隙宽度 w<<缝隙长度 $2l$，因此缝隙上的感应场是横向的，沿长度方向成半余弦分布，沿横向均匀分布；

（4）波导壁厚为无穷小；

（5）开有缝隙的波导宽边镶嵌在无穷大金属板上。

Stevenson 建立了矩形波导内部的 Green 函数。利用 Green 函数分析 H_{10} 模入射时缝隙的前向和后向散射特性，发现波导宽边纵向缝隙的前向散射和后向散射的幅度相等、相位反相，与传输线上的并联导纳有着相同的特性；而宽边倾斜缝隙的前向、后向散射的幅度和相位都相同，与传输线上的串联阻抗特性相同。因此他引入了波导的等效传输线概念，将宽边纵向缝隙等效成传输线上的并联导纳，将宽边倾斜缝隙等效成串联阻抗。利用能量守恒条件，进一步得到了宽边纵向缝隙的归一化等效谐振电导

$$g\left(d_p\right)=\frac{G_{\mathrm{res}}d_p}{G_0}=2.09\frac{(a/b)}{(\beta_{10}/\beta)}\cos^2\left(\frac{\beta_{10}}{\beta}\cdot\frac{\pi}{2}\right)\sin^2\left(\frac{\pi d_p}{2}\right) \qquad（6.2）$$

式中，a、b 分别为波导宽、窄边尺寸；β、β_{10} 分别为自由空间波的传播常数和 H_{10} 入射模的传播常数；d_p 为缝隙相对波导中心线的偏置；G_0 为等效传输线特征电导；G_{res} 缝隙谐振电导。

Stevenson 试图求解缝隙的等效电纳却没有获得成功。1951 年，Stegen 对波导宽边纵向缝隙进行了一系列实验，他的实验在 f_0 =9.375GHz 频率点进行。所用实验件为一段开有一个宽边纵向缝隙的标准 3cm 波导。波导尺寸为 a=22.86mm，b=10.16mm，缝隙的宽度为 w=2mm，波导壁厚 t=1.27mm。缝隙是铣出来的，两

端为半圆形而非矩形（考虑到加工上的困难，采用矩形缝隙组成阵列天线不利于生产），这一点与理论分析所作的假设不符。根据 Stevenson 的理论，缝隙在波导内引起的后向散射 B_{10}/A_{10}，从而计算缝隙的归一化导纳为

$$Y(d_p, l) = \frac{2S_{11}}{1 - S_{11}} \tag{6.3}$$

缝隙的偏置取不同的值。如果对不同的偏置情况，缝隙取一系列长度，这样就可以测出在不同偏置时，缝隙的导纳随缝隙长度变化的曲线，从而得到缝隙的谐振电导和谐振长度。

Stegen 将每个偏置对应的缝隙导纳实验数据用对应的谐振电导归一化，横坐标取缝隙长度与谐振长度的比值，发现不同偏置的曲线基本重合。对这个实验曲线进行拟合，得到了一个统一的波导宽边纵向缝隙归一化导纳表达式，即

$$\frac{Y(d_p, l)}{G_0} = h(n)g(d_p) \tag{6.4}$$

式中，

$$h(n) = h_1(n) + jh_2(n) \tag{6.5}$$

$$n = l / l_{\text{res}} \tag{6.6}$$

l_{res} 为偏置 d_p 时的缝隙谐振长度。

设 $g(d_p)$ 为偏置 d_p 时的缝隙谐振电导，对实验曲线进行拟合得到

$$g(d_p) = \frac{G_{\text{res}}(d_p)}{G_0} = K \sin^2(\pi d_p / a) \tag{6.7}$$

这个实验数据的拟合方程与式（6.2）的形式是相同的，也就证明了 Stevenson 的理论推导的正确性，但是式（6.7）的 K 值与式（6.2）方括号项计算得到的常数吻合得并不是很好。

再者，Stegen 实验得到的缝隙谐振长度与偏置有关，有

$$2l_{\text{res}} / \lambda = v(d_p) \tag{6.8}$$

Stegen 给出的拟合公式为

$$\begin{cases} g(d_p) = 1.177 \sin^2\left(\dfrac{\pi d_p}{a}\right) \\ v(d_p) = 1.517 + 1.822 d_p^2 \\ h_1(n) = 1 - 275(n-1)^2 \\ h_2(n) = -14(n-1) \end{cases} \tag{6.9}$$

目前，在进行平板缝隙天线设计时，一般采用和 Stegen 类似的实验方法来获取缝隙特性参数。同时，随着电磁场仿真软件的发展，对缝隙特性的计算也越来越容易，并且计算精度也相当高，这使得设计师可以采用实验和仿真计算相结合

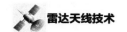

的方法，只需要加工很少的实验件，对软件仿真计算的结果进行修正即可。

6.3.5 阵面缝隙设计

1. 平板缝隙阵列天线的三个设计方程

阵面缝隙阵列天线设计方法大致可以分为两类。第一类是采用矩量法对整个缝隙阵列建立缝隙的自导纳矩阵和互导纳矩阵，对所有缝隙的场进行数值求解；第二类是根据阵列的等效传输线模型，采用等效磁流片法建立缝隙间互耦的积分方程，采用仿真计算或实验的方法获得缝隙的自导纳特性进行设计。由于第一类方法需要大量的计算，并且缝隙自导纳计算还没有达到精确的工程设计要求，因此实际上应用不多。

第二类方法最具代表性的是 Elliott 等分别在 1978 年、1983 年和 1988 年发表的三篇著名文献。在这三篇文献中，Elliott 对平板缝隙天线的设计理论进行了系统的阐述。他利用 J.E.Eaton、L.J.Eyges 和 G.G.MacFarlane 建立的波导缝隙等效传输线导纳在波导中的散射关系与一般传输线上并联导纳的散射关系进行对比，建立了波导缝隙天线的第一设计方程。根据 Babinet 原理，利用带状偶极子天线间的互阻抗关系，推导出缝隙之间的互阻抗。此后，他又对缝隙上的电场分布给出了一个更合理、更具有普遍意义的表达式，引入了波导缝隙的磁流片等效源概念来计算辐射缝隙之间的互耦，根据缝隙的等效传输线模型，利用场的互易原理建立了缝隙的有源导纳解析表达式，即波导缝隙天线的第二设计方程。这两个方程与馈电口的阻抗匹配方程一起，构成了平板缝隙天线辐射缝隙设计的三个方程。

第一设计方程为

$$Y_n^a = \mathrm{j}\left[\frac{8\left(\dfrac{a}{b}\right)}{\pi^2 \eta_s \left(\dfrac{\beta_{10}}{\beta}\right)}\right]^{1/2} \frac{2\left(\dfrac{\pi}{2l}\right)\cos\beta_{10}l}{\left(\dfrac{\pi}{2l}\right)^2 - \alpha\beta} \sin\left(\frac{\pi d_p}{a}\right)\frac{V_n^s}{V_n} \tag{6.10}$$

式中，Y_n^a 为第 n 个缝隙的有源导纳；Y_n 为第 n 个缝隙输入导纳；V_n^s 为第 n 个缝隙的缝电压；对应于阵面的口径分布，V_n 为第 n 个缝隙激励电压，是波导内入射波和散射波幅度之和；η_s 为自由空间波阻抗；a、b 为波导口径尺寸。

第二设计方程为

$$Y_n^a = \frac{2f_n^2}{\dfrac{2f_n^2}{Y_n} + \mathrm{MC}_n} \tag{6.11}$$

式中，f_n 和 MC_n 的表达式分别为

$$f_n = \frac{2(\pi/2L)\cos\beta_{10}}{(\pi/2L)-\beta^2}\sin\left(\frac{\pi d_p}{a}\right)$$

$$\mathrm{MC}_n = \mathrm{j}(\beta_{10}/\beta)(\beta b)(a/\lambda)^3\sum_{m=1}^{N}\frac{V_m^s}{V_n^s}g_{mn}, \quad m\neq n$$

式中，g_{mn} 的表达式为

$$g_{mn} = \int_{-l_m}^{l_m}\cos\left(\frac{\pi\xi_m'}{2l_m}\right)\left\{\frac{\pi}{2l_n}\left[\frac{\mathrm{e}^{-\mathrm{j}\beta R_1}}{\beta R_1}+\frac{\mathrm{e}^{-\mathrm{j}\beta R_2}}{\beta R_2}\right]+\left[\beta^2-\left(\frac{\pi}{2l_n}\right)^2\right]\int_{-l_n}^{l_n}\cos\left(\frac{\pi\xi_n'}{2l_n}\right)\frac{\mathrm{e}^{-\mathrm{j}\beta R}}{\beta R}\mathrm{d}\xi_n'\right\}\mathrm{d}\xi_m'$$

g_{mn} 中的两重积分分别在缝隙 m、缝隙 n 各自的坐标系中进行，其中 R 为缝隙 m 上的积分元位置 $P_m(0,0,\xi_m')$ 与缝隙 n 上的积分元位置 $P_n(0,0,\xi_n')$ 在统一的坐标系中度量的距离。R_1 为 $P_m(0,0,\xi_m')$ 到 $(0,0,-l_n)$ 的距离，R_2 为 $P_m(0,0,\xi_m')$ 到 $(0,0,l_n)$ 的距离。

计算缝隙互耦的几何关系如图 6.11 所示。

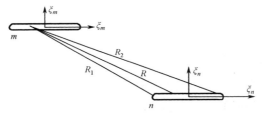

图 6.11　计算缝隙互耦的几何关系

在天线的设计中，对每个缝隙，都要计算所有其他缝隙对它的影响。对于具有几百个甚至上千个缝隙的阵列来说，每次迭代要计算式（6.11）数万遍，计算量极大。于是，G. Mazzarella 和 G. Panariallo 将式（6.11）中的被积函数采用 Taylor 级数展开，得到了一个快速算法，比辛普生积分算法快 5 倍以上。

第三设计方程为

$$\sum_{i=1}^{M}Y_i^a = C \tag{6.12}$$

当波导一端馈电，另一端短路时，C 取 1；当波导采用中间馈电时，C 取 2。

2. 设计步骤

对于一个大型阵列，直接求解上述三个设计方程是非常困难的，一般采用迭代法进行求解，步骤如下：

第一步，在不考虑互耦的情况下进行设计。这一步只需要式（6.10）和式（6.12）两个方程。假定所有缝隙自谐振，式中的有源导纳变成缝隙的自谐振电导。

a. 给该波导上缝隙的长度赋初值，可令所有缝隙的长度为 $\lambda/2$，并且第一个缝隙的偏置为 1。

b. 根据式（6.10）逐个计算其他缝隙的偏置。

c. 根据缝隙的谐振长度与偏置的关系再计算缝隙的谐振长度。

d. 重复步骤 b、c，直到缝隙的偏置和谐振长度收敛。

e. 计算该波导段上缝隙的谐振电导之和，查看结果是否满足式（6.12）。如不满足，按比例调整第一个缝隙的谐振电导，求出缝隙的偏置。重复步骤 b、c、d、e，直到所有缝隙的谐振电导和与要求值的差小于给定的误差值。

f. 对所有的缝隙波导段重复上述步骤，获得所有缝隙的偏置和谐振长度。至此，完成了在不考虑互耦情况下的缝隙设计。

第二步，已知缝隙的偏置和长度计算互耦，即对每个缝隙计算整个天线阵列中所有其他缝隙的互耦，计算式（6.11）的 MC_n。显然 MC_n 为一个复数。

第三步，调整缝隙的长度，使 $2f_n^2/Y_n$ 的虚部与 MC_n 的虚部抵消，即利用缝隙自失谐，产生一个电纳分量来抵消互耦的电纳部分，使缝隙在阵中有源谐振。根据式（6.11）求出缝隙的有源谐振电导 Y_n^a。

第四步，根据式（6.10）、式（6.12）调整缝隙的偏置。

a. 根据第三步求出的缝隙长度，和第一个缝隙的偏置，按照式（6.10）求出所有其他缝隙的偏置和满足比例关系的有源电导 Y_n^a。

b. 计算该波导段上所有缝隙的有源电导和，如不满足式（6.12），则按比例调整偏置。

c. 重复步骤 a、b，直到在满足式（6.10）的条件下式（6.12）的误差足够小。

第五步，根据第四步计算的偏置值，重复第二、三、四步，直到所有缝隙的长度和偏置收敛。

3. 耦合缝隙设计

耦合缝隙采用中心倾斜缝隙，可以等效为波导传输线上的串联电阻。同辐射缝隙类似，通过实验或仿真计算的方法可以得到耦合缝隙的电阻同倾角的关系，即

$$R = R_0 \left[I(\theta_S)\sin\theta_S + \left(\lambda_g/2a\right)J(\theta_S)\cos(\theta_S)\right]^2 \tag{6.13}$$

式中，

$$R_0 = 0.131\left(\lambda/\lambda_g\right)\left(\lambda^2/ab\right);$$

$$\left.\begin{array}{c} I(\theta_S) \\ J(\theta_S) \end{array}\right\} = \frac{\cos(\pi\xi/2) \pm \cos(\pi\zeta/2)}{1-\zeta^2};$$

$$\left.\begin{array}{c} \xi \\ \zeta \end{array}\right\} = \frac{\lambda}{\lambda_g}\cos\theta_S \mp \frac{\lambda}{2a}\sin\theta_S;$$

θ_S 为缝隙同波导中心线的夹角。

R 为耦合缝隙的等效电阻，一般是在辐射波导匹配的条件下获得，称为无源电阻。

当辐射波导开有辐射缝隙时，整个辐射波导总的有源导纳为

$$Y_n^a = \sum_{m=1}^{m(n)} Y_{mn}^a \tag{6.14}$$

式中，Y_{mn}^a 为有源互导纳。

根据耦合缝隙的等效电路模型，经过简单的推导，即可得到耦合缝隙在激励辐射波导时的有源等效电阻

$$R_n^a = 0.5 R_n Y_n^a \tag{6.15}$$

式中，R_n 为无源电阻。

从式（6.15）可以看出，当 $Y_n^a = 2$ 时，$R_n^a = R_n$，这就是辐射波导的等效导纳通常选为 2 的原因。

根据功率流必须相等，可以得到 $I_n I_n^* R_n^a = V_n V_n^* Y_n^a$，于是

$$V_n = 0.5 I_n R_n \tag{6.16}$$

式中，I_n 为耦合波导中第 n 个耦合缝隙处的模电流；V_n 为第 n 个辐射波导中离耦合缝隙 $\lambda_g/4$ 处的模电压。

当耦合波导采用驻波馈电时，同一根耦合波导中不同耦合缝隙处的模电流是相同的，结合第一设计方程式（6.10）可以得到

$$\begin{cases} \dfrac{Y_{mn}^a}{Y_{pq}^a} = \dfrac{f(d_{mn}, l_{mn})}{f(d_{pq}, l_{pq})} \dfrac{V_{mn}^s}{V_{pq}^s} \dfrac{R_m}{R_p} \\[2mm] f(d,l) = \dfrac{2(\pi/2l)\cos\beta_{10}l}{(\pi/2l)^2 - \beta^2} \sin\left(\dfrac{\pi d}{a}\right) \end{cases} \tag{6.17}$$

式中，Y_{mn}^s 表示第 m 根辐射波导的第 n 个辐射缝隙的有源导纳；V_{mn}^s 表示第 m 根辐射波导第 n 个辐射缝隙的缝电压。

对于端馈式耦合波导，根据其匹配要求，可以得到

$$\sum_{n=1}^{N} R_n^a = 1 \tag{6.18}$$

由于辐射缝隙数据已经确定，并且耦合缝隙通常工作在谐振状态，根据式（6.15）、式（6.17）、式（6.18）可以很容易求出耦合缝隙的倾角和缝长。

6.3.6　二阶效应考虑

前面设计过程忽略的一些二阶效应在进行高性能平板缝隙天线设计时必须加以考虑，这些影响主要包括相邻辐射缝隙间高阶模的耦合、相邻辐射波导间 $\lambda_g/4$ 短路板的影响、缝隙偏置对辐射方向图的影响等。

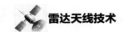

对于相邻辐射缝隙间高阶模耦合的问题，R.S.Ellott 和 W.R.O'Loughlin 进行了深入的研究，并且对辐射缝的第二设计方程进行了修正，在互耦项上加上了 H_{20} 模的影响，修正后的第二设计方程为

$$Y_n^a = \frac{2f_n^2}{\dfrac{2f_n^2}{Y_n} + MC_n'} \qquad\qquad (6.19)$$

式中，$MC_n' = MC_n + j\dfrac{(\beta_{10}/k)}{(\beta_{20}/k)}e^{-(\beta_{20}/k)kd}\left[h_n h_{n-1}\dfrac{V_{n-1}^s}{V_n^s} + h_n h_{n+1}\dfrac{V_{n+1}^s}{V_n^s}\right]$；$\beta_{20}$ 为 H_{20} 模的传播常数。

考虑 H_{20} 模的影响后，对于全高波导，设计结果变化不大；对于半高波导，部分缝隙有变化；但对于 1/4 高波导来说，影响非常大。

在辐射波导内 $\lambda_g/4$ 短路隔板处，不仅存在着高阶模的影响，并且由于隔板壁厚的存在，在耦合波导的等效电路中引入了一个电纳项，导致天线在子阵分界面上的相位分布变坏。对于这个影响的修正，一般根据近场测试结果，修正靠近 $\lambda_g/4$ 短路隔板处的缝隙缝长。

在平板缝隙阵列天线中，另一个固有的二阶效应是缝隙的偏置造成的。由于辐射缝隙有规律地偏置波导中心线，导致非主平面空间出现寄生副瓣，也称为二阶瓣。

通常采用优化子阵划分、微调匹配电导等手段来改变阵面缝隙偏置分布，达到减弱或消除缝隙偏置对波瓣的影响，实测结果表明，这种手段是有效的。

6.4　波导窄边缝隙阵列天线设计

由于波导窄边缝隙结构和边界条件复杂，所以窄边缝隙阵列天线的设计要比宽边缝隙阵列天线困难得多。通过简化物理模型进行近似计算和必要的修正，在工程应用上仍可获得满意的结果。

6.4.1　基本理论

1.　缝隙单元电导

当波导缝隙的位置使得有表面电流流过时，它就切断了波导壁上的电流分布而将能量耦合出来。缝隙与波导耦合的强弱是缝隙在电流线垂直方向投影的长度、缝隙中心处的电流密度、缝隙的尺寸、波导横向尺寸、波导壁厚和工作频率的函数。

由于波导窄边比自由空间的半波长小得多，缝隙常切入波导的宽边，以得到所要求的谐振长度。缝隙切入宽边的部分在等效电路中相当于串联分量，在设计中常忽略不计。当缝隙向垂线的另一边倾斜时，辐射的相位相差 180°。当两缝隙相距约为 $\lambda_g/2$，并且倾角正负配置时就能同相辐射。

与增加电偶极子的宽度可以展宽频带一样，增加缝隙的宽度也可以展宽频带。但是当阵列长度大于几个波长时，增加缝隙宽度并不能展宽频带，因为它已不再是限制系统带宽的主要因素，因此阵列天线的缝隙宽度主要考虑的是功率容量。

Stevenson 计算出不同缝隙在第一谐振点（缝长约 $\lambda/2$），即电抗或电纳为零时的电阻或电导值。对于波导窄边的单个倾斜缝隙，可等效为一并联导纳 $Y(\theta)$，如图 6.12 所示。缝隙谐振电导 g 为

$$g \approx g_0 \sin^2\theta, \quad \theta < 15° \tag{6.20}$$

式中，g_0 为归一化电导值，即

$$g_0 = \frac{30}{73\pi} \frac{\lambda^4}{a^3 b} \frac{\lambda_g}{\lambda} \left[\frac{\cos\left(\dfrac{\pi}{2}\dfrac{\lambda}{\lambda_g}\sin\theta\right)}{1 - \left(\dfrac{\lambda}{\lambda_g}\sin\theta\right)^2} \right]^2$$

式中，a、b 分别为波导内口径宽、窄边尺寸；θ 为缝隙倾角；λ 为工作波长；λ_g 为波导内工作波长。

Stevenson 在推导这一表达式时，作了如下假设：①波导为理想导体；②波导仅传输 TE_{10} 模；③缝隙宽度 w 远小于长度 1（$w/1 \approx 0.1$ 可视为满足条件）；④不考虑缝隙切入宽边深度 h 的影响；⑤不考虑波导的壁厚 t。

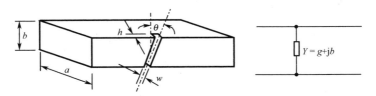

图 6.12　波导窄边缝隙及其等效电路示意

在一般情况下，以上第①、②、③条假设都可视为满足。从理论上分析计算缝隙切入波导宽边和波导壁厚的影响是相当困难的。虽然这方面的参考文献很多，但还没有充分的理由证明已有的理论分析结果能够满足超低副瓣天线的设计需要，所以第④、⑤条假设在工程设计中必须加以修正。

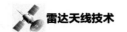

2. 互耦

处于一个长阵中的窄边缝隙（$\theta<15°$）基本是平行的，在这些缝隙之间存在很强的互耦，因此孤立缝的电导与存在其他缝隙时的电导差别很大。互耦破坏了缝隙原有的谐振状态，不仅改变了谐振电导的大小，而且还增加了一项附加的电纳，因此不能简单地将单缝电导关系式用于缝隙阵列天线的设计，必须考虑缝隙互耦的影响。Stevenson 定义了一个"增量电导"，即在一群相距半波长且平行的谐振缝隙阵中增加了一个谐振缝隙后，这群缝隙电导的增量即该缝隙的增量电导。应利用这个增量电导和新的谐振长度进行设计。此外，缝隙倾角不同，缝隙的互耦也不同。所以对特定的阵列，需要获得各缝隙的谐振电导和谐振长度关系式或曲线，即 $g_0(\theta)$ 和 $l_0(\theta)$。

同时需要指出的是，增量电导数据对阵列中部的缝隙设计准确度高，而对阵列两端附近的缝隙设计有较大偏差。对于一个长阵，忽略两端电导不确定性引入的误差往往可以容忍，而对于短阵就会产生不能接受的严重误差，因此在设计性能良好的短阵时必须重点关注缝隙的端头效应的影响。

虽然 R.S.Elliott 采用等效磁流片的方法研究了缝隙间的互耦，但距离工程应用需要还有相当的差距，后面将介绍如何用实验的方法获得 $g_0(\theta)$、$l_0(\theta)$。由于缝隙切入宽边部分辐射很小，因此计算时可以不考虑这部分的影响。

下面我们借用振子阵列模型，研究单元之间互耦是如何影响单元输入阻抗的。假设有一个双线馈电 N 元振子阵列天线，如图 6.13 所示。阵列有一个 1 分 N 的功率分配网络馈电，馈电网络各输出口的电压按口径分布 a_i（$i=1$，2，3，$\cdots$，N）设计，并且各输出口相互隔离。振子上的电流分布为

$$i_i = I_i \cos\left(\frac{\pi x}{2l_i}\right) \tag{6.21}$$

式中，$2l_i$ 为第 i 个振子的长度；$x=[-l_i, l_i]$；I_i 为复电流幅度。

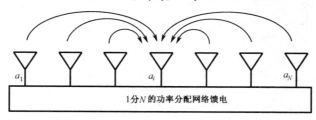

图 6.13 阵列天线示意

馈电口的激励电压为 V_i，有

$$V_i = Z_i I_i \tag{6.22}$$

　　馈电网络输出口的传输线特征阻抗为 Z_0，阵列中每个辐射单元的阻抗应与之匹配。如果不考虑辐射单元间的相互作用，即每个辐射单元的输入阻抗均为 Z_0，且口径上的电流分布与馈电网络的激励电压成正比。只要馈电网络输出电压 a_i 满足设计要求，那么振子阵列的电流分布也满足天线口径分布的要求。

　　然而，对振子的激励不只是在第 i 个振子的馈电口，其他振子电流分布的辐射耦合也会对该振子产生激励，从而造成天线阵列口径上的幅度、相位分布偏离设计值 a_i，并且在辐射单元的馈电口表现为阻抗失配。有关研究表明，无论是馈电口的电压激励，还是外部辐射场的激励，振子上的电流分布都由式（6.21）表示，只是电流的幅度、相位值不同。外部辐射场的激励在馈电口也产生电压分量，总激励电压可表示为

$$V_i^a = V_i + \sum_{j=1}^{N}{}' V_{ij} = Z_i I_i + \sum_{j=1}^{N}{}' Z_{ij} I_j, \; j \neq i \qquad (6.23)$$

式中，Z_i 为自阻抗；Z_{ij} 为互阻抗；I_i 为振子 i 在有互耦的情况下的复电流幅度。

　　如图 6.14 所示，互阻抗 Z_{ij} 的物理意义是 j 振子上的单位幅值的电流分布在 i 单元馈电口产生的电压值。将式（6.23）除以 I_i 得到 i 单元的有源阻抗为

$$Z_i^a = Z_i + \sum_{j=1}^{N}{}' \frac{I_j}{I_i} Z_{ij} \qquad (6.24)$$

振子上的电流分布即口径上对应位置的口径分布值，式（6.24）可写为

$$Z_i^a = Z_i + \sum_{j=1}^{N}{}' \frac{a_j}{a_i} Z_{ij} \qquad (6.25)$$

图 6.14　阵中振子上的电流分布

　　有源阻抗是在互耦的作用下，单元馈电口表现出的阻抗，它是自阻抗和附加阻抗的和。附加阻抗为所有其他辐射单元的贡献，与阵列的加权有关，因此，阵列天线设计的关键就是调整辐射单元的自阻抗，使得总的有源阻抗与馈电传输线匹配，即使 $Z_i^a = Z_0$。对于振子辐射单元而言，可以通过调整振子的长度，也可以通过在馈电口加载匹配电路来调谐有源阻抗，但是首先需要知道 Z_{ij} 的大小。Z_{ij} 可以通过理论计算，也可以通过实验测量获得。

　　从式（6.23）可以看出，阵中单元的有源阻抗与口径分布的加权有关，还与单元的位置有关。由于天线单元的多样性和天线实际结构的复杂性，理论分析计算具有很大的难度。因此，大型阵列的工程设计经常采用测量均匀分布小面阵中心

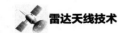

单元的有源阻抗 Z_i^r 的方法进行简化设计，然而中小型阵列采用这种方法会导致较大的误差。

1）无穷大阵列模型和小面阵实验

由于组成阵列的单元形式多种多样，不同形式的单元的互阻抗的计算方法不同（参见 3.4 节）。有些形式的辐射单元的互阻抗计算非常复杂，难以获得精确的结果，因此在工程上引入无穷大均匀口径分布阵列的概念，即用在无穷大均匀阵列中调配好的单元来组成所要设计的有限阵列而得到要求的近似解。在无穷大均匀分布的阵列中，所有辐射单元的互耦环境是相同的，因此所有单元的有源阻抗都相同。由于互耦的强度随单元的距离增加而减弱，因此互耦具有区域性，即在这个区域以外的单元互耦可以忽略。这个区域的大小与单元的形式有关，并且同一种单元在不同方向上的互耦强度也不相同，因此不同方向上区域的大小也要视情况选择。由此，工程中可以采用一个足够大的有限均匀阵列，阵列中心辐射单元的有源阻抗可以非常精确地等同于无穷大阵列中单元的有源阻抗。这样，用在有限均匀阵列的中心位置调配好的辐射单元组成所要设计的有限阵列，按口径分布要求设计功率分配网络即可。

这样做有两个误差来源：一是无穷大阵列模型的口径分布与所要设计的加权阵列不同；二是有限阵列边缘单元的互耦环境有很大的差别。当所要设计的阵列足够大时，边缘单元的数量相对较少，对方向图产生的影响较小，但加权产生的误差是必须要忍受的误差。

一般认为在设计大型阵列时可以采用这种方法，设计小型阵列时不能采用。但是大型阵列和小型阵列也没有明确的划分界限，并且与单元的互耦强弱有很大的关系。例如，有些工程设计人员认为 10 个波长以下的阵列可归为小型阵列，20 个波长以上的阵列可归为大型阵列。一般的小面阵规模有 7×7、9×9、11×11 三种选择，视所要设计天线的副瓣电平和互耦强弱而定。

如果要设计一个低副瓣或超低副瓣的天线，能否采用小面阵实验的方法，要对存在的误差作一个准确的计算才能决定。计算这个误差需要准确地计算互耦，但是如果能够准确地计算互耦，我们就无须采用小面阵实验的方法来获得近似的匹配了。正因为如此，对小面阵实验方法的误差似乎没有进行过仔细的研究，至少没有看到有关研究结果公开发表。

2）互耦测量及边缘单元处理

采用增量电导法设计波导窄边缝隙行波阵列，在波导方向的平面可实现低副瓣。如果设计线阵，那么增量电导的测试只需要一根均匀缝隙波导，不需要功率分配网络。但要设计一个两维阵列，需加工一个实验小面阵，工作量和难度是很大的。在实验过程中要设计、加工一个幅相精度要求很高的均匀分布的功率分配网络；要得到增量导纳与缝隙倾角的关系，选择若干倾角值，每个倾角都要加工一个均匀缝隙小面阵；要获得增量导纳与缝隙长度的关系，小面阵中所有缝隙的长度要逐步加长并进行测量。可见，在增量导纳的实验过程中，实验件数量多，加工精度高，并且 $N \times M$ 个缝隙长度逐步增加的过程造成极大的工作量，实验时间长，精度难以得到很好的控制。尽管如此，精确的电导测量、互耦测量曾经是或仍将是某些工程设计或工程设计验证必不可少的，对后文图 6.16 的原理框图进行仔细的考察，可以发现被测缝隙波导的 S_{21} 由两部分组成。

$$S_{21,i} = S_{21,i}^{\text{self}} + \sum_{m=1}^{M}{}' \frac{a_m}{a_i} T_{m,i}, \quad m \neq i \qquad （6.26）$$

式中，$S_{21,i}^{\text{self}}$ 为其余波导不馈电时，被测第 i 根波导的传输系数；$T_{m,i}$ 为第 m 根波导馈电时，在第 i 根波导末端的测量值；和式表示其余波导馈电时，通过空间互耦在被测波导末端产生的输出；a_i 为馈电网络的输出加权。

小面阵其他位置可由不同倾角的波导来代替，由这一差别引入的二阶耦合误差是极小量，但是大大地减少了加工量，简化了实验。同时，采用数学计算的方法模拟小面阵的结果，避免了馈电网络引入的误差。

6.4.2　阵列的设计

波导窄边缝隙行波阵的设计步骤如下。

（1）选择波导型号、缝隙间距 d_x 和缝隙线源间距 d_y，确定缝隙天线阵列的基本结构形式；

（2）建立阵中缝隙的导纳曲线 $Y(\theta,l)$（θ 为缝隙倾角，l 为缝隙半长度），确定缝隙的谐振电导 $g(\theta)$ 和谐振长度 $l(\theta)$；

（3）选择天线口径幅度分布函数 $A(n)$，确定口径功率分布要求；

（4）将幅度分布 $A(n)$ 转换成缝隙倾角分布 $\theta(n)$ 和缝长分布 $l(n)$；

（5）误差分析与分配。

1. 波导口径及缝隙间距的选择

综合考虑工作频率、容许的斜视角范围、系统重量等因素后选择波导型号，一般以标准波导为优选。

行波阵的缝隙间距 d_x 选择大于或小于 $\lambda_g/2$，因为 $d_x = \lambda_g/2$ 时，行波阵就变为驻波阵。对长度一定的波导，缩小缝隙间距会增加缝隙数，降低负载吸收，提高馈电效率，但增强了缝隙间的外互耦合波导内高次模的影响。

通常情况下取 $d_x < \lambda_g/2$。

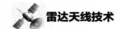

1）缝隙间距与频扫角的关系

设波导窄边行波阵缝隙间距为 d_x，为使主极化同相，相邻缝隙的倾角需要反向，因此引入了常数相位 π，则缝隙单元间的相差为 $\Delta\phi$。

$$\Delta\phi = \pi - \frac{2\pi d_x}{\lambda_g}\begin{cases} > 0, & d_x < \lambda_g/2, \ \text{波束斜向输入端} \\ = 0, & d_x = \lambda_g/2, \ \text{波束指向法线，驻波阵} \\ < 0, & d_x > \lambda_g/2, \ \text{波束斜向负载端} \end{cases} \quad (6.27)$$

波束斜视方向相应的频扫角 θ 为

$$\theta = \arcsin\left(\frac{\lambda}{2d_x} - \frac{\lambda}{\lambda_g}\right) \quad (6.28)$$

d_x 的选择应尽量接近 $\lambda_g/2$，这样波束偏离法向较小，有利于得到更大的增益。

2）缝隙间距与输入驻波的关系

在波导窄边上开倾斜缝隙后破坏了波导内的行波状态，开缝处产生反射波。各缝隙反射波在波导输入端形成总反射。显然，线源输入端的总反射系数与缝隙间距、倾角分布，以及终端负载匹配状况等因素有关，可以用传输线理论求出它们的相互关系。为简便起见，设终端负载无反射，波导上的缝隙等距、等倾角，波导无热耗，于是波导输入端的总反射系数可表示为

$$\Gamma_{\text{in}} = \frac{\dfrac{1}{2}\displaystyle\sum_{n=1}^{N} Y_n e^{-j2n\beta_g d_x}}{1 + \dfrac{1}{2}\displaystyle\sum_{n=1}^{N} Y_n} \quad (6.29)$$

式中，N 为波导上的缝隙总数；Y_n 为第 n 个缝的导纳；$\beta_g = 2\pi/\lambda_g$；d_x 为缝隙间距。

当所有缝隙均处于谐振状态时，缝隙的电纳为零，即 $Y_n = g$，于是式（6.29）变为

$$\Gamma_{\text{in}} = -\frac{g}{2 + Ng}\frac{\sin(N\beta_g d_x)}{\sin(\beta_g d_x)}e^{-j(N+1)\beta_g d_x} \quad (6.30)$$

反射系数的模为

$$|\Gamma_{\text{in}}| = -\frac{g}{2+Ng}\left|\frac{\sin(N\beta_g d_x)}{\sin(\beta_g d_x)}\right| \leqslant \frac{Ng}{2+Ng} \quad (6.31)$$

当式（6.32）成立时，式（6.31）中等号成立，反射系数达到最大值，即 $|\Gamma_{\text{in}}| = |\Gamma_{\text{max}}|$。这就是单元数较多时不能采用驻波阵的原因之一。

$$d_x = p\frac{\lambda_g}{2}, \quad p = 1, 2, \cdots \quad (6.32)$$

3）缝隙间距与交叉极化瓣的关系

波导窄边缝隙平面阵天线存在交叉极化瓣，交叉极化瓣的位置与缝隙间距 d_x 和缝隙线源间距 d_y 有关，如图 6.15 所示。适当选择波导尺寸和 d_x、d_y，可以将交叉极化的主瓣"挤"出实空间。

有关交叉极化能量的大小将在后面讨论。

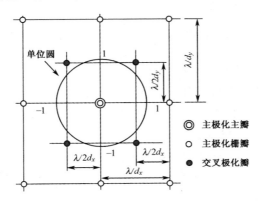

图 6.15　T 平面中的主极化瓣、交叉极化瓣位置

2．阵中缝隙导纳

如前所述，缝隙在阵列环境中与在孤立状态下是不一样的，谐振电导和谐振长度都发生了变化。因此，要设计一部波导窄边缝隙阵列天线，必须获得缝隙在该阵列环境中的谐振电导和谐振长度。那么如何实现呢？一是理论计算，二是实验测定。由于波导窄边缝隙的边界条件太复杂，理论计算仍然不能完全满足实际需要，工程上一般都采取理论分析结合实验研究进行设计。

需要指出的是，缝隙无论处在孤立状态还是阵中环境，其谐振电导与倾角的基本关系仍然是式（6.16），不同的仅是式中的常数 g_0 发生了变化。因此，实验研究的重点就是获得阵列环境中的 $g_0(\theta)$ 和谐振长度 $l_0(\theta)$。

为了在所研究的缝隙参数中包含互耦的影响，建立一个 $M \times N$ 的波导窄边缝隙实验小面阵，如图 6.16 所示，其中 M 是波导上的缝隙数，N 是波导缝隙线源数。为了使小倾角缝隙波导的 S_{21} 有足够的测量精度，尽量降低边缘缝隙的影响，并且兼顾多种缝隙倾角的实验件，对高性能波导窄边缝隙阵列天线，取 $M=40$。由于波导窄边缝隙线源之间的互耦较小，衰减较快，$N=7$ 一般就能满足要求。组阵时两个面的缝隙倾角需要倒置，E 面是为了主极化同相，H 面是为了将交叉极化瓣的主瓣"挤"出实空间。缝隙波导线源之间有扼流槽装置，扼流槽深度约为 1/4 自由空间波长。

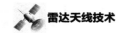

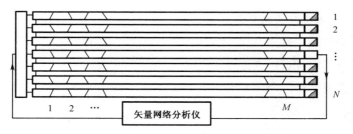

图 6.16　增量电导测量原理框图

　　为分析和计算方便，将小面阵设计成等间距、等倾角的缝隙阵。用一分为 N 的等幅馈电网络馈电，缝隙波导的末端接匹配负载，测量阵列中间的缝隙波导的 S_{21}。利用矢量网络分析仪可以显示出缝隙导纳的频率特性，逐步改变缝隙的长度，将缝隙导纳的谐振点调整到中心频率，此时的缝隙长度就是缝隙的谐振长度 $l_0(\theta)$。根据缝隙间距 d_x 和频率 f_0，可以计算出单个缝隙的阵中谐振电导（忽略边缘效应后可视为所有缝隙的谐振电导相等），进而计算出谐振电导常数 $g_0(\theta)$。

　　用不同的缝隙倾角实验件进行测试，得到一组 $g_0(\theta)$ 和 $l_0(\theta)$，用于阵列天线的设计。实验表明，电导常数 $g_0(\theta)$ 随倾角的变化不大，当要求不严格时可视为常数。但 $l_0(\theta)$ 与缝隙倾角的关系变化较明显，特别是倾角越小谐振长度越长，如图 6.17 所示。

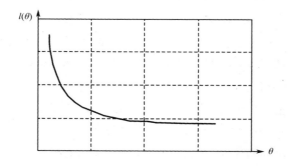

图 6.17　谐振长度与缝隙倾角的关系

　　需要指出的是，用小面阵获得谐振电导和谐振长度时有两点是近似的：一是忽略了边缘缝隙的特异行为；二是所有缝隙等倾角不符合口径幅度分布要求。对于大型窄边缝隙阵列天线，这两点近似是不会影响设计精度的，因为相邻单元的幅度加权（即倾角变化）很平缓且可视为线性，与小面阵的缝隙环境可视为高阶误差而忽略不计。

　　当天线性能要求非常高时，边缘缝隙的 g_0 需要加以修正。一般说来，阵中缝隙的 g_0 较边缘缝隙的 g_0 大。如果不进行修正将会造成口径幅度分布偏差，端馈时幅度分布不对称，输入端偏小，负载端偏大，严重时会使主瓣生出"肩膀"。修正的方法是：被测波导先开适当数量的缝隙（例如 30 个缝隙），利用上述方法测量并计算出 g_0，记为 g_{01}；然后以相同间距再开 10 个缝隙，再测算出新的 g_0，记为 g_{02}，由此可推算出阵中缝隙的 g_0 和边缘缝隙的 g_0。

3. 口径分布与缝隙电导之间的转换

为了便于计算，我们先考察一根开有 N 个窄边缝隙的行波线阵，一端馈电，另一端接匹配负载。波导窄边缝隙可等效为一个并联导纳 Y，如图 6.18 所示，用二端口网络表示，其传输矩阵为

$$T = \begin{bmatrix} 1 + \dfrac{Y_i}{2} & \dfrac{Y_i}{2} \\ -\dfrac{Y_i}{2} & 1 - \dfrac{Y_i}{2} \end{bmatrix} \tag{6.33}$$

两缝隙之间长度为 d 的空波导是一段传输线，其传输矩阵为

$$T = \begin{bmatrix} \mathrm{e}^{\gamma d} & 0 \\ 0 & \mathrm{e}^{-\gamma d} \end{bmatrix} \tag{6.34}$$

式中，$\gamma = \alpha + \mathrm{j}\beta_{10}$ 为波导主模的复传播常数。当波导损耗很小且指标要求不严时，可忽略 α。

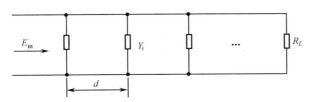

图 6.18　波导窄边缝隙线阵的等效电路

根据图 6.18 的等效电路以及预定的口径分布数组 $A(n)$，即每个并联导纳的电流分布，或每个缝隙的辐射场，我们就可以用不同的方法来计算缝隙的导纳。下面采用传输矩阵的方法来推导缝隙导纳分布。

当能量从图 6.18 的左端馈入后，首先经过第一个缝隙辐射，然后剩下的能量传到第二个缝隙进行辐射，最后剩下的能量由匹配负载吸收。缝隙的辐射能量与缝隙的电导成正比，只要缝隙导纳分布满足一定的相对关系，就能使线阵的口径分布满足要求。缝隙导纳设计的取值范围会影响线阵交叉极化特性及效率高低。如果缝隙导纳取得大些，传到负载的能量就小些，但倾角增大又导致交叉极化分量变大；反之亦然。因而需要全面衡量，折中选取。如果给定了负载吸收能量的大小，就可以确定整个缝隙线阵的导纳分布。

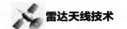

图 6.19 为线阵负载端和线阵的最后一个缝隙（第 N 个缝）。该缝的导纳用 $Y_N = g_N + jb_N$ 表示。设负载功率吸收为 10%，且令匹配负载无反射，即 $Y_l = 1$；则对负载的散射参数为 $a_l = \sqrt{0.1}\, b_l = 0$。对第 N 个缝，有 $a_2^N = b_l = 0$，$b_2^N = a_l$。缝隙辐射的能量即为等效导纳 $y_N = g_N + jb_N$ 消耗的能量 p_N，因而有

$$p_N = a_1^N \cdot a_1^{N*} + a_2^N \cdot a_2^{N*} - b_1^N \cdot b_1^{N*} - b_2^N \cdot b_2^{N*} \tag{6.35}$$

式中，星号表示取共轭。而

$$\begin{bmatrix} a_2^N \\ b_2^N \end{bmatrix} = \begin{bmatrix} 1 + \dfrac{Y_N}{2} & \dfrac{Y_N}{2} \\ -\dfrac{Y_N}{2} & 1 - \dfrac{Y_N}{2} \end{bmatrix} \begin{bmatrix} a_1^N \\ b_1^N \end{bmatrix} \tag{6.36}$$

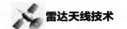

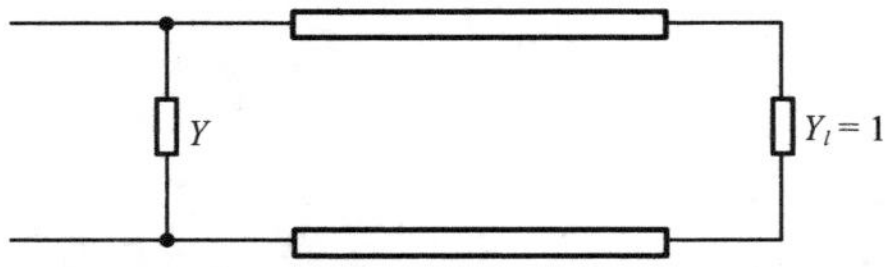

图 6.19　线阵负载端和线阵的最后一个缝隙

由式（6.35）和式（6.36）可得

$$p_N = \frac{1}{2} |V_N|^2 g_N \tag{6.37}$$

式中，$V_N = a_1^N + b_1^N = a_2^N + b_2^N$ 为传输线上的电压。

第 N 个缝隙辐射场的相位为

$$\text{Ph}_N = \arctan(A_N) \tag{6.38}$$

式中，$A_N = \left(a_2^N + b_2^N \right) Y_N$。

负载折合到第 N 个缝隙右端的导纳为 Y_N^+，传向负载的功率为

$$p_N^+ = \frac{1}{2} |V_N|^2 g_N^+ \tag{6.39}$$

式中，g_N^+ 为负载折合到第 N 个缝隙的右端的电导值。

$$Y_N^+ = \frac{1 - \Gamma_N}{1 + \Gamma_N}$$

$$\Gamma_N = \frac{a_2^N}{b_2^N}$$

由前面假设可知，$Y_N^+ = g_N^+ = 1$，$\Gamma_N = 0$，由式（6.37）和式（6.39）可得

$$g_N = \frac{p_N}{p_N^+} g_N^+ \tag{6.40}$$

式中，P_N 为第 N 个缝隙的辐射能量，与口径分布的平方成比例，即 $P_N = A^2(n)$，由式（6.40）就得到了第 N 个缝隙的电导值。假定第 N 个缝隙处于谐振状态，即

$b_N = 0$，由式（6.38）可知，第 N 个缝隙辐射场的相位为 $\mathrm{Ph}_N = 0$。由此确定了第 N 个缝隙的导纳为 $Y_N = g_N$，也就可以由式（6.36）计算第 N 个缝隙左端的散射参

数 $\begin{bmatrix} a_1^N \\ b_1^N \end{bmatrix}$。第 $N-1$ 个缝隙与第 N 个缝隙之间为一

段长度为 d 的波导传输线，如图 6.20 所示。第

$N-1$ 个缝隙右端的散射参数 $\begin{bmatrix} a_1^{N-1} \\ b_1^{N-1} \end{bmatrix}$ 可用传输线

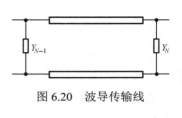

图 6.20　波导传输线

的传输矩阵求得，即

$$\begin{bmatrix} b_2^{N-1} \\ a_2^{N-1} \end{bmatrix} = \begin{bmatrix} \mathrm{e}^{\gamma d} & 0 \\ 0 & \mathrm{e}^{\gamma d} \end{bmatrix} \begin{bmatrix} b_1^N \\ a_1^N \end{bmatrix} \tag{6.41}$$

那么，在第 $N-1$ 个缝隙的右端，有

$$\varGamma_{N-1} = \frac{a_2^{N-1}}{b_2^{N-1}}, \quad Y_{N-1}^+ = \frac{1 - \varGamma_{N-1}}{1 + \varGamma_{N-1}} = g_{N-1}^+ + \mathrm{j} b_{N-1}^+$$

同样由式（6.37）、式（6.39）和式（6.40），可得

$$g_{N-1} = \frac{p_{N-1}}{p_{N-1}^+} g_{N-1}^+ \tag{6.42}$$

式中，$p_{N-1}^+ = \frac{1}{2} |V_{N-1}|^2 g_{N-1}^+$；$p_{N-1} = A^2 (n-1)^2$。

第 $N-1$ 个缝隙的相位为

$$\mathrm{Ph}_{N-1} = \arctan(A_{N-1}) \tag{6.43}$$

式中，$A_{N-1} = \left(a_2^{N-1} + b_2^{N-1} \right) Y_{N-1}$。

由于波导窄边缝隙阵为终端接负载的行波阵，为了保证天线在一定的带宽内有好的驻波性能，缝隙间距必须大于或小于 $\lambda_g / 2$。同时，为了得到低副瓣性能，希望天线口径的相位为均匀分布。如果波导内传输的波为纯行波，那么线阵上的缝隙要处于谐振状态，即 $b_n = 0$，因而口径面上的相位分布必定呈线性梯度，即波束将偏离天线的法线方向。实际上，由于缝隙产生的不连续性，产生了一定的反射。不同缝隙上的反射波的幅度和相位是不同的，因此为了得到天线口径上的线性相位分布，缝隙必须有微量的失谐，并且为了补偿相邻缝隙所在波导壁上电流的反向，相邻缝隙的倾斜方向需相反。如果第 N 个缝隙口径面上的相位为 0°，那么，第 $N-1$ 个缝隙的相位应为

$$\mathrm{Ph}_{N-1} = \beta d - \pi \tag{6.44}$$

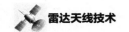

由式（6.42）已经求出了 g_{N-1}，由式（6.43）和式（6.44）则可求出 A_{N-1}，即求出了第 $N-1$ 个缝隙的导纳 Y_{N-1}。以此类推，可以求出第 $N-2$，$N-3$，$\cdots$，直到所有缝隙的导纳。

4. 交叉极化电平

缝隙感应的电场方向垂直于缝隙，与波导的轴线即水平方向成 θ 夹角，如图 6.21 所示。该电场可分解为水平分量和垂直分量。垂直分量为不需要的交叉极化分量，水平分量的电场才是所需的口径分布场。前面推导的缝隙导纳分布，是按照缝隙总的辐射场等于给定的口径分布来进行的。由于不同缝隙的倾角 θ 不同，交叉极化能量的比例也不同，因此，所得到的水平极化场与所要求的口径分布有很大的误差。当要求天线具有低或超低副瓣性能时需要进行修正，必须计及交叉极化能量，即应推导主极化能量与口径分布之间的对应关系，而不是简单地推导电导与口径分布之间的对应关系。

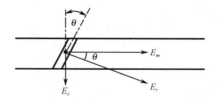

图 6.21　主极化与交叉极化之间的关系

如前所述，波导窄边缝隙天线存在交叉极化，交叉极化场与辐射场之间的关系为缝隙倾角度函数，有

$$E_c = E_r \cdot \sin\theta \tag{6.45}$$

式中，E_r 和 E_c 分别是缝隙辐射的总电场和交叉极化分量；θ 为缝隙倾角。

交叉极化与主极化分量之间的关系为

$$E_\Delta = \frac{E_c}{E_m} = \tan\theta \tag{6.46}$$

式中，E_m 和 E_Δ 分别是主极化分量和交叉极化与主极化分量比。

交叉极化与主极化之间能量的关系为

$$P_\Delta = \frac{P_c}{P_m} = \tan^2\theta \tag{6.47}$$

在一般情况下要求 $\theta \leqslant 15°$，但当要求天线具有低或极低副瓣性能时，天线口径幅度分布有强烈的加权，线源两端（特别是输入端）的缝隙倾角都非常小，只有线源中部的缝隙倾角较大，因此全阵的缝隙倾角平均不超过 $10°$，于是交叉极化的能量损失为

$$P_\Delta = 10\lg\frac{P_c}{P_m} = 20\lg(\tan\theta) \leqslant -15(\text{dB})$$

交叉极化分量在空间会形成交叉极化辐射瓣，一般雷达希望在副瓣区的交叉极化瓣电平小于主极化副瓣电平，故应尽可能地降低其电平。通常有三个措施：

（1）波导窄边缝隙行波阵的缝隙倾角是渐变的，具有超低副瓣加权的天线缝隙最小倾角可到 1° 以下，因此全阵的交叉极化能量比主极化小 15dB～25dB，甚至更多。

（2）在两排缝隙波导之间加装 $\lambda/4$ 扼流槽（见图 6.22）可以使交叉极化电平下降 23dB 以上。

（3）将缝隙线源的缝隙倾角正、负配置（见图 6.22），适当选择缝隙线源间距 d_y，将交叉极化瓣的峰值位置"挤"到虚空间去。

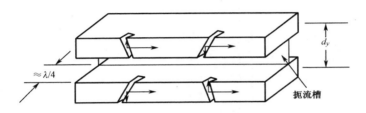

图 6.22　抑制交叉极化分量部分措施

在图 6.22 中，当相邻两排缝隙线源反相馈电时，主极化同相而交叉极化反相。将图中 4 个单元视为一个子阵，子阵按 $2d_x$、$2d_y$ 组成天线阵面。为简化问题，设天线为均匀幅度分布，于是子阵的方向图为

$$f(\theta,\phi) = 1 + \text{e}^{-\text{j}(\beta d_x\sin\theta\cos\phi-\beta_{10}d_x)} - \text{e}^{-\text{j}(\beta d_y\sin\theta\sin\phi)} - \text{e}^{-\text{j}(\beta d_x\sin\theta\cos\phi-\beta_{10}d_x+\beta d_y\sin\theta\sin\phi)} \tag{6.48}$$

天线的阵因子为

$$F(\theta,\phi) = \sum_{m=1}^{M/2}\sum_{n=1}^{N/2}\text{e}^{-\text{j}(\beta 2md_x\sin\theta\cos\phi+\beta 2nd_y\sin\theta\sin\phi)} \tag{6.49}$$

交叉极化瓣在 T 平面上的位置如图 6.15 所示。

5. 馈电方式

波导窄边缝隙线阵列天线的馈电方式有端馈和中心馈电两种。前者会造成波束斜视，后者由于两侧的波束斜视会导致波束展宽甚至分裂，一般采用端馈形式。

波导窄边缝隙平面阵列天线馈电的功分网络可以采用并馈网络，也可以采用串馈网络，如图 6.23 所示。串馈网络可以是行波网络也可以是驻波网络。在各缝隙线源的输入端串接一只移相器后，天线可实现一维相扫，串馈网络的色散问题

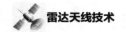

也可以用移相器进行补偿。

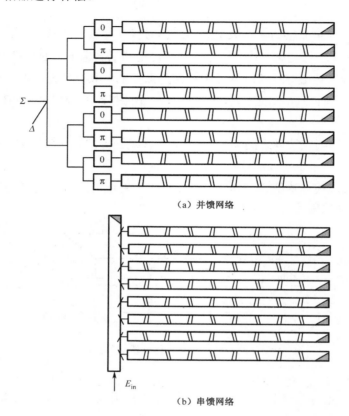

（a）并馈网络

（b）串馈网络

图 6.23　功分网络示意

6．误差分析

天线的误差分析包括误差建模和误差分配两方面，也可称为误差设计。天线误差理论分析的文章很多，一般先建立误差的概率模型，求出误差场的统计分布；再利用分布积分得到副瓣电平低于给定值的累积概率，并且确定激励电流容许误差与阵列口径分布之间的关系。在理论分析的基础上，将预设的相关和独立误差代入方向图计算公式，计算（例如 100 组）随机误差方向图。如果统计结果不满足技术要求，可调整预设的误差值重新计算，直至满足要求。

针对所研究的具体天线找出所有影响口径幅相分布的误差源，例如，端馈波导窄边缝隙阵列天线的主要误差来源如表 6.2 所示。对所列出的误差项，分析并计算出机械公差与电气误差之间的解析关系。根据公差的影响大小、实现的难易程度，在给定的口径幅相分布误差容许值下进行公差分配。需要指出的是，当天线口径上的误差呈现周期性时，误差影响加重，天线方向图中会出现周期瓣，周期瓣的幅度和位置分别与误差的大小和周期相关。

以上误差分析与分配中没有包含天线测量中的误差。

表 6.2　端馈波导窄边缝隙阵列天线的主要误差来源

序号	误　差　项		误　差　性　质
1	缝隙波导	口径	相关、独立
2		不直度	
3		扭曲	
4	功分网络输出	幅度	相关
5		相位	
6	缝隙加工	长度	独立
7		宽度	
8		深度	
9		倾角	
10		位置度（同一基准面）	
11	阵列装配	位置度（同一基准面）	相关
12		不平度	
13	设计参数	电导 G_0	
14		谐振长度 l_0	
15		边缘效应	
16	其他	—	

7．设计举例

设计要求：在 S 波段设计一个 5m 长、2m 宽，单元总数为 98×8 的波导窄边缝隙阵列。天线口径水平面为（设计 SLL=-48dB，$\bar{n}=8$）泰勒分布，垂直面为均匀幅度分布。

按照上面介绍的方法设计出缝隙的导纳、倾角和缝隙长度，然后进行缝隙的加工。我们一共加工了两根线阵，另外用了 5 根光波导组成实验环境，安装在一个精密加工的框架里。波导线阵上的 98 个缝隙在大型数控铣床上一次加工完成，因而保证了较高的加工精度。缝隙的倾角误差不大于 5′，缝隙位置误差和缝隙深度误差不大于 0.05mm。在南京电子技术研究所的大暗室里反复进行了近场测试，根据近场测试数据得出的典型波瓣图如图 6.24 所示。从实验的结果来看，所设计的线阵天线在 6%的带宽内基本达到了 -40dB 的副瓣性能。

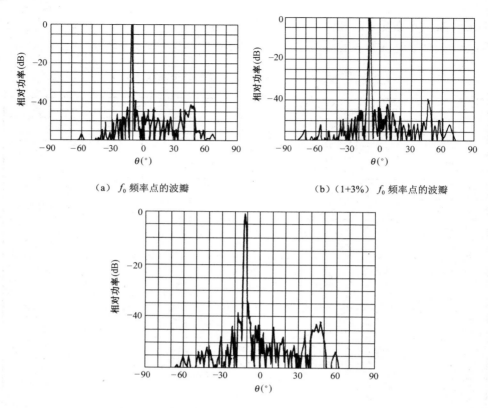

（a）f_0 频率点的波瓣   （b）（1+3%）f_0 频率点的波瓣

（c）（1−3%）f_0 频率点的波瓣

图 6.24　近场测试波瓣图

6.5　新型波导缝隙阵

6.5.1　双极化波导缝隙阵列天线

随着电子信息系统的不断发展，双极化天线阵列成为一种重要的发展方向。例如，在 SAR 系统中，利用地物对不同极化电磁波的散射特性不同，采用双极化的工作模式就能够获取丰富的地物信息，从而更好地区分和鉴别地物；在卫星通信系统中，采用双极化天线可以在同一带宽平面内发射两种不同极化的信号，节约了频率资源，使频带的利用率提高一倍。

双极化波导缝隙阵列天线的实现途径之一是采用水平极化波导缝隙阵和垂直极化波导缝隙阵嵌套共孔径实现双极化，其构成如图 6.25 所示。

图 6.25　双极化波导缝隙阵列天线构成

该双极化波导缝隙阵列天线由双 L 互补结构的窄边直缝水平极化波导缝隙阵列天线和共线宽边缝垂直极化波导缝隙阵列天线排列组成，这样可使两种极化天线分别实现馈电，物理上完全独立，有效减小了两种天线之间的互耦，提高了天线的端口隔离度，进而提高了天线的极化隔离度。水平极化波导缝隙的开缝要切到波导的宽边，当与垂直极化波导缝隙组成阵列时，水平极化波导缝隙的表面要高出垂直极化波导缝隙的宽边，这就影响了垂直极化波导缝隙的辐射。尤其是在阵列进行大角度扫描时，水平极化波导缝隙严重影响了垂直极化波导缝隙的辐射，使得垂直极化波导缝隙的有源驻波变得恶化，严重影响阵面的辐射性能。因此在设计时，需要尽可能抬升垂直极化波导缝隙的高度。对于水平极化波导缝隙，开缝深度由水平极化波导缝隙的谐振长度决定，所以在横向上满足垂直极化波导缝隙宽度设计的基础上，应尽可能展宽水平极化的宽度。

1．水平极化波导缝隙阵列天线设计

水平极化波导缝隙阵列天线采用双 L 互补结构的窄边直缝，这种结构的缝隙阵列更易于工程实现，如图 6.26 所示。

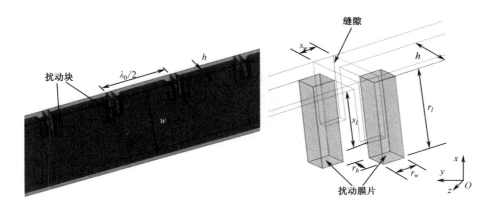

图 6.26　水平极化波导窄边缝隙结构

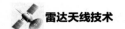

对于矩形波导，传输的 TE$_{10}$ 主模场分量为

$$E_y = -\mathrm{j}\frac{\omega\mu a}{\pi}H_{10}\sin\left(\frac{\pi}{a}x\right)\mathrm{e}^{\mathrm{j}(\omega t-\beta z)} \tag{6.50}$$

$$H_x = \mathrm{j}\frac{\beta a}{\pi}H_{10}\sin\left(\frac{\pi}{a}x\right)\mathrm{e}^{\mathrm{j}(\omega t-\beta z)} \tag{6.51}$$

$$H_z = H_{10}\cos\left(\frac{\pi}{a}x\right)\mathrm{e}^{\mathrm{j}(\omega t-\beta z)} \tag{6.52}$$

$$E_x = E_z = H_y = 0 \tag{6.53}$$

式中，μ 为磁导率；a 为波导宽边长度；β 为传播常数。

管壁电流分布由波导管壁附近的磁场分布确定，有

$$\boldsymbol{J}_s = \boldsymbol{n}\times\boldsymbol{H}_\tau \tag{6.54}$$

式中，$\boldsymbol{n}$ 是波导内壁的单位外法向矢量；$\boldsymbol{H}_\tau$ 是内壁附近的切向磁场。

结合式（6.52）和式（6.54），求得波导窄壁的电流为

$$\boldsymbol{J}_s\mid_{x=0,a} = -H_{10}\mathrm{e}^{\mathrm{j}(\omega t-\beta z)}y \tag{6.55}$$

由式（6.55）可以看出，对于波导内的主模 TE$_{10}$ 波，波导窄边的电流只有 y 分量，当在窄边沿 y 方向开非倾斜缝隙时，几乎没有切割电流，因此不能向空间辐射能量。增加扰动块后，改变了内部的场分布，从而使得非倾斜缝隙切割了电流，在缝隙内激励起电磁场，并且向空间辐射能量。

设计水平极化波导缝隙阵列天线结构尺寸如下：$l=12.48\lambda_0$，$w=0.787\lambda_0$，$h=0.16\lambda_0$，缝深 $s_l=0.173\lambda_0$，缝宽 $s_w=0.061\lambda_0$，$r_l=0.23\lambda_0$，$r_h=0.067\lambda_0$，$r_w=0.064\lambda_0$。

上述水平极化波导缝隙阵列天线的电压驻波比，如图 6.27 所示。

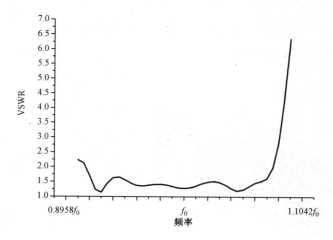

图 6.27 水平极化波导缝隙阵列天线的电压驻波比

2. 垂直极化波导缝隙阵列天线设计

垂直极化波导缝隙阵列天线采用新型的脊波导宽边开共线缝隙结构，这种天线所有边缝隙共线排列，有以下优点：① 消除了在进行大角度扫描时出现的栅瓣；② 拉大了缝隙到水平极化的距离，提高垂直极化波导缝隙阵列天线的扫描性能，降低了两种极化的互耦效应，有效提高了极化端口隔离度。

垂直极化波导缝隙阵列天线结构如图 6.28 所示，波导总长 v_l =12.48 λ_0 ，宽 $v_a = 0.0.429\,\lambda_0$ ， b_1 =0.362 λ_0 ， b_2 =0.253 λ_0 ， d =0.109 λ_0 ， s =0.262 λ_0 ，辐射缝宽 v_{sw} =0.058 λ_0 ，辐射缝长 v_{sl} =0.48 λ_0 。

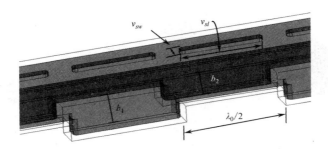

图 6.28 垂直极化缝隙阵列天线结构

此垂直极化波导缝隙阵列天线的电压驻波比如图 6.29 所示。

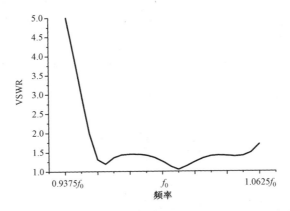

图 6.29 垂直极化波导缝隙阵列天线的电压驻波比

3. 双极化集成设计

根据上述水平和垂直极化缝隙阵列设计，通过间隔嵌套集成的方式实现双极化波导缝隙阵列，建立了一个 18×5 的阵列模型如图 6.30 所示，如图 6.31 所示是阵列工作在水平极化时的方向图，如图 6.32 所示是阵列工作在垂直极化时的方向图。可见，该波导缝隙阵列天线实现了高性能双极化波束，同时由于水平极化采用了基于矩形膜片的非倾斜缝隙，垂直极化采用了非对称脊波导宽边开缝缝隙，水平和垂直极化缝隙阵列的交叉极化性能均有显著提高，仿真达到-50dB 以下，实测达到-35dB 以下。

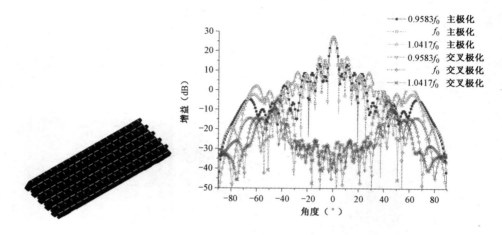

图 6.30　18×5 的阵列模型　　　　　图 6.31　阵列工作在水平极化时的方向图

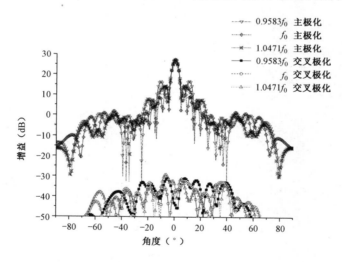

图 6.32　阵列工作在垂直极化时的方向图

此外，有文献介绍了采用同类脊波导缝隙耦合馈电不同方向的辐射缝隙实现双极化共孔径天线，它由耦合缝、辐射缝和放置在它们中间起极化扭转作用的腔体三部分组成。辐射缝相对耦合缝旋转了一个角度，这样就改变了极化方向，实现了极化的多样性。脊波导的采用使阵列结构紧凑、馈电方便。如果将+45°线极化的线阵和-45°线极化的线阵交错排列组成二维阵列，就可以实现±45°双线极化，并且两个线极化信号的频率可以相同也可以不同，如图 6.33 所示。如果再借助适当的馈电网络，还可以实现双圆极化。

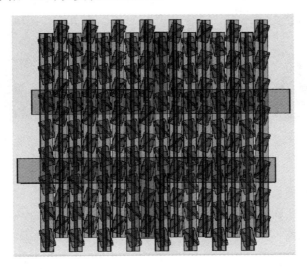

图 6.33　±45°双线极化波导缝隙阵列

6.5.2　基片集成波导（SIW）缝隙阵列天线

基片集成波导（SIW）是由两排金属通孔紧凑规律地排列在上下表面为金属层的介质基板中构成的导波结构。其中两排金属通孔可类比于传统矩形波导中的金属壁，电磁波在传播过程中被限制在金属通孔与上下导体形成的空间中，形成了类波导的结构。相对于传统的矩形波导，SIW 易集成，它可有效地实现无源和有源集成，使毫米波系统小型化，甚至可把整个毫米波系统制作在一个封装内，极大地降低了成本；而且它的传播特性与矩形金属波导类似，由其构成的毫米波和亚毫米波部件及子系统具有高 Q 值、高功率容量等优点，同时由于整个结构完全为介质基片上的金属通孔阵列所构成，所以这种结构可以利用 PCB 或 LTCC 工艺精确实现，并且可与微带电路实现无隙集成。与传统波导形式的微波毫米波器件的加工成本相比，SIW 微波毫米波器件的加工成本十分低廉，非常适合微波毫米波集成电路的设计和批量生产。SIW 完全集成于介质基片中，具有与矩形波导相似的传输特性，因此利用 SIW 技术实现的 SIW 缝隙阵列天线一方面继承了传统矩形金属波导缝隙天线的优点，同时又克服了传统矩形金属波导天线的缺点。几种典型的 SIW 缝隙阵列天线如图 6.34、图 6.35 和图 6.36 所示。

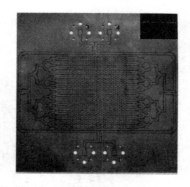

图 6.34　用于飞机和卫星通信的多波束　　图 6.35　W 波段 32×32 单脉冲 SIW 缝隙
　　　　　SIW 缝隙阵列天线　　　　　　　　　　　　阵列天线

　　下面简述一种典型的基于 SIW 的波导缝隙驻波阵设计。采用 SIW 的等效波导的许多设计方法和传统的金属波导缝隙天线一致，在 SIW 中传播场的模式与金属波导中的场模式一样，主模都是 TE$_{10}$ 模，因此由 SIW 的参数可以得到等效的矩形波导参数，如图 6.37 所示。

　　SIW 缝隙阵列天线的馈电结构主要包含两种形式：一种为功分馈电，该方式为共面馈电；另一种为缝隙耦合馈电，该方式为非共面层叠馈电。

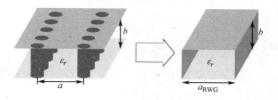

图 6.36　Ku 波段的"动中通"大型　　　图 6.37　SIW 波导等效矩形波导
　　　　　有源 SIW 缝隙阵列天线

　　SIW 的参数，如过孔的直径、间距，以及波导的厚度、宽度等，可以通过有关文献的设计方法获取，同时通过 SIW 的等效波导经验公式获取等效波导的基本参数。在对主要参数进行初始化后，结合优化算法对参数进行迭代优化，如基因算法和共轭梯度法。优化的目标是最小化误差方程，有

$$\varepsilon_{\text{total}} = \varepsilon_{\text{design\_equ}} + \varepsilon_{\text{input\_match}} + \varepsilon_{\text{synthesis}} \tag{6.56}$$

式中，

$$\varepsilon_{\text{design\_equ}} = W_1 \sum_{n=1}^{N} \sum_{m=1}^{M} \sum_{p=1}^{P} \sum_{q=1}^{Q} \left\| \frac{f_{nm}}{f_{pq}} \frac{|Q_{pq}|}{|Q_{nm}|} - \frac{V_{nm}^s}{V_{pq}^s} \right\|^2$$

$$\varepsilon_{\text{input\_match}} = W_2 \left| \text{Re}\left(\frac{Z_{\text{in}}}{R_0}\right) - 1 \right|^2 + W_3 \left| \text{Im}\left(\frac{Z_{\text{in}}}{R_0}\right) \right|^2$$

$$\varepsilon_{\text{synthesis}} = W_4^{\text{upper}} \sum_{p=1}^{P} \sum_{q=1}^{Q} \left| S(\theta_p, \phi_q) - h_{pq}^{\text{upper}} \right|^2 + W_4^{\text{lower}} \sum_{p=1}^{P} \sum_{q=1}^{Q} \left| S(\theta_p, \phi_q) - h_{pq}^{\text{lower}} \right|^2$$

根据以上设计方法，设计一个 3×6 单元的 SIW 缝隙阵列天线，如图 6.38 所示，其工作中心频率为 10GHz，副瓣电平为-20dB，驻波和方向图如图 6.39 所示。

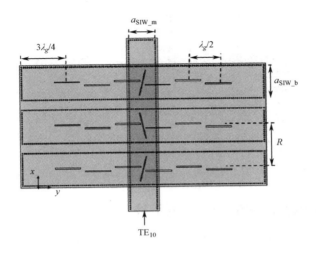

图 6.38　SIW 缝隙阵列天线模型

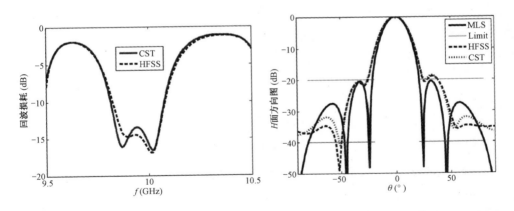

图 6.39　SIW 缝隙阵列天线驻波和方向图

此外，有文献介绍了一种基于 SIW 的双频缝隙阵列，如图 6.40 所示，通过功分馈电激励对应不同频段的缝隙结构实现双频 SIW 缝隙阵列，为双频或多频应用提供了一种解决方案。

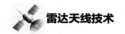

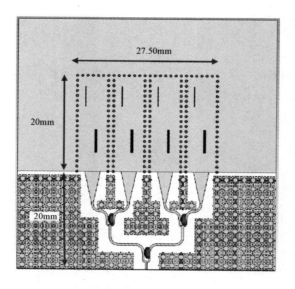

图 6.40　基于 SIW 的双频缝隙阵列

6.5.3　宽带并馈波导缝隙阵列天线

波导缝隙阵列天线的带宽受到单元数、截止波长和子阵数的影响，通常，单个波导腔内谐振单元数越多带宽越窄。有文献给出了在不考虑缝隙间互耦合的情况下，谐振阵列的缝隙数目 N、阻抗带宽 B 和驻波比 SWR 之间的近似关系为

$$SWR = 1 + \frac{2}{a^2} + \frac{2}{a}\sqrt{1 + \frac{1}{a^2}} \tag{6.57}$$

式中，

$$a = \frac{1 + \dfrac{(\pi NB)^2}{3 \times 10^4}}{\dfrac{\pi NB}{300}\left[1 + \dfrac{(\pi NB)^2}{2 \times 10^4}\right]}$$

由此获得波导缝隙阵列天线的阻抗带宽和缝隙数目的关系，如图 6.41 所示。

可见，缝隙数目与阻抗带宽成反比。当工作频率偏移一点时，波导波长改变，从端口处的辐射缝隙开始，缝隙的激励系数与相位越偏越多，当缝隙足够多时，匹配就会恶化至不可接受范围，所以这类阵列天线的阻抗带宽大约只有不足 10%。

改善波导缝隙阵列天线的阻抗带宽有很多方法，其中一种有效的优化提升方法是采用多级并联馈电（并馈）网络，将天线分割为若干个子阵。级数越多，串联的阵元数越少，传输线程越短，天线阻抗带宽越大。有文献采用 2×2 子阵式并馈方式实现了阻抗带宽的扩展，阻抗带宽达到 15%～20%，如图 6.42 所示。斜极化宽带并馈波导缝隙阵列如图 6.43 所示。

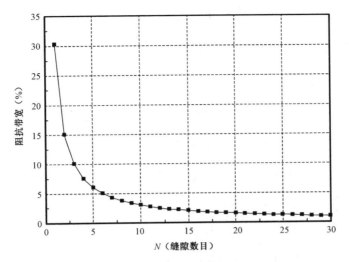

图 6.41 波导缝隙阵列天线的阻抗带宽与缝隙数目的关系

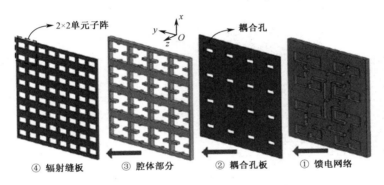

图 6.42 子阵式宽带并馈波导缝隙阵列

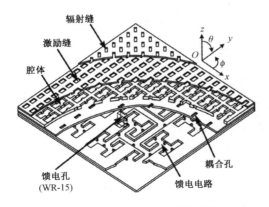

图 6.43 斜极化宽带并馈波导缝隙阵列

有文献介绍了一种全并馈的波导缝隙阵列，其设计思想是分析和综合的"子阵化"和模块化思想。基本的辐射单元是 1×1 子阵，全并联馈电网络可以看作由

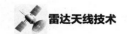
级联的 H 面 T 形功率分配器组成，用到的 T 形功率分配器为等功率分配，入口处采用底部背馈方式。将天线按功能分为三个级联的模块，每个模块单独设计，主要是在满足阵列排布要求的条件下尽可能扩大阻抗带宽。图 6.44 和图 6.45 分别为该波导缝隙阵列的实物图和仿真测量结果，可见其阻抗带宽达到 19.3%。

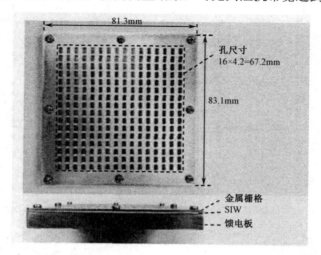

图 6.44　全并馈的波导缝隙阵列实物图

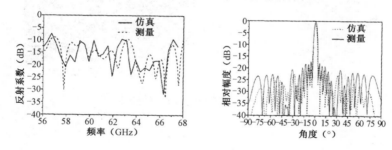

图 6.45　全并馈的波导缝隙阵列仿真测量结果

　　另一种拓展波导缝隙阵列天线带宽的方法是将矩形波导用脊波导代替。由于脊波导主模截止波长较长，与高次模的截止波长相差较大，所以脊波导频带可达到倍频程级。有文献设计了 X 波段的 1×16 元脊波导天线，利用中心馈电的凸波导功分器将辐射脊波导分为两个 1×8 的子阵，阵列反射系数小于-15dB 的带宽达到 14.9%。

　　此外，还有一种提升波导缝隙阵列带宽的技术，称为超载技术。该技术的思想基于波导缝隙阵列天线的等效电路，具体是指：打破传统的匹配设计思路，不再强调在中心频率的绝对匹配状态，即每组串联缝隙在中心频率等效归一化输入导纳之和等于 1；转而使其工作在"超载"失配状态，即令串联缝隙等效归一化输入导纳之和在中心频率大于 1。

以辐射部分和耦合部分为例，可通过在传统匹配的辐射缝隙参数基础之上增大其关于中轴线的偏移量或耦合缝隙的偏转角度，令此时的等效归一化输入导纳之和在中心频率大于 1，即实现中心频率失配状态，并且使得匹配点落在中心频率相邻的左右频点上，即两频点处的等效归一化输入导纳值近似为 1。因此，应用"超载"技术的匹配特性曲线一般呈现双谐振特性，从而改善毫米波波导缝隙阵列天线的带宽。

6.5.4　波导缝隙相控阵天线

波导缝隙阵列天线的结构紧凑、加工方便、低副瓣等优势与相控阵天线的波束灵活、高可靠性等优势相结合是波导缝隙相控阵天线技术方向的发展动机。然而，对于全并馈波导缝隙阵列结合波导移相器形成的二维波导缝隙相控阵天线本质上属于一般相控阵天线范畴，并且在工程上采用该方式反而突显了波导缝隙阵和相控阵的劣势。因此，本节主要阐述一维相扫的波导缝隙相控阵天线。实际上，6.2.2 节的图 6.7 就是典型的一维相扫的波导缝隙相控阵天线，它的组成中包含了24 根波导线阵和一套带有 24 个大功率旋转场移相器的波导馈电网络，原理框图如图 6.46 所示。

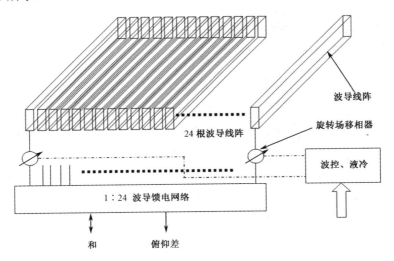

图 6.46　一维相扫的波导缝隙相控阵天线原理框图

在垂直面方向上，该天线波束扫描范围为±35°，波束扫描采用旋转场移相器移相。旋转场移相器是一种高精度移相器，移相精度达到 2°，采用 8 位数值离散量化。由于相位量化引入的大周期性相位误差将会导致天线副瓣电平有较大

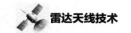

的抬高，因此必须采取一定的措施，来破坏相位量化的周期性，最简单的处理方法是采用平均相位误差归零法。同时，在波束扫描时，耦合的改变对方位面方向图影响较大，所以在天线设计时需要修正辐射缝的有源电导，使得扫描对波瓣图的影响最小。

有文献介绍了一种加载寄生的波导缝隙相控阵天线，应用于美国"信使"水星探测，该天线在 8.5 GHz±50 MHz 频段能够实现±45°圆极化宽角笔形波束扫描。

有文献提出了一种加载圆极化器的波导缝隙相控阵天线。该天线采用线阵天线作为阵元，为实现相控阵天线一维±60°宽角扫描，阵元采用线极化脊波导宽边纵向缝隙驻波线阵加载圆极化器的天线形式。为避免出现栅瓣，线阵阵元之间的间隔应满足扫描极限要求。同时，由于天线窄频带工作，需考虑金属壁的厚度，脊波导的宽边尺寸设计为 0.42λ。为提高波导缝隙天线口面效率，在波导纵向辐射缝隙上加载矩形辐射腔。结合使用 Ka 频段 16 路发射组件、Ka 功分网络、电源和波控器，实现了一维±60°宽角圆极化扫描，从而满足了在空间应用中对轻质、高效率、圆极化、宽角扫描相控阵天线的需求。

6.6　波导缝隙阵列天线的电磁仿真技术

6.6.1　缝隙特性参数仿真

6.3.4 节分析了缝隙特性参数的重要性，缝隙特性参数的准确性影响波导缝隙阵列天线设计的成败。传统的设计方法采用实验的手段获取缝隙特性参数，不仅过程烦琐，而且存在公差影响。随着计算机科学和计算电磁学的技术发展，三维电磁仿真软件已经能够满足波导缝隙特性参数的仿真计算需求，可以用于缝隙特性仿真。下面以 HFSS 软件为例，演示波导宽边偏置缝参数仿真计算过程。

对于波导宽边偏置缝隙特性的参数仿真，首先建立仿真模型，如图 6.47（a）所示。对照 Stevenson 孤立缝隙参数时的假设条件，电磁仿真模型没有假设条件限制，更接近实际情况。但受仿真软件限制，仿真计算采用有限大金属面代替无限大金属面，根据金属面上的电流分布图可以看出［见图 6.47（b）］，当有限大金属面的边长大于 2 个波长时，边缘的相对电流密度低于-40dB，不影响缝隙特性参数仿真精度；当有限大金属面的边长缩小到 1 个波长时，仿真得到的缝隙等效电导增大 3%，对谐振频率影响小于 0.1%。

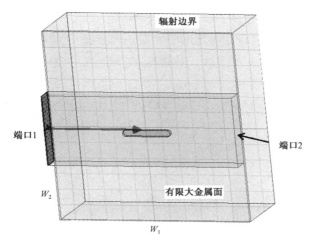

（a）仿真模型

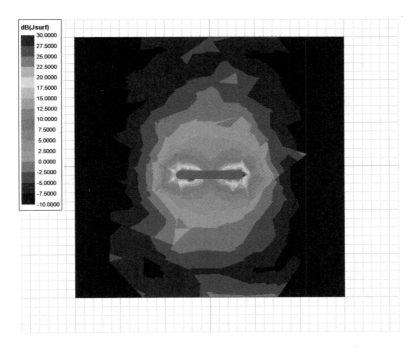

（b）金属面电流分布

图 6.47　波导缝隙仿真模型及金属面电流分布

　　和实验处理方式相似，对不同的偏置情况，缝隙取一系列长度，调整仿真模型，进行仿真计算，根据式（6.3），得到缝隙特性参数。如图 6.48 所示是偏置 1mm 和 2mm 的导纳曲线，图中曲线有两个值得关注的现象。首先，使用 S_{21} 计算得到

的等效导纳和使用 S_{11} 计算得到的等效导纳明显不一致，偏置 2mm 的缝隙仿真结果更明显；其次，当电导最大时电纳不为零，而存在一个负电纳。这两个现象在实验和仿真计算过程中都会遇到，表明缝隙在波导内的散射波不对称。这将影响谐振缝长和谐振电导的取值，一般不按电纳零值点确定谐振点，而是结合电导值和辐射相位信息来确定谐振缝长，谐振电导可以取 S_{11} 和 S_{21} 计算的平均值，对应驻波阵工作状态。

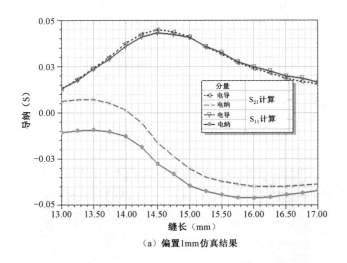

（a）偏置1mm仿真结果

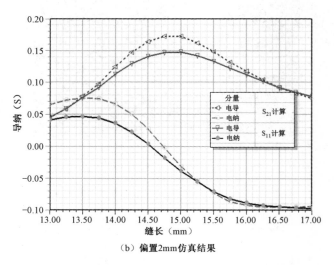

（b）偏置2mm仿真结果

图 6.48　波导缝隙导纳仿真结果

按照 6.3.4 节中的方法，对不同偏置数据进行归一化处理，并且进行数据拟合得到波导缝隙归一化导纳曲线、谐振缝长对偏置曲线、归一化谐振电导对偏置曲线，分别如图 6.49、图 6.50、图 6.51 所示。

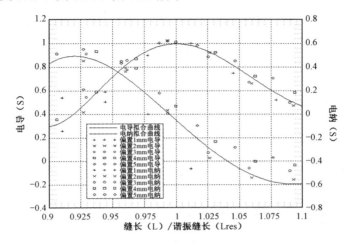

图 6.49　波导缝隙归一化导纳曲线

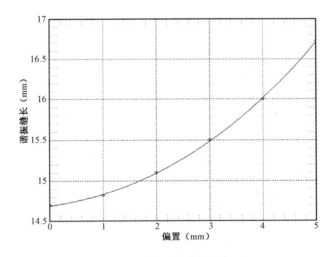

图 6.50　谐振缝长对偏置曲线

在图 6.49 中，不同偏置的归一化导纳曲线存在一定离散现象，使用一条曲线拟合存在较大误差，因此在进行高性能平板缝隙阵列天线设计时，一般采用二维拟合方式提高参数精度。

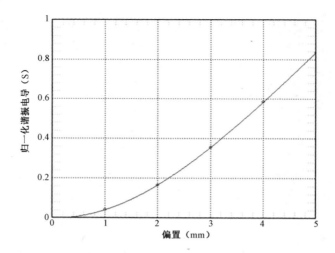

图 6.51　归一化谐振电导对偏置曲线

6.6.2　阵列天线的仿真分析

获得缝隙特性参数后，按照 R.S.Elliott 的三个设计方程进行缝隙阵列设计，然后进行性能电路仿真和场仿真，直到性能满足要求为止，设计仿真流程如图 6.52 所示。

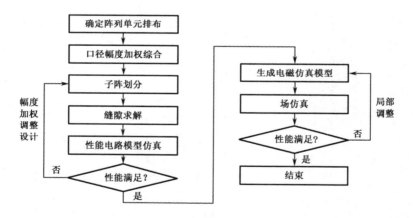

图 6.52　缝隙阵列设计仿真流程

针对上述流程，开发了一套专用的设计仿真软件，其界面如图 6.53 所示。利用该软件，下面演示一个平板缝隙阵列天线的关键设计仿真过程。

1. 单元排布及加权分布设计

首先根据天线的外形尺寸和工作频率，选择阵列单元排布，优先选择水平垂直等间距排列，对于圆口径天线，完成边缘裁剪，选择合适的加权分布，完成口径幅度加权综合，完成的口径分布如图 6.54 所示。

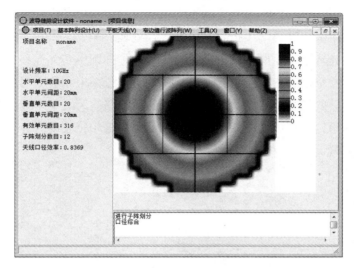

图 6.53　设计仿真软件界面

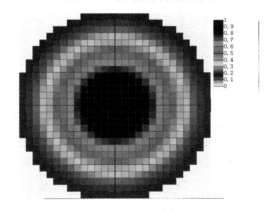

图 6.54　口径分布

2．子阵划分

完成口径分布设计后，按照 6.3.3 节的原则进行子阵划分，软件自动输出子阵排布、子阵功率分配、波导缝隙布局等信息，完成的子阵划分如图 6.55 所示。可见，阵列划分为 20 个子阵，4 个象限对称，每个象限包含 5 个子阵，子阵的功率分配分别约为-9.1dB、-11.9dB、-18.6dB、-15.5dB 和-17.0dB。这是性能仿真优化后的结果，子阵功率分配接近 3dB，但不完全满足，所以在馈电网络设计时需要选用不等功分比器件。

完成子阵划分后，需要设计耦合波导及馈电装置的位置。该位置的选择影响天线带宽性能，应尽量位于子阵的中心位置，并且应考虑相邻子阵的耦合波导干涉及馈电网络走线因素。例如，图 6.55 中上下象限间相邻子阵耦合波导存在干涉现象，必须采用耦合波导端头折叠等措施进行处理。

在这个设计环节中还应注意子阵馈电相位、子阵馈电装置偏移方向、耦合缝倾斜方向，以及辐射缝的偏置方向，设计错误会导致馈电相位不对。工程设计中总结出一个简单的经验原则，就是馈电信号的传输路线跨过一个缝隙产生反相效应。设计软件可自动完成馈电相位分析，以保证馈电相位正确。

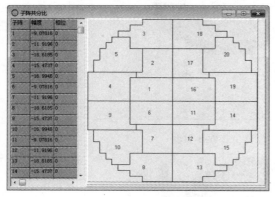

（a）子阵排布及功率分配

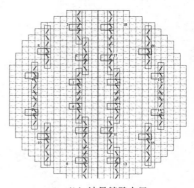

（b）波导缝隙布局

图 6.55　子阵划分

3. 缝隙求解

虽然设计公式给出了完整的设计求解方法，但在实际求解中还存在一定困难，主要表现为设计不收敛或缝隙失谐量偏大，副瓣和带宽性能不能满足。这可以通过选择合理的初值和增加阻尼系数降低迭代速度来提高收敛性，对于上述阵列求解结果如图 6.56 所示，可以看出缝隙尺寸分布并不均匀，子阵相关性很大。

耦合缝参数求解相对简单，此处不再赘述。

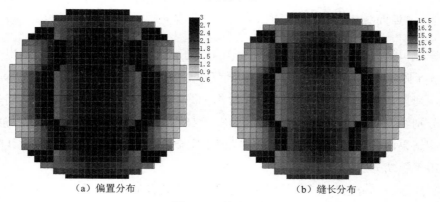

（a）偏置分布　　　　　　　　　　　　（b）缝长分布

图 6.56　缝隙分布

4．性能电路模型仿真

因为所有设计都基于中心频率开展，所以可以根据平板缝隙天线的等效电路模型开展带宽性能评估，包括带内幅度、相位分布仿真，驻波性能仿真。虽然仿真分析过程是求解的逆过程，但该计算有很重要的意义，不仅可以预估天线带宽内的性能，还能优化阵列的驻波带宽性能。图 6.57 为口径幅度分布仿真结果，图 6.58 为方向图仿真结果，图 6.59 为反射系数仿真结果。

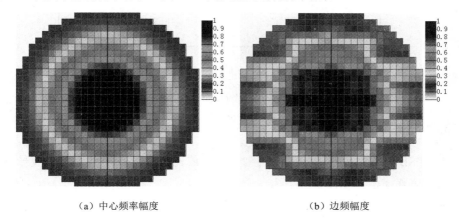

（a）中心频率幅度　　　　　　　　　　　　（b）边频幅度

图 6.57　口径幅度分布仿真结果

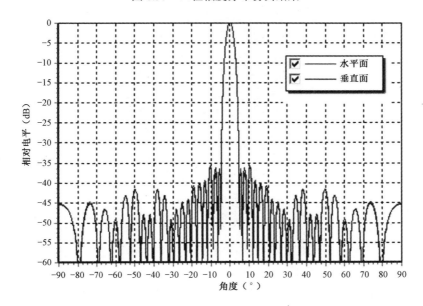

图 6.58　方向图仿真结果

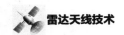
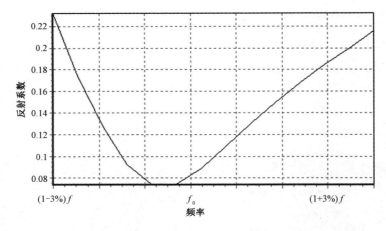

图 6.59　反射系数仿真结果

5．HFSS 仿真

在 HFSS 软件中运行波导缝隙阵列天线生成的 VBS 脚本，自动建立波导缝隙阵列天线仿真模型，如图 6.60 所示，该模型中未包含波导功分网络。

该模型包含完整的求解设置，可以直接进行求解，HFSS 仿真方向图结果如图 6.61 所示。

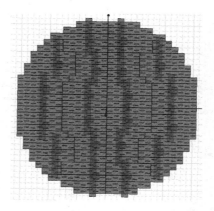

图 6.60　波导缝隙阵列天线仿真模型

从仿真结果中可以看出，设计准确性较高，设计副瓣电平为-35dB，仿真结果也为-35dB。对比带内方向图可以看出，低频点方向图副瓣略高，此时可以利用仿真软件查看低频口径幅相分布，定位出低频副瓣抬高的原因为辐射缝长偏短，导致天线带宽上移。通过缝隙尺寸微调，可以进一步降低低频副瓣电平，实现带内均衡。

本节以平板缝隙阵列天线为例，给出了设计仿真的关键步骤，其他类型的天线设计仿真过程可以参照开展。

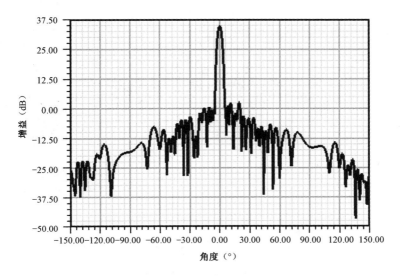

（a）中心频率仿真方向图

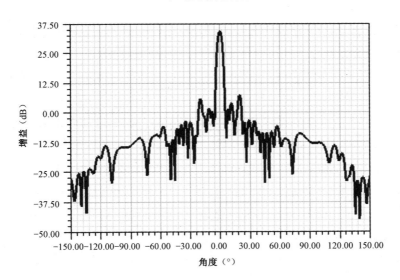

（b）低频仿真方向图

图 6.61　HFSS 仿真方向图结果

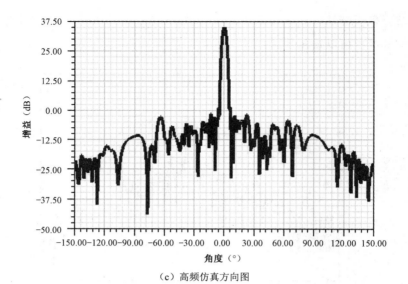

（c）高频仿真方向图

图 6.61　HFSS 仿真方向图结果（续）

参考文献

[1]　金林，何国瑜. 平板裂缝天线阻抗匹配设计的研究[J]. 微波学报，2000，16（4）：373-377.

[2]　金林. 超低副瓣波导窄边裂缝行波阵列天线设计计算[J]. 天线技术，1998，13（1）：1-7.

[3]　Sparks R A. Systems Applications of Mechanically Scanned Slotted Array Antennas[J]. Microwave Journal, 1988(6): 26-48.

[4]　Lawrence Sikora, James Womack. The Art and Science of Manufacturing Waveguide Slot-Array Antennas[J]. Microwave Journal, 1988(6): 157-162.

[5]　Johnson R C, Jasik H. Antenna Engineering Handbook[M]. New York: McGraw-Hill Book Company, 1990.

[6]　Silver S. 微波天线理论与设计[M]. 江贤祚，刘永华，卢才成，译. 北京：北京航空航天大学出版社，1989.

[7]　Richardson P N, Hung Y Y. Design and Analysis of Slotted Waveguide Antenna Arrays[J]. Microwave Journal, 1988(6): 109-126.

[8]　Elliott R S. Antenna Theory and Design[M]. New Jersey: Prentice-Hall, inc., 1981.

[9]　Mazan Hamadallah. Frequency Limitations on Broad-Band　Performance of

Shunt Slot Arrays[J]. IEEE Transactions on Antenna Propagat., 1989, 37(7): 817-823.

[10] Coetzee J C. Johan Joubert, McNamara D A. Off-Center_Frequency Analysis of a Complete Planar Slotted-Waveguide Array Consisting of Subarrays[J]. IEEE Transactions on Antenna Propagat, 2000, 48(11): 1746-1756.

[11] 钟顺时，等. 波导窄边缝隙天线的设计[J]. 西北电讯工程学院学报，1976（1）：165-184.

[12] Watson C K, Kenneth Ringer. Feed Network Design for Airborne Monopulse Slot-Array antennas[J]. Microwave Journal, 1988(6): 129-146.

[13] Watson W H. The Physicsal Principles of waveguide Transmission and antenna Systems[M]. Oxford: Clarendon Press, 1949.

[14] Stevenson A F. Theory of slots in Rectangular Waveguide[J]. Jounary of Applied Physics, 1948, 19(1): 24-38.

[15] Elliott R S, Kurtz L A. The Design Small Slot Arrays[J]. IEEE APS, 1978, 26(5): 214-219.

[16] Elliott R S. An Improved Design Procedure for Small Arrays of Shunt Slots[J]. IEEE Transactions on Antenna Propagat., 1983, 31(1): 48-53.

[17] Elliott R S, O'Loughlin W R. The Design of Slot Arrays Including Internal Coupling[J]. IEEE Transactions on Antenna Propapat, 1986, 34(9): 1149-1156.

[18] Barton D K. Modern radar system analysis[M]. New York: Artech House, 1988.

[19] Jasik H. Antenna Engineering Handbook[M]. New York: McGraw-Hill Book Company, inc., 1961.

[20] Hsiao J K. Normalized relationship among errors and sidelobe levels[J]. Radio Sciense, 1984, 19(1): 292-302.

[21] 孟明霞，丁晓磊，等. 双极化波导缝隙阵的设计[J]. 遥测遥控，2009，30（1）：25-29.

[22] Park S，Okajima Y，Hirokawa J, et al. A Slotted Post-wall Waveguide Array with Interdigital Structure for 45° Linear and Dual Dolarization [J]. IEEE Transactions on Antenna Propag, 2005, 53: 2865-2871.

[23] Cheng Y J, Hong W, Wu K, et al. Substrate Integrated Waveguide (SIW) Rotman lens and its Ka-band multibeam array antenna applications[J]. IEEE Transactions on Antennas Propag., 2008, 56(8): 2504-2513.

[24] Hosseininejad S E, Komjani N, Oraizi H, et al. Optimum design of SIW

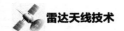
longitudinal slot array antennas with specified radiation patterns[J]. ACES J., 2012, 27(4): 320-325.

[25] Hosseininejad S E, Komjani N, Mohammadi A. Accurate Design of Planar Slotted SIW Array Antennas[J]. IEEE Transactions on Antennas Propag., 2015, 14(9): 261-264.

[26] Feng Xu, Ke Wu. Guided-Wave and Leakage Characteristics of Substrate Integrated Waveguide[J]. IEEE Transactions on MTT, 2005, 53(1): 66-72.

[27] Elliot R S. An Improved Design Procedure for Small Arrays of Shunt Slots[J]. IEEE Transactions on Antennas and Propagation, 1983, 1(31): 48-53.

[28] Huang G L, Zhou S G, Chio T H, et al. Broadband and high gain waveguide-fed slot antenna in the Ku-band[J]. IET Microw. Antennas Propag, 2014, 8(13): 1041-1046.

[29] Takashi Yomura, Jiro Hirokawa, Takuichi Hirano, et al. A 450Linearly Polarized Hollow-Waveguide 16X 16-Slot Array Antenna Covering 71-86 GHz Band[J]. IEEE Transactions on Antennas and Propagation, 2014, 62(10):5061-5067.

[30] 段保权. 基于全并联馈电波导网络的波束扫描与低副瓣天线研究[D]. 厦门：厦门大学，2019.

[31] Zhang M, Hirokawa J, Ando M. Design of a Partially-Corporate Feed Double-Layer Slotted Waveguide Array Antenna in 39 GHz Band and Fabrication by Diffusion Bonding of Laminated Thin Metal Plates[J]. IEICE Transactions on Communications, 2010, 93(10):2538-2544.

[32] 胡聪达. 毫米波宽频带波导缝隙阵列天线设计与空气杆壁波导天线探索[D]. 厦门：厦门大学，2019.

第 7 章

反射面天线

由于反射面天线可简单和低成本地获得高增益和多种实用的典型波束（针状、扇形、赋形、多波束），因此在部分雷达装备中得到了广泛的应用。

本章概略介绍反射面天线的基本概念、优缺点和局限性。本章以旋转抛物面天线为例介绍反射面天线基本分析方法，主要有几何光学的表面电流法和口径场法，几何绕射理论和球面波展开法等；介绍反射面天线综合的基本概念和简单例子。本章还介绍口径辐射的基本概念、天线各种特性参数的分析及设计中应注意的问题，并且从应用的角度给出各种类型反射面天线的选择和设计方法，或者给出对一些特殊要求的处理原则。最后，介绍一些典型馈源并适当给出一些典型天线设计实例。

7.1 概述

在雷达天线中，常见的形式有阵列天线和反射面天线。前面几章已经讨论了阵列天线，本章将讨论反射面天线。

反射面天线是面天线的一种，其他面天线还包括透镜天线、喇叭天线、介质天线等。它们的分析方法是相似的，由于反射面天线在雷达中应用最广，故本章主要讨论反射面天线。

反射面天线一般又细分为抛物柱面天线、旋转抛物面天线、卡塞伦天线、双弯曲反射面天线、球反射面天线等多种形式。当然，在文献中还可见到其他的分类或形式。

反射面天线的主要优点是在形成高增益和所需形状波束的同时，馈电简单、设计较容易、成本较低，能满足多种常规雷达系统的要求。天线口径越大，其优点越突出。反射面天线不仅在过去和现在的雷达装备中有着重要的作用，在今后的雷达市场中，它仍将占有一席之地。

反射面天线的主要缺点是采用机械扫描、惯性大、数据率有限、信息通道数少，不易满足自适应和多功能雷达的需要，并且受传输线击穿限制，在极高功率雷达应用中也受到限制。因此，随着相控阵雷达的发展和成本的逐步降低，反射面天线逐渐退出了一部分应用领域。

采用阵列馈源反射面天线可部分弥补上述缺点。这种天线称为混合天线。但仅在一些特定的系统要求情况下，才能做到经济实用的混合天线设计。在一般情况下，不推荐使用混合天线。

反射面天线通常由馈源（初级照射器）和反射面（次级辐射器）两部分组成。常见的馈源有喇叭、振子、裂缝或其他弱方向性天线。馈源的功能是有效地向反射面输送能量。反射面反射、汇聚这些能量并辐射到空间。大反射面的聚焦作用是实现天线高方向性的关键。

反射面天线随着雷达在第二次世界大战期间的应用而得到了很大的发展。1949 年出版的 Silver 的著作《微波天线理论与设计》（雷达丛书第十二卷）是雷达天线技术设计领域的经典之作，1984 年英国 IEE 作为电磁波丛书第十七卷全文不修改再版该书，这更是说明该书的基本理论和工程设计方法的正确性和实用性，这些理论和设计方法至今仍有很大的参考价值。

半个世纪以来，天线设计理论和技术有很大发展，天线性能也有很大提高。在反射面天线理论技术和工程设计方面具有代表性的著作有 Collin 等的《天线理论》，Rudge 等的《反射面天线分析》，Wood 等的《反射面天线分析与设计》，Elliott 的《天线理论与设计》，Jasik 的《天线工程手册》，Rudge 等的《天线设计手册》，此外还有爱金堡的《超高频天线》，任朗的《天线理论基础》等都有重要的参考价值。希望读者根据需要适当选择阅读，以便在解决问题的同时，拓宽和加深认识，提高设计水平。

雷达天线的设计过程是一个分析和综合的过程。这里的分析，一般包括天线方向图计算和天线的特性分析两方面内容。前者是根据已知天线和馈源的尺寸、工作频率等参数，来计算天线的方向图和有关参数；后者对各种情况下天线的特性变化进行深入分析和讨论。所谓综合，是指根据对天线的工作环境及特性参数的要求，决定选择天线形式和天线及馈源的口径分布、结构尺寸。

但由于种种原因，对反射面天线综合的研究落后于对反射面天线分析的研究，更落后于对阵列天线方向图综合的研究。反射面天线不可能像阵列天线一样，想设计多少副瓣电平就设计多少副瓣电平，可求出对应的阵面幅相分布并用馈电网络来实现这些分布。事实上，对于一定形式和尺寸的反射面天线，其可以达到的性能和参数已经受到限制。例如，要满足低副瓣、超低副瓣要求，必须采用偏置反射面天线，全部或大部分消除阻挡影响。也就是说，只能通过对反射面天线的特性分析，了解和掌握这些限制的原理和规律，通过反复计算、试验才能把反射面天线的设计、优化做好。

虽然本章主要讨论反射面天线的分析问题，但是综合和优化的思想在反射面天线设计中也是不可忽视的，因此，本章也介绍一些反射面天线设计中的局部综合问题。

7.2 基本分析方法

7.2.1 几何光学法

反射面的分析包括严格解法和近似解法两种。严格解法是求解电磁场边值问

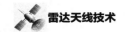

题，用分离变量法求解二阶偏微分方程。由于数学计算上的困难，只有在极少数情况下，才能得到严格的解析解。

近似解法将内场问题与外场问题分开处理。当任一封闭面上的电磁场已知时，就可以精确求解面外的场（面外没有场源）。先用几何光学法近似求得封闭面上的场（内场分布），然后就可以用物理光学法求解外场分布（辐射场）。用几何光学法求解反射面天线内场的方法有两种：口径场法和表面电流法。其中，口径场法是用几何光学法确定天线口径面上场的分布，把它们看作新的波源，再求解它们的辐射场；表面电流法是用几何光学法求解反射面天线被照射金属表面的电流分布，把这些电流看作新的波源，再求解他们的辐射场。

几何光学法也称为射线寻迹法，它实质上是零波长近似。当波长很小，或者反射面尺寸很大（光学领域数千波长，电磁领域数十波长）时，几何光学法的近似是满意的。甚至于在反射面口径为 5 个波长以上时，如果要求不太高，那么几何光学法近似的结果也是可以接受的。

本节以焦点馈电旋转抛物面天线为例，给出分析方法和方向图计算公式，其他反射面天线的分析方法可类似处理。

1．用表面电流法求解抛物面天线

设旋转抛物面天线及坐标系如图 7.1 所示，其口径直径为 D（椭圆口径天线尺寸为 $D_1 \times D_2$），焦距 $OF=f$。反射表面记为 S，口径面记为 A，抛物面在直角坐标系(x,y,z)和球坐标系(ρ,ψ,ξ)中的方程分别为

$$x^2 + y^2 = 4fz \tag{7.1}$$

$$\rho = \frac{2f}{1+\cos\psi} = f\sec^2\psi/2 \tag{7.2}$$

略去推导过程，反射面天线远场的基本计算公式为

$$E(\theta,\phi) = B\boldsymbol{I}_\sigma \iint_s \boldsymbol{J}_s \exp\left[+\mathrm{j}k\boldsymbol{P}\cdot\boldsymbol{R}_0\right]\mathrm{d}s \tag{7.3}$$

式中，(R,θ,ϕ)为远区场观测点 P 的坐标；B 为比例系数；$\boldsymbol{I}_\sigma$ 为远区场横向单位矢量；$\boldsymbol{P}$ 为坐标原点到反射面上点的矢量；$\boldsymbol{R}_0$ 为观察点方向的单位矢量；$\boldsymbol{J}_s$ 为表面电流密度。

下面根据旋转抛物面天线的几何关系计算抛物面上的表面电流分布，并且求解远场积分。

在式（7.1）和式（7.2）中，坐标原点分别在抛物面顶点和焦点。设位于焦点的馈源的方向图函数为 $G_f(\xi,\psi)$，略去推导过程，可求得抛物面上任一点(ρ,ψ,ξ)的入射场电矢量为

$$E_i = \left[\left(\frac{\mu}{\varepsilon} \right)^{1/2} \frac{P_T}{2\pi} \right]^{1/2} \frac{\left[G_f(\xi, \psi) \right]^{1/2}}{\rho} \mathrm{e}^{-jk\rho} \cdot e_{Ei} \tag{7.4}$$

式中，$k = 2\pi/\lambda$；P_T 为馈源总辐射功率；e_{Ei} 是电场矢量 E_i 的极化方向的单位矢量。

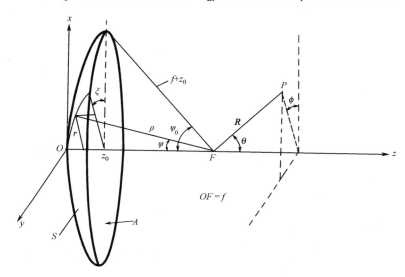

图 7.1　抛物面天线及坐标系

设抛物面是理想导电的，E_i、H_i 是入射场量，E_r、H_r 是对应的反射场量，它们在传播方向的单位矢量分别为 e_i、e_r。注意，它们不同于 E_i、H_i、E_r、H_r 极化方向的单位矢量 e_{Ei}、e_{Hi}、e_{Er}、e_{Hr}。

根据电磁场边界条件，理想导体表面上某点的电流密度等于该点磁场强度切线分量的突变量。导体内部总电场为零，设反射面表面电流密度为 J_s，有

$$J_s = n \times H = n \times (H_i + H_r) \tag{7.5}$$

$$n \times (E_i + E_r) = 0 \tag{7.6}$$

式中，n 为反射面上某点的法线方向单位矢量。

因

$$n \times H_i = n \times H_r \tag{7.7}$$

故

$$J_s = 2(n \times H_i) = 2(n \times H_r) \tag{7.8}$$

因

$$H_i = \sqrt{\frac{\varepsilon}{\mu}} (e_i \times E_i) \tag{7.9}$$

$$H_r = \sqrt{\frac{\varepsilon}{\mu}} (e_r \times E_r) \tag{7.10}$$

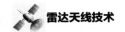

故

$$J_s = 2\sqrt{\frac{\varepsilon}{\mu}}n(e_i \times E_i) = 2\sqrt{\frac{\varepsilon}{\mu}}n(e_r \times E_r) \tag{7.11}$$

由式（7.4）、式（7.6）可得

$$E_r = \left(2\sqrt{\frac{\mu}{\varepsilon}}\frac{P_T}{4\pi}\right)^{1/2} \frac{\sqrt{G_f(\xi,\psi)}}{\rho}\mathrm{e}^{-jk\rho}\cdot e_{Er} \tag{7.12}$$

将式（7.12）代入式（7.11），并且注意到反射波传播方向在正 z 轴方向，即 $e_r = e_z$，有

$$J_s = 2\sqrt{\frac{\varepsilon}{\mu}}n\times(e_z \times E_r)$$

$$= \left(8\sqrt{\frac{\varepsilon}{\mu}}\frac{P_T}{4\pi}\right)^{1/2} \frac{\sqrt{G_f(\xi,\psi)}}{\rho}\mathrm{e}^{-jk\rho}[-e_{Er}\cos\frac{\psi}{2}+e_z(n\cdot e_{Er})] \tag{7.13}$$

式中，$n\times(e_z \times e_{Er}) = (n\cdot e_{Er})e_z - (n\cdot e_z)e_{Er} = (n\cdot e_{Er})e_z - e_{Er}\cos\frac{\psi}{2}$。

设馈源方向图 $G(\xi,\psi)$ 是轴对称的，并且其线极化沿 x 轴方向。由式（7.13）可知，表面电流密度有两个分量：一个是纵向分量，它和传播方向 e_z 相同；另一个是横向分量，它在 xy 平面内。横向分量可进一步分解为两个分量，一个分量沿 x 轴，称为主极化分量；另一个分量沿 y 轴，称为交叉极化分量。图 7.2 给出了在长、中、短焦距下的抛物面上的电流分布情况。

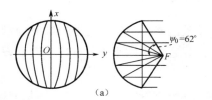

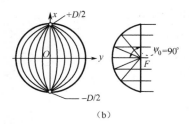

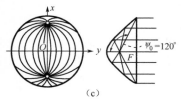

图 7.2　抛物面的电流分布

主极化、纵向极化电流分布对于 x 轴或 y 轴是同相对称的。交叉极化电流分布对于 x 轴或 y 轴是反相对称的。对于长焦距（$f/D > 0.25$），交叉极化电流分量比较小。对于中焦距（$f/D = 0.25$），焦点正好在口径面内，这时在反射面上 $x=\pm D/2$，$y=0$ 的点上，主极化及交叉极化电流均为零。这两个点称为极点，在某个瞬间，电流从一个极点流入，另一个极点流出。对于短焦距（$f/D < 0.25$），极点移入反射面内，在上下极点附近，主极化电流反相，主场分量相互抵消，这是设计所不允许的。

将求得的电流密度 J_s 代入式（7.3），即在整个抛物面表面 S 上积分，就可求得远场点 (R,θ,ϕ) 处的辐射场 $E_p(R,\theta,\phi)$。

$$E_p = -\frac{\mathrm{j}\omega\mu}{2\pi R}\int_S\left(\sqrt{\frac{\varepsilon}{\mu}}\frac{P_T}{2\pi}\right)^{1/2}\frac{\left[G_f(\xi,\psi)\right]^{1/2}}{\rho}\mathrm{e}^{-k\rho(1-\theta_\rho\cdot\theta_R)}n\times(e_z\times e_{Er})\mathrm{d}s \quad （7.14）$$

E_p 的 θ 和 ϕ 分量分别为

$$E_{p\theta} = -\frac{\mathrm{j}\omega\mu}{2\pi R}\mathrm{e}^{-\mathrm{j}kR}\left(\sqrt{\frac{\varepsilon}{\mu}}\frac{P_T}{2\pi}\right)^{1/2}e_\theta\cdot F \quad （7.15）$$

$$E_{p\phi} = -\frac{\mathrm{j}\omega\mu}{2\pi R}\mathrm{e}^{-\mathrm{j}kR}\left(\sqrt{\frac{\varepsilon}{\mu}}\frac{P_T}{2\pi}\right)^{1/2}e_\phi\cdot F \quad （7.16）$$

式中，

$$F = \int_S\frac{\sqrt{G_f(\xi,\psi)}}{\rho}n\times(e_z\times e_{Er})\mathrm{e}^{-\mathrm{j}k\rho(1-e_\rho\cdot e_R)}\mathrm{d}s \quad （7.17）$$

式中，e_θ、e_ϕ、e_ρ、e_R 分别为 θ、ϕ、ρ、R 增加方向的单位矢量。

由图 7.1 的坐标系和抛物面几何关系，有

$$\rho = f\sec^2\frac{\psi}{2} \quad （7.18）$$

$$\mathrm{d}s = \mathrm{d}r'\cdot\rho\mathrm{d}\xi = \sec\frac{\psi}{2}\mathrm{d}r\cdot\rho\mathrm{d}\xi = \rho^2\sin\psi\sec\frac{\psi}{2}\mathrm{d}\psi\mathrm{d}\xi \quad （7.19）$$

并令

$$\Delta = \rho(1-e_\rho\cdot e_R) = \rho[1+\cos\psi\cos\theta-\sin\psi\sin\theta\cos(\xi-\phi)] \quad （7.20）$$

则式（7.17）可改写为

$$F = \int_S\frac{\sqrt{G_f(\xi,\psi)}}{\rho}\left[(n\cdot e_{Er})e_z-(n\cdot e_z)e_{Er}\right]\mathrm{e}^{-\mathrm{j}k\Delta}\mathrm{d}s$$

$$\quad （7.21）$$

$$= -2f\int_0^{2\pi}\int_0^{\psi(\xi)}\sqrt{G_f(\xi,\psi)}\mathrm{e}^{-\mathrm{j}k\Delta}\left(e_x+e_z\tan\frac{\psi}{2}\cos\xi\right)\tan\frac{\psi}{2}\mathrm{d}\psi\mathrm{d}\xi$$

F 可进一步分解为两个分量，一个是 xy 面内的 F_{xy} 分量；另一个是沿着 z 轴的 F_z 分量

$$F_{xy} = -2f\int_0^{2\pi}\int_0^{\psi(\xi)}\sqrt{G_f(\xi,\psi)}\mathrm{e}^{-\mathrm{j}k\Delta}e_{Er}\tan\frac{\psi}{2}\mathrm{d}\psi\mathrm{d}\xi \quad （7.22）$$

$$F_z = -e_z\cdot2f\int_0^{2\pi}\int_0^{\psi(\xi)}\sqrt{G_f(\xi,\psi)}\mathrm{e}^{-\mathrm{j}k\Delta}\tan^2\frac{\psi}{2}\cos\xi\mathrm{d}\psi\mathrm{d}\xi \quad （7.23）$$

式中，对圆口径（直径为 D）的天线积分限为

$$\Psi(\xi) = \Psi_0 = 2\arccos\sqrt{\frac{D}{2f}} \quad （7.24a）$$

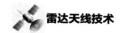

对椭圆口径天线（长轴 D_1，短轴 D_2），有

$$\begin{cases} \Psi_1 = \psi(\xi=0) = 2\arccos\sqrt{\dfrac{D_1}{2f}} \\ \Psi_2 = \psi\left(\xi=\dfrac{\pi}{2}\right) = 2\arccos\sqrt{\dfrac{D_2}{2f}} \end{cases} \qquad (7.24b)$$

Ψ 称为抛物面天线的馈电角（照射角），其物理意义是仅有 ψ 从 0 到 $\Psi(\xi)$，ξ 从 0 到 2π 这部分锥体内馈源照射的能量被反射面截取，形成次级辐射场。其余部分能量从反射体边缘漏出，它们是有害的辐射，不仅降低了天线的口径利用系数，也影响天线的宽角辐射方向图。

由式（7.14）～式（7.24）可知，当给定馈源方向图 $G_f(\xi,\psi)$，工作频率和抛物面参数 D、f 后，就可计算抛物面天线的远区次级辐射场，它是一个立体方向图。在一般情况下，仅关心 $\phi=0$（E 面）和 $\phi=90°$（H 面）两个主平面内的方向图。

由式（7.20）可知，当 $\phi=0$ 时，有

$$\Delta = \Delta_E = \rho(1+\cos\psi\cos\theta - \sin\psi\sin\theta\cos\xi) \qquad (7.25)$$

当 $\phi=90°$ 时，有

$$\Delta = \Delta_H = \rho(1+\cos\psi\cos\theta - \sin\psi\sin\theta\sin\xi) \qquad (7.26)$$

上面已简要给出表面电流法求解理想抛物面天线的过程，目的是说明该方法的物理概念。对于具体应用，还要说明以下两点。

（1）本节的推导过程做了许多近似，如旋转对称抛物面，垂直线极化馈源对称放置在焦点，忽略近区场和菲涅尔区场分量，忽略误差影响等。如果不做上述部分或全部近似，分析过程和最后结果将更加复杂，但该分析方法仍然适用。

（2）如果馈源方向图能用解析式表示，则式（7.21）的二重积分可简化为一重积分，在有的情况下甚至可求出完全的解析结果，大大节省了计算工作量。但如第（1）点中陈述的理由，对于大多数工程实用问题只能用数值积分求解。本书不再介绍特殊情况下的解析解法，感兴趣的读者可参阅有关文献。

2. 用口径场法求解抛物面天线

图 7.1 中的抛物面在垂直于 z 轴的平面上的投影 A（半径为 $D/2$ 的圆）称为抛物面天线的口径面。由于抛物面天线的聚焦特性，当馈源相位中心在焦点时，抛物面反射线为一组平行于 z 轴的射线（平面波）。抛物面的口径面和反射平面波的波阵面平行，即口径面上任一点 (r,ξ) 的电场强度 $E(r,\xi)$ 等同于抛物面上对应点的电场 $E_r(\rho,\xi,\psi)$ 乘以一个相位滞后因子 $\mathrm{e}^{-jk(z_0-z)}$，由式（7.12）可得

$$E(r,\xi) = E_r(\rho,\xi,\psi)\mathrm{e}^{-jk(z_0-z)} = \left(2\sqrt{\frac{\mu}{\varepsilon}}\frac{P_T}{4\pi}\right)^{1/2}\frac{\sqrt{G_f(\xi,\psi)}}{\rho}\mathrm{e}^{-jk(\rho+z_0-z)}e_{Er} \qquad (7.27)$$

对于抛物面天线的口径面，可设口径场均匀相位分布，并且 $\boldsymbol{E}_r$ 和 $\boldsymbol{H}_r$ 都在口径面上（略去纵向场分量），即 $\boldsymbol{e}_s = \boldsymbol{n} = \boldsymbol{e}_z$。这时可求出远场点 (R, θ, ϕ) 的辐射方向图为

$$E_p = \frac{-\mathrm{j}k}{4\pi R}\mathrm{e}^{-\mathrm{j}kR}\boldsymbol{e}_R \times [(\boldsymbol{n} + \boldsymbol{e}_R) \times \boldsymbol{N}] \tag{7.28}$$

式中，

$$\boldsymbol{N} = \int\limits_S \boldsymbol{E}_r \mathrm{e}^{\mathrm{j}k\rho \cdot \theta_R} = \int\limits_S \boldsymbol{E}_r \mathrm{e}^{\mathrm{j}k(x\sin\theta\cos\phi + y\sin\theta\sin\phi)}\mathrm{d}s \tag{7.29}$$

也可求出辐射场 $\boldsymbol{E}_p$ 的 θ、ϕ 分量 $E_{p\theta}$、$E_{p\phi}$，即

$$E_{p\theta} = \frac{-\mathrm{j}k}{4\pi R}\mathrm{e}^{-\mathrm{j}kR}(\cos\theta + 1)(N_x\cos\phi + N_y\sin\phi) \tag{7.30}$$

$$E_{p\phi} = \frac{-\mathrm{j}k}{4\pi R}\mathrm{e}^{-\mathrm{j}kR}(\cos\theta + 1)(N_x\sin\phi - N_y\cos\phi) \tag{7.31}$$

式中，N_x 和 N_y 表示口径平面 S 上的面积分，为

$$N_x = \int\limits_S \boldsymbol{E}_r(\boldsymbol{e}_{Er} \cdot \boldsymbol{e}_x)\mathrm{e}^{\mathrm{j}k(x\sin\theta\cos\phi + y\sin\theta\sin\phi)}\mathrm{d}s \tag{7.32}$$

$$N_y = \int\limits_S \boldsymbol{E}_r(\boldsymbol{e}_{Er} \cdot \boldsymbol{e}_y)\mathrm{e}^{\mathrm{j}k(x\sin\theta\cos\phi + y\sin\theta\sin\phi)}\mathrm{d}s \tag{7.33}$$

3．表面电流法和口径场法的比较

综合表面电流法与口径场法的优缺点，有以下几点建议。

（1）由于口径场法积分比较容易计算，特别是当被积函数可用解析式表示（或快速收敛级数展开）时，积分更加便利，同时由于过去对天线计算精度要求不高，因此口径场法在历史上曾得到广泛的应用。直到今天，口径场法求得的经验公式和图表曲线对工程系统的方案论证、检测、校正等工作仍有参考应用价值。

（2）如果仅考虑主瓣附近的场，则可以忽略纵向场分量 F_z 的影响，两种方法可得到相同的结果。在较宽的角区上，表面电流法的计算精度较高。

（3）当反射面曲率半径很大，天线口径尺寸很大（即零波长近似成立），并且馈源相位中心放在焦点时，两种方法均可得到满意的结果（不考虑远区副瓣）。

（4）当馈源偏离焦点时，不推荐使用口径场法。因为它引入的误差很快变大，计算公式也变得非常复杂。

（5）当考虑宽角区（甚至全空间）的辐射，或者天线口径尺寸不够大时，上述两种方法都不够满意，需采用后文介绍的几何绕射理论来补充修正。

7.2.2 几何绕射理论（GTD法）

前面介绍的几何光学法只能解决天线的亮区（照射区）问题。本节介绍的GTD法可以把几何光学原理推广到阴影区。

有两种情况必须考虑绕射场分量的影响。一种是当反射面天线的口径比较小，增益不够高（包括双反射面天线中副反射面辐射场的计算情况）时，绕射场对天线总辐射场影响很大。另一种是由于现代雷达对天线提出的低副瓣或超低副瓣要求，不仅要求近区副瓣，还要求宽角副瓣、背瓣和平均副瓣，甚至包括交叉极化的副瓣。因此，即使绕射场的相对电平不太高，也不可忽视，必须精确分析和控制。从实用的需要出发，GTD法是天线分析方法上的一个重大发展。

1. 基本概念

几何光学只能处理直射线、反射线和折射线问题，而无法处理边界处射线的突变。GTD法引入了一种新的射线——绕射线。它是在入射线碰到任意一种不连续表面（如边缘或尖顶）或掠过曲面时产生的，可消除几何光学场的不连续性。

扩展的费马定理和局部场原理是GTD法的两个基本概念。其中，扩展的费马定理把绕射线也包括在内，即所有射线（包括绕射线），从源点到场点沿取极值的路径传播（一般为最短路程，某些情况也取最长路程）。局部场原理是指在高频极限情况下，反射或绕射仅取决于散射体上反射点和绕射点领域的电性质和几何性质，即绕射场只取决于入射场和散射表面的局部性质。

当已知所有的绕射线，并且能求出每一条绕射线的场时，任意一点 P 的总场 $\boldsymbol{E}(P)$ 可以认为是所有经过 P 点的射线在该点的场之和

$$\boldsymbol{E}(P) = \boldsymbol{E}_g(P) + \boldsymbol{E}_d(P) \tag{7.34}$$

式中，$\boldsymbol{E}_g$ 为几何光学场

$$\boldsymbol{E}_g(P) = \boldsymbol{E}_i(P) + \boldsymbol{E}_r(P) \tag{7.35}$$

式中，$\boldsymbol{E}_i(P)$ 为经过 P 的入射场；$\boldsymbol{E}_r(P)$ 为经过 P 的反射场。

$$\boldsymbol{E}_d(P) = \sum \boldsymbol{E}_{dn}(P) \tag{7.36}$$

式中，$\boldsymbol{E}_{dn}(P)$ 和 $\boldsymbol{E}_d(P)$ 分别为通过 P 点的第 n 条绕射线产生的场和所有绕射线产生的总场。

在一般情况下，$\boldsymbol{E}_d(P)$ 可由下式计算

$$\boldsymbol{E}_d(P) = \boldsymbol{F}^d(D)A_s\mathrm{e}^{-jks} = \overline{\overline{\boldsymbol{D}}}\boldsymbol{E}_i(D)A_s\mathrm{e}^{-jks} \tag{7.37}$$

式中，P 为场点；D 为绕射点；$\boldsymbol{E}_i(D)$ 为 D 点的入射场；$\overline{\overline{\boldsymbol{D}}}$ 为 D 点的并矢绕射系数，一般情况下是 3×3 矩阵；$\boldsymbol{F}^d$ 为 D 点的激励因子。

因此，GTD法求解问题可分为三步：第一步是根据场点寻找绕射点（一个或

多个）；第二步是计算绕射系数；第三步是计算入射场、绕射场、反射场和总场。

2．分析实例

下面以旋转对称抛物面天线为例，用 GTD 法分析其宽角副瓣特性。本节材料主要引自 Ratanasiri 等的文章。

1）问题分析

如图 7.3 所示为方位面次级场分区示意，图中同时示出了反射面、馈源（位于焦点）、焦轴等，其中次级场区分为前轴区、照射区、阴影区和后轴区。前轴区在照射区内，后轴区在阴影区内。在远场点 P 的总场 $E(P)$ 为

$$E(P) = E^{g.0}(P) + E^d(P) = E^f(P) + E^S(P) + E^d(P) \tag{7.38}$$

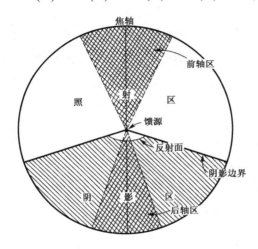

图 7.3　方位面次级场分区示意

式中，$E^{g.0}$ 为几何光学场，它在阴影区中为 0，在照射区中为照射器的场 E^f 与反射面的散射场 E^S 之和；E^S 实际上就是前面式（7.14）或式（7.28）中的 E_p；E^d 为绕射场，它在阴影区和照射区中均存在。所谓前轴区和后轴区是焦轴附近包括主瓣（或背瓣）及最靠近的几个副瓣的区域。

在焦轴上的点绕射线发散，称为焦散。因为找不到绕射点，所以无法直接用 GTD 法计算绕射场。故文献中是用抛物面边缘的环电流积分来计算前轴区和后轴区的场的。在阴影区和照射区中可直接求出几何绕射场。

2）求绕射点

如图 7.4 所示，由场点 P、焦点 F 和抛物面顶点 V 组成的平面与抛物面的边缘的交点 Q_1 和 Q_2，就是我们要求的几何绕射点。显然它们都满足扩展的费马定理。

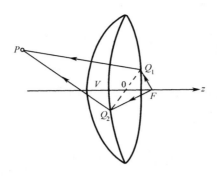

图 7.4 绕射点示意

在图 7.4 中，FQ_1P 为最短光程，FQ_2P 为最长光程。在图 7.5 中，进一步给出两条边缘射线不同的照射区域。Ⅰ 区是四种射线均能照射的区域；Ⅱ 区（阴影区）是 Q_2 绕射线照射不到的区域；Ⅲ 区是抛物面的背后，是 Q_1、Q_2 绕射线均能照射到的区域。类似地，还可以找出 Q_1 绕射线照射不到的区域（图 7.5 未给出）。图 7.5 中的附表给出 5 种不同区域的总场包含的分量。图中 Ψ 为馈源的馈电角。

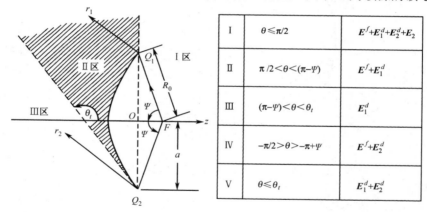

图 7.5 绕射线照射区域及总场分布示意

Ⅰ	$\theta \leq \pi/2$	$\boldsymbol{E}^f + \boldsymbol{E}_1^d + \boldsymbol{E}_2^d + \boldsymbol{E}_2$
Ⅱ	$\pi/2 < \theta < (\pi - \Psi)$	$\boldsymbol{E}^f + \boldsymbol{E}_1^d$
Ⅲ	$(\pi - \Psi) < \theta < \theta_t$	$\boldsymbol{E}_1^d$
Ⅳ	$-\pi/2 > \theta > -\pi + \Psi$	$\boldsymbol{E}^f + \boldsymbol{E}_2^d$
Ⅴ	$\theta \leq \theta_t$	$\boldsymbol{E}_1^d + \boldsymbol{E}_2^d$

3）求绕射场

$$\boldsymbol{E}^d = \overline{\overline{\boldsymbol{D}}}(Q_i)\boldsymbol{E}^f(Q_i)A_{si}\mathrm{e}^{-\mathrm{j}kr_i} \tag{7.39}$$

式中，$\boldsymbol{E}^f(Q_i)$ 为在边缘 Q_i 处馈源的入射电场（$i=1,2$）。

$$A_{si} = \sqrt{\frac{\rho_i}{r_i(\rho_i + r_i)}} \tag{7.40}$$

式中，ρ_i 为边缘 Q_i 处的焦散距离；r_i 为 Q_i 到场点的距离；A_{si} 为扩散因子。

可推导出远场的扩散因子近似式为

$$A_{s1} = \frac{1}{R}\sqrt{\frac{a}{\sin\theta}}, \quad A_{s2} = \frac{\mathrm{j}}{R}\sqrt{\frac{a}{\sin\theta}} \tag{7.41}$$

式（7.39）中的 $\overline{\overline{D}}$ 为绕射系数，为简化起见，有文献应用了半平面直边绕射情况，得

$$\overline{\overline{D}} = eeD_s + P_d P D_h \tag{7.42}$$

式中，$P = e \times e_i$；$P_d = e \times e_d$，e、e_i、e_d 分别为边缘切线、入射线、绕射线方向的单位矢量。

忽略在过渡区绕射系数的修正因子，可得出远场区为

$$D_{s,h}(\varphi,\varphi') = \frac{e^{-j\pi/4}}{2\sqrt{2\pi k}}\left[\frac{1}{\cos\dfrac{\varphi-\varphi'}{2}} \mp \frac{1}{\cos\dfrac{\varphi+\varphi'}{2}}\right] \tag{7.43}$$

式中，φ' 为入射角；φ 为绕射角。

下面计算绕射场，仅考虑 H 主平面情况（E 面情况类似），绕射场射线图如图 7.6 所示。

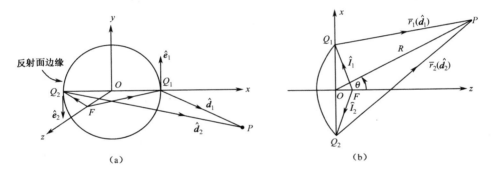

（a）　　　　　　　　　　　　　　（b）

图 7.6　绕射场射线图

这时点 Q_1、Q_2 在 xz 平面内，设馈源入射场 E_i^f 为 y 极化，有

$$E_i^f = yAf(\mathit{\Psi})\frac{e^{jkR_0}}{R_0} \tag{7.44}$$

$$\overline{\overline{D}}(\theta_1) \cdot E^f(Q_1) = [yyD_s(Q_1) + (y \times e_d)(y \times e_i)D_h(Q_1)] \cdot yE^f(Q_1)$$

$$= yD_s(Q_1)Af(\mathit{\Psi})\frac{e^{-jkR_0}}{R_0} \tag{7.45}$$

$$E_1^d(P) = yAf(\mathit{\Psi})\frac{e^{-jkR_0}}{R_0}D_s(Q_1)\sqrt{\frac{a}{\sin\theta}}\frac{e^{-jk(R-a\sin\theta)}}{R} \tag{7.46}$$

类似可得

$$E_2^d(P) = yAf(\mathit{\Psi})\frac{e^{-jkR_0}}{R_0}D_s(Q_2)\sqrt{\frac{a}{\sin\theta}}\frac{e^{-jk(R+a\sin\theta)+j\frac{\pi}{2}}}{R} \tag{7.47}$$

注意到在远场点 P，馈源的辐射图为

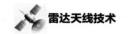

$$E^f(P) = yAf(\Psi)\frac{e^{-jk(R-f\cos\theta)}}{R} \tag{7.48}$$

4）计算结果和测试结果比较

典型天线参数为口径 $D=24''$，$f=8''$，表面边缘厚度为 $0.057''$，用 3cm 标准波导作为馈源（口径 22.86mm×10.16mm），用三根 $\varphi=9.4$mm 的介质棒作为支撑。

有文献使用前述方法对该天线进行了计算和测试，其 H 面方向图如图 7.7 所示。前面已提到，计算中前轴区的场主要是几何光学散射场（忽略了环电流的贡献），后轴区的场主要是环电流的场积分。

由图 7.7 可见，尽管在 GTD 法计算中做了很多近似，但计算值和测量值结果符合良好，可满足工程设计的需要；对于要求特别高的情况，可选择更精确的绕射模型。由于馈源和支杆的阻挡严重，引起近副瓣抬高很多，这时计算和测量结果偏差较大，因此必须把口径阻挡影响分析引入计算模型。

附带指出一点，在阴影区边界上，几何光学场是不连续的。但图 7.7 中的总场是连续的。这是因为在该边界处的绕射场也有不连续性，它们恰好补偿了几何光学场的不连续性。

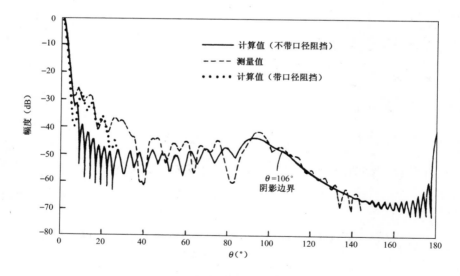

图 7.7　抛物面天线 H 面方向图

7.2.3　其他分析方法简述

在一般情况下，前面几节介绍的方法已可满足一般工程设计要求。特别是通过实验手段验证并局部修改计算模型后，对特定类型的反射面天线的计算精度和适用范围可做到心中有数。但在实际应用中需解决的问题是多样化的，要求也各不相同，这激励了人们研究和创造更多、更适用的分析方法。在有些文献中还可以看到其他一些分析方法，其中物理光学法实际上就是几何光学的表面电流法，PTD（物理绕射理论）、UTD（统一绕射理论）等则是 GTD 法的发展，还有面天线严格理论等方法。总之，随着需求的增长，天线的分析方法也在不断发展。其中，球面波展开法就是一项比较重要的发展。下面将简单介绍该方法，感兴趣的读者可参阅相应的参考资料。

1. 球面波展开法

矢量球面波，是在球坐标系统中可分离变量的麦克斯韦方程在自由空间的基本解。TE 球面波电场分量公式为

$$\boldsymbol{E}_{ESmn} = \frac{mZ_n(kR)P_n^m(\cos\theta)}{\sin\theta}\cos m\phi \boldsymbol{e}_\theta - Z_n(kR)\frac{2}{2\theta}\left\{P_n^m(\cos\theta)\right\}\sin m\phi \boldsymbol{e}_\phi \quad （7.49）$$

其磁场分量 $\boldsymbol{H}_{ESmn}$ 及 TM 球面波的分量 $\boldsymbol{E}_{MSmn}$、$\boldsymbol{H}_{MSmn}$ 的公式这里不再赘述，可参阅有关文献。

式（7.49）中的下标 S 表示对称。在一般情况下，对称结构的主极化场呈现对称球面波特性，而交叉极化场则呈现反对称特性。因此需补充一组与式（7.49）类似的"非对称"球面波 $\boldsymbol{E}_{EAmn}$，且式中 $\cos m\phi$ 用 $\sin m\phi$ 代替，$\sin m\phi$ 用 $-\cos m\phi$ 代替。

在式（7.49）中，$P_n^m(\cos\theta)$ 是勒让德（Legndre）函数，$Z_n(kR)$ 是球贝塞尔函数。又令 $h_n(kR)$ 为汉格尔函数，则有径向外向传播波

$$Z_n(kR) = h_n^{(2)}(kR) = J_n(kR) - \mathrm{j}y_n(kR) \quad （7.50）$$

径向内向传播波

$$Z_n(kR) = h_n^{(1)}(kR) = J_n(kR) + \mathrm{j}y_n(kR) \quad （7.51）$$

式中，m、n 分别称作方位标数和径向标数。

图 7.8 中给出了最低阶次球面波电流源分布。图中 $n=1$ 的波代表最简单的无限小偶极子和环电流的辐射。

利用式（7.49）的球面波分量，球面波电场展开式为

$$\boldsymbol{E} = \sum_{n=1}^{N}\sum_{m=0}^{n}\left(A_{Emn}\boldsymbol{E}_{Emn} + A_{Mmn}\boldsymbol{E}_{Mmn}\right) \quad （7.52）$$

类似地，可以写出其磁场展开式，式中 A_{Emn} 和 A_{Mmn} 分别为待求的展开式系数。

在前面几节的方法中，远场点的电磁场用源电流或边界场分布的积分来计算。在球面波展开法中，远场点的电磁场用球面波函数展开级数的多项和来逼近，问题是要确定展开级数的项数并计算各项的系数。

有文献指出球面波的定义是复杂的，非标准的。也有文献指出，有三种基本形式的球面波展开法：劳仑特（Laurent）展开法、泰勒（Taylor）展开法和均匀展

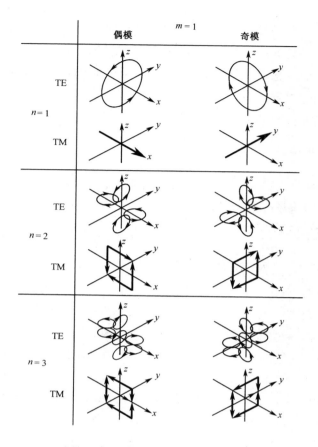

图 7.8　最低阶次球面波电流源分布

开法。它们各自适合不同类型的电磁问题求解。由于篇幅限制，本书不对球面波展开法进行全面介绍。

2．数值解法

近年来，随着电子计算机运算速度和容量的飞速发展，矩量法、有限差分法、时域有限差分法（FDTD）、有限元法等对电磁问题求解的研究不断深入，天线问题的数值解法逐步成为可能。

矩量法把电磁场微分方程或积分方程中的连续被积函数离散化，得到一组代数方程并用矩阵计算法数值求解。

有限差分法与有限元法也称为多项式函数法，它们可以在一个体积内逼近麦克斯韦方程。将感兴趣的区域划分为网格，利用差分或变分建立起各节点间场值的关系。对于一个问题的所有网格点，可得出待求解的矩阵方程。

从目前的计算机发展技术水平看，对于线天线、小型天线阵、规模不大的简单反射面天线，上述数值解法是可以胜任的，但暂未见到上述方法对大型雷达反射面天线电性能计算的应用。

3．关于计算软件

最后介绍天线计算软件，主要包括以下三类。

1）简单软件

20 世纪 50—70 年代，在天线设计工作中，流行用手册、图表、曲线和经验公式进行方案初步设计，然后再用手摇或电动计算器进行较精确的计算。20 世纪 80 年代以后，电子计算机逐渐普及，设计者自己编程，把手册、公式、曲线变为软件，便于设计和仿真，使方案论证更为方便。后来又有随教科书发售的软件，但一般不能满足高精度工程设计的需要。

2）商售电磁软件包

Ansoft 和 HP 公司提供的电磁软件包，对解决微波电路设计问题非常有用，除了解决内场问题外，也能解决一些外场（辐射场）问题。对于反射面天线，EMSS 公司的 FEKO 软件和丹麦 TICRA 公司的 GRASP9 软件是两个比较合适的分析计算软件。

3）工程设计专用软件

各研究单位或厂商一般根据项目研制需要，自行编制一些工程设计专用软件，并经实验验证改进完善。因此，各大雷达厂商都有实用的设计软件包，这是其实力的体现。

最后，无论是什么设计软件，要使用得好，除掌握软件使用说明外，必须对软件模型和设计结果有清晰的物理概念和恰当的初值选取。这是本书希望达到的目标之一。

7.2.4　反射面天线综合

天线的综合问题一般是指根据远场方向图的要求，求解天线口径场分布的要求，并且实现这些要求。对阵列天线综合而言，已有成熟的理论，所得结果也很容易实现。而对反射面天线综合问题，一方面是问题复杂，即使能求出对天线口径分布的要求，也很难保证能提出具体实现方法；另一方面是至今尚未见到系统的反射面天线综合理论，一般采用多次分析逼近设计要求的方法。下面介绍一些反射面天线局部综合问题的例子和方法。

1．焦区场

反射面天线焦区场的计算和最佳馈源尺寸的决定是一个典型的局部综合问题。可以用几何光学法或球面波展开法来确定接收模式抛物面天线的焦区场。在天线主平面上的焦区场也称为焦面场。本书仅引用有关文献给出的部分结果。图 7.9 给出了当口径半张角 Ψ 取不同值时，抛物面的焦面场幅度分布。图 7.10 给出了相应半径为 a 的最佳馈源的抛物面天线口径效率 η。图 7.9 和图 7.10 中横坐标分别为 $U = kx\sin\theta_0$，$U_a = ka\sin\theta_0$，其中 $k = 2\pi/\lambda$。

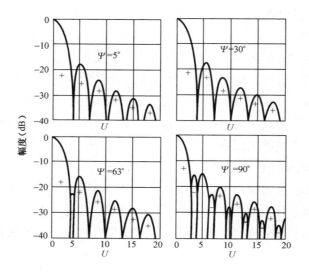

图 7.9　焦面场幅度分布

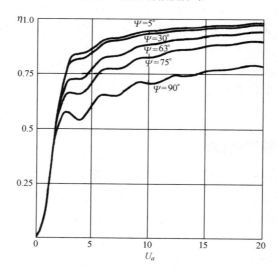

图 7.10　最佳馈源天线口径效率

　　当馈源的口径场分布与焦平面上的接收场分布共轭匹配时，天线可实现最大效率接收。在工程实现中，馈源口径是受限的。在理想波导馈源口径上，场具有 $J_0(kr)$ 形式，故仅能实现焦面场的近似匹配。

7.4.2 节将着重分析不同 θ 的平面波入射到抛物面上时的焦区场分布，并研究抛物面天线的扫描特性。

2．余割平方波束的综合

监视雷达反射面天线常有形成 $\csc^2\theta$（余割平方）波束 [见图 7.11（a）] 的要求。实现方法有两种：第一种是多馈源、多波束合成的简单抛物面天线；第二种是双弯曲反射面天线。这里参考第二种方法并设该反射面是由中截线及与其正交的一组条带组成的三维曲面。条带的选取应满足方位波束聚焦条件，中截线的设计应满足垂直波束的赋形要求。下面用几何光学法简单介绍一维波束赋形原理，如图 7.11（b）所示。

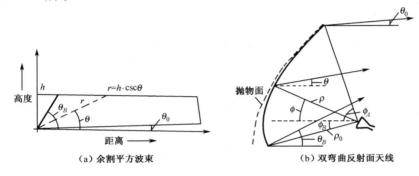

（a）余割平方波束　　　　（b）双弯曲反射面天线

图 7.11　双弯曲反射面天线设计示意

图 7.11（b）中绘出了双弯曲反射面的中截线，只要求出中截线方程 $\rho(\phi)$，问题就能解决。由反射面几何关系有

$$\ln\frac{\rho}{\rho_0} = \int_{\phi_B}^{\phi} \tan\frac{\phi+\theta}{2}\mathrm{d}\phi \tag{7.53}$$

要求解上述方程，必须知道函数 $\theta(\phi)$。由能量守恒关系有

$$G(\theta)\mathrm{d}\theta = \frac{I(\phi)}{\rho}\mathrm{d}\phi \tag{7.54}$$

式中，$G(\theta)$ 是期望的垂直方向图；$I(\phi)$ 是馈源的垂直方向图，后者通常由实验求得。

由式（7.53）和式（7.54）联合数值求解，很容易求得中截线数据表。中截线上半部很接近抛物线，形成方向图的聚束部分；下半部很接近圆弧，形成方向图的扩散部分。

3．均匀口径分布的综合

在阵列天线中，均匀分布是最容易实现的，但在反射面天线中很难实现。下

面用球面波展开法讨论在主反射面口径上得到均匀分布，以及对馈源和副反射面组成的馈源组合的要求。

均匀照射要求可等效表示为

$$\begin{cases} F(\psi) = \sec^2\left(\dfrac{\psi}{2}\right), & \psi_1 \leqslant \psi \leqslant \psi_2 \\ F(\psi) = 0, & 0 \leqslant \psi \leqslant \psi_1, \ \psi_2 \leqslant \psi \leqslant \pi \end{cases} \tag{7.55}$$

式中，因子 $\sec^2\left(\dfrac{\psi}{2}\right)$ 是补偿从焦点到反射面上各点的距离变化。

对于旋转对称结构，球面波展开式的方位标数 $m=1$，则馈源组合的球面波展开式可写为

$$\boldsymbol{E}(\psi,\xi,\rho) = \sum_{n=1}^{N} \left[A_{E1n}\boldsymbol{E}_{E1n} + A_{M1n}\boldsymbol{E}_{M1n} \right] \tag{7.56}$$

选择方位对称的馈源组合方向图，消除交叉极化及背瓣，则 $\boldsymbol{E}(\psi,\xi,\rho)$ 可写为

$$\boldsymbol{E}_f(\psi,\xi,\rho) = \frac{\mathrm{e}^{-jk\rho}}{k\rho}\left(\sin\xi\boldsymbol{e}_\psi + \cos\xi\boldsymbol{e}_\xi\right)F(\psi) \tag{7.57}$$

$F(\psi)$ 为式（7.55）表示的馈源组合方向图。展开系数为

$$A_{E1n} = \frac{-(-j)^n(2n+1)}{2Z_0 n^2(n+1)^2}\int_0^{\pi} F(\psi)\cdot\left[\frac{P_n^1(\cos\varphi)}{\sin\psi} + \frac{\mathrm{d}P_n^1(\cos\psi)}{\mathrm{d}\psi}\right]\sin\psi\,\mathrm{d}\psi$$

$$A_{M1n} = -Z_0 A_{E1n} \tag{7.58}$$

在计算中，定义归一化函数

$$f_n(\psi) = \frac{1}{n(n+1)}\left[\frac{P_n^1(\cos\psi)}{\sin\psi} + \frac{\mathrm{d}P_n^1(\psi)}{\mathrm{d}\psi}\right] \tag{7.59}$$

$$A_n = \frac{Z_0 n(n+1)}{-(-j)^n}\cdot A_{E1n} = \frac{2n+1}{2}\int_0^{\pi} F(\psi)f_n(\psi)\sin\psi\,\mathrm{d}\psi \tag{7.60}$$

则馈源系统远场方向图可表示为

$$\boldsymbol{E}_{fn}(\psi,\xi,\rho) = \frac{\mathrm{e}^{-jk\rho}}{kp}\left(\sin\xi\boldsymbol{e}_\psi + \cos\xi\boldsymbol{e}_\xi\right)F_N(\psi) \tag{7.61}$$

$$F_N(\psi) = \sum_{n=1}^{N} A_n f_n(\psi) \tag{7.62}$$

式中，$F_N(\psi)$ 为 $F(\psi)$ 的 N 次逼近式，将它代入式（7.55），可求得展开系数 A_n 的简单表示式为

$$A_n(\psi_2,\psi_1) = \frac{2n+1}{n(n+1)}\left[\tan\left(\frac{\psi_2}{2}\right)P_n^1(\cos\psi_2) - \tan\left(\frac{\psi_1}{2}\right)P_n^1(\cos\psi_1)\right] \tag{7.63}$$

图 7.12（a）给出各个基本波函数 $f_n(\psi)$，图 7.12（b）给出当 $n=30$，$\psi_1 = 0°$，

$\psi_2 = 60°$ 时的馈源组合方向图，从图 7.12（b）中可见，理想方向图与可实现的方向图吻合得非常好。

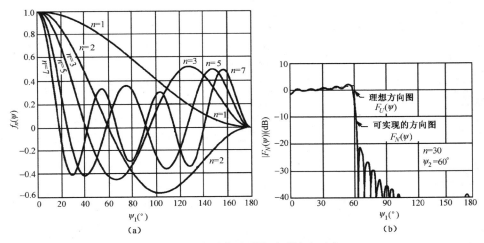

图 7.12　球面波展开法赋形波束示意

7.3　口径辐射

任何一个天线辐射源都可以找到一个等效口径，根据场等效原理，可用等效口径分布的场来求解源天线的场。本节不讨论天线的具体结构，不关心口径分布具体产生方法，仅介绍一些基本口径及典型口径分布的辐射特性。这部分内容与一些教科书内容有部分重复，但它们所涉及的基本物理概念和数据，在系统方案论证、设计审核、近场诊断、远场测量等工作中，都有重要的参考作用。

7.3.1　口径分布和辐射场的关系

口径分布 $E(x,y)$ 和远区辐射场 $F(k_1,k_2)$ 满足双向傅里叶变换关系。以一维情况为例［见图 7.13（a）］，有

$$F(u) = \int_{-a/2}^{a/2} E_0(x) \mathrm{e}^{jxu} \mathrm{d}x \tag{7.64}$$

式中，$E_0(x)$ 为线源口径上场的分布。

令

$$E(x) = \begin{cases} E_0(x), & -\dfrac{a}{2} \leqslant x \leqslant \dfrac{a}{2} \\ 0, & \text{其余} x \text{值} \end{cases} \tag{7.65}$$

则有

$$F(u) = \int_{-\infty}^{\infty} E(x) \mathrm{e}^{jux} \mathrm{d}x \tag{7.66}$$

及

$$E(x) = \frac{1}{2\pi} \int_{-\infty}^{\infty} F(u) \mathrm{e}^{-\mathrm{j}ux} \mathrm{d}u \tag{7.67}$$

式中， $u = k\sin\theta = \dfrac{2\pi}{\lambda}\sin\theta$ ； x 为口径坐标变量。

利用傅里叶变换，可以推导出下述特性。

（1）复合的口径分布的辐射图可以由简单分布的辐射图加权求和得到。

若

$$E(x) = \sum_{n=1}^{m} C_n E_n(x) \tag{7.68}$$

则

$$F(u) = \int_{-\infty}^{\infty} \left[\sum_{n=0}^{m} C_n E_0(x) \right] \mathrm{e}^{\mathrm{j}xu} = \sum_{n=1}^{m} C_n F_n(u) \tag{7.69}$$

（2）移位的口径分布的辐射图形状（幅度）无变化，移位只影响辐射图的相位分量。当多个不同移位口径分布分量合成复杂辐射图时，上述相位分量有明显变化。

令

$$E_1(x) = E(x - x_0) \tag{7.70}$$

则

$$F_1(u) = F(u) \mathrm{e}^{\mathrm{j}x_0 u} \tag{7.71}$$

（3）具有线性相位变化的口径场引起辐射场扫描。

令

$$E_1(x) = E(x) \mathrm{e}^{-\mathrm{j}u_0 x} \tag{7.72}$$

则

$$F_1(u) = \int_{-\infty}^{\infty} E(x) \mathrm{e}^{-\mathrm{j}x_0 u + \mathrm{j}xu} = F(u - u_0) \tag{7.73}$$

辐射图扫描角度 θ_0 为

$$\theta_0 = \arcsin\left(\frac{u_0}{u} \right) \tag{7.74}$$

（4）对于一个可分离的两维口径，

令

$$E(x, y) = E_1(x) \cdot E_2(y) \tag{7.75}$$

有

$$F(u, v) = \int_{-\infty}^{\infty} \int_{-\infty}^{\infty} E_1(x) E_2(y) \mathrm{e}^{\mathrm{j}(xu + yv)} \mathrm{d}x \mathrm{d}y$$

$$= \int_{-\infty}^{\infty} E_1(x) \mathrm{e}^{\mathrm{j}xu} \mathrm{d}x \cdot \int_{-\infty}^{\infty} E_2(y) \mathrm{e}^{\mathrm{j}yv} \mathrm{d}y$$

$$= F_1(u) \cdot F_2(v) \tag{7.76}$$

式中,

$$u = k\sin\theta\cos\phi, \ \ v = k\sin\theta\sin\phi \tag{7.77}$$

7.3.2 线源和矩形口径的辐射

线源和矩形口径如图 7.13（a）和图 7.13（b）所示。首先考虑同相线性口径,忽略惠更斯元方向性因子。采用归一化坐标 p 和 u。

$$p = \frac{2x}{a}, \ \ u = \frac{a\sin\theta}{\lambda} \tag{7.78}$$

可把傅里叶变换式（7.64）改写为

$$F(u) = \frac{a}{\pi}\int_{-1}^{1} E_x(p)\mathrm{e}^{\mathrm{j}pu}\mathrm{d}p \tag{7.79}$$

对于等幅同相口径 $E_x(p) = 1$,可求得辐射场为

$$F(u) = \frac{\sin\pi u}{\pi u} = \frac{\sin\dfrac{\pi a\sin\theta}{\lambda}}{\dfrac{\pi a}{\lambda}\sin\theta} \tag{7.80}$$

该辐射图如图 7.14（a）所示,由图可见:

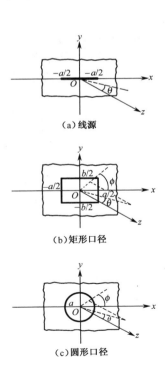

（a）线源

（b）矩形口径

（c）圆形口径

图 7.13 辐射口径示意

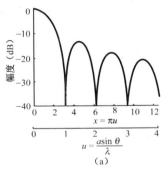

（a）

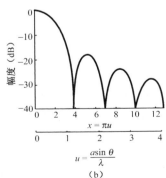

（b）

图 7.14 典型辐射方向图

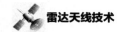

（1）当 $u=0$，$\theta=0$ 时，波束最大值在口径法线方向。

（2）当 $\dfrac{\sin \pi u}{\pi u}=0.707$，$u=0.445$ 时，辐射图主瓣宽度近似为

$$BW_{-3dB} = 0.89\lambda/a \ (\text{rad}) = 51\lambda/a \ (°) \tag{7.81}$$

（3）副瓣中峰值最高的是第一副瓣，其电平约为 -13.2dB。

类似可求得下述两种典型系列幅度分布的辐射图和主要参数。第一种为 $\cos^{n}\left(\dfrac{\pi x}{a}\right)$ 分布；第二种为台阶加平方分布 $1-(1-\varDelta)\left(\dfrac{2x}{a}\right)^{2}$，台阶值 $\varDelta$ 可代表馈源的边缘照射电平。两种分布均对口径中心对称。表 7.1 给出了线性矩形口径辐射特性。

表 7.1 中方向性系数中的数字对应于 7.4.1 节中之天线口径照射效率 η_0，它是真实口径相对于理想口径（均匀同相分布）而言，方向性系数下降的系数。矩形口径如图 7.13（b）所示，在一般情况下，矩形口径的均匀分布是可分离的，并且为两个正交线性的口径场分布的乘积，即 $E(x,y)=E_1(x)\cdot E_2(y)$。对两维分别进行处理，将所得的辐射图相乘即可得到总的辐射图，具体过程参见 7.3.1 节中第 4 点特性的说明及式（7.75）～式（7.77）。

表 7.1　线性矩形口径辐射特性

幅度分布		方向性函数	$2\Delta\theta_{-3dB}$	副瓣电平	方向性系数
$E_1=E_2\left[1-4(1-\varDelta)\dfrac{x_2^2}{a^2}\right]$	$\varDelta=1$	$\dfrac{\sin u}{u}$	$0.88\lambda/a$	-13.2dB (21.0%)	$4\pi\dfrac{a}{\lambda^2}$
	$\varDelta=0.8$	$\dfrac{\sin u}{u}+(1-\varDelta)\dfrac{\partial^2}{\partial u^2}\left(\dfrac{\sin u}{u}\right)$	$0.92\lambda/a$	-15.8dB (16.0%)	$0.99\dfrac{4\pi a}{\lambda^2}$
	$\varDelta=0.5$		$0.97\lambda/a$	-17.1dB (14.0%)	$0.97\dfrac{4\pi a}{\lambda^2}$
	$\varDelta=0$		$1.15\lambda/a$	-20.6dB (9.3%)	$0.83\dfrac{4\pi a}{\lambda^2}$
$E_1=E_0\cos\left(\dfrac{\pi x_0}{a}\right)$	$n=1$	$\dfrac{\cos u}{1-\left(\dfrac{2}{\pi}-u\right)^2}$	$1.2\lambda/a$	-23dB (7.1%)	$0.81\dfrac{4\pi a}{\lambda^2}$
	$n=2$	$\dfrac{\sin u}{u\left(u^2-\pi^2\right)}$	$1.45\lambda/a$	-32dB (2.5.0%)	$0.68\dfrac{4\pi a}{\lambda^2}$
	$n=3$	$\dfrac{\cos u}{\left[u^2-\left(\dfrac{\pi}{2}\right)^2\right]\left[u^2-\left(\dfrac{3}{2}\pi\right)^2\right]}$	1.66λ	-40dB (1%)	$0.58\dfrac{4\pi a}{\lambda^2}$

7.3.3　圆形口径的辐射

圆形口径如图 7.13（c）所示，假定口面上的场为同相圆对称分布，完成对 ϕ 的积分后，辐射场公式可变为

$$F(u) = \frac{2}{\pi^2} \int_0^\pi E_x(p) J_0(pu) \mathrm{d}p \tag{7.82}$$

式中，$u = \dfrac{2a\sin\theta}{\lambda}$；$p = \dfrac{\pi r}{a}$；$J_0$ 是第一类零阶贝塞尔函数。

选择一种常用的口径分布

$$E_x(p) = \Delta + (1-\Delta)\left(1 - \frac{p^2}{\pi^2}\right)^n \tag{7.83}$$

式中，台阶值 Δ 为馈源的边缘照射电平。

将式（7.83）代入式（7.82），完成积分，得

$$F(u) = 2\Delta \frac{J_1(\pi u)}{\pi u} + \frac{n! J_{u+1}(\pi u)}{\left(\dfrac{\pi u}{2}\right)^{n+1}} \tag{7.84}$$

最简单的情况为均匀分布，即 $n=1$，$\Delta=0$，则上式简化为

$$F(u) = \frac{J_1(\pi u)}{\pi u} \tag{7.85}$$

式（7.85）的辐射方向图如图 7.14（b）所示。可见，其主瓣最大值方向在口径法线方向，波束宽度为 $1.02\lambda/a$（rad），第一副瓣电平为 -17.6dB。

表 7.2 给出了由式（7.83）表示的各种类型幅度分布的辐射场参数。

表 7.2　圆形口径辐射特征

主瓣宽度 $\left(\dfrac{\lambda}{a}\right)$（rad）

Δ	n						
	0	1.0	1.5	2.0	2.5	3.0	4.0
0	1.027	1.268	1.373	1.470	1.562	1.649	1.810
0.2		1.172	1.207	1.228	1.240	1.245	1.244
0.3		1.140	1.162	1.172	1.176	1.176	1.170
0.4		1.114	1.127	1.132	1.133	1.131	1.125
0.6		1.079	1.080	1.081	1.080	1.078	1.074
0.8		1.048	1.049	1.049	1.048	1.047	1.046

副瓣电平（−dB）

Δ	n						
	0	1.0	1.5	2.0	2.5	3.0	4.0
0	17.6	24.5	27.7	30.4	33.1	35.9	40.7
0.2		23.5	26.9	31.7	33.9	34.3	32.3
0.3		22.4	24.8	27.5	30.5	29.0	29.0
0.4		21.5	23.1	24.5	25.8	26.9	25.6
0.6		19.8	20.5	20.9	21.3	21.5	21.6
0.8		18.5	18.7	18.0	19.0	19.0	19.0

面积利用系数 η_0（%）

Δ	n						
	0	1.0	1.5	2.0	2.5	3.0	4.0
0	100.00	75.00	64.00	55.55	48.98	43.75	36.00
0.2		87.10	82.44	79.29	77.14	75.68	74.01
0.3		91.19	88.41	86.72	85.71	85.14	84.75
0.4		94.23	97.67	91.84	91.43	91.27	91.35
0.6		97.96	97.57	97.42	97.40	97.44	97.60
0.8		99.60	99.54	99.53	99.54	99.56	99.60

7.3.4 口径相位分布的影响

在前面的讨论中，均假设口径场的相位分布是均匀的。但实际上由于制造、安装和环境因素（重力、风力或温差）的影响，口径场分布会发生变化。还有就是因为波束赋形或波束扫描的需要，口径场相位分布需要按一定的规律设计。

下面将研究口径场的不同相位分布对方向图的影响。为了便于分析，仍假设口径场是可分离的。因此，我们仅研究一维情况的影响，二维情况仍用方向图相乘的原理来求解。

若相位函数沿 x 轴的变化为 $\varphi\left(\dfrac{x_s}{a/2}\right)=\varphi(x_s)$，将 $\varphi(x)$ 展开为下面的级数

$$\varphi(x)=c_1 x+c_2 x^2+c_3 x^3+\cdots \tag{7.86}$$

式中，c_1、c_2、c_3 分别为 $x=\pm 1$（即 $x_s=\pm a/2$）时，一次、二次、三次相位项的最大值。在一般情况下，只需考虑前三项，即线性、平方、立方相位差对方向图的影响就够了。

1．线性相位分布

设与口径法线成 ϕ 角的入射波照射到一维等幅口径 a 上，在口径边缘 $x_s=\dfrac{a}{2}$ 处产生最大相位差 c_1 为

$$c_1=k\frac{a}{2}\sin\phi=\frac{\pi a}{\lambda}\sin\phi \tag{7.87}$$

有误差的口径场分布可写为

$$E_x(x) = E_0 e^{-jc_1\frac{2x}{a}} \quad 或 \quad E_x(p) = E_0 e^{-jc_1 p} \tag{7.88}$$

代入式（7.79），得

$$F(u) = \frac{a}{2}\int_{-1}^{1} E_0 e^{-jc_1 p} e^{jup} dp = aE_0 \frac{\sin(u-c_1)}{u-c_1} \tag{7.89}$$

由式（7.89），令 $u - c_1 = 0$，可求出远场最大辐射方向偏离法线的角度 θ_m，代入式（7.78）、式（7.87），得

$$\theta_m = \arcsin\left(\frac{\lambda}{\pi a}c_1\right) = \varphi \tag{7.90}$$

2．平方律相位分布

一维等幅口径平方律相位分布可表示为

$$E_x(x) = E_0 e^{-j\left(\frac{2x}{a}\right)^2 c_2} 或 E_x(p) = E_0 e^{-jp^2 c_2} \tag{7.91}$$

式中，c_2 为口径上的最大平方相位差。

代入式（7.79），得

$$F(u) = \frac{a}{2}\int_{-1}^{1} E_0 e^{jup} e^{-jc_2 p^2} dp \tag{7.92}$$

将 $e^{-jc_2 p^2}$ 展开为幂级数并逐项积分，式（7.92）改写为

$$F(u) = \frac{a}{2}\sum_{m=0}^{\infty} \frac{(-j)^m c_2^m}{m!}\int_{-1}^{1} p^{2m} E_0 e^{jup} dp \tag{7.93}$$

利用下述被积式求导数的特性

$$\frac{d^k}{du^k}\int_{-1}^{1} f(p) e^{jup} dp = (j)^k \int_{-1}^{1} p^k f(p) e^{jup} dp \tag{7.94}$$

将式（7.93）改写并仅保留前两项，可得

$$F(u) \approx \frac{a}{2}\left[F_0(u) + jc_2 F_0''(u)\right] \tag{7.95}$$

图 7.15（a）给出不同平方相位差时的方向图的变化，可见：

（1）平方相位差引起的方向图变化是对称的，且最大辐射方向不变。

（2）平方相位差会引起主瓣加宽、零点消失、副瓣升高，甚至副瓣包入主瓣。

（3）当口径相位差超过 π 时，可能引起主瓣分裂。

（4）随着 c_2 增加，天线方向性系数逐步下降，如图 7.15（b）所示。因此，平方相位差对天线性能影响极大，必须严格控制。对方向性系数而言，通常要求 c_2 小于 π/4；对低副瓣或超低副瓣而言，对 c_2 的要求至少要严格 4～8 倍。

3．立方律相位分布

口径场分布可表示为

$$E_x(p) = E_0 e^{-jp^3 c_3} \tag{7.96}$$

式中，c_3 为口径上的最大立方相位差。

同样用泰勒级数展开并逐项积分的方法，可求得辐射场表达式为

$$F(u) \approx F_0(u) - c_3 F_0'''(u) \tag{7.97}$$

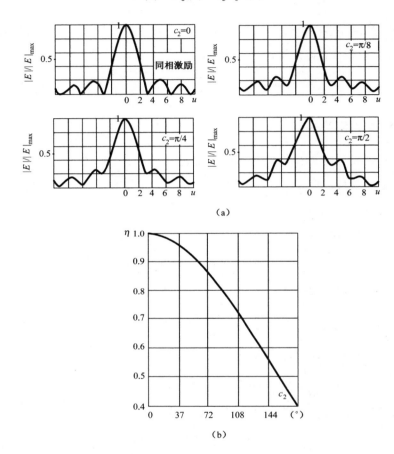

图 7.15 平方相位差的影响

立方相位差使方向图主瓣偏离口径法线方向，偏轴角度 θ_m 近似为

$$\theta_m \approx \arcsin\left(\frac{0.6\lambda}{\pi a} c_3\right) \tag{7.98}$$

即近似为等量线性相位差引起的扫描角的 0.6 倍。同时在主瓣两侧产生不对称副瓣，最大副瓣在偏离轴方向，称为慧形副瓣。立方相位差也会引起方向性系数下降，下降幅度大约为等量平方相位差的 0.3 倍。

7.4 反射面天线特性分析和设计

7.4.1 天线方向图及其有关参数

作为空间滤波器，天线最主要的特性是它的空间方向图（也称为波瓣图）及方向图的频率特性和时变特性。前面几节讨论了天线波瓣图的计算问题，只要计算出天线波瓣图，并且验证了计算结果的精确性，则天线工程设计的一系列问题都能获得解决。在一般天线设计中，除关心天线的方向性系数（或增益）和频率外，还要关心两个主平面（E 面和 H 面）的天线波瓣图及主瓣宽度、最大副瓣电平、背瓣电平、交叉极化电平（主瓣内、主瓣外）、远区平均副瓣电平（一般为±10° 到±90°）。在某些特殊天线设计中，还要求知道全空间波瓣图（以三维立体图、轮廓线图或任意截面图组合表示），或者对主瓣构造（低空斜率、特定电平宽度）、副瓣构造（如主平面的副瓣电平）等有特殊要求。

1. 增益和面积利用系数

设天线增益为 G，天线口径面积为 A，则

$$G = \frac{4\pi A}{\lambda^2} \cdot \eta = G_0 \cdot \eta = \frac{4\pi A_r}{\lambda^2} \qquad (7.99)$$

式中，λ 为波长；G_0 为面积是 A 的无耗等幅同相天线的增益；A_r 为天线的等效接收截面积；η 为天线的面积利用系数（有时也称为天线效率）。

对雷达天线而言，由于收、发工作方式的波瓣图往往不同，因此对应的发射增益 G_t 和接收增益 G_r（也可用 A_r 表示）也不同。G_t、G_r 是决定雷达威力覆盖范围的重要参数。由于受到许多因素的影响，因此天线增益 G_t、G_r 较难准确计算或测量的天线参数。η 是衡量天线多个参数折中设计水平和天线整体质量的重要指标。对于通信天线，有时 η 可以为 0.8～0.9；但对于低副瓣天线，η 只能为 0.5～0.6。

在工程设计中，常用因素分解法分别研究多个工程因素对 η 的影响，写为

$$\eta = \prod_{i=0}^{8} \eta_i \qquad (7.100)$$

式中，η_0 为天线口径照射效率；η_1 为馈源漏失效率；η_2 为馈源相位分布损失；η_3 为反射面馈源阻挡影响；η_4 为交叉极化损失；η_5 为反射面反射（驻波）影响；η_6 为反射面制造、变形及安装公差；η_7 为馈源及支杆的后向辐射影响；η_8 为反射面的热损耗。

本节主要讨论 η_0～η_2、η_8，η_3～η_7 将在后面各节中加以讨论。

对可分离口径分布的天线，η_0 还可写为 $\eta_0 = \eta_{0E} \cdot \eta_{0H}$，$\eta_{0E}$ 和 η_{0H} 分别由天线

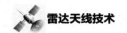

E 面和 H 面的口径分布，即由天线两个主平面的副瓣要求决定。表 7.1 和表 7.2 分别给出了矩形口径和圆形口径典型的幅度分布下的面积利用系数。其他分布的值也可以用各种方法估算或根据波瓣图计算求得。

馈源漏失效率 η_1 可由馈源方向图积分求得

$$\eta_1 = 1 - \int_0^{2\pi} \int_0^{\theta_0} G_f^2(\theta)\mathrm{d}\theta\mathrm{d}\phi \Big/ \int_0^{2\pi} \int_0^{\pi} G_f^2(\theta)\mathrm{d}\theta\mathrm{d}\phi \qquad (7.101)$$

对于 f 和 D 已选定的抛物面天线，增宽馈源方向图可以使 η_0 增加，但同时因漏失增加而使 η_1 下降，所以存在最佳馈源方向图的折中设计。在一般情况下，最佳增益设计选择馈源边馈电平为-10dB 左右（包括空间衰减），但超低副瓣设计也常选取边缘馈电电平为-20dB 以下。因此，馈源的最终设计要在综合考虑总体要求后确定。

η_2 是由于馈源辐射不是理想球面波而引起的。利用等效相位中心概念，只能把一个频率某个主平面的相位中心放在抛物面焦点上，当相位中心随频率变化或两个主平面相位中心相差较远时，η_2 的影响不可忽视。

当天线热损为零时，式（7.99）中的 G 等于天线的方向性系数（用 D 表示）。由于当进行天线增益测试或计算时，均需从馈源前面的某个参考面向天线看进去，因此 η_8 除包括反射表面（设电阻率不为 0）的热损外，还包括馈源、传输线，甚至部分馈线元件的损耗。

式（7.99）还可以改写为

$$G = G' \cdot \eta', \quad \eta' = \prod_{i=1}^{8} \eta_i = \frac{\eta}{\eta_0} \qquad (7.102)$$

式中，G' 是反射面天线方向性增益；η' 是天线的损失因子。

将 7.1 节中计算远场方向图的式（7.14）或式（7.28）写为 $F(\theta,\phi)$ 的形式，可由此计算出空间每一点 (θ,ϕ) 的 $F(\theta,\phi)$，并且由下式计算天线方向图增益。

$$G' = \frac{4\pi}{\int_0^{2\pi}\mathrm{d}\phi\int_0^{\pi} F^2(\theta,\phi)\sin\theta\mathrm{d}\theta} \qquad (7.103)$$

当方向图为轴对称时，用 $F(\theta)$ 代替 $F(\theta,\phi)$，有

$$G' = \frac{2}{\int_0^{\pi} F^2(\theta)\sin\theta\mathrm{d}\theta} \qquad (7.104)$$

当方向图不是轴对称，且已计算或测量出主截面 E、H 的方向图 $F_E(\theta)$、$F_H(\theta)$ 时，则可利用式（7.104）计算出 G'_E 和 G'_H，它们是以 $F_E(\theta)$ 和 $F_H(\theta)$ 轴向旋转出的立体波瓣的增益，则 G' 的近似值为

$$G' \approx \sqrt{G'_E G'_H} \qquad (7.105)$$

上述近似算法大大减少了计算工作量，在方案论证或对某些特性的仿真分析中更加实用。

计算出 G'，也就相当于求出了 η_0。G' 的计算工作量是很大的，但可以在计算方向图时，将计算数据适当存储，以便于在增益计算时复用。

2. 波束宽度

有多种方向图波束宽度的定义，我们选用最常见的 3dB 宽度定义，即主瓣上低于峰值 3dB 的点之间的角度差。它是口径尺寸 a（或 b）及口径激励电流分布的函数。其可表示为

$$\mathrm{BW}_{3\mathrm{d}BE} = k_a \frac{\lambda}{a}, \quad \mathrm{BW}_{3\mathrm{d}BH} = k_b \frac{\lambda}{b} \tag{7.106}$$

式中，a、b 分别是天线 E、H 面的口径尺寸；k_a、k_b 大于 0.89（rad），与天线口径形状和 E、H 面的口径分布有关。

在方案论证中，k_a、k_b 的选取可参见表 7.1、表 7.2 及有关参考书籍，但在工程应用中应以波瓣计算结果为准，并且考虑各种误差影响。

在雷达系统设计中，波束宽度对分辨率及测角精度有直接影响。在机械扫描雷达中，对积累脉冲数和雷达作用距离计算均有影响，因此它是天线工程设计的重要指标之一。

3. 副瓣电平

抗积极干扰、抗反辐射导弹、抗地物干扰等雷达的发展，对天线的副瓣电平提出越来越高的要求。近年来对低副瓣和超低副瓣雷达的需求不断增加，并且技术上也有所突破。

从理论上设计一个最大副瓣电平为-60dB，平均副瓣电平低于-75dB 的阵列天线口径分布是非常容易的，其难点在于解决互耦合公差问题以具体实现这个分布。但对抛物面天线，由于口径分布不能像阵列天线一样随意控制，即使不考虑阻挡和公差，从理论上计算出一个最大副瓣电平低于-50dB，平均副瓣电平低于-60dB 的天线也是不容易的。

影响反射面天线副瓣电平的主要因素是馈源方向图和口径边馈电平（包括口径形状）、阻挡（馈源和支撑）和公差。其他因素还包括口径边缘、馈源及支架侧后方的绕射和散射、馈源相位变化、环境因素的影响等。

在存在阻挡的情况下，将反射面天线的副瓣电平做到-25dB 以下就是可以接受的，做到-30dB 左右是很好的水平。要设计低副瓣反射面天线，首先要去除阻挡影响；其次要注意公差，特别要防止周期性或系统性误差；最后要在设计时重点关注馈源方向图和相心，以及反射面轮廓切割上的潜力。

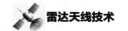

7.4.2 偏焦和扫描特性

1. 方位聚焦轨迹和俯仰聚焦轨迹

为了使馈源横向偏离焦点实现扫描波束，或者激励一组馈源（焦区内）形成多波束或赋形波束远场方向图，均需研究焦区场的特性。从抛物面完全的焦散曲面的研究中发现，某些区域射线密度明显集中（称为脊线），并且抛物面偏轴的不同条带具有不同的聚焦特性，存在两组不同的焦散曲面，即抛物面的径向和切向（也称为俯仰面和方位面），可以对两组聚焦表面独立进行处理。

利用有关文献中焦散曲面的一般方程，可推导出平面波入射时的方位聚焦轨迹为一组直线，并且在 $x_0=0$ 的平面上

$$\frac{y_0}{z_0} = -\frac{2}{y} \tag{7.107}$$

式中，x_0、y_0、z_0 为通过焦点的坐标点。

图 7.16 中给出了当 $y=y_m$（$y_m=0, 0.25, 0.50, 0.75$）时的不同直线，在 $y_m=0.50$ 的直线上的小圆圈表示不同入射角 θ 的最佳聚焦位置。同样可以推导出平面波入射时的俯仰聚焦轨迹为一组圆形

$$z_0^2 + y_0^2 - \left(\frac{1-3y^2}{4}\right)z_0 + \frac{y(y^2-12)}{z}y_0 = 0 \tag{7.108}$$

圆心位置为

$$z_0 = \frac{4-3y^2}{z}, \quad y_0 = \frac{y(y^2-12)}{16} \tag{7.109}$$

图 7.16 中同时给出不同 y_m 值的俯仰聚焦圆，并且在 $y_m=0.50$ 的圆上给出不同入射角 θ 的最佳聚焦位置。

2. 偏焦相位函数分析及波束偏离因子

研究一个圆对称抛物面，口径为 D，焦点是两个球坐标的中心，如图 7.17 所示。其中一个是求内场用的 (ρ, ξ, ψ) 球坐标系，另一个是求外场用的 (R, θ, ϕ) 球坐标系。

在焦点馈电时，远场中某一点 P 处的电场为

$$E(\theta, \phi) = \int_0^{2\pi} \int_0^a f(r, \xi) e^{jk(\rho - \rho \cdot R_0)} r \, dr \, d\psi \tag{7.110}$$

当馈源位移到点 $F'(\varepsilon_x, 0, \varepsilon_z)$ 时，远场改写为

$$E(\theta, \phi) = \int_0^{2\pi} \int_0^a f(r, \xi) e^{jk(\rho' - \rho' \cdot R_0)} r \, dr \, d\xi \tag{7.111}$$

式中，$f(r,\xi)$ 为口径场幅度分布，分析中先假定其不变，只重点研究相位函数的变化。

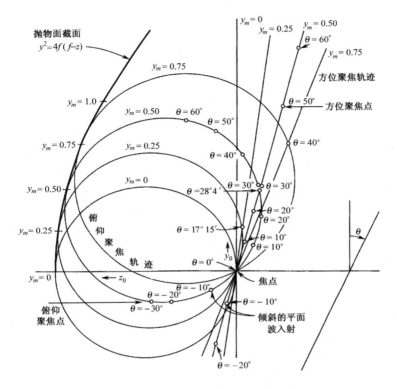

图 7.16　方位聚焦轨迹和俯仰聚焦轨迹

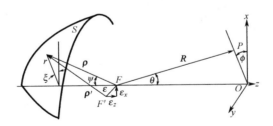

图 7.17　圆对称抛物面

根据下述几何关系式

$$\rho = \frac{2f}{1-\cos\psi} \tag{7.112}$$

$$\boldsymbol{\rho} = \rho[\cos\xi\sin\psi\boldsymbol{e}_x + \sin\xi\sin\psi\boldsymbol{e}_y + \cos\psi\boldsymbol{e}_z \tag{7.113}$$

$$\boldsymbol{R}_0 = \cos\phi\sin\theta\boldsymbol{e}_x + \sin\phi\sin\theta\boldsymbol{e}_y + \cos\theta\boldsymbol{e}_z \tag{7.114}$$

$$\boldsymbol{\rho}' = \boldsymbol{\rho} + \varepsilon_x\boldsymbol{e}_x + \varepsilon_z\boldsymbol{e}_z \tag{7.115}$$

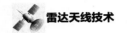

$$\rho' = \rho\left(1 + \frac{2\varepsilon_x}{\rho}\cos\xi\sin\psi + \frac{2\varepsilon_z}{\rho}\cos\psi + \frac{\varepsilon_x^2 + \varepsilon_z^2}{\rho^2}\right)^{\frac{1}{2}} \tag{7.116}$$

当 $\dfrac{\varepsilon_x}{\rho} < \dfrac{\varepsilon_x}{f} \ll 1$ 时，忽略 ε_x 平方以上的高次项，可把式（7.111）的相位因子近似写为

$$\rho' - \rho' \cdot \boldsymbol{R}_0 = 2f - \varepsilon_x\cos\phi\sin\theta - \varepsilon_x\cos\theta - \rho\sin\psi\sin\theta\cos(\xi - \phi) + \varepsilon_x\sin\psi\cos\xi +$$

$$\varepsilon_z\cos\psi + \frac{\varepsilon_x^2}{2\rho} + \rho\cos\psi(1 - \cos\theta) - \frac{\varepsilon_x^2}{2\rho}\cos^2\xi\sin^2\psi \tag{7.117}$$

式中前三项与积分变量无关，可提到积分号外（它描述远场的相位波瓣图），注意到 $r = \rho\sin\xi$；第四项是同相口径产生的归一化相位因子；第五项表示波束偏移和慧形相差等，这是我们研究的重点；再接着三项表示场的平方相位差；最后一项表示散光。

平方相位差可通过馈源轴向位移来消除，令式（7.117）中所有偶次项相位差为零，可得

$$\varepsilon_z = \frac{\varepsilon_x^2}{2f} \tag{7.118}$$

对于小的馈源偏移，式（7.118）定义了方向图零点尖锐且相位损失最小时的馈源轨迹，在光学中称为伯兹瓦（Petzval）曲面。对于这个最佳馈源位置，远场幅度可由式（7.111）改写为

$$|E(\theta, \phi)| = \int_0^{2\pi}\int_0^a f(r, \xi)\mathrm{e}^{-\mathrm{j}k[r\sin\theta\cos(\psi\xi - \phi) - \varepsilon_x\sin\psi\cos\xi]}r\mathrm{d}r\mathrm{d}\xi \tag{7.119}$$

式中指数的第二项，即式（7.117）中的第五项，集中代表了横向馈源移动对远场波束的影响。

由于

$$\sin\psi = \frac{r/f}{1 + (r/2f)^2} = \frac{r}{f}\left[1 - \left(\frac{r}{2f}\right)^2 + \left(\frac{r}{4f}\right)^4 - \cdots\right] \tag{7.120}$$

则式（7.119）中第二项的相位差可写为

$$\delta = \frac{2\pi}{\lambda}u_s r\cos\xi\left[1 - \left(\frac{r}{2f}\right)^2 + \left(\frac{r}{4f}\right)^4 - \cdots\right] \tag{7.121}$$

式中，$u_s = \dfrac{\varepsilon_x}{f} = \tan\theta_s$ 是馈源偏离角的量度。

式（7.121）中第一项为线性相位变化，它引起非失真的波束偏移，偏移角等于馈源斜角；第二项与 $u_s r^3\cos\xi$ 成比例，是立方相位差（也称为慧形相差），注意它的符号与线性相位差相反，其作用是使波束在相反方向上偏移，使近轴方向

的副瓣升高（成为慧形副瓣）；从第三项开始是高阶慧形相差项，当 f/D 较大时，其影响可以忽略。

有文献进一步给出在口径边缘处散光与总慧形相差的比为

$$散光/总慧形相差 = \frac{2u_s(f/D)}{\left[1+(D/4f)^2\right]^2} \tag{7.122}$$

从式中可见，对通常的抛物面天线，散光是很小的。当散光变得重要时，伯兹瓦曲面就失去实用性，馈源位置也不容易确定。

设远场波束最大值的位置为 u_m，可定义波束偏离因子为

$$BDF = \frac{u_m}{u_s} \tag{7.123}$$

注意，由于慧形相差使波束在相反方向移动，所以 BDF 一定小于 1，如图 7.18 所示。

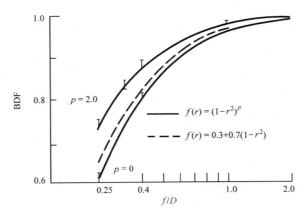

图 7.18　波束偏离因子变化

对于照射函数 $f(r)=(1-r^2)^p$ 及 $f(r)=0.3+0.7(1-r^2)$ 时的 BDF 和 f/D 的近似关系曲线，可作为设计参考使用。其准确数值应以波瓣精确计算或测量值为准。

3．偏焦轨迹的选择原则

对于不同用途的扫描反射面天线，其馈源偏焦轨迹的选择原则是不同的。对于堆积多波束雷达天线而言，它既不选择散光最小的伯兹瓦曲面，也不选择最大扫描增益等值线，而选择水平聚焦轨迹（直线）。因为作为三坐标监视雷达用的多波束天线，它仅需在低空的几个波束保持高增益窄波束，而在中高空的波束则希望利用偏焦的高次相差（加上幅度锥削）使波束加速展宽（满足等高精度而不是等角精度要求），实现用较少的波束覆盖相同的空域，减少雷达设备量和成本。若

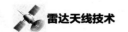

选用水平聚焦轨迹，则偏焦波束的方位面宽度展宽小（副瓣变坏少），这正是我们所希望的；同时，其偏焦波束的增益损失在垂直面宽度展宽上，也是我们所需要的。

4. 偏焦方向图计算

下面介绍有关文献中给出的用表面电流法推导的偏焦抛物面多波束天线的波瓣计算公式。该公式已编程用于工程计算并经过作者实践验证，效果良好。坐标系与图 7.17 相似。此处略去推导过程，仅简单介绍推导步骤和最后结果。

（1）坐标系 (x, y, z) 的原点在焦点，馈源位置在 $(\varepsilon_x, 0, \varepsilon_z)$，馈源主极化为 x 极化。建立位于馈源的辅助坐标系 (x', y', z')，$x'z'$ 相对于 xz 平面旋转一个角度 β，y' 同 y；

（2）在 (x', y', z') 坐标系中，求表面磁场分量 H'_{sy} 和 H'_{sz}；

（3）回到 (x, y, z) 坐标系，得出表面磁场分量 H_{sx}、H_{sy} 和 H_{sz}；

（4）求 (x, y, z) 坐标系中表面电流各分量，并且把它们换算到远场 (R, θ, ϕ) 坐标系中，求出 J_{sr}、$J_{s\theta}$、$J_{s\phi}$ 分量；

（5）求出 (R, θ, ϕ) 坐标系中的被积函数的幅度函数（主极化分量和正交极化分量）；

（6）求出 (R, θ, ϕ) 坐标系中的被积函数的相位函数；

（7）将被积函数的幅度、相位函数代入远场积分公式，见式（7.14），就可以计算远场波瓣图了。

为了适合多波束的计算和绘图，有文献选择了特殊的球坐标系，使多个偏焦波束的 E 面波束均在 xOz 平面内（$\theta = 0°$），各波束的最大值为 ϕ_{0n}（$n=1,2,\cdots, N$）。有文献推导得出计算各波束 E 面主极化方向图的公式为

$$F_E(\theta, \phi) = \iint\limits_S \frac{f(\xi, \psi)}{\rho^2 \sqrt{y^2 + \theta^2}} [(y^2 \cos\beta + 2f\theta)\cos\phi - (xQ - y^2 \sin\beta)\sin\phi]$$

$$\mathrm{e}^{-\mathrm{j}\frac{2\pi}{\lambda}\left\{\sqrt{(x-\varepsilon_x)^2+y^2+(z-f+\varepsilon_z)^2}-[(x-\varepsilon_x)\sin\phi+(z-f+\varepsilon_z)\cos\phi]\right\}}\mathrm{d}x\mathrm{d}y \tag{7.124}$$

令下式中 $\phi_0 = \phi_{0n}$，可逐个求得各波束的 H 面主极化方向图为

$$F_H(\theta, \phi_0) = \iint\limits_S \frac{f(\xi, \psi)}{\rho' \sqrt{y^2 + Q^2}} [(y^2 \cos\beta + 2fQ)\cos\phi_0 - (xQ - y^2 \sin\beta)\sin\phi_0]$$

$$\mathrm{e}^{-\mathrm{j}\frac{2\pi}{\lambda}\left\{\sqrt{(x-\varepsilon_x)^2+y^2+(z-f+\varepsilon_z)^2}-[(x-\varepsilon_x)\cos\theta\sin\phi_0+y\sin\theta+(z-f+\varepsilon_z)\sin\theta\cos\phi_0]\right\}}\mathrm{d}x\mathrm{d}y \tag{7.125}$$

式中，S 为抛物面口径面。

β 为馈源扭头角

$$\beta = \arctan \frac{\varepsilon_x}{f - \varepsilon_z} \qquad (7.126)$$

$f(\xi, \psi)$ 为馈源方向图。

ρ' 为馈源中心到反射面上任一点的距离，有

$$\rho' = \sqrt{(x - \varepsilon_x)^2 + y^2 + (z - f + \varepsilon_z)^2} \qquad (7.127)$$

$$Q = (z - f + \varepsilon_z)\cos\beta + (x - \varepsilon_x)\sin\beta \qquad (7.128)$$

$$z = \frac{x^2 + y^2}{4f} \qquad (7.129)$$

式（7.124）和式（7.125）中的积分已将表面电流的曲面积分变为其口径投影的平面积分。对积分公式进行编程，采用数论中的一致分布法选取积分点，可以在相同的计算精度下减少积分点数，缩短计算时间，降低计算费用。

图 7.19 中给出了当 ε_x 为 0、10λ、25λ 时，E 面方向图计算和实测结果的比较，两者的符合性良好。

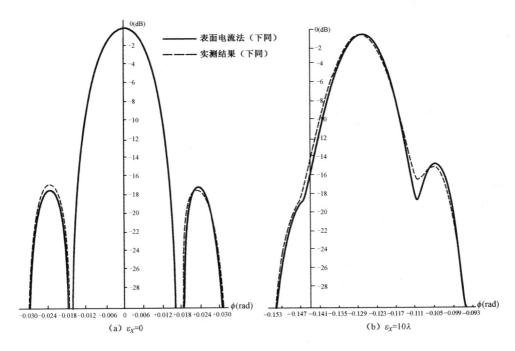

图 7.19　各种偏焦时 E 面方向图

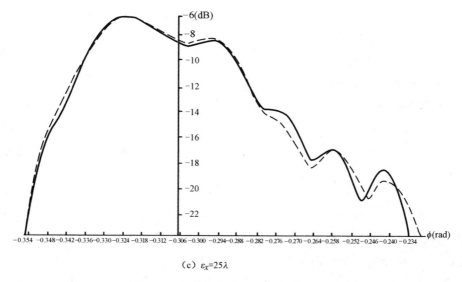

（c）$\varepsilon_x=25\lambda$

图 7.19　各种偏焦时 E 面方向图（续）

7.4.3　公差影响分析

1．表面公差对增益的影响

Ruze 的文章全面总结了前人对反射面天线的公差影响的研究结果。略去表面公差对幅度分布的影响，设表面误差满足均值为零、均方差为 ε 的正态分布，则表面误差引入的相位误差的均方差 δ 为

$$\delta=4\pi\varepsilon/\lambda \tag{7.130}$$

该文章给出了随机误差相关半径 c 的定义。在直径为 $2c$ 的区域内，误差完全相关，在该区域外则不相关。相当于把直径为 D 的抛物面天线划分为 N 个独立的单元，可以用统计理论对误差进行分析。

$$N\approx\left(\frac{D}{2c}\right)^2\gg1 \tag{7.131}$$

该文章给出了有误差影响的方向图为

$$G(\theta,\phi)=G_0(\theta,\phi)\mathrm{e}^{-\delta^2}+\left(\frac{2\pi c}{\lambda}\right)^2\mathrm{e}^{-\delta^2}\sum_{n=1}^{\infty}\frac{\delta^2}{n\cdot n!}\mathrm{e}^{-(\pi cu/\lambda)^2/n} \tag{7.132}$$

当 $c\ll D$，并且 δ 也不大时，增益 G 为

$$G=G_0\mathrm{e}^{-\delta^2}=G_0\mathrm{e}^{-(4\pi\varepsilon/\lambda)^2} \tag{7.133}$$

图 7.20（a）给出了增益损失与 ε、f 的普遍关系图，在天线方案设计中得到广泛的应用。

2. 表面公差对方向图的影响

利用式（7.132）可计算表面公差对方向图的影响，图 7.20（b）给出了一个典型计算结果。对-12dB 边缘照射电平的圆口径天线，$D=20c$，δ^2 分别为 0.2rad、0.5rad、1.0rad、2.0rad、4.0rad。式（7.132）的第一项称为绕射方向图，主瓣增益损失分别为 0.87dB、2.2dB、4.3dB、8.6dB 和 16.6dB；第二项称为散射方向图，因为相位误差大，绕射方向图副瓣均包入散射方向图中。

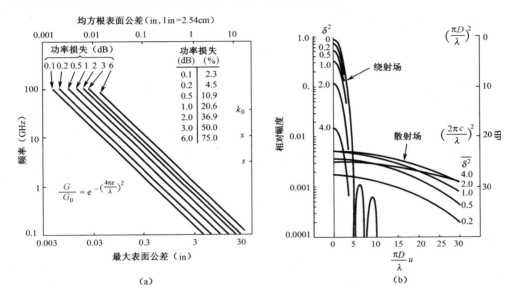

图 7.20　表面公差对增益和方向图的影响

3．讨论和建议

（1）天线的公差要求与天线的成本关系极大。一般来说，希望在保证雷达各项指标要求的同时，适当放宽公差要求以降低成本。

（2）由于计算技术和工程设计技术的迅速发展，当代的结构工程师已可计算出反射面天线的制造、安装公差和重力、风力、温度及应力变形的分布，电信工程师可根据这些分布计算出天线的各项指标的变化，再适当修改设计。

（3）一般要求的雷达天线偏重增益损失。因此选择 ε 在 $\lambda/64$ 附近（$\delta \approx 11°$），$c \approx \lambda$，增益损失因子 $\eta_6 \approx 0.15$dB 是可以接受的。但低副瓣、超低副瓣天线要求 δ 为 3°～5°，$c \approx \lambda$，即 ε 应为 $\lambda/200 \sim \lambda/300$；当 c 能达到小于或等于 $\lambda/2$ 时，对 ε 的要求可放宽 1 倍。

（4）在单脉冲雷达天线中，和波束指向（或差波束零点深度和位置）对公差的要求高于增益和副瓣电平对公差的要求。这时，不仅要关心 ε 的数值，更要关

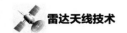

心 ε 的分布。任何不对称相位分布均会引起指向偏差，可参考 7.3.4 节将复杂相位分布展为幂级数，求其奇次幂特别是线性和立方项的影响来估算指向误差。在一般的雷达天线公差检验中，均要求给出公差分布表，并且对严重不对称的分布进行调整。另外，平方相位分布引起零深变浅，需用馈源轴向移动来补偿。

（5）在天线架设和调试中，用电测的方法对天线的关键特性参数进行调整，修正或补偿各项误差的影响，需要在设计时考虑调整的可操作性。

7.4.4 极化特性

1．交叉极化

近代通信天线（特别是星载）为了增加信道数，采用极化复用技术，故对抛物面天线的交叉极化特性提出了很高的要求（<-30dB）。对雷达天线的交叉极化重视的原因，不是因为交叉极化能量耗散造成的增益损失，而是由于抗干扰（有源及无源）的需要。干扰信号不仅能从主极化副瓣接收到，同样也能从交叉极化副瓣接收到。

以往交叉极化的定义有些模糊，使我们在某些方面得出一些错误概念[①]。有文献以三种参考极化作为主极化，得出交叉极化的三种定义。其中第三种定义得到了最广泛的应用，如下式所示

$$E_p(\theta,\phi) = E_\theta(\theta,\phi)\sin\phi e_\theta + E_\phi(\theta,\phi)\cos\phi e_\phi \qquad (7.134)$$

$$E_q(\theta,\phi) = E_\theta(\theta,\phi)\cos\phi e_\theta - E_\phi(\theta,\phi)\sin\phi e_\phi \qquad (7.135)$$

即我们在表面电流法中用式（7.15）和式（7.16）分别求出 E_p 的 θ 和 ϕ 分量后，再分别用式（7.134）和式（7.135）计算场的主极化分量 E_p 和交叉极化分量 E_q。

在一般情况下，监视雷达天线主瓣内交叉极化电平小于-17dB 是可以接受的，而副瓣区的交叉极化电平应小于相应的副瓣电平的技术指标。

2．圆极化

为了抑制云雨杂波，部分雷达设有线/圆极化切换通道，或者线/圆变极化要求。将场矢量分解为两个正交（空间）分量，对一个分量引入 90°相移就能产生圆极化场。

圆极化性能以轴比表示或以积分对消比表示。实现圆极化的主要方法有两种：一种是在馈源前面加极化罩，可根据馈源结构形式选择球形罩、平板罩或半

---

① 有人采用 Ludwig 第二定义，得出抛物面天线 f/D 小时的交叉极化比 f/D 大时强的错误概念。利用第三种定义，可证明抛物面天线的交叉极化电平与 f/D 无关，甚至 f/D 大时的交叉极化电平略低。

圆柱形罩；另一种是在馈线内实现圆极化。为了获得轴比良好的圆极化天线，必须很好地选择椭圆口径抛物面天线的尺寸、馈源的类型和尺寸，以保证在任意主截面上两个正交极化分量的方向图主瓣宽度和相对增益均相等（0.2dB 以内），否则就要调整移相器的相移量、移相片转角，或者极化罩片宽度。

3. 极化识别

通过变极化发射，双通道同时正交接收，并且经过实时处理器，得到极化散射矩阵，它对于目标极化识别是很有用的。实现时除用到一些馈线元件（正交模耦合器、开关、移相器）外，还可能用到极化滤波器（选择器）、极化反射器等。这里需指出两点：第一，由于高功率问题，增加了圆极化、变极化识别反射面天线的难度，但是因为它要求增加的设备量和成本很少，只要技术实现上有所突破，它反而就会成为反射面天线相对于阵列天线的一个突出优点；第二，对于变极化识别天线，对主瓣内交叉极化电平的要求很高，至少达到-30dB 量级，以免产生错误识别。

7.4.5　阻挡和后瓣

1. 阻挡对增益的影响

Ruze 对反射面系统中馈源和支杆的影响做了简化分析。抛物面天线模型如图 7.21（a）所示，馈源和支杆在口径面上的投影如图 7.21（b）所示。A_1 是外向平面波被馈源或副反射面阻挡的面积，A_2 是外向平面波被支杆（图示为 N 根支杆之一）阻挡的等效面积，A_3 是馈源发出的内向球面波被支杆阻挡的等效面积[①]。

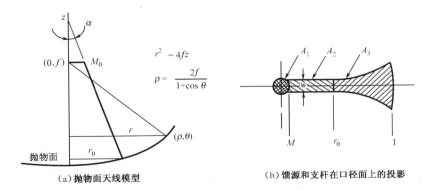

$$r^2 = 4fz$$

$$\rho = \frac{2f}{1+\cos\theta}$$

（a）抛物面天线模型　　　　（b）馈源和支杆在口径面上的投影

图 7.21　馈源和支杆阻挡

---

① 等效面积是考虑口径照射不均匀后的加权阻挡面积。

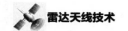

有文献给出阻挡损失 η_3 的计算公式为

$$\eta_3 = \left[1 - \frac{A_1}{A_0} - \overline{I_{cR}}\frac{(A_2 + A_3)}{A_0}\right]^2 \qquad (7.136)$$

式中，A_0 为天线口径面积；$\overline{I_{cR}}$ 为支杆对于正交极化的平均感应电流比（平均散射效率）。

其计算方法可参考有关文献。有文献还给出了 A_0、A_1、A_2、A_3 的计算公式、计算曲线及计算实例，最大阻挡损耗达 0.44dB。参照有关文献的思路，我们不难推导出其他天线结构的实用计算公式。在一般情况下，选择合适的支杆尺寸，把 η_3 损失控制在 0.1dB 左右。

2. 阻挡对副瓣电平的影响

可用 7.3.1 节中介绍的复合口径分布方向图来近似分析阻挡对副瓣电平的影响。有阻挡的方向图为

$$F(k_1) = \left(\int_{A_0} - \int_{A_1} - \Delta\int_{NA_2} - \int_{NA_3}\right)E(x)e^{jk_1x}dx \qquad (7.137)$$

若把 $A_0 + NA_2 + NA_3$ 阻挡面积加权平均为宽度 δ_k 的条带，则上式简化为

$$F(k_1) = \left(\int_{-a/2}^{a/2} - \int_{-\delta/2}^{\delta/2}\right)E(x)e^{jk_1x}dx = F_0(k_1) - \frac{\delta\sin(k_1\delta_k/2)}{k_1\delta_k/2} \qquad (7.138)$$

式中，$F_0(k_1)$ 为无阻挡方向图。

若 δ_k 很小，则后者是一个宽波瓣，其对峰值副瓣电平的影响为

$$P' = \frac{P' + \delta_k/F_0(0)}{1 - \delta_k/F_0(0)} \qquad (7.139)$$

式中，$F_0(0)$ 为 $F_0(k_1)$ 的峰值；P 为无阻挡副瓣电平；P' 为有阻挡副瓣电平。

设阻挡对增益的影响为 0.1dB 量级，$\delta/F_0(0)=0.01$，如 P 为-30dB（0.033），则 P' 约为-27dB。即，当阻挡对高增益天线的影响可以容忍时，它对低副瓣天线的影响是致命的，所以低副瓣、超低副瓣天线设计必须采取偏置馈电体制，从而避开阻挡影响。

3. 馈源后瓣干涉

式（7.100）中 η_7 表示馈源及支杆的后向辐射影响（可以增大或减少），可以把支杆和馈源侧面在该方向引起的散射也包括在内。η_7 可近似按下式计算

$$\eta_7 = \left[1 \pm \left(\frac{\lambda^2 G_f(\pi)}{\eta_0\eta_1\pi^2 D^2}\right)^{1/2}\right]^2 \qquad (7.140)$$

式中，$G_f(\pi)$ 为馈源方向图后瓣测量值（相对于无方向性天线）；D 为抛物面直径；η_0、η_1 的选取参见 7.4.1 节；$\pm$ 符号表明馈源后瓣相位干涉的影响，可以使 η_7 大于 1。

对于窄带低增益天线设计，可以适当利用这一干涉效应。对于大口径天线（$D \propto 40\lambda$），喇叭馈电（后瓣<-20dB），η_7 的影响可忽略不计（0.01dB 量级）。对于小口径天线（$D \propto 10\lambda$）、振子馈电（后瓣在-15dB 量级），由式（7.140）算出的 η_7 可达 0.15dB 以上，因此应加以考虑。

7.4.6　其他因素或特性分析

1. 反射面对馈源驻波系数的影响

当馈源位于反射面天线次级场传播路径上时，将截取部分能量进入馈源，改变原来馈源的输入驻波。不难得出下述关系式

$$\dot{r}_t = \dot{r}_r + \dot{r}_f \tag{7.141}$$

式中，$\dot{r}_r$ 为反射面引入；$\dot{r}_f$ 为原馈源；$\dot{r}_t$ 为总的反射系数（三者均为复数）。

$$r_r = \frac{1}{4\pi} \cdot \frac{\lambda}{f} \cdot G_f \tag{7.142}$$

式中，r_r 为 $\dot{r}_r$ 的模，其相位按 $4\pi f / \lambda$ 随波长快速变化；λ 为波长；f 为焦距；G_f 为馈源增益。

曾有一种概念，认为 f/D 较小时反射面对馈源驻波影响较大。由式（7.142）可知，当 f/D 较小时，G_f 也相应减小，故上述概念是错误的。

在式（7.100）中，η_5 的数值由总反射系数 r_t 决定。一般在天线设计中容易达到 $r_t<0.1$，如果反射面天线 D/λ 很大，则很容易达到 $r_t<0.05$，即反射影响很微弱，η_5 可以达到 0.1dB 量级。如果 D/λ 较小或双反射面天线的反射面反射影响明显，则应采取一定的措施来削弱其影响。有文献提出了多种削弱或补偿反射面反射影响的方法，如顶板匹配法、镜面中心变形法、极化扭转法等。当然最好的方法是利用偏置馈电法，使馈源不截取次级场能量。

2. 功率容量

功率容量是雷达天线的重要特性之一。反射面本身和天线罩均能承载高功率，但仍需注意反射网及天线罩制造中的接触不良引起的打火和反射体分块接缝处可能的打火或电晕。

适当选择传输线和馈源形式，能满足功率容量的要求。在特殊情况下，需采用一定措施，如采用充气以提高击穿电压，采用风冷或水冷以提高平均功率容量。同时，需注意抑制高次模的产生以防止在薄弱点处被击穿等。

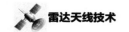

3．宽带特性

以上讨论的各种天线特性必须在雷达工作带宽的全部频率点上均能满足才符合要求。针对不同任务，有些窄带雷达只有3%以下带宽，一般宽带雷达有10%～15%带宽，超宽带雷达有30%以上带宽。当然，如果只是部分指标要求高，其他指标要求很平常，则也可能做到更宽频带的雷达。对某些应用而言，可能对某项指标特别重视，因而有"阻挡带宽""波瓣带宽"的说法。特别值得一提的是高分辨率成像雷达有瞬时带宽的要求，其跳频带宽不一定宽，但由于脉冲宽度很窄，频谱非常丰富，要求各频谱分量均不失真，则实际工作带宽也要求很宽。

4．其他特性

下面列举一些一般天线特性，它们不仅与天线电讯设计有关，而且与结构、工艺、元器件、材料设计有关，特别是与环境、使用条件，以及总体设计有关。作为一个天线系统设计师，应该对这些特性有所了解。下面仅简单列举这些特性，而不做讨论。

① 生存性（抗 ARM）、机动性；

② 环境适应性：宽温、抗风沙、抗雨雪、抗冰冻、抗盐雾、抗辐射、抗老化；

③ 安全性、可靠性、可维修性、可用性；

④ 获取成本和全寿命周期成本；

⑤ 尺寸、重量、可加工性、易拆装性。

7.4.7 两个层次的反射面天线设计

（1）技术设计层面：根据天线技术指标要求（如频段、增益、极化、波束形状、波束宽度、副瓣电平等），决定天线的形式和尺寸，决定馈源的形式、尺寸和位置，给出反射面和馈源的制造和安装公差等。

（2）工程设计层面：除了考虑（1）中各项技术指标的实现外，还要着重考虑天线的工程制造、工作平台、环境条件、运输和整架方式等带来的附加要求，要着重考虑天线的可使用性、生存能力、获得成本和全寿命周期成本、研制和制造周期等。

有一些文献主要讨论天线的技术设计，重点考虑三个方面的问题：一是算得出（天线方向图和某些特殊指标）；二是算得准（提高精度）；三是算得快（提高速度，降低计算费用）。

本书主要关心第一个方面的问题并借鉴已有的结果。对于第二个问题主要采用实验验证，对可能的设计误差做到心中有数（即选用的天线计算软件已经过样件工程设计和测试验证）。对于第三个问题，将我们需要处理问题的计算规模与计算机软硬件高速发展相比较，可以不予考虑。

7.4.8 反射面天线的设计思路和设计过程

下面介绍工程设计的基本概念并给出一些实例加以说明。好的工程设计是全面实现用户要求并进一步拓宽应用领域的关键。

在进行新天线设计前，必须首先从全局出发，厘清设计思路。

1. 反射面天线的设计思路

全面理解、消化战技指标，分析各项指标的相对重要性和实现途径。

初步判定面临的设计难度和性质，分为一般设计、改进设计、探索性设计。

（1）一般设计指任何一项战技指标要求均在正常设计可实现范围内，有类似的设计（特别是有成熟的经实验验证过的设计）可供参考。这仅需局部调整工作频带、波束宽度、增益、副瓣电平等指标，不构成很大难度。

（2）改进设计指战技指标中有一项以上要求特别高，用传统设计方法很难满足，没有成熟设计或类似设计，因而需进行专题调研或实验研究的设计。

（3）探索性设计指在雷达运载平台改变，工作环境剧烈变化，或者某些战技指标要求特别高的情况下，不仅成熟设计没有实践过，在各种文献中也难以查到，需要应用新材料、新器件，并且在天线设计概念、天线构成体制上有所创新的设计。探索性设计需要有预先研究、专题试验作为基础。对天线的特殊要求包括：运载平台为车载、船载、球载、机载和星载，工作环境为温差大、湿度大、风速大、低气压、强干扰、强辐射、冲击波、高机动等。重量限制严，尺寸限制严。电气指标有：特殊赋形波束、超低副瓣、超宽带、超高功率，超高隔离度、超高极化隔离度、超宽空域、超宽或超短脉冲等。

2. 反射面天线的设计过程

设计中必须牢记两点：一是，关键技术指标留有余地，尽量采用简单方案；二是，应关心方案的经济性和可用性（即使战技指标无具体要求）。

一般反射面天线的设计过程如下。

（1）根据战技指标分析，初步选定天线形式和组成框图，初步确定反射面和馈源尺寸（利用本章的基本概念，或者其他设计手册、经验公式等）。

（2）利用已有软件（自编软件或商售软件）计算天线主截面方向图。对于没有经验的设计者，最关键的是要判断计算结果的正确性，然后才能进行下一步工作。

（3）进行天线关键特性参数分析，并且与战技指标对照。

（4）调整天线和馈源尺寸，调整天线系统方案。反复进行第（1）～（4）步，

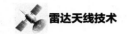

直到主要战技指标满足为止。

（5）确定方案，制定系统工程实施方案，编制各项设计、制造、验证的计划，特别是关键技术指标的落实。

由于篇幅限制，在描述了一般天线设计过程后，后面仅对具体的天线设计描述其设计条件、设计要求、设计原则及注意事项，而略去详细过程的描述。

7.5 简单抛物面天线

反射面天线应用分类如图 7.22 所示。其中图 7.22（a）、（b）、（c）是简单抛物面天线，这是相对于后面介绍的赋形反射面天线、堆积多波束抛物面天线、卡塞格伦天线等而言的。简单抛物面天线是应用最广的抛物面天线，可分为一维抛物面（抛物柱面）和二维抛物面（旋转抛物面）。其中前者还可分为水平抛物柱面和垂直抛物柱面；后者可分为圆口径抛物面、椭圆口径抛物面和口径切割抛物面。

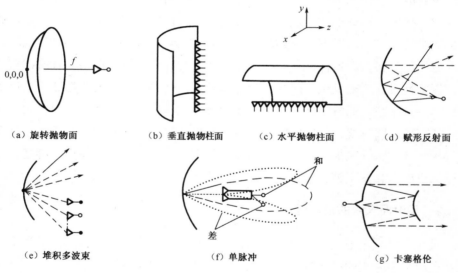

（a）旋转抛物面 　（b）垂直抛物柱面 　（c）水平抛物柱面 　（d）赋形反射面

（e）堆积多波束 　（f）单脉冲 　（g）卡塞格伦

图 7.22　反射面天线应用分类

7.5.1 抛物柱面天线

使抛物线沿垂直于焦轴的直线平行运动可得到抛物柱面，再配以线阵馈源就构成了抛物柱面天线。图 7.22（b）、（c）分别给出垂直抛物柱面天线和水平抛物柱面天线。该天线仅在抛物线所在平面内实现一维聚焦，在正交平面上只有反射作用，方向图由线源设计来控制。

1．水平抛物柱面天线

水平抛物柱面天线的特点是形成方位面窄（靠线阵综合）、垂直面宽（靠抛物面聚焦）的扇形波束。其设计加工比较容易，特别适用于从米波到 L 波段的大型远程搜索雷达天线。如我国的 502 雷达天线（见图 7.23）。在航路监视和海岸监视雷达中也常见到这一类型的天线。

图 7.23　502 雷达天线

在水平抛物柱面天线的设计中需要注意以下几点。

（1）馈源形式的选择应满足用户极化要求。

（2）按一维情况从馈源方向图计算抛物面口径场分布，按柱面波传播规律（$E \propto \rho^{-1/2}$）计算空间衰减。

（3）参看 7.3.2 节或其他设计手册，初步确定反射面和馈源口径尺寸。

（4）为了减少阻挡影响，常采用全偏置馈电。F/D_E 取 0.6～0.8（等效于对称反射面 F/D 取 0.30～0.40）。

（5）为了解决全偏置引起的垂直泄漏问题，必须压窄馈源的垂直波瓣宽度。为此采用双振子天线作为馈源。

（6）反射栅网应平行于主极化方向，栅网透过率一般按-20dB 左右设计，背瓣很容易做到低于-30dB 水平。

（7）线阵设计原理参看本书相应章节，方位副瓣电平做到-30dB，是优良的设计。

线源长度确定之后，抛物柱面天线长度的选择是设计的难点。由于天线工作在线阵的近场区和线阵单元的远场区，因此不能用线阵远场方向图漏失来计算反射面边缘截断角，而是选取线阵左右侧各两个单元的漏失能量和（归一化到总输入功率）满足增益损失要求为原则。当线阵单元数不够多时，容许的漏失为 0.3dB～0.5dB；当线阵单元数足够多时，容许的漏失应降为 0.1dB～0.2dB。

2．垂直抛物柱面天线

该天线结构简单、加工容易，适用于功能较全但性能要求不高的雷达。常用于从 L 波段到 S 波段的中远程监视雷达天线，如美国的 AN/TPS-63 雷达天线（见图 7.24）。它普遍应用在世界各地，装备量很大。它在方位面内形成3.0°窄波束，在垂直面利用线阵赋形技术形成覆盖45°空域的余割平方波束。

还可利用垂直抛物柱面天线设计成三坐标监视引导雷达天线，如英国的 AR-

3D 和我国的 583 雷达天线。垂直线阵为慢波线馈电的喇叭阵，形成 0°～30° 覆盖的频扫多波束。

图 7.24　AN/TPS-63 雷达天线

在垂直抛物柱面天线的设计中需注意以下事项。

（1）常用正馈。F_H/D 取 0.30～0.35。因结构原因故很少选用水平偏馈方案。

（2）由于阻挡影响，水平副瓣电平只能达到 -16dB～-14dB，限制了其推广使用。

（3）除频扫外，原则上垂直线阵也可设计为有限角域的相扫或机电扫描天线，但同样性能有限。

7.5.2　圆口径抛物面天线

抛物线绕轴旋转，可获得圆口径对称反射面；再配合合适的馈源，就得到圆口径抛物面天线。它可以形成两维聚焦的高增益笔形波束，并且是最早采用的雷达天线类型之一，应用很广。由于设计简单，制造成本低，因此圆口径抛物面天线至今在各种尺寸、频段的气象雷达中仍被广泛采用，也用于一般要求的火控、跟踪、监视雷达。

在圆口径抛物面天线的设计中需注意以下事项。

（1）根据战技要求并参考 7.3.3 节或其他设计手册确定初步尺寸，参考 7.2.1 节的公式编制计算程序。

（2）天线的 F/D 一般选 0.35～0.40，特殊要求例外。馈源的特性对此种类型的天线性能影响极大，需要重点关注馈源的选择和设计。

（3）馈源的支撑方式（馈源及支杆阻挡）是影响此种类型天线性能的主要因素之一，因此馈源支杆（方式、尺寸、剖面、材料）设计非常重要，支撑方式包括无支杆（馈电波导兼作支杆）、二支杆、三支杆、四支杆等。

（4）由于采用正馈，因此典型设计的副瓣电平为 -23dB 量级，优良设计可使副瓣电平达到 -26dB 以下，特殊协调设计甚至可使副瓣电平达到 -30dB 左右（均指 D/λ 很大的天线）。

（5）圆口径抛物面天线容易得到优良的圆极化轴比，满足气象雷达的要求。

下面介绍一种新设计的脉冲多普勒变极化气象雷达天线（见图 7.25）的设计简况。

图 7.25　脉冲多普勒变极化气象雷达天线

该天线工作于 C 波段，波束宽度为 1°，增益大于 42dB。要求任意选择水平或垂直极化发射，水平和垂直极化同时接收。发射功率为 300kW。极化开关转换时间≤60μs。要求各种极化工作状态下的极化隔离度≥28dB，水平面副瓣电平≤-30dB（无天线罩）。经实验验证，该天线已圆满达到设计指标，下面简要介绍设计要点和体会。

（1）体制论证：如果从高功率、快变极化的要求出发，似乎选择卡塞格伦天线体制，把变极化器等放在主反射面后为佳，但副瓣要求肯定无法达到，因此没有选用卡塞格伦天线。这样，就只能选择双极化喇叭正馈单反射面天线。同时，为了减少阻挡影响，双极化信号用方波导传输，把变极化器放到主反射面后。这样，除双极化喇叭及变极化器外又引入另外两个关键元器件：2m 长的高纯度正交极化方波导传输线和相位特性平坦的低反射方波导弯头。

（2）该天线选择反射面直径为 4.3m（约 75λ），$F/D=0.35$，馈电角为 71°。选用共轴双模馈源（参见 7.5.4 节），其双极化波瓣等特性好。边馈电平约为-20.5dB，副瓣电平计算值为-35dB～-33dB。反射面制造误差的均方差取 0.4mm，与-30dB的副瓣电平要求相适应。

（3）由于喇叭尺寸不大（相对于反射面直径），因此关注支杆的设计和布置以尽量降低其阻挡影响是达到-30dB 副瓣电平指标的关键。图 7.26 给出三支杆和四支杆布置时的阻挡副瓣结构的比较。该天线采用馈源和支杆一体化设计，并且将馈电波导放入一根支杆芯内，同时通过改变支杆走向、断面形状或在支杆表面采用低反射涂层等措施，尽量减少支杆的等效阻挡。

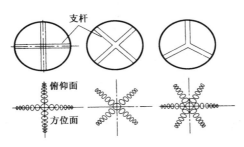

图 7.26　三支杆和四支杆布置时的阻挡副瓣结构的比较

（4）高功率变极化器、正交模耦合器等不在本书讨论范畴。由于解决了双极化长传输线相位特性补偿，包括方波导弯头设计，不仅满足了结构走线需要，还保证了系统研制结果完全符合设计要求。

最后，四种极化状态下的极化隔离度＞28dB，水平副瓣电平＜-30dB，典型方向图测试结果如图 7.27 所示。

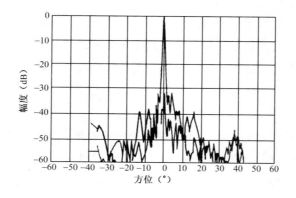

图 7.27　典型方向图测试结果（水平极化发射）

7.5.3　椭圆口径抛物面天线

旋转抛物面与共轴椭圆柱面相截，可获得正置椭圆口径抛物面天线。若椭圆柱面的轴线与旋转抛物面的轴线不是共轴相截，则可获得偏置的椭圆口径抛物面天线。

长短轴相差不多（如长轴/短轴<1.3）的椭圆口径天线的设计方法和应用领域与圆口径天线类似。长短轴相差较多（如长短轴比为2～5）的椭圆口径天线能形成水平面窄、垂直面宽的扇形波束，其应用领域与水平抛物柱面类似，后者的典型产品如海岸监视雷达402、405A天线等。

椭圆口径抛物面天线设计注意事项如下。

（1）按两个主平面可分离的情况分别处理，选择天线口径和焦距，一般选择长轴 F/D_a=0.26～0.35，短轴 F/D_b>0.4。

（2）波瓣计算公式的推导参见7.2.1节，需要注意积分限的变化，最好选用已有的经过验证的计算程序。所有的计算软件，在近轴范围内计算精度较高。当偏轴角度增加时，计算结果与实测结果的偏差将逐步增加。

7.5.4　典型馈源介绍

有多种馈源可供简单抛物面天线选用，如各种喇叭、振子、微带、缝隙等。本节介绍一种结构紧凑、性能较好的共轴双模喇叭，其结构如图7.28（a）所示。它是 Potter 双模喇叭的变形，加工方便，可双极化激励工作，并且具有低交叉分量（一般低于-30dB），频带宽度为5%～8%。馈源口径不大（约1.2 λ量级），特别适用于焦距 F/D≈0.3～0.5 的前馈抛物面，天线效率可达 60%～70%。

该喇叭的设计要求是要激励起 TM_{11} 模，故 ϕ_2 应大于 1.0λ。需调整直径比 ϕ_2/ϕ_1 以控制 TE_{11} 模和 TM_{11} 模的模比，选择长度 S 和 T 以调整两个模的相位，使其在喇叭口面上同相叠加。参考尺寸为：$\phi_1 = 0.75\lambda$，$\phi_2 = 1.04\lambda$，$\phi_3 = 1.28\lambda$，$S=0.304\lambda$，$T=1.75\lambda$。该馈源的典型方向图如图 7.28（b）所示。

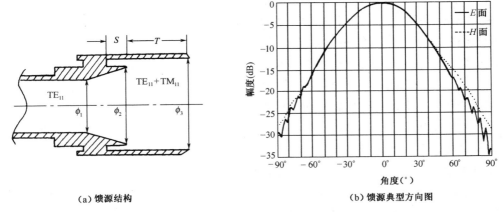

（a）馈源结构 　　　　　　　　　　　　（b）馈源典型方向图

图 7.28　共轴双模喇叭馈源结构及馈源典型方向图

7.6　卡塞格伦天线

7.6.1　特点和应用

本节以卡塞格伦天线为例来讨论双反射面天线。卡塞格伦天线是由光学望远镜导出的微波天线，如图 7.29 所示。它用旋转抛物面作为主反射面，旋转双曲面作为副反射面，馈源位于双曲面实焦点上。如果双曲面用椭球面代替，则称为葛利高里天线。根据主、副反射面的变化，还有其他类型的双反射面天线，如双球面天线、Schwardchild 天线具有宽角扫描特性，它们是由卡塞格伦天线的主、副反射面形状变化而产生的。

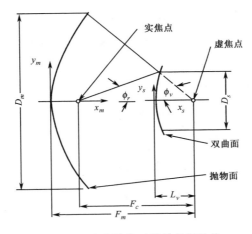

图 7.29　卡塞格伦天线的几何结构

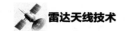

双反射面天线的优点和特点可归纳如下。

（1）把功能复杂、体积庞大的馈源及附属装置直接安装到主反射面顶点附近（包括前后），通过二次反射，使待测目标位于观测者前方。对于大型电子系统，这是非常重要的。后馈不仅能改善馈源阻挡，并且能大大改善天线系统的结构和驱动特性，大大降低系统成本。

（2）节省了一段馈线的损耗。对大型低噪声天线而言，这点非常重要。

（3）提供了实现极化复用和频段复用（双、多频段天线）的极佳体制，可以采用极化旋转器、极化选择表面、频段选择表面等实现。

（4）可以提供更多的改进天线设计以满足更多的使用需求。例如，整形卡塞格伦天线，有可能把天线增益利用系数提高到 0.85 以上；又如改变传播方向，用于潜望镜雷达，可避免敌方对核心设备的攻击。

基于卡塞格伦天线的上述优点，早在 20 世纪 60 年代，它就在单脉冲精密跟踪雷达上得到了广泛的应用，如美国的 AN/FPQ-6 雷达、法国的 JLA-1 雷达等，主要用于靶场导弹测量。美国 RCA 公司屈德克斯雷达（L、P 波段）还具有目标识别、人造卫星精踪功能。我国同期发展的 154-Ⅱ、110、180 系列雷达也具备相似功能。总体来说，由于这些天线发展较早，尺寸大，采用传统方法即可满足设计要求。近年来，通信天线特别是卫星通信天线的快速发展促进了卡塞格伦天线及相关技术的重大进步和发展。由于这不在本书的讨论范畴内，故不再做更多介绍。

7.6.2 卡塞格伦天线基本设计

由前面的介绍可知，我们仅关心用于单脉冲精密跟踪雷达的卡塞格伦天线。在一般情况下，主反射面尺寸非常大（100λ 量级），副反射面直径比较大，采用几何光学法可满足一般设计要求。因此，下面仅介绍卡塞格伦天线的几何参数及用等效抛物面法对该天线进行设计、计算。

图 7.29 给出了卡塞格伦天线的 7 个几何参数，包括主、副反射面直径 D_m、D_s；主、副反射面焦距 F_m、F_c；主、副反射面半张角 ϕ_v、ϕ_r 和双曲面顶点到双曲面虚焦点（重合于抛物面焦点）的距离 L_v。在这些参数中，仅有 4 个参数是独立的，其余的 ϕ_v、D_s 和 L_v 可由下面 3 个公式确定

$$\tan\frac{1}{2}\phi_v = \pm\frac{1}{4}\frac{D_m}{F_m} \tag{7.143}$$

$$\frac{1}{\tan\phi_v} + \frac{1}{\tan\phi_r} = 2\frac{F_c}{D_s} \tag{7.144}$$

$$1 - \frac{\sin\frac{1}{2}(\phi_v - \phi_r)}{\sin\frac{1}{2}(\phi_v + \phi_r)} = \frac{2L_v}{F_c} \tag{7.145}$$

由式（7.144）和式（7.145）可知，ϕ_r 与 F_m / D_m 无关，ϕ_r 决定对馈源波束宽度的要求，F_m / D_m 决定主反射面的形状。

主反射面外形可表示为

$$x_m = \frac{y_m^2}{4F_m} \qquad (7.146)$$

副反射面外形可表示为

$$x_s = a\left[\sqrt{1 + \left(\frac{y_s}{b}\right)^2} - 1\right] \qquad (7.147)$$

式中，$a = F_c / 2e$；$b = a\sqrt{e^2 - 1}$，$e = \dfrac{\sin\frac{1}{2}(\phi_v + \phi_r)}{\sin\frac{1}{2}(\phi_v - \phi_r)}$，$a$、$b$、$e$ 分别是双曲面的半

横轴、半共轭轴和偏心率。

虚馈源法和等效抛物面法这两种等效概念都可用来估算卡塞格伦天线主要性能，如图 7.30 所示。实馈源和副反射面的组合可由主反射器焦点上的虚馈源取代。由图 7.30（a）可见，虚馈源的有效孔径小于实馈源，相应地具有较宽的波束宽度。当应用于单脉冲天线时，要想在保持效率和带宽的情况下把馈源总尺寸减小到小于波长是困难的，因此虚馈源法不适用于单脉冲天线（多馈源或多模情况下）。

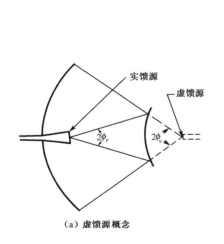

（a）虚馈源概念

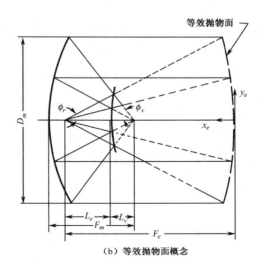

（b）等效抛物面概念

图 7.30　估算卡塞格伦天线主要性能的两种等效概念

对于等效抛物面法，主/副反射面组合可由图 7.30（b）中虚线所示的焦距为 F_e 的等效抛物面代替。天线又变为单反射面结构，并且馈源没有变，仅主反射面

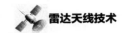

抛物面变浅了，焦距变长了，完全满足大多数天线包括单脉冲天线分析的需要。对等效抛物面，有下述关系

$$\frac{1}{4}\frac{D_m}{F_e} = \tan\frac{1}{2}\phi_r \tag{7.148}$$

$$x_e = \frac{y_e^2}{4F_e} \tag{7.149}$$

$$M = \frac{F_e}{F_m} = \frac{\tan\frac{1}{2}\phi_v}{\tan\frac{1}{2}\phi_r} = \frac{L_v}{L_r} = \frac{e+1}{e-1} \tag{7.150}$$

式中，M 为等效抛物面的放大倍数，即用短焦距天线的结构实现了长焦距天线的性能和功能（单脉冲）。

寻找馈源和副反射面的最佳阻挡配合是卡塞格伦天线设计中应注意的一个重要问题，其原则是使副反射面的投影阻挡与馈源的投影阻挡相等。在设计中往往使馈源适当前移，以便在馈源波瓣宽度一定的情况下适当缩小副反射面的尺寸，但又不能使馈源的投影阻挡大于副反射面的投影阻挡。经推导，最小阻挡条件下的阻挡直径近似为

$$D_{b\min} \approx \sqrt{\frac{2}{k}F_m x} \approx \sqrt{2F_m\lambda}，\quad k \text{ 近似为 } 1 \tag{7.151}$$

最后谈一下几个参数的选择。

（1）雷达的工作频率和天线增益确定后，其主反射面的直径就可以确定。

（2）选取主反射面焦距 F_m。从减小次反射面的阻挡考虑，F_m 小一些较好；从主反射面上交叉极化分量考虑，F_m 又不能太小。在进一步综合考虑大型结构的设计、制造、驱动、稳定等各项因素后，一般 F/D 选择 0.3～0.35。当然设计者也可根据具体情况或特殊的要求，灵活地选取。

（3）选取双曲面直径 d。从减小双曲面的口径阻挡，降低副瓣考虑，希望 d 尽量取小；从绕射效应考虑，为了减少向空间辐射泄漏，希望次反射面直径为 7λ～8λ。因此 d/D 一般选择 0.08～0.15。

（4）选取双曲面偏心率 e，双曲面偏心率 e 一般大于 1。当趋近于 1 时，双曲面顶点附近弯曲严重，会产生较大的交叉极化，因此希望 e 适当大一些；从结构上考虑又要求 e 小，放大倍数 M 大，馈源离抛物面顶点近，便于安装和调整。综合考虑后，e 一般选择 1.2～1.75。

7.6.3　单脉冲卡塞格伦天线

众所周知，早期的单模圆锥扫描天线的角精度等性能远远不能满足精密跟踪

雷达的要求，因此出现了单脉冲天线，它有一个和模，两个差模（方位差模和俯仰差模）。其系统原理如图 7.31 所示。

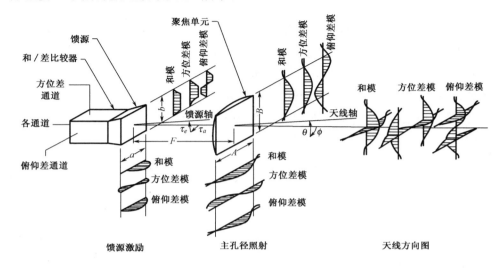

图 7.31 单脉冲天线系统原理

从图 7.31 中可见，天线的馈源系统由喇叭、比较器和三个通道构成。图中还给出了从激励到辐射过程中各阶段的和模、差模的分布示意。在单脉冲天线设计中，最重要的一项是馈源系统的设计。因为在一般的馈源中，不可能使三个模同时具有最佳的性能，即存在所谓的"和差矛盾"。

如在最简单的四喇叭馈源中，四喇叭同时用作和接收通道与发射通道；用上两个喇叭与下两个喇叭形成俯仰差接收通道；用左两个喇叭与右两个喇叭形成方位差通道。如果选择馈源尺寸使和模照射最佳，即口径边缘馈电电平约为-10dB，和模增益最大，那么这时差模在边缘的照射电平大约为 0dB，约有一半以上的功率漏失掉。除引起高的差副瓣外，最大差增益比和增益低 6dB。如果选择馈源尺寸使差模照射最佳，则会使和模照射不足或副瓣进入照射区而引起和模增益损失 3dB。如果两个差模同时最佳，则和增益损失 6dB。

这些都是完全背离单脉冲天线总设计要求的，为此应折中选取馈源尺寸。一般选择是使和增益与差斜率之积最大，满足单脉冲天线的主要要求，但此时许多天线性能，如副瓣电平、漏失等仍不是太好。为了较好地克服和差矛盾，必须在馈源系统设计上下功夫。有研究者提出了五喇叭馈源、十二喇叭馈源等单脉冲天线方案，在不同程度上解决了和差矛盾，但又可能带来馈电系统实现上过分复杂的问题。于是，有人又提出了各种多模（指波导模，而不是前面所述的工作模）馈源的方案。下面举两个例子。

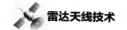

1．八喇叭单脉冲馈源

八喇叭馈源由十二喇叭馈源变化而来，其口径示意如图 7.32 所示。

由图 7.32 可见，1、2、3、4 喇叭组成和信道，在接收时作为参考信道，给出目标的距离信息。在方位上，由喇叭 $m(1+2)+5-[m(3+4)+7]$ 组成方位差通道（ $m=\sqrt{2}/2$ ），在接收时提供方位面跟踪误差信息；由喇叭 $m(1+4)+8-[m(2+3)+6]$ 组成俯仰差通道，在接收时提供俯仰面跟踪误差信息。可采用等效抛物面法，如图 7.33 所示，根据下述各喇叭的初级方向图来计算天线的次级波瓣。等效抛物面口径不变，但焦距为 F_e ，张角为 ϕ_r 。

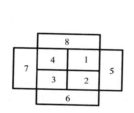

图 7.32 八喇叭馈源口径示意

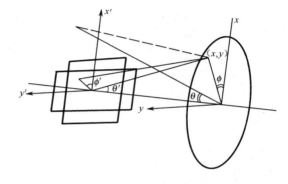

图 7.33 等效抛物面法示意

这些喇叭均为口径不大的矩形喇叭，若取垂直极化，场在 x 方向分布，即 E 面为均匀分布，H 面（水平面）为余弦分布。

（1）初级波瓣。

a．初级和波瓣

$$g_{\Sigma}(\theta',\phi')=2\pi a^2 \frac{\sin\left(\dfrac{\pi a}{\lambda}\sin\theta'\cos\phi'\right)}{\dfrac{\pi a}{\lambda}\sin\theta'\cos\phi'}\cdot\frac{\cos\left(\dfrac{\pi a}{\lambda}\sin\theta'\sin\phi'\right)}{\left(\dfrac{\pi}{2}\right)^2-\left(\dfrac{\pi a}{\lambda}\sin\theta'\sin\phi'\right)^2}\cdot$$

$$\cos\left(\dfrac{\pi a}{\lambda}\sin\theta'\cos\phi'\right)\cos\left(\dfrac{\pi a}{\lambda}\sin\theta'\sin\phi'\right) \tag{7.152}$$

式中前两项是口径为 a 的方喇叭，E 面均匀分布，H 面余弦分布的方向图；后两项为 x 方向二单元阵因子和 y 方向二单元阵因子。

b．初级方位差波瓣

$$\left[7^{\#}+\frac{\sqrt{2}}{2}\left(3^{\#}+4^{\#}\right)\right]-\left[5^{\#}+\frac{\sqrt{2}}{2}\left(1^{\#}+2^{\#}\right)\right] \tag{7.153}$$

$$g_{\Delta\alpha}(\theta',\phi') = j\frac{\sqrt{2}}{4}\pi a^2 \frac{\sin\left(\frac{2\pi a}{\lambda}\sin\theta'\cos\phi'\right)}{\frac{2\pi a}{\lambda}\sin\theta'\cos\phi'} \cdot \frac{\sin\left(\frac{2\pi a}{\lambda}\sin\theta'\cos\phi'\right)}{\left(\frac{\pi}{2}\right)^2 - \left(\frac{\pi a}{\lambda}\sin\theta'\cos\phi'\right)^2} +$$

$$j2\pi ab \frac{\sin\left(\frac{2\pi a}{\lambda}\sin\theta'\cos\phi'\right)}{\frac{2\pi a}{\lambda}\sin\theta'\cos\phi'} \cdot \frac{\cos\left(\frac{\pi b}{\lambda}\sin\theta'\cos\phi'\right)}{\left(\frac{\pi}{2}\right)^2 - \left(\frac{\pi b}{\lambda}\sin\theta'\cos\phi'\right)^2} \cdot \tag{7.154}$$

$$\sin\left[\frac{2\pi}{\lambda}\left(a+\frac{b}{2}\right)\sin\theta'\cos\phi'\right]$$

式中二项和的第一项是：$\frac{\sqrt{2}}{2}(3^\# + 4^\# - 1^\# - 2^\#)$ 为方口径单元方向图乘以 x 方向上二单元和阵因子与 y 方向上二单元差阵因子的乘积。

c．初级俯仰差波瓣

$$8^\# + \frac{\sqrt{2}}{2}(1^\# + 4^\#) - \left[6^\# + \frac{\sqrt{2}}{2}(2^\# + 3^\#)\right] \tag{7.155}$$

$$g_{\Delta\beta}(\theta',\phi') = j\frac{\sqrt{2}}{2}\pi a^2 \frac{\sin^2\left(\frac{\pi a}{\lambda}\sin\theta'\cos\phi'\right)}{\frac{\pi a}{\lambda}\sin\theta'\cos\phi'} \cdot \frac{\cos^2\left(\frac{\pi a}{\lambda}\sin\theta'\cos\phi'\right)}{\left(\frac{\pi}{2}\right)^2 - \left(\frac{\pi a}{\lambda}\sin\theta'\cos\phi'\right)^2} +$$

$$j2\pi ab \cdot \frac{\sin\left(\frac{b\pi}{\lambda}\sin\theta'\cos\phi'\right)}{\frac{b\pi}{\lambda}\sin\theta'\cos\phi'} \cdot \frac{\cos\left(\frac{2\pi a}{\lambda}\sin\theta'\cos\phi'\right)}{\left(\frac{\pi}{2}\right)^2 - \left(\frac{2\pi a}{\lambda}\sin\theta'\cos\phi'\right)^2} \cdot \tag{7.156}$$

$$\sin\left[\frac{2\pi}{\lambda}\left(a+\frac{b}{2}\right)\sin\theta'\cos\phi'\right]$$

（2）次级方向图计算方法同简单抛物面，这里不再赘述。

2．多模多喇叭馈源

　　八喇叭馈源的馈电网络组合过于复杂。为了简化结构、降低成本，常采用多模喇叭或多模多喇叭组合的方法。下面介绍一种多模多喇叭组合的馈源方案，如图 7.34 所示。其方位面采用四喇叭，俯仰面采用多模，选用的模式有 H_{01}、H_{02}、H_{03}，极化取平行于 y' 轴的水平极化。

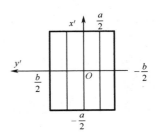

图 7.34　多模多喇叭示意

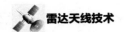

馈源口径场分布如下。

（1）和分布

$$f_{\Sigma}(x',y') = \cos\frac{\pi x'}{a} + \alpha\cos\frac{3\pi x'}{a}, \quad |x'| \leqslant \frac{a}{2}, \quad |y'| \leqslant \frac{b}{4} \tag{7.157}$$

（2）方位差分布

$$f_{\Delta\alpha}(x',y') = \begin{cases} \cos\dfrac{\pi x'}{a} + \alpha\cos\dfrac{3\pi x'}{a}, & |x'| \leqslant \dfrac{a}{2}, \quad 0 \leqslant |y'| \leqslant \dfrac{b}{2} \\[3mm] -\cos\dfrac{\pi x'}{a} - \alpha\cos\dfrac{3\pi x'}{a}, & |x'| \leqslant \dfrac{a}{2}, \quad -\dfrac{b}{2} \leqslant |y'| \leqslant 0 \end{cases} \tag{7.158}$$

式中，α 为 H_{03} 模的模比。

（3）俯仰差分布

$$f_{\Delta\beta}(x',y') = \sin\frac{2\pi x'}{a}, \quad |x'| \leqslant \frac{a}{2}, \quad |y'| \leqslant \frac{b}{4} \tag{7.159}$$

利用上述馈源分布可类似地计算出馈源方向图 $g_{\Sigma}(\theta',\phi')$、$g_{\Delta\alpha}(\theta',\phi')$、$g_{\Delta\beta}(\theta',\phi')$，以及天线次级方向图 $G_{\Sigma}(\theta,\phi)$、$G_{\Delta\alpha}(\theta,\phi)$、$G_{\Delta\beta}(\theta,\phi)$。

3．单脉冲天线特性参数

根据计算出的 $G_{\Sigma}(\theta,\phi)$、$G_{\Delta\alpha}(\theta,\phi)$、$G_{\Delta\beta}(\theta,\phi)$，可通过下述定义计算单脉冲天线的部分特性。

（1）次级和增益系数

$$\eta_{\Sigma} = \frac{\left[G_{\Sigma}(0,0)\right]^2_{\max}}{\pi R^2 \iint_{-\infty}^{\infty} F_{\Sigma}(x,y)\mathrm{d}x\mathrm{d}y} \tag{7.160}$$

（2）次级方位差增益系数

$$\eta_{\alpha} = \frac{\left[G_{\Delta\alpha}(0,90°)\right]^2_{\max}}{\pi R^2 \iint_{-\infty}^{\infty} F_{\Delta\alpha}(x,y)\mathrm{d}x\mathrm{d}y} \tag{7.161}$$

（3）次级方位差相对斜率

$$\Delta\alpha = \frac{\dfrac{\mathrm{d}G_{\Delta\alpha}(\theta,90°)}{\mathrm{d}\theta}\bigg|_{\theta=0}}{\left[G_{\Delta\alpha}(\theta,90°)\right]_{\max}} \tag{7.162}$$

（4）次级方位差灵敏度

$$S_{\alpha} = \sqrt{\eta_{\Sigma}\eta_{\alpha}} \cdot \Delta\alpha \tag{7.163}$$

（5）次级俯仰差增益系数

$$\eta_{\beta} = \frac{\left[G_{\Delta\beta}(\theta,0°)\right]^2_{\max}}{\pi R^2 \iint_{-\infty}^{\infty} F_{\Delta\beta}^{2}(x,y)\mathrm{d}x\mathrm{d}y} \tag{7.164}$$

（6）次级俯仰差相对斜率

$$\Delta\beta = \frac{\left.\dfrac{\mathrm{d}G_{\Delta\beta}(\theta,0°)}{\mathrm{d}\theta}\right|_{\theta=0}}{[G_{\Delta\beta}(\theta,0°)]_{\max}} \qquad (7.165)$$

（7）次级俯仰差灵敏度

$$S_\beta = \sqrt{\eta_\Sigma \eta_\beta} \cdot \Delta\beta \qquad (7.166)$$

图 7.35 列举了部分实用馈源的天线辐射特性。

馈源类型	最大和增益时的馈源激励①	和		方位差		俯仰差	
		增益比	信息漏失比	斜率比	信息漏失比	斜率比	信息漏失比
四喇叭	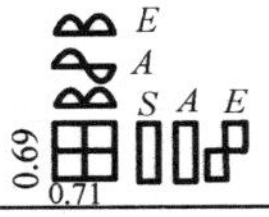	0.58	0.34	0.52	0.72	0.48	0.76
二喇叭双模	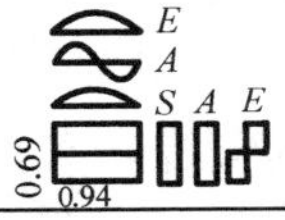	0.75	0.16	0.68	0.50	0.55	0.69
二喇叭三模	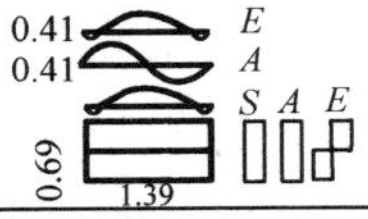	0.75	0.17	0.81	0.20	0.55	0.69
十二喇叭	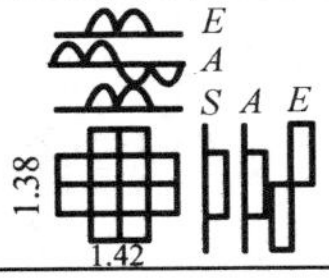	0.58	0.34	0.71	0.37	0.67	0.38
四喇叭三模	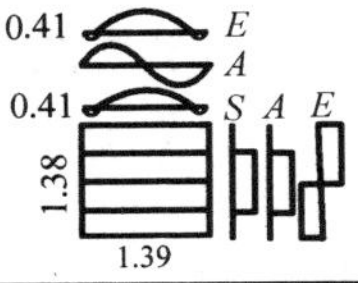	0.75	0.17	0.81	0.20	0.75	0.22

①：采用归一化坐标 $\dfrac{aA_0}{2\lambda f}$ 和 $\dfrac{bB_0}{2\lambda f}$。

符号说明：a、b是喇叭口径；A_0、B_0是反射面口径；f是焦距；λ是波长；E表示俯仰差口径分布；A表示方位差口径分布；S表示口径分布。

图 7.35　部分实用馈源的天线辐射特性

4. 设计要点

（1）馈源系统是单脉冲卡塞格伦天线的设计重点和难点。一方面是选取合适的喇叭方案以折中解决和差矛盾；另一方面是和、差馈电网络（又叫比较器）的设计。两者都是技术关键问题，特别是比较器的具体实现和幅相误差对单脉冲天

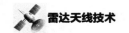

线性能影响巨大。相关内容请参见本丛书的另一分册《雷达馈线技术》。

（2）单脉冲雷达另一个重要的参数是跟踪精度。FPQ-7 跟踪精度可达到 0.05 密位（相当于 10″ 左右），由于受大气传播特性的制约，这已是跟踪精度的极限。为了达到 10″ 的精度，FPQ-7 选用了 19 位角编码器（码距为 2.47″）。单脉冲天线的方位差、俯仰差通道仅提供了必要的跟踪误差信号，高跟踪精度的实现需要高精度的结构设计和高灵敏度、高精度的伺服跟踪系统来保证，这也是本丛书其他分册的内容。

（3）光轴（机械轴）、电轴（差波束零点指向）的一致性一般可达到 1′，精密跟踪要求达到 10″，这不仅是设计问题，而且是测量和补偿调整问题。由反射体（主、副面）和馈源的制造、安装系统误差造成的指向误差可通过高精度的电轴测量及精细的机械调整措施（对馈源或副面）来校正（补偿）。对于由环境因素（风力、自重、温度）变化造成的随机或准系统误差，则需通过改善环境条件（如加天线罩）或其他措施来校正补偿。同时，由于天线罩的引入又可能会增加另外的系统误差，所以需通过预先测量加以补偿。

（4）采用介质圆锥馈源设计技术，不仅可以降低副反射面泄漏，提高增益，降低副瓣，同时又可以作为轻型副反射面的支撑，大大改进了卡塞格伦天线的结构性能。

7.6.4　整形双反射面天线

为了提高卡塞格伦天线的照射效率并降低边缘漏失，可以对卡塞格伦天线的主反射面和副反射面进行整形。整形以三个条件为基础，即能量守恒、等路径长度和 Snell 反射定律（主反射面上和副反射面上）。

假设天线是圆口径双反射面天线，其几何图形如图 7.36 所示。

三个条件可以用下述四个方程表示。

（1）能量守恒定律

$$\int_0^\theta F(\theta')\sin\theta'\mathrm{d}\theta' = \int_0^x p(x')x'\mathrm{d}x' \tag{7.167}$$

式中，$F(\theta')$ 是馈源的辐射功率方向图；$p(x')$ 是口径面上要求的强度。

（2）等路径长度方程

$$r - y + \frac{x - r\sin\theta}{\sin\beta} = L \tag{7.168}$$

式中，β 为次反射面上的反射线与水平轴的夹角。

（3）副反射面 Snell 定律

$$\frac{1}{r}\frac{\mathrm{d}r}{\mathrm{d}\theta} = \tan\frac{\theta + \beta}{2} \tag{7.169}$$

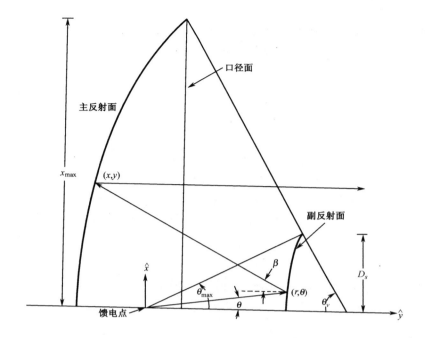

图 7.36　圆口径双反射面天线几何图形

（4）主反射面 Snell 定律

$$\frac{\mathrm{d}y}{\mathrm{d}x} = \tan\frac{\beta}{2} \tag{7.170}$$

在一般情况下，副反射面坐标(r,θ)和主反射面坐标(x,y)，可由数值积分来确定，即

$$r(x) = -\int_{x_{\max}}^{x}\left(\frac{\mathrm{d}r}{\mathrm{d}x}\right)\mathrm{d}x + r(x_{\max}) \tag{7.171}$$

$$y(x) = -\int_{x_{\max}}^{x}\left(\frac{\mathrm{d}y}{\mathrm{d}x}\right)\mathrm{d}x + y(x_{\max}) \tag{7.172}$$

式中，$r(x_{\max})$ 和 $y(x_{\max})$ 是已知的初始值。

也可根据式（7.167）～式（7.170），用下面的步骤，逐点求得主、副反射面坐标。

（1）取口径面为理想增益设计的均匀功率分布。由式（7.167）导出 x 与 θ 的关系式

$$x = \frac{x_{\max}}{\sqrt{\displaystyle\int_{0}^{\theta_{\max}}F(\theta')\sin\theta'\mathrm{d}\theta'}} \cdot \sqrt{\int_{0}^{\theta}F(\theta')\sin\theta'\mathrm{d}\theta'} \tag{7.173}$$

（2）由图 7.37 可见，在给定的 θ 角（$\theta = \theta_0 + \Delta\theta_1$）上，副反射面的坐标 r 可根据附近点 (r_0,θ_0) 来确定。假定在一个小的入射角 $\Delta\theta$ 范围内，副反射面是一个

361

小的局部平面，即根据副反射面上所求点的邻近点进行线性外推来确定，其偏差是 $\Delta\theta$ 的二阶量。只要取足够小的 $\Delta\theta$ 增量，就能确保解的精度。

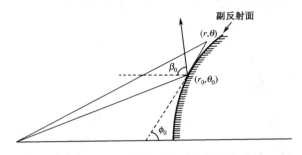

图 7.37　在副反射面上用线性外推法

$$r = \frac{r_0 \sin(\phi_0 - \theta_0)}{\sin(\phi_0 - \theta)} \tag{7.174}$$

式中，ϕ_0 为次反射面上 (r_0, θ_0) 点处切线和焦轴的夹角

$$\phi_0 = \frac{\pi}{2} - \frac{\beta_0 - \theta_0}{2} \tag{7.175}$$

（3）求得 r、θ、x 后，即可用式（7.168）求得主反射面上的坐标点 y

$$y = \frac{(x - r\sin\theta)^2 + (r\cos\theta)^2 - (L - r)^2}{2(L - r + r\cos\theta)} \tag{7.176}$$

（4）用求得的主反射面上的点 (x, y)、副反射面上的点 (r, θ) 和在副反射面的已知邻近点的斜率，根据 Snell 定律，可求得在副反射面 (r, θ) 处的新倾角 ϕ

$$\phi = \frac{1}{2}\left(\theta + \arctan\frac{x - r\sin\theta}{y - r\cos\theta}\right) \tag{7.177}$$

重复步骤（1）～（4），可求得主、副反射面上各点的坐标。在一般情况下，计算的起始点选择在反射面坐标系的轴上。

7.6.5　典型馈源介绍

采用变台阶多模喇叭作为单脉冲雷达天线的馈源，比多喇叭作为馈源在结构上更简单，成本更低，因此被大多数跟踪雷达天线所采用，如有的文献所介绍的多模圆波导波纹馈源，如图 7.38 所示。

该馈源由四个方波导在其输出口径面上突变到一个大口径的圆波纹波导而形成的。

如图 7.39 所示为单脉冲波纹喇叭和单脉冲模式图。

设方波导的宽度为 $a = 0.55\lambda \sim 0.65\lambda$，波纹波导的归一化半径为 $r = 2\pi r_1 / \lambda = 5.9$，波纹槽深为 $r_1 / r_0 = 0.71 \sim 0.77$，波纹波导的长度为 $l = 7.89\lambda$，每个方波导的中心相对于波纹波导轴的位置 $a / c = 0.835$。

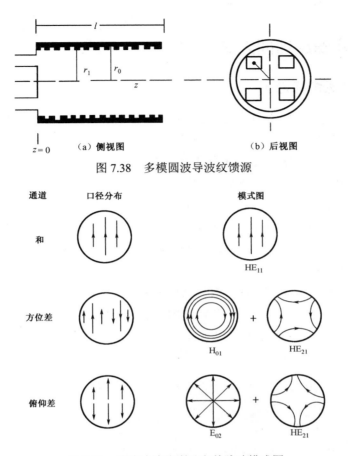

图 7.38　多模圆波导波纹馈源

图 7.39　单脉冲波纹喇叭和单脉冲模式图

在上述参数情况下计算的波纹波导单脉冲馈源的辐射方向图如图 7.40 所示。

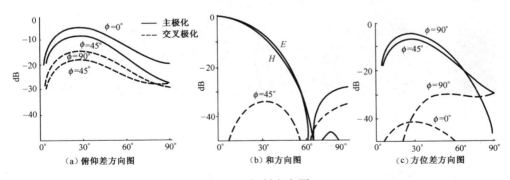

图 7.40　辐射方向图

这种馈源解决了和差矛盾，并且具有低于-30dB 的交叉极化性能。

7.7 双弯曲反射面天线

7.7.1 概念和应用

许多地面（或机载）监视雷达要求形成方位面窄（1°～3°）、垂直面宽（>30°，$\csc^2 \theta$ 余割平方形状）的高效率赋形波束，以便最合理地利用雷达能量。Dunbar 在 1948 年就提出了赋形双弯曲反射面天线的概念。首先由几何光学原理和垂直面赋形要求确定中截线，再以中截线为"脊骨"，在上面安装不同焦距（同焦点）的一系列水平方向的抛物线而构成两维反射面，从而实现方位面聚焦，称为 Dunbar 反射面或仰角带反射面。1971 年，Buruner 扩展了 Dunbar 理论，在中截线上安装两种特殊的椭圆形条带（也是在旋转抛物面上切出的，称为水平带或焦点带），所构成的反射面也具有方位聚焦特性。

用单喇叭或组合喇叭对此类双弯曲反射面天线馈电，可同时满足两个主平面上悬殊很大的波束设计要求，达到最佳的口径利用率且经济实用。双弯曲反射面天线在中低空监视雷达，特别是在航管雷达中获得了广泛应用。例如，我国 JY-9 和 389 雷达天线（见图 7.41），以及美国 Folcon、意大利 G33 等雷达天线。

（a）JY-9 雷达天线　　　　　　　　　（b）389 雷达天线

图 7.41　典型的低空雷达天线

7.7.2 反射面生成

有文献综合了之前的研究结果，简明扼要地描述和分析了双弯曲反射面天线，值得我们参考。

1. 确定中截线

根据 7.2.4 节介绍的方法，可求出中截线数据表。

2. 确定斜条带

图 7.42 中给出以馈源相心 F 为原点 O 的坐标系 (X,U,V)、中截线（在 UOV 面上）和通过中截线上某一点 P 的斜条带 L。假设该条带所在平面为 Q，它与 U 轴的交点为 O'。从馈源出发，经过条带 L 的各条反射线均是仰角为 θ 的斜平面上的平行线（RL 等），因此 L 在焦点为 F 的某一抛物面上，并且通过中截线上不同点的斜条带在焦点为 F 的不同抛物面上。

设斜条带 L 所在平面 Q 与入射线 FP 的夹角为 ξ，M 为斜条带 L 上的某一点，它在中截面（中截线和坐标原点 O 决定的平面）上的投影为 T，如图 7.43（a）所示。在条带平面 Q 上建立以 P 为原点的坐标系 (Z,X)，如图 7.43（b）所示。

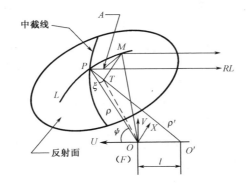

图 7.42 斜条带几何关系

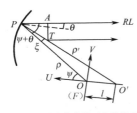

（a）反射线在中截面上的投影

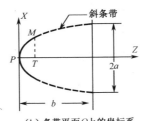

（b）条带平面 Q 上的坐标系

图 7.43 斜条带的射线路径图

斜条带是抛物面的一部分，利用等路径条件和图 7.42、图 7.43 的几何关系，不难求得（略去推导）平面 Q 上通过 P 点的斜条带方程为

$$x^2 + Z^2 \sin(\psi + \theta - \xi) - 2\rho Z[\cos\xi + \cos(\psi + \theta - \xi)] = 0 \qquad (7.178)$$

利用式（7.178）可得出如下结论：

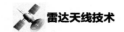

- 当 $\xi \equiv 0$，即 Q' 至 F 时，平面 Q 通过焦点，条带称为焦点带；
- 当 $\xi \equiv \psi$，即 Q' 至 ∞ 时，平面 Q 平行于焦轴，条带称为水平带；
- 当 $\xi = \psi + \theta$ 时，平面 Q 在反射线所在平面上，条带称为仰角带。

由式（7.178）容易证明，斜条带也是椭圆形的，其两个半轴为 a、b，如图 7.43（b）所示，改写为椭圆方程式，为

$$\begin{cases} a = \dfrac{\rho[\cos\xi + \cos(\psi + \theta - \xi)]}{\sin(\psi + \theta - \xi)} \\[4mm] b = \dfrac{\rho[\cos\xi + \cos(\psi + \theta - \xi)]}{\sin^2(\psi + \theta - \xi)} \end{cases} \qquad (7.179)$$

3. 三种条带的比较

图 7.44 给出了三种直角坐标投影表示的条带双弯曲反射面天线轮廓前视图，图 7.45 给出了三种角度表示的条带双弯曲反射面天线轮廓前视图。在图 7.45 中还给出了馈源-10dB 轮廓线。由图 7.45 可见，仰角带外形与馈源轮廓线相差最大，导致反射面截取不希望有的能量并漏失希望有的能量；而焦点带与馈源轮廓线吻合最好，能量截取效率最高。

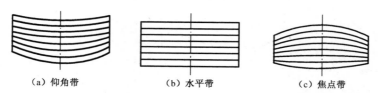

（a）仰角带　　　　　　　（b）水平带　　　　　　　（c）焦点带

图 7.44　三种直角坐标投影表示的条带双弯曲反射面天线轮廓前视图

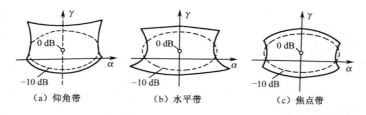

（a）仰角带　　　　　　　（b）水平带　　　　　　　（c）焦点带

图 7.45　三种角度表示的条带双弯曲反射面天线轮廓前视图

7.7.3　远场方向图计算

参考 7.2.1 节的思路，用表面电流法推导双弯曲反射面天线方向图的计算公式。反射面的矢径方程、法线矢量、磁场及电流矢量、积分限等的表达式与旋转抛物面天线不同。

双弯曲反射面及坐标系如图 7.46 所示。图中 S 为反射面表面，r 为坐标原点

到反射面表面的矢量，$|\mathbf{r}| = r$，$\mathbf{r_0}$ 为 $\mathbf{r}$ 的单位矢量。

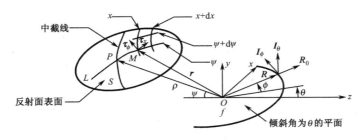

图 7.46 双弯曲反射面及坐标系

$\mathbf{J} = 2(\hat{\mathbf{n}} \times \mathbf{H}^i)$ 为反射面表面上的电流密度。

$\mathbf{H}^i = G_f^{1/2}(\psi', \phi')(1/r)[\hat{\mathbf{r}}_0 \times \hat{\mathbf{e}}]\exp[-jkr]$ 为归一化入射磁场，$G_f^{1/2}(\psi', \phi')$ 为馈源照射函数，$\hat{\mathbf{e}}$ 为入射波单位矢量，$\hat{\mathbf{R}}_0$ 为观察点的单位矢量。

$$\hat{\mathbf{R}}_0 = \hat{\mathbf{i}}\sin\phi + \hat{\mathbf{j}}\cos\phi\sin\theta + \hat{\mathbf{k}}\cos\phi\cos\theta \qquad (7.180)$$

$\hat{\mathbf{I}}_\phi = \hat{\mathbf{I}}_\theta \times \hat{\mathbf{R}}_0 = \hat{\mathbf{i}}\cos\phi - \hat{\mathbf{j}}\sin\phi\sin\theta - \hat{\mathbf{k}}\sin\phi\cos\theta$，远场单位矢量 $\mathbf{I}_\sigma$ 的 θ，ϕ 分量可表示为

$$\hat{\mathbf{I}}_\theta = \hat{\mathbf{j}}\cos\theta - \hat{\mathbf{k}}\sin\theta \qquad (7.181)$$

$$\hat{\mathbf{e}} = \hat{\boldsymbol{\rho}} \times (\hat{\mathbf{e}}_f \times \hat{\boldsymbol{\rho}}) \Big/ \big|\hat{\boldsymbol{\rho}} \times (\hat{\mathbf{e}}_f \times \hat{\boldsymbol{\rho}})\big| \qquad (7.182)$$

反射面上任一点的矢径为

$$\mathbf{r} = \hat{\mathbf{i}}x + \hat{\mathbf{j}}y(x,\psi) + \hat{\mathbf{k}}z(x,\psi)$$

由图 7.46 和式（7.1）得

$$\begin{cases} x = X \\ y = \rho\sin\psi - Z\sin(\psi - \xi) \\ z = -\rho\cos\psi + Z\cos(\psi - \xi) \end{cases} \qquad (7.183)$$

因此

$$d\hat{\mathbf{r}} = \frac{\partial \mathbf{r}}{\partial x}dx + \frac{\partial \mathbf{r}}{\partial \psi}d\psi = \boldsymbol{\tau}_x dx + \boldsymbol{\tau}_\psi d\psi$$

$$\boldsymbol{\tau}_x = \hat{\mathbf{i}}\frac{\partial r}{\partial x} + \hat{\mathbf{j}}\frac{\partial y}{\partial x} + \hat{\mathbf{k}}\frac{\partial z}{\partial x}$$

$$\boldsymbol{\tau}_\psi = \hat{\mathbf{j}}\frac{\partial y}{\partial \psi} + \hat{\mathbf{k}}\frac{\partial z}{\partial \psi}$$

曲面面积元素为

$$ds = \big|\boldsymbol{\tau}_x \times \boldsymbol{\tau}_\psi\big|dxd\psi \qquad (7.184)$$

反射面表面 S 上的法线单位矢量为

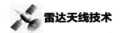

$$n = \frac{\boldsymbol{\tau}_x \times \boldsymbol{\tau}_\psi}{|\boldsymbol{\tau}_x \times \boldsymbol{\tau}_\psi|} = \frac{(\hat{\boldsymbol{i}} N_x + \hat{\boldsymbol{j}} N_y + \hat{\boldsymbol{k}} N_z)}{|\boldsymbol{\tau}_x \times \boldsymbol{\tau}_\psi|} \qquad (7.185)$$

式中，

$$N_x = \frac{\partial y}{\partial x} \cdot \frac{\partial z}{\partial \psi} - \frac{\partial y}{\partial \psi} \cdot \frac{\partial z}{\partial x}$$

$$N_y = -\frac{\partial z}{\partial \psi}$$

$$N_z = \frac{\partial y}{\partial \psi}$$

将式（7.180）～式（7.185）代入式（7.3），可得出形式上与式（7.14）相似的远场计算公式

$$E(\theta, \phi) = B \int_{-d/2}^{d/2} \int_{\psi_1(x)}^{\psi_2(x)} I(x, \psi) W(\theta, \phi, x, \psi) K(\theta, \phi, x, \psi) \mathrm{d}x \mathrm{d}\psi \qquad (7.186)$$

式中，d 表示天线口径的水平尺寸；$\psi_1(x)$、$\psi_2(x)$ 表示在 (x, ψ) 坐标系中的积分边界；

$I(x, \psi) = G_f^{1/2}(\psi', \phi')/r$ 为电流振幅分布；

$\psi' = \arctan(y/z)$，$\phi' = \arcsin(x/r)$；

$K(\theta, \phi, x, \psi) = \exp[-jkr(1 - \boldsymbol{r}_0 \cdot \boldsymbol{R}_0)]$ 为相位因子；

$W(\theta, \phi, x, \psi)$ 为矢量形式因子

$$\boldsymbol{W}(\theta, \phi, x, \psi) = \boldsymbol{I}_\sigma \cdot \{n \times (\boldsymbol{r}_0 \times \boldsymbol{e})\} |\boldsymbol{\tau}_x \times \boldsymbol{\tau}_\psi| \qquad (7.187)$$

令馈源为垂直极化（$\hat{\boldsymbol{e}}_f = \hat{\boldsymbol{j}}$），代入式（7.187）中，可求得垂直面主极化和交叉极化矢量形式因子为

$$\begin{cases} W_{\theta v} = -\dfrac{1}{\sqrt{x^2 + z^2}} \{\cos\theta(xN_x + zN_z) + zN_y\sin\theta\} \\[4mm] W_{\theta h} = \dfrac{1}{\sqrt{y^2 + z^2}} N_x(y\cos\theta - z\sin\theta) \end{cases} \qquad (7.188)$$

水平面主极化和交叉极化的矢量形式因子为

主极化：

$$W_{\phi h} = -\frac{1}{\sqrt{y^2 + z^2}} \{[y\sin\theta + z\cos\theta]N_x\sin\phi + [zN_z + yN_y]\cos\phi\}$$

交叉极化：

$$W_{\phi v} = \frac{1}{\sqrt{x^2 + z^2}} \{[xN_x + zN_z]\sin\theta\sin\phi + N_y[x\cos\phi - z\sin\phi\cos\theta]\} \qquad (7.189)$$

将式（7.188）和式（7.189）代入式（7.186），并且代入馈源方向图函数（或实测数据表），对二重积分进行数值求积，就可以计算出主极化或交叉极化的远场

方向图。

下面以我国 20 世纪 90 年代的某 S 波段宽带低副瓣双弯曲反射面天线为例，介绍部分设计过程和设计考虑。该天线的主要技术指标有 5 个：宽频带、高增益（>34.5dB）、垂直面波束一发两收（超余割）且覆盖空域均大于 40°、低副瓣（水平面≤-34dB，垂直面≤-25dB）、圆极化（轴比不大于 2dB）。

（1）宽频带：在方案论证中，曾考虑两种型号雷达共用一套天线，要求 30% 频带宽度，反射面和馈源设计均应做到这种带宽。后来因某些因素影响，带宽要求改为 15%。

（2）根据各项技术指标，确定反射面类型和大体尺寸。根据垂直空域，进行中截线设计并选用焦点带，完成双弯曲反射面的初步设计。

（3）根据反射面天线主面尺寸比和双波束交点电平等要求，确定采用小张角椭圆波纹喇叭（低波束）和介质加载喇叭（高波束）的组合馈源方案，减少两个喇叭相位中心的距离，以保证上下波束交点电平的要求。

（4）为了保证宽带低副瓣要求（特别是方位面），采取下列措施。① 保证频带上反射面边缘馈电电平低于-20dB，且不包含馈源副瓣。② 部分偏置馈电设计，馈电角为-8°～+48°，馈源指向为+20°。由于中截线的曲率设计，-8°～0° 的反射线形成高仰角波束，因此实际上消除了一次反射的阻挡影响。③ 确保反射面和馈源的制造及装配公差满足要求（由于运输要求，反射面有三个）。选取反射面公差设计值为 σ =0.40mm。④ 在计算程序中，部分引入反射面边缘轮廓修正以进一步降低方位副瓣。综合以上因素，方位副瓣的理论计算值达-42dB（不含公差影响）。

（5）椭圆波纹喇叭具有良好的双极化性能，可以保证-20dB 以上的波束等化性能良好，也可保证赋形波束高仰角上具有较好的圆极化性能。

（6）线、圆极化可变的要求是通过机械旋转圆波导中移相片的角度实现的。

通过设计和实验结果验证，该天线较好地满足了总体要求，整个频段方位副瓣能达到-40dB～-34dB，典型方向图如图 7.47 所示。

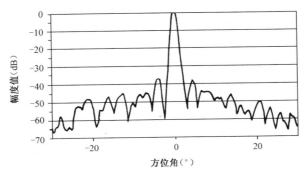

图 7.47 双弯曲反射面天线典型方向图

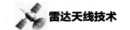

7.7.4 典型馈源介绍

双弯曲反射面天线的口径形状通常为矩形或椭圆形，其馈源选择与口径高宽比有关。当高宽比小于 1.3 时，圆锥波纹喇叭是高性能天线馈源的合理选择。但许多实用天线要求的口径高宽比在 1.5～2 的范围内，为了使馈源两个面照射均最佳，宜选用椭圆波纹馈源。选用波纹馈源（圆或椭圆）的主要原因是其频带宽、交叉极化电平低、相位波瓣特性平坦、双极化波瓣等化特性好（-20dB 以上）。

实用的椭圆波纹馈源，长轴半径一般小于 2λ，长轴的半张角小于 15°。它属于矢量喇叭，其齿槽的排列方向垂直于喇叭的轴线。该喇叭的两个截面图及曲线坐标系统如图 7.48 所示。

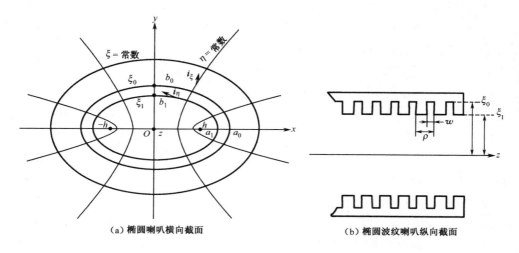

（a）椭圆喇叭横向截面　　　　　　　　（b）椭圆波纹喇叭纵向截面

图 7.48　椭圆波纹喇叭的两个截面图及曲线坐标系统

可以看出，该喇叭是非圆对称结构，坐标 (ξ,η,z) 与直角坐标 (x,y,z) 的变换关系为

$$x = h\cosh\xi\cos\eta\ ,\quad y = h\sinh\xi\sin\eta\ ,\quad z{=}z \tag{7.190}$$

有文献对椭圆波纹喇叭进行了详尽的分析。这里仅摘引其主要结论并进行必要的说明。由于波纹喇叭非圆对称，波导内的场可分解为奇次和偶次平衡混合模，可证明偶（奇）次模可展开为许多 TE 偶（奇）模分量和 TM 奇（偶）模分量的和。利用椭圆波纹喇叭的边界条件和平衡混合条件，可逐步求解各平衡混合模的展开项的系数。

对于前文所述的小尺寸椭圆波纹馈源，满足传播条件的主要场分量是 2 个平衡混合模，即奇次模 $\mathrm{HE}_{11}^{\mathrm{o}}$ 和偶次模 $\mathrm{HE}_{11}^{\mathrm{e}}$ 分量，如图 7.49 所示。

有文献进一步说明，$\mathrm{HE}_{11}^{\mathrm{e}}$ 主要由 6 个模（$\mathrm{TE}_1^{\mathrm{e}}$、$\mathrm{TE}_3^{\mathrm{e}}$、$\mathrm{TE}_5^{\mathrm{e}}$ 及 $\mathrm{TM}_1^{\mathrm{o}}$、$\mathrm{TM}_3^{\mathrm{o}}$、

TM$_5^o$）叠加而成，这些分量场结构如图 7.50 所示。对 HE$_{11}^o$ 有类似的结果。

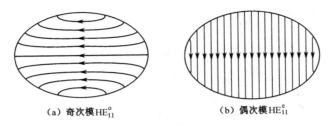

（a）奇次模 HE$_{11}^o$　　　　　（b）偶次模 HE$_{11}^e$

图 7.49　平衡混合模 HE$_{11}$ 电场图

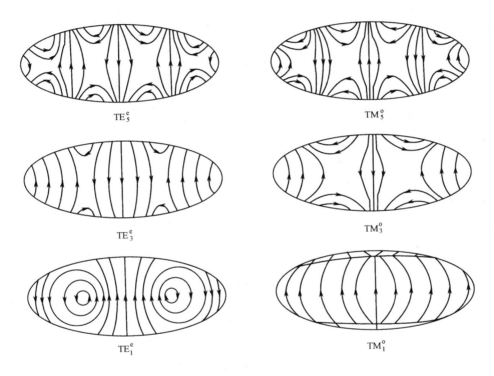

图 7.50　各分量场（模）结构

下面介绍设计要求。

首先，根据反射面的垂直面和水平面半张角与边缘馈电电平初步确定椭圆波纹喇叭口径尺寸（即长半轴 a 和短半轴 b）。一般设计中选取波纹喇叭的张角小，在满足波纹喇叭设计条件的情况下，其波瓣形状近似于高斯波束。可以借用圆口径波纹喇叭 HE$_{11}$ 模的方向图归一化曲线，如图 7.51 所示。

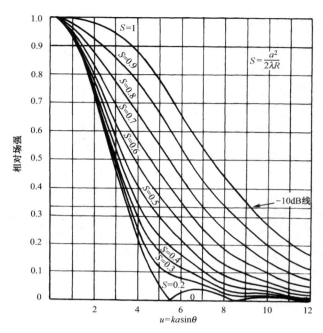

图 7.51　圆口径喇叭归一化方向图

图中 a 为圆口径喇叭半径，R 为喇叭长度。由初步选定的短轴半径 b 和 R 可确定喇叭方向图和-10dB 的波束宽度。

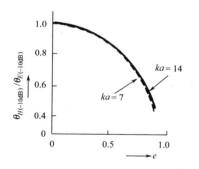

图 7.52　椭圆口径长/短轴-10dB 波束宽度
之比与椭圆率 e 之关系曲线

椭圆口径椭圆率 e 为

$$e = \sqrt{1 - \left(\frac{b}{a}\right)^2} \qquad (7.191)$$

由式（7.191）计算出椭圆率 e 后，再由椭圆口径的椭圆率 e 和图 7.52 求得 H 面和 E 面的-10dB 波束宽度之比，进而求得长轴方向的-10dB 波束宽度。如果要获得精确的辐射方向图，则需要以含有马蒂安（Mathieu）函数的椭圆口径数值积分计算为准。

在一般情况下，椭圆波纹喇叭的输入端接有一段从圆波导到具有相同椭圆率的小口径椭圆波导的过渡段，可以采用光壁波导过渡或波纹波导过渡。实验证明后者比前者效果更佳，波纹过渡不仅相位色散小，而且还不会激励不需要的高次模。这里需要确定的参数是波纹喇叭段的长度，其长度一般要求使其长轴的张角小于 15°，具体选择还要考虑照射波瓣性能、尺寸、重量、成本等因素。

最后需要确定的是波纹的设计。一般简化设计方法是：喇叭喉部波纹的槽深

按最小波长的 $\frac{1}{2}$ 设计，喇叭口径处波纹的槽深按最大波长的 $\frac{1}{4}$ 设计，中间部分为渐变过渡。

因为椭圆波纹喇叭为非圆对称，所以其阻抗边界条件对两个正交模不能在宽频带内满足。有人提出用波导周长上的槽深可变来补偿，有文献提出了当椭圆率大时，短轴方向的槽深要大于 $\lambda/4$，而长轴方向要小于 $\lambda/4$。经修正后椭圆波纹喇叭的内椭圆（以齿为界）和外椭圆（以槽深为界）的椭圆率是不一样的。

这里实际设计制作了一个工作于 S 波段的椭圆波纹喇叭，口径尺寸为 $2.8\lambda \times 2.0\lambda$；椭圆率 $e=0.7$；喇叭长度 $R=5\lambda$；长轴张角 $\leq 10°$；短轴张角 $\leq 7.2°$；喇叭颈部槽深 57mm，口径面部槽深 34mm，槽宽等于齿宽；圆波导至椭圆部分过渡段长 1.6λ。图 7.53 给出了其短轴平面（即方位平面）的馈源方向图，可见，双极化波瓣等化特性很好，双极化相位波瓣很平坦。但需要注意补偿从圆至椭圆波导过渡引入的两个极化之间的附加相移，并且注意加工拼装不对称可能引入高次模的处理问题。

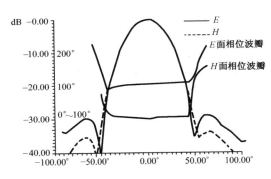

图 7.53　椭圆短轴平面的馈源方向图

7.8　其他反射面天线

可能存在其他类型的反射面天线，但在一般情况下它们在雷达中应用不多，这里仅给予简单介绍。

7.8.1　球形反射面天线

可利用半径为 R 的大球面的一部分（口径为 D）作为反射面天线，如图 7.54 所示。馈源放在对称轴上离反射面略小于 $R/2$ 的某处，当馈源沿该点附近的圆弧运动时，可以获得宽角扫描特性。由于球形反射面天线制造简单、成本低，因此在某些特殊场合可能有一定应用。

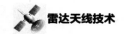

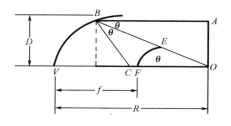

图 7.54　球形反射面天线示意

由几何光学射线跟踪法可知，当用一个平面波照射球反射面时，它不像抛物面天线一样，所有反射线场聚焦于一点，而是交汇于球对称轴上的某一区域，形成一个散焦线或散射面。在这个意义上，可以说球形反射面是以损失轴向性能来换取宽角特性的。所以，球形反射面的设计要尽可能减少散焦像差，或对散焦像差进行校正。为此，球形反射面的馈源可以设计为多种类型。例如，对于大的 f/D 的球形反射面，可采用点源（普通喇叭）照射反射面；对于中等 f/D（<0.5）的球形反射面，可以采用线源轴向馈电，对散焦进行纵向校正。最好的方法是采用次反射面，与双反射面天线一样进行横向校正。此外，也可以采用平面阵作为馈源，对球形像差进行逐点补偿等。

参考图 7.54 可以推导出：

（1）点源照射的最佳焦点为

$$f = \frac{1}{4}\left[R + \sqrt{R^2 - \left(\frac{D}{2}\right)^2} \right] \tag{7.192}$$

（2）由路径长度引起的口径面最大像差为

$$\frac{\Delta L}{\lambda} = \frac{1}{2048} \frac{D}{\lambda} \frac{1}{(f/D)^3} \tag{7.193}$$

（3）由该相差引起的增益损失为

$$\Delta G = 10\lg\left[1 - 3.5092\left(\frac{\Delta L}{\lambda}\right)^2 \right] \tag{7.194}$$

例如，当路径长度差 $\Delta L = 0.25\lambda$ 时，增益降低 1.08dB。

对于纵向线源校正，首先要根据反射面的照射张角 φ，确定校正线源的长度。

纵向校正可以用一个端馈的裂缝波导来实现，来波的能量由各个缝隙单元独立接收，沿 z 向在输出端口即焦点 F 同相叠加，其相位由波导内波长 λ_g 和单元的间距 s 来控制，但不能做到宽频带。

对于采用副反射面进行横向校正的球形反射面，如图 7.55 所示是最好的设计方法。

采用这种方法对散焦像差进行校正，可使平面波的入射线聚焦于一个点，用从该点经反射面的口径上的等路径长度可求出副反射面的几何参数 r、z，其校正原理与整形卡塞格伦天线相似，此处不再赘述。

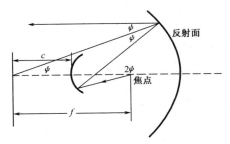

图 7.55　采用副反射面校正的球形反射面

7.8.2　抛物桶反射面天线

抛物桶反射面天线的结构形状如图 7.56 所示，该反射面是由一条焦距为 f 的抛物线（yz 平面内），绕垂直于焦轴的轴（图中 CG）旋转而成的。7.7.1 节图 7.41 中已取旋转柱面最大半径为 1，即所有几何参数均以该半径为基准归一化。因此抛物桶兼有抛物面的聚焦特性和柱面的宽角扫描特性。该天线具备两维扫描特性，它可以形成方位面幅度几乎相等的多波束，已应用于卫星多波束天线，并且可能在一些有特殊要求的雷达中得到应用。

抛物桶反射面的函数方程式为

$$F(x,y,z) = y^2 - 4f\left(1 - \sqrt{x^2 + (z+d)^2}\right) = 0 \qquad （7.195）$$

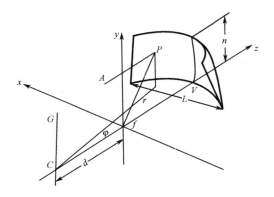

图 7.56　抛物桶反射面天线的结构形状

参数方程式为

$$x = r\sin\varphi, \quad z + d = r\cos\varphi, \quad r = 1 - \frac{y^2}{4f} \qquad （7.196）$$

有文献对工作于 22GHz 的 1.25m×2.5m 口径的实验性偏置馈电抛物桶天线进行了深入研究。选取桶半径等于天线水平口径 2.5m，可按球形反射面公式近似计算出抛物线焦距 f=1.17m。该天线水平口径按方位扫描±15°设计，在 22GHz 两

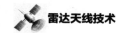

个面上的波束宽度均为 0.8°。

该文献还详细介绍了用物理光学法推导适用于抛物桶天线扫描（多波束）远场特性的计算公式。在推导中注意选取馈源、反射体和中间转换用的几套坐标系，并且给出几种坐标系间的变换关系。该文献给出的结果表明，当俯仰面扫描 7°时，天线增益损失仅 1dB；当方位面扫描 20°（超过设计值 5°）时，增益损失仅 1.4dB。如果采用双模方口径喇叭作为馈源，馈源对准反射面中心，反射面公差的均方根值为 0.21mm，天线副瓣电平可达-20dB。对于双反射面天线和其他反射面天线，这是一般认可的设计值。

7.8.3　阵列馈电反射面天线

用阵列馈电的反射面天线可以设计为多波束三坐标雷达天线、有限扫描相控阵天线、卫星广播电视用多波束等值线天线等。20 世纪 80 年代末，美国西屋电

气公司研制成功了美国军民两用航路管理雷达 ARSR-4 天线，如图 7.57 所示。该雷达是 20 世纪 80 年代战术和技术性能均最优的 L 波段三坐标多波束雷达。它采用阵列馈电反射面天线，特点是探测距离远，最大作用距离为 470km，精度高（方位 0.176°，距离 230m）、副瓣电平低（方位峰值副瓣电平低于-35dB，平均副瓣电平低于-50dB），可以线/圆极化状态转换。其天线是由阵列偏置馈电的双焦距抛物线天线。抛物面反射面尺寸为 12.8m（∥）×9.9m（⊥），它在垂直面和水平面有不等的焦距长度。馈电阵面由 196 个双

图 7.57　ARSR-4 天线

极化单元组成，在水平面是半圆柱形，仰角是向上倾斜的。天线在垂直面形成 10 个波束（高仰角 5 个，低仰角 5 个），覆盖 37°的空域。这种天线的设计是将馈电小阵布置在焦平面的前面，排列成凸面形，然后调整馈电小阵的每路幅、相，在所有的角度上都有效地形成聚焦波束，其原理如图 7.58 所示。这样的馈电方法也可用于赋形波束或产生超低副瓣天线照射阵列馈电反射面，还可以构成有限扫描的相控阵天线，用于火控雷达及武器定位雷达。系统要求天线增益大于 40dBi，波束宽度近似为 1°，能在有限扇区内实现快速电扫描。

对常规的相控阵来说，形成 1°×1° 的波束需要近一万个辐射单元，而用有限扫描相控阵馈电的反射面天线仅需要很少的移相器，其成本远低于常规相控阵天线。由于移相器（或 T/R 组件）费用占相控阵雷达成本相当大的比例，在低成

本移相器技术未突破以前，这种类型的天线在性能价格比上具有很强的竞争力。

下面给出有限扫描馈电阵实际控制单元数的确定方法。

设已知最大扫描角和孔径尺寸（即两个主面的波束宽度），根据 Patton 定义的单元使用因子 N/N_{min} 和最小控制单元数 N_{min}，可求出实际控制单元数 N。

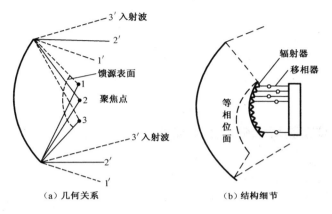

（a）几何关系　　　　　　　（b）结构细节

图 7.58　阵列反射面天线原理

$$N_{min} = \left(\frac{\sin \theta_{max}^1}{\sin \dfrac{\theta_{3dB}^1}{2}} \right) \left(\frac{\sin \theta_{max}^2}{\sin \dfrac{\theta_{3dB}^2}{2}} \right) \qquad (7.197)$$

式中，θ_{max}^1 和 θ_{max}^2 是两个主平面的最大扫描角；θ_{3dB}^1 和 θ_{3dB}^2 是两个主平面的波束半功率点宽度。

当波束为笔形波束且 θ_{max} 和 θ_{3dB} 很小时，有

$$N_{min} = 4 \left(\frac{\theta_{max}}{\theta_{3dB}} \right)^2 \qquad (7.198)$$

例如，要求设计一个波束宽度为 $1°$，在 $\pm 8°$ 锥体内扫描的反射面天线，由式（7.198）可计算出最小控制单元数 $N_{min}=256$。

对于有限扫描单反射面天线，单元使用因子近似为 2.5。由单元使用因子定义可算出实际控制单元数，$N=640$。即，由约 640 个辐射单元，同量的移相器和简单的功分网络组成的馈电小阵照射反射面天线，可实现笔形波束在有限角度范围内的扫描，副瓣电平在 $-20dB$ 量级。有文献介绍了相控阵馈电的单反射面有限扫描天线的缺点是要求较大的单元使用因子（2.5～3.25），若选用偏置格里高利双反射面天线，当副反射面尺寸较大时，可减少单元使用因子到 1.5，即比单反射面天线大幅度减少了实际控制单元数，如图 7.59 所示。

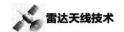

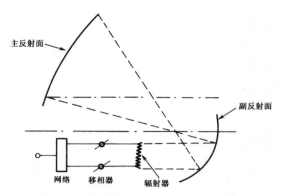

图 7.59 偏置的格里高利天线几何图形

7.8.4 波束波导馈电反射面天线

对大型反射面而言，由于口径的扩大使得馈电线变得很长，损耗变得难以忍受，同时耐功率也受到限制，因此衍生出了波束波导馈电反射面天线。这种天线通常由若干个反射面组成一套馈电组合给反射面馈电，如图 7.60 所示。图 7.60 是一个双频的波束波导馈电反射面天线，其中 M1、M4 和 M6 为平面的反射镜面，

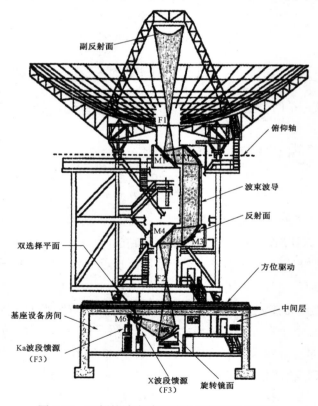

图 7.60 双频的波束波导馈电反射面天线示意

M2、M3、M5 为反射曲面，双选择平面分别通过反射和透过方式将两种频率的信号输送到 M5 反射面上反射出去。

7.8.5　堆积多波束抛物面天线

根据抛物面天线的偏焦特性（见 7.2.4 节），一个相位中心横向偏焦的喇叭照射抛物面可以产生一个辐射方向偏离焦轴的波束，而一组沿通过焦点的某一轨迹排列的喇叭照射抛物面（指向抛物面中心）可以产生多个相互错开且部分重叠的波束。后者可形象地称为堆积多波束，相应的天线叫作堆积多波束抛物面天线。常采用垂直面堆积多波束天线，利用相邻波束比幅决定目标的仰角，并且推算出目标的高度。因此，应用堆积多波束抛物面天线的雷达除具备测量方位、距离的功能外，还具备测高功能，是一种典型的三坐标雷达。

这种体制的雷达采用多个接收窄波束和一个发射宽波束（一般为余割平方波束）来覆盖要求的垂直空域（一般为 0°～20°以上），利用相邻波束比幅测高。该雷达方位面采用窄波束 360°连续旋转，用最大值测量目标的方位。

这种体制的雷达优于早期的配高制三坐标雷达。其特点是连续搜索和跟踪（边扫描边跟踪），可同时（每帧）测量多个目标的方位、距离和高度，数据率高（比单波束电扫），成本低（比阵列多波束雷达），可靠性高。因此应用范围很广，如美国的 TPS-43 系列雷达，英国的 40 系列雷达，法国的 THD1955 雷达和我国的 JY-8、JY-14 雷达（见图 7.61）。

图 7.61　JY-14 雷达天线

图 7.62 给出了典型的三坐标雷达威力覆盖示意。图中曲线 A 为要求的波束，

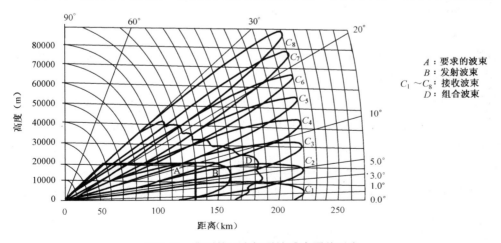

图 7.62　典型的三坐标雷达威力覆盖示意

曲线 B 为发射波束，曲线 $C_1 \sim C_8$ 为 8 个独立的接收波束，曲线 D 为收发波束（组合波束）乘积图，它与最后获得的雷达威力覆盖相差一个常数因子。

参考文献

[1]　Samuel Silver. Microwave Antenna Theory and Design[M]. New York: McGraw-Hill, Inc, 1949.

[2]　Collin R E, Zucker F J. Antenna Theory Pt Ⅱ[M]. New York: McGraw-Hill, Inc, 1969.

[3]　Elliott R S. Antenna Theory and Design[M]. London: Prentice-Hall, inc, 1981.

[4]　Rudge A W．The Hand book of antenna Design[M]．London: Peter peregrinus Ltd., 1982.

[5]　爱金堡．超高频天线[M]．汪茂光，译．北京：人民邮电出版社，1980.

[6]　任朗．天线理论基础[M]．北京：人民邮电出版社，1980.

[7]　Mittra R．电磁学与天线中的新论题[M]．汪茂光，等译．北京：国防工业出版社，1977.

[8]　John Ruze. Lateral-Feed Displacement in Paraboloid[J]. IEEE Transactions on Antennas and Propagation, 1965, 13(5): 660.

[9]　陈毓宝．几何光学法分析及其与表面电流法在多波束天线中的应用（下）[J]．雷达，1979，2：49.

[10]　John Ruze. Antenna Telerance Theory-A Review[J]. Proceedings of the IEEE, 1966, 54(4): 633.

[11]　Milligan T A. Modern Antenna Design[M]. New York: Mcgrow-Hill Book company, 1985.

[12]　R.E.Collin. Dual-mode Coaxial feed with Low Crosspolarization[J]. PIEE-H 1984, 131(6): 405-410.

[13]　Carberry T F. Analysis Theory for the shaped-Beam Doubly Curved Reflector Antenna[J]. IEEE Transactions on Antennas and Propagation, 1969, 17(2): 131-138.

[14]　Burnner A. Possiblities of Dimensioning Doubly Currved Reflectors for Azimush-Search Radar Antennas[J]. IEEE Transactions on Antennas and Propagation, 1971, 19(1):52-57.

[15]　林世明．赋形波束双弯曲反射器天线理论研究[J]．电子学报，1981，（4）：56-66.

[16] Shogen K. Design of Corrugation Depth and velocity Dispersion Characteristics of Elliptical Corrugated Horn[J]. 电子情报通信学会论文志，1991, 5(5): 307-316.

[17] Claydon B. The Schwardchild Reflector Antenna with multiple or Scanned Beams[J]. Marconi review, 1975, 38(196): 14.

[18] Choon S L. A Simple Method of Dual-Reflector Geometrical Optics Synthesis[J]. Microwave and Optical Technology Letters ,1988, 10: 367-371.

[19] Clarricoats P J B. Multimode Corrugated Waveguide feed for Monopulse Radar[J]. PIEE-H, 1981, 128(2): 102-11.

[20] TA-Shing Chu. Radiation Properties of a Parabolic Torus Reflector[J]. IEEE Transactions on Antennas and Propagation, 1987, 37(7): 865-874.

[21] White R S. The ARSR-4 Antenna : A Unigue Combination of Array and Antenna Technology[J]. Proceedings of The 1989 Antenna Applications Symposium, 1989: 107.

[22] Eli Brooker. Practical Phased Array Antenna System[M]. Norwood: Artech House, Inc., 1991.

第 8 章

天线测试技术

在雷达天线设计制作完成后，需要测试验证系统设计、加工、组合的正确性，确认各项战术、技术指标是否达到要求值。因此，天线测试（测量、诊断和调试）是完成天线系统工程研制的重要环节，天线试验费用也占了天线研制费用的相当大比例。为了提高天线测试精度，降低测试费用，需要重视对天线测试技术的研究。本章重点介绍远场测试技术（包括反射场法、斜距场法、高架场法）、紧缩场测试技术和近场扫描测试技术，并且给出一些测试实例。同时，本章对天线自动化测试系统、超低副瓣天线的测量和近场诊断技术等进行了相应的介绍。

8.1　概述

8.1.1　历史回顾

20 世纪 20 年代以前，利用 HF 频段固定天线在圆弧上逐点移动测量水平方向图。

20 世纪 30 年代出现了波导测量元件和系统。

20 世纪 40 年代发展最快，到第二次世界大战结束时，有关天线测试的基本方法和问题均已解决。

20 世纪 50 年代，美国 Antlab 和 Scientific Atlanta（S-A）公司专门研制并开始批量生产成套天线测量设备。

20 世纪 60 年代，天线测量方法开始更新，大量测量技术文献出现，开始研究紧缩场法和近场测量法。

20 世纪七八十年代是天线测量自动化的年代。美国诞生了天线测量技术协会（AMTA）。

20 世纪 90 年代以后，近场扫描测试技术得到广泛应用，通过硬件改进及软件升级，不断提高测试精度和效率，并且降低测试成本。

我国在天线测量技术研究方面起步较晚，在 20 世纪 80 年代发布了测试方法标准，并且开始逐步重视对测试技术的研究。近年来，通过开放、引进、消化、创新，我国的天线测试技术和手段已达到国际先进水平。

8.1.2　天线测试的概念和分类

本章采用天线测试这一术语，其内涵除指天线测量外，还包含天线调试和诊断。在工程上，天线测试包含两个方面的内容：一是天线的外部特性测试，即天线的方向图测试，并且通过它们求出天线的各电参数；二是天线的内部特性测试，包括馈电系统和口径幅相分布的测试。本章主要关注天线方向图的测试，根据近场测试或远场测试的结果，也可以反求出口径场的幅相分布。

除特别说明外本章主要讨论自由空间天线方向图的测试。

天线外部的场区一般可分为口径场区（$0<R\leqslant \lambda/2\pi$）、辐射近场区（$2\lambda<R<D^2/\lambda$）和辐射远场区（$R>2D^2/\lambda$），不同的天线测试方法可分别在上述不同的场区施行。自由空间天线测试方法可分为两大类，即直接测试法和间接测试法，更详细的分类如图 8.1 所示。直接测试法比较直观，测试方法简明，数据处理量较少；间接测试法一般比较复杂，测试数据量和处理数据量较大。任何一种测试方法都有其各自的特点、适应性和局限性，天线设计人员应根据实际条件和需要灵活选择适当的测试方法。

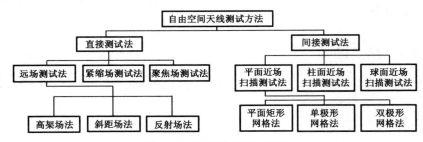

图 8.1　天线测试方法分类

本章主要介绍天线的远场测试技术（包括反射场法、斜距场法和高架场法）、紧缩场测试技术和近场扫描测试技术（包括平面近场和柱面近场），最后探讨超低副瓣天线的测试问题。

8.1.3　雷达天线测试的要求

雷达天线测试具有以下特点。

（1）对于常规天线测试，首先需要在正常架设状态下测试水平方向图，然后将天线旋转 90°架设测试垂直方向图。但有些雷达天线尺寸和重量大，不可能旋转 90°架设，因此必须采用其他方法获得垂直方向图。并且有些雷达天线需要测试包括载体（车、船、飞机、卫星或建筑物等）影响在内的方向图。

（2）同时多波束天线和频扫/相扫多波束天线要求准确测试出各波束的相对位置和相对幅度，以便给出准确的测高差曲线。

（3）跟踪雷达天线要求准确测试出和/差波束的相对位置和零值深度。

（4）有些雷达天线的收、发方向图不同，且收、发不互易，必须分别进行测试。

（5）有些雷达要求测试多个截面的方向图，或者要求测试宽角副瓣电平和宽角平均副瓣电平，有的雷达要求测试交叉极化方向图及极化隔离度，甚至还有其他特殊需求。

针对上述多种类型的雷达天线的不同要求，除需要在测试场地、测试设备和测试方法上做一般考虑外，对新的要求往往还需要进行分别研究，特殊处理。

8.2   远场测试技术

近年来，尽管远场测试技术受到紧缩场和近场扫描测试技术的挑战，但由于它的方法直观、操作简单、测试速度快、精度高，而且已有合适的测试场地，因此仍是一种方便、实用的常规测试法。但是由于远场测试场地建设和控制困难，无法全天候使用，费用也较高，因此从发展的眼光看，远场测试主要用于校测近场测试结果，验收定型产品的天线，以及特殊用途的天线测试。

8.2.1   远场测试的一般考虑

天线远场测试所要求的特定空间区域称为天线试验场。选择和设计这种试验场应考虑以下三个方面：一是收发天线间的测试距离应满足测试要求；二是试验场的环境，特别是待测天线周围的环境（有源和无源干扰）对测试误差的影响应在可接受的范围内；三是试验场环境的可控性，以及建设试验场的投资和运行成本。由于远场测试需要极大的空间，故第三个问题尤为重要。但本章只讨论第一、第二个问题。

1. 远场测试距离

（1）远场最小测试距离。

收发天线间的位置关系如图 8.2 所示，由源天线（发射）等效相位中心辐射的电磁波经过距离 R 到达待测天线（接收）口面，以待测天线口面中心为参考，其口面边缘的相位差为

$$\Delta\phi_{\max} = -\frac{2\pi}{\lambda}\left(\sqrt{R^2 + \left(\frac{D}{2}\right)^2} - R\right) \approx \frac{\pi D^2}{4\lambda R} \tag{8.1}$$

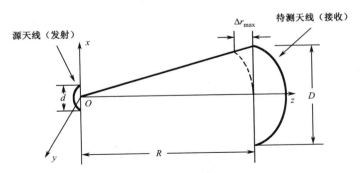

图 8.2   收发天线间的位置关系

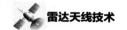

一般取 $\Delta\phi_{\max}=\pi/8$，所得距离称为远场最小测试距离

$$R_{\min} = 2D^2/\lambda \tag{8.2}$$

式中，λ为自由空间波长；D通常取待测天线最大口径尺寸，当发射天线口径更大时，D取上述两天线口径的最大值。

在过去相当长的时间内，有人用 $2(d+D)^2/\lambda$ 来确定收、发天线间的最小测试距离，d 为发射天线的口径尺寸。但有文献经过理论分析和实验验证，认为天线波瓣测量的最小测试距离采用 $R=2D^2/\lambda$ 比 $2(d+D)^2/\lambda$ 更合适。

对于一般天线测量，采用 $R=2D^2/\lambda$ 的远场最小测试距离是可以容许的。对 -20dB 副瓣电平测试所引入的误差约为 1dB，对方向性增益测试引入的误差约为 0.1dB。

（2）低副瓣/超低副瓣天线的测试距离。

低副瓣、超低副瓣天线要求更远的测试距离。如果测试距离不够，则会导致主瓣宽度增加、第一零点深度抬高，第一副瓣可能成为主瓣上的肩膀，甚至被包含在主瓣之内。但它对第二副瓣以后的影响较小。定义参数 K 为选用的测试距离与最小测试距离之比，即

$$R = K\frac{2D^2}{\lambda} \tag{8.3}$$

对于线源及圆口径天线，有些文献分析了当 K 值不同时对增益和第一副瓣测试值的影响。结果表明，其对增益的影响是可以容忍的，对第一副瓣的测试精度影响如图 8.3 和图 8.4 所示。

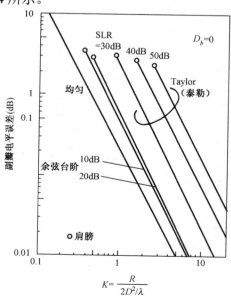

图 8.3　圆口径天线第一副瓣误差与测试距离的关系

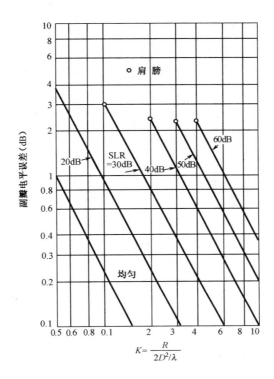

图 8.4 泰勒线源第一副瓣误差与测试距离的关系

可见，如果要求–40dB 第一副瓣电平的测试误差为 1dB，则两种口径天线均应取 $K \geqslant 3$，即测试距离 $R \geqslant 6D^2/\lambda$。

（3）照射幅度不均匀的影响。

在待测天线口径上，由发射天线波瓣图引起的寄生幅度锥削也会导致天线增益和近轴副瓣测试误差，这种影响与待测天线的设计副瓣电平有关。入射场的不同锥削幅度造成的副瓣电平测试误差如图 8.5 所示。在一般情况下，该天线很易达到寄生幅度锥削<0.5dB，因此对副瓣测试误差的影响很小。

由发射天线波瓣图在待测天线口径上引起的寄生幅度锥削造成的天线轴向增益损失为

$$\delta_p = 10\lg\left[1 - 0.05\left(\frac{1}{\lambda R}\right)^2 (d^4 + 6d^2D^2 + D^4)\right] \tag{8.4}$$

由式（8.4）计算可得：

当 $d=D/2$ 和 $R=2D^2/\lambda$ 时，$\delta_p=0.14$dB；当 $d=D/\lambda$ 和 $R=4D^2/\lambda$ 时，$\delta_p=0.11$dB。

在上述两种情况下，被测天线口径上的寄生幅度锥削均为 0.25dB。

（4）聚焦法简介。

聚焦法是指将天线聚焦在较近距离上进行测试。具体方法是，在待测天线上

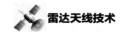

采取相位修正措施，如反射面天线馈源轴向偏焦，或者相控阵天线各单元的移相量修正，若修正值与有限距离引入的相位误差等幅反相，就可消除有限距离引入的测试误差。这种测试方法不受最小远场距离限制，采用聚焦法可使用已有的测试场地进行测量，省去了选择或新建大型测试场地的麻烦和费用。

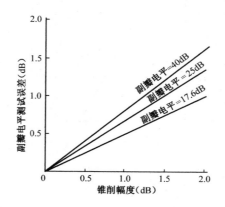

图 8.5 入射场的不同锥削幅度造成的副瓣电平测试误差

2．远场测试场对环境的要求

（1）各种类型的试验场对四周环境的要求是一样的，即各种机械或电器引入的有源干扰要小，四周的建筑、山坡、树林引入的杂散反射要符合要求。所谓杂散反射是指来波的方向、频谱、幅度、相位均无规律。杂散信号主要影响水平波瓣形状和水平副瓣电平。如果要测量的副瓣电平为–40dB 量级，精度要求±1dB，则要求杂散信号强度比待测副瓣电平低 20dB 左右。例如：主瓣电平峰值为–10dB，副瓣电平峰值为–50dB，则杂散信号强度要低于–70dB。在一般情况下，要使设计场地满足这一要求是很难的，但在具体测试中，针对可疑的杂散信号（方位不多）而采取措施就相对容易一些。

（2）对地面反射信号的处理分为两种情况。第一种情况是工作频段较高，天线垂直波瓣宽度较窄，地面情况也比较复杂，地面反射信号的规律性不强，此时采用斜距场法或高架场法，尽量削弱地面反射信号的影响。第二种情况是工作频段较低，天线垂直波束宽度较宽，无法避开地面影响，此时选用反射场法，掌握地面反射信号的方向、幅度、相位规律，使其引入的水平副瓣电平测试误差最小。需要指出的是，反射场法因为地面的影响随仰角而改变，所以不能利用转台俯仰来测量天线水平架设时的垂直波瓣；而高架场法和斜距场法由于天线上仰时可脱离地面反射的影响，因此可以在三维转台的配合下，通过两次上仰（第二次三轴旋转 180°）测出天线水平架设时有限角度范围的垂直波瓣。

8.2.2　反射场法

反射场法是当远场条件满足时，在直射波与近似理想的地面反射波的最佳合成区域放置待测天线，从而实现天线远场测试的一种方法。

1．基本原理

（1）垂直面合成场强分布。

假设场地满足地面反射场条件（参见本节后面的"地面反射场设计要点"），源天线为全向天线，则由图 8.6 所示的几何关系，在待测天线垂直口径上任一点，离地高度为 h 的合成场为

$$E(h) \approx E_D \mathrm{e}^{-\mathrm{j}kR_D} \left[1 + \rho \mathrm{e}^{-\mathrm{j}\varphi} \mathrm{e}^{-\mathrm{j}k(R_r - R_D)} \right] \tag{8.5}$$

式中，$R_r = \left[R^2 + (h + h_t) \right]^{\frac{1}{2}}$，$R_D = \left[R^2 + (h - h_t) \right]^{\frac{1}{2}}$，$k = \dfrac{2\pi}{\lambda}$；$E_D$ 为直射波的幅度；$\rho \mathrm{e}^{-\mathrm{j}\varphi}$ 为地面复反射系数。

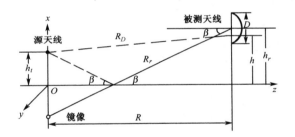

图 8.6　地面反射测试场几何关系

当 $R \gg h_r$ 及 $R \gg h$ 时，直射波和反射波的路径差为 $R_r - R_D \approx 2hh_t / R$，在理想镜面反射（即 $\rho = 1$）和小擦地角入射（地面反射系数幅角 $\varphi \approx \pi$）条件下，直射波和反射波所产生的归一化干涉幅度函数为

$$|E(h)| = \sin\left(k\, \frac{hh_t}{R} \right) \tag{8.6}$$

由式（8.6）可以分别计算出，当 $h_t = \dfrac{\lambda R}{4h_r}$ 和 $\dfrac{3\lambda R}{4h_r}$ 时，在待测天线垂直方向上的场强分布如图 8.7 中的实线和虚线所示。可见，发射天线的最佳高度应取 $h_t = \dfrac{\lambda R}{4h_r}$，使待测天线口径中心位于合成波束的第一个花瓣的峰值上，满足垂直方向最小幅度照射锥削要求。

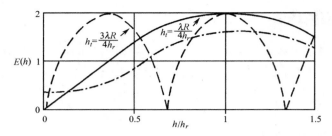

图 8.7　在待测天线垂直方向上的场强分布

在实际应用中，$\rho<1$，$\varphi\neq180°$，但仍有一个相似的曲线如图 8.7 中点画线所示。这时合成场强的最小值不为 0，最大值不为 2，其最大值和最小值的位置相对于理想曲线有偏移。将一个探针天线装在电动升降梯顶，并且上下滑动，就可实测出上述曲线，与计算值比较（试探法）就可求出实际地面的 ρ 和 φ。我们有亲自测试地面特性的体验，知道地面特性对于理解地面反射场的性能有好处。有文献给出在某种地面情况下（$\varepsilon_r=5.5+\mathrm{j}2.0$），小擦地角为 β 的两种极化波地面反射系数的幅度和相位曲线，如图 8.8 所示。

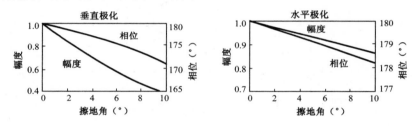

图 8.8　小擦地角时两种极化波地面反射系数的幅度和相位曲线（$\varepsilon_r=5.5+\mathrm{j}2.0$）

（2）水平副瓣电平的测试误差。

设待测天线的二维方向图为 $E(\theta,\phi)$，将待测天线架设好，使主瓣峰值场强为 $E(0,0)$，$E(\theta,0)$ 表示水平面方向图，$E(0,\phi)$ 表示垂直面方向图。此处仅讨论 $E(\theta,0)$ 的测试。

将待测天线架设在转台上，通过转台的旋转可记录天线的幅度方向图，包括主瓣 $|E(0,0)|$ 和一系列副瓣 $|E(\theta,0)|$。令最大的副瓣为 $E(\theta_1,0)$，则无地面影响时天线的水平副瓣电平（最大）为

$$\mathrm{SLL}_0(\mathrm{dB})=10\lg\frac{|E(\theta_1,0)|}{|E(0,0)|} \tag{8.7}$$

首先忽略四周反射，只考虑地面反射。设入射波与直射波的幅度均为 1，则考虑地面反射后的在同一测试位置上[①]主瓣和副瓣的合成场强值可分别表示为

---

① 这里所说的同一测试位置是指转台旋转使待测天线的主瓣 $E(0,0)$ 与最大副瓣 $E(\theta_1,0)$ 相继对准源天线时的位置。

$$E(0,0) + \rho e^{j\left(\varphi + \frac{2\pi}{\lambda}\Delta l\right)} E(0,\beta)$$

及

$$E(\theta_1,0) + \rho e^{j\left(\varphi + \frac{2\pi}{\lambda}\Delta l\right)} E(\theta,\beta)$$

式中，ρ 为地面反射系数的幅度；φ 为地面反射系数的相位；Δl 为直射波和反射波的程差；β 为反射线进入的角度（即取 $\phi = \beta$）。

根据前面所述，当 $h_t = \dfrac{\lambda R}{4h_r}$ 时，可认为 $\varphi + \dfrac{2\pi}{\lambda}\Delta l = 0$。由此可写出考虑地面反射影响后的水平副瓣电平为

$$\text{SLL}_r(\text{dB}) = 10\lg\left|\frac{E(\theta_1,0) + \rho E(\theta_1,\beta)}{E(0,0) + \rho E(0,\beta)}\right|$$

$$= 10\lg\left|\frac{E(\theta_1,0)}{E(0,0)}\right| + 10\lg\left|\frac{1 + \dfrac{\rho E(\theta_1,\beta)}{E(\theta_1,0)}}{1 + \dfrac{\rho E(0,\beta)}{E(0,0)}}\right| \qquad (8.8)$$

由式（8.8）可见，如果

$$\frac{E(\theta_1,\beta)}{E(\theta_1,0)} = \frac{E(0,\beta)}{E(0,0)} \qquad (8.9)$$

则地面反射对水平副瓣电平测试引入的误差为 0。在地面反射场设计中，由于 β 值很小，即直射波和入射波都从待测天线主瓣顶部进入，可验证式（8.9）基本成立，误差极小。由于 h_t 和 h_r 均较小，因此对于控制四周环境的要求更高了，这是在使用地面反射场时必须重视的。

（3）在待测天线垂直口径的上下边沿处（$h = h_r \pm D/2$）的场强

$$E\left(h_r \pm \frac{D}{2}\right) = \cos\frac{\pi D}{4h_r} \qquad (8.10)$$

根据式（8.10）计算出待测天线边沿锥削与其垂直口径尺寸 D/h_r 的关系如图 8.9 所示。

当要求边沿锥削幅度为 0.25dB 时，待测天线架设高度为 $h_r = 3.3D$。但在实际架设中，由于条件限制，有时 h_r 必须小于上述值，由此经证明此条件下对副瓣电平测试影响很小，但必须对增益测试结果适当加以修正。

2. 地面反射场设计要点

（1）场地设计。

反射场布置如图 8.10 所示，其主反射区长度 R 由式（8.3）确定，主反射区宽度一般取大于 20 倍菲涅尔带宽度，表示为

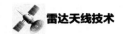

$$W_{20} \geqslant \sqrt{20\lambda R} \qquad\qquad (8.11)$$

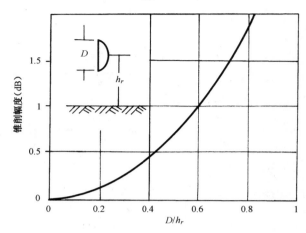

图 8.9　待测天线边沿锥削与其垂直口径尺寸的关系

副反射区、无障碍区的尺寸如图 8.10 所示。

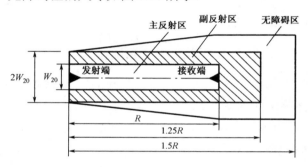

图 8.10　反射场布置

在主反射区，地面平坦度应满足

$$\Delta h \leqslant \frac{\lambda^{+}}{M \sin \beta} \qquad\qquad (8.12)$$

式中，Δh 为地面偏离平均值的高度差；λ^{+} 为频带高端自由空间波长；M 为平坦度系数，$M=8\sim32$，一般取 $M=16$；β 为擦地角，见图 8-6。

由式（8.12）可以计算出，当 $\beta=1°$，$M=16$ 时，$\Delta h=3.6\lambda$；当 $\beta=30°$，$M=16$ 时，$\Delta h=1.2\lambda$。

在副反射区，Δh 的要求可大大放宽。在副反射区和无障碍区内不应有任何大的障碍物，如建筑物、树木、丛林、栅栏、电力线、交通要道和停车场等。

（2）发射天线。

对于双极化天线测试，一般选择角锥喇叭作为发射天线，其口径为 $1\lambda\sim2\lambda$。

当测试场收、发天线连线两侧有小土坡等杂散反射时，应采用长线源作为发射天线，其水平口径一般不超过待测天线口径 D。

（3）待测天线架设高度 h_r 和发射天线架设高度 h_t 应满足

$$h_t \approx \frac{\lambda R}{4h_r} \tag{8.13}$$

3．反射场法的应用实例

（1）待测天线和测试内容。

大型米波雷达在地面采用远场测试技术是常用的方法，因此我们用 S 波段阵列多波束天线作为实例，该天线有 8 个接收波束（垂直面），宽度为 2.8°～8.8°，发射为赋形波束（20°），由于垂直面波束较宽，采用反射场法是较好的选择。

主要测试内容如下：

- 天线水平架设，测试各接收波束和发射波束的水平面方向图；
- 天线旋转 90°架设，测试多波束和发射波束重叠方向图和相邻波束差曲线；
- 测试参考波束绝对增益和各波束相对增益；
- 测试阵面定标角，以保证工作状态下的各波束实际位置和测试结果的误差范围。

（2）测试场地。

选择华东某地的闲置机场水泥主跑道附近作为测试场地，其场地环境如图 8.11 所示。收发距离为 2000m（$\beta = 4$），发射天线架高 8.45m，接收天线架高 7.3m，擦地角为 0.45°。该场地满足前面所述的条件，仅两侧有些小土包和树林，因此选用一根与待测天线口径相等的线源作为发射天线，以减小杂散反射影响。

（3）测试结果。

实测水泥地面反射系数 $\rho = 0.87$，$\varphi = 162°$。在 10%频段内，低空 4 路接收波束及主截面发射波束水平副瓣电平均低于–40dB，典型测试波瓣图如图 8.12 所示，可以看出有个别较强的杂散反射存在。

8.2.3　斜距场法

1．斜距场的几何布置

常用的斜距场的几何布置如图 8.13 所示。发射天线（源天线）架在建筑物顶、山顶或高塔上，待测天线架在平地上，收发距离满足式（8.3）的要求。待测天线附近的环境应开阔，近似满足图 8.10 接收端附近的要求。

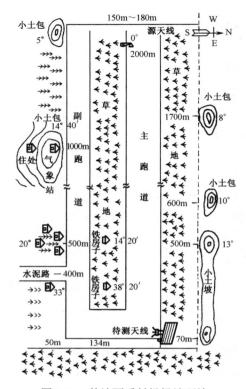

图 8.11　某地面反射场场地环境

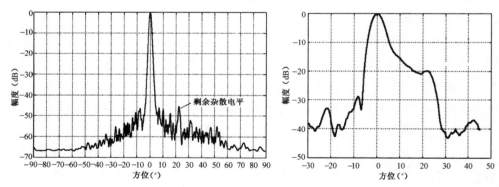

图 8.12　典型测试波瓣图

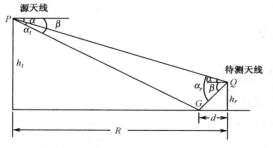

图 8.13　常用的斜距场的几何布置

在图 8.13 中，PQ 为直射线，PGQ 为主反射线，G 为主反射点，α 为收发天线对准后的发射天线俯角或接收天线仰角，β 为入射线 PG 或反射线 GQ 与水平面的夹角（即擦地角），d 为主反射点距接收天线的水平距离，α_t、α_r 分别为发射天线和接收天线主瓣方向与主反射线 PGQ 的夹角。利用图 8.13 中的几何关系，不难求得

$$\begin{cases} \alpha = \arctan \dfrac{h_t - h_r}{R} \\[2mm] \beta = \arctan \dfrac{h_t + h_r}{R} \\[2mm] d = \dfrac{h_r R}{h_t + h_r} \end{cases} \tag{8.14}$$

可得

$$\begin{cases} \alpha_r = \alpha + \beta = \arctan \dfrac{2h_t / R}{1 - (h_t^2 - h_r^2)/R^2} \\[3mm] \alpha_t = \beta - \alpha = \arctan \dfrac{2h_r / R}{1 + (h_t^2 - h_r^2)/R} \end{cases} \tag{8.15}$$

2．削弱地面反射影响的常用措施

源天线高架斜距场测试的要点是尽量削弱地面反射的影响。在工程上经常采用的具体措施如下。

（1）降低地面反射系数的幅度 ρ。在主反射点附近的地面特性是决定 ρ 的主要因素，希望采用松软粗糙的土壤，或者带有适当高度的干燥植被，以尽量构成漫反射条件为佳。由图 8.8 可见，增大擦地角，也有利于降低反射系数的幅度。对于一般场地，ρ 为 0.1～0.3，即地面反射衰减为 –20dB～–10.5dB。

（2）利用待测天线方向图对反射线强度的抑制。由式（8.15）可知，α_r 一般可达 6°～10°，即打地点在待测天线垂直波瓣的副瓣区。在主截面上的副瓣区对反射信号的抑制为 15dB～25dB 量级，在主间平面上的副瓣区对反射信号的抑制为 40dB～55dB 量级。

（3）在一般情况下，采用上述两条措施就够了。进一步降低地面反射的第三条措施是利用高增益天线进行发射，以降低打地射线的相对强度。由式（8.15）计算出的 α_t 一般小于 1°，即使采用 35dB 左右增益（3dB 宽度 3°）的天线作为发射天线，对打地信号相对强度的抑制也只在 1dB～3dB 量级，获益不大。在待测天线接收信号动态有富裕的情况下，可以把窄波束发射天线上仰，利用 –6dB 作为直射信号，则打地信号电平可进一步抑制 5dB～10dB 量级。虽然发射天线馈源旋转时在偏轴方向信号电平起伏较大，但是该方法不适用于圆极化天线轴比测试。

3．进一步消除地面反射影响的反射屏法

对于一些特殊要求的天线测试，还需采取措施进一步消除地面反射影响。一是在主反射区铺设防水吸波材料，但因材料价格高、铺设面积大而不适用；二是反射屏法，即在收发天线之间的主反射区设置多重金属反射屏。反射屏法已成功用于 S 波段超低副瓣天线测试，可基本消除地面反射影响。但仍需考虑剩余的边缘绕射影响。

（1）金属屏高度和覆盖宽度。

由于收发天线之间的电波传播主区是一个菲涅尔椭球，因此它与地面的交线是一个椭圆，如图 8.14 所示。

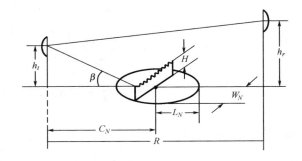

图 8.14　反射地面上的菲涅尔区

菲涅尔区的长度和宽度分别为

$$L_N = RF_1\sqrt{1 + F_2^2 - 2F_3} \tag{8.16}$$

$$W_N = R\sqrt{(F_1^2 - 1)(1 + F_2^2 - 2F_3)} \tag{8.17}$$

式中，$F_1 = \left(\dfrac{N\lambda}{2R} + \sec\beta\right)$，$\beta = \arctan\dfrac{h_r + h_t}{R}$；$F_2 = \dfrac{h_r^2 - h_t^2}{(F_1^2 - 1)R^2}$；$F_3 = \dfrac{h_r^2 + h_t^2}{(F_1^2 - 1)R^2}$；$N$ 表示菲涅尔区的数目。

为了有效抑制地面反射，一般金属屏的高度近似为

$$H = \frac{1}{2}\sqrt{R\lambda / 2} \tag{8.18}$$

通常以 10 个菲涅尔区作为金属屏的覆盖宽度。

在菲涅尔区长度 L_N 上应设置多重金属屏，各屏的长度和宽度经实验调节后确定。

（2）金属屏的形式。

金属屏通常包括两种形式：一种是木制矩形框架反射屏；另一种是上边缘为锯齿形的金属框架反射屏，在框架上铺设网眼小于 $\lambda/10$ 的金属网。为了减小反射

屏的边缘绕射效应，可在其边缘上加装吸波材料。该屏可垂直于地面放置，也可倾斜 45°放置，但必须稳定可靠，防止被风吹倒。

（3）多反射屏排列注意事项。

① 每排反射屏与收发天线对准方向基本垂直。

② 在位于菲涅尔区中心部位的两排反射屏宽度可取 10 个菲涅尔区宽度，其余反射屏宽度可适当减小。

③ 当采用锯齿形金属框架反射屏时，各排反射屏的锯齿均应错开排列，即第 A 排的齿尖对 B 排的齿谷。

④ 多排反射屏间的间距主要以实验方法确定。例如，在 S 波段上，其间距为 10m 左右。一般应放置 4～6 排反射屏。

⑤ 通过测量垂直面上直射波与剩余反射波的合成场强的起伏，来检测消除地面反射的效果。其方法也是通过探针天线在垂直方向上下滑动。

在斜距场使用中应注意避免其他建筑物、高压线等反射从方位面上进入，对水平副瓣测试造成新的误差。

4．发射天线塔——斜距场法的关键设备

当选用山顶架设源天线时，由于地形缓变，可能造成多个地面反射信号同时进入待测天线，增加了测试误差。因此，比较理想的斜距场采用专门的铁塔（或水泥塔）来架设发射天线，也就是说，发射天线塔是通用天线测试场的关键设备。例如，华东某地天线测试场建有一个 104m 高的水泥塔，有 40m、60m、90m 三个环形平台可以架设源天线以适应不同频段、不同类型天线测试的需要。在塔的一个外侧设有可缓慢上下的电梯，梯顶可架设源天线或探针天线。探针天线可以测试在工作状态下的雷达天线垂直方向图，也可以测试多波束雷达低空几个波束的水平波瓣图（工作状态下）。注意对测试结果进行距离修正和探针方向图修正。

我们可以在塔周围适当距离上选择合适的接收点以满足不同天线同时测试的需要。

5．斜距场应用实例

斜距场测试水平方向图的例子很常见，这里就不一一列举了。下面选择一个比较特殊的测试垂直方向图的例子。

待测天线为 S 波段 9 波束偏置馈电抛物面天线，垂直面有 9 个接收波束及 1 个发射赋形波束，覆盖 20°空域。天线口径为 13.5m×9m，水平波束宽度为 1°，垂直波束宽度从 1.2°逐步展宽到 4°左右。由于天线系统结构庞大，重量很大，不可能旋转 90°架设，以此来测试垂直面方向图和测高用的差曲线，因此选择华

东基地天线测试场进行测试。将源天线架设在水泥塔95m平台上，待测天线架设在塔东南700m处的专用转台上。该转台上有一个自行设计加工的大型专用俯仰平台，其承重可达30t以上，用液压系统实现±20°的垂直俯仰。测试要点如下。

（1）俯仰平台方位轴线应对准发射塔，误差±3′，可满足大多数大型天线测试要求。

（2）当待测天线和源天线对准时，待测天线上仰7°，因此俯仰平台运动范围为–13°～+27°。为避免待测天线波瓣打地，造成测试误差，实际选择的测试范围为–3°～+22°（在调整好正北位置后，俯仰平台旋转范围为–10°～+17°），可完全满足该天线的测试要求。

（3）在俯仰轴上安装高精度光电码盘及4倍频装置，使码盘360°转角输出51428个脉冲，即两个脉冲之间的角度为0.42′，满足测高差曲线测试所需的高角精度要求。

（4）1988年完成首部天线测试，采用自制波瓣测试仪在同一幅面上画出9条相对位置正确的垂直面方向图，如图8.15所示。根据这些方向图可以求出测高差曲线。测试结果数据分析表明，差曲线精度可达到2′～5′（包括幅度误差的影响）。

（5）可以测出发射波瓣图，但必须采用分段测试法。为避免发射波瓣部分主瓣打地造成较大的测试误差，需采用自制的吸波盖（双面贴平板吸波材料）盖住波瓣打地的那部分馈源的喇叭口。

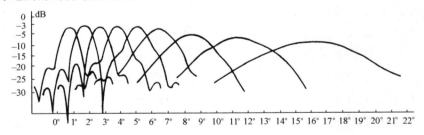

图8.15 实测多波束天线垂直面方向图

8.2.4 高架场法

为基本消除地面反射的影响，把源天线和待测天线分别高架在满足距离要求的两个塔、建筑物顶或已解决三通（路通、电通和水通）的山顶上。由于收发天线均高架，故在消除地面反射影响的同时，也消除了周围杂散反射的影响。如果天线较小，容易达到高架场要求，或有满足要求的场地可供选择，则高架场法是最理想的远场试验场。

但如果要重新筹建适用于大型雷达天线测试的高架场，则所花经费可能是无法承受的。除场地选择和布置外，高架场与斜距场的具体应用方法没有太大区别。因此，除了给出两种形式的高架场布置（见图 8.16）外，对高架场法不做进一步介绍。

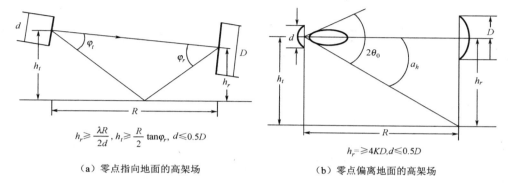

$$h_r \geqslant \frac{\lambda R}{2d}, h_t \geqslant \frac{R}{2}\tan\varphi_r, d \leqslant 0.5D$$

（a）零点指向地面的高架场

$$h_r \geqslant 4KD, d \leqslant 0.5D$$

（b）零点偏离地面的高架场

图 8.16 高架场法布置

8.2.5 远场增益测试

雷达天线的绝对增益测试常用比较法，即选择一个中等增益的标准增益天线作为基准进行增益比较测试。将相同的接收机和馈电线路分别接到待测天线和标准增益天线，并且使它们与源天线对准，记录读数，通过比较可求出待测天线的绝对增益。其难度在于一般选取标准增益天线的增益比待测天线小 20dB 左右，而前者波束宽度较宽，很难避开地面反射影响。为了处理地面反射对增益测试的影响，不同的思路造成不同的测试方法和不同的结果。下面简介三种方法。

1. 三点法

如图 8.17 所示，源天线（发射天线）架在塔顶，标准增益天线放的距离源天线较近，且对准源天线时仰角大，以避免主瓣打到地上。增益计算公式为

$$G = G_{标} + 20\lg\frac{R_{测}}{R_{标}} + \Delta G \quad \text{(dB)} \tag{8.19}$$

式中，$G_{标}$ 为标准天线增益；$R_{测}$ 和 $R_{标}$ 分别为待测天线和标准天线与发射天线间的斜距；ΔG 为待测天线和标准天线分别对准发射天线时信号分贝数的差值。

此方法应注意 $R_{测}$ 和 $R_{标}$ 的测量和修正，以及两套接收和馈电线路的插入损耗一致性的测量和修正。在测试过程中，要反复控制发射天线分别对准待测天线和标准天线，该方法测试效率低、过程烦琐、精度较差。

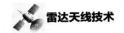

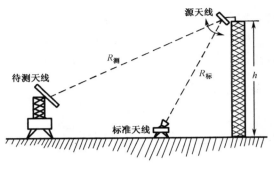

图 8.17 三点法

2. S 曲线法

S 曲线法是将标准天线放在待测天线附近。当标准天线放置在待测天线附近的电动升降梯上时，通过标准天线上下滑动，测得在待测天线垂直口径范围内，标准天线信号电平变化近似为 S 曲线。取 S 曲线的平均值作为标准天线信号电平值来计算待测天线增益，可降低或消除地面反射对增益测试的影响。由于是同一套接收系统和电缆进行交换，引入的误差小。当 S 曲线起伏不超过 3dB 时，地面反射引入的增益测试误差是较小的。计算公式为

$$G = G_{标} + \Delta G \quad (\text{dB}) \tag{8.20}$$

式中，ΔG 是待测天线信号最大值大于标准天线信号 S 曲线平均值的分贝数。

3. 最大值法

在反射场测试中常采用最大值法。被测天线高度和发射天线高度严格满足式（8.13）的要求。因为对待测天线和标准天线而言，地面反射均从主瓣峰值附近进入，即地面反射对两者的影响基本上是一样的。将标准天线架设在待测天线口径中心附近，并且分别对准源天线，记录两者最大值的读数差 ΔG，然后由式（8.20）直接计算出增益。也可仿照 S 曲线法，把标准天线架设在电动升降梯上，通过上下滑动标准天线来验证在待测天线口径中心处接收到的信号为最大值。在实际工程应用中，由于待测天线垂直口径大，发射信号（考虑地面镜像影响后）在口径上的幅相分布不均匀，可能造成增益测量值比真实值低 0.1dB～0.3dB，计算中必须加以修正。

8.2.6 测试方法的比较和选择

反射场法、斜距场法和高架场法都是常规远场测试法，这三种方法的比较如表 8.1 所示。

表 8.1　三种远场测试法比较

比较内容	反射场法	斜距场法	高架场法	备注
最佳适用频段	低于 X 波段	高于 L 波段	全频段	—
测试距离	$R \geq K \dfrac{2D^2}{\lambda}$	$R \geq K \dfrac{2D^2}{\lambda}$	$R \geq K \dfrac{2D^2}{\lambda}$	$K \geq 1$
地面反射	$\rho = 1$ $\varphi = 180°$	场地和 AUT 打地电平有关，抑制地面反射–50dB 以下	与场地有关，抑制地面反射–60dB 以下	—
场地周围环境（有源和无源干扰）	最难保证	较难保证	易保证	—
双极化和圆极化性能	好 擦地角尽可能小	较差	好	—
测垂直面方向图的可能性	不行	角度范围较小	小角度范围	—
适用垂直面波束宽度	中到大	小	中	—
可测天线	所有天线	所有天线	一般是轻便中小天线	—
超低副瓣天线可测性	可实现–40dB 天线测试	特殊情况可实现–40dB 天线测试	好	—
背瓣测试准确性	较好	差	好	—
场地有效占地面积	大	较小	较小	—
场地平坦度	严	次之	不严	—
雷达工作状态下的垂直面波瓣测试和低空水平面波瓣测试	不行	行	不行	—

由表 8.1 可知，反射场法是适用于雷达天线测试的性能较好的一种常规远场测试法，但通常由于试验场投资太大，故实用中常借用闲置机场或开阔的农田进行反射场测试。高架场法是性能最好的一种测试场，选用简易塔或建筑物实现高架场法也只能测试中小天线，除非利用合适的山顶建造高架场，但投资费用高。斜距场法虽然性能稍次之，但只要有中等投资，恰当地选点建塔，或者在合适的山顶架设发射天线，也能较好地完成许多雷达天线测试任务，是应用很广的一种测试方法。

8.2.7　自动化远场测试系统

下面介绍一种以 HP8530A 微波幅相接收机（简称接收机）为核心的 HP85301B 天线自动化测试系统。

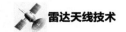

1. 系统组成和工作原理

该系统是主要由 HP85301B 天线分析仪、FR959 天线测试软件和 ORBIT 天线测试转台构成的全自动化、高精度的天线远场测试系统，其组成框图如图 8.18 所示。

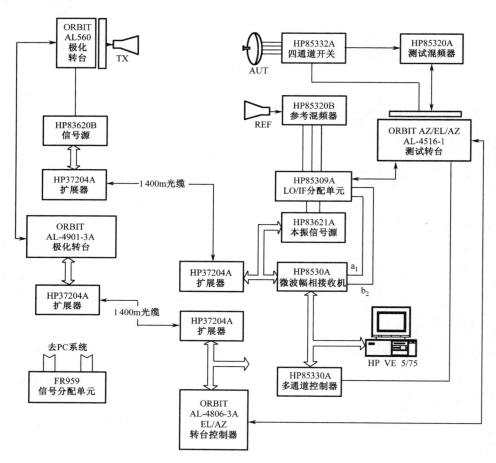

图 8.18　HP85301B 天线远场测试系统组成框图

该系统工作原理如下：AUT 天线和 REF 天线把接收的来自源天线的测试信号分别送至测试混频器 HP85320A 和参考混频器 HP85320B，两个混频器分别将接收的信号进行基波混频获得 20MHz 中频信号，经过 HP85309A 本振/中频（LO/IF）分配单元把这两路中频信号分别送到 HP8530A 接收机的 b_2 和 a_1 端口。HP8530A 将 b_2 和 a_1 端口信号进行比较，经过处理可得到被测信号的幅度和相位信息。HP83621A 为测试和参考混频器提供本振信号，它不仅受 HP8530A 的控制，而且受 HP37204A 的控制，以确保与发射天线的射频信号相对应。多通道控制器 HP85330A 控制 HP85332A 四通道 PIN 开关 SP4T 的切换，实现被测天线多通道的测量；转台控制器 AL-4806-3A 控制 AL-4516-1 测试转台，可选用手动方式或自动方式（计算机控制）进行控制。FR959 信号分配单元（SDU）的功能是将转台控制器送来的 BCD 角度信号送至计算机。为了实现对远场发射信号和极化转台的远距离控制，还需要通过两对扩展器 HP37204A 和两路光纤电缆，一路用于控制信号源 HP83620B，另一路用于控制极化转台 AL-4901-3A。

在自动测试状态下，进入 FR959 天线测试软件环境后，需对 HP85301B 测试系统进行测试参数设置。这些参数包括测试频率、测试通道、转台的转角范围、角度增量和所要控制的转轴；设置完毕后即可进入测试预备状态。启动测试后，计算机将这些参数传送给 HP8530A 接收机和 AL-4806-3A 转台控制器，HP8530A 接收机对送来的测试参数进行初始化；转台控制器对角度的控制参数进行初始化，完成初始化后便进入测试状态。此时计算机发出指令，控制信号源的发射状态和接收机的接收状态，计算机实时录取和显示测试数据，并且将所获得的测试数据全部储存在用户所指定的文件中。

对收、发不可逆的雷达天线发射方向图进行测试，原理上也可以用如图 8.18 所示的系统，但需要做一些变动。本书不再详细介绍，请读者查阅相关资料。

2．测试系统功能

（1）测试功能。

① 多频率：根据频率选择的不同方式，一次最多可获得 80 个频率点的测试数据。频率选择方式有步进和列表两种。根据待测天线和测试系统的状态，如果能充分利用多频功能，那么对提高测试效率作用极大。

② 多通道：根据所选附件的不同，最多可以配置 128 个测试通道。如果仅配置"SP4T"PIN 4 通道开关，则可同时获得 4 个通道的测试数据，已经可满足单脉冲天线或同时多波束天线的一般测试需要。

③ 电轴对准：根据所设转台轴，在各自转轴允许的角度范围内，可实现自动对准信号最大的方向。

④ 自动寻零：当天线波束指向任意一个角度时，可对该角度进行寻零。

⑤ 校准功能：根据需要，可对待测天线进行校准测试，并且根据校准数据或用户编制的校准表，直接得出待测天线的增益参数。

⑥ 批处理测试：根据所要完成的天线性能测试的不同要求，定义出各个测试文件，然后将这些定义好的测试文件加入批处理测试菜单并启动批处理按键。

（2）数据分析功能。

① 波瓣图归一处理：根据用户需求，选择一条或一组波瓣，对所测试的波瓣图进行归一。

② 波瓣图参数分析：根据用户所选图形，在不同坐标下对天线波束的最大值

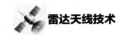

及位置、波瓣宽度、副瓣电平、零深等天线波瓣参数进行图形和数值显示。

③ 设置检测线：根据技术指标设置达标检测线，以此线判别待测天线是否达到技术指标要求。

3．系统的主要指标

自动化远场测试系统的主要技术指标如表 8.2 所示。

表 8.2　自动化远场测试系统的主要技术指标

参　　　数	指标要求
频率覆盖范围	0.03GHz～3GHz 或 2GHz～18GHz
接收机灵敏度	−110dBm（2GHz～18GHz）
最大动态范围	89dB
测试/参考通道隔离	100dB
采集速度（Fastcw 模式）	5000 点/s
幅度分辨率	0.01dB
相位分辨率	0.01°
频率分辨率	1Hz
角度精度	0.02°

4．转台

转台（含 3 轴控制器）是自动化测试系统的关键设备，是方向图角度测试精度的基本保证，有关文献介绍的自动化测试系统中采用了以色列 ORBIT 公司的系列转台。表 8.3 摘取了小、中、大 3 种三维转台的主要技术指标，可根据雷达天线的实际负载情况选用。在大型雷达天线测试中，合理设计天线与转台的转接支架，对于安全、正确地使用转台很重要。

表 8.3　ORBIT 转台主要技术指标

参数		AI-4516-1	AL-4507	AL-4509
弯矩（kg·m）		4149	6223	20745
垂直负荷（kg）		13608	13608	18144
传递力矩	上方位（kg·m）	387	692	4149
	俯仰（kg·m）	2766	4149	13845
	下方位（kg·m）	830	830	4149
额定力矩	上方位（kg·m）	581	968	4840
	俯仰（kg·m）	4149	6224	20745
	下方位（kg·m）	1936	1936	6224

参数		AI-4516-1	AL-4507	AL-4509
零仰角时的高度（m）		1.524	1.829	2.510
重量（kg）		2041	3175	9979
驱动功率	上方位（马力）	3/4	3/4	5
	俯仰（马力）	3/4	3/4	5
	下方位（马力）	3/4	3/4	5
标称速度	上方位（r/min）	0.5	0.5	0.33
	俯仰（°／min）	20	15	25
	方位（r／min）	0.3	0.3	0.2
同步精度	上方位（°）	±0.03	±0.03	±0.02
	俯仰（°）	±0.04	±0.04	±0.04
	下方位（°）	±0.03	±0.03	±0.02
最大回差	上方位（°）	0.05	0.04	0.04
	俯仰（°）	0.03	0.03	0.03
	下方位（°）	0.04	0.04	0.03
俯仰范围（°）		+92 −45	+92 −45	+92 −35
角度编码器（bit）		17	17	17

注：1 马力=745.7W=745.7N·m/s。

8.3　紧缩场测试技术

紧缩场是利用大型源天线形成人工平面波区域（静区），然后将待测天线架设在幅相近似均匀的静区内，实现天线远场方向图直接测试的一种方法。

紧缩场法与远场法相比，有下述优点：

① 收发天线间的距离短，大大减小了实际占用空间；

② 测试可在暗室里进行，不仅外界电磁干扰影响小，并且可全天候高效工作，便于管理，保密性好；

③ 便于实现待测天线发射波瓣测试；

④ 所需发射源的功率小。

8.3.1　对静区的要求

静区是指待测天线测试必需的理想平面波空间（$W \times H \times L$）。H 为静区的高度，

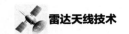

应大于待测天线垂直口径；W 为静区的宽度，由于在测试过程中天线在该面内转动，因此 W 应适当大于待测天线水平口径；L 为静区的深度，在一般情况下应和 W 相当，以保证 360°范围的方向图测试。

紧缩场测试法的实质是远场测试法，因此静区的幅相要求应与远场测试法要求一致。即对于一般天线，相位起伏小于 π/8，幅度起伏为 0.5dB～1dB。对于超低副瓣天线测试，相位起伏应小于 π/16，甚至小于 π/32，幅度起伏为 0.25dB～0.5dB。

静区中心到紧缩场反射体的距离 R，一般不小于反射体焦距的两倍，以减少待测天线与反射体之间的耦合。

8.3.2 均匀平面波的形成

对于紧缩场测试，最关键的是平面波形成技术。图 8.19 给出了产生均匀平面波的 4 种方法，但在实际工程应用中，从形成均匀平面波的幅相精度、覆盖区域、工作频带、极化调整和成本等方面综合考虑，大多采用图 8.19（d）所示的方法。为了达到上述对静区的要求，必须对紧缩场反射器和照射馈源进行综合设计。

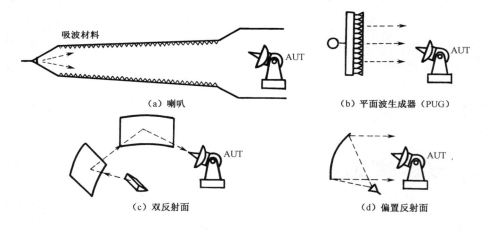

图 8.19 产生均匀平面波的 4 种方法

1. 紧缩场反射面

紧缩场反射面应满足以下要求。

（1）紧缩场反射面的口径至少应为工作区（静区）尺寸（$W×H$）的 2～3 倍，才能达到规定的幅相误差要求。

（2）采用偏馈切割抛物面反射面，把最有利的空间让给工作区，并且适当布置吸收材料以尽量减小初级馈源及其支架的遮挡和绕射对工作区幅相分布的影响。

（3）为了减小偏馈抛物面天线交叉极化和空间衰减效应，采用焦距较长的抛物面，一般取焦距口径比 f/D 为 0.6～0.8。

（4）反射面的表面公差也会影响静区的幅相精度，一般按低副瓣天线公差要求设计，取表面均方根误差 δ_{rms}=0.006λ～0.01λ。

（5）一般的反射面天线口径边缘绕射较强，与反射线叠加后引起静区内幅相起伏较大。幅度起伏 3dB、相位起伏±12° 是常见的。为此，采用带锯齿的反射面来减少边沿绕射影响。图 8.20 给出了偏馈切割抛物面反射面边沿有、无锯齿的仿真实例，其反面器口径为 45λ，四周布置深度为 9λ、宽度为 5λ 的锯齿，可以使平面波幅度波纹下降到小于±0.5dB，相位波纹小于±3°。还可以采用不同的卷边来消除绕射影响，如图 8.21 所示，它可以把 3dB 的幅度起伏降低到 1dB 以下。如果在反射面边沿加装楔形吸波材料，可进一步减少杂散散射和绕射。

（6）反射面常用整块材料加工，一般不采用拼装结构。通过从国外引进的波源天线来看，反射面实体是用玻璃-树脂-铝蜂窝复合材料制成的，表面镀银，银层厚度约为 0.1mm。但当源天线反射面尺寸很大时，也有可能采用拼装结构。理论和实践证明，合理设计和制造拼装结构，可以把缝隙再辐射引起的波纹减到允许范围以内。

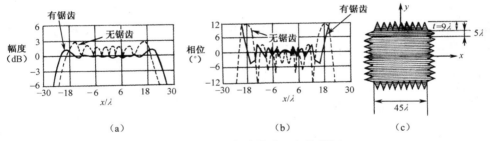

图 8.20　有、无锯齿的菲涅尔绕射图

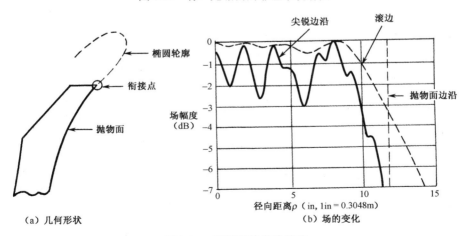

图 8.21　反射面的卷边处理

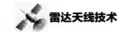

2．初级馈源

在紧缩场反射面的尺寸确定以后，为了得到最大的静区，对初级馈源的基本要求如下。

（1）要使反射面形成中部尽量平坦，边沿锐降的照射分布。

（2）降低宽角辐时泄漏和背瓣。

（3）频带宽、极化纯或极化可调。

除设计满足上述要求的馈源外，为了减少馈源到达静区的直接辐射，应在馈源和紧缩场反射面之间加装高质量吸波材料。

一般采用的初级馈源如下。

（1）角锥喇叭、脊喇叭。其主要优点是频带宽。

（2）波纹喇叭。E、H面波瓣宽度相等，能实现反射面中部均匀照射，且副瓣及背瓣低。

（3）阵列馈源。容易实现波束赋形和陡降的边沿馈电，静区幅度均匀，但极化调整和宽频带较难实现。

（4）复合馈源（喇叭+副反射面）。可实现波束赋形，边沿泄漏小，形成平面波的范围大。有文献介绍了复合馈源作为偏置抛物面天线馈源的实例，通过直径为40英尺（12.2m）的反射面与复合馈源的最佳设计可形成直径为28英尺（8.54m）的静区。

8.3.3　紧缩场暗室

为了全天候工作，防止外来干扰和提高工作效率，紧缩场一般配置在微波暗室里。

1．暗室形状和尺寸选择

微波暗室的形状一般选用长方体，纵向尺寸应考虑收发天线间距、波源天线尺寸、源天线与其后墙距离，以及待测天线与其后墙距离的合理选择。

暗室的横截面一般选用正方形，尺寸主要由波源天线的大小决定。三种波源天线尺寸和相应的暗室最小尺寸如表8.4所示。

表8.4　三种波源天线尺寸和相应的暗室最小尺寸

波源天线尺寸（m）	暗室最小尺寸（m）
1×1	3×2×2
2.5×2.5	8×4×4
5.2×4.6	13×7×7

在一般紧缩场暗室中，静区为圆柱形，长度约为波源天线口径的一半，圆柱形直径约为波源天线口径尺寸的 50%～70%，使用时需根据对平面波均匀程度的要求来确定。

2．吸波材料配置

与远场微波暗室相比，紧缩场中来自侧墙、天花板和地板的反射是较弱的，因为波源天线的射束是准直的。为了吸收准直射束的能量，必须在待测天线背后墙壁上配置吸收性能优良的宽带吸波材料，在其他墙面仅需配装一般性能的宽带吸波材料即可。紧缩场暗室整体配置及吸波材料要求如图 8.22 所示。

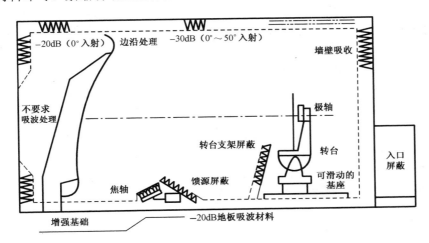

图 8.22　紧缩场暗室整体配置及吸波材料要求

8.3.4　紧缩场测试和应用

1．天线远场测试

验证紧缩场是否满足特定项目的测试要求，一般采用场探针法对要求的工作频带上的静区尺寸及区内的照射场进行幅度、相位和极化检验。

用紧缩场法测试天线远场参数，所需的测试仪表设备与常规的天线远场测试相同，包括信号源、接收机、记录仪和转台等。测试方法也和常规远场测试相同，故不再重复介绍。

由于尺寸限制，紧缩场法主要用于中、小尺寸天线测试（一般工作频率为1GHz～40GHz）。如果有需求和资金供给，也可以在室外建立大型紧缩场，满足大型雷达天线测试需要。

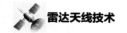

2. 天线 RCS 测试

紧缩场在测试静区产生一个性能良好的平面波，照射被测目标，实现目标 RCS 的精确测试，已广泛应用于隐身相控阵天线、隐身载体平台等目标的高精度 RCS 测试。测试系统主要由紧缩场反射面天线、馈源天线、低 RCS 泡沫支架及转台、低 RCS 金属支架，以及以 PNA-X 矢量网络分析仪为核心的射频测试系统等部分组成，其系统框图如图 8.23 所示。

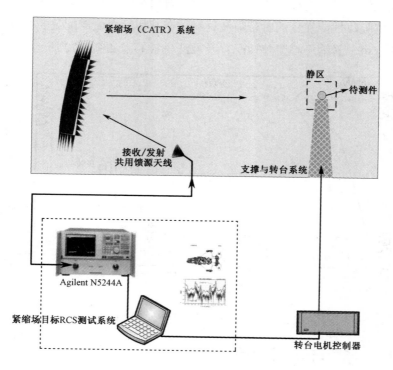

图 8.23　紧缩场 RCS 测试系统框图

首先，测试空暗室（含泡沫支架）背景散射信号；然后，将定标球放置在目标支架上，测试定标体散射信号；最后，将待测目标按指定姿态放置在泡沫支架上，测试其在规定频域及角域范围内的散射信号。

测试数据采集完成后，开始进行数据处理。首先，将采集的定标数据、目标数据和背景数据进行矢量背景对消和时域门处理，以消除泡沫支架、馈源泄漏、紧缩场边缘强反射、后墙强反射等杂波影响；然后，将目标反射信号和已知 RCS 的定标球进行对比，即可获得待测目标 RCS。RCS 测试的基本公式为

$$\sigma_t = \frac{|\boldsymbol{E}_t|^2 - |\boldsymbol{E}_b|^2}{|\boldsymbol{E}_c|^2 - |\boldsymbol{E}_b|^2} \sigma_c \tag{8.21}$$

式中，E_t 为待测目标的散射信号；E_c 为定标球的散射信号；E_b 为暗室背景的散射信号；σ_t 为待测目标的 RCS；σ_c 为已知目标的 RCS。

待测目标的 RCS 测试精度与测试背景紧密相关。假定待测目标的散射信号为 E_t，背景散射信号是 E_b，两者夹角为 ϕ，如图 8.24 所示附加背景影响后的实际接收散射信号 E_t 为

$$E_t = E_s + E_b \tag{8.22}$$

写成标量形式

$$E_t = \sqrt{[(E_s)^2 + (E_b)^2 + 2E_s E_b \cos\phi]}$$

$$\approx E_s\left(1 + \frac{E_b \cos\phi}{E_s}\right) = E_s(1+\alpha) \tag{8.23}$$

当 $\phi = 0°$ 或 $180°$ 时，对应的最大误差和最小误差分别为

$$\begin{cases} \Delta\sigma_{\max} = 20\lg(1+|\alpha|) \\ \Delta\sigma_{\min} = 20\lg(1-|\alpha|) \end{cases} \tag{8.24}$$

式（8.24）计算结果如图 8.25 所示。

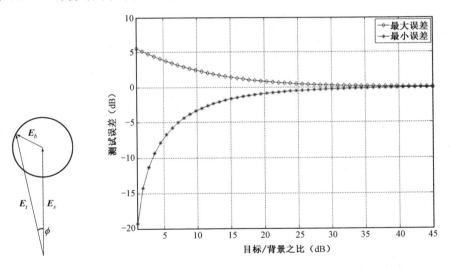

图 8.24　矢量合成原理图　　　图 8.25　目标/背景回波与 RCS 测试精度的关系

从图 8.25 中可以看出，当目标电平比背景高 20dB 时，RCS 测试精度约为 $\pm 1\text{dB}$。

8.4　近场扫描测试技术

天线近场扫描测试技术是用一个特性已知的探头在待测天线近场区扫描，测

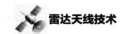

得扫描面上场的幅度和相位分布，通过近/远场变换确定待测天线远场特性的一种间接测试技术。一般将扫描面取为平面、柱面或球面，相应地称为平面、柱面或球面近场扫描测试技术。

球面近扫描测试技术主要用于低增益天线测试；柱面近场扫描测试技术一般用于中等增益天线测试；平面近场扫描测试技术一般用于高增益天线测试。本节主要讨论在雷达天线测试中应用最广的平面近场扫描测试技术。

8.4.1　平面近场扫描测试技术

1．平面波展开与合成

在无源区内，任何正弦电磁波都可以表示为沿不同方向传播的一系列平面波分量的叠加，只要知道每个平面波的复分量与传播方向的关系，天线辐射场的空间特性就完全确定了。假定待测天线位于直角坐标系的 xOy 平面，其口径面几何中心与坐标原点重合，如图 8.26 所示。

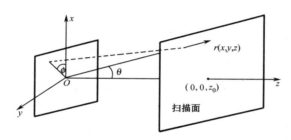

图 8.26　测试坐标系

在 $z>0$ 的无源区内，电磁场在直角坐标系中的一般解为

$$E(x,y,z) = \int_{-\infty}^{\infty}\int_{-\infty}^{\infty} A(k_x,k_y)\exp(-j\boldsymbol{k}\cdot\boldsymbol{r})dk_x dk_y \tag{8.25}$$

$$H(x,y,z) = \frac{1}{\omega\mu}\int_{-\infty}^{\infty}\int_{-\infty}^{\infty} \boldsymbol{k}\times A(k_x,k_y)\exp(-j\boldsymbol{k}\cdot\boldsymbol{r})dk_x dk_y \tag{8.26}$$

$$k_x A_x(k_x,k_y) + k_y A_y(k_x,k_y) + k_z A_z(k_x,k_y) = 0 \tag{8.27}$$

式中，$A(k)$ 为场的平面波谱，表示沿 $\boldsymbol{k}$ 方向传播的平面波复矢量。

$$A(k) = A_x(k)\boldsymbol{x} + A_y(k)\boldsymbol{y} + A_z(k)\boldsymbol{z} \tag{8.28}$$

$\boldsymbol{r}$ 为观察点(x,y,z)的位置矢量。$\boldsymbol{k}$ 为矢量波数，它的值由 $k=2\pi/\lambda$ 确定，其方向为平面波传播方向，在实空间中 $\boldsymbol{k}$ 的三个分量与球坐标的关系可写为

$$k_x = k\sin\theta\cos\phi, \quad k_y = k\sin\theta\sin\phi, \quad k_z = k\cos\theta$$

假定平面近场测试是在 $z=z_0$（常数）的无限大平面上进行，则在该平面上的电场横向分量为

$$E(x,y,z_0) = \int_{-\infty}^{\infty}\int_{-\infty}^{\infty} A_t(k_x,k_y)\exp(-jz_0k_z)\cdot\exp\Big[-j\big(xk_x+yk_y\big)\Big]dk_xdk_y \quad (8.29)$$

经二维傅里叶变换为

$$A_t(k_x,k_y) = \frac{1}{4\pi^2}\exp(jz_0k_z)\int_{-\infty}^{\infty}\int_{-\infty}^{\infty} E(x,y,z_0)\cdot\exp\Big[j\big(xk_x+yk_y\big)\Big]dxdy \quad (8.30)$$

用式（8.30）求出 $A_t(k_x,k_y)$，用式（8.27）求出 $A_z(k_x,k_y)$，再用式（8.25）和式（8.26）可以求得 $z>0$ 区域内任一点的场。

计算式（8.25）中的二重积分一般是很困难的，但当 $z>0$（即前半空间）和 $r\to\infty$ 时，由于衰减模的贡献趋于零，对于 k_x 和 k_y 的积分可缩小到 $k_x^2+k_y^2\leqslant k^2$ 的范围内，利用二维驻相法进行近似计算可得被测天线远区辐射场为

$$E(x,y,z) = j\frac{2\pi k_z}{r}A(k_x,k_y)\exp(-jk\cdot r) \quad (8.31)$$

由式（8.31）可知，天线远场随 r 的变化形式为 $\frac{1}{r}\exp(-jk\cdot r)$，远场方向图函数 $F(\theta,\phi)$ 与平面波谱函数 $A(k_x,k_y)$ 的关系为

$$F(\theta,\phi) = Ck_z A(k\sin\theta\cos\phi,k\sin\theta\sin\phi) \quad (8.32)$$

式中，C 为与 (θ,ϕ) 无关的常数。

当 $k_x^2+k_y^2>k^2$ 时，所对应的平面波谱是沿 z 方向呈指数衰减的凋落波，它们对远场无贡献。因此，只要知道平面波谱函数 $A(k_x,k_y)$ 在 $k_x^2+k_y^2\leqslant k^2$ 范围内的值，就能确定天线远场方向图。式（8.32）可写为

$$F(\theta,\phi) = F_\theta(\theta,\phi)\hat{\theta} + F_\phi(\theta,\phi)\hat{\phi} \quad (8.33)$$

式中，

$$F_\theta(\theta,\phi) = A_x(k_x,k_y)\cos\phi + A_y(k_x,k_y)\sin\phi \quad (8.34)$$

$$F_\phi(\theta,\phi) = \Big[-A_x(k_x,k_y)\sin\phi + A_y(k_x,k_y)\cos\phi\Big]\cos\theta \quad (8.35)$$

2. 探头补偿

在近场测量中，实际使用的探头是一个小天线（如开口波导），而不可能是理想点源。为了精确地推算出天线远场性能，必须计及探头本身特性的影响。当不考虑待测天线和探头之间的多次反射时，探头测试值是待测天线辐射场在探头接收截面上的加权平均。下面用洛伦兹互易定理建立探头与待测天线间的耦合方程，进而推导出包括探头影响在内的近远场变换关系式。

设待测天线 A 发射，探头天线（简称探头）B 接收，它们之间的位置关系如图 8.27 所示。取 V 为闭合面 Σ_A 和 Σ_B 所限定的区域，其中 Σ_A 由 $z=a(0<a<z_0)$ 的平面 S_p 与半径趋于无穷大的右半球面 S_∞ 所构成；Σ_B 由 S'_0 和 S_1 构成，S_1 是紧贴探头和馈源的金属壁表面，如图 8.27 中虚线所示。

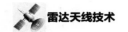

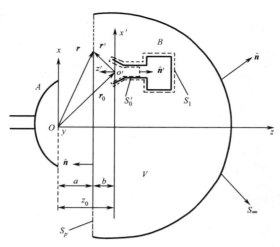

图 8.27　待测天线 A 和探头 B 的位置关系

令 (E_A, H_A) 为待测天线发射而被探头所接收的总电磁场；(E_B, H_B) 为探头发射而待测天线所接收的总电磁。若忽略待测天线和探头天线之间的多次反射，则有

$$\begin{cases} E_A = E_a + E_{bs} \\ H_A = H_a + H_{bs} \\ E_B = E_b + E_{as} \\ H_B = H_b + H_{as} \end{cases} \tag{8.36}$$

式中，(E_a, H_a)、(E_b, H_b) 分别是待测天线、探头发射时产生的一次辐射场；(E_{as}, H_{as}) 是探头发射时因待测天线存在而产生的散射场，(E_{bs}, H_{bs}) 是待测天线发射时因探头存在而产生的散射场。

在所取区域 V 内，既不含场 (E_A, H_A) 的源 J_A，也不含场 (E_B, H_B) 的源 J_B，根据洛伦兹互易定理有

$$\oint_S (E_A \times H_B - E_B \times H_A) \cdot \hat{n} \mathrm{d}s = \oint_V (J_A \cdot H_B - J_B \cdot E_A) \mathrm{d}v$$

可得

$$\oint_{S_p + S_\infty + S_0' + S_1} (E_A \times H_B - E_B \times H_A) \cdot \hat{n} \mathrm{d}s = 0 \tag{8.37}$$

考察上式各部分积分可得探头天线的输出信号为

$$P_B(r_0) = \int_{S_p} (E_A \times H_B - E_B \times H_A) \cdot \hat{n} \mathrm{d}s \tag{8.38}$$

将式（8.36）代入上式可得

$$P_B(r_0) = \int_{S_p} (E_a \times H_b - E_b \times H_a) \cdot \hat{n}_p \mathrm{d}s + \int_{S_p} (E_a \times H_{as} - E_{as} \times H_a) \cdot \hat{n}_p \mathrm{d}s +$$

$$\int_{S_p} (E_{bs} \times H_b - E_b \times H_{bs}) \cdot \hat{n}_p \mathrm{d}s + \int_{S_p} (E_{bs} \times H_{as} - E_{as} \times H_{bs}) \cdot \hat{n}_p \mathrm{d}s \tag{8.39}$$

可以证明上式右侧第 1 项、第 3 项积分等于零，第 4 项积分的被积函数是两个散射小量矢量积之差，可以略去不计。因此，式（8.39）变为

$$P_B(r_0) = \int_{S_p} (E_a \times H_b - E_b \times H_a) \cdot \hat{n}_p \mathrm{d}s \qquad (8.40)$$

为了进一步简化，仿照式（8.25）和式（8.26），我们将 S_p 上的 (E_a, H_a) 和 (E_b, H_b) 写成平面波谱展开式，此处略去推导过程，可得

$$P_B(r_0) = \frac{8\pi^2}{\omega\mu} \int_{-\infty}^{\infty} \int_{-\infty}^{\infty} k_z A(k_x, k_y) \cdot B(-k_x, k_y) \exp(-jk \cdot r_0) \mathrm{d}k_x \mathrm{d}k_y \qquad (8.41)$$

式（8.41）就是平面近场测量中的耦合公式。由该式可知：

（1）当忽略探头与被测天线间的多次反射时，式（8.41）就是探头在 r_0 处的接收信号计算公式。$A(k_x, k_y)\exp(-jk \cdot r_0)$ 表示待测天线产生的场沿 k 方向传播的平面波在 r_0 处的值，$k_z B(-k_x, k_y)$ 表示探头对 k 方向平面波谱的接收特性，$k_z A(k_x, k_y) \cdot B(-k_x, k_y)\exp(-jk \cdot r_0)$ 表示探头对 k 方向平面波的接收分量。

（2）由于 $k_z B(-k_x, k_y)$ 正比于探头的接收方向图，因此当平面波 $A(k_x, k_y) \cdot \exp(-jk \cdot r_0)$ 投射到探头上时，探头的输出正比于 $k_z A(k_x, k_y) B(-k_x, k_y) \cdot \exp(-jk \cdot r_0)$。对 (k_x, k_y) 积分表示探头对所有方向的平面波响应进行叠加，即可得到探头在扫描面 r_0 处的总接收信号。

（3）$P_B(r_0)$ 由近场测量获得，$B(-k_x, k_y)$ 由探头特性确定，$A(k_x, k_y)$ 是待求量。对式（8.41）反演，并且考虑到 $k \cdot r_0 = k_x x_0 + k_y y_0 + k_z z_0$ 及 $k_z = (k_x^2 + k_y^2 - k^2)^{1/2}$ 可得

$$k_z A(k_x, k_y) \cdot B(-k_x, k_y)$$
$$= C_1 \exp(jk_z z_0) \cdot \int_{-\infty}^{\infty} \int_{-\infty}^{\infty} P_B(x_0, y_0, z_0) \exp\left[j\left(k_x x_0 + k_y y_0 \right) \right] \mathrm{d}x_0 \mathrm{d}y_0 \qquad (8.42)$$

式中，$C_1 = \dfrac{1}{4\pi^2} \dfrac{\omega\mu}{8\pi^2}$。

在平面波谱与待测天线远场方向图的关系式（8.28）中，$k_z A(k_x, k_y)$ 实际上是被测天线远场矢量方向图 $F(\theta, \phi)$，即

$$A(k_x, k_y) = \frac{1}{k_z C_2}\left[F_\theta(\theta, \phi)\hat{\theta} + F_\phi(\theta, \phi)\hat{\phi} \right]$$

$B(-k_x, k_y)$ 是探头的远场矢量方向图 $f(\theta, \pi - \phi)$

$$B(-k_x, k_y) = \frac{1}{k_z C_2}\left[-f_\theta(\theta, \pi - \phi)\hat{\theta} + f_\phi(\theta, \pi - \phi)\hat{\phi} \right]$$

式中，$C_2 = j\exp(-jkr)/r$。

将上述两式代入式（8.42）并略去与 (θ, ϕ) 无关的常数，可得

$$-F_\theta(\theta, \phi)f_\theta(\theta, \pi - \phi) + F_\phi(\theta, \phi)f_\phi(\theta, \pi - \phi) = \cos\theta \exp(jkz\cos\theta) \int_{-\infty}^{\infty} \int_{-\infty}^{\infty} P_B(x_0, y_0, z_0) \cdot$$
$$\exp\left[jk\left(x_0 \sin\theta\cos\phi + y_0 \sin\theta\cos\phi \right) \right] \mathrm{d}x_0 \mathrm{d}y_0 \qquad (8.43)$$

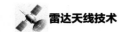

在式（8.43）中，$P_B(x_0,y_0,z_0)$由测试确定，$f_\theta(\theta,\pi-\phi)$和$f_\phi(\theta,\pi-\phi)$可由预先校准探头的方向图而得知，应求解的未知数是$F_\theta(\theta,\phi)$和$F_\phi(\theta,\phi)$。

在一般情况下，用同一探头或两个独立探头进行正交测试，由获得的两组$P_B(x_0,y_0,z_0)$测试值建立两个等式联立求解，就能得到待测天线远场方向图。该探头水平放置时的方向图为$f_\theta^H(\theta,\pi-\phi)\hat{\boldsymbol\theta}+f_\phi^H(\theta,\pi-\phi)\hat{\boldsymbol\phi}$，垂直放置时的方向图为$f_\theta^V(\theta,\pi-\phi)\hat{\boldsymbol\theta}+f_\phi^V(\theta,\pi-\phi)\hat{\boldsymbol\phi}$，这两种情况下的探头输出分别为$P_B^H(x_0,y_0,z_0)$和$P_B^V(x_0,y_0,z_0)$时，则由式（8.43）可得联立方程为

$$\begin{cases} -F_\theta(\theta,\phi)\cdot f_\theta^H(\theta,\pi-\phi)+F_\phi(\theta,\phi)\cdot f_\phi^H(\theta,\pi-\phi)=\cos\theta\cdot I_H(\theta,\phi) \\ -F_\theta(\theta,\phi)\cdot f_\theta^V(\theta,\pi-\phi)+F_\phi(\theta,\phi)\cdot f_\phi^V(\theta,\pi-\phi)=\cos\theta\cdot I_V(\theta,\phi) \end{cases} \tag{8.44}$$

式中，

$$I_H(\theta,\phi)=\exp(\mathrm{j}kz_0\cos\theta)\int_{-\infty}^{\infty}\int_{-\infty}^{\infty}P_B^H(x_0,y_0,z_0)\exp(\mathrm{j}k\psi)\mathrm{d}x_0\mathrm{d}y_0$$

$$I_V(\theta,\phi)=\exp(\mathrm{j}kz_0\cos\theta)\int_{-\infty}^{\infty}\int_{-\infty}^{\infty}P_B^V(x_0,y_0,z_0)\exp(\mathrm{j}k\psi)\mathrm{d}x_0\mathrm{d}y_0$$

$$\psi=x_0\sin\theta\cos\phi+y_0\sin\theta\sin\phi$$

式（8.44）是一个线性方程组，当系数行列式

$$\Delta(\theta,\phi)=\begin{vmatrix} -f_\theta^H(\theta,\pi-\phi) & f_\phi^H(\theta,\pi-\phi) \\ -f_\theta^V(\theta,\pi-\phi) & f_\phi^V(\theta,\pi-\phi) \end{vmatrix}$$

不等于零时，其解为

$$\begin{cases} E_\theta(\theta,\phi)=\dfrac{\cos\theta}{\Delta(\theta,\phi)}\Big[I_H(\theta,\phi)f_\theta^V(\theta,\pi-\phi)-f_\phi^H(\theta,\pi-\phi)I_V(\theta,\phi)\Big] \\[3mm] E_\phi(\theta,\phi)=\dfrac{\cos\theta}{\Delta(\theta,\phi)}\Big[I_H(\theta,\phi)f_\theta^V(\theta,\pi-\phi)-f_\phi^H(\theta,\phi)I_V(\theta,\pi-\phi)\Big] \end{cases} \tag{8.45}$$

式（8.45）就是由平面扫描近场测量数据确定天线远场方向图的基本表示式。值得说明的是：

（1）当系数行列式$\Delta(\theta,\phi)=0$时，意味着探头的水平极化波瓣和垂直极化波瓣完全相同。为了使$\Delta(\theta,\phi)\neq0$，探头不能是圆极化的。

（2）在一般情况下，需要用同一探头或两个独立探头进行两次正交扫描测量，获得两组$P_B(x_0,y_0,z_0)$近场数据才能求得被测天线远场方向图。如果探头是极化纯度较高的线极化，当探头极化与被测天线极化一致时，只需要一次扫描就能确定被测天线主极化远场方向图。当然，要确定被测天线交叉极化远场方向图，探头还需要做另一次正交取向的扫描测量。

（3）近场扫描测量必须同时采集被测天线的幅度和相位信息，即探头输出的$P_B(x_0,y_0,z_0)$是一个复量。

3．扫描面参数选择

（1）平面栅格取样间距。

由傅里叶变换理论中的奈奎斯特定理可知，不必知道 $z=z_0$ 平面上所有点的场分布，只需测量该平面上以 Δx 和 Δy 为栅格离散点的场分布就能求解远场，其取样间隔 $\Delta x \leqslant \lambda/2$，$\Delta y \leqslant \lambda/2$。$\lambda$ 为被测天线高频段的自由空间波长。

（2）扫描面与被测天线口径面间的距离 z_0。

当 $k_x^2 + k_y^2 > k^2$ 时，波谱衰减因子为 $\alpha = \exp\left[-\left(k_x^2 + k_y^2 - k^2\right)^{1/2} z_0\right]$。当 $k_x^2 + k_y^2 \geqslant (1.5k)^2$ 时，若分别取 $z_0 = 3\lambda$ 和 $z_0 = 5\lambda$，则衰减量分别为 $\alpha \geqslant 183\text{dB}$ 和 $\alpha \geqslant 305\text{dB}$。因此，只要离开天线口径面几个波长，高波数谱所对应的场可以略去不计。但是，为了减小探头与被测天线间多次耦合，z_0 宜选大些；但 z_0 越大，扫描面尺寸越大，因此在实际工作中通常折中选取 $z_0 = 3\lambda \sim 10\lambda$。

（3）扫描面尺寸。

扫描面水平尺寸和垂直尺寸均可由下式确定

$$L = D + 2z_0 \tan\theta_m \tag{8.46}$$

式中，D 为被测天线水平或垂直口径尺寸；z_0 为扫描面到被测天线口径面的距离，θ_m 为水平方向或垂直方向的截断角，如图 8.28 所示。θ_m 的选取范围为 $45° \sim 75°$，它与测量系统的动态范围、扫描面四周的环境情况、要求的远场方向图的测量范围和副瓣测量精度有关。一般应使扫描截止处的场比扫描中心的场至少低 40dB。

4．近场增益测量

Allen. C. Newell 等详细介绍了天线增益平面近场测试技术，在这里仅介绍增益测量比较法。假定被测天线 A 的增益为 G_A，已知标准增益天线 S 的增益为 G_S，在保持源的输出一致的条件下，分别对它们进行近场测量，并且分别求出它们的远场 $\left|\boldsymbol{F}_A(\theta,\phi)\right|_{\max}^2$ 和 $\left|\boldsymbol{F}_S(\theta,\phi)\right|_{\max}^2$，然后由下式求被测天线增益

$$G_A(\text{dB}) = G_S(\text{dB}) + 10\lg\left|\frac{1-\varGamma_G\varGamma_A}{1-\varGamma_G\varGamma_S}\right|^2 + 10\lg\frac{1-\left|\varGamma_S\right|^2}{1-\left|\varGamma_A\right|^2}\frac{\left|\boldsymbol{F}_A(\theta,\phi)\right|_{\max}^2}{\left|\boldsymbol{F}_S(\theta,\phi)\right|_{\max}^2} \tag{8.47}$$

式中，$\varGamma_G$ 是由参考面 S_0 向源看去的反射系数；$\varGamma_A$ 和 $\varGamma_S$ 是由参考面 S_0 分别向被测天线 A 和标准增益天线 S 看去的反射系数，如图 8.29 所示。

上述方法实际上类似于天线远场测试法，但由于近场测试法所需时间较长，要特别注意源的输出信号稳定性。

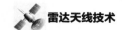
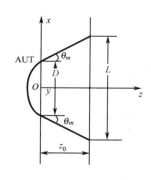

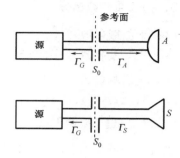

图 8.28　水平方向或垂直方向的截断角示意　　图 8.29　天线增益测试时反射系数示意

5．平面近场测量系统实例

下面简述采用 Agilent 85301B 天线分析仪的大型平面近场测量系统，该系统由美国 NSI 公司负责设计和集成，并且与中国电子科技集团公司第三十八研究所（三十八所）共同完成系统安装与调试，其中脉冲波多频、多波位快速测试功能是三十八所自主开发的。该系统主要由倒 T 形立柱扫描架子系统、以 Agilent 85301B 天线分析仪（含脉冲选件）为核心的射频子系统、XYZ 三维激光跟踪子系统、被测天线机械对准激光传感器、8 通道射频开关子系统、计算机程控接口子系统和功能强大的系统软件等组成，其有效扫描范围、测量功能、测试效率和测量精度等方面都与目前国际先进水平相当。

（1）系统组成简述。

① 扫描架子系统。

大型倒 T 形立柱扫描架为优质钢梁桁架结构，其实物照片如图 8.30 所示。扫描架最大外形机械尺寸为（长×宽×高）22.6m×2.6m×15.0m，有效扫描范围为 18.6m×12.3m，总重量为 24.9t，其中立柱重量为 8.6t。

图 8.30　大型倒 T 形立柱扫描架实物照片

② 射频子系统。

射频子系统主要采用 Agilent 85301B 天线分析仪，在待测天线发射或接收工作模式下的基本原理框图如图 8.31 所示。系统的主要仪表被合理地分装到两个机柜中，如图 8.32 所示。一个机柜安装在微波暗室内扫描架立柱底部的托盘上，可随扫描架立柱沿水平方向移动；另一个机柜安装在控制室，控制线、电源线和射频稳相电缆均安装在坦克链内。射频子系统的主要性能指标如下。

① 连续波信噪比≥60dB，脉冲波信噪比≥40dB。

② 在待测天线收/发工作模式下，泄漏和串扰优于-90dB。

③ 连续波采样速率为 5000 点/s；脉冲波 1600 点/s。

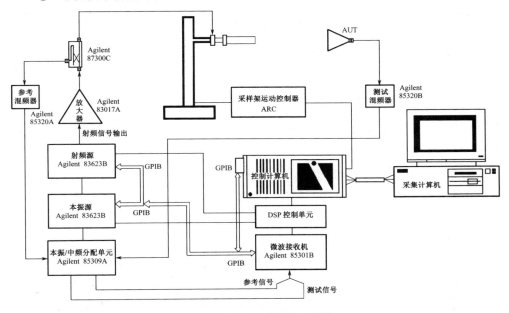

图 8.31 射频子系统原理框图

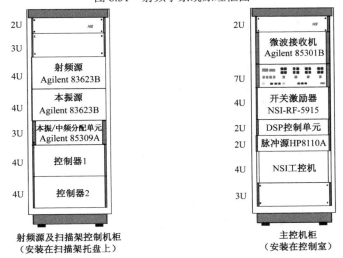

图 8.32 平面近场测试系统机柜

当信号支路和参考支路射频电缆直接连接时，在 f=18.0GHz 频率上进行幅度和相位稳定性测试。在待测天线收/发工作模式下，每小时幅度和相位的变化范围分别为 0.04dB 和 1.37°（发射模式）、0.07dB 和 0.77°（接收模式）。

当采用喇叭作为待测天线发射和开口波导接收时，在 f=18.0GHz 频率上进行幅度和相位稳定性测试，每小时幅度和相位的变化范围分别为 0.12dB 和 1.18°。

③ XYZ 三维激光跟踪子系统。

系统的测量精度为 ±0.005mm/m，在 NSI2000 软件的支持下，可实现 X、Y 位置误差校正和 Z 位置误差实时校正功能，能够进一步提高采样位置精度和扫描平面度精度。

④ Z 轴激光传感器测距子系统。

传感器安装在探头托架上，测距精度为 0.2mm。

⑤ 八通道射频开关子系统。

安装在待测天线附近的八通道射频开关子系统，主要用于同时多波束天线测试。

⑥ 计算机程控接口子系统。

主要由计算机、工控机和控制接口电路等组成，以实现探头精确定位采样和扫描。

⑦ 系统软件。

自动化近场测试系统直接依赖于系统软件的支持。该系统采用 32 位 NSI2000 天线近场、扫描测试软件、主控计算机和数据处理计算机通过简单的人机对话和菜单提示作业，完成近场测试系统的多种测试功能、校准功能、诊断功能和数据处理功能。

（2）系统主要性能和功能简述。

① 有效扫描范围：$X×Y$=18.6m×12.3m。

② 扫描平面度：P_{rms}≤0.165mm（未激光校正）；

$\qquad\qquad\quad P_{rms}$≤0.04mm（激光校正）。

③ 主要电性能指标。

利用口径为 6.5m×0.6m 的天线阵进行近场测试，并经过平面近场测试 18 项误差分析或检测，系统主要电性能指标评估如下。

● 天线增益：RSS≤0.24dB（G=30dB）。

● 副瓣电平：RSS≤1.92dB（SL=-42dB）。

● 波束指向：RSS≤0.025°（BW_{3dB}=1.6°）。

④ 主要测试功能。

● 采用多通道（8 个）、多频测试，一次扫描可获得上百个立体波束和每个波束的任一截面波瓣，通道数、频率数及相扫波位数可根据需要选取。

- 能实现连续波无源相控阵天线多频、多波位测试。
- 能实现脉冲波有源相控阵天线多频、多波位测试。
- 能实现探头在 X、Y 和 Z 轴上的位置误差实时校正，轴数可任选择。

（3）系统测试误差评估简述。

以口径为 5m×0.6m 的 S 波段平面阵天线为例开展测试误差分析。其天线增益 G=30dB，水平面和垂直面 3dB 波束宽度分别为 1.6° 和 10.3°。将该天线作为待测天线对平面近场测量系统 18 项误差源进行逐项分析或检测，然后综合分析计算系统测试误差，如表 8.5 所示。微波暗室杂散特性（包括反射、散射和绕射）的典型测试结果如图 8.33 所示，图中实线表示待测天线水平波瓣，虚线表示微波暗室杂散曲线。

表 8.5　平面近场测试误差

误差种类	增益误差（dB） （G=30 dB）	指向角误差（°） （$\text{BW}_{0.5}$=1.6°）	幅度误差（dB） （副瓣 SL=−42dB）
探头方向图	—	—	0.04
探头极化比	—	—	0.59
探头增益	0.20	—	—
探头对准	—	—	—
归一化常数	0.10	—	—
阻抗失配	0.01	—	—
被测天线对准	—	—	—
采样间距	0.09	0.025	1.03
扫描面截断	—	—	0.53
探头（X、Y）位置	—	—	0.01
探头 Z 位置	—	0.001	0.49
探头与 AUT 间反射	—	—	0.83
接收机幅度线性	—	—	0.01
系统相位误差	—	0.003	0.09
接收机动态范围	—	—	0.03
微波暗室杂散	0.01	—	1.03
泄漏和串扰	—	—	0.01
随机幅相误差	—	—	0.03
总误差 RSS	0.24	0.025	1.92

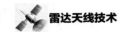

　　值得说明的是，严格分析或检测平面近场测量 18 项误差源对待测天线性能的影响是非常复杂和难度相当大的一项工作，因此近场测试精度评估一般都采用较为理想的远场直接测试结果和近场间接测试结果对比法。尽管远场直接测试法也有各种测试误差，但用多次远场测试来评估近场测试精度是一种简单而通用的方法。图 8.34 给出了频扫天线（5m×2m）室内近场与室外远场的对比测试结果。

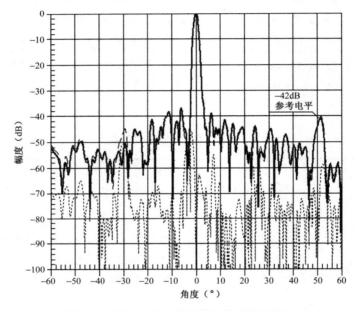

图 8.33　微波暗室杂散特性的曲型测试结果

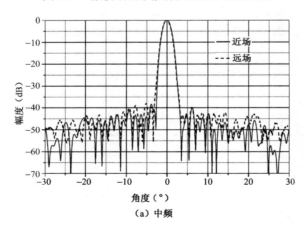

（a）中频

图 8.34　频扫天线（5m×2m）室内近场与室外远场对比测试结果

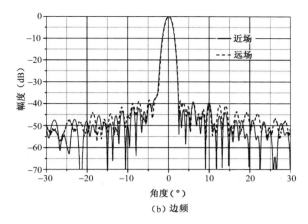

（b）边频

图 8.34　频扫天线（5m×2m）室内近场与室外远场对比测试结果（续）

8.4.2　近场暗室设计

一般工业用平面近场测试系统可以在普通厂房完成，但对于高标准通用平面近场测试系统，必须设计相应水平的近场暗室。由于目前尚没有通用设计技术规范，此处仅提出下述设计注意事项供参考。

1．暗室场地选择

暗室场地位置的选择由用户单位综合布局决定，需考虑动力、运输、整架等要求，以提高使用效率为出发点。

（1）场地大小。

根据平面近场测试任务要求，确定微波暗室的建筑面积（包括扫描架最大机械尺寸、安全通道、通风设备室、供电室、测控室、数据处理室、配套库房、卫生间等），最大待测天线整架和转运情况，以及消防车通行所需室外场地范围。

（2）场地环境。

暗室场地附近力求避免强振动源（载重车通道、例行振动实验室等）和强干扰源（电焊机、电视塔、雷达站等）。

2．暗室主要电性能

（1）频率范围。

暗室工作频率的选择应与近场测试系统的工作频率范围一致，受仪表频率范围、扫描架精度、吸波材料性能和暗室尺寸限制。

（2）暗室工作主区。

平面近场测试空间一般是一个矩形立体空间，它的宽度 X_s 和高度 Y_s 由扫描架探头的有效扫描范围确定，其纵向深度由待测天线口面与探头扫描面之间的距

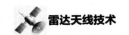

离 d_s 确定。将 $X_s \times Y_s \times d_s$ 所构成的矩形立体空间称为暗室工作主区（简称暗室静区），该区域内的杂散反射信号强度需满足各天线平面近场测试要求。

（3）暗室静区杂散反射电平。

暗室静区等效反射电平是暗室反射、散射和绕射等在静区总合成场的电平，除考虑吸波材料反射外，还应考虑各场分量的路程衰减。根据近场测试精度要求，等效杂散电平一般选为–60dB～–45dB。

（4）交叉极化。

通常要求暗室静区的交叉极化电平比主极化电平至少低 25dB。当近场测试探头的线极化纯度较高时，对近场测试影响不大。

（5）屏蔽性能。

当暗室周围没有强辐射源时，暗室屏蔽性能一般选为 70dB。但对有源相控阵天线发射波瓣近场测试微波暗室来说，根据电磁辐射泄漏要求可将暗室屏蔽性能提高到 90dB～120dB。

3．暗室净空尺寸

平面近场暗室形状一般选为矩形。暗室净空尺寸是指扣除吸波材料厚度后的空间尺寸。对平面近场垂直扫描架来说，暗室净空尺寸主要与扫描架的最大机械尺寸、吸波材料高度、人行通道和整架区尺寸等因素有关。美国 NSI 推荐的近场扫描架尺寸和暗室最小净空尺寸如表 8.6 所示。

表 8.6　近场扫描架尺寸和暗室最小净空尺寸

型号	400V-30×22	400V-108×52
扫描面积($X_s \times Y_s$)	9.0m×6.7m	33.0m×16.0m
扫描架最大机械尺寸($X_m \times Y_m \times Z_m$)	13.3m×8.7m×2.4m	38.9m×18.2m×3.9m
暗室最小净空尺寸($X \times Y \times Z$)	13.7m×10.7m×7.6m	40.0m×19.5m×7.6m

近场暗室平面示意如图 8.35 所示，设计者应根据具体情况按下式选取暗室净空尺寸 X、Y、Z

$$\begin{cases} X = X_m + 2\Delta X \\ Y = Y_m + \Delta Y \\ Z = Z_m + \Delta Z + Z_a \end{cases} \quad （8.48）$$

式中，X_m、Y_m 和 Z_m 为扫描架最大机械尺寸；ΔX 为扫描架基座两端面到吸波材料间的距离，即人行道宽度，一般取 1m～1.5m；ΔY 为扫描架立柱顶端面到天花板吸波材料间的垂直距离，ΔY 值与立柱吊装方式有关，一般取 1.5m～2.0m；ΔZ 为扫描架基座边与吸波材料间的距离，为缩短测控室与扫描架间的连接电缆，一般取 1m～1.5m；Z_m 为扫描架最大机械尺寸，注意包含探头伸出基座部分的尺寸；Z_a 为整架安装区长度，应根据最大待测天线尺寸确定。

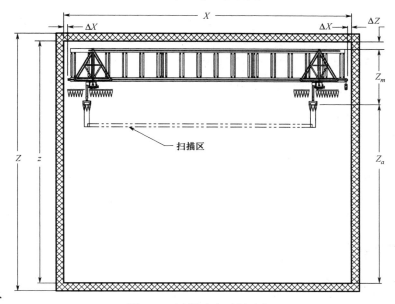

图 8.35　近场暗室平面示意

4．吸波材料选择与安装

吸波材料的选择应根据使用频段范围，测试精度要求，暗室净空尺寸，暗室静区大小，吸波材料的性能、重量、价格和承受功率能力等因素进行综合考虑。一般说来，在待测天线和探头直接照射区（暗室前后壁）及两侧壁上应配置高档吸波材料，天花板和地面次之。由于暗室静区内等效反射电平的准确计算很难，因此一般采用实验确定。英国马可尼公司建造了一个 50m（长）×12m（宽）×12m（高）的平面近场测试微波暗室，扫描架有效行程为 22m（长）×8m（高）。该暗室温控为 21℃±1℃，屏蔽电平为 70dB。该暗室所用吸波材料的吸波性能及暗室静区等效反射电平如表 8.7 所示。

表 8.7　吸波材料的吸波性能及暗室静区等效反射电平

参　数	吸波性能（dB）		静区等效反射电平(dB)		
			天　　线　　类　　型		
频率(GHz)	前后壁及两侧壁	地面及天花板	ECH	SAR	SPOT　BEAM
1.5	−50	−35	−51	−53	−56
3.6	−55	−40	−56	−58	−61
5.3	−65	−50	−66	−68	−71
>6.5	−70	−50	−67	−73	−76

目前国内有两种吸波材料，一种是无纺布防火角锥吸波材料，氧指数≥60；另一种是聚氨酯泡沫角锥吸波材料，氧指数为 27～30。这两种材料的吸波性能与国外相应吸波材料的吸波性能相差不大，但物理性能仍未达到国际水平。但鉴于国外产品是国内产品价格的 2～3 倍，一般选用国产吸波材料。当微波暗室用于测试有源相控阵天线时，应优先使用氧指数≥60 的高功率角锥吸波材料，并且考虑系统散热问题。吸波材料最好采用挂装方式，便于维修和更换。

5. 暗室地基问题

扫描架安装区、待测天线安装区和待测天线进出暗室通道区是近场暗室地基设计重点，前两者直接影响近场测试精度。一般地基长期稳定性不超过高频段的 $\lambda/100$。若最高工作频率为 26GHz，则地基稳定性不超过 0.12mm。待测天线通道区的载荷与装载转台和待测天线系统的导轨式或非导轨式底车等的重量有关。

6. 暗室屏蔽

设计暗室时，应恰当设计扫描架地基基础、接地各种信号及电源引出线、通风散热管道等，采取各种滤波措施，以保证达到要求的屏蔽水平。其中兼有屏蔽和吸收双重功能的暗室大门和小门的设计是暗室设计的关键。

7. 其他

（1）附属建设：测控室、数据处理室、配电房、空调房和库房。
（2）通风、空调与照明。
（3）安全和消防设施：配备多点温度、湿度监视、扫描架监视、消防系统、报警系统和安全通道。
（4）供电设计：多种用电分别走线，单程控制，确保滤波和安全。

8.4.3 近场诊断技术

从天线的基本原理可知，天线的口径场幅度、相位分布是其远场幅相方向图的逆傅里叶变换。天线近场测量的突出优点就是在其测试过程中所采集的数据，既可用于计算远场方向图（一组软件），又可用于计算口径幅相分布（另一组软件）。分析口径幅相分布找出不合理的突变点，分析引起方向图畸变的原因，就是所谓的近场诊断。在特殊情况下，也可以利用同一设备，将探头距离改为 3mm～5mm，直接进行口径场的测量和诊断。它还具有一种功能，即将信号探头换为机械敏感探头，就可用作三坐标机械测量和诊断仪。

下面以由 16 路线阵（每线阵 16 元）组成的 L 波段阵列天线的测试诊断为例说明。其垂直赋形方向图分裂［见图 8.36（a）］，出现了不希望的凹面，图 8.36（b）给出口径上不同位置垂直扫描得到的幅度分布，由此进一步诊断出这是第 11 路线阵的环形器损坏造成的结果。

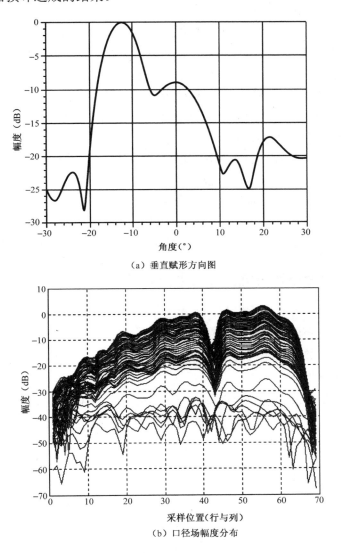

（a）垂直赋形方向图

（b）口径场幅度分布

图 8.36　16 路线阵天线波瓣图

8.4.4　柱面近场扫描测试技术简介

柱面近场扫描测试技术就是利用探头在包围待测天线的圆柱面上扫描，由获得的近场测试数据确定天线远场方向图的一种测试方法。尽管通过柱面近场扫描测试可以计算全方位方向图，但在 θ 为 0°和 180°时，柱面波展开式中的汉克尔函数变得无意义，因此该法适用于测试垂直面为窄波束而方位面为宽波束的中等增益扇形波束天线。

在柱面近场扫描测试技术中，分析待测天线与探头间的耦合方程的思路与平面近场测试相同，只不过在推导过程中把待测天线和探头天线的场均用柱面波函数展开，积分在包围待测天线的圆柱面上进行。根据探头的输出信号确定天线辐射场的柱面波展开式中的加权系数，从而求出天线远场方向图。

由于篇幅限制对柱面近场不做进一步的介绍，仅做以下说明。

（1）对雷达天线的测试而言，柱面近场能完成的测试任务大多能够由平面近场完成（反之亦然），除非有一个面的波瓣宽度远大于 120°，造成平面近场测试误差剧增。但平面近场研究更为成熟。

（2）平面近场装置略加增改就可以完成柱面近场测量：

● 待测天线架设在方向转台上，相心与转心重合；

● 探头只做 Y 轴扫描，配合转台的方位扫描；

● 增加一套柱面近场采集控制和处理软件。

（3）柱面近场的场地、暗室、仪表设备等设计大多可借鉴平面近场设计。

8.4.5 球面近场扫描测试技术简介

柱面扫描虽然弥补了平面扫描的部分不足，但也不能完整地掌握待测天线方向图在全体方位角的情况。球面近场扫描测试技术围绕待测天线的球面采集数据，适用于各种类型波束的天线，包括窄波束、宽波束及全向天线等，具有可获取待测天线三维全息近场数据等优点。

球面近场测试理论主要包括模式展开和散射矩阵两种。

（1）模式展开是根据惠更斯原理，将待测天线在空间中的场展开成球面波函数的组合，利用已知的探头方向图模系数，推导出待测天线的模式展开系数，通过近远场变换算法计算得到远场方向图。

（2）散射矩阵基于微波网络的思想，将待测天线和探头系统看成一个开放的两端口网络，通过求出待测天线的传输系数和探头的接收系数，得出探头的输出与待测天线的输入之间的传输公式，再通过近远场变换算法计算得到远场方向图。

下面介绍适用于球面近场扫描测试技术的几种球面扫描方式。

一种方式是将探头固定，旋转待测天线使探头扫描出球面，通常采用下方位上横滚球的配置实现，如图 8.37 所示，在 θ 和 ϕ 坐标系下采集数据。待测天线安装在 ϕ 轴（横滚）转台上，该转台又安装于另一个 θ 轴（方位）转台上。

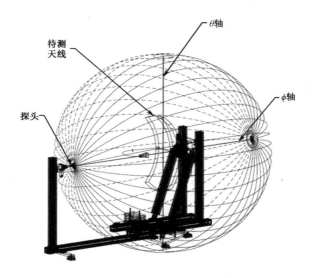

图 8.37 下方位上横滚球的配置

球面扫描的另一种方式是将圆弧扫描臂上的探头运动和天线方位轴旋转组合，圆弧面法向与方位轴垂直且两者共面，如图 8.38 所示。

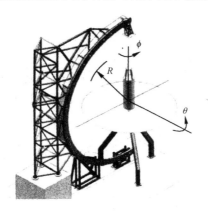

图 8.38 探头运动和天线方位轴旋转组合扫描装置示意

为提高球面扫描效率，在此基础上用电子快速扫描代替传统的单探头机械扫描，拓展形成球面多探头天线近场扫描装置。即在围绕待测天线的圆弧轨道上，按照采样定理要求，以一定角度间隔布置若干探头，探头通过电缆连接到由电子开关组成的开关矩阵上，待测天线固定在转台上并保证天线的相位中心在圆心上，如图 8.39 所示。

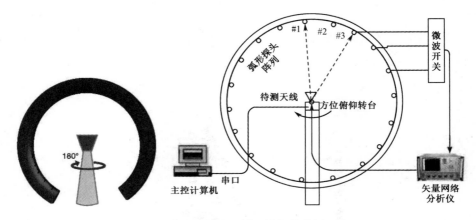

图 8.39　球面多探头天线近场扫描装置示意

8.5　超低副瓣天线测试问题

应用需求的变化以及高性能天线设计与测试技术的进步发展，促进了超低副瓣天线的发展。低于–40dB 峰值副瓣，低于–55dB 平均副瓣的天线已是屡见不鲜。超低副瓣天线的测试技术已列入若干实施计划或专题研究项目，问题已经部分解决或正在解决之中。但是这些测试技术要达到行之有效、通用且被广泛认可，还需要做进一步专题研究。下面提出一些观点，供有兴趣的读者参考。

（1）近场方法是超低副瓣天线测试的最好解决途径之一。但直到目前为止，近场测试的有效性还须由远场测试来验证；或者说现阶段近场测试和远场测试需要互相验证，直到权威性的近场天线测试方法的国际标准或国家标准出台为止。因此，近场超低副瓣测试和远场超低副瓣测试都有必要进一步研究。

（2）根据 18 项误差的分析与评估，近场超低副瓣测试可以在以下各个方面进行提升。

● 暗室的尺寸、暗室静区的尺寸和扫描架的尺寸要满足待测天线尺寸和端截角的要求；

● 暗室静区的杂散辐射电平达到–60dB～–50dB（相对于直射波），其中除包括不同入射角吸波材料的吸收特性外，还包括距离引入的空间衰减；

● 平面扫描架的三维采样机械精度；

● 双极化匹配探针；

● 暗室温度控制，温度变化控制在±3℃之内；

● 新设计的暗室近场测量系统的副瓣电平测试精度一般可达–40dB±2dB，可满足一般超低副瓣天线的测试需求，但对高精度需求而言，还有努力改进的地方，除硬件外，还要进一步从软件方面改进；

- 对于某些天线测试，可以通过缩小暗室静区使用尺寸，使得暗室静区电平进一步降低或者采取增大端截角的措施，降低测试误差；
- 采用探头运动实时补偿，提高探头采样位置精度，降低测试误差；
- 进一步研究探头匹配和补偿措施，削弱探头多次反射的影响，提高测试精度；
- 以时间换取精度，在两个或多个距离上进行近场数据采样，对计算结果适当加权平均，以提高测试精度。
- 近场测试的主要缺点是在偏离侧射大角度（60°以上）测试误差较大，必要时应考虑用远场测量。

（3）对于远场超低副瓣测试（水平副瓣测试），8.2.2 节和 8.2.3 节已做了一些讨论，现归纳如下。

- 对地面反射信号影响的控制。反射场法要求直射信号和地面反射信号夹角很小，地面反射信号和直射信号幅度近似相等，因此地面反射对主瓣的影响和对副瓣的影响相同，可以忽略不计。斜距场法和高架场法要求地面反射信号的幅度尽量被衰减，因而需采取许多措施，做到从地面反射进入的信号比待测副瓣电平信号小 20dB 以上。
- 各种远场测试方法对周围反射信号的控制是一样的。如待测副瓣电平为 −40dB，即 $E_{\text{SL}}/E_0=0.01$，如果要求测试误差在±1dB 范围内，则外加干扰（杂散信号）场强应在−60dB 量级，即 $E_c / E_0 = 0.001$ 量级。对于高架场，上述要求容易达到，而反射场和斜距场则需在场地选择上下功夫，并且需配合高增益、低副瓣发射天线来实现。

（4）超低副瓣天线测试结果的验证。

完成超低副瓣天线的设计制造和测试之后，必须进行验证，要使别人相信测试结果是可靠的，首先必须使自己相信。对测试结果的说明如下。

- 测试结果的重复性好。但其中可能包含一些系统误差，使测试结果变好或变坏。
- 测试结果与设计仿真的规律性一致.
- 如果是三维转台，则可将天线旋转 180°架设，比较两套测试结果，可以鉴别和去除四周比较突出的环境反射的影响。
- 两个场地或两种方法（近场与远场）相互验证测试结果的正确性。
- 通过细微周密的误差分析，证明测试结果可信。
- 天线的特性和杂散反射均有一定的频带响应，因此杂散反射的影响应该会使一些频率性能变好，另一些频率性能变差。如果在整个宽频带上性

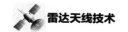

能均达到指标，则可从另一个角度证明测试误差影响不大，这表明包括误差影响在内的测试结果是好的、可信的。

8.6 新型测试技术

为了研制符合要求的高性能雷达天线，除必须掌握天线的设计和分析方法外，先进的天线测试技术是不可或缺的，然而现有的远场、紧缩场和近场测试技术，如前文所述，对测试环境、待测天线类型及平台都提出了一定的限制要求。这就要求我们研究新型的天线测试技术以满足新型雷达天线的测试需求，并且与雷达天线超大规模、超宽频带、超高频段、共形融合的技术发展趋势相适应。

8.6.1 天线中场测试技术

随着天线技术的发展，天线的电尺寸越来越大，特别是大型相控阵雷达天线的口径往往达到几十米，因此对大型雷达来说，庞大的天线无法进入暗室开展近场扫描测试，远场测试也经常面临测试距离不足的问题。如前所述，天线外部的场区一般可分为口径场区（感应场区）、辐射近场区和辐射远场区。针对相控阵天线，在工程应用中通常可以将距离天线数十个波长之外且在辐射近场区内的区域称为辐射中场区。在该区域中，对单个天线单元来说是辐射远场区，而对整个相控阵天线来说则仍是辐射近场区。中场测试是将辅助天线置于天线的辐射中场区，从而进行天线方向图测试的方法。

中场测试和远场测试的区别在于，当观测点位于辐射中场区时，由于天线单元不是各向同性的辐射器，观测点不处于辐射远场区，因此，各个天线单元的幅度方向图和相位方向图在观测点的叠加角度不一样，并且存在相位程差。而当观测点位于辐射远场区时，天线的单元方向图基本在同一角度叠加，相位程差可以忽略不计。

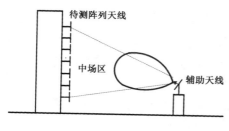

图 8.40 中场测试原理

中场测试原理如图 8.40 所示，将辅助天线放置于待测阵列天线前方中场范围内，发射测试信号和接收被测信号。通过雷达控制，仅单个有源通道发射与接收，根据辅助天线与阵面的关系，从被监测的幅相数据中扣除单元之间的增益差和相位差，从而得到原始的发射通道或接收通道的传输特性。为了使阵面单元能等幅地接收辅助天线的发射功率，或者辅助天线能等幅地接收阵面单元的辐射信号，天线阵面应位于辅助天线的主波瓣等增益区域。

中场测试的相位程差可以通过辅助天线和阵面之间的坐标标定计算出的实际几何程差进行扣除。为了提高测试精度，需要对天线单元的幅度和相位方向图的差异进行修正。如果修正非常困难，则可以通过选择适当的辅助天线的位置，使辅助天线相对于阵面每个天线单元的夹角变化在一个比较小的角度范围内，在这个角度范围内天线单元方向图变化不大，从而可以忽略方向图的差异，使测试精度满足要求。由于待测天线和辅助天线均固定，因此所测方向图是空间程差补偿后的扫描方向图。

8.6.2　无人机天线远场测试技术

大型相控阵雷达天线方向图的测试通常是项复杂而艰巨的工作，特别是对于低频段雷达天线，由于其体积庞大、结构复杂、架设后难以移动，并且天线性能与实际天线场地及周围环境紧密相关，因此一般采用固定天线法测试该类天线的方向图，但传统的测试手段，如飞艇等方式进行测试的费用及时间成本极高。

近年来，小型无人机的各项性能均有了很大提高，逐渐能够应用到大型天线测试领域。采用无人机进行大型天线测试具有以下优点：①可以根据天线尺寸和测试频率设定不同的测试距离；②可以根据需要规划测试航线，具有较高的定位精度；③成本低，使用灵活方便。因此，将无人机应用于天线测试是解决当前低频段雷达天线方向图参数测试的新思路，并且取得了一定效果。该方法所涉及的技术涵盖了天线微波、阵列接收机、自动测试、数字信号处理、无人机、卫星导航定位、无线测控、软件、数据处理显示等技术。

无人机远场天线测试系统的组成示意如图 8.41 所示。无人机上搭载测试信号源、功放单元或低噪声放大器、馈源天线、天线伺服机构、机载测控单元；地面设备包括地面测控站、测试数据处理设备等。其基本测试原理等同于远场测试原理，待测天线固定，通过控制无人机和机载发射信源，并且记录移动轨迹，再根据轨迹计算发射信源在不同时刻的方位，最后结合接收信号的输出响应，根据弗里斯公式分离出天线方向图函数。

无人机一般分为固定翼和旋翼两种类型，一般采用旋翼无人机作为飞行测试平台，平台内置 GPS 导航模块，采用多星空间距离后方交会的方法测试得到无人机所处空间位置。此外，平台内部惯性测量单元能够测得无人机的姿态角，包括方位角、俯仰角和滚转角，保持稳定的飞行姿态。在通常情况下，无人机采用锂电池供电，续航时间能够达到 15min～30min，满足常规的天线测试要求。

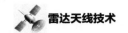

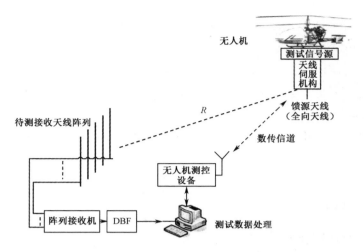

图 8.41　无人机远场天线测试系统的组成示意

　　无人机搭载测试信号源，通过采用不同的飞行策略，能够测试得到不同的天线方向图。在一般情况下，无人机沿着待测天线辐射方向图的 E 面或 H 面，以固定高度近似直线航向水平飞行。但如果为了获得待测天线在整个空间的立体方向图，机载接收天线需要在整个球面内做圆周运动。由于地面的存在，往往只关心天线上半空间的方向图，而对飞行器来说，这种理想的球面飞行轨迹难以实现，因此，在实际测试时，采用圆球螺旋线作为其测试轨迹，如图 8.42 所示。

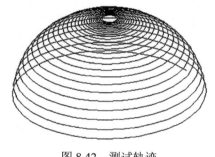

图 8.42　测试轨迹

　　无人机的飞行路线由几个同心圆组成，且每条包线位于相同高度的平面内，采样密度更均匀，每条包线与待测天线的距离相同，因此在该飞行测试过程中，信号的路径损耗大小一致。同时该飞行路线要求无人机的偏航角与飞行速度矢量垂直，且待测天线的偏航角在同一包线内连续变化。

　　在无人机测试系统中，典型影响因素包括无人机经度误差、纬度误差，海拔误差，飞行姿态偏差等。经度误差和纬度误差主要由卫星定位精度及无人机控制精度决定。目前，卫星定位的精度采取增强形式，如差分定位，可达厘米级，相比天线测试中的数千米的远场距离，定位误差引起的方位角和俯仰角误差很小，对方向图的影响也很小，在定位精度方面可以保证使用无人机远场测试方法的可行性。海拔误差由机载高度计的测试精度决定，目前无人机机载高度计精度可达分米级，会带来一定误差。飞行姿态偏差或漂移会导致测试的方向图对称性较差。

因此，在开展无人机天线方向图测试时，应该尽量选择低风速天气条件，要求无人机搭载高精度导航定位装置，并且考虑飞行姿态角带来的误差。

8.6.3　数学吸波反射抑制技术

在给定误差上限的情况下，天线测试区域内的反射往往构成了最大的误差来源。为了抑制反射对测试的影响，常规方法是通过吸波材料覆盖暗室内部和大部分测量设备，使距离多径产生的伪散射场衰减。但一般随着时间的推移吸波材料的吸波性能会下降，并且吸波材料多为各向异性，在不同入射方向、不同极化、不同频率的吸波性能不完全一致，其阻抗失配也不可避免地引入一定程度的散射。

从 2005 年至今，一种被称作数学吸波反射抑制（Mathematical Absorber Reflection Suppression，MARS）技术的测试和后处理技术用于天线测试中，包括球面、柱面和平面近场测试系统，远场及紧缩场测试系统。MARS 技术是天线频域测试和数据后处理技术的结合，将测试得到的远场、近场（平面、柱面或球面）数据转换至柱（球）面波域，通过数据后处理技术能够对频域内的测试数据进行分析并对数据进行滤波，从而有效抑制天线测试区域内散射体的多路径效应，其有效性已通过计算电磁学模拟和实际测量的验证。

由于 MARS 无须对电流源的位置进行先验假设，因此该技术具有通用性，可以用在各种类型的天线测试中，即其对口径或非口径天线、线极化或圆极化天线、低增益或高增益天线都是适用的，也能在微波暗室中用于扩展吸波材料的使用频率范围或用于不含吸波材料的环境。

该方法假设待测天线的近场分布在空间上是带限的（即电流源仅存在于有限的范围内），而暗室内其他散射体的反射波在空间中不具有带限特性，即形成散射的电流源占据的区域远远大于待测天线所占据的区域。该测试方法的本质在于通过模态展开，使与待测天线相关的辐射场和与其他散射体相关的散射场在球（柱）面波域彼此正交，再通过原点变换滤除与待测天线辐射场无关的散射场。显然 MARS 技术不需要特定模态展开或者采用特殊的采样方案，它仅是一个常规的数学后处理方式。

美国 NSI 公司将 MARS 技术推广到仅有有限吸波材料或不具备吸波材料的各类测试系统开展应用和测试验证，图 8.43 为 NSI 公司在非吸波环境下，通过球面近场测量工作频率为 2.6GHz～3.95GHz 的标准增益喇叭的测试场景和采用 MARS 技术校正后的远场方向图。

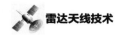
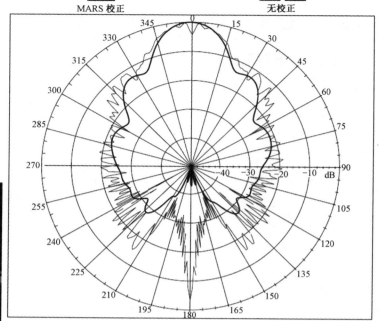

图 8.43　非吸波环境下测试标准增益喇叭

参考文献

[1]　毛乃宏，俱新德，等. 天线测量手册[M]. 北京：国防工业出版社，1987.

[2]　Evan G E. Antenna Measurement Techniques[M]. New York: Artech House, 1989.

[3]　阮颖铮，等. 雷达截面与隐身技术[M]. 北京：国防工业出版社，1998.

[4]　Paris D T, Leach W M, Jr., et al. Basic　theory of probe compensated measurements[J]. IEEE Transactions on Autennas and propagation, 1978, 26(3): 373-379.

[5]　Joy E B, Leach W M, Jr., et al. Applications of probe compensated near-field measurements[J]. IEEE Transactions on Autennas and propagation, 1978, 26(3): 379-389.

[6]　索炜，宋旸. 天线阵方向图无人机测试系统研究[J]. 宇航计测技术，2018，38（1）：42-47.

第 9 章

天线罩

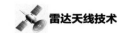

天线罩也称为雷达罩，它是天线的保护性结构，既保护天线免受环境之害，又为天线提供电磁窗口，最大限度保持天线系统的电性能。

本章阐述天线罩的基本性能、工作原理、结构类型、设计方法和发展趋势，并且着重介绍雷达常用的平板天线罩、介质骨架罩、金属骨架罩和飞行器上常见的特殊形状罩的设计。最后介绍天线罩设计的关键技术和技术措施，例如，集成天线罩、宽带天线罩、天线罩接头的调谐、随机分块技术等。

9.1 引言

在无罩情况下，部署在沿海、高山、沙漠等气候严酷地区的雷达天线面临着台风、盐雾、沙尘的侵袭，在台风来临的时候，会倒伏天线，中断对空警戒值班；同时天线表面遭受盐雾腐蚀，天线的机械精度被破坏；高低温、强紫外线辐照也使得元器件快速老化，引起阵面单元损坏，造成天线的低副瓣和指向的性能下降。从 20 世纪 50 年代开始，很多地面雷达天线都加装了天线罩，目前服役的地面雷达天线罩超过 1 万部。对于机载雷达天线，更应配备天线罩，天线罩不仅将天线与外界环境隔离，而且与飞行器外表面共形，减少了载体的飞行阻力，保证雷达天线在高空正常工作。

天线罩的主要形式有充气薄膜罩、介质壳体罩、介质骨架夹层罩、金属骨架薄膜罩四大类。天线罩将天线与外界环境从物理上隔离，大大降低了天线承受的载荷，简化了天线结构、驱动、阵面的设计，罩内温度均匀适中，延长了天线的使用寿命，消除了因温差带来的结构变形，在各种气候环境下，都能保证雷达天线正常工作。天线罩还提高了天线的 MTBF，保证在特别恶劣的情况下雷达天线不被破坏。

天线罩要能最大限度地保持天线的电性能，高性能的天线罩对天线的辐射特性影响应该很小，相当于天线的一个"电磁明窗"。但是天线罩对雷达天线的性能会产生一定的影响，如增加传输损耗、展宽主瓣宽度、抬高副瓣电平、产生指向误差、交叉极化分量和增加系统噪声等，因此，为获取天线罩较高的透波率、较小的瞄准误差、较低的天线副瓣电平波动以及微小的天线远场波瓣结构抖动，需要对天线罩透波材料、罩壁结构以及最优外形进行优化设计。

天线罩的设计要求来源于结构和电信两个方面。一般根据空气动力学的要求确定天线罩的外形和尺寸，并且依照电性能指标、载荷分布和环境条件（温度、湿度、高度等）选择天线罩的类型，分析天线罩对天线主要电性能的影响，进行强度和结构稳定性分析，制订设计方案。电信设计与结构设计密切相关，并且要反复优化。为满足耐候要求，一般对地面天线罩要增加防雨蚀、防雷击性能；对机载天线罩除防雨蚀、防雷击外，还要防静电；对高速导弹头罩，要耐高温。

9.1.1　历史与背景

最早的天线罩出现在 1941 年，美军在 B-18A 轰炸机上安装了一部载罩 S 波段机载雷达。该雷达罩的外形是一个薄壁的用胶合板材料制成的半球，壁厚为 0.635cm。当时人们对天线罩的认识还很少，美军组织了一批科学家和工程师，以麻省理工学院辐射实验室为主，开始了天线罩的研究。

1944 年，麻省理工学院辐射实验室研制出一种 A 夹层的天线罩，所谓 A 夹层是指由内外两层高密度的蒙皮和一层低密度的芯材组成的复合材料结构，其替代了易吸潮的胶合板材料。A 夹层重量轻、强度高，易于制造成曲面形状，是雷达罩的最常用截面形式之一。20 世纪 50 年代，波音公司生产出超音速的流线型雷达天线罩，该天线罩采用了半波长壁厚的均匀实心材料。

地面雷达天线罩最早可以追溯到 1948 年，康耐尔公司研制出一个直径为 16.8m 的充气天线罩，安装在纽约州的港口。这个充气罩属于柔性罩，靠内部充气压力维持形状。从 1954 年开始，陆续出现以增强塑料为材料的介质骨架夹层罩和金属骨架薄膜罩，主要用于通信、雷达和射电天文望远镜。其中具有代表性的金属骨架天线罩为雷达天线罩，其直径达 45.75m，工作频率覆盖 8 GHz～36.0 GHz。

天线罩的设计和制造涉及电气、航空、力学、材料及物理、化学、数学等学科。天线罩设计和制造技术在 20 世纪 50 年代和 60 年代得到了快速的发展，尤其是在 60 年代后期，美苏军备竞赛提出了与低副瓣和极低副瓣天线相匹配的高性能雷达罩的需求，机载火控雷达罩和 AWACS（机载预警和控制系统）雷达罩的研制取得了重要进展。1978 年，美国 AWACS 机载雷达天线罩的研制成功标志着天线罩技术进入了新的发展时期，新技术、新成果不断涌现，天线罩的一体化设计、C 夹层的变厚度设计、共固化、电厚度测试校正、计算机辅助设计等技术大大提高了天线罩的性能，缩短了设计周期。在应用需求的牵引下，高强玻璃布、仿伦纸蜂窝、PUB 涂层、耐热、耐冲击的石英陶瓷新材料相继面世，成型工艺持续的改进，使雷达罩性能更好，抗环境能力更强。

进入 21 世纪后，飞行器的速度越来越快，耐高温的材料研制进展神速，多模材料（覆盖微波、光波和红外波谱的透明材料）的研制也取得了较大的进展。从需求观点看，天线罩仍处于发展时期，鉴于天线罩理论与技术的综合性和复杂性，自 1956 年开始，天线罩工作者每两年组织召开一次国际电磁窗会议，以加强技术交流，推动天线罩的发展。

由于共形阵的发展和天线隐身的需要，天线与天线罩的关系愈加密切，有互相交融的趋势，一体化设计思想被引入天线和天线罩设计后，各行其是的现象将逐渐消失。在过去的 20 年，共形阵天线罩和隐身天线罩的发展取得了很大的进步。

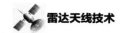

9.1.2 功能简述

天线罩可使天线与周边的恶劣环境隔离，保证天线全天候工作，增加天线系统的可靠性和可维护性，使天线系统平均无故障工作时间成倍增加。例如，雷达为了抗干扰和对付反辐射导弹的威胁，天线的副瓣电平要求控制在很低的水平（-40dB～-35dB）。在恶劣天气条件下，天线的 MTBF 平均只有 500h，使用天线罩后，天线的 MTBF 可以达 2500h，大大延长了天线系统的使用寿命。一般天线罩的使用寿命可达 20 年，针对大型抛物面天线，天线要承受风载荷，必然加强天线结构，天线自重将很大，再加上天线上可能出现冰载和雪载等，其伺服功率和转台结构必然跟着大起来和重起来。使用天线罩后，天线的风载趋于 0，天线结构大大简化，天线和转台重量显著降低，驱动功率降为原来的 1/3，减少天线维修时间和频度。

为特殊用途的天线提供电磁透明的保护层尤为重要。例如，舰载雷达罩可防止海水、海浪对天线阵面的冲击和盐雾的腐蚀；安装在导弹头部的导弹雷达罩，可承受极高的温度和极大的压力载荷，在瞬时高温的冲击下，仍能保持结构的完整性，使材料的介电常数保持稳定，并且使天线能稳定地搜寻和跟踪目标。其他如潜水艇雷达罩、透波墙、馈源罩等，都能给罩内天线提供电磁透明的保护作用，使天线能工作在各种环境和平台之上。

在精密跟踪雷达天线系统中，风雨及冰雪使天线阵面增加了承受力，并且在天线、馈线和天线座中的温差，将引起显著的瞄准误差。当没有天线罩时，为减少温度分布差别，需采用隔热材料，在天线座和天线支撑上加介质遮挡，以及使用白色油漆等特殊措施，使用天线罩后就大大消除了温度梯度的问题。

现代天线罩不仅要在天线工作带宽内具有良好性能，而且要在带外"隐身"。平面阵列天线的雷达散射截面（RCS）一般为几百到几千平方米，极易被远处的敌方雷达发现，从而受到攻击。如果在天线外加装带外反射的天线罩，将入射平面波均匀地扩散到各个角度，降低对来波的回波，则效果十分显著。实验表明，雷达罩能使 RCS 下降 20dB～30dB。

目前天线罩还被广泛地用于无人值守雷达阵地，以隐蔽和保护雷达设备和工作人员避免受到敌方反辐射导弹的伤害。在一些不宜人类生活的气候极端恶劣地区，天线罩的作用更是显而易见的。

9.1.3 分类和选用原则

天线罩基本罩壁形式如图 9.1 所示。

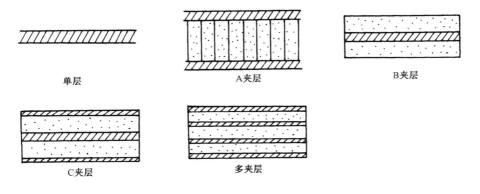

图 9.1　天线罩基本罩壁形式

目前，天线罩的分类没有统一的规定，一般可按下述几种情况加以分类。

（1）根据使用场合，将天线罩分为 3 级：1 级为飞行器天线罩；2 级为地面车船罩；3 级为固定地面罩。

（2）按频率和带宽分为低频天线罩、窄带罩、多频段罩、宽带罩、甚宽带罩。

（3）按罩壁结构分为单层（半波长实芯壁、薄壁）、A 夹层、B 夹层、C 夹层罩。其中：

① 半波长实芯壁指单层壁厚为 $\lambda / 2\sqrt{\varepsilon}$ ；

② 薄壁指壁厚远小于介质波长，一般为 $\lambda / 10\sqrt{\varepsilon} \sim \lambda / 20\sqrt{\varepsilon}$，这类罩适于工作波长较长的雷达；

③ A 夹层由 2 层高密度蒙皮和低密度的芯层组成；

④ B 夹层与 A 夹层相似，但 B 夹层由 2 层低密度的蒙皮和高密度的芯层组成；

⑤ C 夹层是由 2 个 A 夹层组成的夹层结构，强度高，工作频带宽。

（4）按结构方式分为介质骨架罩（高介电常数）、金属骨架罩、充气罩和壳体罩。

（5）按形状可分为平面型、截球型、圆柱型、流线型、鼻锥型、蛋卵型和扁椭球型罩。

（6）按结构刚度又可分为刚性罩和柔性罩。

天线罩的选用原则为：

（1）1 级飞行器天线罩均采用刚性壳体罩，外形光滑无凸起，机头、机腹、机尾罩多用鼻锥型或蛋卵型；机翼夹罩多为流线型；机背罩则采用扁平椭球型。

（2）2 级地面车船罩均采用刚性壳体罩。

（3）3 级固定天线罩大多采用骨架罩，S 波段以上多采用金属骨架罩，低频多

采用介质骨架罩。在一些场合选用充气罩，由于充气罩便于包装和运输，因此适用于高机动性雷达。

（4）导弹天线罩一般采用半波长实芯罩。

9.2 技术参数

天线罩在保护天线的同时，最大限度地保持天线的性能。衡量天线罩性能的主要技术指标如下：

（1）功率传输系数：反映天线罩的透波效率，也称为透波率，表示天线罩对电磁波的传输损耗。

（2）波瓣宽度变化：一般用 3dB 主瓣宽度的变化来反映天线罩对天线分辨率和覆盖范围的影响。

（3）指向误差或瞄准误差：指加罩后天线主瓣峰值指向（电轴）的变化值，在单脉冲体制中，定义为差瓣零深指向角的变化。

（4）副瓣抬高：表示天线罩引起的天线副瓣电平的抬高。

（5）反射瓣（闪烁瓣、镜像瓣）：指由天线罩罩壁反射产生的新的副瓣。

（6）交叉极化电平：是与天线主极化正交的极化分量电平值。

（7）指向误差率或瞄准误差率：当天线扫描时，天线罩产生的指向误差或瞄准误差的变化。例如，火控雷达罩瞄准误差率要求小于 1mrad/（°），通常是指扫描角变化 1°时，瞄准误差的变化小于 1mrad。过大的瞄准误差会造成跟踪失稳，从而导致脱靶。

9.3 天线罩的基本要求

不同体制的雷达对天线罩的要求是不同的，不同用途的天线罩的要求侧重点不同。

（1）通用微波雷达天线罩：重点在于高的功率传输系数（透波率）。对带宽和反射要求一般，这种类型的天线罩一般用于搜索雷达天线。

（2）引导雷达天线罩：强调低的指向误差或小的波束偏移。根据实际情况，可以适度降低透波率的要求，并且对带宽和反射系数要求较松，例如导弹头天线罩。

（3）宽带雷达天线罩：设计要点在于保证足够带宽的前提下有适中的透波率，低反射及足够的指向精度，最常见的是 ESM（电子支援侦察）和设备宽带天线罩等。

（4）低反射天线罩：要求天线罩具有较低的功率反射系数，例如平板型天线罩。当天线沿法向入射时，天线罩使天线辐射的部分能量直接返回到天线系统，会引起发射机的"频率牵引",因此在设计时要尽量降低天线罩的功率反射系数。

（5）低副瓣天线罩：强调维持原天线的极低副瓣性能指标，对透波系数和带宽要求适中。例如，机载火控（PD）脉冲多普勒体制雷达天线、AWACS 的雷达罩。

与电性能相似，天线罩的结构性能要求也各有不同，这些要求与各类罩的工作环境密切相关。

9.3.1 环境要求

不同的工作环境对天线罩的要求也各不相同，一般分为以下 4 种：

（1）地面雷达罩：使用和储存温度-50℃～70℃，湿度 0～100%。能够在风速 55m/s 下正常工作，在风速 67m/s 下不被破坏，冰雪载荷承受能力不小于 300kg/m²，耐（盐雾、酸雨）腐蚀，耐沙石、冰雹冲击，防雷击。

（2）机载火控雷达罩：使用温度-50℃～180℃，湿度 0～100%，高度 0～15000m，耐雨蚀，耐鸟撞，耐沙石、冰雹冲击，防雷击。

（3）机背式雷达罩：储存和工作温度-50℃～70℃，湿度 0～100%，高度 0～12000m，耐雨蚀，耐鸟撞，耐沙石、冰雹冲击，防雷击。

（4）导弹头天线罩：工作温度 300℃～1700℃，湿度 0～100%，飞行速度马赫数为 2～5。

应根据环境工作温度选择合适的材料设计天线罩。一般有机材料的耐高温能力差，在高温下，材料的物理性能迅速下降，如环氧树脂玻璃布复合材料的工作温度低于 200℃，双马树脂玻璃布复合材料的工作温度不超过 350℃。因此，在更高的温度环境下，应采用无机材料，如石英陶瓷材料能工作在 500℃以上，菁青石、短纤维填充的熔融石英硅可以用于高超音速导弹头罩和重返大气层的天线窗。在这类天线罩的外部还涂覆烧蚀材料，在通过大气层时，烧蚀材料升华吸收热量，降低罩体温度。

一般有机材料的耐雨冲击性能较差，在高速飞行器的天线罩上，雨滴冲击天线罩使天线罩外表面损伤、剥落甚至损坏。克服雨蚀的关键是在外表面涂上抗雨蚀的弹性涂层，吸收高速雨滴的冲击能量。聚胺脂是常用的防雨蚀材料。地面雷达罩承受的降雨速度远小于机载雷达罩，其外部抗候涂层的最主要功能是抗紫外线辐射，保护玻璃钢复合材料。另外，外涂层还要求疏水，也就是降雨时，水滴在外表面能自然流到地面，不形成水膜。一般亲水材料的水膜厚度对地面雷达罩的插入损耗（1dB～6dB）不能忽略，这种损耗在毫米波能达到 8dB。

在天线罩设计中，还应考虑环境温度、湿度对增强塑料介电常数的影响。例如，有些材料会吸潮，在潮湿的环境中介电常数变化很大，应避免使用这类材料。

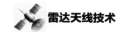

9.3.2 设计指标

天线罩的电性能指标与天线罩的形式和工作频段有关，下面分别介绍。

1. 传输系数

传输系数指沿天线主瓣峰值指向透过天线罩的功率与相同信号源在同一传输方向的不带天线罩时的功率之比。传输系数反映了天线罩对天线辐射的单程损耗，损耗由三部分组成：材料热耗、层间反射损耗和相位失配损耗。为提高传输系数，可采用低耗材料，选择最佳夹层厚度，减小口径相差等方法。传输系数统计值如表 9.1 所示。

表 9.1　传输系数统计值

种类	波段	最小值（%）	平均值（%）
充气罩	L，S	95	97
介质骨架罩	C	90	94
金属骨架罩	S	75	80
鼻锥机头罩	X	75	85
蛋卵机头罩	X	85	90
导弹头罩	X	85	90

2. 波瓣展宽

波瓣展宽特指加罩时天线主瓣 3dB 宽度相对于无罩时的主瓣宽度变化。波瓣展宽的主要原因是当天线罩介入后，天线的等效口径相位分布引入了附加的平方律相差。在机背椭球天线罩中，垂直面上的入射角范围很大，达到 80°，天线罩的插入相位在天线垂直面上呈现抛物线形状，加罩后天线等效口径边缘的相移相对于口径中心滞后 100°，结果是展宽天线的主瓣包入了第一副瓣。波瓣展宽统计值如表 9.2 所示。

表 9.2　波瓣展宽统计值

种类	波段	最大值（%）
充气罩	L，S	≤10
介质骨架罩	C	≤10
金属骨架罩	S	≤10
鼻锥机头罩	X	≤10
蛋卵机头罩	X	≤10
导弹头罩	X	≤10

3. 瞄准误差

在单脉冲体制天线中，天线方位差或俯仰差零深对应的方向称为天线方位面或俯仰面指向。可用该指向来定义瞄准误差和瞄准误差变化率。

瞄准误差变化率是指瞄准误差随天线扫描角变化的曲线的斜率。

零深变化是指加罩后天线差零深电平的变化。

瞄准误差和变化率的典型值如表 9.3 所示。

表 9.3　瞄准误差和变化率的典型值

种类	波段	瞄准误差（mrad）	瞄准误差变化率［mrad/（°）］
充气罩	L，S	0.02～0.005	0.03
介质骨架罩	C	0.05～0.5	0.4
金属骨架罩	S	0.6	0.6
鼻锥机头罩	X	2～5	0.5～1
蛋卵机头罩	X	2～5	0.5～1
导弹头罩	X	2～5	0.4～0.6

天线罩的瞄准误差与罩的几何形状有关。球形的地面雷达罩对天线的指向影响很小。机载或弹载雷达罩的外形必须满足空气动力学的要求，流线型的雷达罩一般用长细比来表述，天线罩长度 L 和底部直径 D 之比称为长细比。机头罩和导弹头罩的瞄准误差与天线罩的长细比成正比，图 9.2 给出了瞄准误差变化率 R 与 L/D 的关系曲线。天线罩的瞄准误差 BSE 随天线扫描角 α 变化，它们的关系如图 9.3 和图 9.4 所示，图中的扫描角定义在天线罩坐标系中，以天线罩长轴线为参考轴，显然在天线扫描角为 0° 时，瞄准误差为 0；约在 ±10° 时，瞄准误差最大。另外，瞄准误差还与天线罩的极化有关。

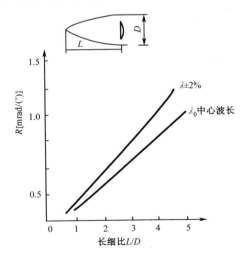

图 9.2　瞄准误差变化率 R 与 L/D 的关系曲线

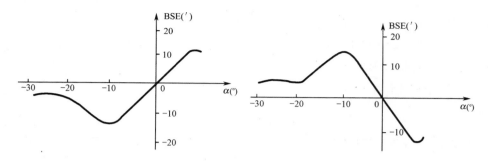

图 9.3　鼻锥罩瞄准误差（垂直极化）　　　图 9.4　鼻锥罩瞄准误差（水平极化）

4．反射瓣

反射瓣是由于天线罩罩壁反射产生的波瓣，出现在天线罩罩壁切平面的镜像位置，所以也称为镜像瓣。由于在雷达显示屏可能出现闪烁的假目标，所以又称为闪烁瓣。

球形罩因为平均入射角小，相干性弱，所以反射瓣很低，对雷达天线的影响可以忽略不计。在机载雷达罩中，由于入射角大，反射能量大，反射线指向天线的前半空间，而且相干性强，因此反射瓣是机载雷达罩设计中的重要指标。

天线罩的反射瓣与天线扫描角有关。在一般情况下，扫描角为 0° 时，反射瓣最大；当天线扫描角偏离 0° 时，反射瓣电平值减小。反射瓣电平典型值如表 9.4 所示。

表 9.4　反射瓣电平典型值

种类	波段	反射瓣（dB）
充气罩	L	<−40
介质骨架罩	C	<−40
金属骨架罩	S	<−40
鼻锥机头罩	X	<−28
蛋卵机头罩	X	<−32
导弹头罩	X	<−25

天线罩的反射瓣还与天线外形有关，为了减少气动阻力，超音速飞机的机头罩都采用流线型，如圆锥形、拱形、卡尔曼形等，如图 9.5 所示。

头部越尖，头部鼻锥角越小，阻力越小，天线罩的长细比增加，但是天线对天线罩的入射角增大了。入射角大导致入射电磁波相当部分能量被罩壁反射，同时由于入射角范围增大，天线加罩后的等效相位分布产生线性相差，从而造成指向误差，所以在机载雷达罩的设计中，气动设计和电信设计存在着尖锐的矛盾。综上所述，目前天线罩的细长比选择在 2～3，以兼顾气动设计和电信设计两个方面的要求。

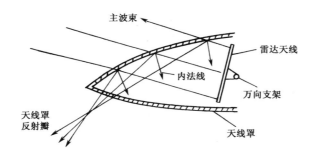

图 9.5　机载雷达罩中的反射瓣

降低机载雷达罩的反射瓣十分重要。由于反射瓣一般位于 30°～60°的宽广区域，地杂波通过反射瓣进入接收机，削弱了天线对目标的探测能力，通常的技术是采用（沿天线罩对称轴轴向或高度方向）一维变厚度设计。根据入射角的分布，在各个区域利用反射最优化设计。一维变厚度设计比等厚度设计降低反射瓣 3dB～10dB。

5. 副瓣增加

为满足雷达对抗各种干扰，对付反辐射导弹，降低环境噪声的需求，以及在强地杂波中检测目标的需求，雷达天线最大副瓣电平低于-30dB，宽角副瓣电平低于-45dB 是基本的要求；更高的要求是最大副瓣电平低于-40dB，宽角副瓣电平低于-55dB。

天线罩的副瓣指标就是要求尽可能地抑制天线罩对天线副瓣的抬高。对给定的天线罩，天线副瓣越低，天线罩对副瓣的影响相对越大。从远区看，天线罩改变了天线的口径辐射幅度和相位分布，天线罩的反射瓣改变了天线的波瓣结构，天线的骨架散射瓣使宽角副瓣的 RMS（均方根）值抬高。因此，地面雷达罩的设计重点是减小骨架散射，采用低感应电流率的连接形式，降低副瓣抬高值；机载雷达罩的设计是采用变厚度技术降低反射瓣及天线罩对天线等效口径幅度和相位的影响，从而使天线罩对天线的副瓣影响最小。需要强调的是，在低副瓣天线罩制造中，要严格控制制造公差，与低副瓣天线一样，天线罩的随机公差也会抬高天线的副瓣。副瓣抬高典型值如表 9.5 所示。

表 9.5　副瓣抬高典型值

天线罩	波段	副瓣抬高（dB）	副瓣电平（dB）
充气罩	L，S	0.5	−25
		1.0	−30
		1.5	−35

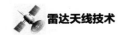

天线罩	波段	副瓣抬高（dB）	副瓣电平（dB）
介质骨架罩	L	2.0	−30
		3	−35
		3.5	−38
金属骨架罩	L	3.0	−30
		4.0	−35
		5.0～7.0	−38
鼻锥机头罩（不含附件）	X	3.5	−30
		4.5	−35
		5	−38
蛋卵机头罩	X	2.5	−30
		3.5	−35
		4～5	−38
扁平椭球罩	L	2	−30
		2.5	−35
		4～5	−38

6. 交叉极化效应

垂直极化天线加罩后产生平行极化分量，右旋极化天线加罩后产生左旋极化分量，这些由天线罩产生的与天线极化正交的极化分量称为交叉极化，一般用交叉极化瓣最大值与主极化峰值的比来表示。交叉极化电平典型值如表 9.6 所示。

表 9.6 交叉极化电平典型值

种类	波段	交叉极化电平（dB）
充气罩	L，S	≤−30
介质骨架罩	C	≤−30
金属骨架罩	S	≤−30
鼻锥机头罩	X	≤−28
蛋卵机头罩	X	≤−30
导弹头罩	X	≤−25

9.4 电性能设计技术

加天线罩的天线辐射场也满足电磁场的基本规律，严格的解析解仅在极少数边界面和在特殊坐标系的情况下才能得到。在大多数情况下，任意外形的天线罩对天线口径的影响只能采用近似方法来分析。当天线口径尺寸远大于λ时，天线辐射近场可以近似为几何射线，尺寸一定，频率越高，精度越高。几何光学方法在天线罩工程设计中已有几十年的应用历史，实践证明，当天线的口径尺寸≥20λ时，用几何光学方法计算的功率传输系数、主瓣宽度变化、反射瓣、瞄准误差、交叉极化等参数，与实测结果都比较吻合。

9.4.1 多层介质平板设计技术

采用几何射线理论分析天线罩影响的基础是当辐射口径远大于λ时，辐射线方向垂直于等相位面。在介质分界面上满足 Snell 反射/折射定律，在天线罩外得到一个等效的口径，计算该口径的幅度和相位分布，然后用基尔霍夫标量积分公式，计算远区的辐射场，求得带罩天线的方向图，电磁波在介质分界面上的反射和多层平板的透过系数和相移决定了天线罩的电性能参数。

几何射线方法假定了天线罩曲率半径远大于波长λ，在天线罩上每一点所在的局部曲面可等效为平面。在局部平面上，根据几何光学原理，光线遵从反射定律和折射定律。射线的光程和介质板插入相移改变了原天线口径的相位分布，光程衰减则改变了幅度分布。所以，电磁波在罩壁上的反射、多层平板的透过系数、插入相移是天线罩电性能分析的重要内容。在天线罩电性能设计中，首先要掌握各种天线罩剖面结构的罩壁反射、折射和透射的性能。如图 9.6 所示，将入射波的传播方向与分界面的法线定义为入射平面，入射波的电场矢量方向与传播方向垂直，一般与入射面成一定的角度。将入射波分解为两个线极化波，其中电场方向与入射平面垂直的电磁波称为垂直极化波，电场方向与入射平面平行的波称为平行极化波。这两种极化波在通过介质分界面时的反射和透射规律是不同的，需要进行独立分析。

1. 电磁波斜入射在介质分界面上的反射系数

电磁波斜入射在介质分界面上的反射系数由下式给出：

$$\begin{cases} R_\perp = \dfrac{\cos\theta_i - \sqrt{\varepsilon_1/\varepsilon_0 - \sin^2\theta_i}}{\cos\theta_i + \sqrt{\varepsilon_1/\varepsilon_0 - \sin^2\theta_i}} \\ R_{//} = \dfrac{(\varepsilon_1/\varepsilon_0)\cos\theta_i - \sqrt{\varepsilon_1/\varepsilon_0 - \sin^2\theta_i}}{(\varepsilon_1/\varepsilon_0)\cos\theta_i + \sqrt{\varepsilon_1/\varepsilon_0 - \sin^2\theta_i}} \end{cases} \tag{9.1}$$

从上式可见：在介质 ε_0 和 ε_1 分界面上存在着反射，反射系数与入射角、电波极化、$\varepsilon_1/\varepsilon_0$ 有关。当电场强度矢量平行于入射面时，称为平行极化波；反之，与入射面垂直时，称为垂直极化波。任意电磁波均可以分解为平行极化分量和垂直极化分量，$R_{//}$、$R_\perp$ 分别为界面对平行极化分量和垂直极化分量的电场反射系数，在平行极化状态，即当 $\theta_r = \arctan\sqrt{\varepsilon_r}$ 时，反射系数=0，θ_r 称为布鲁斯特角。在大

多数情况下,介质平板对平行极化波的反射系数总是小于垂直极化波的反射系数。

2．四端口网络理论

电磁波在介质中的传播可以等效为传输线,在多层介质板的情况下,每层界面均存在反射,因而计算多层介质的总反射系数和传输系数的公式很烦琐,为此可将电磁场传输和界面反射问题等效为级联网络,使计算简化。

如图 9.7 所示,n 层介质板等效为 N 级四端口网络级联,网络的传输矩阵为

$$\begin{bmatrix} A & B \\ C & D \end{bmatrix} = \prod_{i=1}^{i=N} \begin{bmatrix} A_i & B_i \\ C_i & D_i \end{bmatrix} \tag{9.2}$$

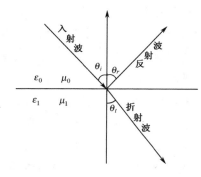

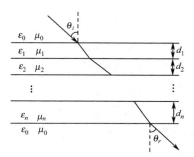

图 9.6　电磁波斜入射在介质分界面上的反射　　图 9.7　多层介质平板的传输和反射

式中,$A_i = D_i = \text{ch}(\text{j}\gamma_i d_i)$;$B_i = Z_{0i}\text{sh}(\text{j}\gamma_i d_i)$;$C_i = \text{sh}(\text{j}\gamma_i d_i)/Z_{0i}$;$\gamma_i = 2\pi\sqrt{\dot{\varepsilon}_i - \sin^2\theta_i}/\lambda$ 为第 i 层的传播常数;d_i 为第 i 层的厚度;$\dot{\varepsilon}_i$ 为第 i 层的复介电常数;θ_i 为入射角,满足 $\cos\theta_i = \hat{s}\cdot\hat{n}$;$\hat{n}$ 为入射点处的单位外法向矢量;$\hat{s}$ 为入射点平面波的传播方向单位矢量;Z_{0i} 是第 i 层对自由空间归一化特征阻抗。

对平行极化

$$Z_{0i} = Z_{//} = \sqrt{\dot{\varepsilon}_i - \sin^2\theta_i}\Big/\left(\dot{\varepsilon}_i\cos\theta_i\right) \tag{9.3}$$

对垂直极化

$$Z_{0i} = Z_{\perp} = \cos\theta_i\Big/\sqrt{\dot{\varepsilon}_i - \sin^2\theta_i} \tag{9.4}$$

罩壁对电波的透过系数和反射系数为

$$T = \frac{2}{A+B+C+D} = T_0\exp(-\text{j}\varphi_t) \tag{9.5}$$

$$R = \frac{A+B-C-D}{A+B+C+D} = R_0\exp(-\text{j}\varphi_r) \tag{9.6}$$

3．平板电测方法

上述公式可以计算无限大介质平板的电性能,但实际平板的电性能是用有限

尺寸的等效平板进行的。等效平板实验能反映天线罩的基本传输特性，验证设计，并且检验材料工艺制造水平。

测试系统由收、发喇叭、矢量网络仪或信号源、频谱仪、测试支架、控制器、计算机组成，等效平板测试框图如图 9.8 所示。为消除材料的多路径效应，平板测试要在微波暗室内进行。

当待测平板到发射喇叭、接收喇叭的距离满足远场条件时，入射到平板上的电磁波近似为平面波。平板的介入使入射平面波产生了损耗，当平板尺寸远大于波长时，可以等效为无限大平板。

测试分为两步，第一步，测试并记录无试件（平板）情况下接收信号的幅度和相位，建立参考基准，然后插入平板；第二步，测试有试件情况下接收信号的幅度和相位，对幅度和相移分别与参考基准相减得到平板插入损耗和插入相位移。

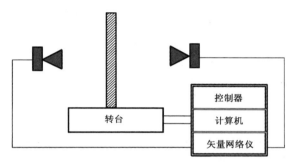

图 9.8 等效平板测试框图

4．平板特性

利用多次反射法或四端口网络都可以得到 $n=1$ 时单层介质板的电场传输系数和反射系数，有

$$T=\frac{2}{2\mathrm{ch}(\mathrm{j}\gamma_1 d_1)+\left(z_{01}+\dfrac{1}{z_{01}}\right)\mathrm{sh}(\mathrm{j}\gamma_1 d_1)} \tag{9.7}$$

$$R=\frac{\left(z_{01}-\dfrac{1}{z_{01}}\right)\mathrm{sh}(\mathrm{j}\gamma_1 d_1)}{2\mathrm{ch}(\mathrm{j}\gamma_1 d_1)+\left(z_{01}+\dfrac{1}{z_{01}}\right)\mathrm{sh}(\mathrm{j}\gamma_1 d_1)} \tag{9.8}$$

在无耗情况下，令 $R=0$，得

$$\left(z_{01}-\frac{1}{z_{01}}\right)\sin(\gamma_1 d_1)=0 \tag{9.9}$$

从式（9.9）解得 $\gamma_1 d_1 = n\pi$ 或 $\dfrac{2\pi}{\lambda}\sqrt{\varepsilon_1^2 - \sin^2\theta}\,d_1 = n\pi$，由此解得

$$d_1 = \frac{n\lambda}{2\sqrt{\varepsilon_1^2 - \sin^2\theta}} \tag{9.10}$$

式中，d_1 是单层介质的厚度；γ_1 是单层介质的传播常数。

可以验证，当 $\sin(\gamma_1 d_1) = 0$ 时，$\cos(\gamma_1 d_1) = 1$，$T=1$，此时透波率最大。

在无耗情况下，$\tan\delta = 0$，当 $d_1 = \dfrac{n\lambda}{2\sqrt{\varepsilon - \sin^2\theta}}$ 时，传输系数最大，反射最小，

其曲线如图 9.9 所示。

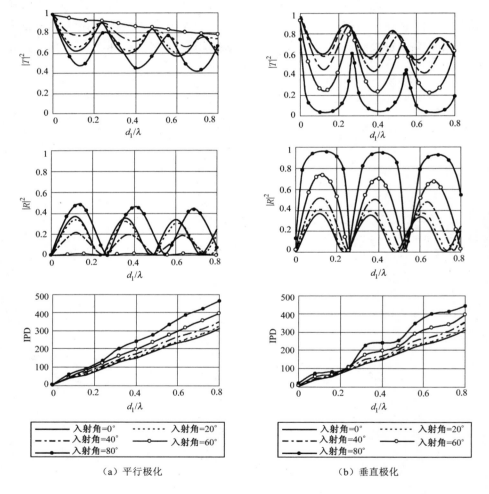

图 9.9　无涂层单层平板的功率传输系数、功率反射系数、插入相移（IPD）曲线

无涂层单层平板截面介质参数见表 9.7。

表 9.7　无涂层单层平板截面介质参数

介电常数	损耗角正切	介质板厚度
4.2	0.02	<0.5λ

实际的单层平板表面涂覆抗静电涂层和防雨蚀涂层，根据平板的功率传输系数、功率反射系数、插入相移随 d/λ 的变化曲线，选取适当的 d/λ，可以得到高的传输效率和低的功率反射，带涂层单层平板截面的各层介质参数如表 9.8 所示。

表 9.8　带涂层单层平板截面各层介质参数

介电常数	损耗角正切	介质板厚度（mm）
6.7	0.35	0.05
3.4	0.03	0.2
4.2	0.02	7.8

图 9.10 给出了最佳厚度的单层平板功率传输系数、功率反射系数、插入相移随入射角变化的曲线。参见式（9.10），可得单层平板的最佳厚度接近于介质中的半波长，一般称为实心半波壁。由于在短波波段，实心半波壁导致罩壁太厚，而在毫米波波段，单层实心半波壁太薄而强度太低，所以实心半波壁只适用于微波波段，常用于 X 波段的机载雷达罩。

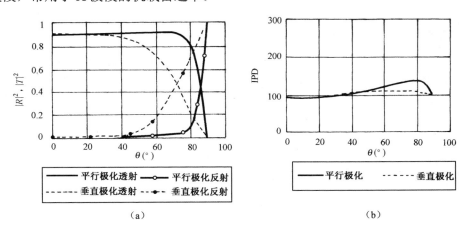

图 9.10　最佳厚度带涂层单层平板的功率传输系数、功率反射系数、插入相移随入射角变化曲线

与实心半波壁相比，A 夹层为轻质高强结构，它由低密度的夹芯和致密的蒙皮组成，蒙皮的厚度一般远小于波长，夹芯（蜂窝或泡沫）的介电常数接近于 1，因而损耗小，工作带宽较宽。夹芯的厚度使得蒙皮的反射相互抵消，所以 A 夹层在一定的带宽内能够获得良好的透过效率。A 夹层的缺点是在大入射角情况下，传输效率下降很快，因此一般不用于大入射角的场合。图 9.11 给出了有抗候涂层

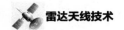

的 A 夹层平板功率传输系数、功率反射系数、插入相移随 d_c/λ 变化的曲线。其中，d_c 为芯层的厚度。

带涂层 A 夹层平板截面各层介质参数见表 9.9。

表 9.9　带涂层 A 夹层平板截面各层介质参数

介电常数	损耗角正切	介质板厚度
6.7	0.35	0.05mm
3.4	0.03	0.2mm
4.2	0.02	1.0mm
1.1	0.005	$(0\sim0.5)\lambda$
4.2	0.02	1.0mm

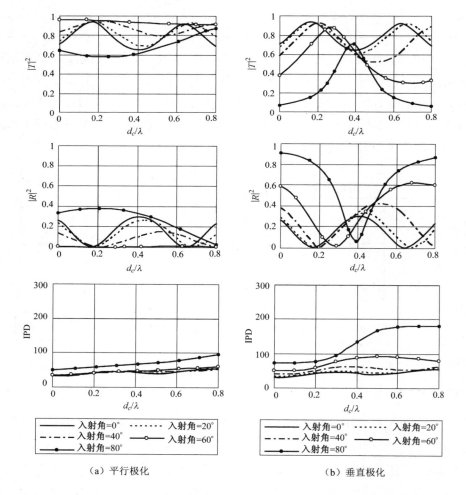

（a）平行极化　　　　　　　　　（b）垂直极化

图 9.11　带涂层 A 夹层平板的功率传输系数、功率反射系数、插入相移曲线

选取适当的芯层厚度 d_c，可以在最佳入射角上得到最大的传输系数，带涂层 A 夹层平板截面各层介质参数如表 9.10 所示，最佳厚度 A 夹层平板的功率传输系数、反射系数、插入相移随入射角变化的曲线如图 9.12 所示。

表 9.10　带涂层 A 夹层平板截面各层介质参数

介电常数	损耗角正切	介质板厚度（mm）
6.7	0.35	0.05
3.4	0.03	0.2
4.2	0.02	1.0
1.1	0.005	7.5
4.2	0.02	1.0

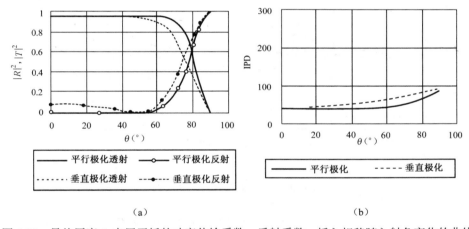

（a）　　　　　　　　　　　　　　　　　（b）

图 9.12　最佳厚度 A 夹层平板的功率传输系数、反射系数、插入相移随入射角变化的曲线

将两个 A 夹层级联可以得到 C 夹层，C 夹层能将 A 夹层的剩余反射再次抵消，得到更低的反射，特别适于需要极低反射的场合。另外 C 夹层的结构强度比 A 夹层高，结构稳定度更好，并且从电信设计的角度看，增加了设计的自由度（包括内/中/外蒙皮厚度、夹芯厚度）。C 夹层的 AWACS 雷达罩被用来抑制反射瓣，同时还可以补偿口径相位平衡。C 夹层相当于多级滤波器，带宽比 A 夹层的宽，缺点是插入相移随入射角变化较大，生产工艺复杂。

图 9.13 给出了带涂层 C 夹层的电性能随夹芯厚度变化的规律，其两个夹层的芯层厚度相等（d_c），夹层各层介质参数如表 9.11 所示。

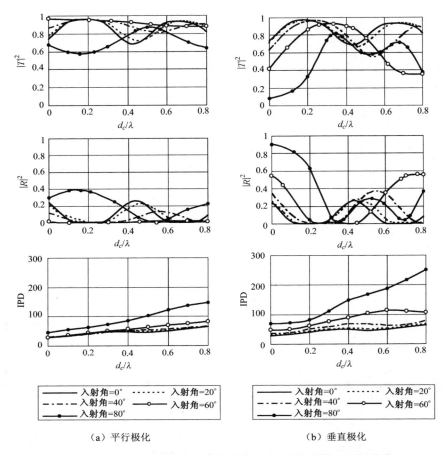

（a）平行极化　　　　　　　　　　　（b）垂直极化

图 9.13　C 夹层平板的功率传输系数、功率反射系数、IPD 曲线

表 9.11　带涂层 C 夹层平板截面各层介质参数

介电常数	损耗角正切	介质板厚度
6.7	0.35	0.05mm
3.4	0.03	0.2mm
4.2	0.02	1.5mm
1.1	0.005	$(0 \sim 0.5)\lambda$
4.2	0.02	3.0mm
1.1	0.005	$(0 \sim 0.5)\lambda$
4.2	0.02	1.5mm

　　从图 9.13 中可见：对垂直极化波，功率传输曲线出现了双峰，工作频带范围增宽了。在法向入射和小角度入射情况下，可以在相当宽的频率范围内，获得低反射特性。当夹芯的厚度增加时，在大入射角情况下，C 夹层对两种极化的插入相移差别增大，交叉极化电平分量明显，使雷达天线容易受到干扰，通信系统收

发信道的隔离度下降。

同样，选取适当的夹芯厚度，带涂层 C 夹层平板截面各层介质参数如表 9.12 所示。如图 9.14 所示，C 夹层可以在很大的入射角范围内得到高的传输效率，功率反射系数小，而且变化平坦。如果对内/外/中蒙皮厚度进行优化，可以以功率反射系数最小化作为目标函数，即在指定的极化和入射角范围内得到最小反射系数，例如，在垂直极化的 70°～80° 入射角范围内，功率反射系数小于 10%。另外还可以将对插入相移作为约束条件进行优化。

表 9.12　带涂层 C 夹层平板截面各层介质参数

介电常数	损耗角正切	介质板厚度（mm）
6.7	0.35	0.05
3.4	0.03	0.2
4.2	0.02	1.5
1.1	0.005	21
4.2	0.02	3.0
1.1	0.005	21
4.2	0.02	1.5

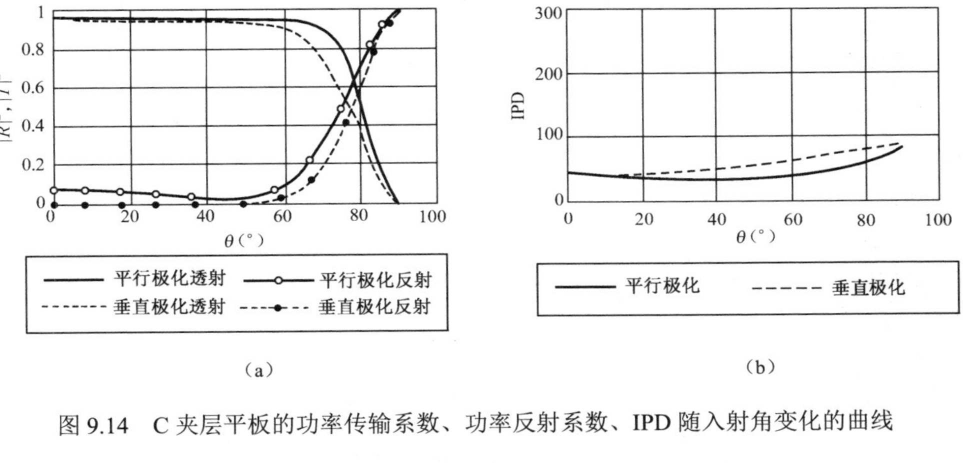

（a）　　　　　　　　　　　（b）

图 9.14　C 夹层平板的功率传输系数、功率反射系数、IPD 随入射角变化的曲线

某些情况对雷达罩提出了宽带要求，宽带天线罩有以下三种形式。

（1）低耗泡沫材料薄壁单层结构，电厚度小于 0.05 个介质内波长，这类天线罩可以工作到 12GHz。透波率在 2GHz～8GHz 时大于 90%，在 8GHz～12GHz 时大于 85%。

（2）薄壁蒙皮 A 夹层结构，夹层厚度根据覆盖频率范围调整。

（3）多层宽带结构，上述两种宽带罩一般只能适用于小入射角情况。由于机载天线罩外形特殊，入射角范围较大，因此需要使用多层的宽带结构，选用低耗中强材料，蒙皮厚度选用薄壁形式。

图 9.15 和图 9.16 分别给出了宽带 A 夹层和宽带 C 夹层的传输系数随频率变化的曲线。宽带 A 夹层平板截面各层介质参数如表 9.13 所示，宽带 C 夹层平板截面各层介质参数如表 9.14 所示。

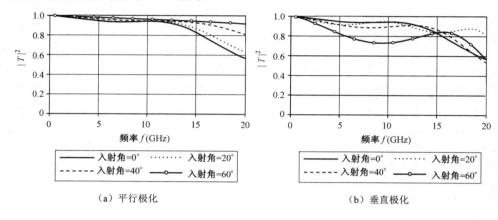

（a）平行极化　　　　　　　　　　　　　　（b）垂直极化

图 9.15　宽带 A 夹层的传输系数随频率变化的曲线

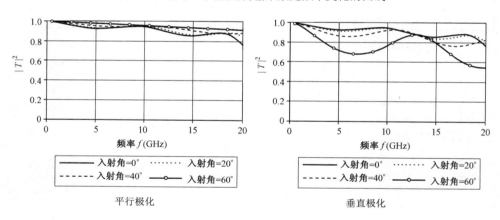

平行极化　　　　　　　　　　　　　　垂直极化

图 9.16　宽带 C 夹层的传输系数随频率变化曲线

表 9.13　宽带 A 夹层平板截面各层介质参数

介电常数	损耗角正切	介质板厚度（mm）
6.7	0.35	0.05
3.4	0.03	0.2
4.2	0.02	0.5
1.1	0.005	5.2
4.2	0.02	0.5

表 9.14　宽带 C 夹层平板截面各层介质参数

介电常数	损耗角正切	介质板厚度（mm）
6.7	0.35	0.05
3.4	0.03	0.2
3.6	0.012	0.67
1.08	0.005	3.5
3.6	0.012	0.86
1.08	0.005	3.5
3.6	0.012	0.67

宽带天线罩结构强度相对较低，在有强度特定要求的情况下，可以选择 7 夹层或 9 夹层结构，以增强结构的刚度。

9.4.2　壳体罩——天线的综合性能分析技术

与各类天线一样，带罩天线的设计需要估计天线罩的电性能参数。不同的是，天线罩的电性能没有简单的公式可循。从理论上讲，需要解决天线罩内的电磁波传播问题，由于严格的计算十分复杂，因此通常都采用近似方法估计天线罩的性能指标。当天线口径远大于波长且天线罩曲率半径远大于波长时，几何射线跟踪法被认为是最经济、最直观的分析手段，它的分析计算精度在理论上和实践中都得到了证明。

几何射线跟踪法是一种高频近似方法，仅在光学极限情况下严格成立。在几何光学近似条件下，入射的电磁波近似为均匀平面波，天线罩的介质壳体处近似为均匀无限大介质平面，并且用无限大介质平板传输系数和插入相移表征天线罩对入射场的作用。

下面以壳体罩为例，叙述几何射线跟踪法的步骤和计算公式。

1. 几何光学——射线跟踪技术

几何光学——射线跟踪法分为 5 个步骤求解：

（1）根据天线在天线罩中的位置和天线的扫描体制，确定射线的源点和方向。

（2）延伸射线直到与罩壁相交，求得交点，计算交点处外法向矢量的夹角 θ，构成入射平面。

（3）将电磁波在入射平面上分解为平行极化分量 $E_{//}$ 和垂直极化分量 $E_\perp$。计算局部介质多层平板平行极化分量和垂直极化分量的电场传输系数 $T_{//}(\theta)$、$T_\perp(\theta)$ 和插入相移 $IPD_{//}(\theta)$、$IPD_\perp(\theta)$

（4）在透射点，分别计算传输至外壁的两种极化分量，追溯至原辐射源点，

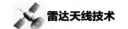

取代原源点的幅度相位。

（5）在原口径上用等效幅度、相位分布，计算远场方向图。

在许多情况下，仅通过原口径上的等效幅度、相位分布来计算远场是不够的，因为反射射线也要参与辐射。

反射瓣的计算分为三步：

① 求得入射点处反射线的方向，交点就为反射口径的源点，计算复反射系数 $\dot{R}_{//}$ 和 $\dot{R}_{\perp}$ 。

② 延伸反射线，得到与天线罩的二次交点，计算复传输系数 $\dot{T}_{r//}$ 和 $\dot{T}_{r\perp}$ 。

③ 回溯到反射口径源点，计入累加的路程差，在天线罩内表面上作子口径基尔霍夫标量积分，计算反射瓣。

概括地讲，就是首先确定入射线与天线罩表面的交点，及其所在切平面的法线，求得入射角和极化角；接下来利用等效平板模型计算透过场，将透过场投影到原天线口径处，得到带罩情况下的等效口径幅度和相位分布，然后分别计算带罩天线主极化分量和交叉极化分量透过瓣，对反射线进行追踪求得反射线与天线罩壁的二次交点；最后在天线罩外表面上作子口径叠加，计算反射瓣。

设天线罩所在的坐标系为 XYZ，天线所在的坐标系为 xyz，天线口面的扫描角为 (α, β)，α 为方位面上的扫描角，β 为俯仰面上的扫描角。天线坐标系原点在天线罩坐标系中，为 (x_0, y_0, z_0)；天线口径上的源点在天线坐标系中表示为 (x_i, y_i, z_i)，转换到天线罩坐标系中坐标值变为 (X_i, Y_i, Z_i)，有

$$\begin{bmatrix} X_i \\ Y_i \\ Z_i \end{bmatrix} = \begin{bmatrix} \cos\beta & 0 & \sin\beta \\ -\sin\alpha\sin\beta & \cos\alpha & \sin\alpha\cos\beta \\ -\cos\alpha\sin\beta & -\sin\alpha & \cos\alpha\cos\beta \end{bmatrix} \begin{bmatrix} x_i \\ y_i \\ z_i \end{bmatrix} + \begin{bmatrix} x_0 \\ y_0 \\ z_0 \end{bmatrix} \tag{9.11}$$

天线口径上的源点发出射线沿直线传播，假定 r_0 为源点矢量，射线方程为

$$r = r_i + \hat{k}t \tag{9.12}$$

$$\begin{cases} X = X_i + k_x t \\ Y = Y_i + k_y t \\ Z = Z_i + k_z t \end{cases} \tag{9.13}$$

式中，$\hat{k}$ 为平面波矢的单位矢量。

设天线罩曲面方程满足

$$F(X, Y, Z) = 0 \tag{9.14}$$

将式（9.13）代入（9.14），求得 t，即方向矢量增量。再利用式（9.13）得到射线与罩壁的交点 (x, y, z)，罩壁交点处的法向矢量 $\hat{n} = (F'_X, F'_Y, F'_Z) / \sqrt{F'^2_X + F'^2_Y + F'^2_Z}$，

$F'_X = \dfrac{\partial F}{\partial X}$，$F'_Y = \dfrac{\partial F}{\partial Y}$，$F'_Z = \dfrac{\partial F}{\partial Z}$。

由 $\cos\theta_i = \hat{\boldsymbol{n}} \cdot \hat{\boldsymbol{k}}$，计算出入射角 θ_i。极化角 β 是电场方向与入射平面之间的夹角，且 $\beta = \arccos(|\hat{\boldsymbol{e}} \times \boldsymbol{M}|)$，$\hat{\boldsymbol{e}}$ 为天线口径的主极化电场方向单位矢量，$\hat{\boldsymbol{M}} = \hat{\boldsymbol{n}} \times \boldsymbol{V}$，$\boldsymbol{V}$ 是入射线传播方向矢量。当入射场电场平行于入射面时，$\beta=0$；当入射场电场垂直于入射面时，$\beta = \pi/2$。

根据极化角，入射场被分解为平行于入射面的极化分量和垂直于入射面的极化分量，前者称为平行极化波，后者称为垂直极化波，则传输到天线罩外的电场 $\boldsymbol{E}_t$ 可以表示为

$$\boldsymbol{E}_t = \left(\boldsymbol{E}^i \cdot \hat{\boldsymbol{e}}_\perp \right) \dot{T}_\perp \hat{\boldsymbol{e}}_\perp + \left(\boldsymbol{E}^i \cdot \hat{\boldsymbol{e}}_{//} \right) \dot{T}_{//} \hat{\boldsymbol{e}}_{//} \tag{9.15}$$

式中，$\hat{\boldsymbol{e}}_{//}$ 为平行极化的单位矢量；$\hat{\boldsymbol{e}}_\perp$ 为垂直极化的单位矢量。

反射场 $\boldsymbol{E}_r$ 可以表示为

$$\boldsymbol{E}_r = \left(\boldsymbol{E}^i \cdot \hat{\boldsymbol{e}}_\perp \right) \dot{R}_\perp \hat{\boldsymbol{e}}_\perp + \left(\boldsymbol{E}^i \cdot \hat{\boldsymbol{e}}_{//} \right) \dot{R}_{//} \hat{\boldsymbol{e}}_{//} \tag{9.16}$$

反射射线的方向为

$$\hat{\boldsymbol{k}}_r = \hat{\boldsymbol{k}} - 2\left(\hat{\boldsymbol{k}} \cdot \hat{\boldsymbol{n}} \right) \hat{\boldsymbol{n}} \tag{9.17}$$

透过场被投影到原辐射口径上，主极化分量口径分布变为

$$\begin{aligned} E_{co}^e \left(x_i, y_i, z_i \right) &= E^i \left(x_i, y_i, z_i \right) \left[\left(\hat{\boldsymbol{e}}^i \cdot \hat{\boldsymbol{e}}_\perp \right) \dot{T}_\perp \left(\hat{\boldsymbol{e}}_\perp \cdot \hat{\boldsymbol{e}} \right) + \left(\hat{\boldsymbol{e}}^i \cdot \hat{\boldsymbol{e}}_{//} \right) \dot{T}_{//} \left(\hat{\boldsymbol{e}}_{//} \cdot \hat{\boldsymbol{e}} \right) \right] \hat{\boldsymbol{e}} \\ &= E^i \left(x_i, y_i, z_i \right) \left[\cos^2 \beta \dot{T}_\perp + \sin^2 \beta \dot{T}_{//} \right] \hat{\boldsymbol{e}} \end{aligned} \tag{9.18}$$

交叉极化分量为

$$\begin{aligned} E_{cr}^e (x_i, y_i, z_i) &= E^i (x_i, y_i, z_i) [(\hat{\boldsymbol{e}}^i \cdot \hat{\boldsymbol{e}}_\perp) \dot{T}_\perp (\hat{\boldsymbol{e}}_\perp \cdot \hat{\boldsymbol{e}}_x) + (\hat{\boldsymbol{e}}^i \cdot \hat{\boldsymbol{e}}_\perp) \dot{T}_{//} (\hat{\boldsymbol{e}}_{//} \cdot \hat{\boldsymbol{e}}_x)] \hat{\boldsymbol{e}}_x \\ &= E^i \left(x_i, y_i, z_i \right) [\cos \beta \sin \beta (\dot{T}_\perp - \dot{T}_{//})] \hat{\boldsymbol{e}}_x \end{aligned} \tag{9.19}$$

式中，$\hat{\boldsymbol{e}}$ 表示天线口径的主极化电场方向单位矢量，例如垂直极化天线 $\hat{\boldsymbol{e}} = \hat{\boldsymbol{y}}$；$\hat{\boldsymbol{e}}_x$ 表示与主极化正交的单位矢量，例如对垂直极化天线而言，正交极化 $\hat{\boldsymbol{e}}_x = \hat{\boldsymbol{x}}$。

等效天线口径辐射远场的主极化分量为

$$\begin{aligned} E_{co}(\theta, \phi) &= -\iint E_{co}^e (x_i, y_i, z_i') \mathrm{e}^{\mathrm{j}\boldsymbol{k} \cdot \boldsymbol{r}} \mathrm{d}x_i \mathrm{d}y_i \\ &= -\frac{1 + \cos\theta}{2} \iint E^i (x_i, y_i, z_i)(\cos^2 \beta \dot{T}_\perp(\theta_i)) + \\ &\quad \sin^2 \beta \dot{T}_{//}(\theta_i)) \mathrm{e}^{\mathrm{j}k(\sin\theta\cos\phi x_i + \sin\theta\sin\phi y_i + \cos\theta z_i)} \mathrm{d}x_i \mathrm{d}y_i \end{aligned} \tag{9.20}$$

式中，$\boldsymbol{k} = k \cdot \hat{\boldsymbol{k}} = \dfrac{2\pi}{\lambda} \hat{\boldsymbol{k}}$。

辐射远场的交叉极化分量为

$$\begin{aligned} E_{cr}(\theta, \phi) &= \frac{1 + \cos\theta}{2} \iint E^i (x_i, y_i, z_i)(\dot{T}_\perp + \dot{T}_{//}) \cos \beta \sin \beta \cdot \\ &\quad \mathrm{e}^{\mathrm{j}k(\sin\theta\cos\phi x_i + \sin\theta\sin\phi y_i + \cos\theta z_i)} \mathrm{d}x_i \mathrm{d}y_i \end{aligned} \tag{9.21}$$

积分是在天线坐标系中进行的。

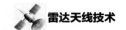

反射线向前传输，与天线罩再次相交得到二次交点(忽略返回天线口径的射线)，这些射线经透射后到达天线罩外表面，形成独立的辐射子口径。对各辐射子口径进行积分求和，得到远区辐射场（反射瓣）。

设二次入射点坐标为(x_{ir}, y_{ir}, z_{ir})，累积程差等于$k(L_1 + L_2)$。用$\boldsymbol{E}_r$表示第二次入射的电场，有

$$\boldsymbol{E}_r(x_{ir}, y_{ir}, z_{ir}) = e^{-jk(L_1+L_2)}\left[(\hat{\boldsymbol{E}}_r \cdot \hat{\boldsymbol{e}}_{2r//})T_{//}(\theta_{i2})\hat{\boldsymbol{e}}_{2r//} + (\hat{\boldsymbol{E}}_r \cdot \hat{\boldsymbol{e}}_{2r\perp}) \cdot T_{\perp}(\theta_{i2})\hat{\boldsymbol{e}}_{2r\perp}\right] \quad （9.22）$$

辐射子口径的总场（反射瓣）有

$$E_R(\theta, \phi) = \iint \frac{1 + \cos \Phi_i}{2} E_R(x_{ir}, y_{ir}, z_{ir}) \cdot e^{jk(\sin\theta\cos\phi x_{ir} + \sin\theta\sin\phi y_{ir} + \cos\theta z_{ir})} \mathrm{d}x_i \mathrm{d}y_i \quad （9.23）$$

式中，$\cos \Phi_i = (\hat{\boldsymbol{k}} \cdot \hat{\boldsymbol{k}}_{ir})$；$\hat{\boldsymbol{k}}_{ir}$是第$i$根射线经反射后的传输矢量；积分在天线坐标系中进行。

有时天线罩曲面不能用解析式表示，只能用数模表示，此时可以采用三角分块网格模型计算入射线与天线罩表面的交点，求解过程如下：

由射线方程

$$\boldsymbol{r} = \boldsymbol{r}_i + \hat{\boldsymbol{k}} \cdot t \quad （9.24）$$

设局部三角形平面方程为

$$n_{xj}(x - x_j) + n_{yj}(y - y_j) + n_{zj}(z - z_j) = 0 \quad （9.25）$$

由式（9.24）与式（9.25）联立求解可得

$$t = \frac{(\boldsymbol{r} - \boldsymbol{r}_j) \cdot \hat{\boldsymbol{n}}_j}{\hat{\boldsymbol{k}} \cdot \hat{\boldsymbol{n}}_j} \quad （9.26）$$

最后由式（9.24），求得交点坐标。

2. 口径积分——表面积分技术

当天线口径或曲率半径与波长相近时，几何射线方法不能成立。根据惠更斯原理，次波源的辐射不能忽略，需要计入边缘效应（有限尺寸物理辐射口径）。口径辐射场是连续的，而不是封闭的射线管场。在 20 世纪 70 年代，D.C.Wu 和 D.T.Paris 分别用 PWS（平面波谱）方法和 AI（口径积分）方法取代射线模型，根据天线波谱与天线口径之间存在的 FT（傅里叶变换）关系，天线罩近区场可以从天线平面波谱展开式中得到。

口径积分（AI）与平面波谱（PWS）方法属于物理光学方法（PO），它们利用对口径的直接积分，求得天线罩内表面入射近场的$\boldsymbol{E}$和$\boldsymbol{H}$的切向分量。在入射近场，口径场的辐射被等效为以能流的方向传播的准平面波，仿照几何光学的射线原理，计算在局部平面上的透过场和反射场。然后，在内表面上对反射场积分，

计算反射瓣；对外表面的切向场矢量积分，获得远场的透过瓣。

假定天线口径为 A，法向单位矢量为 $\hat{\boldsymbol{n}}_a$，激励的电场为 $\boldsymbol{E}_a$，等效磁流为

$$\boldsymbol{J}_m = \boldsymbol{E}_a \times \hat{\boldsymbol{n}}_a \tag{9.27}$$

电矢位为

$$\boldsymbol{F} = \varepsilon \iint \boldsymbol{J}_m \exp(-jkr)/(4\pi r)\mathrm{d}s \tag{9.28}$$

式中，$r = |\boldsymbol{r}_s - \boldsymbol{r}_a|$；$\boldsymbol{r}_s$ 是天线罩上场点的位置矢量；$\boldsymbol{r}_a$ 是天线口径源点的位置矢量；$\hat{\boldsymbol{r}}$ 是 $\boldsymbol{r}$ 的单位矢量。

仅对场点作 ∇ 运算，得到入射到天线罩上的电场为

$$
\begin{aligned}
\boldsymbol{E} &= -\nabla \times \boldsymbol{F}/\varepsilon = -\nabla \times \iint \boldsymbol{J}_m \exp(-jkr)/(4\pi r)\mathrm{d}s \\
&= -\iint \left(jk + \frac{1}{r}\right)\boldsymbol{J}_m \times \hat{\boldsymbol{r}}\exp(-jkr)/(4\pi r)\mathrm{d}s
\end{aligned} \tag{9.29}
$$

入射磁场为

$$\boldsymbol{H} = \nabla \times \nabla \times \boldsymbol{F}/(j\omega\mu\varepsilon) = \left[\nabla\nabla \cdot \boldsymbol{F} + k^2 \boldsymbol{F}\right]\Big/(j\omega\mu\varepsilon) \tag{9.30}$$

经推导，得到天线罩内表面上的入射磁场为

$$
\begin{aligned}
\boldsymbol{H} = (j4\pi\omega\mu)^{-1} \iint \frac{\exp(-jkr)}{r} &\left[-\boldsymbol{J}_m \frac{1}{r}\left(jk + \frac{1}{r}\right) - \right. \\
&\left. (\boldsymbol{J}_m \cdot \hat{\boldsymbol{r}})\hat{\boldsymbol{r}}\left(k^2 - \frac{j3k}{r} - \frac{3}{r^2}\right) + k^2 \boldsymbol{J}_m \right]\mathrm{d}s
\end{aligned} \tag{9.31}
$$

入射到天线罩内表面上的能流密度为

$$\boldsymbol{S} = \frac{1}{2}\mathrm{Re}(\boldsymbol{E} \times \boldsymbol{H}^*) + \frac{1}{2}\mathrm{Re}\left[\boldsymbol{E} \times \boldsymbol{H}^* \exp(j2\omega t)\right] \tag{9.32}$$

式（9.32）中的第二项对时间的平均值为 0，则入射波的传播方向单位矢量为

$$\hat{\boldsymbol{s}} = \boldsymbol{E} \times \boldsymbol{H}^* \Big/ \left|\boldsymbol{E} \times \boldsymbol{H}^*\right| \tag{9.33}$$

透过场的切向场矢量为

$$
\begin{cases}
\boldsymbol{E}^t = E_{//}^i T_{//0}{}^{\exp}(-j\eta_{//})\hat{\boldsymbol{e}}_{//} + E_{\perp}^i T_{\perp 0}\exp(-j\eta_{\perp})\hat{\boldsymbol{e}}_{\perp} \\
\boldsymbol{H}^t = H_{//}^i T_{\perp 0}{}^{\exp}(-j\eta_{\perp})\hat{\boldsymbol{e}}_{//} + H_{\perp}^i T_{//0}\exp(-j\eta_{//})\hat{\boldsymbol{e}}_{\perp}
\end{cases} \tag{9.34}
$$

式中，$\eta = \phi_t - 2\pi d \cos\theta/\lambda$，$d = \sum\limits_{i=1}^{N} d_i$。

在天线罩内表面上，得到反射场为

$$\boldsymbol{E}^r = E_{//}^i R_{//} \hat{\boldsymbol{e}}_{//}' + E_{\perp}^i R_{\perp} \hat{\boldsymbol{e}}_{\perp} \tag{9.35}$$

$$\boldsymbol{H}^r = H_{//}^i R_{//} \hat{\boldsymbol{e}}_{//}' + H_{\perp}^i R_{//} \hat{\boldsymbol{e}}_{\perp}$$

$$\hat{\boldsymbol{e}}_{\perp}' = \hat{\boldsymbol{e}}_{\perp} \times \boldsymbol{k}_r = \hat{\boldsymbol{e}}_{\perp} \times [\hat{\boldsymbol{s}} - 2(\hat{\boldsymbol{n}} \cdot \hat{\boldsymbol{s}})\hat{\boldsymbol{n}}] \tag{9.36}$$

式中，$E_{//}^i$、$E_\perp^i$、$H_{//}^i$、$H_\perp^i$ 分别表示入射电场/磁场的平行和垂直分量；$T_{//}$、$T_\perp$、$R_{//}$、$R_\perp$ 分别表示罩壁对入射电场的平行和垂直分量的复传输系数和复反射系数；$\hat{e}_{//}$、$\hat{e}_\perp$ 分别是入射场的平行和垂直两个极化的单位矢量；$\hat{e}'_{//}$、$\hat{e}'_\perp$ 分别表示反射场的平行和垂直两个极化的单位矢量。

沿天线罩内表面对切向电场和磁场作矢量积分，求得远区的辐射场为

$$E(\theta,\phi) = -\frac{\mathrm{j}k}{4\pi R}\exp(-\mathrm{j}kR)\hat{r}\times\iint\left[\hat{n}\times E^t - \sqrt{\frac{\mu_0}{\varepsilon_0}}\hat{r}\times\hat{n}\times H^t\right]\mathrm{e}^{\mathrm{j}\hat{k}\cdot\hat{r}}\mathrm{d}s \qquad (9.37)$$

式中，(θ,ϕ) 为观察角；$\hat{r}$ 是远区观察点的单位位置矢量；E^t、H^t 是切向电场和切向磁场，根据需要，可以是天线罩表面上的总切向电场和磁场矢量，也可以是反射场或透射场的切向矢量，分别用于分析计算天线罩透过瓣和反射瓣；$\hat{n}$ 是天线罩的外法线矢量。

口径积分适用于各种口径，尤其适用于相控阵口径天线，也适用于点源、线阵和宽带天线罩的分析。该方法已广泛应用于机载火控雷达罩设计和中等电尺寸天线罩的精确计算。由于其采用表面积分，计入了曲率效应，所以计算的瞄准误差精度高。AWACS 天线罩（垂直面尺度为电小尺寸）反射瓣的计算结果与实测符合较好。在电小尺寸天线罩设计中，用口径积分预计了加罩后增益提高，主瓣出现的 W 状起伏，与测试结果一致，可对天线罩修形，消除主瓣的畸变。如图 9.17 所示为使用口径积分—表面积分法计算得到的喇叭带罩辐射方向图与实测结果的比较。

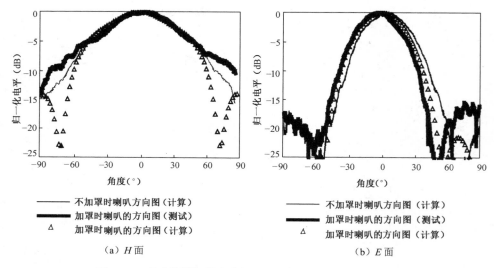

图 9.17　喇叭带罩辐射方向图（口径积分—表面积分法）

3．平面波谱——表面积分技术

口径积分的计算量与口径面积成正比，对于圆对称口径天线的近场，用平面波谱进行积分计算时，计算量与口径尺寸成正比。在计算圆口径天线带罩特性时，平面波谱表现出独特的优越性，波谱积分比单一平面波展开计算近场的精度有很大提高，计算速度高于口径积分。

采用 PWS 法计算内场的详细过程可参阅有关文献，本书不再详细介绍。

当采用 PWS 积分得到 E_i 和 H_i 后，仿照口径积分的计算过程，先计算玻印亭矢量、入射角和传输系数，然后获得罩外电场和磁场的切向分量，最后计算远区辐射电场。在计算时要对每一根平面波谱线，使用射线跟踪法，并且在外表面对所有谱线的传输场切向分量矢量相加，进行基尔霍夫矢量积分，得到远场方向图。

PWS 法适用于圆口径对称分布的天线罩问题，而对任意口径，由于无法利用圆周对称性，因此 PWS 法的计算量是很大的。

9.4.3 空间骨架天线罩设计

空间骨架天线罩是一种自支撑结构，通常为截球形，风阻系数小，结构稳定，参见图 9.18。截球的高度选取原则是，保证天线口径中心与球心重合，这时，天线罩引起的系统指向误差最小。

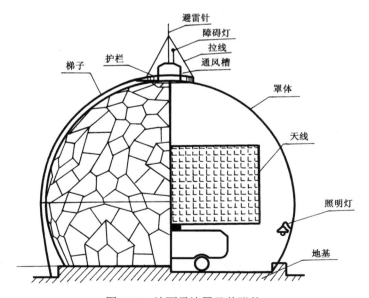

图 9.18 地面雷达罩及其附件

介质桁架罩板块单元之间通过边框连接，加强的边框称为加强肋，加强肋组成了空间骨架（也称为桁架）肋阵。介质桁架罩与壳体罩的重要区别在于，在设计时，要考虑并降低空间骨架肋阵的散射效应。

空间骨架天线罩的设计分为三部分：

（1）窗体设计：常见的窗体形式有单层和 A 夹层，设计原则为在满足工作带宽的前提下，能够获得最大的功率传输系数和最小的反射系数，同时结构强度要足以承载风雪的载荷。

（2）接头设计：确定接头方式是骨架天线罩设计的关键。接头的散射场和遮挡比影响着天线的方向图、增益、指向。设计师需要细心选择板块之间的连接方式。

（3）分块设计：根据设计指标要求决定是否需要随机化分块，在低副瓣天线罩设计中，要尽可能使肋阵取向随机化。板块尺寸不超过运输部门有关规定，板块结构可选择球面五边形或球面三角形。

刚性地面雷达罩的板块单元之间通过骨架连接（充气罩不需要骨架）。骨架式地面雷达罩对天线的影响分为两部分：一部分是骨架加强肋阵对天线辐射幅度和相位的影响；另一部分是介质壳体的影响。骨架损耗和散射与骨架对口径的遮挡、骨架的感应电流率有关。

地面雷达罩的设计核心是空间肋阵对雷达天线电性能的影响。因为地面罩的最大入射角一般不超过 50°，所以窗体部分在 50° 以内是能保证足够高的传输、低相移性能的。空间肋阵的分析方法，还是以感应电流率理论为基础，根据该理论，骨架天线罩对天线的影响，取决于肋阵对天线口径的阻挡比和肋的感应电流率。介质肋和金属肋的感应电流率等价于一个二维柱体的散射问题。这样的假设在地面罩是成立的，因为肋的长度远远大于波长（地面雷达罩在微波频段均能满足），金属肋感应电流率接近于−1，而介质肋的感应电流率可以接近于 0。在阻挡比一定的情况下，感应电流率越小，散射瓣电平越低，这对于低副瓣天线罩，具有重要的意义。下面介绍介质肋的感应电流率的计算方法。

1．肋感应电流率理论

一个幅度均匀的无穷长窄条电流，若它的远区辐射方向图与肋的远区散射方向图相同，则肋上的总电流与同样宽度的无穷长窄条等值电流之比称为肋的感应电流率。

按照定义，先计算肋的远区散射场 $\boldsymbol{E}^S$，然后令它和一个幅度均匀的无穷长窄条电流远区辐射方向图相等，求得具有同样宽度的无穷长窄条等值电流 I_z^S。因为在入射电场激励下，无穷长窄条的等值电流为

$$I_{z0} = 2\left|\hat{\boldsymbol{n}} \times \boldsymbol{H}\right| \cdot 2a = 4a\frac{E^i}{\eta_0} \qquad (9.38)$$

式中，$\eta_0 = 120\pi$ 为自由空间波阻抗；$2a$ 是窄条在入射波方向投影的宽度。

所以在入射电场激励下的肋感应电流率为

$$\text{ICR} = \frac{I_z^S}{I_{z0}} = \frac{\eta_0}{4a}\frac{I_z^S}{E^i} \tag{9.39}$$

当介质肋的肋长远远大于波长时，近似等效为二维无限长柱。对于二维任意截面的散射场，它的矩量法（MoM）分析的数学模型在有关文献中已有详细的推导，并且给出了二维无限长介质柱的感应电流率计算公式，下面简述其主要公式。

设二维无限长介质柱的截面如图 9.19 所示，相应的坐标系为 xOy，设入射场为 $\boldsymbol{E}^i$ 和 $\boldsymbol{H}^i$，介质柱的散射场为 $\boldsymbol{E}^S$ 和 $\boldsymbol{H}^S$，则介质柱内的总场 $\boldsymbol{E}^t$ 和 $\boldsymbol{H}^t$ 为

$$\begin{cases} \boldsymbol{E}^t = \boldsymbol{E}^i + \boldsymbol{E}^S \\ \boldsymbol{H}^t = \boldsymbol{H}^i + \boldsymbol{H}^S \end{cases} \tag{9.40}$$

根据感应定理，介质内的等效感应电流为

$$\boldsymbol{J}_P = \mathrm{j}\omega(\varepsilon_r - 1)\boldsymbol{E}^t \tag{9.41}$$

等效感应电流的磁矢位为

$$\boldsymbol{A} = \frac{\mu_0}{4\pi}\iint \boldsymbol{J}_P H_0^{(2)}(kr)\mathrm{d}x\mathrm{d}y = \frac{\mu_0}{4\pi}\iint \mathrm{j}\omega(\varepsilon_r - 1)\boldsymbol{E}^t H_0^{(2)}(kr)\mathrm{d}x\mathrm{d}y \tag{9.42}$$

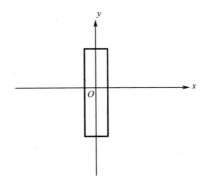

图 9.19 二维无限长介质柱的截面

由此得到介质柱的散射场为

$$\boldsymbol{E}^S = \frac{k^2\boldsymbol{A} + \nabla\nabla\cdot\boldsymbol{A}}{\mathrm{j}\omega\varepsilon_0\mu_0}, \quad \boldsymbol{H}^S = \frac{1}{\mu_0}\nabla\times\boldsymbol{A} \tag{9.43}$$

令

$$\boldsymbol{E}^t = E_x^t\hat{\boldsymbol{x}} + E_y^t\hat{\boldsymbol{y}} + E_z^t\hat{\boldsymbol{z}}, \quad \boldsymbol{H}^t = H_x^t\hat{\boldsymbol{x}} + H_y^t\hat{\boldsymbol{y}} + H_z^t\hat{\boldsymbol{z}} \tag{9.44}$$

并设

$$H_x^t = \frac{1}{\eta_0}E_x^t, \quad H_y^t = \frac{1}{\eta_0}E_y^t \tag{9.45}$$

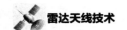

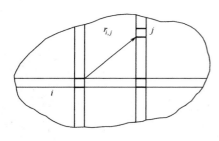

图 9.20　矩阵单元元素的计算

下面分为两种情况讨论。

1）入射波为平行极化波（入射平面波电场矢量平行于 z 轴）

将式（9.42）和式（9.43），代入式（9.40），得到一组关于 E_z^t 的积分算子方程。用矩量法的脉冲点配技术，将柱截面划分为 n 个小矩量元，如图 9.20 所示。

在每个矩量单元内，E_z^t 可近似为常量，于是将 E_z^t 用脉冲函数展开，代入方程组，再对方程两边用如下的 Dirac 冲击函数作为测试函数求内积

$$\begin{cases} \int \delta(r-r_i)\mathrm{d}r = 1, & r \in r_i \\ \int \delta(r-r_i)\mathrm{d}r = 0, & r \notin r_i \end{cases}$$

得到矩阵方程

$$\boldsymbol{ZV} = \boldsymbol{I} \tag{9.46}$$

式中，

$$\boldsymbol{Z} = \begin{bmatrix} Z_{1,1} & \cdots & \cdots & \cdots & Z_{1,N} \\ \cdots & \cdots & \cdots & \cdots & \cdots \\ \cdots & \cdots & Z_{i,j} & \cdots & \cdots \\ \cdots & \cdots & \cdots & \cdots & \cdots \\ Z_{N,1} & \cdots & \cdots & \cdots & Z_{N,N} \end{bmatrix}, \boldsymbol{V} = \begin{bmatrix} E_z^t(x_1,y_1) \\ \cdots \\ E_z^t(x_i,y_i) \\ \cdots \\ E_z^t(x_N,y_N) \end{bmatrix}, \boldsymbol{I} = \begin{bmatrix} E_z^i(x_1,y_1) \\ \cdots \\ E_z^i(x_i,y_i) \\ \cdots \\ E_z^i(x_N,y_N) \end{bmatrix} \tag{9.47}$$

$$Z_{i,j} = \begin{cases} \dfrac{\mathrm{j}\pi k_0 a_j}{2}(\varepsilon_r - 1)J_1(k_0 a_j)H_0^{(2)}(k\,r_{i,j}), & i \neq j \\[3mm] \varepsilon_r + \dfrac{\mathrm{j}\pi k_0 a_j}{2}(\varepsilon_r - 1)H_1^{(2)}(ka_j), & i = j \end{cases} \tag{9.48}$$

从上述方程的解，可以推得介质肋的感应电流率为

$$\mathrm{ICR}_{/\!/} = -\frac{1}{ka}\sum_{i=1}^{n} c_i E_z^t(x_i,y_i)\mathrm{e}^{\mathrm{j}k(x_i\cos\theta + y_i\sin\theta)} \tag{9.49}$$

式中，

$$c_i = -\frac{\mathrm{j}\pi k(\varepsilon_r - 1)J_1(ka_i)}{2} \tag{9.50}$$

在以上式中，a 为介质柱对入射平面波遮挡宽度的一半；$a_i = \sqrt{\dfrac{S_i}{\pi}}$，$S_i$ 是第 i 个矩量元的面积；J_n 为 Bessel 函数；$H_n^{(2)}$ 为第二类 Hankel 函数；$r_{i,j}$ 为第 i 个矩量元与第 j 个矩量元之间的距离。

2）入射波为垂直极化波（入射平面波磁场矢量平行于 z 轴）

将式（9.42）和式（9.43），代入式（9.40），还可得到一组关于 H''_x 和 H''_y 的积分算子方程。同样，将柱截面划分为 n 个矩量元，将式（9.45）中的 H''_x 和 H''_y 用脉冲函数展开代入积分算子方程组，再对方程两边用冲击函数求内积，得到矩阵方程

$$\begin{bmatrix} A & B \\ C & D \end{bmatrix}\begin{bmatrix} V_X \\ V_Y \end{bmatrix} = \begin{bmatrix} I_X \\ I_Y \end{bmatrix} \tag{9.51}$$

式中，

$$V_X = \begin{bmatrix} H_x^t(x_1,y_1) \\ \cdots \\ H_x^t(x_i,y_i) \\ \cdots \\ H_x^t(x_n,y_n) \end{bmatrix} \quad V_Y = \begin{bmatrix} H_y^t(x_1,y_1) \\ \cdots \\ H_y^t(x_i,y_i) \\ \cdots \\ H_y^t(x_n,y_n) \end{bmatrix} \tag{9.52}$$

$$I_X = \begin{bmatrix} \sin\theta_i H_z^i(x_1,y_1) \\ \cdots \\ \sin\theta_i H_z^i(x_i,y_i) \\ \cdots \\ \sin\theta_i H_z^i(x_n,y_n) \end{bmatrix} \quad I_Y = \begin{bmatrix} \cos\theta_i H_z^t(x_1,y_1) \\ \cdots \\ \cos\theta_i H_z^t(x_i,y_i) \\ \cdots \\ \cos\theta_i H_z^t(x_n,y_n) \end{bmatrix} \tag{9.53}$$

A，B，C，D 是 $n\times n$ 阶的方阵，其元素由下式确定：

$$A_{i,j} = \begin{cases} G_{i,j}\left[kr_{i,j}(y_i-y_j)^2 H_0^{(2)}(kr_{i,j}) \right] + \left[(x_i-x_j)^2 - (y_i-y_j)^2 \right] H_1^{(2)}(kr_{i,j}), & i \neq j \\ 1 + \left[\dfrac{\mathrm{j}\pi ka_j}{4}(\varepsilon_r - 1)H_1^{(2)}(ka_j) + 1 \right], & i = j \end{cases} \tag{9.54}$$

$$D_{i,j} = \begin{cases} G_{i,j}\left[kr_{i,j}(x_i-x_j)^2 H_0^{(2)}(kr_{i,j}) \right] - \left[(x_i-x_j)^2 - (y_i-y_j)^2 \right] H_1^{(2)}(kr_{i,j}), & i \neq j \\ 1 + \left[\dfrac{\mathrm{j}\pi ka_j}{4}(\varepsilon_r - 1)H_1^{(2)}(ka_j) + 1 \right], & i = j \end{cases} \tag{9.55}$$

$$B_{i,j} = C_{i,j} = G_{i,j}[(x_i-x_j)(y_i-y_j)[2H_1^{(2)}(kr_{i,j}) - kr_{i,j}H_0^{(2)}(kr_{i,j})] \tag{9.56}$$

$$G_{i,j} = \frac{\mathrm{j}\pi a_j J_1(ka_j)(\varepsilon_r - 1)}{2r_{i,j}^3} \tag{9.57}$$

从上述方程的解，可以推得介质肋的感应电流率为

$$\mathrm{ICR}_\perp = -\frac{1}{ka}\sum_{i=1}^{n} c_i \left[-\sin\theta H_x^t(x_i,y_i) + \cos\theta H_y^t(x_i,y_i) \right] \mathrm{e}^{\mathrm{j}k(x_i\cos\theta + y_i\sin\theta)} \tag{9.58}$$

式中，

$$c_i = -\frac{\mathrm{j}\pi ka_j(\varepsilon_r - 1)J_1(ka_j)}{2} \tag{9.59}$$

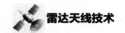
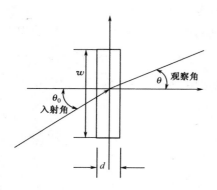

图 9.21　二维无限长介质条片

以上式中，a 为介质柱对入射平面波遮挡宽度的一半；$a_i = \sqrt{\dfrac{S_i}{\pi}}$，$S_i$ 是第 i 个矩量 $\overline{n}$ 的面积；θ_0 为入射角；θ 为观察角；可知感应电流率是入射角、观察角的函数。

以平面波入射到介质条片为例，假设一无穷长介质条片，如图 9.21 所示，介质条片的参数为 $\varepsilon = 4.0, \mu = \mu_0, w = 2.5\lambda, d = 0.05\lambda$，计算结果如图 9.22 和图 9.23 所示。

图 9.24～图 9.26 给出了不同介质骨架天线罩单元之间的基本连接方式，供设计师参考。图 9.24 中，在微波波段，（a）、（c）接头的 ICR 比（b）、（d）接头小得多，（b）、（d）接头一般用于米波通信天线罩；图 9.25 中，（a）接头被用于直径为 44m 的天线罩的板块连接，（e）接头常用于低副瓣天线罩。对于 -30dB 副瓣天线，加罩副瓣电平抬高可以做到小于 2dB。对于更高的要求，则要考虑采用调谐手段。

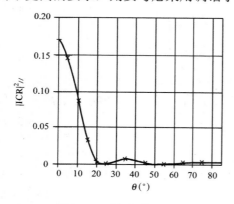

图 9.22　平行极化 0° 入射

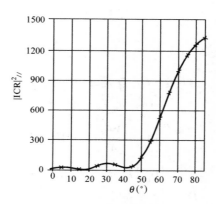

图 9.23　平行极化 90° 入射

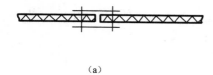

（a）

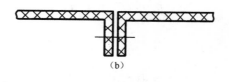

（b）

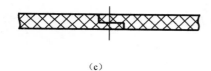

（c）

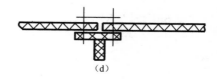

（d）

图 9.24　单层天线罩单元之间的连接方式

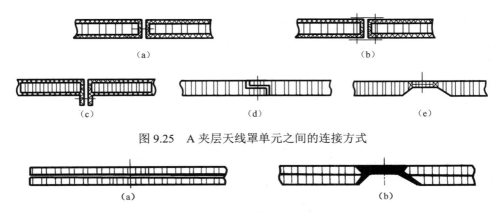

图 9.25 A 夹层天线罩单元之间的连接方式

图 9.26 C 夹层天线罩单元之间的连接方式

所谓天线罩接头的调谐，是指在（e）接头上的玻璃钢层板中埋入一定数量的金属丝或金属网，金属丝在介质中等效为并联电感，与介质配合后，降低接头的感应电流率。如表 9.15 所示为中国 NRIET 公司提供的调谐前后接头的感应电流率对比。

表 9.15 调谐前后接头的感应电流率（幅度/相位）对比

频率（GHz）	调谐前	调谐后
1.5	$1.65\angle-144.00°$	$0.64\angle112.00°$
1.6	$1.65\angle-143.00°$	$0.46\angle108.00°$
1.7	$1.69\angle-142.00°$	$0.26\angle105.00°$
1.8	$1.77\angle-140.00°$	$0.04\angle113.00°$
1.9	$1.89\angle-139.00°$	$0.20\angle-93.00°$
2.0	$2.10\angle-139.00°$	$0.45\angle-98.00°$

2. 骨架天线罩分块方法

1）介质桁架罩的分块方法

由于截球型天线罩尺寸大，因此需要分块后才便于生产、运输、架设和维修。当某一部分出现故障时，只需更换损坏的单元，而不必更换整个罩体。分块方案应根据天线罩的电性能、直径、工作带宽等因素决定。

常规小型天线罩可以采用经纬分块，将球面剖分为等四面体、六面体、八面体、正十二面体（12 个正球面五边形）或正二十面体（20 个正球面三角形）。对于大型天线罩来说，可以先分为基本正多边形，例如，12 个正球面五边形或 20 个正球面三角形，如图 9.27 所示。若这些基本多边形尺寸仍然超长，还可以在基本单元上进行二次剖分，常用的方法有等高线等分法。

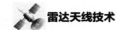

对于极低副瓣天线罩的划分，突出要求就是保证肋条取向全随机化。所谓全随机化，是指从远处看平行边不超过两条。随机块划分是低副瓣雷达罩的常用分块方式。

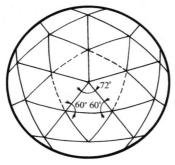

（a）正五边形分法

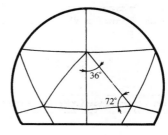

（b）正三角形分法

图 9.27　球面分块

分块时一方面应注意尽量减少单元品种和数量，以降低生产成本；另一方面应注意降低肋条对天线口径的光学遮挡比。

2）金属桁架罩分块方法

金属桁架罩大多采用三角形分块，如图 9.28 所示，这是因为三角形桁架是最稳定的结构形式，它能将薄膜内力均匀地传递到支撑杆件上。金属桁架罩分块首先将球面分为 20 个正三角形，在每个正三角形中，再采用等边长均分方法，二次剖分为小球面三角形。在现代金属桁架罩设计中，采用了随机化分块设计，将球面三角形边长分为非等边和非等腰三角形。

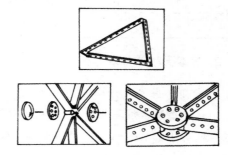

图 9.28　金属桁架罩的三角形分块

3. 空间骨架罩与天线综合性能分析方法

地面雷达对天线罩的性能有严格的要求，一般的精密跟踪雷达罩的指向误差要小于 1′或更低，而极低副瓣雷达罩要求副瓣（副瓣电平在-38dB 水平上）抬高小于 2dB，平均副瓣（在-55dB 水平上）抬高小于 3dB。某些地面天线罩要求具有覆盖到毫米波波段的工作带宽。

在设计性能如此高的天线罩时，应该进行充分的理论分析，对大尺寸（如直径 40m 以上）的地面雷达罩，还需要做缩比试验验证设计，以避免出现颠覆性问题。

截球形空间骨架罩对天线方向性的影响归结为如下因素：

① 介质壁的传输和反射损耗；

② 骨架阻挡损耗；

③ 骨架肋阵散射方向图造成的副瓣抬高；

④ 单脉冲天线指向变化。

有一些文献用统计的方法推导了骨架天线罩性能计算方法，这里仅给出一些重要且实用的公式和经验数据。

加骨架罩后天线的方向图可分解为两部分，一部分是均匀壳体罩对天线方向图的影响；另一部分是空间骨架的散射场。设天线加壳体罩（不含肋阵）的远场分布为 $\boldsymbol{E}_R(\theta,\phi)$，肋阵（不含壳体）的远场分布为 $\boldsymbol{E}_S(\theta,\phi)$，他们在远区矢量叠加

$$\boldsymbol{E}_T(\theta,\phi) = \boldsymbol{E}_R(\theta,\phi) + \boldsymbol{E}_S(\theta,\phi) \tag{9.60}$$

$$\boldsymbol{E}_R(\theta,\phi) = \iint F(x,y,z)\mathrm{e}^{-\mathrm{j}\boldsymbol{k}\cdot\boldsymbol{r}'}\mathrm{d}x'\mathrm{d}y'\hat{\boldsymbol{e}}_p \tag{9.61}$$

式中，$F(x, y, z)$ 为几何光学方法计算得到的等效口径分布；$\hat{\boldsymbol{e}}_p$ 为天线的主极化单位矢量。

肋阵散射方向图可表示为

$$\boldsymbol{E}_S(\theta,\phi) = \sum_{i=1}^{N}\int_{l_i} w\left[\mathrm{ICR}_{//}\left(\boldsymbol{E}^i\cdot\hat{\boldsymbol{l}}_{//}\right)\hat{\boldsymbol{l}}_{//} + \mathrm{ICR}_{\perp}\left(\boldsymbol{E}^i\cdot\hat{\boldsymbol{l}}_{\perp}\right)\hat{\boldsymbol{l}}_{\perp} \right]\exp(-\mathrm{j}\boldsymbol{k}\cdot\boldsymbol{r})\mathrm{d}l_i \tag{9.62}$$

式中，$\hat{\boldsymbol{l}}_{//}$ 和 $\hat{\boldsymbol{l}}_{\perp}$ 分别为平行于肋和垂直于肋的单位矢量；$\mathrm{ICR}_{//}$ 和 $\mathrm{ICR}_{\perp}$ 分别为肋对平行极化、垂直极化入射电场的感应电流率；$\boldsymbol{k} = (2\pi/\lambda)\,\hat{\boldsymbol{k}}$；$\boldsymbol{r}'$ 为肋感应电流积分源点的位置矢量；w 为在入射波投影方向上肋的阻挡宽度；N 为肋的总数；i 为肋的序号。

$\boldsymbol{E}_S$ 需要用计算机编程计算。有文献推导了天线罩的传输系数的近似公式。

下面分别对功率传输系数副瓣电平、瞄准误差等电性能影响进行描述。

（1）功率传输系数 T_p：对于介质骨架天线罩，可利用下式估计桁架（骨架）罩的功率传输系数 T_p，即

$$\left|T_p\right|^2 = T_0\left[1 - 2\eta_w\,\mathrm{Re}\left(\overline{\mathrm{ICR}}\right)k(r)\right] \tag{9.63}$$

式中，η_w 为肋阵对天线口径的投影阻挡比；$\overline{\mathrm{ICR}} = \dfrac{1}{2}(\mathrm{ICR}_{//} + \mathrm{ICR}_{\perp})$ 为肋感应电流比（平行极化和垂直极化）的平均值；T_0 为壳体罩功率传输系数。

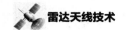

曲率校正因子 $k(r)$ 为

$$k(r) = \frac{\displaystyle\int_0^a f(r)\left[\cos\theta_0 + \frac{\left(\cos\theta_0 + \dfrac{d}{w}\sin\theta_0\right)^{n_1}}{\cos\theta_0}\right]r\mathrm{d}r}{2\displaystyle\int_0^a f(r)r\mathrm{d}r} \quad （9.64）$$

$k(r)$ 与入射角 θ_0、d/w、n_1 有关，n_1 是与肋截面周长与波长比相关。在光学极限情况下，n_1 取 1；在低频极限情况下，n_1 取 0。当 d/w 取 2 时，$k(r)$ 一般为 1.5~2.0，d/w 越大，$k(r)$ 越大；对于平板，$k(r)=1$。$f(r)$ 为天线口径幅度分布。

球形金属桁架天线罩窗口薄膜的损耗可以忽略，在桁架肋长度 $L \gg \lambda_0$ 时，肋的传输损耗有以下经验公式

$$T_P = -\frac{1}{L}\left[39.5w + 3.5d + 0.147\frac{d\lambda_0}{w} + c\frac{w(d-w)}{\lambda_0}\right](\mathrm{dB}) \quad （9.65）$$

式中，w 为肋的宽度；d 为肋的长度；λ_0 为工作波长（以米为单位）；c 是与平均入射角 $\overline{\theta}_0$（以度为单位）有关的函数；$c \approx 0.27905\overline{\theta}_0 + 0.007718\overline{\theta}_0^2$。

骨架式地面雷达罩的传输损耗分为两部分，一部分是骨架损耗；另一部分是介质壳体损耗。充气罩不存在骨架遮挡，所以损耗较小，骨架损耗取决于骨架对口径的投影与骨架的感应电流率的乘积。

介质骨架罩和金属骨架罩功率传输损耗如图 9.29 所示。

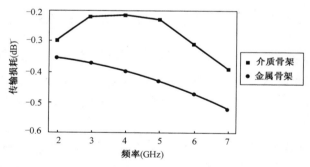

图 9.29　介质骨架罩和金属骨架罩功率传输损耗

（2）近轴副瓣电平加罩后，近轴副瓣电平抬高（dB）可以按下式近似估算

$$\mathrm{SL}_R = \mathrm{SL}_A + 10\lg\left[1 + 10 - (\mathrm{SL}_A \cdot c')/10\right] - 20\lg|T_P| \quad （9.66）$$

式中，SL_R 为加罩后副瓣电平（dB）；SL_A 为无罩时副瓣电平（dB）；$|T_P|$ 为功率传输系数。

$$c' = \eta_m \frac{wl}{S} k^2(r)\left[|\mathrm{ICR}|^2\right] + \eta_n \frac{\pi r^2}{S} \quad （9.67）$$

式中，S 为天线口径面积；η_m 为肋条对板块的阻挡比；η_n 为接点对板块的阻挡比，一般 η_n 仅为 η_m 的 20%；l 为肋的平均长度；w 为肋的宽度；r 为接点半径。

（3）宽角副瓣：在有罩情况下，天线的宽角副瓣电平（dB）等于无罩时天线的副瓣电平（dB）与肋阵扩散场的平均副瓣电平（dB）之和，即

$$\overline{\mathrm{SL}_R} = 10\lg\left[10^{\frac{\mathrm{SL}_A}{10}} + \frac{1-|T_P|^2}{G_0}\right] \tag{9.68}$$

式中，G_0 是天线增益的绝对值。

（4）瞄准误差：引起空间桁架天线罩瞄准误差的主要原因是天线加罩后等效口径面上出现了奇对称的相位分布。以圆口径为例，比较直接的方法就是将式（9.61）中的"和"口径分布换成"差"口径分布，计算带罩的差方向图，比较零点位置的偏移量求得瞄准误差。瞄准误差 $\Delta\theta$ 可表示为

$$\Delta\theta = \frac{\lambda_0}{2\pi^2} \frac{\int_0^{2\pi}\int_0^a f(r)\cos\xi\psi_r r\mathrm{d}r\mathrm{d}\xi}{\int_0^a f(r)r^2\mathrm{d}r} \tag{9.69}$$

式中，

$$\psi_r = -\eta_m I_m(\overline{\mathrm{ICR}}) - \eta_w\sin\varphi_T \tag{9.70}$$

$\eta = 1 - \eta_m - \eta_n$；$\eta_m$ 为肋条阻挡比；η_n 为接点阻挡比；φ_T 为窗口区插入位移；(r,ξ) 为圆口径上点的极坐标。

式（9.69）表明瞄准误差与肋的平均感应电流率的虚部及窗口壳体的插入相移有关，而与透过系数无关。ψ_r 的分布非常复杂，一般分为以下几种情况进行瞄准误差的估算。

①天线罩在天线口径一半插入相位 ψ_r 为正误差 $\psi_{\max}$，另一半负误差 $-\psi_{\max}$ 的情况下，最大瞄准误差为

$$\Delta\theta_{\max} = \frac{2\lambda_0\psi_{\max}\int_0^a f(r)r\mathrm{d}r}{\pi^2\int_0^a f(r)r^2\mathrm{d}r} = \begin{cases} 2.14\dfrac{\lambda_0}{a}\dfrac{\psi_{\max}}{2\pi}, & \text{天线边缘照射为} -10\mathrm{dB} \\[2mm] 2.34\dfrac{\lambda_0}{a}\dfrac{\psi_{\max}}{2\pi}, & \text{天线边缘照射为} -20\mathrm{dB} \end{cases} \tag{9.71}$$

②随机肋阵引起的瞄准误差均方值为

$$\theta_{\mathrm{rms}} = \lambda \cdot w\overline{q}L\sqrt{pc_1'} \tag{9.72}$$

式中，$c_1' = \dfrac{\sqrt{\int_0^a f^2(r)r\mathrm{d}r}}{2\pi^2 a\int_0^a f(r)r^2\mathrm{d}r} = \begin{cases} 0.13/a^3\,(\text{边缘照射电平} -10\mathrm{dB}) \\ 0.15/a^3\,(\text{边缘照射电平} -20\mathrm{dB}) \end{cases}$；$\quad p = \dfrac{\pi a^2\eta_m}{wL}$。

③局部少数附加的肋（如避雷针、窗口边框等）；当 N 根附加肋位于差波束的幅度峰值位置时，引起的瞄准误差最大值为

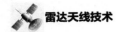

$$\Delta\theta_{max} = \lambda_0 NLw\bar{q}c_0 \tag{9.73}$$

式中，

$$c_0 = \frac{\max\{f(r)\}}{2\pi^2 \int_0^a f(r)r^2 dr} \approx \begin{cases} 0.27/a^3（边缘照射电平为10dB） \\ 0.37/a^3（边缘照射电平为20dB） \end{cases}$$

常用天线罩材料的介电常数（频率=X 波段）如表 9.16 所示。

表 9.16　常用天线罩材料的介电常数（频率=X 波段）

常用天线罩材料	介电常数	损耗角正切	密度（kg/m³）
抗雨蚀涂层	3.1	0.031	/
抗静电涂层	7.2	0.27	/
蜂窝	1.06（L 向）	0.003（L 向）	72～76
	1.10（W 向）	0.002（W 向）	72～76
PMI 泡沫	1.05	0.00088	31
	1.07	0.00156	51
	1.107	0.00256	72～76
E 玻璃纤维	6.10	0.006	/
S 玻璃纤维	5.3	0.007	/
D 玻璃纤维	4.0	0.003	/
石英玻璃纤维	3.8	0.0002	/
环氧树脂	2.44	0.014	/
双马树脂	2.93	0.013	/
聚酯树脂	2.70	0.012	/
石英陶瓷	3.42	0.0004	/
聚苯乙烯	2.54	0.0004	/
四氟乙烯	2.08	0.0004	/
水	63	0.55	/
雪	1.3	0.0005	/
冰	3.2	0.0008	/
胶膜	2.7～3.3	0.025	/
	2.8～3.5	0.025	/

9.5　天线罩发展趋势

近些年来，随着雷达探测技术的发展和高功率微波武器的应用，武器装备的电磁隐身能力和电子系统的电磁兼容性直接关系到其在战争中的生存能力和战斗能力。而用于保护雷达的天线罩作为雷达的重要组成部分，是雷达天线发射和接收电磁信号的透波窗口，其电磁波隐身性能和抗高功率辐射性能已成为武器装备隐身能力至关重要的一个方面，甚至可能成为飞行器隐身的瓶颈。

本节在上述几节的基础上，重点对国内外正在研究的超材料电磁隐身天线罩、耐高功率天线罩、吸透一体天线罩技术进行分析、研究、总结，展望隐身天线罩技术未来的发展趋势，并且提出了天线罩全向全频谱隐身、耐大功率、耐高温、防火、防爆、防冲击将是未来天线罩的发展趋势。

9.5.1 超材料电磁隐身天线罩技术

近年来，超材料及其应用引起了广泛的关注，超材料（Metammaterials）是一类具有天然材料所不具备的超常物理性质的人工复合结构或复合材料。超材料主要是指那些根据应用需求，按照人的意志，从原子或分子设计出发，通过严格而复杂的人工设计与加工制成的具有周期性或非周期性人造微结构单元排列的复合型或混杂型材料。这类材料可呈现天然材料所不具备的超常物理性能，即负折射率、负磁导率、负介电常数等奇特性能。超材料并非一种单一材料形态，更不是一种纯净材料形态，而是一种人造复合型材料形态。超材料的出现代表了一种崭新的材料设计理念的产生，标志着人类在认识、改造和利用现有材料的基础上，开始着手通过高新技术、尖端设备等手段，按照自己的意志设计、制造新型结构材料，在材料科学领域具有重大的历史意义。由于超材料具有特殊的电磁性能，其在雷达、隐身、电子对抗等诸多装备技术领域拥有巨大的应用潜力和发展空间。超材料技术可以应用于雷达罩隐身设计，实现雷达罩带内透波、带外吸收等功能。

频率选择表面（Frequency Selective Surfaces，FSS）是超材料的一种，这是一种对电磁波具有选频作用的空间滤波器，它最本质的特征就是能够对不同频率、入射角和极化状态下的电磁波呈现滤波特性。

FSS 是目前国内外应用最广泛的实现天线罩隐身的功能性材料。将 FSS 加载到天线罩上就可以制造通带内透波、通带外反射的隐身天线罩。结合低散射外形设计和天线罩倾斜安装方式，可以有效降低雷达或平台的 RCS。FSS 单元大致可分为两类：一类是金属贴片型；另一类是缝隙型。当单元处于谐振状态时，贴片型单元电磁波被全反射，缝隙型单元电磁波全透射。加载 FSS 的天线罩可称为频选天线罩或隐身天线罩，根据其滤波特性，可以分为低通、高通、带阻和带通四种类型，采用 FSS 的天线罩不仅可以降低所保护雷达天线罩的带外 RCS，也可以极大限度地改善电磁兼容性。典型的 FSS 单元结构及相应的特性曲线如图 9.30 所示。

传统的 FSS 结构成型后，由于其设计工作带宽、谐振频率等参数是固定的，因此需要在技术要求的全频带内设计其透波、隐身性能，不可分频设计。而有源频率选择表面（Active Frequency Selective Surfaces，AFSS）可通过调节加载器件

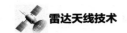

的偏置电压或电流，灵活地调节 FSS 的谐振特性，因此，在理论上 AFSS 可以对相应透波频带进行调节，实现覆盖技术指标要求的频带。在有源频率选择表面（AFSS）中，加载的有源器件可以看作是电阻、电感和电容的串联或并联。例如，针对方形环频率选择表面的一个基本单元，其单元示意和等效电路如图 9.31 所示。当在方形环四条缝隙的中点加载 PIN 开关后，其单元示意和等效电路如图 9.32 所示。PIN 二极管在高频时可以视为一个纯电阻，在给予合适的正偏电流时，呈现出低阻状态，可视为通路；在反偏时，呈现出高阻状态，可视为开路。

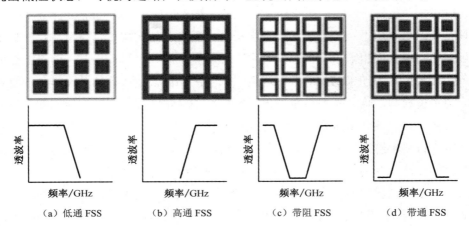

图 9.30　典型的 FSS 单元结构及相应的特性曲线

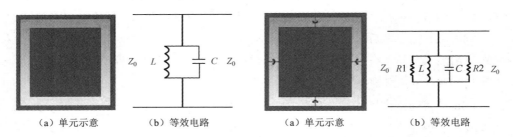

图 9.31　方形环频选单元及等效电路　　图 9.32　中点加载 PIN 开关的方形环单元及等效电路

　　如图 9.33 所示，根据最终实现的可控特性类别，可将 AFSS 分为两类：一类是开关型 AFSS，使用微波开关器件 PIN 二极管，在外加激励的作用下，其传输通带变化为传输阻带，在我们关心的频段内具有通带开关功能；另一类是可调型 AFSS，使用了变容二极管，在外加激励的作用下，AFSS 的通带在一定范围内连续变化，随着电容的增加，其工作频率由高频向低频漂移，具有工作频率可调谐功能。主动可控型 AFSS 具有可改变的滤波特性，能够灵活地适应外界复杂多变的电磁环境，具有潜在运用价值。

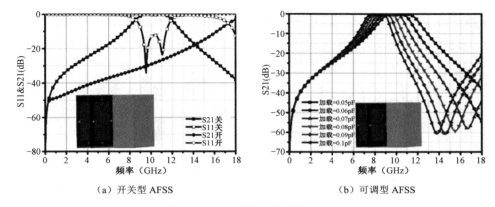

（a）开关型 AFSS　　　　　　　（b）可调型 AFSS

图 9.33　开关型和可调型 AFSS

目前，FSS 加载的隐身天线罩在设计和应用中还存在一些问题，主要包括三个方面：

一是宽带、宽角范围内的性能稳定性差。现代雷达正在朝着宽频带方向发展，相应的天线罩也必须是宽带透波的。而加载 FSS 的局域谐振特性本身是窄带的，并且天线波束扫描会在天线罩壁形成较大的入射角变化范围，对两种极化波的响应存在差异，随着入射角及其引起的入射电磁波极化分量的变化，加载 FSS 的天线罩的透波特性会发生变化。通过设计合适的单元结构、多屏结构和减小单元间距可增加 FSS 带宽和角度稳定性，加载 FSS 的隐身天线罩目前还主要处在预研阶段，距离工程应用还需要相当长时间的摸索。

二是陡截止滤波特性弱。理想的 FSS 频率响应具有通带内平顶、带外陡截止的"矩形化"滤波特性。通常增加 FSS 层数可以改善"平顶""陡截止"滤波特性，但层数的增加势必导致结构复杂度与损耗的增加，结构越复杂，其传输特性对结构参数的敏感程度越高，越难以通过结构调整达到需要的传输特性，同时加工难度和成本都会大幅增加。

三是馈电网络影响大。AFSS 实现的难点之一在于馈线的排布方案，往往越复杂的 AFSS，其馈线越难设计。馈线的不合理排布往往会改变原有 FSS 的频响特性，使其失去原有良好的选频特性。

在针对频率选择表面的理论研究中，世界各国的研究人员针对各种规则、不规则的频选单元，无限大和有限大的平面周期结构的单屏、双屏和多屏的频率选择表面进行了深入的研究，建立了多种频率选择表面的基本分析理论和方法。目前较为成熟的方法有三类。

第一类是基于 N.Marcuvitz 提出的并与传统的等效电路和传输线理论上近似的方法，针对简单几何形状的频率选择表面单元（如矩形、圆形、环形单元等）进行

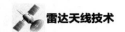

建模计算，其精度比较高，但是由于理论模型简单，所以是一种应用比较有限的方法。常见的网孔形、方形贴片形和方环形的单元及等效电路如图 9.34 所示。

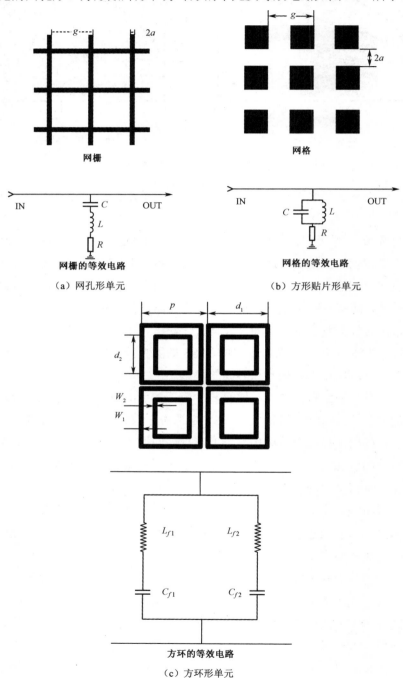

图 9.34　常见频选单元和等效电路示意

第二类是以 Floquet 谐波展开为基础并结合矩量法的分析方法，通常称为PMM（Periodic Mement Method）。PMM 是一种数值方法，其理论模型的包容性和分析精度都有了很大的提高。这种方法不仅能够解决散射场幅度的求解问题，而且对于散射的相位和极化信息也有一个比较好的分析结果。

第三类是模式匹配法和 20 世纪 80 年代中后期逐步发展和建立起来的以平面波谱展开和 Fourier 变换技术为基础的分析方法，其与 Galerkin 方法类似，又称为谱域 Galerkin（Spectral-Galerkin）方法，其特点是能有效描述频率选择表面的结构形式，并且对单元形状没有严格限制。如果选择子域基函数，可以分析任意形状的频率选择表面。如果未知数过大，该方法很容易结合迭代方法（如共轭剃度-快速傅里叶变换，CG-FFT）进行分析研究。此外，该方法还很适合分层结构，结合射线方法也可以应用于曲面的频率选择表面结构分析。目前许多学者都采用模式匹配法进行频率选择表面的分析和计算。所谓模式匹配法，即将平面周期阵列以外的自由空间场或介质区域场以 Floquet 空间谐波的形式展开，并且将周期阵列上的电场按某种正交完备的模式展开，然后两者在周期阵列表面上相匹配，从而建立起关于周期表面未知电场（或电流）的积分方程。

除以上三类方法外，近几年 FDTD 等数值计算方法也相继在频率选择表面结构分析中逐步得到了令人瞩目的应用。

超材料隐身天线罩是以透波/隐身电性能设计仿真为核心，并且融合结构设计、强度计算、复合材料与制造工艺、质量控制、耐环境设计和试验，以及电性能试验等的多学科协调控制技术，因此完成一个完整可行的超材料隐身天线罩的设计，需要综合考虑多方面的相互制约因素。目前，超材料隐身天线罩电性能方面的关键问题主要体现在以下几个方面：①FSS 超材料表面设计，既要保证己方雷达在工作频带内正常工作，又要尽量将雷达隐蔽在一个很宽的频率范围内，反射工作频带之外的探测信号，而目前的常规 FSS 超材料单元难以达到宽带应用要求，因此需要进一步深入研究解决方案；②带内低损耗设计也是设计中需要考虑的关键技术，要保证超材料隐身天线罩不影响己方天线的工作，尤其是瞄准精度、副瓣电平等方面；③曲面超材料 FSS 设计，与平面波照射下的无限和有限平面不同，此时的入射波为非平面波，而且超材料各个单元具有不同的曲率半径，这些因素导致在算法及理论方面均未能出现很有价值的成果，成为超材料隐身天线罩应用的瓶颈。

9.5.2 耐高功率天线罩技术

随着新一代微波武器、大功率电子干扰设备和高功率相控阵雷达的应用，作为保护雷达天线的天线罩首当其冲地要受到高功率微波的辐射影响，要承受更高的温度和更强的热冲击，要求天线罩需集防热、承力、透波及隐身等诸多功能于一身。目前，与之配套的天线罩蒙皮大都采用玻璃纤维或石英纤维作为增强相，采用环氧树脂、双马树脂或氰酸酯树脂作为基体，中间芯层一般选用泡沫或酚醛树脂浸渍芳纶纸蜂窝。在夹层结构形式上全部采用蒙皮/胶膜/蜂窝胶接形式。这种结构形式的最大问题在于层间强度不高，尤其是在高温环境下，层间强度更是大幅下降。在连续工作且阵面辐射功率密度较高的情况下，传统蒙皮/胶膜/蜂窝胶接型的夹层结构天线罩产生天线罩蒙皮与蜂窝脱层、树脂过温碳化等故障。此类故障一旦发生，则天线罩基本上是物理破坏，完全失去了防护内部天线的功能。

针对隐身天线罩，在高功率照射情况下，超材料隐身金属单元的电导会产生热量，透波材料的损耗角正切会产生热量，随着温度的升高，热量将向周围扩散。因此在高功率微波照射下，隐身天线罩结构可能出现以下问题：①高峰值功率作用下导致金属单元放电击穿；②连续高平均功率作用下导致透波介质软化变形或烧蚀。图 9.35 为 FSS 天线罩烧蚀变形的照片。

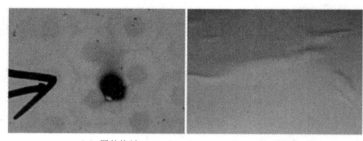

（a）罩体烧蚀　　　　　　　　（b）表面变形

图 9.35　FSS 天线罩烧蚀变形的照片

介质材料的发热机理可以看作是纯粹的热耗。当微波在介质中传播时，波的振荡使分子的极化趋同，分子同步振荡产生热量，其热流密度的大小与能流密度成正比，与介质中总衰减成正比。由于介质材料本身导热性能差，且蜂窝式的介质夹层结构中的空气是不流通的，热辐射、热对流极其微弱，因此导致热量不断积累，温度越来越高。当温度高于介质材料玻璃化转变温度时，介质材料将受损，产生塑性变形、分层、发软、变色、脱黏，甚至烧穿等问题。为提高透波材料本身的耐功率特性，一般采用损耗低、耐温等级高的材料，同时采用热压罐高温、高压成型工艺。例如，由石英布/氰酸脂预浸料和芳纶纸蜂窝组成的夹层结构，其成型温度约 200℃以上，而长期的工作温度可在 150℃；由石英布/聚酰亚胺预浸料组成的透波结构，其成型温度约 350℃，而长期的工作温度可在 300℃。通过采用耐高温、损耗低的材料，使平衡状态温度低于材料玻璃化转化温度。

20 世纪中期，随着航空航天技术的高速发展，迫切需要耐热、高强、轻质的结构材料。新型热防护结构材料的发展推动了耐温特性优的树脂体系发展与应用。含硅芳炔树脂（PSA）是一种引入硅元素的芳基多炔树脂，硅元素的引入不但使聚合物具有优异的耐热性，而且具有优良的介电性能，可作为耐烧蚀防热材料和耐高温透波材料。

2018 年，国内用乙炔基苯并噁嗪树脂改性含硅芳炔树脂，改性后的树脂不但保持较好的热稳定性，而且所制备的复合材料力学性能也有很大的提高。南京玻璃纤维研究设计院根据石英纤维与含硅芳炔树脂的分子结构特点，设计合成含有端炔、耐热基团酰亚胺环、苯环和柔性基团醚键的硅烷偶联剂，通过化学键的作用，改善石英纤维与含硅芳炔树脂的黏结性能，提高石英纤维/含硅芳炔树脂复合材料的强度和韧性。基于三维中空织物（图 9.36）和硅芳炔树脂复合材料（图 9.37）开发的新一代耐高温天线罩长期的工作温度可在 300℃以上。

图 9.36　三维中空织物

图 9.37　硅芳炔树脂复合材料

对于超材料金属单元，在高功率微波作用下，将在单元（贴片或缝隙）上产生感应电场，此感应电场可能比入射场高几百倍。当感应电场较大时，金属单元附近可能出现电弧，导致击穿现象，即金属单元本身具有功率容量问题。贴片/缝隙互耦单元在入射场照射下可能出现最大感应电场的位置示意如图 9.38 所示。

缝隙型单元的最大感应电场表达式为

$$E_{B\max} = \frac{1}{2}\alpha_s E^i \frac{D_x D_z}{a_w P_o \cos\beta l_t}$$

贴片型单元的最大感应电场表达式为

$$E_{\max tip} = 2\alpha_w E^i \frac{Z_c}{Z_o} \frac{D_x D_z}{(2a_2) P_o \cos\beta l_t}$$

式中，α_w，α_s 为频选单元端头的形状因子；E^i 为入射电场；Z_c 为频选单元本征阻抗；Z_0 为自由空间的本征阻抗；D_x，D_z 为周期性单元间距；a_2 为单元间距；a_w 为缝隙宽度；P_0 为单元散射模式平行/垂直分量；β 为传播常数；l_t 为端点到任意源点的距离。

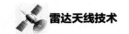

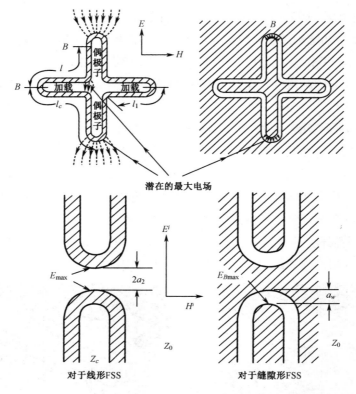

图 9.38 贴片/缝隙互耦单元最大感应电场的位置示意

根据上述贴片型单元和缝隙型单元最大感应电场表达式，在入射电场和单元间距一定的情况下，可以直观获得增加频选单元功率容量的措施：

（1）增加频选单元的金属厚度，降低 α_w、α_s 形状因子的影响，采用光滑型单元，避免尖端放电。

（2）将金属薄膜频选单元预埋在介质层中，提高耐击穿电压（空气击穿电压约为 30kV/cm，介质击穿电压为 100kV/cm～200 kV/cm）。

（3）对缝隙单元，增加缝宽，减小单元缝隙自身的感应电压。

9.5.3 吸透一体天线罩技术

传统的频选隐身天线罩可以实现在己方雷达工作频带内透过，工作频带外反射，并且通过隐身外形设计，使敌方威胁来波被反射到其他方向，可以有效降低目标的单站 RCS，但并不能降低双站 RCS。近些年来，随着雷达探测技术的发展，多基站雷达、协同组网雷达等新技术被应用于反隐身作战中，对全空域、全频带的隐身技术提出了更高的要求。应用传统带通频率选择表面天线罩的武器装备及平台可能丧失隐身能力，而吸透一体的频率选择表面天线罩，可以有效降低目标的单站和双站 RCS，提高反隐身能力。其功能应能实现宽通带、通带内低插入损耗、带外敌方威胁频带有强吸收性能、其他频段有强抑制作用。

吸透一体隐身天线罩主要由带通 FSS 和吸波层组成，其中吸波层的单元经过设计，可以控制不同频段内的感应电流分布，通带内的感应电流和吸收带内的感应电流相互隔离，并且在吸波层产生强感应电流的位置加载电阻。在通带和吸收带内，吸透一体频率选择表面（FSR）结构满足阻抗匹配原理，选择合适的电阻值和与带通层的距离，实现损耗吸收。吸波层加载如蛇形线型单元、交指型单元、螺旋线型单元等，可以在该位置实现通带内的并联谐振。总之，吸透一体隐身天线罩的设计可分为透波设计、吸波设计，以及透波/吸波综合设计。

此处给出一个在 S 波段吸波，X 波段透波的隐身天线罩设计实例。透波设计采用双层金属槽结构。通过调节加载变容二极管的电容，可有效调节其在 X 波段的透过频率，如图 9.39（a）所示。吸波设计采用对称金属谐振结构加载电阻元器件作为吸波阻抗层。设计为吸波频率低于透波频率，满足 S 波段吸波，如图 9.39（b）所示。透波/吸波综合设计采用将吸波阻抗层、介质层和 FSS 层或 AFSS 层组装在一起的方法，形成"阻抗层+介质层+透波层"结构，再次整体优化其吸波/透波性能，仿真结果如图 9.40 所示。由仿真结果可得，"阻抗层+介质层+透波层"组成的吸透一体隐身天线罩在 9.1GHz～10.9GHz 透波可以达到插损小于 0.8dB，在 2GHz～5GHz 吸波可以达到 10 dB。通过调节变容二极管的电容，使其透波频率在 8GHz～12GHz 内可调。

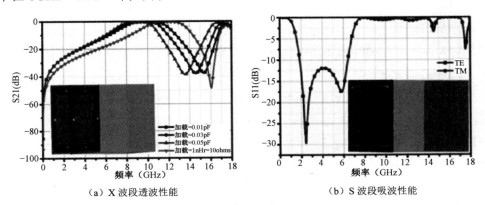

(a) X 波段透波性能　　　　　　　　(b) S 波段吸波性能

图 9.39　频选表面透波性能和吸波阻抗层吸波性能

随着反辐射武器的应用，对隐身天线罩的防爆、防冲击能力提出了更为明确的要求。具有防爆、防冲击性能的隐身天线罩是天线罩未来发展的趋势之一。然而，针对天线罩来讲，防爆、防冲击设计与电性能设计矛盾突出，目前还处在技术研究阶段。目前，国内应用于防弹、防冲击的天线罩用纤维材料已得到了长足

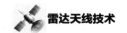

的发展。其中，芳纶III纤维是一类高分子聚合物纤维，具有轻质（密度 1.43 g/cm³）、高强（拉伸强度 4000 MPa～5000 MPa）、高模（弹性模量 155 GPa～175 GPa）、断裂伸长率优（2.5%～3.0%）、耐高低温（−196℃～330℃）、电绝缘（介电常数 2.8）、低介质损耗（0.001）、耐辐照（7×10⁸ rad）、抗腐蚀、耐疲劳、阻燃（极限氧指数 42）等特点，是用于防弹防爆的重要材料。此外，具有结构可设计性、性能可调控性的高性能聚酰亚胺材料也是用于防弹防爆设计的重要材料之一。

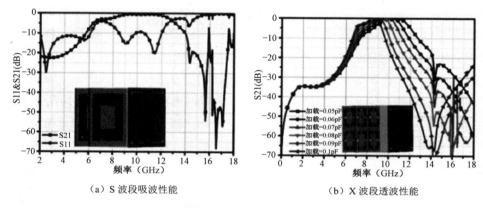

（a）S 波段吸波性能　　　　　　　（b）X 波段透波性能

图 9.40　S 波段吸波和 X 波段的透波仿真结果

参考文献

[1]　Hansen R C. Microwave Scanning Antenna[M]. New York: Academic Press Inc. 1966.

[2]　Skolnik M I. 雷达手册第六分册[M]. 谢卓泽，译. 北京：国防工业出版社，1974.

[3]　Cady W, M.Karelity, L.Turner. Radar Scanners and Radomes[M]. New York: MicGraw-Hill Book Company, 1948.

[4]　彭望泽. 防空导弹天线罩[M]. 北京：宇航出版社，1993.

[5]　张强. 机载雷达罩电讯设计中的 AI-SI 仿真技术[J]. 电子学报，2001，29（7）：1006-1008.

[6]　张强. 宽带天线罩物理光学算法中的自适应网格技术[J]. 电波科学学报，2003，19（2）：127-131.

[7]　张强. 基于曲面口径积分/几何光学的天线罩混合分析[J]. 电波科学学报，2003，19（4）：418-422.

[8]　张强. 夹层雷达罩中典型的介质加强肋的感应电流率矩量法分析[J]. 现代雷达，2000，22（6）：56-61.

[9]　杜耀惟. 天线罩电信设计方法[M]. 北京：国防工业出版社，1993.

[10]　张明习. 超材料概论[M]. 北京：国防工业出版社，2014.

[11]　Munk B A. Matamaterials Critique and Alternatives[M]. New York: John Wiley & Sons, 2008.

[12]　Po Chul Kim, Dai Gil Lee, Won-Gyu Lim, et al. Polarization characteristics of a composite stealth radome with a frequency selective surface composed of dipole elements[J]. Composite Structures, 2009, 90: 242-246.

[13]　Collardey S. Use Of electromagnetic Band-Gap Materials For RCS Reduction[J]. Microwave and Optical Technology Letters, 2005, 44(6): 546-550.

[14]　Joannopoulos J D, Meade R D, Winn J N. Photonic Crystals: Molding the Flow of Light[M]. Princeton: Princeton University Press, 1995.

[15]　韩桂芳，陈照峰，张立同，等. 高温透波材料研究进展[J]. 航空材料学报，2003，23（1）：57-62.

[16]　苏震宇，周洪飞. 天线罩用耐高温复合材料的研究[J]. 玻璃钢/复合材料，2005（6）：35-37.

[17]　霍海涛，莫松，孙宏杰，等. 蜂窝夹层结构粘接用聚酰亚胺胶膜的研究[J]. 宇航材料工艺，2011（1）：51-53.

[18]　Munk B A. Frequency Selective Surface Theory and Design[M]. New York: John Wiley & Sons, 2000.

[19]　Munk B A. Fss and Finite Antenna Array[M]. New York: John Wiley & Sons, 2003.

[20]　陈昕，朱锡，张立军，等. 雷达防弹天线罩夹层结构设计与性能研究[J]. 兵工学报，2010，31（10）：1298-1302.

[21]　唐廷，韦灼彬，朱锡，等. 近距爆炸作用下叠层复合夹芯板局部层裂破坏的理论研究[J]. 振动与冲击，2013，32（24）：15-21.

第 10 章

雷达天线技术的发展趋势

雷达天线的发展受到雷达应用的需求牵引，也受到其他学科和工业技术基础（材料和工艺）的影响。本章从雷达面临的迫切需求出发，根据当前国内外天线技术的最新研究进展，提出了雷达的发展方向及一些天线技术发展的看法。未来发展的重要方向有：适合未来战争需求的新型多功能相控阵雷达天线技术；星载雷达天线技术；微波光子阵列天线技术；机会阵雷达天线技术；毫米波相控阵天线技术等。同时在新材料、新工艺的促进下，在不长的时间内，天线和雷达技术有突破性发展，能够生产出客户买得起、用得起、用得好的雷达。

10.1　引言

雷达天线的发展首先受到雷达发展需求的强大牵引，也受到其他学科和其他天线（对抗、通信、导航等）发展的影响。一方面，雷达应在日益严重的四大威胁（电磁干扰、隐身目标、反辐射导弹和低空突防）条件下全面发挥其各项功能；另一方面，雷达还应满足不断提出的新的功能要求。例如，全球快速部署、全天候、全地域、全空间覆盖，小型微弱目标的发现和识别；空、地静目标成像及动目标识别，在植被覆盖或人为伪装下的目标探测等。

这些威胁和新的要求给雷达与雷达天线的发展提供了强大的动力和广阔的发展空间，促使高生存力雷达、高机动雷达、低截获概率雷达、雷达组网技术、天线隐身技术、低 RCS 天线技术、自动调整或自动修复天线技术等快速发展。各种雷达参数和目标参数的全面开发与利用，也带动了超宽带技术、多频段技术、多频脉冲同时发射技术、视频脉冲雷达技术、毫米波或米波雷达技术、激光雷达技术、超低副瓣天线技术、双/多极化或变极化天线技术、空时二维处理天线技术、自适应天线技术等不断进步。

多功能相控阵雷达，由于其波束可以快速和任意地扫描，使雷达的时间、能量、频率等资源可以得到最有效的利用，因而可以用一部雷达完成数部雷达的功能而备受各方推崇，可能成为未来的主要发展方向。但多功能雷达绝不是全功能雷达，必须与前面所列举的其他技术相结合，发展出一系列适合各种应用的新型多功能相控阵，特别是空基系列（不同高度的空间、有人/无人飞机、气球、直升机等）、海基和车载相控阵。

当前相控阵的成本较高是其推广应用的障碍，因此，各种途径、各种思路的低成本相控阵研究应运而生，并且都有一定的应用场合。但真正的低成本相控阵的诞生，可能还需等待在原理和技术上均有重大突破后才能实现。

装备需求是技术发展的牵引，在真正低成本相控阵出现以前，非相控阵雷达和天线仍有相当大的应用和发展空间。

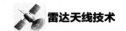

10.2　多功能相控阵雷达天线技术

　　把多功能相控阵雷达排在未来发展趋势的首位，主要是由于当前作战既需要具备有源搜索、跟踪、识别等有源探测功能，也需完成辐射源搜索、跟踪、识别等无源侦察功能，同时还需具备电子对抗和高速通信能力。传统作战平台，尤其是老式舰艇，只采用独立的装备完成独立的功能，各自设备采用独立的天线、支座、电源和显控设备等，从而导致平台天线林立，设备数量剧增，严重影响隐身和电磁兼容。采用多功能一体化设计使相控阵雷达的功能不仅仅局限于探测，而是使探测、电子战、侦察、通信等各功能共口径、共信道、共处理，可大大减少平台上的天线数量，从而提升平台的隐身性能和电磁兼容性能。正是由于功能的多样化，同时具备探、干、侦、通等功能的新型多功能相控阵雷达也称为多功能一体化雷达。

　　多功能一体化雷达的设计有效地打破了传统探、干、侦、通等功能间的隔离性，使电子系统具备同时多功能、功能互增强等特征，可夺取充分竞争条件下电磁频谱对抗的比较优势与控制主导权。同时，多功能一体化雷达本身还在不断快速发展，还将不断提高功能、性能及可靠性，并且不断降低成本，开拓和占领新的应用领域。

10.2.1　相控阵天线特性要求

　　相控阵天线的基本特点是其波束在设计的角域内可以快速任意扫描，同时可通过幅度、相位加权形成所需的波束形状，指向所关注的目标。相控阵天线阵面（包括天线、T/R 组件、波控和馈电网络等）是多功能相控阵雷达的基础部分。多功能相控阵各功能的发挥和发展，除了依托相控阵天线和相关技术的进步外，还要与雷达各个分系统的发展相配合，特别是雷达信号处理硬件和软件的发展。

　　多功能相控阵雷达的一部多功能设备可代替传统雷达、电子战设备、侦察设备、通信设备等多部设备。但是没有也不可能有一劳永逸的全功能设备，仅仅可能有适合于各种具体目标和环境特性、特定工作平台、具体战技要求的多功能相控阵雷达。随着各项具体要求的变化，多功能相控阵雷达也要不断地发展。

　　多功能相控阵对天线的主要要求是宽频带、宽扫描角、可变极化和低副瓣。在一般情况下，相对带宽需要跨多个倍频程，扫描角需达到±60°。地面雷达对副瓣要求较高（-40dB～-30dB），而现在有些雷达更加关注宽角副瓣特性，特别是两个主平面以外的副瓣，要求达到-60dB～-55dB。在最大扫描角处，由于扫描增益下降4 dB～5 dB，故副瓣电平将相应抬高 5 dB。

　　通过对互耦的深入研究和仿真，可以有效地通过隔离或补偿使互耦影响降低到可接受的程度。进一步通过阵面公差控制和通道幅相校正，在一定的带宽下（10%～15%），将相控阵天线的副瓣做到-40dB～-35dB 是现实可行的。如果与其他指标不出现矛盾，-50dB 副瓣也是可能达到的。目前，有人已经把天线副瓣做到-50dB，但有源通道校正的手法麻烦、代价巨大。此外，对多功能相控阵而言，自适应副瓣对消技术已经成熟，对-40dB 副瓣和 10000 个单元的相控阵而言，一个单元组成的对消通道就足以对消一个干扰。

10.2.2　多功能相控阵天线的发展方向及部分实例

未来对相控阵天线研究的主要方向之一是对适应不同的工作平台、满足新的任务需要的新型天线单元和布阵的研究。例如，平面超宽带双极化单元，超宽带宽角扫描贴片单元，多倍频程工作的天线单元，以及相互影响小的双频段天线单元和布阵等。

基于降低系统成本和减小体积的设想，美国海军开始开发更好利用孔径空间的方法，通过减少总阵元数目来降低成本。因此美国海军实验室（NRL）提出了波长比例缩放阵列（Wavelength-Scaled Array，WSA）计划，可用较少的阵元组成一个单独的超宽带阵列，实现 8:1 带宽，所需阵元数量为常规超宽带阵列的 16%，馈电网络也相应减少。当具有相同孔径时，将传统相控阵中每个极化所需的 1024 个阵元简化到 160 个，并且对 WSA 阵列的有源电压驻波比（VSWR）和辐射特征按照全波模拟进行了测量和验证。

NRL 实验室分别研究了由单极化（2.5GHz～20GHz）和双极化（6GHz～48GHz）渐变开槽单元构成的超宽带二维阵列，如图 10.1 所示。对模块化 WSA 原型样机进行评估，验证结果显示，该样机可以取得相对恒定的波束宽度，相对于造价昂贵的密集/均匀阵元排列的传统超宽带相控阵来说，是另一种可行的替代方案。

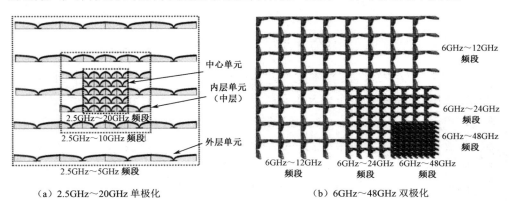

（a）2.5GHz～20GHz 单极化　　　　　　　（b）6GHz～48GHz 双极化

图 10.1　渐变开槽超宽带 WSA 阵列

美国多功能相控阵技术的发展值得关注。美国海军研究办公室（ONR）于

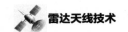

1997 年启动了先进多功能射频系统（AMRFS）计划，主要为应对舰船顶部不断增加的天线数量带来的挑战。从关键技术层面，对集成了雷达、电子战和通信等功能在内的宽带射频多功能、多信号共用孔径的概念做出原理性的验证。其目标是大幅缩减舰船顶部射频系统孔径的数量，同时有效增加功能和带宽。

为了演示这种新概念的可行性，2004 年美国海军研制出一种 AMRFC（先进多功能射频概念）试验台（Test Bed），以验证以上列出的 AMRFC 计划和目标。AMRFC 试验台选择了 6GHz～18GHz 这一超宽带频段，并且采用宽带有源相控阵体制，使用独立的接收阵和发射阵，在共用 6GHz～18GHz 综合射频孔径、波形发生与发射、核心系统软件、综合射频软件等条件下，完成了对通信、电子战和雷达功能的演示和验证。

图 10.2 给出了 AMRFS 功能集成概念。图 10.3 所示为 AMRFC 试验台的发射阵面天线，其发射阵面由动态分配的子阵面组成。将这些子阵划分为不同的块（图 10.3 中为 4 块），以形成同时多波束，具体分块的大小取决于各功能的增益和带宽要求。在美军 AMRFC 试验台中，每个接收阵可支持最多 3 个独立的波束。

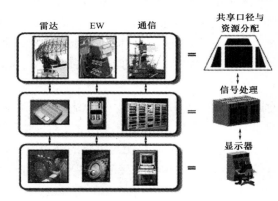

图 10.2　AMRFS 实现雷达、电子战和通信等功能集成

欧洲多功能相控阵的技术发展同样值得关注。瑞典 SAAB 公司和意大利 SELEX-SI 公司系统集成分部及电子分部联合开发了 M-AESA（多功能相控阵）系统，该系统融合了雷达、电子战和通信功能，可执行多种任务，并且能够自动适应战场动态条件，可提供更好的战场环境感知，同时降低系统的使用和维护成本，如图 10.4 所示。M-AESA 系统采用可缩放开放式结构，能够与海军、陆军和空军的指控系统相兼容，未来可通过技术嵌入实现系统的升级。

在研制 M-AESA 的过程中，意大利 SELEX-SI 公司和瑞典 SAAB 公司均开展了相关关键技术及子系统的研究，包括开展不同带宽天线子阵的研究；支持不同天线系统方案的 T/R 组件研究；拥有大动态范围、宽带数字接收机功能和超宽带接收机功能等特性的新型接收机技术研究；支持不同子阵排布的模拟、数字波束形成器架构研究等。

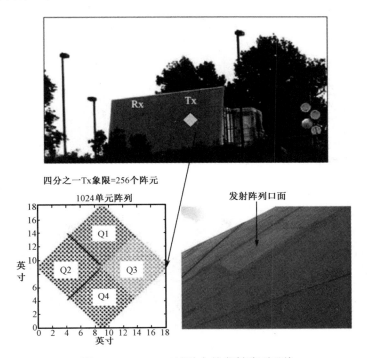

图 10.3　AMRFC 试验台的发射阵面天线

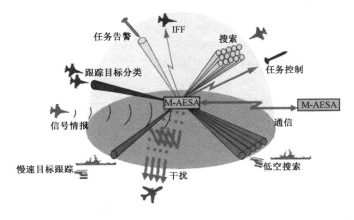

图 10.4　M-AESA 系统的多任务作战示意图

10.3　星载雷达天线

自从第一颗载有雷达的人造卫星发射后，星载雷达系统和天线技术有了很大的发展。作为一种主动式微波传感器，星载雷达具有不受光照和气候条件等限制，

可全天时、全天候、对地、对空观测的特点，甚至可以透过地表或植被获取其掩盖的信息。这些特点使星载雷达在农、林、水或地质、自然灾害等民用领域具有广泛的应用前景，在军事领域更具有独特的优势。尤其是未来的战场空间将由传统的陆、海、空向太空延伸，作为一种具有独特优势的侦察手段，星载雷达对未来战争的胜负具有举足轻重的影响。

天线作为星载雷达的一个重要分系统，受限于卫星平台承载能力、卫星太阳能储存能力、特殊的太空环境等因素影响，其设计往往具有轻量化、高效率、高可靠性等特点。

10.3.1　发展概述

1. 国外发展现状

有文献介绍了美国国家航空航天局（NASA）的轻型合成孔径雷达（SAR）技术研究计划（LightSAR），其目标是利用先进技术来降低 SAR 的成本，提高 SAR 数据的质量。其天线的指标如表 10.1 所示。

表 10.1　SAR 天线技术指标

参　　数	性　　能
轨道	轨道高度：600km；轨道倾角：97.8°
频率/波段	9.6GHz / X 波段
极化	HH 或 VV
天线尺寸	1.35(1.8)m×2.9m
带宽	150MHz
平均功率	100W
峰值功率	6.989kW

COSMO-Skymed 是意大利国防部与意大利航天局合作的军民两用 X 波段合成孔径雷达卫星（见图 10.5），主要用于监视、情报、测绘和目标探测等领域。该雷达天线尺寸为 5.7 m×1.4 m，包括 40 个相同的片式单元，安装在 5 个电气子板上。每个片式单元包括 32 个 T/R 组件，2 个 DC/DC 电源模块，中级数字控制器和补偿模块，以及延迟线，其中延迟线可用于波束指向控制并放大发射接收信号。

TerraSAR-X（见图 10.6）是德国研制的军民两用 X 波段雷达卫星，于 2007 年 6 月成功发射，主要用于科学研究与商业应用。TerraSAR-X 的天线采用 X 波段有源相控阵，中心频率为 9.65 GHz，可选择带宽为 5 MHz～300 MHz。天线阵面能实现 H 和 V 两种极化方式，由 12 块子面板组成，每块面板有 32 个波导缝隙天线子阵。每个子阵包含一个 T/R 组件，故总共有 384 个 T/R 组件，总的峰值功率为 2260 W。其天线尺寸为 4.8 m×0.8 m×0.15 m，波束在距离向和方位向的扫描范围分别为±0.75°和±20°，波束入射角范围为 15°～60°，载荷质量为 394 kg。高效的热控系统降低了天线表面的热效应，保证了较低的温度梯度，使得天线能够持续成像 10min。

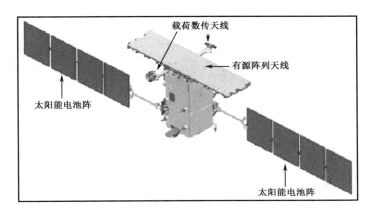

图 10.5　COSMO-Skymed 雷达卫星

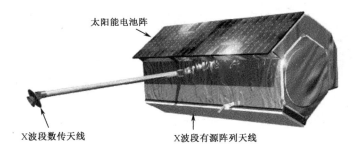

图 10.6　TerraSAR-X 雷达卫星

　　Sentinel 系列卫星是欧空局主持的用于环境监测和安全监控的计划项目，其中 Sentinel-1（见图 10.7）为两颗 C 波段合成孔径雷达卫星 Sentinel-1A、Sentinel-1B 组成的星座，二者共享同一轨道平面，轨道相位差为 180°。卫星天线子系统由 14 个相同的片式单元组成，分布在 5 个可部署的子面板上。每个片式单元由 20 个双极化的子阵列构成，每个子阵列由两个平行的波导缝隙天线组成。

　　NovaSAR-S（见图 10.8）是英国萨瑞卫星技术公司研制的有源相控阵体制的轻小型、低成本 SAR 系统，为洪水监测、农作物评估、森林监测、灾害管理、海事安全等应用领域提供了中等的分辨率（6m～30 m）。NovaSAR-S 卫星采用一体化设计，降低了卫星的整体质量，可以控制在 400 kg 以内。

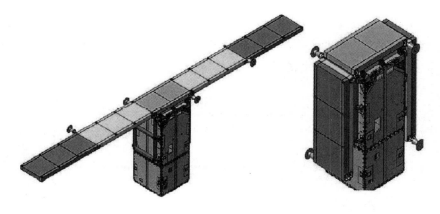

图 10.7　Sentinel-1 雷达卫星

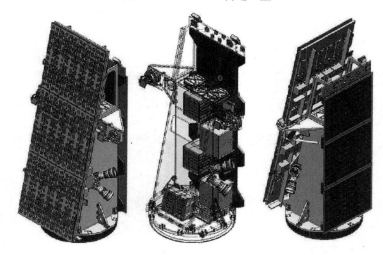

图 10.8　NovaSAR-S 雷达卫星

2008 年 1 月 21 日，以色列研制的 TecSAR 雷达卫星（见图 10.9）的成功发射提升了以色列的情报获取能力，尤其是对中东地区的信息掌控能力。TecSAR 的有效载荷为 X 波段 SAR，具有质量轻（卫星总质量小于 300 kg，SAR 有效载荷 100 kg）、性能好、工作模式灵活的特点，能全极化工作，最高分辨率可达 1 m。TecSAR 的反射面天线为可折叠伞形反射器，由带有刚性的 CFRP（碳纤维增强塑料）中心盘和一组由龙骨拉伸的针织网格组成。龙骨位于主抛物面的表面，在那里每一个三角形的网格表面都有一个抛物面圆柱轮廓。抛物面的高精度是通过啮合后的龙骨位置调整来实现的，并且采用立体摄影测量方法对天线测量技术进行了验证。整个网格反射面的质量小于 0.5kg，龙骨和金属网的质量不超过 21kg。

图 10.9　TecSAR 雷达卫星

2．国内发展现状

星载雷达天线主要分为相控阵、反射面两种体制。其中国内星载相控阵天线正朝着大带宽、多极化、轻量化方向发展。以高分三号卫星为例，该卫星为 C 波段多极化合成孔径雷达（SAR）成像卫星，该项目是国家科技重大专项"高分辨率对地观测系统重大专项"的重要研制工程项目之一，可以实现长时间、大幅宽的海陆观测，由中国电科第 14 研究所承担 SAR 天线的研制工作。其雷达天线口径约为 18m²，极化方式为 HH、HV、VH、VV，辐射峰值功率为 15360W，天线单位面积质量约 70 kg/m²。高分三号卫星天线如图 10.10 所示。

图 10.10　高分三号卫星天线

在反射面领域，国内对网面可展开天线的研究较多，如 4.2 m 口径（UHF 波段）的伞状天线、6 m×2.8 m 口径（S 波段）的构架式天线、4.2 m 口径（S/Ka 波段）的伞状天线原理样机、10 m 口径的缠绕肋式可展开天线原理样机（如图 10.11 所示），以及在轨服役的 16 m 口径（L-Ku 波段）的周边桁架式可展开天线等。

图 10.11　可展开反射面雷达天线

10.3.2　未来发展趋势

随着星载雷达系统对更高精度、更多功能、更高效率的追求，星载雷达天线技术正在蓬勃发展。目前，值得关注的几种天线技术如下。

1. 星载毫米波天线

毫米波（波长 1mm～10 mm）频谱介于微波与红外之间的特点，使得毫米波载荷具有体积小、质量轻、分辨率高、俯视角好、目标轮廓效应明显和电子对抗性能强等优点，这使其逐渐成为星载雷达成像技术发展的重要方向。目前，毫米波天线效率不高、功率较小，但是通过 AiP、AoC、混合集成等技术，未来毫米波天线必能在星载雷达领域崭露头角。

2. 星载光控相控阵天线

影响相控阵天线带宽的主要因素是天线阵面各个单元到达目标的渡越时间不同，频率改变时叠加相位发生变化，导致指向精度和增益下降。为克服此问题，需采用各种延时补偿技术，其中最有发展前景的是光控相控阵技术。采用光纤可以达到很长的延时量及很高的延时精度，实现超宽带的相控阵天线。国内目前激光器件的效率较低，功耗较大，尚需进一步的改进。但在控制信息传输部分采用激光技术，可以简化线缆的传输，提高可靠性，有望近期在星载相控阵天线获得应用。

3. 星载智能阵列天线

未来，将天线阵列与信号处理、MEMS技术相结合有望形成一类新型可展开智能阵列天线，通过信号处理技术来控制并改善天线阵性能，获取最大信息量，这种基于自适应阵列技术的智能天线将在航天应用领域发挥很大的作用。图 10.12 为法国提出的用于移动通信卫星的可展开平面智能阵列天线概念（20m～40m）。它工作在 L/S 波段，通过软件处理可实现对波束及其指向的自主控制，通过机械调整可实现表面误差的自动补偿。

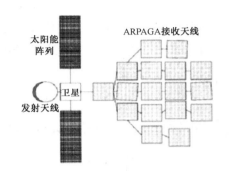

图 10.12 智能阵列天线

10.4 微波光子阵列天线

10.4.1 微波光子技术简介

1. 微波光子技术的背景和发展

微波光子学是研究微波信号和光信号之间相互作用的交叉学科。微波光子技术希望通过使用光域信号处理的方法来实现对微波信号的处理，并且取得一些优于在电域进行微波信号处理的效果，从而达到提升微波链路整体性能的效果。微波光子系统的基本框架如图 10.13 所示，微波信号通过调制器加载到光载波上，在光域处理后的光信号输入到探测器（PD）中进行拍频，输出微波信号。

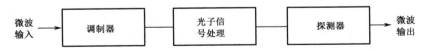

图 10.13 微波光子系统基本框架

20 世纪 70 年代，科学家们提出了微波光子技术的概念，经过几十年的发展，微波光子技术已经取得了长足的进步。研究微波光子技术最初的目的是使用光纤传输模拟的电视信号，后来科学家们主要关注微波光子技术在无线通信中应用的可行性，也就是 Radio Over Fiber（ROF）技术。进入 21 世纪以来，微波光子技

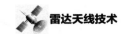

术的研究范围越来越广，在微波信号产生、微波信号混频、微波延迟线、微波滤波等方面都能看到使用微波光子技术进行的相关研究。

随着雷达技术的发展，微波光子技术在雷达领域的应用也得到了广泛的研究，2013 年，意大利的光子网络国家实验室研制了微波光子雷达样机，此后，国内对微波光子雷达也进行了很多研究。另外，随着各种集成工艺平台的发展，基于各种集成平台的微波光子技术也发展起来，目前可以实现集成微波光子的工艺平台主要有二氧化硅平面光波导（PLC）平台、绝缘体上硅（SOI）平台、氮化硅（Si₃N₄）平台、铟磷（InP）平台和薄膜铌酸锂（thin-LN）平台。随着通信技术的发展，微波频率越来越高，微波光子技术在 6G 技术中的应用潜力也越来越大。

2. 微波光子技术中的关键问题

数字通信以数字信号为研究对象，在实际应用中比较关注误码率，只要误码率满足系统要求即可。而微波光子学以模拟信号为研究对象，更关注链路增益、动态范围、噪声系数等指标，在实际应用中，需要这些指标均满足系统的要求。

微波光子技术面临的第一个主要问题是光电互转换效率低，导致经过微波光子链路的损耗比较大，这也是限制微波光子技术推向实际应用的一个主要原因。对于光电探测器，其响应度一般是 0.5 W/A～1W/A；对于直调的调制器，其响应度一般是 0.05W/A～0.3W/A；对于外调的调制器，其响应度一般是 0.05W/A～0.2W/A。对应的本征链路损耗从 32dB 变化到 10dB。另外还发现，调制的转换效率比探测的转换效率低，因此需研究如何实现高效的光电互转换，降低微波光子链路的本征损耗。

微波光子技术面临的第二个主要问题是动态范围的问题。宽带的微波模拟信号在实际链路中传输时，会受到链路非线性的影响，造成一定的非线性失真，提高链路的动态范围可以保证微波信号的高线性度传输，减小非线性失真。

第三个主要问题是噪声系数的问题。微波光子链路中的主要噪声来源有激光器的相对强度噪声、热噪声、光子散弹噪声和射频源噪声等。一般进行光子信号处理时会引入较大的损耗，需要使用参铒光纤放大器（EDFA）进行放大，此时也会引入较大的自发辐射噪声（ASE），因此在实际应用中，需尽可能地降低光器件的损耗。

第四个主要问题是单一集成微波光子材料体系难以满足微波光子系统的要求。目前可以实现集成微波光子的工艺平台主要有二氧化硅平面光波导（PLC）平台、绝缘体上硅（SOI）平台、氮化硅（Si₃N₄）平台、铟磷（InP）平台和薄膜铌酸锂（thin-LN）平台。对于微波光子学应用，不同材料体系在集成微波光子器件方面的特性比较如表 10.2 所示。从表中可以看到，不同的材料体系在集成微波光子器件方面各有优劣，实现各种材料的混合集成是一个趋势。

表 10.2　不同材料体系在集成微波光子器件方面的特性比较

	PLC	SOI	Si$_3$N$_4$	InP	thin-LN
无源器件	★★★	★★	★★★	★★	★★
激光器	--	--	--	★★★	--
调制器	--	★★	★	★★★	★★★★
探测器	--	★★	--	★★★	--
光开关	★	★★	★	★★	★
光放大	--	--	--	★★★	--
耦合损耗	★★★	--	★	--	★
传输损耗（dB/cm）	<0.05	<2	0.1～0.3	≈2.5	<0.2
弯曲半径	≈10mm～20mm	<50μm	200μm～800μm	≈100μm	200μm
成本	★	★★	★★	--	--

3. 微波光子学的关键技术

微波光子学的第一个关键技术是低相噪的微波信号产生。随着微波频率的提高，到了毫米波乃至太赫兹频段，在电域进行相关的信号产生难度很大，成本也较高，而通过光拍频的方式很容易实现毫米波信号甚至太赫兹信号的产生。为了降低产生的微波信号的相位噪声，进行拍频的光信号需具有良好的相干性。

微波光子学的第二个关键技术是微波延时技术。随着微波频率的升高，尤其是到了毫米波频段，在电域实现微波延时的幅相一致性比较差，并且抗干扰性也比较差。而使用微波光子延迟容易在较大的带宽内保持良好的幅相特性，但要求光路的延迟精准可控，当使用光纤实现延时时，需要严格控制光纤的长度。随着集成微波光子技术的发展，使用光芯片较容易实现特定的延时，但受限于光损耗，难以实现较大的延时量。

第三个关键技术是超宽带的任意波形产生。其主要是利用光学频率梳作为光源，产生相关的超宽光谱信号，然后使用光解复用器，将超宽光谱进行分割，经过相应的处理后，使用光复用器将处理好的光信号合成，从而产生超宽带的任意波形信号，但如何保持分割后的光谱间的相干性仍是一个难点。

第四个关键技术是光信道化接收。在现代雷达系统中，需要对信号进行信道化处理，现在信道化处理的带宽受限于 2GHz。将宽频的微波信号调制到光信号上，然后通过高精度的光滤波器可以进行信道化处理。将宽频的微波信号调制到一个光频梳上，然后与另一个相干的重复频率有差异的光频梳混合后输入到光滤

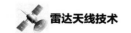

波器中，也可以进行信道化处理。

第五个关键技术是不同微波光子材料体系混合集成的问题。实现不同微波光子材料体系混合集成主要有两种方式，一种方式是首先基于各种材料体系制作出相应的微波光子器件芯片，然后使用透镜实现芯片间的相互耦合，最后进行电学方面的封装，制作成混合集成的微波光子系统；另一种方式是以一种材料为基础，将其他材料混合集成到该材料基片上，然后基于不同的材料制作不同的器件，最后制作成单片混合集成微波光子系统。

10.4.2 超宽带微波光子阵列

从信号的带宽区分，相控阵阵列可以分为窄带相控阵和宽带相控阵。早期的相控阵主要是窄带相控阵，但随着阵列信号处理应用范围的不断扩大及技术指标要求的进一步提高，发射和接收到的信号往往都是宽带信号，宽带相控阵渐渐发展起来。

窄带相控阵是一种基于移相器的相控阵，在进行宽角扫描时，由于孔径效应、渡越时间的影响，使得信号的瞬时带宽受限，难以实现相控阵雷达的宽带宽角扫描。如果在相控阵的各个单元采用相应的实时延时线（True Time Delay，TTD）取代窄带相控阵中的移相器，就可以大大减小天线孔径效应和渡越时间的影响，即使得相控阵瞬时信号带宽对天线波束指向的影响减小，也使得天线渡越时间对瞬时信号带宽的限制减小。这样相控阵就可以实现宽带宽角扫描，但这在工程上会导致 TTD 需求量巨大，难以实现。因此，为了降低相控阵雷达系统的成本和复杂度，TTD 通常在相控阵子阵级上进行延时补偿。但是传统的 TTD 通常由同轴电缆或波导构成，由于宽带信号的损耗大、系统结构复杂，因此难以在工程上实现。

随着微波光子技术的发展，光控真延时（OTTD）技术应运而生，超宽带微波光子阵列也发展起来。光控真延时波束的形成采用光纤或光波导作为延时器件，具有光子系统固有的诸多优势，如体积小、质量轻、损耗小、灵活可控、抗电磁干扰能力强等。由于很好地解决了电真延时技术对体积和质量的限制，以及电缆之间的相互干扰问题，并且有效地消除了电子相控阵天线存在的波束指向偏斜效应，因此非常适用于宽带微波光子阵列。

宽带微波光子阵列的一种架构如图 10.14 所示，复杂的数字阵列处理模块的核心部分可通过光纤与天线物理分离，并且远程安装于空间相对宽阔的后端中心站。天线阵列部分将仅由天线辐射单元和超宽带光电混合集成前端组成。后端处理单元可基于微波光子技术来完成光电数字阵列中信号产生、频率变换、模拟和数字的相互转换等功能，变为数字信号后送入后端数字处理单元。

宽带微波光子阵列主要包括超宽带光电混合集成前端、基于微波光子的射频拉远和交换网络，以及后端微波光子功能组件三个部分。其中，基于微波光子的射频拉远和交换网络在光域实现模拟波束合成的功能。整个架构的建立是以能够将原有的微波频段的传输和处理通过高效的微波-光波转换器变换到光波频段进行传输和处理为基础的，其实现的硬件基础是超宽带的光电集成收发模块。该模块除包括原有射频收发模块所需的各类功能组成外，还增加了光/电、电/光转换部分，并且与后端通过光网络进行互联。由于光载波对射频频段的透明性，光电集成收发模块可面向 6GHz～18GHz，甚至更宽带宽，以及 Ka、W 甚至更高频段的射频信号。

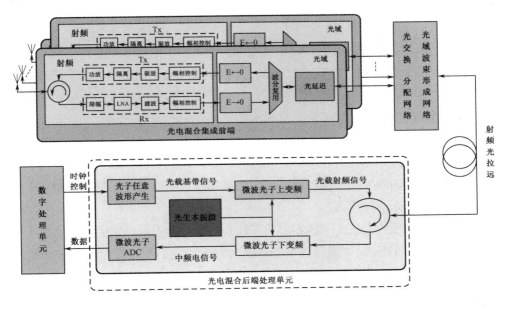

图 10.14 宽带微波光子阵列架构

整个架构的发射链路为：数据/基带信号通过电光调制，与光生本振信号完成上变频后，经过光滤波器滤除杂散信号后，再经射频光拉远送至全光交换网络。利用全光交换网络完成发射通道间的动态配置后，送至对应的光电混合集成前端。在光电混合集成前端中，通过真延迟调整实现波束方向控制后，经光电变换恢复出射频激励信号，再经射频放大后由天线辐射。

与之对应，接收链路为：天线探测到雷达回波信号后，首先进行射频预处理（放大、滤波等），然后通过电光变换调制到光域，在光域通过真延时芯片完成相应的幅相控制，再经光子波束形成网络完成子阵级波束合成后，通过射频光拉远传回后端处理单元。在后端处理单元中，可以先通过光学方法将探测到的高频信

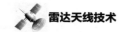
号下变频至中频,经过光学滤波、光电转换后处理中频信号;也可以利用光学 ADC 技术直接对高频信号进行带通采样,采样后的数字信号再送至后端 DSP 完成相关信号处理。

在上述的超宽带微波光子阵列中,微波光子延时线在相控阵子阵级上进行延时补偿,射频发射模块和接收模块的移相仍采用电移相器的方式。如果微波信号的移相也采用微波光子延时的方式,将有助于进一步改进微波光子阵列的超宽带特性,但无疑会增加系统的复杂度。

10.4.3 光域波束形成研究

1. 微波光子移相器

传统的微波移相是通过电移相器实现的,但是由于电移相器频带带宽窄、响应速度慢、移相范围小、抗干扰能力差,其很难适应未来发展的需求。微波光子移相器由于具有重量轻、体积小、损耗低、频带宽、移相范围大和抗电磁干扰强等优点,逐渐成为国内外学者的研究热点。

近年来关于微波光子移相器的研究报道比较多,这些研究方案的目的都是为了实现对微波信号的相位进行精确、连续的控制。根据工作原理的不同,可以分为基于外差混频的微波光子移相器、基于矢量和技术的微波光子移相器和基于非线性效应的微波光子移相器。

基于外差混频的微波光子移相器其原理是产生两路不同频率的光波,其中一路光波的相位可以控制,然后将两路光波耦合为一路,在光电探测器中拍频即可得到相位可控的微波信号。基于矢量和技术的微波光子移相器,其原理是将经过微波调制的光信号分为两路,分别对这两路调制光信号进行幅度衰减和相位控制,经过矢量叠加产生一定相位的光信号,最后进行光电转换可以得到相移微波信号。基于非线性效应的微波光子移相器是利用光学非线性效应对微波信号的相位进行控制。

2. 微波光子延时线

光域形成微波波束的核心是实现微波光子延时线。实现微波光子延时线的主要实现方法有以下两种:

(1)色散方案。改变激光器的波长,由于色散的影响,不同波长的延时不同,最后可以得到的微波信号的延时。常见的色散延时器件有色散光纤、色散光栅、微环等。使用色散方案实现延时,可以实现对延时的精确控制,但难以实现比较大的延时量。

a. 对于色散光纤,一般单模光纤(SMF)的色散系数大小为-18ps/(km·nm),

色散补偿光纤的色散系数大小为-100ps/（km•nm），色散系数都不大，因此，采用此方案一般来说需要的光纤长度比较长。

b. 对于基于波导的光栅，其尺寸比较小，易于集成，但其引入的光损耗比较大，对加工工艺的要求也比较高。

c. 基于波导的微环可以通过改变微环的谐振波长实现延时，而无须改变激光器的波长，因此可以降低对激光器的要求，这是基于微环的色散延时方案相比于色散光纤和色散光栅的优点，因而基于微环的微波光子延时线得到了大量的研究。但微环对温度比较敏感，抗环境干扰能力很差，并且其延时带宽一般比较小。

（2）开关方案。通过开关切换光路，使光信号经过不同的路径，从而产生不同的延时。采用开关方案的微波光子延时线带宽比较大，可以产生比较大的延时，但在实际应用中由于经常需要多个光开关，会引入比较大的损耗。光开关的类型主要有机械式开关、MEMS 开关、磁光开关等。在集成开关微波光子延时方案中，热光开关和电光开关也被广泛采用。其中，机械式开关和 MEMS 开关的响应速度比较慢，一般在毫秒量级；磁光开关的响应速度一般在微秒量级，并且其断电后开关状态不会改变，因而得到了广泛的应用。但磁光开关的体积一般比较大，价格也比较昂贵。基于集成光子材料的热光和电光开关受限于耦合损耗等因素，目前主要在实验室进行研究，商业化产品很少。

3．微波光子波束合成

近年来微波光子波束合成得到了很广泛的研究。美国国家航空航天局（NASA）提出的并行色散延时线方案和基于此的 X 波段光控相控阵样机如图 10.15 所示。在该技术的实验演示中，天线间距为 15mm，色散光纤长度增量为 6.85m，这使得最长的色散光纤长度为 47.92m，色散光纤色散系数是 $D=-253ps/$（km•nm），光源中心波长为 1550nm，调节范围为 25nm。该光控相控阵系统的射频多频段调节能力是通过在 8GHz～10GHz 范围改变射频振荡器的电压达到的，这并不影响射频波束的控制。控制信号可灵活控制连接到天线的色散光纤中的延时量，所以这是独立于频率改变的宽带波束控制。实验测得的射频波束全角发散角大约 15°，波束能够被控制在偏离天线阵面法线方向至 40°。

屯特大学与荷兰国家航空实验室等部门合作，在基于光波导谐振环延迟线技术和相关的微波光子相控阵技术方面开展研究和开发，他们开发出了可用于机载的微波光子相控阵系统的芯片并进行了相关试验和测量。屯特大学研制的多波长微波光子波束形成网络如图 10.16 所示，该波束形成网络具备超宽带特性，支持射频工作频段覆盖 2GHz～10GHz。该二维相控阵微波光子波束形成系统已完成了实验演示，这是对应 16 个单元的阵列天线，系统里的芯片只有 4 个输入，每个

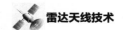

输入携带来自 4 个不同天线单元的信号，它们以 100GHz 的通道间隔用不同的光载波进行复用，通过独立的光移相器 I 部分后，在水平方向波束形成部分，这些信号取得以 τ_1 和 τ_2 为基本单元的相互间的延迟，然后信号合路。通过这样的操作，产生了天线方向图主瓣的水平方向波束控制。组合的输出施加到 1×4 解复用器，每个波长光信号被同一行天线信号调制。

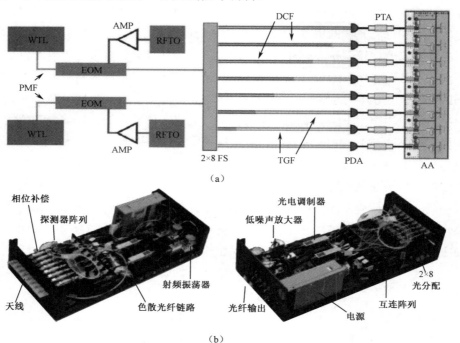

（a）

（b）

图 10.15　用并行色散补偿光纤的微波光子波束合成

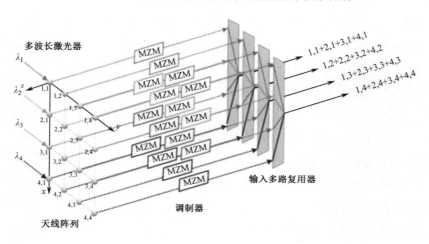

图 10.16　屯特二维微波光子波束形成网络结构

美国中佛罗里达大学的科研人员设计了一种基于硅光子技术的相控阵雷达波束形成系统，该技术可以支持宽带雷达的长距离波束形成和高分辨探测。硅光子技术 2×2 光开关的延时线、可调光衰减器、光放大器等，采用单片集成。该延时线可以实现高至 2.5ns 的时间延迟，开关时间小于 1μs，光隔离度达到 50dB。

得克萨斯州立大学的光子相控阵技术采用了一种混合光子延时线方案，使用高色散光子带隙光纤实现连续可调的延时线网络，使用开关切换方案实现离散延时网络，该方案可以帮助实现相控阵天线的宽频带无畸变准连续的二维（2D）波束形成与控制。

意大利光子网络国家实验室提出了一种微波光子波束形成方案，该技术基于锁模激光器并辅之以一个光波长选择开关，该光源不但可以用于宽带微波信号产生，还可以用来执行多信号的独立光子波束形成。该技术方案可以在 10GHz 和 40GHz 两个宽频带内对两个天线单元产生独立的时间延迟，有助于降低成本，实现高带宽、高稳定性和灵活性。

我国在光子相控阵技术方面也早有研究，较早的可以追溯到 20 多年前中国电科 14 所开展的一系列预先研究，如对微波光子发送机和接收机的实验和优化、微波光纤延时线的实验和现场试验、铌酸锂集成光学微波幅相控制器件的设计等。近年来，随着器件技术水平的提高和性能改善，以及新型器件的开发，我们看到更多朝着实用方向努力的实验报道，如北京邮电大学采用光纤光栅双向反射实现了紧凑的微波光子相控阵技术；南京航空航天大学基于单边带极化调制和移相技术，在 14GHz 频率上实现了 4 单元的光子相控阵；上海交通大学提出了一种集成的微波光子延时芯片，该芯片除了激光器没有集成，调制器、延时线和 PD 均集成在硅基平台上。

10.5 机会阵雷达天线

10.5.1 机会阵雷达简介

机会阵雷达以最大化装备平台的系统性能为出发点，以共形阵、稀布阵、分布式传感器等技术为基础，与平台高度一体化设计，在尽可能不影响装备平台本身散射特性和气动特性的前提下，依照平台外形将天线单元（或子阵）随遇排布。根据探测任务与对象对阵面进行按需重构，在指定方向上形成波束覆盖；通过布设于平台周边的阵元对周围复杂环境的感知，自适应调度孔径资源和优化工作参数，实现最优系统性能。基于舰船平台的机会阵雷达概念如图 10.17 所示。

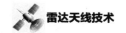

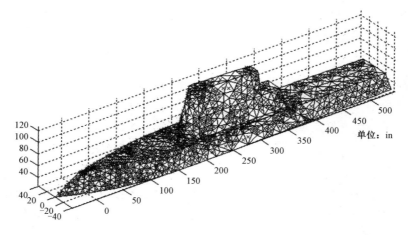

图 10.17　基于舰船平台的机会阵雷达概念图

机会阵雷达中的"机会"一词主要包括两层含义。

1. 阵元机会性布置

机会阵雷达的天线阵元依照平台外形随遇布置。阵元可以布设于舰船、飞机、车辆等载体平台的开放空间：可共形，也可非共形；可均匀分布，也可非均匀分布。这些特点有别于传统意义上的共形阵和稀疏阵等概念，应遵循的基本原则是天线阵元尽可能分布于整个装备平台的可用空间。由于天线单元或子阵与平台高度一体化，因此几乎不影响平台的散射特性和气动特性，可使平台获得良好的隐身性能和气动性能。

2. 系统机会性组织

机会阵雷达可以根据实时的探测对象、任务要求、平台姿态将潜在可用的多个天线单元或阵列通过即时的优化策略，通过探测孔径的自组织，实现最佳的电磁场能量空域分布，使得系统工作方式灵活多变。这样既可以以探测能力为目的，形成对目标距离、精度等的最优探测孔径；也可以以隐身效能为目的，形成有限能量辐射下最佳效率的探测孔径；还可以以波束覆盖为目的，形成同时多方向的全空域大覆盖范围。

10.5.2　机会阵雷达天线阵列

为了应对机会阵雷达的全向探测视场、多功能一体化、隐身与反隐身等应用需求，阵元需要依照载体平台的外形而定，可在载体平台上进行三维空间排布，以形成尽可能大的有效孔径和全向探测视角。这使得天线孔径不连续，无法获得一个完整的、连续的大面积探测孔径。因此，以面天线为基础进行天线波束综合的方法已经不适用于机会阵雷达，阵面体制需从面天线过渡到体天线，这就是三维异构阵列天线的概念，如图 10.18（b）所示。

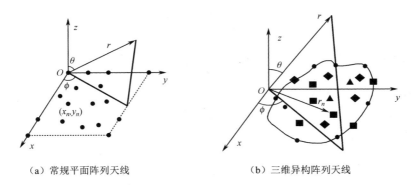

（a）常规平面阵列天线　　　　　　　　（b）三维异构阵列天线

图 10.18　常规平面阵列天线与三维异构阵列天线

基于阵元随平台外形布置、按需重构等特点，三维异构阵列天线有别于现有的二维平面阵列天线，其相关的辐射特性和控制机理也不同于现有的阵列天线，具体体现在以下两方面。

（1）在阵列表征与辐射机理方面，三维异构阵列的阵元被放置在载体外形三维空间的适当位置，阵列结构十分复杂，这使得阵列参数（如阵元位置、激励矢量、极化特征、阵元互耦、连续与离散分布、边缘效应等）对方向图的影响机理显著不同于常规阵列天线。为了使三维异构阵列能够综合出高增益的波瓣，必须在现有的阵列综合理论基础上有所突破。首先需要对布阵规则进行研究，形成指导性结论；接着需对波束性能进行优化，采取的手段包含栅瓣抑制、极化控制等。在特定情况下，三维异构阵列还需要考虑不同形式天线单元的异构组合。

（2）在阵列建模和分析方面，三维异构阵列要满足机会阵雷达系统多功能、多模式的技术要求，优化目标和约束条件均较多，并且阵列方向图要在工作频带内的多个频点满足增益、副瓣电平、多波束等指标要求，因此三维异构阵列优化设计模型十分复杂。另外，考虑到三维异构阵列中阵元矢量不一、极化方式各异，为了精确表征三维异构阵列，所需的变量数显著增多，这有别于常规阵列的表征方式。从数学角度分析，三维异构阵列设计是一个大规模、半无穷、非线性、多目标的约束优化问题，设计参数中包括连续变量和离散变量。

10.5.3　机会阵方向图综合

三维异构阵列所处的载体平台具有不连续性，布阵方式具有不规则性，探测范围需要全向覆盖，这使其与常规相控阵（线阵、面阵或共形阵）相比，在辐射

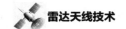

特性与机理方面具有不同的内在规律，其数学表征方式也不同于常规阵列天线。因此，需要针对三维异构阵列表征方法进行研究，通过对比分析、数学分析等技术手段，建立天线阵元矢量数学表征方式。在此基础上，借鉴传统阵列天线的表征方式，得出基于载体平台的三维异构阵列的数学表征方法。

根据天线原理，考虑最一般的情况，三维异构阵列的辐射远场完备表达式为

$$E(\theta,\phi,t) = \sum_{m=1}^{M} K_m I_m(t) f_m(\theta,\phi,\hat{\tau}_m) \exp\left[j(k\boldsymbol{d}'_m \cdot \hat{\boldsymbol{p}} + \phi_m) \right] \hat{\boldsymbol{e}}_m(\theta,\phi,\hat{\tau}_m) \quad (10.1)$$

式中，K_m 为单元间的遮挡系数；I_m 和 ϕ_m 为单元幅相加权系数；f_m 为单元方向图；$\boldsymbol{d}'_m$ 为阵元位置矢量；$\hat{\tau}_m$ 为激励电流方向矢量；$\hat{\boldsymbol{e}}_m$ 为阵元极化方向；$\hat{\boldsymbol{p}}$ 为方向矢量。三维异构阵列坐标系如图 10.19 所示。

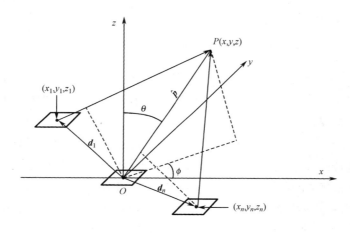

图 10.19　三维异构阵列坐标系

从式（10.1）可以看出，单元方向图并未作为公因子放在求和符号之外，这是因为三维异构阵列的单元形式是异构的，各个子阵可能是不同的天线单元，而且还应考虑单元间的互耦效应及平台对阵列特性的影响。阵元的位置矢量也是不规则的，因为各个子阵的间距与子阵中各个单元的间距都不尽相同。

根据机会阵雷达对天线阵列多功能、多模式的技术要求，建立三维异构阵列的优化设计模型。该模型同时具有连续和离散变量，可以是非线性、单目标约束优化模型，也可以是非线性、多目标约束优化模型。在数学上，该模型是一个大规模、半无穷、非线性、多目标约束优化问题，直接求解比较困难，可采取 MiniMax 或 MiniSum 等策略处理半无穷优化问题。例如，针对某一类单目标、半无穷优化问题，具体的处理策略如图 10.20 所示。

同时，采用灵敏度分析等手段可有效降低优化问题的维数，以解决大规模优化问题所带来的变量灾难。基于这些措施，将原优化设计模型转化为易于求解的

非线性、单目标约束优化模型或非线性、多目标约束优化模型。

三维异构阵列是一种全新概念的阵列天线，其阵列特性不同于传统的直线阵列、平面阵列和共形阵列，从而导致常规的阵列综合理论和算法无法直接使用，因而需要研究新型算法用于求解大规模、非线性、单/多目标优化模型。

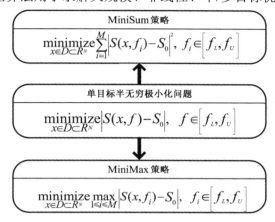

图 10.20　单目标半无穷问题优化策略

目前求解优化问题的算法分为以下两类。

（1）局部极值优化算法。

局部优化算法依赖于初始值，只能在小范围内搜索极大值或极小值，也常称为经典优化算法。代表性的局部优化算法有牛顿法、最速下降法和单纯形方法等。局部极值优化算法可以对高维优化问题进行求解，但其解一般为局部极值解。

（2）进化类优化算法。

进化类优化算法一般是对自然现象或社会行为的模拟，最大的特点是对优化函数的解析性质要求很低，甚至可以没有显式的解析表达式。这类算法可以解决高维、多态、不可微等问题。随着参数变量的增多，优化问题的解空间呈指数级增长，或导致变量灾难。进化类算法主要有遗传算法（GA）、粒子群算法（PSO）和差分进化算法（DE）等。

针对三维异构阵列天线方向图综合过程中所建立的数学模型，可采用基于智能分解策略的协同差分进化算法进行求解。这种算法将大规模优化问题分解成若干个规模较小的可求解的优化问题，由于问题变量之间有着内在的关联特性，可采用协同进化方法来协调各个子优化问题，最终求解出整个优化问题的全局最优解。

10.6　毫米波相控阵天线

现代战争对武器系统提出了"态势感知、远程打击、精确打击"等迫切需求，为毫米波相控阵在军事应用中的发展提供了巨大的推动力。在使用的全部电磁频段中，毫米波频段具有极宽的信息带宽、独特的电波传播特性和良好的设备小型化潜力。毫米波频段电子系统的性能往往介于光电和微波系统之间，其具有频带极宽、高多普勒带宽、高空间分辨能力、良好的抗干扰能力、高目标识别能力及全天候工作能力等诸多优点。因此，将具有波束灵活捷变、赋形等诸多优势的相控阵技术推广至毫米波频段，也必然可为各种类型毫米波雷达应用提供更为有力的技术支撑。

近几年来，随着各类器件设计及工艺集成技术不断向高频段扩展，以及探测、通信领域电子设备功能的不断丰富，无论是技术推动还是需求牵引，工作于毫米波频段（特别是 30GHz～100GHz 频段）的有源相控阵天线都已成为当前天线领域内新的技术热点。

10.6.1 毫米波相控阵天线发展现状

毫米波频段在雷达探测等领域的应用正不断得到开发，以满足当前高精度多维搜索测量、目标特征提取和分类识别、小目标和近距离探测、多功能抗干扰，以及天线体积小、质量轻、集成化程度高等多种应用需求场合。目前已有的典型雷达探测应用场景包括空间目标探测、地面战术火控雷达、机载毫米波雷达、弹载雷达制导、智能着陆雷达、战场成像与侦察、直升机多功能射频、太赫兹成像、机场异物检测、高分辨安检成像、无人驾驶和避障，以及非接触式检测等。此外，随着探测与通信应用需求的融合，毫米波相控阵技术还将在多传感器（如无人机）协同探测、雷达前后端分离等复合应用中发挥优势作用。

10.6.2 毫米波相控阵天线设计技术

在使用相控阵天线的情况下，毫米波相控阵天线作为电子系统发射、接收电磁信号的关键设备，设计上要着重统筹以下三个方面：

（1）系统功能的满足。考虑到各型应用对功能需求的差异，天线要能针对电子系统的不同技术要求，在口径、带宽、功率、极化、波束扫描、工作模式等方面进行匹配，接受指令，完成相应功能。

（2）波长尺寸约束下的布局。由于毫米波频段工作波长短至数毫米量级，为实现组阵需求，如何在满足系统功能要求的前提下，将射频前端部分在毫米级尺寸空间内进行布局、集成和测试评价，并且能经受 EMC、力学、温度等环境的考验实现正常工作，也是需要解决的关键问题。

（3）高可靠的工艺集成。传统微波波段的集成方案将无法满足毫米波频段，特别是 E/V/W 波段应用的集成需求，需要进一步结合最新的半导体制造、微系统集成工艺，以解决阵列高度集成的可实现性。同时，在高度集成的情况下，相控阵天线前端的维护性已较差，天线还必须在制造集成上具有极高的成品率和可靠性。由此可见，毫米波相控阵天线面临的技术问题，已不仅局限于实现天线电性能本身，同时与工艺集成能力密切关联。

如何同时解决其所面临的各项问题，是当今毫米波相控阵天线技术领域正在研究的重点。相比而言，其实现的技术门槛相对于微波波段也要高得多，涉及的主要设计技术有以下几种。

1. 毫米波有源相控阵天线架构

在毫米波有源相控阵天线设计过程中，与现有的低频段有源相控阵天线相比，由于该天线波长尺寸更短，并且在峰值辐射功率、工作带宽、效率和集成度等多个方面提出了更高的要求，因此需要选择合理的天线架构，以兼顾在电性能、器件、工艺、散热、测试性等各方面的要求。结合毫米波探测与通信的需求，从功率量级及成本方面考虑，可根据架构的差异分为以下 4 条技术路线。

（1）传统大功率路线。基于 III-V 族功率器件和成熟的集成工艺，设计满足 Ka 波段至 W 波段所需的一维/准二维/二维扫描相控阵应用，该路线一般采用基于刀片式架构的有源相控阵方案。

（2）中低功率密度路线。基于高集成芯片和系统级封装（SiP）技术，采用片式分层架构，结合先进的封装集成工艺，由 Ku、Ka 波段逐步提升至 W 波段，满足中低功率密度、二维宽带宽角扫描应用要求。

（3）低功率密度、高 EIRP 路线。在 SiP 路线基础上，进一步提升到晶圆级进行集成（WL-SiP），构建晶圆阵列，在 W 波段实现更大的 EIRP，满足未来的二维扫描、中短距离应用，以及更低成本的应用需求。

（4）商用器件应用路线。以商用毫米波传感器芯片为中心，有针对性地开发应用系统，满足可能的面向探测、通信等超低成本的应用需求。各技术路线所对应的具体应用场景如表 10.3 所示。

表 10.3　各技术路线所对应的应用场景

序号	技术路线	技术特点	典型探测应用场景
1	基于刀片式架构的有源相控阵	大功率密度、单通道、尺寸较大、有限扫描	远程目标探测、电子对抗、防撞与着陆、SAR 成像、安检成像
2	基于 SiP 架构（以 3D 组件为代表）的 E/V/W 波段有源相控阵	中低功率密度、二维扫描、较低成本	毫米波雷达火控与制导、远程目标探测（W 波段）、安检成像
3	基于 WL-SiP 架构的 W 波段及太赫兹波段有源相控阵	低功率密度、二维扫描、较低成本	片上雷达、导引头、智能炮弹、无人驾驶
4	基于商用器件的 E/V 波段毫米波相控阵	低成本、有限功能、集成化	FOD 检测、安检成像、车联网、物联网、片上雷达

2．毫米波宽带辐射单元

作为能量的辐射和接收装置，天线对于毫米波系统非常重要，直接影响系统整体性能。天线单元的设计需要结合系统需求，解决宽带、高效、低成本、易与器件集成等问题。目前，易与系统一体化集成的平面天线已经成为无线系统的首选方案。在具体材质上，除传统的高频聚四氟乙烯板材外，低温共烧陶瓷、硅/二氧化硅、液晶聚合物材料也适合使用。在形式上，微带天线是使用较多的天线形式。在宽带应用方面，Vivaldi 结构也有其应用空间。在馈电网络方面，基片集成波导（SIW）是一类融合了传统平面电路和立体电路优点的平面传输线，可解决毫米波馈线的高效宽带问题。在天线与系统集成方面，当天线尺寸与芯片可比时，直接将天线单元封装于芯片之上是一种典型方式，称为 Antenna-in-Package（AiP）。这类天线通常采用球栅阵列（BGA）焊接，或者与封装一体设计的形式与芯片实现互连。在更高频段（100GHz）上，可进一步在石英基片上蚀刻天线单元，并且与有源部件在晶圆层面进行互连集成。

3．高性能器件及射频前端

毫米波前端与芯片设计、工艺集成技术密切相关。传统的相控阵天线均通过使用分立器件来构建有源部件和模块，如在数字电路部分大量使用 CMOS 技术，而微波功率器件则使用 GaN、GaAs 等，通过分立集成进而实现在天线系统层面的最优性能。而对于毫米波相控阵系统，鉴于其较小的波长尺寸，如中心频率为100GHz 的天线的半波阵子间距约为 1.5mm，其在架构设计上必然要求微波芯片的集成度必须大大提高，而为了进一步提升系统性能，更希望将上下变频和 RF 前端集成到单个 RFIC 中。考虑到器件、集成度和工艺选择也是由应用场景所决定的，针对不同技术路线，选用的器件也将有所差异。在满足 EIRP 的前提下，下面从 3 个维度考虑器件选用。

1）通道辐射功率

在 EIRP 一定的情况下，天线单元通道数增加，其增益与单元数的对数呈正比，此时单通道功率相应下降。一般而言，若要实现数十 dBm 的输出功率，往往需要高功率放大器（如 GaN 和 GaAs）；而当单通道输出功率仅为数 dBm 时，选择 CMOS 技术即可实现。

2）天线总能耗

在单元通道功率较高时，如使用 GaN 或 GaAs 器件，器件效率较高，同时功放能耗占系统总能耗的比重也较高，此时相控阵总能耗与天线增益近似成反比。即在 EIRP 一定的情况下，可通过增加单元数提高增益来换取较低的能耗。但随着通道数增加，单元通道功率值不断下降，接收链路中的低噪声放大器等其他常态工作器件的能耗比重不断上升，即随着通道数的增加而线性提高。PA 的能耗不再占主导地位，导致效益递减。此时整个系统能耗在某个通道数范围上会出现一个极小值，在该数值上所需要的通道输出功率决定了选用器件的特征。

　　3）集成度

在组阵需求前提下，需要将各类通道所需器件放在天线工作频率对应的 $\lambda/2$ 间距以内。这一限制因素往往要求使用集成度较高的 CMOS 或 SiGe 等器件，传统的 GaN 和 GaAs 器件尽管可以提供所需的性能，但往往不满足尺寸约束条件。为了利用 GaAs 发射/接收模块，则需要采用其他封装和布线方案，这也是影响天线架构设计的重要因素。

从应用来看，器件选用及验证始终是制约阵列设计的重要因素，要从尺寸、能耗、功率等方面全面统筹考虑。就目前技术而言，在满足高功率和效率需求时，使用 GaN 和 GaAs 是较好的选择；而当同时考虑功耗和集成尺寸时，则将 SiGe BiCMOS 技术集成到 RFIC 中具有更大的可行性。如果考虑设计更低功耗的天线，也可以采用 CMOS 技术。考虑到毫米波硅工艺和设计技术正在不断取得更大进步，预计未来的硅工艺会有更好的能效和更高的输出功率能力，将能实现更小的尺寸并进一步优化天线尺寸。

4．系统封装与集成

在实现射频前端系统时，除采用功能强大的单片外，还需要与先进的封装技术相结合，以便研制出既具有多项功能又是轻薄且低成本的产品。

针对微波器件的封装形式较多，例如经典的陶瓷封装、塑封、金属壳封装等。针对系统封装，包括板上系统（SoB）、多芯片模块（MCM）、系统级封装（SiP）、晶圆级封装（WLP）等多种类型，其封装对象及涵盖范围不断扩大；封装方式从 2D 到 3D，集成度越来越高、功能越来越强大、体积也越来越小。在实现射频前端系统时，各型封装的目的在于一方面实现射频信号、控制信号、电源的引入引出，另一方面也为有源电路和无源电路提供电屏蔽及物理环境的保护，同时完成散热及起到结构支撑的作用。

对毫米波相控阵天线而言，特别是对 60GHz 以上工作频段，由于单元间距很小，传统的 2D 封装已无法满足集成要求。封装方式不仅要求提高芯片自身集成度，如缩小光刻尺寸来实现微型化，而且还需要在第三维方向进行薄芯片的堆叠，称为 System-In-Package（SiP）。近年来，硅通孔（TSV）技术的迅猛发展使得 SiP 能进一步小型化，最新的 SiP 技术的研究正集中于以下 3 个方面：硅通孔堆叠式 IC（含倒装焊或铜-铜键合）、硅晶圆板上硅 IC、晶圆-晶圆堆叠。随着三维集成技术的不断进步，封装技术正推动系统的不断轻薄化及性能的不断提升。相比较而言，在列举的各种封装形式中，SiP 更适用于未来毫米波相控阵的技术应用，其允许具有不同架构和不同工艺特征的不同器件进行异构集成，能将 IC、封装、系统综合网络（主板）等集成到一个系统封装之内，其集成了所有 IC 或封装的系统元器件与超薄薄膜或结构，包括无源器件、连接器、热结构（如热沉）和热界面材料、电源、系统主板等，这样的单系统封装可在单个模块内实现所有的系统功能，如雷达探测功能。

10.6.3　毫米波相控阵天线技术发展趋势

随着元器件、集成技术的进步，毫米波相控阵技术的发展非常迅速，并且呈体系化趋势。其具体趋势表现在以下 4 个方面。

（1）频段不断向高频发展。传统相控阵天线的研究主要集中于 X 波段及以下，随着需求的变化，雷达探测也从 X 波段逐步发展到 Ka、W 波段乃至 100GHz 以上波段，特别是民用汽车自动驾驶、智能探测感知等领域对 77GHz 频段的电子设备需求很大。广阔的应用市场必然推动技术研究覆盖更高频段，预计在未来 3～5 年内，E～W 波段的毫米波射频前端将实现商业化；在军用领域，直升机综合射频、无人机片上系统等应用也将大面积使用 W 波段的研究成果。

（2）集成化程度不断提高。在较低频段，相控阵天线由于其工作天线整体尺寸较大，同时通道功率高，因此其集成化主要集中于芯片和局部功能模块（如组件等），阵面级的集成程度相对较低。而随着工艺水平的不断提升，毫米波相控阵天线的形态将发生很大变化，即通过大量使用先进的异质、异构封装技术，相控阵天线乃至后端射频、数字处理部分将以一个完整的系统级封装（SiP）模块出现，并且可能与声、光、磁等其他类型传感器进行再次集成。这不仅是因为传统的集成做法在工作波长 3mm～5mm 量级频段下已无法实现，而且也是出于保证天线仍具有较高射频性能的考虑。

（3）成本不断下降。民用领域对毫米波天线产业化的需求非常迫切，最终需要将成本控制到用户可接受的程度。以汽车上使用的毫米波雷达为例，整部雷达最终需要将成本控制在千元以内，其使用的毫米波雷达系统芯片价格约数十美元，其内部已集成了所有射频和信号处理功能，并且包含多个射频通道。分立 RF、DSP、FPGA 这些传统雷达技术架构和器件已难有用武之地。由此可见，为维持市场占有率，只有通过不断集成以降低最终成本，将大量功能集中于多功能芯片之上并通过规模化效应，进一步封装集成的相控阵天线成本也必然会大幅下降。

（4）技术融合程度不断提高。传统相控阵天线的研发是基于分立器件进行的，特别是对较大规模的相控阵而言。相对于器件设计，系统集成仍具有较高的独立性并具有需求牵引的重要地位。而随着毫米波集成度不断提高，器件设计与射频系统设计乃至整部雷达的设计已密不可分，系统的硬件设计在某种意义上来说已与器件、封装融为一体。器件及封装等技术将首先决定电子系统的实现可行性，系统集成的优势将更多体现在需求定义和软件层面。

10.7　新材料、新工艺对天线发展的影响

10.7.1　新型电磁超材料在天线中的应用

人工电磁超材料（Metamaterials）是一种具有特殊电磁特性的复合材料或结构。在微观结构上，材料由一些基本单元（如原子，分子等）组成，微观单元的改变将会引起材料宏观物理特性的改变。新型电磁超材料是由周期性尺寸远小于工作波长（亚波长）的人工单元结构组成的，利用等效媒质理论可以很好地分析其诸多奇特的物理特性，如负折射率、近零折射率、逆多普勒现象等，其中有很多现象是自然界中现有材料无法实现的。新型电磁超材料独特的电磁特性使其在改善雷达天线性能方面有着巨大的应用潜力和发展空间。目前关于超材料在雷达天线中的应用，主要集中在提高增益、小型化等方面。

1. 超材料高增益天线

超材料可以作为天线的上层覆盖物、介质板等部分，以提高天线的增益。提高天线的增益，在一定程度上就可以减小雷达发射机的功率，这将有利于阵面结构的设计，以及降低冷却系统的设计需求。图 10.21 展示了一种由开口谐振环和带线组成的超材料结构，周期排布的该种超材料结构覆盖于特定形式的天线辐射面，可以显著提升天线的增益。

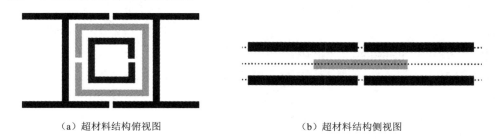

（a）超材料结构俯视图　　　　　　　　　（b）超材料结构侧视图

图 10.21　由开口谐振环与带线组成的超材料结构

如图 10.22 所示，在传统偶极子天线上方，覆盖了周期排布的球形超材料罩体。图 10.23 给出了覆盖前后的天线收发幅度和方向图对比，可见超材料结构显

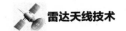

著改善了偶极子天线的辐射能力。

（a）偶极子天线

（b）偶极子天线及超材料罩体

（c）偶极子天线（覆盖超材料结构）

图 10.22　超材料高增益天线

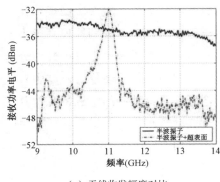
（a）天线收发幅度对比

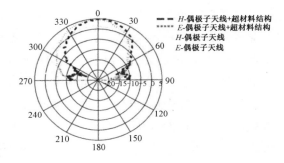
（b）方向图对比

图 10.23　偶极子天线覆盖超材料结构前后结果对比

2．超材料小型化天线

在雷达天线的设计中，尤其是机载和星载雷达，减重和小型化都十分重要，这可以大大扩展雷达天线应用的平台。由于超材料可以实现零反射相位、亚波长，以及较大的寄生电容和电感等特性，因此可以应用到天线的设计和制造中，用于减小天线的尺寸。常用的超材料结构包括电磁带隙（Electromagnetic Band Gap，EBG）结构、Mushroom 结构和电抗阻抗表面（Reactive Impedance Surface，RIS）等。图 10.24 展示了一种同时加载了 Mushroom 结构和 RIS 结构的圆极化贴片天线。

在该天线结构中，加载的 RIS 结构对贴片天线中的电流产生微扰，沿着 x 和 y 方向产生了两个正交模式，同时对角线位置的同轴激励提供了 90° 的相差，从而产生了圆极化的效果；加载的 Mushroom 结构增加了天线结构中的电流路径，从而实现了小型化的效果。并且，通过改变 Mushroom 结构的位置，可以改善该圆极化天线的轴比特性。

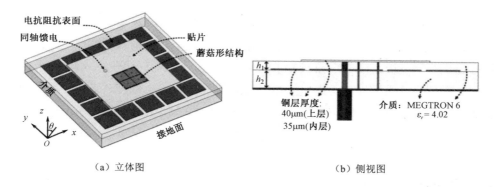

图 10.24　加载 Mushroom 结构和 RIS 结构的圆极化贴片天线

人工电磁超材料还可以应用在多种天线或微波电路结构中，用于提升天线的辐射能力，实现电磁结构的小型化和拓展电磁结构的工作带宽等效果。根据装备的需求，适当地选用人工电磁超材料或人工电磁新结构，能够有效改善装备的适装性和作战能力。

10.7.2　新型制造工艺在雷达天线中的应用

雷达天线阵的发展，一方面受制于天线理论及与之相关的设计手段，以及构成的部组件及元器件等资源的限制，另外一方面则与现有的制造加工工艺有关。随着新工艺技术的不断涌现，一些新型天线也得以实现。近年来，研究人员逐步将低温共烧陶瓷（Low Temperature Co-fired Ceramic，LTCC）工艺、柔性材料工艺等新的制造工艺应用在天线的设计和制造中。

1. LTCC 工艺在天线中的应用

LTCC 以其耐高低温、高热传导率、高耐湿性、低介质损耗、优良的高频高 Q 指等特性，非常适合用于制造小型化天线及天线阵列。同时，LTCC 工艺所具备的多层技术，又使得天线的布局从一维走向三维，为天线的小型化创造了良好的工艺条件。甚至可以借助 LTCC 技术的优势，制造高集成度的收发系统，将 T/R 组件、馈电网络、热控系统和天线阵面集成到一块多层板上。图 10.25 给出了一种高集成的 LTCC 8×8 发射天线阵列，集成了天线阵面、馈线网络、射频电路及液冷系统。经过研究人员的试验证明，此系统在实现了小型化的同时，具有很好的可重复制造性。

2. 柔性材料制造工艺在天线中的应用

柔性电子是将电子器件制造在可以弯曲或延展的很薄的柔性基板上，从而构成柔性电路的一种电子技术。以往的柔性材料主要应用在低频电路中，如印制板间的柔性连接、太阳能电池板、电子标签和柔性的有机发光二极管等。柔性电子技术提供了印制板之间在弯曲状态下的可靠连接，对体积、厚度和重量要求苛刻的电子产品已经成为推动柔性电子技术发展的重要因素。柔性电子技术在低频段的成功应用，极大地激发了科研人员对开展柔性电子技术研究的兴趣，进而对很多相关的电子产品展开研究，如大尺寸的柔性显示面板、可穿戴的电子产品，以及生物医学监测设备等。工作于射频或更高频率的无线通信设备比低频无线通信设备使用起来更方便、体积更小、重量更轻，因此柔性电子技术在高频段的应用也越来越多。如果可以将柔性电子技术应用在雷达天线的设计中，将会大大提高天线的性能和设计的灵活性。图 10.26 给出了一种柔性天线的照片。图 10.27 给出了柔性天线在不同状态下的回波损耗对比情况。从图中可见，柔性天线不仅可以方便地折叠和隐藏，并且可以通过拉伸或压缩来根据需要改变天线的工作频率等电性能。

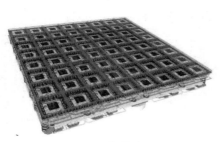
（a）辐射面

（b）器件及接口面

图 10.25　高集成的 LTCC 8×8 发射天线阵列

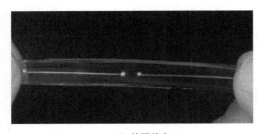
（a）伸展状态

（b）折叠状态

图 10.26　柔性天线

将柔性天线应用于现代雷达系统中，可以在战备状态时将天线收起，在作战状态时将天线展开，并且可以根据电性能需求将天线改变成需要的物理外形。应用这一特性，可以设计复用天线，将一副天线在不同时间段展开成不同的形状用于实现不同的功能，对于作战的轻量化及节约成本都有一定的效果。

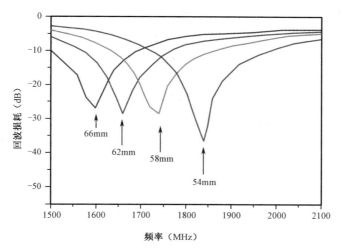

图 10.27 不同状态下柔性天线的回波损耗对比

参考文献

[1] Yan J B, et al. A Dual-polarized 2-18GHz Vivaldi Array for Airborne Radar Measurements of Snow[J]. IEEE Transactions on Antennas and Propagation, 2016, 64(2): 781-785.

[2] Holland S S, et al. The Planar Ultrawideband Modular Antenna (PUMA) Array[J]. IEEE Transactions on Antennas and Propagation, 2012, 60(1): 130-140.

[3] Kindt R W, et al. Analysis of a Wavelength-Scaled Array (WSA) Architecture[J]. IEEE Transactions on Antennas and Propagation, 2010, 58(9): 2866-2874.

[4] Kindt R W, et al. Prototype Design of a Modular Ultrawideband Wavelength-Scaled Array of Flared Notches[J]. IEEE Transactions On Antennas And Propagation, 2012, 60(3): 1320-1328.

[5] Tavik G C, et al. The Advanced Multifunction RF Concept[J]. IEEE Transactions on Microwave Theory and Techniques, 2005, 53(3): 1009-1020.

[6] 张庆群. 高分三号卫星总体设计与关键技术[J]. 测绘学报，2017，46（3）:269-277.

[7] Bartee J A. Genetic Algorithms as a tool for opportunistic phased array radar design [D]. California: Naval Postgraduate School, 2002.

[8] Esswein L C. Genetic algorithm design and testing of a random element 3-D 2.4

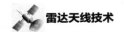

GHz phased array transmit antenna constructed of commercial RF microchips [D]. California: Naval Postgraduate School, 2003.

[9] Chin H, Tong M. System study and design of broad-band U-slot microstrip patch antennas for aperstructures and opportunistic arrays [D]. California: Naval Postgraduate School, 2005.

[10] 洪伟，余超，陈继新，等. 毫米波与太赫兹技术[J]. 中国科学：信息科学，2016，46（8）：1086-1107.

[11] 祝彬. 国外毫米波雷达制导技术的发展状况[J]. 中国航天，2007（1）：40-43.

[12] Ahmed S S, Schiessl A, Schmidt L P. A Novel Fully Electronic Active Real-Time Imager Based on a Planar Multistatic Sparse Array[J]. IEEE Transacation on Microwave Theory and Techniques, 2011, 59 (12): 3567-3576.

[13] 李平伟. 毫米波雷达用于机场跑道 FOD 检测的现状与展望[J]. 微波学报，2012，（6）：264-266.

[14] Kim S Y, Inac O, Kim C Y, et al. A 76-84 GHz 16- Element Phased Array Receiver with a Chip-Level Built-In Self-Test System[J]. IEEE Transacation on Microwave Theory and Techniques, 2013, 61(8): 3083-3098.

[15] Zhang Y P. Antenna-in-Package Technology: Its Early Development[J]. IEEE Transacations on Antennas and Propagation, 2019: 111-118.

[16] Tummala R R. 系统级封装导论——整体系统微型化[M]. 北京：化学工业出版社，2014.

[17] 张庆乐. 新型电磁超材料在天线中的应用[D]. 北京：北京理工大学，2016.

[18] Saenz E, Gonzalo R, Ederra I, et al. Resonant Meta-Surface Superstrate for Single and Multifrequency Dipole Antenna Arrays [J]. IEEE Transacation on Antennas and Propagation, 2008, 56(4): 951-960.

[19] Dong Y, Toyao H, Ttoh T. Compact Circularly-Polarized Patch Antenna Loaded with Metamaterial Structures [J]. IEEE Transacation on Antennas and Propagation, 2011, 59(11): 4329-4333.

[20] 邱义杰. 小型化可植入柔性射频天线研究[D]. 成都：电子科技大学，2015.

[21] So J H, Thelen J, Qusba A, et al. Reversibly Deformable and Mechanically Tunable Fuidic Antennas[J]. Advanced Functional Materials, 2009, 19(22): 3632-3637.

反侵权盗版声明

电子工业出版社依法对本作品享有专有出版权。任何未经权利人书面许可，复制、销售或通过信息网络传播本作品的行为；歪曲、篡改、剽窃本作品的行为，均违反《中华人民共和国著作权法》，其行为人应承担相应的民事责任和行政责任，构成犯罪的，将被依法追究刑事责任。

为了维护市场秩序，保护权利人的合法权益，我社将依法查处和打击侵权盗版的单位和个人。欢迎社会各界人士积极举报侵权盗版行为，本社将奖励举报有功人员，并保证举报人的信息不被泄露。

举报电话：（010）88254396；（010）88258888

传　　真：（010）88254397

E-mail：　dbqq@phei.com.cn

通信地址：北京市万寿路 173 信箱

　　　　　电子工业出版社总编办公室

邮　　编：100036